电力工程
直流系统设计手册
（第二版）

编著　白忠敏　刘百震　於崇干
审校　侯炳蕴

内容提要

本手册第一版于1999年出版，全面、详尽地介绍了直流电源系统的设计方法、选型原则及其配置方式等，重点介绍了各类直流设备的生产现状及主要技术参数，是关于电力工程直流电源系统理论研究、设计计算和选型的国内第一部专著。经过近10年的沉淀和积累，特组织专家对手册进行了再版。

本手册第二版内容有以下重大变动：①增加、充实和细化了独立直流电源的新技术、新产品及其理论计算和应用实例，删减了当前应用极少或已被淘汰的简易型辅助直流电源的内容，如电容储能式电源、复式整流电源等；②简化、优化、规范了直流系统接线和设备配置，增加了电力规划设计直流系统2000版典型设计；③结合实际应用，精选了少量国产直流设备产品，删减了繁多的产品介绍；④工程实例多，计算应用数据多，方便应用。

本手册第二版共分16章，主要内容包括：控制电源的基本要求、直流系统配置与接线、直流负荷、蓄电池个数和容量选择、铅酸蓄电池、蓄电池充电装置、直流开关设备、直流保护电器与选择性配合、直流监控、监测设备、直流系统导体选择、直流屏（柜）、直流系统设备布置、电力通信电源、镉镍碱性蓄电池、交流不间断电源、直流系统的设备试验和维护。

本手册可供电力设计制造部门、电力系统和供配电系统以及电力系统以外有关部门的设计人员阅读，也可供从事电力生产现场试验、运行和检修工作的技术人员和工人阅读，对大专院校有关专业的师生也有一定参考价值。

图书在版编目(CIP)数据

电力工程直流系统设计手册/白忠敏等编著. —2版. 北京：中国电力出版社，2009.9（2016.4重印）

ISBN 978-7-5083-8438-2

Ⅰ.电…　Ⅱ.白…　Ⅲ.电力工程-直流系统-系统设计-技术手册　Ⅳ.TM62-62

中国版本图书馆CIP数据核字(2009)第013812号

中国电力出版社出版、发行

（北京市东城区北京站西街19号　100005　http://www.cepp.com.cn）

北京盛通印刷股份有限公司印刷

各地新华书店经售

*

1999年1月第一版

2009年9月第二版　　2016年4月北京第五次印刷

787毫米×1092毫米　16开本　30.25印张　739千字　2彩页

印数10001—11000册　　定价**99.00**元

前　言

本手册第一版于1999年出版，经过近10年的沉淀和积累，特组织专家对手册进行了再版。作为电力系统和电力设备可靠、高效运行有力保证的电力控制技术日臻完善，目前已达到十分先进可靠的程度。根据目前的应用情况，本手册第二版内容与第一版相比，有以下重大变动：

(1) 增加、充实和细化了独立直流电源的新技术、新产品及其理论计算和应用实例，删减了当前应用极少或已被淘汰的简易型辅助直流电源的内容，如电容储能式电源、复式整流电源等。

(2) 简化、优化、规范了直流系统接线和设备配置，增加了电力规划设计直流系统2000版典型设计。

(3) 结合实际应用，精选了少量国产直流设备产品，删减了繁多的产品介绍。

(4) 工程实例多，计算应用数据多，方便应用。

(5) 大部分章节内容有增减、调整，适用性、操作性强。

本手册全面、详尽地介绍了直流电源系统的理论基础、设计方法、选型原则及配置方式，重点介绍了各类直流设备的主要技术特性和技术参数。同时着重介绍了直流系统的基本构成、部件功能、接线方式、设备选择、运行维护以及检测试验方法。本手册是关于电力工程直流电源系统理论研究、设计计算和选型的专著，是我国50多年来直流系统理论和实践的全面、系统的总结。

本手册共包括16章，均由白忠敏、刘百震、於崇干合作编著，全书章节、文字和图形由白忠敏编排并统稿，刘百震、侯炳蕴负责全书校审。本手册中的算例（包括电算、手算）均由陈萍完成。

在本手册的编写过程中，顾霓鸿对有关直流系统试验、检测和直流设备的标准规范给予了热情的支持；陈巩、南寅提供了直流断路器的有关技术资料，王典伟提供了蓄电池整流逆变设备的技术资料，于文斌提供了有关高频开关电源设备和UPS的技术资料，李盘珍提供了小型直流电源成套装置的技术资料，王家捷提供了有关镉镍电池及新电源的资料，在此谨向他们致以衷心的感谢。

本手册内容涉及科研、设计、制造、运行、安装、试验、管理多个领域，涉及面广，数据、资料繁多。由于现代电力技术发展迅速，直流电源技术不断创新，直流设备更新换代周期日益缩短，因而全面、及时反映电源技术的最新应用成果较为困难。加之时间仓促，水平有限，书中难免有不妥之处，恳请广大读者给予批评指正。

编著者

2009 年 1 月

第一版前言

电力控制系统是电力系统和电力设备可靠、高效运行的保证，所以人们十分关注电力控制技术的发展。经过长期不懈地努力，电力控制技术日臻完善，目前已达到了十分先进可靠的程度。

电力控制必须具备安全可靠的控制电源。在电力工程中，控制电源分为两类，一类是直流电源，一类是交流电源。由于直流电源独立于交流动力电源系统之外，不受交流电源系统事故的影响，具有安全可靠、运行维护方便等特点，从而得到广泛应用。特别是对于高电压和可靠性要求较高的电力设备，直流电源几乎是唯一可供选择的控制电源。属于直流电源的有蓄电池电源和交流整流电源。对于一些低电压和可靠性要求不高的电力设备，通常采用普通交流电源作为控制电源，此时交流控制电源取自本身的交流动力电源或取自身电源之外的交流电源。对于一些重要的采用交流控制电源的电力设备，为保证交流控制电源系统的可靠供电，通常采用经整流/逆变处理的交流不停电电源（简称UPS）。它同时具有交流和直流双重电源，所以它同时属于交流和直流控制电源。严格地讲，交流整流型直流电源也属于交流电源。本手册将介绍蓄电池电源、交流整流型电源和UPS电源。

在电力工程中，由于直流电源系统设计不合理、设备选型不当或缺乏正确的运行管理方法而导致电力设施损坏、系统故障、事故波及范围扩大、甚至造成人身伤亡等事故屡有发生，给电力系统和国家财产造成巨大损失。所以要求电力系统设计、施工和运行部门必须对直流电源系统给予高度重视。

本手册全面地、详尽地介绍了直流电源系统的理论基础、设计方法、选型原则及其配置方式，重点介绍了各类直流设备的生产现状及主要技术参数。同时，着重介绍了UPS电源的基本构成、部件功能、接线方式、容量选择方法以及主要产品类型。本手册是关于电力工程直流电源系统理论研究、设计计算和选型的国内第一部专著，是我国40多年来直流系统理论和实践的全面系统的总结。

在电力工程中，一些重要的动力负荷电源，如保证发电机组、大型厂用电设备起停的润滑油电源系统、氢密封油电源系统、主要的热工动力电源以及UPS电源和事故照明电源系统等，由于安全性和可靠性要求高，需要采用与控制电源系统同等可靠的直流电源系统供电；其配置方式一般均与控制电源系统统一考虑。可见，在发电厂中，直流电源系统兼有控制电源和保安电源的双重作用。因此，上述动力电源系统也纳入本书的相关章节。

本书力求内容的先进性和实用性。本书推荐的设计方案、技术原则，力求安全可靠、技术先进、经济适用、符合国情、符合国家技术经济政策，并符合国内有关规程的规定。本书中介绍的产品均系经过有关主管部门认可，经用户长期使用并经受实践考验的产品和科技成果，可帮助用户优选设备、提高生产和运行水平。

本书共分16章，卓乐友和侯炳蕴撰写了绪论，并对全书进行了校审工作；第2章、第3章由刘百震编写，第4章由刘百震、於崇干、侯炳蕴和白忠敏共同编写，第5章由於崇干编写，第6章由於崇干、刘百震、白忠敏编写，第7～11章，由白忠敏编写，第12章由白忠敏、於崇干编写，第13～14章由白忠敏编写，第15章由卓乐友编写，第16章由於崇干编写。全书内容选编、章节编排、文字和图形处理等统稿工作由白忠敏完成。

本书中选编了部分产品的实物照片供使用者参考。

在本手册编写的过程中，问志发、吴聚业、陈巩、李锡芝、吴惠华、管雄俊、郑仰柏、李淑芳等同志，给予了热情的支持和帮助，对手册的章节内容提出了宝贵的意见，提供了大量的参考资料并参与了部分章节的审校；刘宝庆、张增健、谢克源、李盘珍、马琳等同志也给予了热情支持。在此，谨向他们致以衷心的感谢。

本手册内容涉及科研、设计、制造、运行多个领域，涉及面广，资料、数据、图形、曲线复杂繁多。同时，由于现代电力技术发展迅速，直流电源设备不断更新，加之时间仓促，水平有限，书中可能有错误和不足之处。因此，敬请读者及时反馈意见，以便再版时修正和完善。谢谢。

编 者

1998年6月

文字符号说明表

表 0-1

章号章名	序号	文字符号	名称
3 直流负荷	1	C_{st}	放电 t 时段的事故负荷容量
	2	$C_{\Sigma t}$	自放电开始至 t 时段末放电容量之和
	3	P_{Kj}	经常带电继电器消耗功率
	4	N_{K}	继电器数量
	5	P_{Ks}	继电器事故负荷
	6	I_{o}	经常直流负荷电流
	7	I_{R}	事故放电随机负荷电流
4 蓄电池个数和容量的选择	1	n_{f}	浮充运行的蓄电池个数
	2	n_{0}	基本电池个数
	3	n_{d}	端电池个数
	4	U_{f}，U_{fi}	单体蓄电池浮充电压
	5	U_{c}	单体蓄电池均衡充电电压
	6	U_{cf}	单体蓄电池充电末期电压
	7	U_{ch}	单体蓄电池冲击放电电压
	8	U_{df}	单体蓄电池放电末期电压
	9	U_{d}	单体蓄电池放电终止电压
	10	U_{n}	标称电压
	11	U	电压；蓄电池组端电压
	12	I_{f}	蓄电池浮充电流
	13	I	电流、放电电流、负荷电流
	14	C_{c}	蓄电池计算容量
	15	C_{ci}	第 i 放电阶段的蓄电池计算容量
	16	C_{10}	蓄电池 10h 放电率容量、铅酸蓄电池的额定容量
	17	C_{s}	事故放电容量
	18	C	蓄电池容量

续表

章号章名	序号	文字符号	名称
4 蓄电池个数和容量的选择	19	t	时间
	20	t_s	事故放电时间
	21	K_c	蓄电池容量换算系数
	22	K_{cij}	第 i～j 时段的蓄电池容量换算系数
	23	K_{cc}	蓄电池容量系数
	24	K_{ch}	蓄电池冲击系数
	25	K_{ch0}	蓄电池放电初期冲击系数
	26	K_{chf}	蓄电池放电末期冲击系数
	27	K_u	电压系数
	28	K_{uch}	冲击负荷作用下的电压系数
	29	K_a	老化系数
	30	K_T	温度系数，人为设定的因温度变化而引起的容量变化率
	31	K_e	裕度系数
	32	K_{rel}	可靠系数
	33	K_f	放电系数
5 铅酸蓄电池	1	K_T	温度系数，由蓄电池特性决定的温度变化而引起的电池容量变化率
	2	I_f	浮充电流
	3	I_s	自放电电流
	4	I_r	氧复合电流
	5	I_{10}	蓄电池 10h 放电率电流
	6	C_T	对应于温度 T℃条件下的蓄电池放电容量
6 蓄电池充电装置	1	U_N，U_{cN}	充电装置额定电压
	2	I_N，I_{cN}	充电装置额定电流
	3	I_{mN}	单体模块额定电流
	4	K_{vt}	电压变换系数
	5	K_r	波纹系数
	6	K_u	变压器利用系数
	7	$\cos\varphi$	输入功率因数
	8	K_n	输入电流谐波因数
	9	δ_u	稳压精度
	10	δ_i	稳流精度
	11	K_s	电压稳定度
	12	A_u	电压调整率
	13	A_i	电流调整率

续表

章号章名	序号	文字符号	名称
6 蓄电池充电装置	14	R_o	输出电阻
	15	I_F	晶闸管额定电流
	16	I_{Ta}	晶闸管通态平均电流
	17	I_p	晶闸管电流峰值
	18	I	晶闸管电流有效值
	19	u_d	负载电压瞬时值
	20	U_d	负载电压平均值
	21	i_d	负载电流瞬时值
	22	I_d	负载电流平均值
	23	I_p	负载电流峰值
	24	θ	晶闸管导通角
	25	δ	停止导电角
	26	L_d	负载电感值
	27	R_d	负载电阻值
	28	T	开关管通/断周期
	29	f	开关管通/断频率
	30	K_{ov}	占空比
	31	K_{ovo}	全波方式下的占空比
	32	n	变压器变比
	33	η	变压器效率
	34	S_T	变压器视在功率
7 直流开关设备	1	I_N	熔件额定电流
	2	I_{st}	电动机启动电流
	3	K_{rel}	可靠系数
	4	I_{c2}	断路器合闸电流
	5	$K_{co1、2}$	配合系数
	6	I_{Lm}	回路最大工作电流
	7	I_1	蓄电池 1h 放电率电流
	8	$I_{N,max}$	直流馈线中熔件最大的额定电流
	9	I_{cs}	额定短路分断能力
	10	I_{cu}	额定极限短路分断能力
	11	I_{cw}	额定短时耐受能力

续表

章号章名	序号	文字符号	名称
8　直流保护电器与选择性配合	1	I_{set}	长延时、短延时、瞬时保护整定电流
	2	I_N	设备或回路额定电流
	3	I_{sc}	短路电流
	4	$I_i, i=1,2,3,10$ 等	蓄电池 i 小时放电率电流，i 可取 1，2，3，10 等
	5	I_{CN}，I_{bN}，I_{mN}	充电装置、母联设备、电动机额定电流
	6	I_{CL}，I_{CC}，I_{CP}，I_{CX}	断路器合闸、控制、保护、报警信号负荷计算电流
	7	K_{CO}，K_{rel}，K_N	保护配合系数、可靠系数、额定电流整定倍数
	8	K_{XL}，K_L	限流系数、保护动作灵敏系数
	9	R_b，R_t，R_L	蓄电池内阻、电池连接条电阻、连线电阻
	10	r_b，r_t，r_L	蓄电池内阻、电池连接条电阻、连线电阻
	11	U_0	蓄电池开路电压
	12	R_K，r_K	开关设备触头电阻
	13	I_{ch}	冲击（能力）电流
	14	U_d，I_d	测定电阻的蓄电池放电电压、放电电流
9　直流监控、监测设备	1	U_{mo}，U_{mL}	过电压、欠电压继电器动作电压
	2	K_{ro}，K_{rl}	过电压、欠电压继电器返回参数
	3	K_{OV}，K_{LV}	长期允许的过电压、低电压系数
	4	I_{Ng}	通过硅元件的额定电流
	5	I_{Lm}	通过降压装置的最大持续负荷电流
10　直流系统导体选择	1	C_{10}	蓄电池额定容量，蓄电池 10h 率放电容量
	2	I_{pc}	电缆允许载流量
	3	I_{ca1}	直流回路长期工作电流
	4	I_{ca2}	直流回路短时工作电流
	5	I_{CN}	充电装置额定电流
	6	I_{Tn}	变换器的额定功率/直流系统标称电压
	7	U_n	直流系统标称电压
	8	U_{f1}	选定的单体蓄电池浮充电压
13　电力通信电源	1	T	蓄电池放电时间
	2	I_L	负荷电流
	3	t	蓄电池电解液实际温度
	4	η_c	电池衰老系数
	5	K_{cc}	蓄电池容量系数
	6	a	蓄电池容量温度系数

续表

章号章名	序号	文字符号	名称
13 电力通信电源	7	t_0	蓄电池额定容量时的电解液温度
	8	K_{ca}	通信用蓄电池容量计算系数
	9	K_c	蓄电池容量换算系数
	10	C_{ad}	通信附加设备容量
	11	I_{mp}	通信设备忙时最大平均放电电流
	12	I_{ad}	通信附加设备电流
	13	K_{rel}	可靠系数
	14	I_D	直流输出电流
	15	U_D	直流输出电压
15 交流不间断电源	1	K_i	动态稳定系数
	2	K_d	直流电压下降系数
	3	K_t	温度补偿系数
	4	P_Σ	计算功率总和
	5	K_a	设备老化系数
	6	K_{rel}	可靠系数
	7	S_c，S	UPS的计算容量，输出容量
	8	I_{LC}	负荷计算电流
	9	φ	负载功率因数角
	10	η	UPS变换效率
	11	U_{df}	蓄电池放电末期电压

目 录

1 绪　　论

1.1 交直流控制电源

发电厂和变电站中，为控制、信号、保护、自动装置以及某些执行机构供电的电源系统，通常称为控制电源，如系直流电源，则称为直流控制电源；如系交流电源，则称为交流控制电源。

根据构成方式的不同，发电厂和变电站中应用的控制电源有以下几种。

（1）蓄电池组构成的直流控制电源。由蓄电池组、充电装置及直流屏等设备构成，广泛应用于各种类型的发电厂和变电站中，是一种在正常和各种事故情况下都能保证可靠供电的电源系统，或者说是一种直流不停电电源系统。由于其应用历史悠久，且极为广泛，通常称为直流控制电源系统或简称直流系统。

（2）逆变式交流控制电源。以直流电源逆变取得稳压稳频的交流电源，作为控制系统的供电电源。这种控制系统，在正常运行中由交流厂用（或站用）电源供电；当交流厂用（或站用）电源停电时，则由蓄电池直流电源经逆变装置取得交流电源。这是一种交流不间断电源系统（Uninterruptable Power Supply，简称 UPS），广泛用于大型发电厂、变电站以及其他一些采用交流控制电源的系统中。

（3）分散式交流控制电源。控制电源取自各个被控设备的交流电源回路，没有集中设置的控制电源装置。这种方式一般用于一些不很重要的厂用或站用电动机和设备的控制信号回路。使用这种控制电源时，在交流电源停电、再恢复供电的过程中，控制电源的短时间断不应影响被控设备以及与之相关的设备的安全。

（4）电容储能式直流控制电源。这种电源主要采用大容量的储能电容器，正常运行时，电容器被充电并储能；当发生事故时，储能电容器向控制、保护设备供电，保证控制、保护设备可靠动作，及时切除故障。

（5）复式整流式直流控制电源。这是一种将厂用或站用交流电源以及电压和电流互感器输出的电源，各自经整流装置变换为直流电源，以保证在交流系统故障情况下，保证控制、保护设备可靠动作，及时切除故障。

（6）复式交流控制电源。采用厂用或站用交流电源以及电压和电流互感器输出的电源，组成复式交流控制电源，用于采用交流控制、保护装置和交流操动机构的电源系统。

上述 6 种控制电源中，第（4）、（5）、（6）种电源为简易控制电源，都是应用于小规模、不重要的电力系统中，这类控制电源装置制造困难，没有规范的生产厂，没有合理严格的技术指标，安全可靠性低，使用、检测、维护复杂，所以目前电力系统中已不再使用。

本手册对上述简易控制电源不再赘述。

1.2 对直流控制电源的基本要求

在发电厂和变电站中，直流控制负荷包括电气和热工系统的控制、信号、保护、自动装置和某些执行机构，这些都是保证发电厂和变电站正常、安全运行的极为重要的负荷。

直流控制电源，除为直流控制负荷供电外，还为一些动力负荷供电，例如大合闸电流的电磁操动机构、事故照明装置等。特别是在火力发电厂中，还要为汽轮机润滑油泵、发电机氢密封油泵及给水泵润滑油泵的直流电动机供电。这些动力负荷，都是保证汽轮发电机组安全起停所必需的，是非常重要的负荷。

可见，直流控制电源系统兼有直流保安电源的功能，其工作的可靠性是极为重要的。

蓄电池组构成的直流控制电源系统，有很高的可靠性，整个蓄电池组故障造成停止供电的可能性极小。因为蓄电池组的故障，总是首先在个别电池中发生，而且其发展过程缓慢，易于及时发现和消除，不致波及整个蓄电池组。这种情况，已为多年的、大量的蓄电池组的运行经验所证明。因此，就其可靠性而言，还没有其他电源装置可以替代。

但是，要保证蓄电池组构成的直流控制电源系统能可靠地、不间断地供电，蓄电池的正确使用和系统的合理设计是个关键。因此，在设计、安装和运行方面，都必须遵守一些基本要求，概括起来有以下几点。

（1）在设计上，系统设计要简单可靠，同时又要能满足运行灵活性的要求。为此，要正确运用经过运行实践考验的典型设计和标准设计。

（2）对蓄电池、充电装置、直流屏等设备，要选用可靠性高、性能良好、制造精致、符合各级制造标准、有运行经验或经过主管部门鉴定的产品。

（3）设备的安装环境条件一定要符合设备的要求，特别是蓄电池的环境条件是否符合安全运行的要求尤为重要。

（4）对新蓄电池组，要严格按现行规范和蓄电池的技术要求进行安装及充放电工作。

（5）运行中的蓄电池组，要按规程定期检查、正确充放电，及时消除一切不正常现象，认真进行维护。

1.3 直流电源技术的发展

我国直流电源技术的发展大致可分以下 3 个阶段：

（1）初级应用阶段。该阶段自新中国成立初期至 20 世纪 80 年代初，直流电源技术基本是沿用国内或搬用国外传统的做法。其特点是：系统容量小，设备简陋，仅满足于小容量发、变电工程要求，规划、设计、运行和管理尚未形成完整、系统的规范体系，直流系统事故及其导致的电力系统事故时有发生。

（2）发展研究和直流系统规范化阶段。该阶段自 20 世纪 80 年代中期至 20 世纪末。由于国家实施经济开放政策，电力直流电源技术得到空前发展。在此期间电力设计、研究和制造部门进行了三件事情：

1）编制、修订了一系列直流电源设计、施工、设备应用和运行管理的技术标准，主要有DL/T 5044—2004《电力工程直流系统设计技术规程》、DL/T 459—2000《电力系统直流电源柜订货技术条件》，以及蓄电池，整流充电装置，直流电源监控、监测装置，直流屏柜等方面的技术标准，十余种。这些标准有效地规范了直流工程的设计，直流设备的研制、生产和直流系统的运行管理，促进了直流电源技术的进步，保证了电力工程安全可靠运行。

2）直流新技术、新设备研究开发和应用。新型电源技术，如阀控式密封铅酸蓄电池、镉镍碱性蓄电池和其他新兴电池；新型充电装置，如智能型高频开关模块整流装置；新型开关设备，如适应选择性要求的短延时、高开断容量塑壳直流断路器以及适应发电厂、变电站和配电设施的大、中、小型直流电源屏柜。这些新型的现代化的技术和设备，促进了直流电源技术的快速发展，奠定了直流技术的发展基础。

3）电力工程直流电源设计的标准化和规范化，在此期间先后进行了三次全国性的直流系统典型设计修订，规范了直流系统接线、设备选型和屏柜分类，有效地促进了电力工程直流系统设计的标准化和规范化。

（3）现代电源技术应用阶段。该阶段自20世纪末至今，我国电力工程直流技术已跨入一个崭新的现代电源技术时代。其特点是：采用少维护或免维护的蓄电池组、智能化的高频开关模块整流充电装置、可选择性的直流配电系统和计算机检测、监控技术，整套系统安全可靠、功能完善、指标先进；采用规范的设计、标准的接线方案、先进合理的设备配置，安装、检测试验和运行维护规范、方便、快捷。

目前，广大直流电源工作者在宣传、贯彻、落实专业标准规范的基础上，总结经验、教训，进一步优化系统配置和设备选型，强化技术创新，不断提高直流系统的技术水平和管理水平。

直流电源技术属于低电压系统，类似于交流中的低电压系统。交流中的低电压一次设备的未来发展趋势是小型化、智能化、低噪声、环保型；监控、保护等二次设备将进一步计算机化、数字化和光纤通信化。服务于交流系统的直流系统应兼备交流一、二次设备的特性，确保交流系统安全、可靠运行。

随着科学技术的快速发展，电力电子、计算机技术广泛应用，直流系统的功率消耗在逐步降低。在发电厂，一些保证机组机械安全的动力负荷减少不多，但较多的电气控制、保护、信号负荷和热力控制、保护负荷都有不同程度的降低；同样，在变电站，由于广泛采用电子、计算机类保护、监控设备以及推广节能照明设备，直流负荷也在不断减少。所以从长远看，随着电力系统容量的不断增大，单位发电设备容量和变电设备容量的直流备用容量将逐步降低，特别是控制、保护类直流负荷减少更明显。

电力系统中，作为应急电源的直流电源的配置通常有两种模式：①集中配置，即全厂或全站设一套大而全的直流电源，目前我国基本上都采用这一模式；②分散配置，即全厂或全站按电压等级或功能分为若干分区，分别配置直流电源，目前我国采用很少。这两种配置各有利弊，随着直流负荷的减少和安全可靠性要求的日益提高，分散配置可能具有一定的发展空间，因为分散配置主要缺点是维护量大，而其主要优点是接线简单。分散配置使电源与负载邻近布置，省去了较长的连接电缆，便于管理和检测，便于设备配套供应。譬如变电站中，各电压等级线路二次部分分别设一套电源系统（一面屏），分别布置在二次设备近旁。

分散配置的前提是直流设备的小型化、模块化，而直流系统的充电、监控、检测和馈线设备的模块化容易解决，关键问题是直流电源设备的小型化、免维护或少维护，特别是直流电源设备的阻燃和防爆性能并没有完全解决。

近年来，有关电源技术的研究国际上又有新发展，如应用于动力工程的新型大功率应急电源（如超级电容器和大功率锂离子蓄电池等），已进入工业试用阶段，如果效果良好，将有效推进大功率蓄电池的小型化和模块化。

总之，从长远发展看，直流备用电源或事故应急电源的发展方向是大而全和小而全两种模式，核心问题是电源材料及性能。按现有电源类型，小型化、分散化、模块化、简单化的模式，很难全面实现，但是大而全、大一统的模式存在着安全可靠性的风险。可以预计，大功率、高性能、模块化的新型电源材料产生，必将推动电源领域新的飞跃。

1.4 交流控制电源的发展

早期的交流控制电源基本上属于复式交流控制电源和复式整流式直流电源，这类电源原理结构简单、技术性能指标落后、安全可靠性差、造价低廉，是一种简易的电源装置。这种电源技术应用于系统简单、规模较小、安全可靠性要求较低的控制系统中。

20 世纪 70～80 年代，曾经采用直流电动机—交流发电机构成的逆变机组作为交流不间断电源装置，但因旋转机械所固有的缺点，逐步被静态交流不间断电源装置所替代。随着电力电子技术和计算机技术的广泛应用，交流电源技术有了迅速的发展，20 世纪末静态交流不间断电源装置已广泛应用于发电厂和变电站。

UPS 是一种复杂的电源装置，具有很高的技术和安全可靠性指标，可以实现 0 时间电源切换，在发电厂、变电站和各种不允许断电的重要场合都广泛应用。

2 直流系统配置与接线

2.1 直流系统基本配置

2.1.1 直流电源配置

直流电源一般采用酸性电池，目前多数采用阀控式密封铅酸蓄电池，也有少量直流系统采用铅酸胶体蓄电池，个别小容量直流系统也采用镉镍碱性蓄电池。充电装置多数采用高频模块式开关电源，也有的采用相控直流装置。DL/T 5044—2004《电力工程直流系统设计技术规程》给出了发电工程直流系统的配置，见表 2-1。

表 2-1 发电工程直流系统配置

序号	工程类型、特点	直流系统配置、接线	容量配置	说　明
1	小型发电机组，并网电压 110kV 及以下，单元制或母线制接线	配 1 组或 2 组蓄电池，单母线或单母分段接线，单蓄单充或单蓄双充或双蓄双充	电压：220V 蓄电池容量：50～300Ah 充电装置电流：20～50A	小型供热或垃圾电厂，根据工艺要求设 1 组或 2 组电池
2	总容量在 100MW 及以上，发电机变压器组单元制或母线制接线	配 1 组或 2 组蓄电池，单母分段接线，双蓄双充配置	电压：220V 蓄电池容量：300～500Ah 充电装置电流：50～120A	100MW 及以上，装 2 组； 100MW 以下，装 1 组
3	200MW 以下发电机变压器组单元制接线	每台机配 1 组蓄电池，单母分段接线，单蓄单充或单蓄双充	电压：220V 蓄电池容量：400～800Ah 充电装置电流：80～160A	1 个单元室 2 台机，每台设 1 组蓄电池，正常独立运行，一组退出，分段合上
4	200MW 级发电机组升高电压 220kV 及以下	每台机配 1 组或 2 组蓄电池，动、控合供配 1 组；动、控分供配 2 组。单蓄单充或单蓄双充或双蓄双充	电压：220、110V 蓄电池容量：300～1200Ah 充电装置电流：50～150A	一般采用动、控合供配 1 组电池的方式，正常独立运行
5	300MW 级发电机组	每台机配 3 组蓄电池，1 组动力，2 组控制，动力单母线接线，控制单母分段接线	电压：220、110V 蓄电池容量：300～1500Ah 充电装置电流：50～180A	一般采用动、控分供配 3 组电池的方式，供电距离较远时可采用 2 组方式
6	600MW 级发电机组	每台机配 3 组蓄电池，1 组动力，2 组控制，动力单母线接线，控制单母分段接线	电压：220、110V 蓄电池容量：400～1800Ah 充电装置电流：50～180A	一般采用动、控分供配 3 组电池的方式，220V 系统 2 台机设联络

续表

序号	工程类型、特点	直流系统配置、接线	容量配置	说　明
7	发电厂升压变电站电压等级：220～500kV	配2组蓄电池，动力、控制合供	电压：220、110V 蓄电池容量：200～400Ah 充电装置电流：50～100A	当升压站设置保护装置就地安装时，可将蓄电池分散装设
8	10～35kV变配电所2～3台变压器	配1组或2组蓄电池，单母或单母分段接线	电压：110V 蓄电池容量：50～100Ah 充电装置电流：20～30A	宜采用小容量的成套型直流系统
9	110kV变电站2～3台变压器	配1组蓄电池，单母线分段接线	电压：110V 蓄电池容量：100～200Ah 充电装置电流：30～60A	较重要的变电站可设2组蓄电池
10	220kV变电站2～4台变压器	配2组蓄电池，单母线分段接线	电压：220V 蓄电池容量：200～400Ah 充电装置电流：50～100A	具有两个跳闸线圈的开关设备宜装设2组蓄电池
11	330～500kV变电站	配2组蓄电池，单母线分段接线	电压：220V 蓄电池容量：400～600Ah 充电装置电流：80～100A	当变电站设置保护装置小室时，可将蓄电池分散装设
12	直流输电换流站	站用蓄电池配2组；极用蓄电池每极配2组	站用：220V或110V 极用：48V	

根据表2-1直流电源配置原则归纳如下：

(1) 发电厂、220kV及以上变电站应满足2组蓄电池、2台高频开关电源或3台相控充电装置的要求。某些小型发电厂也可装设1组蓄电池及相应充电装置。

(2) 110kV变电站应满足1组蓄电池、1台高频开关电源或2台相控充电装置的配置要求。部分重要110kV变电站可配置2组蓄电池、2台高频开关电源或3台相控充电装置。

(3) 35kV及以下电压等级的变电站原则上应采用蓄电池组供电；对原有采用电容储能、硅整流装置、48V蓄电池等简易直流电源装置或无直流电源的变电站，应安排更换和改造。

2.1.2 蓄电池选型

发电厂、变电站、电力系统在正常情况下，要求安全、可靠、稳定运行；在事故情况下，要求保证人身和设备安全，并在最短时间和最小范围内消除事故，不使事故范围扩大。蓄电池直流系统是唯一能保证交流电力系统安全、可靠运行，准确、快速处理事故的保安电源。

蓄电池直流系统应选择铅酸蓄电池，也可选用镉镍碱性蓄电池，但碱性蓄电池与酸性蓄电池相比，具有以下特点：

(1) 单体电池电压为1.2V，构成直流系统时需电池数量较多，维护相对复杂。

（2）由于直流系统电池数量多、放电特性陡、降幅大、终止电压低，为合理解决正常运行和事故放电运行的电压偏差，保证直流母线在规定允许范围之内，必须装设端电池或降压装置，因而造成系统接线复杂，安装维护和调试麻烦。

所以，镉镍碱性蓄电池一般用在110kV及以下的小型电力工程中和持续放电容量较小、短时放电倍率较高的直流系统中。

目前直流系统大量采用铅酸蓄电池。铅酸蓄电池具有可靠性高、容量大和能承受一定冲击负荷等优点，故发电厂和变电站广泛采用。铅酸蓄电池主要分防酸式和阀控式两类。

防酸式铅酸蓄电池使用历史较长，这类电池运行中可以加液，便于监视、寿命较长、价格较低，但体积大，运行中产生氢气，且伴随着酸雾，对环境污染较大，维护复杂。考虑到在大、中型发电厂，220kV及以上变电站和直流输电换流站内，一般采用有人值班方式，容许合理的安装场地，所以推荐采用防酸式铅酸蓄电池。近十年来，国内外生产的阀控式密封铅酸蓄电池，克服了一般防酸式铅酸蓄电池的缺点，具有放电性能好、技术指标先进、安装方便、安全可靠、维护简单和占地面积小等优点，在电力系统中得到了广泛应用。

2.1.3 充电装置选型与配置

（1）型式选择。目前充电装置主要有高频开关型充电装置和晶闸管型充电装置两种类型。高频开关型充电装置，单块额定电流通常为5～40A，该装置体积小，质量轻，效率高，使用维护方便，可靠性高，技术性能指标先进，自动化水平高，因此应用广泛。晶闸管型充电装置接线简单，输出功率较大，价格较便宜，技术性能满足直流系统要求，应用也较普遍。所以，直流系统中，充电装置可采用高频开关型也可选用晶闸管型。

（2）充电装置配置。充电装置根据电力工程所设置的蓄电池组数和充电装置的型式配置：

1）1组蓄电池。采用晶闸管充电装置时，宜配置2套充电装置；采用高频开关充电装置时，宜配置1套充电装置，也可配置2套充电装置。

2）2组蓄电池。采用晶闸管充电装置时，宜配置3套充电装置；采用高频开关充电装置时，宜配置2套充电装置，也可配置3套充电装置。

由于高频开关型充电装置安全可靠，组装配置灵活，配套和更换方便，应用较为广泛，而且多数采用与蓄电池一对一的配置方式。

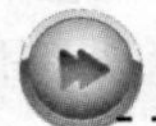

2.2 直流系统基本参数

2.2.1 直流系统电压允许变动范围

直流系统标称电压分为220、110V和48V，根据直流负荷的要求，直流系统标称电压选择原则如下：

（1）专供控制负荷的直流系统宜采用110V。

（2）专供动力负荷的直流系统宜采用220V。

（3）控制负荷和动力负荷联合供电的直流系统采用220V或110V。

(4) 当采用弱电控制或弱电信号接线时，采用48V及以下的电压。

按照上述原则选择直流系统标称电压的原因和依据为：

1) 控制负荷本身负荷小、电流小，即使用于操动机构的跳、合闸电流也仅为2.5～5A，供电距离短，采用110V容易满足各种运行条件下的电压水平要求。

2) 电力工程的规模较小时，如110kV及以下的变配电工程和小容量的发电工程，直流负荷不大，供电距离较小，采用110V直流电压，容易满足要求。所以一般对控制负荷和小规模工程，宜采用110V直流电压。

3) 动力负荷一般功率较大，电流较大，采用220V直流电压容易满足各种运行条件下的电压水平要求，若选择110V直流电压，将使电缆截面积选择过大，接线安装困难。

4) 电力工程规模较大时，供电距离较远，电缆压降较大，如采用110V直流电压往往难以满足供电范围内电压水平的要求。所以，一般对动力负荷和大、中规模电力工程，宜采用220V直流电压。

5) 对于弱电信号负荷，一般功率小，负载电流小，即使较长的供电距离，也可以采用48V及以下的直流电压。

2.2.2 母线电压允许变动范围

(1) 直流母线电压允许变动范围，取决于直流负荷允许的电压变动范围：

1) 控制负荷：(80%～110%)U_n。

2) 动力负荷：(85%～112.5%)U_n。

其中U_n为系统标称电压，以下同。

(2) 考虑到电力系统安全和可靠性的要求，直流系统在任何情况下，直流母线允许的电压变动范围为：

1) 专供控制负荷的直流系统：(85%～110%)U_n。

2) 专供动力负荷的直流系统：(87.5%～112.5%)U_n。

3) 动力、控制负荷联合供电的直流系统：(87.5%～110%)U_n。

(3) 考虑蓄电池进线压降，蓄电池组出口端电压允许变动范围为：

1) 专供控制负荷直流系统：(86%～110%)U_n。

2) 专供动力负荷的直流系统：(88.5%～112.5%)U_n。

3) 动力、控制负荷联合供电的直流系统：(88.5%～110%)U_n。

考虑到容量计算用1.4倍的可靠系数和计算后蓄电池容量数值的取整数，通常可不计蓄电池进线1%的压降，仍分别取85%U_n和87.5%U_n为允许变动范围。

2.3 直流系统接线

2.3.1 接线单元及其组合

直流系统基本接线单元包括蓄电池单元、充电装置单元、放电装置单元、母线分段、母线设备和馈线单元等（见表2-2）。这些基本单元除蓄电池、充电装置直流电源外，通常由隔离开关、直流断路器、熔断器、监测仪表和连线导体等组装构成。

表 2-2　　　　直流系统基本接线单元和主要电气元件组成

接线单元名称	蓄　电　池	充电装置	放电装置
接线图	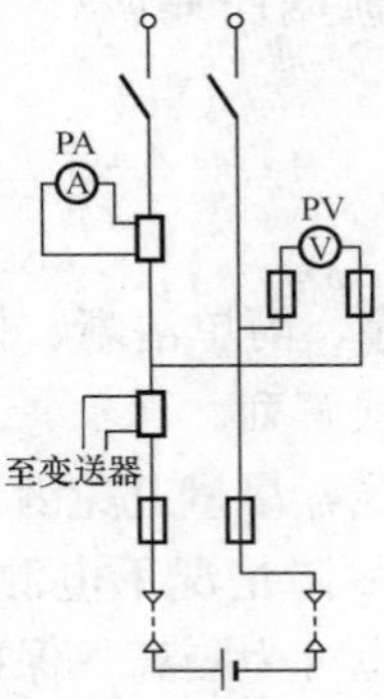 PA A PV V 至变送器	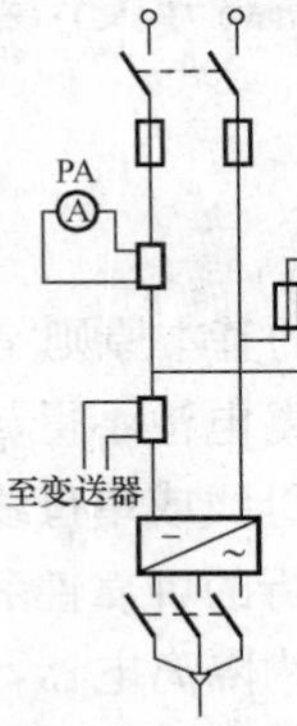 PA A PV V 至变送器	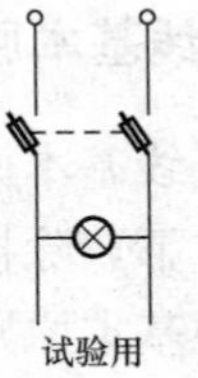 试验用
回路主要设备	蓄电池，隔离、保护电器，测量仪表和变送器，连接电缆	充电装置，隔离、保护电器，测量仪表和变送器，连接电缆	放电装置，隔离、保护电器，连接电缆
接线单元名称	母线分段	母线设备	馈　　线
接线图	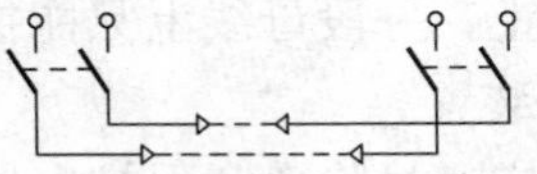	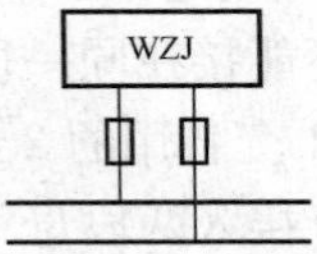 WZJ	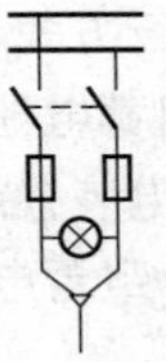
回路主要设备	隔离、保护器，连接电缆	绝缘检测器＋保护电器	隔离、保护电器＋电缆
接线单元组合	蓄电池单元＋放电装置	母线分段＋蓄电池单元＋放电装置	蓄电池单元＋放电装置＋充电装置
接线图	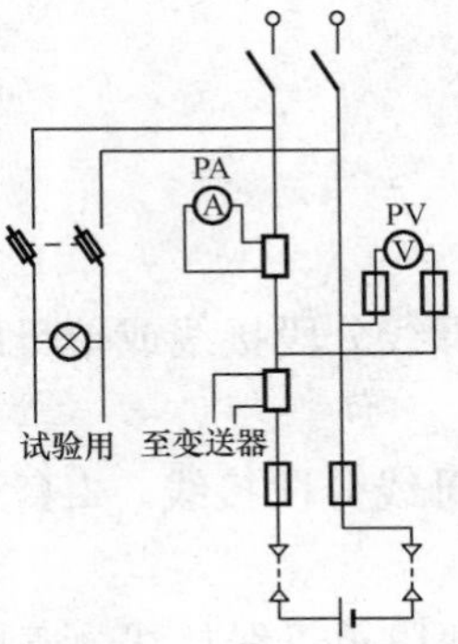 PA A PV V 试验用 至变送器	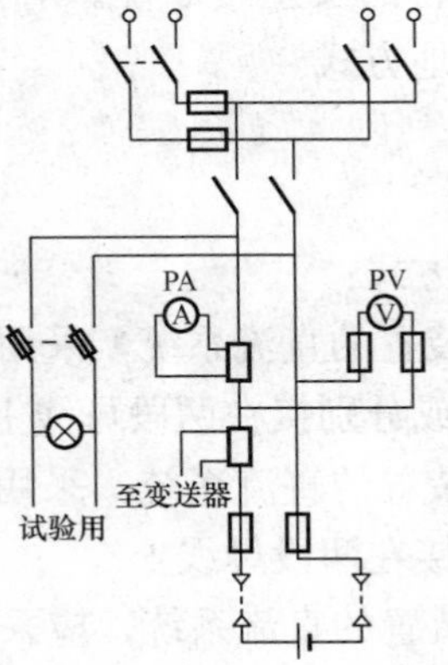 PA A PV V 试验用 至变送器	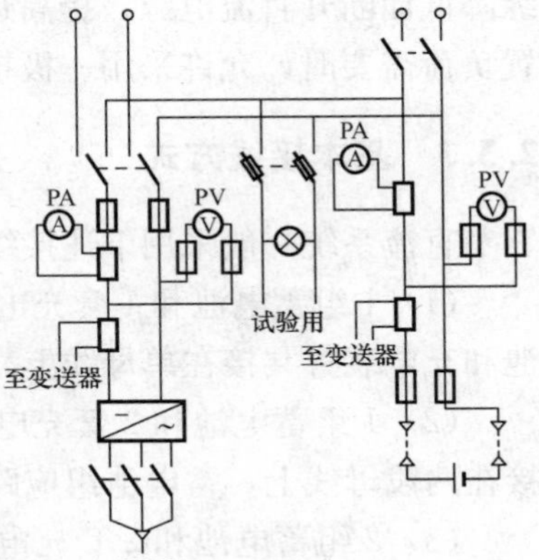 PA A PV V 至变送器 ~380V PA A PV V 试验用 至变送器

直流接线回路中，一般不设独立的保护电器，具有保护功能的电气元件与具有隔离功能和操作功能的一次电气元件一起构成直流开关电器，如熔断器、直流断路器等。当采用熔断器时，为便于操作，应设单独的隔离开关；当采用直流断路器时，一般不另设隔离电器。

2.3.2 接线基本原则和要求

(1) 接线基本原则。直流系统接线的基本原则是安全可靠、简单清晰、操作方便，在任何运行方式下，除接线设计上允许外，蓄电池不得与直流母线解列。

为实现基本原则，直流母线采用单母线或单母线分段接线，尽量避免因接线复杂、操作烦琐而造成运行和操作事故；为提高运行的可靠性和便于在故障情况下电源设备互相支援，母线之间应设联络电器，联络电器一般为隔离电器，必要时也可为隔离、保护电器。

(2) 接线基本要求。为保证直流系统接线的可靠性，直流电源的接线、直流屏结构应满足如下基本要求：

1) 蓄电池组和充电装置均应经隔离和保护电器接入直流系统；一个回路或含有多个分支回路的主干回路应采用相同型式的隔离、保护电器。

2) 铅酸蓄电池组不宜采用降压装置，镉镍碱性蓄电池组应设置降压装置。降压装置应满足正常运行方式和事故放电方式下母线电压水平的要求。

3) 多组蓄电池或多套充电装置不能接在同一段母线上，一段母线上只能接入1组蓄电池和1套充电装置或正常1套工作、1套备用的2组充电装置。

4) 当1组蓄电池或1套充电装置接入两段母线时，应通过隔离和保护电器跨接在两段母线上。

5) 2组蓄电池的直流系统，应满足在运行中两段母线切换时不中断供电的要求。切换过程中允许2组蓄电池短时并联运行。

6) 蓄电池组应设置试验放电回路，放电回路应配置隔离、保护电器；为便于蓄电池放电操作，蓄电池回路出口应与其放电回路并接；考虑到蓄电池放电次数不多，为提高蓄电池放电装置的利用率，放电回路不宜固定连接，放电装置宜为移动式设备。

7) 除有特殊要求外，直流系统应采用不接地方式。不接地系统可以避免一极接地或绝缘降低而断开直流电源，提高运行的安全可靠性。对于48V及以下的直流系统，当电子装置负荷需要时，允许采用一极接地方式。

2.3.3 基本接线方式

直流系统一般采用下述接线方式：

(1) 1组蓄电池和1套充电装置的直流系统，采用单母线分段接线或单母线接线。蓄电池和充电装置共接在单母线上，或分别接在两段母线上。

(2) 1组蓄电池和2套充电装置的直流系统，采用单母线分段接线。2套充电装置分别接在两段母线上，蓄电池组应跨接在两段母线上。

(3) 2组蓄电池和2套充电装置的直流系统，应采用两段单母线接线。蓄电池组和充电装置应分别接于不同母线段，两段直流母线之间应设联络电器。

(4) 2组蓄电池和3套充电装置的直流系统，应采用两段单母线接线，其中2组蓄电池和 2 套充电装置应分别接于不同母线段，第 3 套充电装置应通过隔离和保护电器跨接在两段母线上或经切换电器分别接至 2 组蓄电池。

2.4 直流系统接线基本方案

直流系统接线应根据电力工程的规模和电源系统的容量确定。按照各类容量的发电厂和各种电压等级的变电站的要求，直流系统有 7 种接线方案，其接线图、特点和适用范围简介如下。

2.4.1 1 组蓄电池、1 套充电装置、单母线接线

（1）接线图，如图 2-1 所示。

（2）特点：

1）接线简单、清晰、可靠。

2）1 套充电装置接至直流母线上，所以浮充电、均衡充电以及核对性充放电都必须通过直流母线进行，当蓄电池要求定期进行核对性充放电或均衡充电而充电电压较高，无法满足直流负荷要求时，不能采用这种接线。

（3）适用范围：

1）适用于 110kV 以下小型变（配）电站和小容量发电厂，以及大容量发电厂中的某些辅助车间。

2）对电压波动范围要求不严格的直流负荷。

3）不要求进行核对性充放电和均衡充电电压较低，能满足直流负荷要求的蓄电池组，如阀控式密封铅酸蓄电池组。

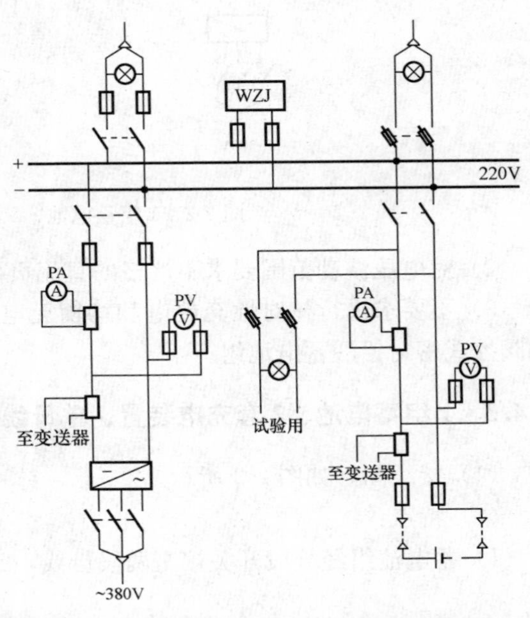

图 2-1　1 组蓄电池、1 套充电装置、单母线接线

2.4.2 1 组蓄电池、2 套充电装置、单母线接线

（1）接线图，如图 2-2 所示。

（2）特点：

1）接线清晰，采用 2 套充电装置互为备用。

2）由于采用 1 组蓄电池，任何情况下都不能与母线解列，故浮充电、均衡充电、核对性充放电等各种运行方式下，均需通过直流主母线进行。当直流负荷对电压要求严格或蓄电池组充电电压较高时，运行方式和工作状态受到限制。

（3）适用范围：

1）适用于 110kV 及以下的小型变（配）电站和小容量发电厂，以及大容量发电厂中的某些辅助车间。

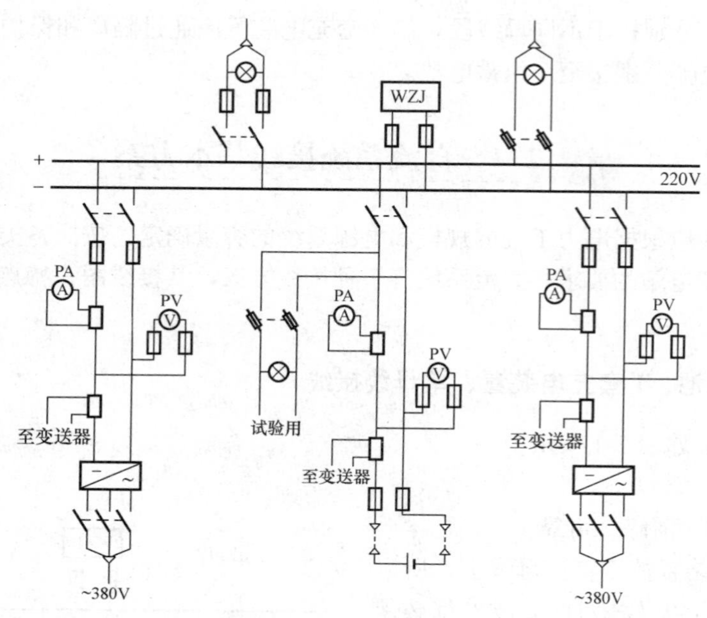

图 2-2　1 组蓄电池、2 套充电装置、单母线接线

2）对电压波动范围要求不严格的直流负荷。

3）不要求进行核对性充放电和均衡充电电压较低，能满足直流负荷要求的蓄电池组，如阀控式密封铅酸蓄电池组。

2.4.3　1 组蓄电池、2 套充电装置、单母线分段接线

（1）接线图，如图 2-3 所示。

（2）特点：

1）蓄电池组经分段开关接至两段母线，2 套充电装置分别接至两段母线。

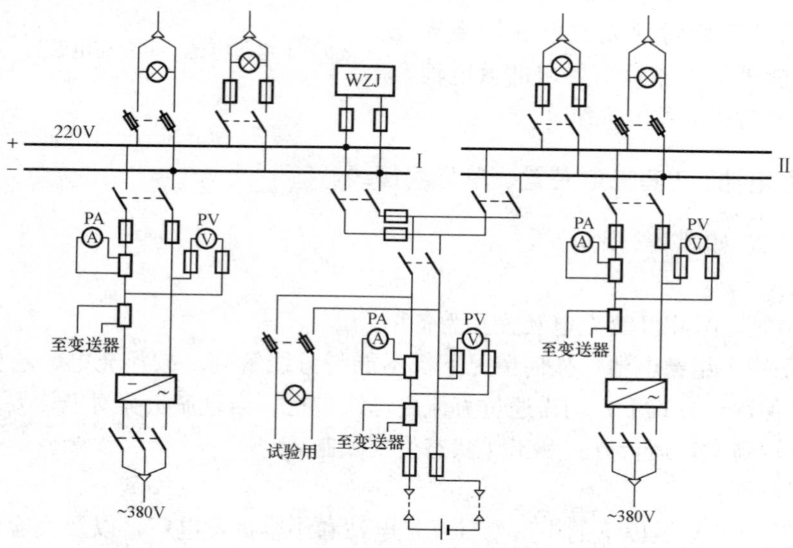

图 2-3　1 组蓄电池、2 套充电装置、单母线分段接线

2）分段开关设保护元件，可限制故障范围，提高安全可靠性。

3）具有1组蓄电池的固有特点，使直流母线电压高于负荷允许范围的运行方式受到限制。

（3）适用范围：

1）适用于220kV及以下的中、小型变（配）电站和小容量发电厂。

2）对电压波动范围要求不严格的直流负荷。

3）不要求进行核对性充放电和均衡充电电压较低，能满足直流负荷要求的蓄电池组，如阀控式密封铅酸蓄电池组。

2.4.4 2组蓄电池、2套充电装置、单母线分段接线

（1）接线图，如图2-4所示。

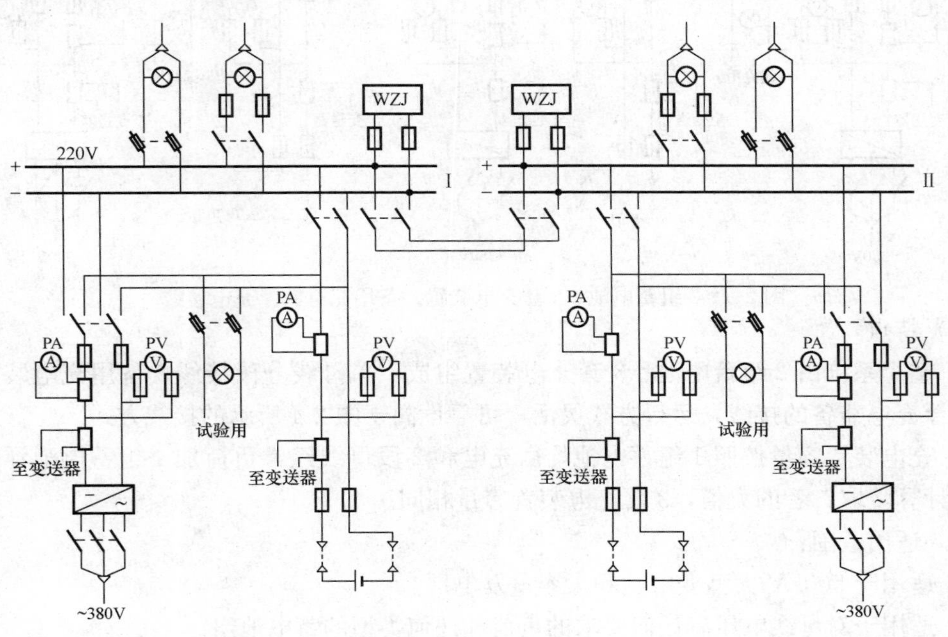

图2-4　2组蓄电池、2套充电装置、单母线分段接线

（2）特点：

1）整个系统由2套单电源配置和单母线接线组成，两段母线间设分段隔离开关，正常时2套电源各自独立运行，安全可靠性高。

2）与1组蓄电池配置不同，充电装置采用浮充电、均衡充电，需要时采用核对性充放电的双向接线方式，运行灵活性高。

3）充电装置容量的选择要考虑一段母线的经常负荷和1组蓄电池的均衡充电要求，并满足两段母线的经常负荷和1组蓄电池的浮充电要求。

4）整流模块按 $N+1$（或 $N+2$）冗余配置。

（3）适用范围：

1）适用于500kV及以下大、中型变电站和大、中型容量的发电厂。

2）对母线电压的要求和对运行方式的要求不受限制的负荷。

2.4.5 2组蓄电池、3套充电装置、单母线分段、备用充电、浮充电接线

（1）接线图，如图 2-5 所示。

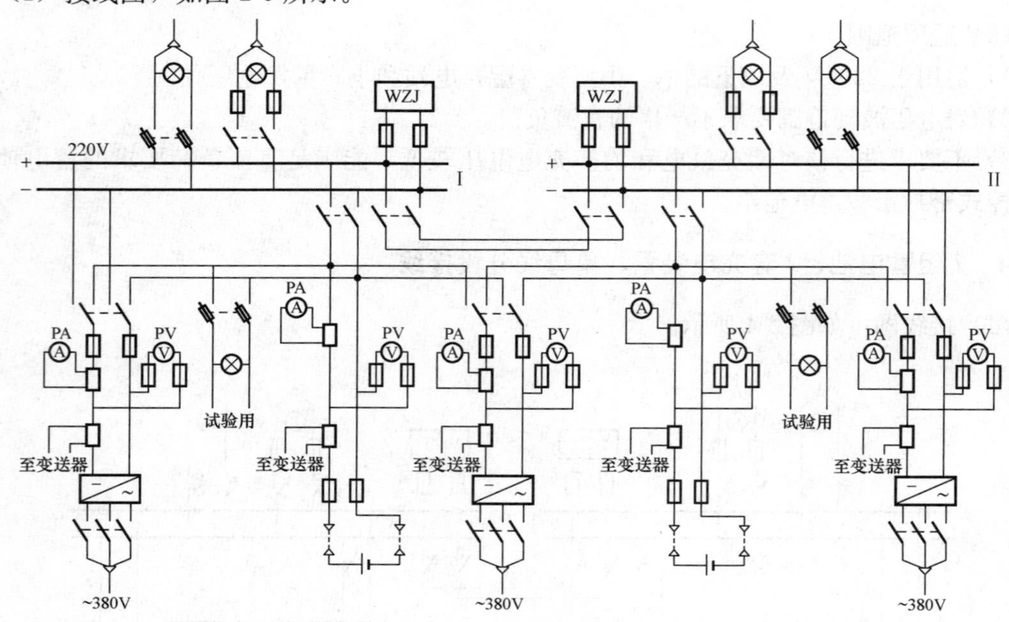

图 2-5 2组蓄电池、3套充电装置、备用充电、浮充电接线

（2）特点：

1）整个系统由 2 组蓄电池、3 套充电装置组成，单母线分段接线。备用充电装置采用充电、浮充电兼备的接线，运行方式灵活，可靠性高于图 2-4 所示的接线方式。

2）充电装置容量按照 1 组蓄电池均衡充电和 2 段母线经常负荷加 1 组蓄电池浮充电两种工况计算，取二者的大值，3 套充电装置容量相同。

（3）适用范围：

1）适用于 500kV 大型变电站和大容量发电厂。

2）适用于对母线电压有任何要求的负荷和任何类型的蓄电池组。

2.4.6 2组蓄电池、3套充电装置、单母线分段、备用浮充电接线

（1）接线图，如图 2-6 所示。

（2）特点：

1）电源配置、母线接线与图 2-5 所示基本相同。

2）一般情况下，备用充电装置仅能作为浮充电方式运行。当经常负荷大于蓄电池均衡充电负荷时，备用浮充电充电装置可兼作均衡充电用，但电压波动大时，该运行方式受限制。

3）主充电装置的容量与图 2-5 所示接线的选择原则相同，备用充电装置按 2 段母线经常负荷加 1 组电池浮充电选择。充电装置可不考虑 $N+1$（或 $N+2$）冗余配置。

4）当均衡充电容量大于经常负荷时，这种接线简称为“二大一小”方案，即 2 台较大容量的均衡充电装置、1 台较小容量的备用浮充电装置。正常情况 2 台大充电装置作浮充电运行。当该充电装置因故障退出时，备用浮充电装置投入运行。

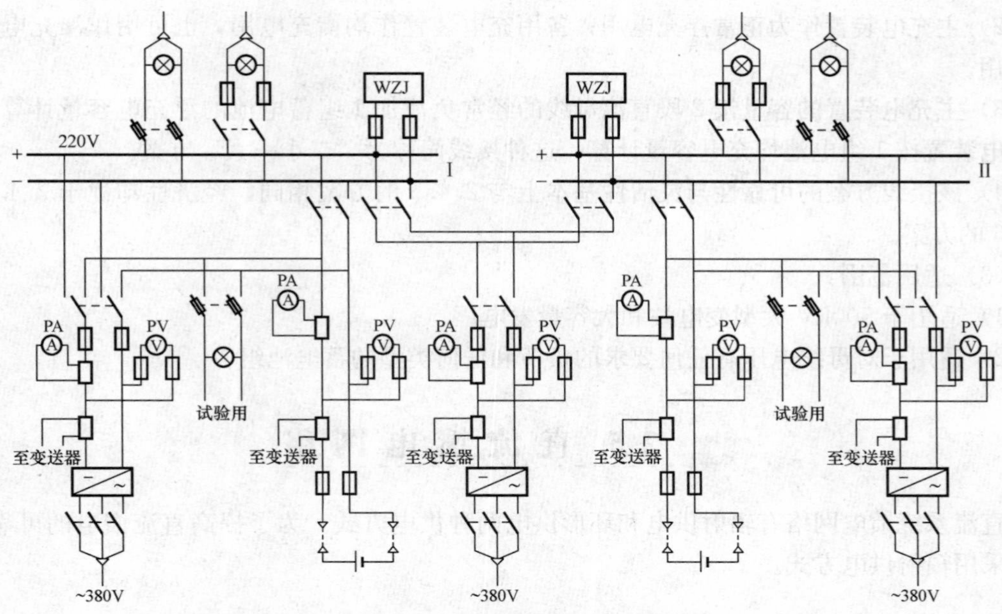

图 2-6　2 组蓄电池、3 套充电装置、备用浮充电接线

（3）适用范围：

1）适用于 500kV 大型变电站和大容量发电厂。

2）适用于对母线电压有任何要求的负荷和任何类型的蓄电池组。

2.4.7　2 组蓄电池、3 套充电装置、单母线分段、备用充电接线

（1）接线图，如图 2-7 所示。

（2）特点：

1）电源配置、母线接线与图 2-5 所示基本相同。

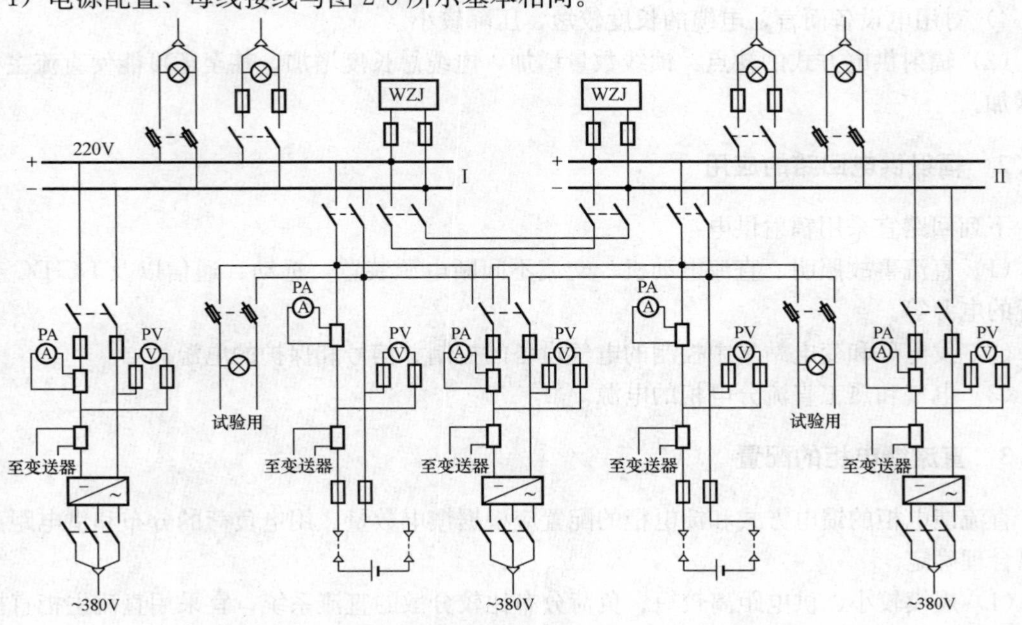

图 2-7　2 组蓄电池、3 套充电装置、备用充电接线

2）主充电装置作为正常浮充电用；备用充电装置作均衡充电用，也可用作浮充电装置的备用。

3）主充电装置的容量按 2 段直流母线的经常负荷加 1 组蓄电池的浮充电容量计算，备用充电装置按 1 组电池均充电容量计算，这种接线简称为“二小一大”方案。

4）该接线方案的可靠性与灵活性基本上与 2.4.5 的方案相同，经济性却优于 2.4.5 和 2.4.6 的方案。

（3）适用范围：

1）适用于 500kV 大型变电站和大容量发电厂。

2）适用于对母线电压有任何要求的负荷和任何类型的蓄电池组。

2.5 直流馈电网络

直流系统馈电网络有辐射供电和环形供电两种供电方式。为了提高直流馈电的可靠性，一般采用辐射供电方式。

2.5.1 辐射供电网络

辐射供电网络是以电源点即直流柜上的直流母线为中心，直接向各用电负荷供电的一种方式。

（1）辐射供电方式的优点：

1）减少了干扰源（主要是感应耦合和电容耦合）。

2）一个设备或系统由 1～2 条馈线直接供电，当设备检修或调试时，可方便地退出，不致影响其他设备。

3）便于寻找接地故障点。

4）对用电设备而言，电缆的长度较短，压降较小。

（2）辐射供电方式的缺点：馈线数量增加，电缆总长度增加，甚至还可能使直流主柜数量增加。

2.5.2 辐射供电回路的应用

下列回路宜采用辐射供电：

（1）直流事故照明、直流电动机、交流不间断电源装置，远动、通信以及 DC-DC 变换装置的电源等。

（2）发电厂和变电站集中控制的电气设备的控制、信号和保护的电源。

（3）电气和热工直流分电柜的电源。

2.5.3 直流馈电柜的配置

直流馈电柜的馈电方式和馈电柜的配置应根据馈电数量、用电负荷的分布和供电距离等情况合理确定。

（1）规模较小、供电距离较短、负荷分布比较分散的直流系统，宜采用直流主柜直接集中馈电方式。

（2）规模较大、供电距离较长、负荷分布相对集中的直流系统，宜采用在负荷比较集中的地方设置直流分电柜的分层馈电方式。

2.5.4 直流分电柜的接线

直流分电柜接线主要根据以下几点进行：

（1）直流分电柜应有2回直流电源进线，电源进线宜经隔离电器接至分电柜直流母线。

（2）1组蓄电池的直流系统，2回直流电源宜取自不同母线段；2组蓄电池的直流系统，2回直流电源宜取自不同的蓄电池组母线段。

（3）分电柜应采用2段母线，正常时两段母线分列运行，以防止2组蓄电池并联运行，只有当一段母线退出运行或故障情况下，才手动合上分段开关，保持向负荷安全供电。两段母线负荷宜均匀配置，双重化控制和保护回路负荷应接在不同的分段上。

（4）当需要采用环形供电时，环形网络干线或小母线的2回直流电源应经隔离电器接入，正常时为开环运行。环形供电网络干线引接负荷处也应设置隔离电器。

2.5.5 分层辐射式和集中辐射式

辐射供电网络又可分为分层辐射式和集中辐射式两种，分层辐射网络适用于规模较大、系统较复杂的直流系统，如图2-8、图2-9所示。

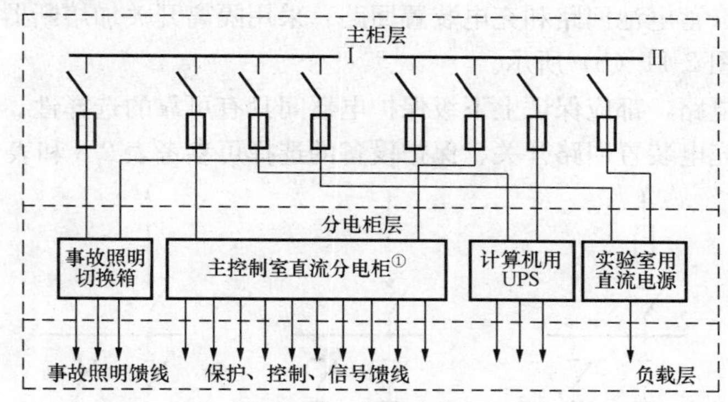

图2-8 变电站直流供电网络

①当直流主柜布置在控制室或变电站的规模较小时，也可不设直流分电柜。

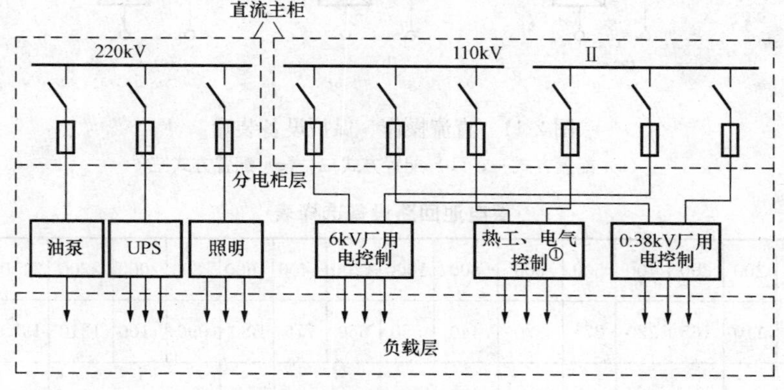

图2-9 发电厂直流供电网络

①当集中控制室控制回路较少时，也可不设控制分电柜。

集中辐射式网络适用于规模较小的直流系统，如图 2-10 所示。

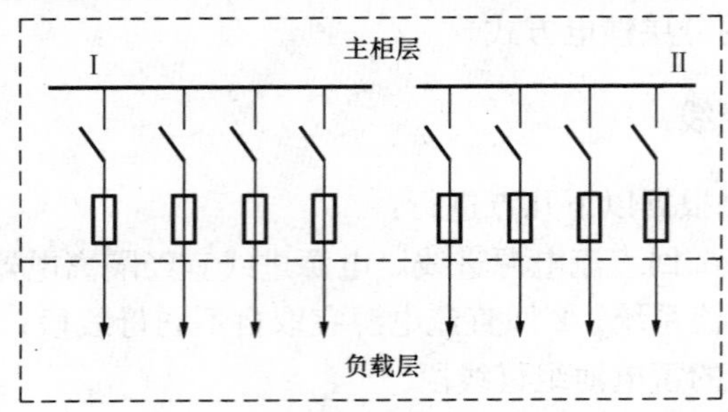

图 2-10　小容量变电站直流供电网络

2.6 直流回路开关设备配置

直流回路开关和保护设备可按以下方式配置：

（1）整个直流系统全部配置隔离开关和熔断器，其中隔离开关为隔离操作电器，熔断器为保护电器，如图 2-11（a）所示。

（2）整个直流系统全部配置直流断路器，如图 2-11（c）所示。

（3）电源回路（蓄电池回路和充电装置回路）采用隔离开关加熔断器，负载馈线回路采用直流断路器，如图 2-11（b）所示。

无论采用何种电路，都应保证上下级保护电器间具有可靠的选择性。

蓄电池回路和充电装置回路开关、保护设备的选择可参考表 2-3 和表 2-4。

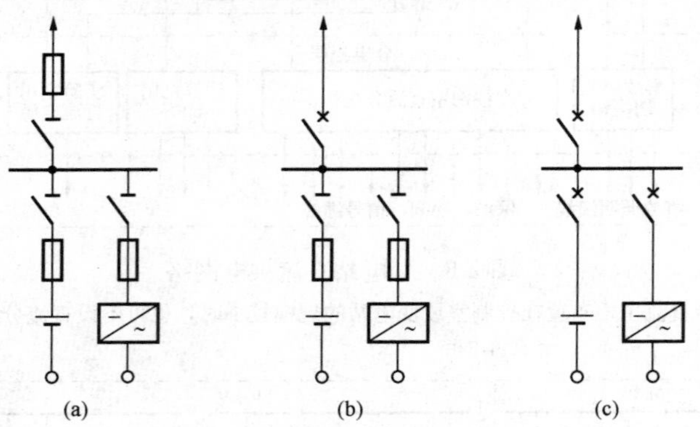

图 2-11　直流操作、保护设备装置

（a）配置方式一；（b）配置方式二；（c）配置方式三

表 2-3　　蓄电池回路设备选择表

蓄电池容量（Ah）	100	200	300	400	500	600	800	1000	1200	1400	1600	1800	2000	2200	2400	2500	2600	3000
回路电流（A）	55	110	165	220	275	330	440	550	660	770	880	990	1100	1210	1320	1375	1430	1650
熔断器及刀开关额定电流（A）	100	200	315		400	500	630		800		1000	1250			1600			2000

续表

<table>
<tr><td>直流断路器额定电流（A）</td><td>100</td><td>160</td><td>200</td><td>250</td><td>315</td><td>400</td><td>500</td><td colspan="2">630</td><td>800</td><td colspan="2">1000</td><td colspan="3">1250</td><td colspan="3">1600</td></tr>
<tr><td>电流测量范围（A）</td><td>±100</td><td colspan="2">±200</td><td colspan="2">±300</td><td>±400</td><td>±600</td><td colspan="2">±800</td><td colspan="2">±1000</td><td>±1250</td><td colspan="3">±1500</td><td colspan="3">±2000</td></tr>
<tr><td>放电试验回路电流（A）</td><td>10</td><td>20</td><td>30</td><td>40</td><td>50</td><td>60</td><td>80</td><td>100</td><td>120</td><td>140</td><td>160</td><td>180</td><td>200</td><td>220</td><td>240</td><td>250</td><td>260</td><td>300</td></tr>
<tr><td>主母线铜导体截面积（mm^2）</td><td colspan="3">50×4</td><td colspan="7">60×6</td><td colspan="6">80×8</td><td colspan="2">80×10</td></tr>
</table>

注 1. 容量为 100Ah 以下的蓄电池，其母线最小截面积不宜小于 30mm×4mm。

2. 表中开关设备电流一般为按蓄电池 5.5I_1 选择的下限值，当按保护选择性配合要求时，可适当增大额定值。

表 2-4 **充电装置回路设备选择表**

<table>
<tr><td>充电装置额定电流（A）</td><td>20</td><td>25</td><td>31.5</td><td>40</td><td>50</td><td>63</td><td>80</td><td>100</td><td>125</td><td>160</td><td>200</td><td>250</td><td>315</td><td>400</td></tr>
<tr><td>熔断器及刀开关额定电流（A）</td><td colspan="5">63</td><td colspan="2">100</td><td colspan="2">160</td><td>200</td><td colspan="2">300</td><td>400</td><td>630</td></tr>
<tr><td>直流断路器额定电流（A）</td><td colspan="2">32</td><td colspan="3">63</td><td colspan="2">100</td><td colspan="4">225</td><td colspan="2">400</td><td>630</td></tr>
<tr><td>电流表测量范围（A）</td><td colspan="2">0～30</td><td colspan="2">0～50</td><td colspan="2">0～80</td><td>0～100</td><td colspan="2">0～150</td><td>0～200</td><td colspan="2">0～300</td><td>0～400</td><td>0～500</td></tr>
</table>

3 直流负荷

3.1 直流负荷分类

3.1.1 按功能分类

直流负荷按功能分，有控制负荷和动力负荷两种。

（1）控制负荷。用于电气和热工的控制、信号装置和继电保护、自动装置以及仪器仪表等小容量负荷称为控制负荷。这类负荷在发电厂、变电站中数量多、范围广，但容量小。

（2）动力负荷。在发电厂中，直流润滑油泵电动机、氢密封油泵电动机、电磁操动的断路器合闸机构、交流不间断电源装置、远动和通信装置电源、直流照明等大功率的负荷称为动力负荷。这类负荷在发电厂中容量较大，对蓄电池容量及设备选择起着决定作用。而在变电站中，主要是电磁操动机构和直流照明电源。由于现代断路器的操动机构主要采用弹簧、液压机构，负荷容量较小，所以变电站中直流动力负荷主要是直流事故照明负荷。

3.1.2 按性质分类

直流负荷按性质分为经常负荷、事故负荷和冲击负荷，其特性及分类见表 3-1。

表 3-1 直流负荷的特性及分类

序号	负荷名称	负荷性质	正常状态			事故状态		
			是否允许间断供电	用电时间	正常允许电压变动范围（%）	是否允许间断供电	用电时间	事故末期允许电压变动范围（%）
1	位置信号灯、位置指示器和位置继电器	经常负荷	允许有计划停电	长时间	70～105	允许有计划停电	长时间	70
2	控制室长明灯		允许有计划停电	长时间	95～105	不允许	部分长时间	85
3	继电保护装置和安全自动装置	部分经常负荷	不允许	部分长时间	70～110	不允许	短时间	70
4	断路器跳闸回路		不允许	短时间	65～120	不允许	短时间	65
5	隔离开关操作及闭锁回路		允许有计划停电	短时间	85～110	允许	短时间	80

续表

序号	负荷名称	负荷性质	正常状态			事故状态		
			是否允许间断供电	用电时间	正常允许电压变动范围（%）	是否允许间断供电	用电时间	事故末期允许电压变动范围（%）
6	汽轮机调速电动机	部分经常负荷	允许有计划停电	短时间	95～105	允许	短时间	80
7	实验室		允许			允许		
8	交流不间断电源装置	事故负荷	允许有计划停电	短时间	85～110	不允许	长时间	85
9	事故照明		允许有计划停电	短时间	85～105	不允许	长时间	85
10	汽轮机直流润滑油泵和发电机氢冷直流密封油泵		允许有计划停电	短时间	85～110	不允许	长时间	85
11	通信备用电源		允许有计划停电	短时间	85～110	不允许	长时间	85
12	断路器合闸机构	冲击负荷	允许有计划停电	短时间	（80～85）～110	不允许	短时间	80～85

（1）经常负荷。要求直流电源在电力系统正常和事故工况下均应可靠供电的负荷，称为经常负荷。此类负荷主要包括以下几类：

1）信号装置。信号装置包括信号灯、位置指示器、光字牌以及各类信号报警器等。这类装置在所有工况下部分或全部处于工作状态，都应有可靠的直流电源供电。

2）继电保护和自动装置。继电保护和自动装置的作用，是在电力系统故障时，有效地切除故障，把故障限制在最小的范围内，以最短的时间恢复供电。这类装置在电力系统正常和事故时需要可靠的电源，以保证其动作的正确性和可靠性。

3）电气和热工控制操作装置。这类装置包括电气开关设备、跳合闸控制装置和热力设备的操作设备。这类设备不仅在操作时要求有可靠的和足够功率的电源，且在非操作状态下，也要求有可靠的电源，为其辅助元件供电。

4）电气和热工仪表。目前在发电厂、变电站中广泛采用以集成电路或微机为基础的仪表装置，这类装置要求可靠的辅助电源，以保证测量仪表的正常工作和检测的准确性。

5）经常照明。在正常和交流事故情况下，都要求持续稳定的照明。在控制室应设置一定量的由直流电源供电的经常照明，即经常直流照明，俗称长明灯。

6）其他辅助设备。为保证电气和热控设备能安全可靠地工作，通常设置必要的辅助性的继电器，如切换继电器、闭锁继电器、电源监视继电器等。这些继电器消耗一定的功率。

（2）事故负荷。发电厂或变电站在交流电源消失后，全厂（站）停电状态下，必须由直流电源供电的负荷，称为事故负荷。事故负荷包括以下几类：

1）事故照明。在正常照明因事故停电而熄灭后，供处理事故和安全疏散用的照明，称为事故照明。当有保安电源时，只有部分事故照明由直流电源供电。对没有保安电源的发电厂和变电站，全部事故照明均由直流电源供电。

需要说明的是，在GB 50034—1992《工业企业照明设计标准》中已将事故照明改为应急照明，且应急照明包括备用照明、安全照明和疏散照明。备用照明是在当正常照明因故障熄灭后，将会造成爆炸、火灾和人身伤亡等严重事故的场所所设的供继续工作用的照明，或在火灾时为了保证救火能正常进行而设的照明；安全照明是用于当正常照明因故障而使人们处于危险状态的情况下，能继续进行工作而设的照明；疏散照明是在正常照明因故障熄灭后，为了避免引起工伤事故或通行时发生危险而设的照明，或在火灾时指示并照亮疏散通道的照明。这三种照明由于使用场所不同，要求正确选用供电方式、电源切换时间和持续工作时间及照度值。为了简化负荷种类和不同负荷的处理方式，本手册仍采用电力系统传统的“事故照明”用词且保持惯用的供电方式和持续工作时间。

2）直流油泵电动机。在火电厂中，这类直流负荷主要有汽轮机直流润滑油泵、氢冷发电机密封油泵、汽动给水泵直流润滑油泵等直流电动机。

3）不间断电源。在交流电源事故停电的情况下，给不允许间断供电的交流控制负荷供电的电源称为不间断电源。交流不间断电源装置，由厂用保安段供电，当厂用交流电源中断时，则由蓄电池组经逆变器供电。因此，不间断电源装置也是直流电源的事故负荷之一。

4）远动、通信备用电源。在发电厂和变电站中，通信系统一般设有独立的通信电源，作为正常工作电源。为保证通信系统的可靠性，在无专用通信蓄电池组时，通常由直流系统引接备用电源。

5）信号和继电保护装置。在表3-1中经常负荷所包含的信号装置、继电保护和安全自动装置等直流负荷为电源正常消耗功率的负荷，其容量较小。在事故状态下，与事故相关的信号装置、继电保护和安全自动装置都将动作，瞬时所消耗的功率将有所增加。所以，除统计正常情况下信号装置、继电保护和安全自动装置的功率消耗外，还要合理统计这些装置在事故状态下的功率消耗（以下简称功耗）。

(3) 冲击负荷。冲击负荷是指在极短的时间内施加的很大的负荷电流，如断路器的合闸电流等。冲击负荷出现在事故初期（1min）称为初期冲击负荷，出现在事故末期或事故过程中的瞬时冲击负荷（5s）称为随机负荷。

1）事故初期冲击负荷。事故初期冲击负荷是指在交流电源消失后1min内的全部直流负荷。这些负荷包括：各种直流油泵的启动电流，厂用电源切换时的断路器跳、合闸电流，需要切除的厂用电动机的断路器跳闸电流，所有在停电过程需要动作的继电器、信号装置以及其他热工保护自动装置等。

在发电厂中，事故初期负荷较大，而且蓄电池容量往往决定于该阶段的负荷。在变电站中，该放电阶段负荷较小，通常不予专门统计。

2）事故末期冲击负荷（随机负荷）。该类冲击负荷主要指电磁操动机构的断路器合闸电流。这类负荷可作用于放电过程的任一时刻，但为了保证断路器的可靠合闸，通常人为地选择在阶梯负荷某一最严重的放电阶段的末期，也就是选择在蓄电池端电压最低的时候。目前这类负荷通常很小。

考虑到蓄电池在1～2h的事故放电过程中，弹簧储能机构的储能电动机可能动作，其动作时间约为一秒到数秒钟，该负荷也归入随机性的冲击负荷。断路器合闸和储能电动机启动所需要的蓄电池容量一般不超过10～20Ah。

3.2 直流负荷统计

3.2.1 直流负荷统计要求

直流负荷统计应满足以下要求：

(1) 对于采用主控制室控制的中小机组，按控制室内控制的设备数量统计直流负荷；当控制室内设有2组蓄电池时，每组蓄电池的控制负荷按全部机组统计，动力负荷宜平均分配在2组蓄电池上，其中事故照明负荷，每组电池宜按全部负荷的60%统计；对小容量机组，也可按全部控制、动力负荷统计。

(2) 对于采用单元控制的大中型机组，按单元机组设备统计直流负荷；当单元机组设有2组蓄电池时，每组蓄电池按1台机组的全部负荷统计；设有联络线的2套动力用蓄电池组，只按各自连接的负荷统计，不因互联而增加蓄电池容量。

(3) 采用动力、控制联合供电的单元制机组（一般为两机一控），当每台机组设有2组蓄电池时，蓄电池的直流负荷按控制负荷100%、事故照明负荷100%，其他动力负荷60%的技术原则进行统计；当每台机组设有1组蓄电池时，蓄电池的直流负荷按单台机组全部负荷统计。

(4) 当变电站设有2组蓄电池时，每组蓄电池的直流负荷按全部负荷统计。

(5) 每组蓄电池的事故后恢复供电的断路器合闸电流均按随机负荷统计。

(6) 直流负荷统计时应注意：

1) 项目完备，不能遗漏。

2) 负荷容量力求准确、合理。

3) 正确分析事故放电过程，合理选择直流设备的工作时间。

为全面、正确统计、计算直流负荷，通常采用直流负荷时间统计计算表进行。典型的直流负荷统计计算表见表3-2。

3.2.2 负荷表填写的步骤

负荷表应按以下步骤填写：

(1) 按实际的直流经常负荷、事故负荷依次分类填入表内。

(2) 依次填入相应负荷的装置容量和负荷系数，并求得计算容量。计算容量=装置容量×负荷系数。

(3) 按直流负荷的持续时间依次填入相应的负荷电流。

(4) 统计直流事故放电过程中各时段的负荷电流和事故负荷容量，其中$C_{s0.5}$，$C_{s1.0}$，…为本时间区间的容量之和；$C_{\Sigma 0.5}$，$C_{\Sigma 1.0}$，…为自放电开始至本阶段末放电容量之和。

(5) 当采用电流法计算蓄电池容量时，可不作放电容量统计。

表 3-2　　　　典型的直流负荷统计表

序号	负荷名称	装置容量(kW)	负荷系数	计算容量(kW)	负荷电流(A)	经常电流(A)	事故放电时间（h）及电流（A）①				
							初期	持续放电（h）③			随机
							1min	0～0.5	0.5～1.0	1.0～2.0	5s
1											
2											
3											
4											
5	电流统计(A)②					$I_o=$	$I_1=$	$I_2=$	$I_3=$	$I_4=$	I_R
6	容量统计(Ah)②							$C_{s0.5}$	$C_{s1.0}$	$C_{s2.0}$	
7	容量累加(Ah)②							$C_{\Sigma 0.5}$	$C_{\Sigma 1.0}$	$C_{\Sigma 2.0}$	

注　1. 装置容量是指直流设备的标称容量或标称功率。
2. 负荷系数是直流设备在交流系统正常或事故放电情况下，实际消耗的功率与标称功率的比值。
3. 计算容量为装置容量与负荷系数之乘积。
4. 经常电流是交流系统正常情况下，直流设备的消耗电流。

① 根据计算要求，也可按容量（Ah）统计。
② 根据计算要求，进行容量或电流统计。
③ 表中序号根据负荷类型、数量确定；持续放电时间根据放电阶段和放电全过程的总时间确定。

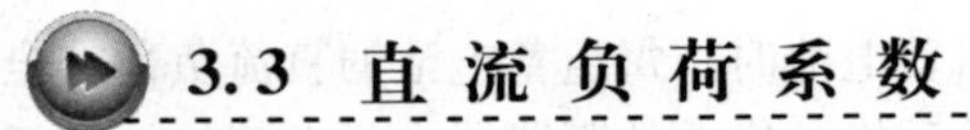

3.3 直流负荷系数

3.3.1 直流负荷的负荷系数

在统计直流负荷容量时，要用到“负荷系数”的概念。所谓“负荷系数”即是实际计算负荷容量与额定标称容量的比值。应用负荷系数是为了更真实地统计实际的直流负荷，进而更确切地计算蓄电池容量。负荷系数通常根据负荷特性、运行工况以及容量裕度等因素确定。

负荷系数是考虑安全、运行条件、设备特性和计算误差等诸多因素的平均数值，并非一个准确的数值。对于较小容量的直流负荷，允许负荷系数取值有一定的偏差；对于大容量的直流负荷，如电动机等，其取值应尽量接近实际。

3.3.2 负荷系数选择

直流负荷系数，实质上是直流系统运行时的同时系数，选择负荷系数应力求准确、可靠。但目前存在的问题是，根据计算负荷及其负荷系数所选择的直流电源及直流设备容量往往过大，过于保守，过大的富裕容量导致过大的能源浪费。所以，考虑到直流电源的重要性，选取准确、可靠而又合理的直流负荷系数是当前直流设备选择的重要问题。常用直流负荷的负荷系数见表 3-3。

表 3-3　　常用直流负荷的负荷系数

负荷类别	监控、保护、信号等	断路器跳闸	断路器自投（电磁机构）	直流润滑油泵	氢密封油泵	交流不间断电源	DC-DC 变换装置	恢复供电断路器合闸	直流长明灯、事故照明
负荷系数	0.6/0.8	0.6	0.5	0.9	0.8	0.3～0.8	0.5～0.6	1.0	1.0

注　事故初期（1min）的冲击负荷，按如下原则统计：

1）备用电源断路器为电磁操动合闸机构时，应按备用电源实际自投断路器台数统计，低电压、母线保护、低频减载等跳闸回路按实际数量统计。

2）事故停电时间内，恢复供电断路器电磁操动机构的合闸电流（随机负荷），应按断路器合闸电流最大的 1 台统计，并应与事故初期冲击负荷之外的最大负荷或出现最低电压时的负荷相叠加。

3）交流不间断电源和 DC-DC 变换装置，容量分别在 20kVA 和 1kVA 以下时，负荷系数取下限。

直流系统常用负荷系数取值及其说明如下：

(1) 控制、保护、信号等负荷是按终期规模控制设备的全部负荷统计的，但正常运行时或事故动作时或控制操作时，只能是一部分负荷，所以宜取较小数值，如取 0.6。

(2) 断路器跳闸负荷，是考虑事故初期事故备用电源自投失败后，相继发生低电压保护动作，使大量断路器跳闸的短时（1min）负荷，这些负荷的动作时间先后不一，精确统计困难较大，为了计算方便，取负荷系数为 0.6。

(3) 断路器自投是指厂（站）备用电源自动投入，较严重情况发生在发电厂厂用电系统，相关动作的断路器，其台数最多为 3 台，一般为 2 台，至少有 1 台。由于电磁操动机构合闸电流很大，对蓄电池容量选择影响较大，应当慎重考虑。鉴于电磁操动机构，多台合闸时不可能同时动作；且备用电源自投时蓄电池组的浮充电电源刚刚失去，此时直流电压较高，在计算时按失去浮充电电源后静置 8h 的“0”曲线，有较大的裕度，而且断路器的实际合闸电流小于额定合闸电流，故负荷系数按经验数据取 0.5。

(4) 恢复供电断路器合闸负荷，是指事故处理完毕，为恢复供电进行操作的瞬时（5s）冲击负荷。一般只考虑 1 台，负荷系数取 1.0。

(5) 直流润滑油泵和氢密封油泵，选择电动机时，一般电动机的电磁功率比油泵所需的轴功率大 15%～30%，为安全计取负荷系数 0.9～0.8。

(6) 交流不间断电源装置，主要用于热工负荷，实际工程检测正常工况下的直流负荷极小且难以准确计算。考虑到安全性，正常负荷系数取 0.3～0.4，事故负荷系数取 0.6～0.8。详见 3.4.2。

(7) 不同工况下的负荷系数是不同的，正常情况和交流故障情况均投运的直流负荷，应标明正常情况和交流故障情况的负荷系数。但在负荷统计计算时，应注意正常情况和交流故障情况下的负荷数量不同，如保护装置，正常情况和交流故障情况下都要消耗直流负荷，但事故负荷仅统计与最严重事故有关的设备功耗，即 1 套或相关的几套保护装置动作功耗。

3.4 直流控制负荷

由直流电源供电的控制、保护、信号、自动装置等控制负荷，可由各有关设备的铭牌参数查得，也可由其标称功耗计算求得。在直流负荷统计计算中，应根据实际设备参数和数量分类统计计算。在发电厂中，热工负荷属于机、炉等设备的热力控制负荷。

3.4.1 电气控制负荷

近年来，直流控制、继电保护、自动装置和信号装置发生了很大变化，高集成度的微机保护、监控设备已广泛取代了常规的机电、电磁式设备，因此直流设备的功耗也产生了较大的变化，集成度高、成套性强的微机设备很难按单个部件逐一统计计算其功耗，只能按不同的单元回路进行成套统计计算。表 3-4 列出了采用微机保护和微机监控设备的单元回路平均功耗，供缺乏实际设备参数的工程计算参考。表 3-5 和表 3-6 分别列出了火力发电工程和输变电工程的直流经常负荷估算值，仅供参考。在工程中，应尽量向设备供货单位索取设备参数，以保证直流系统设备选择的准确性。

目前，采用分散组装的电磁、机电型保护和控制设备已经很少，为了解分散设备情况和应用方便，本手册仍列出部分常规设备的功耗数据（见表 3-7～表 3-9）。

电气控制、保护负荷中，相当一部分是经常负荷，譬如监测、状态监视、保护电源等设备，在任何情况下都要提供可靠的不间断的电源。这些设备在电力系统正常情况下和事故情况下的负荷功耗也不尽相同，要区分经常负荷和事故负荷以及经常负荷在正常工况和事故工况下的功耗也非常困难。为了尽量合理准确估算直流系统容量，工程中应根据不同计算条件采用不同的负荷系数统计计算。对于小规模工程，如输变电工程，其单元构成清晰明确时，可按单元功耗及其负荷系数进行统计计算；对于大中型工程，如发电工程，其单元构成复杂且难以确定时，可按制造厂提供的综合资料和运行经验得到的整个工程估算功耗及其负荷系数进行统计计算。

表 3-4　　　　电气回路单元功耗

序号	负荷名称	标称容量（W）	负荷系数		计算容量（W）		负荷电流（A）220/110V	
			正常	事故	正常	事故	正常	事故
1	100MW 以下发电机组	200	0.6	0.8	120	160	0.55/1.09	0.73/1.45
2	100～300MW 发电机组	400	0.6	0.8	240	320	1.09/2.18	1.45/2.91
3	300～600MW 发电机组	500	0.6	0.8	300	400	1.36/2.72	1.82/3.64
4	500kV 以上变压器	500	0.6	0.8	300	400	1.36/2.72	1.82/2.64
5	330～500kV 变压器	400	0.6	0.8	240	320	1.09/2.18	1.45/2.91
6	220kV 变压器	300	0.6	0.8	180	240	0.82/1.64	1.09/2.18
7	110kV 变压器	150	0.6	0.8	90	120	0.41/0.82	0.55/1.09
8	35～66kV 变压器	100	0.6	0.8	60	80	0.27/0.55	0.36/0.73
9	3～20kV 变压器	30	0.6	0.8	18	24	0.082/0.164	0.109/0.218
10	500kV 以上线路	400	0.6	0.8	240	320	1.09/2.18	1.45/2.91
11	330～500kV 线路	300	0.6	0.8	180	240	0.82/1.64	1.09/2.18
12	220kV 线路	200	0.6	0.8	120	160	0.55/1.09	0.73/1.45
13	110kV 线路	100	0.6	0.8	60	80	0.27/0.55	0.36/0.73

续表

序号	负荷名称	标称容量（W）	负荷系数		计算容量（W）		负荷电流（A）220/110V	
			正常	事故	正常	事故	正常	事故
14	35～66kV 线路	50	0.6	0.8	30	40	0.136/0.27	0.18/0.36
15	3～20kV 线路	30	0.6	0.8	18	24	0.082/0.164	0.109/0.218
16	0.4kV 线路	20	0.6	0.8	12	16	0.055/0.109	0.073/0.145
17	跳合闸电源	600	0.6	0.8	360	480	1.64/3.27	2.18/4.36
18	断路器储能电动机	1000	0.6	0.8	600	800	2.73/5.45	3.64/7.27
19	500kV 以上监控装置	1000	0.6	0.8	600	800	2.73/5.45	3.64/7.27
20	220～500kV 监控装置	500	0.6	0.8	300	400	1.36/2.73	1.82/3.64
21	66～110kV 监控装置	300	0.6	0.8	180	240	0.82/1.64	1.09/2.18
22	备自投装置	20	0.6	0.8	12	16	0.055/0.109	0.073/0.145
23	计量电源	20	0.6	0.8	12	16	0.055/0.109	0.073/0.145
24	330～500kV 断路器	80	0.6	0.8	48	64	0.218/0.436	0.291/0.582
25	110kV 及以上母线保护	150	0.6	0.8	90	120	0.41/0.82	0.55/1.09
26	110kV 及以上故障录波器	150	0.6	0.8	90	120	0.41/0.82	0.55/1.09

注 1. 表中“正常”是指交流系统正常运行时，直流设备所消耗的功率。

2. 表中“事故”是指交流系统故障情况下，直流设备所消耗的功率。

3. 计算容量由标称容量与负荷系数相乘而得。

表 3-5　　火力发电厂电气经常负荷数据表

发电厂机组台数及容量（台×MW）	4×6	4×12	4×25	4×50	2×100	2×100
控制方式	主控制室	主控制室	主控制室	主控制室	单元控制室	单元控制室
机炉台数	4 机 4 炉	4 机 4 炉	4 机 4 炉	4 机 4 炉	2 机 2 炉	2 机 4 炉
每台机组经常负荷容量（kW）	0.75	1.00	1.25	1.50	1.25	1.50
经常负荷总容量（kW）	3.0	4.0	5.0	6.0	2.5	3.0
发电厂机组台数及容量（台×MW）	2×135	2×200	2×300	2×600	4×100	4×（200～600）
控制方式	单元控制室	单元控制室	单元控制室	单元控制室	220kV 网控室	500kV 网控室
机炉台数	2 机 2 炉	2 机 2 炉	2 机 2 炉	2 机 2 炉		
每台机组经常负荷容量（kW）	1.50	2.00	2.50	3.00		
经常负荷总容量（kW）	3.0	4.0	5.0	6.0	2.0	3.0

注 1. 本表沿袭本手册（第一版）的计算数据，并参考现行工程实际情况整理、计算得出，仅供参考。

2. 具体工程中，应根据实际设备参数和运行工况要求统计计算。按本表数据统计计算经常负荷时，可取 0.6 或 0.8 的系数。

表 3-6　　变电站经常负荷数据表

变电站电压（kV）		35	110	110	110	220	220	220	330	500
变压器容量（台×MVA）		2×10	2×50	3×50	4×50	2×180	3×180	4×240	4×240	4×750
变压器型式		双绕组	（双）三绕组	（双）三绕组	双绕组	三绕组	三绕组	三绕组	三绕组	三绕组
馈线数量	500kV									8
	330kV								6	
	220kV					4	6	4		14
	110kV		4	4	6	10	10	12	12	
	35kV	2	6	9					8	8
	6～10kV	10	24	36	40	24	30	30		
	其他回路	5	8	11	14	10	14	22		
经常负荷（kW）		1.0	2.2	2.5	3.0	3.5	4.0	4.5～5.0	6.0	7.0

注　1. 本表根据现行功耗数据，并结合部分典型工程估算得出，仅供参考。实际工程应根据其建设规模和设备参数统计计算。

2. 在统计经常负荷时，可取负荷系数 0.6；统计事故负荷时，可取负荷系数 0.6 或 0.8。

表 3-7　　常规控制、保护设备控制负荷统计计算

序号	负荷名称	数　量	功耗（估算）
1	断路器、隔离开关、位置信号指示	每回路 1 套	（断路器数＋隔离开关数）×（3～5）W
2	光字牌指示	每回路 1 套	预告或事故信号光字牌数×2×15W
3	信号报警器	全站 1 套或每个电压等级 1 套	1.2×报警器正常功耗×总套数
4	经常带电的继电器	330～500kV 线路：10～15 只 220kV 线路：4～8 只 110V 线路：3～6 只 110V 以下线路：1～3 只	每个单元，经常带电继电器的功耗： $P_{Kj}=N_K\times(5\sim7)$ 式中　N_K——继电器数量； 5～7——每只继电器功耗，W。 事故情况下功耗：$P_{Ks}=1.2P_{Kj}$

注　信号灯、光字牌的直流功耗为：

1）信号灯 XD2，XD5，XD20，XD21/XD22 对应于 110V 和 220V 的功耗（W）为：8，8；1.2，1.2；2.2，4.4；1，1.8。

2）光字牌 XD9，XD10 对应于 110V 和 220V 的功耗（W）：8 和 15。

3）信号报警器的功耗为 20W。

表 3-8　　整流型保护柜和集成电路保护柜直流功耗　　（W）

序号	保护类型	整流型		集成电路型	
	工作状态	正常	动作	正常	动作
1	10～200MW 发电机—变压器组	60	100	100～150	150～200
2	300～600MW 发电机—变压器组	100	150	150～200	250～300
3	110～220kV 变压器	100	150	80～100	150～200
4	330～500kV 变压器	100	150	100～150	200～250
5	110kV 线路	80	150	80	150
6	220kV 线路	150～200	300～500	200	400
7	330～500kV 线路	150～200	400～600	250	500

表 3-9 **直流继电器主要参数表**

型号	额定电压（V）	动作电压（占标称值的%）	额定电流（A）	动作电流（占标称值的%）	动作时间（ms）	消耗功率（W）		线圈内阻（Ω）	
						电压线圈	电流线圈	电压线圈	电流线圈
DZ-3	220/110/48	70～110			20～50	7			
DZ-8	110	85			70			920	
DZ-21	220	70～110			60	20			
DZ-30B	220/110/48	70			50	5		12 750/3200/660	
DZB-11B;DZB-12B DZB-15B	220/110/48	70	0.5,1,2,4,8	80	50	7	4	8900/2150/445	
DZ-13B	220/110/48	70	0.5,1,2,4,8	80	50	5.5	4	8900/2150/445	
DZB-14B	220/110/48	70	0.5,1,2,4,8	80	50	4	4	8900/2150/445	
DZS-10B	220/110/48	70			60 0.4s(返回)	5		12 400/3000/660	
ZJ3-1A;ZJ3-2A	220/110/48	70～110			10	5			
ZJ3-3A	220/110/48	70～110	0.25,0.5,1,2,4	80	10	8	1.2		
ZJ3-4A	220/110/48	70～110	0.25,0.5,1,2,4	80	10	8	2		
ZJ3-5A	220/110/48	70～110	0.5,1,2,4	80%	10	8	2.7		
ZJ3-1B;ZJ3-1C ZJ3-2B;ZJ3-2C	220/110/48	70～110			7	8			
ZJ3-3B;ZJ3-3C	220/110/48	70～110	0.25,0.5,1,2,4	80	7	8	1.2		
ZJ3-4B;ZJ3-4C	220/110/48	70～110	0.25,0.5,1,2,4	80	7	8	2		
ZJ3-5B;ZJ3-5C	220/110/48	70～110	0.5,1,2,4	80	7	8	4		
DZ-700	220/110/48	70～110				4		17 000/4000/650	
YZJ1-1	220/110/48	70～110			0.11s	6			
YZJ1-2	220/110/48	70～110			1.1s (返回)	7			

续表

型号	额定电压（V）	动作电压（占标称值的%）	额定电流（A）	动作电流（占标称值的%）	动作时间（ms）	消耗功率（W）		线圈内阻（Ω）	
						电压线圈	电流线圈	电压线圈	电流线圈
YZJ1-3	220/110/48	70～110	1,2,4	80	40～50	15	1		
YZJ1-3E	220/110/48	70～110	1,2,4	80	40～50	15	6		
YZJ1-4	110	60	1,2 ,4	70	0.05s 0.5s(返回)	3	1		
YZJ1-5	220/110/48	70～110	1,2,4	80	50	6			
DZ-10;DZ-10Q	220/110/48	70～110			45	7			
DZB-115 DZB-115Q	220/110/48		0.5,1, 2,4,6	80	45	4			
DZB-138 DZB-138Q	220/110/48	70～110	1,2, 4,8		45～60	10	4.5		
DZB-115 DZB-115Q	220/110/48	70～110			60	3.3			
DZB-145 DZB-145Q	220/110/48	70～110			0.4s(返回)	6.5			
DZB-117 DZB-117Q	220/110/48	70～110			60	3.3			
DZB-127 DZB-127Q	220/110	70～110	1,2,4	80	60	5.5	2.5		
DZB-136 DZB-136Q	220/110	70～110	1,2,4	80	60	5.5	2.5		
DZB-500 DZB-500Q	220/110/48	70			40	3			
DZS-512;DZS-513 DZS-514;DZS-516 DZS-512Q	220/110/48	70～110			60	5			
DZS-532;DZS-533 DZS-534;DZS-536 DZS-532Q	220/110/48	70～110			0.25s (返回)	5			
DZK-111;DZK-115 DZK-111Q	220/110/48	70～110			15	3			
DZK-121;DZK-125 DZK-121Q	220/110/48	70～110	0.25,0.5, 1,2,4	80	15	8	3		
DZK-134;DZK-135 DZK-134Q DZK-135Q	220/110/48	70～110	0.25,0.5, 1,2,4		15	8	3		

续表

型号	额定电压（V）	动作电压（占标称值的%）	额定电流（A）	动作电流（占标称值的%）	动作时间（ms）	消耗功率（W）		线圈内阻（Ω）	
						电压线圈	电流线圈	电压线圈	电流线圈
DZK-141；DZK-144 DZK-141Q DZK-144Q	220/110/48	70～110	0.25，0.5，1，2，4		15	8	3		
DZ-51；DZ-61	220/110/48	75～110			30	5			
522A	220/110/48	70			30	2.5			
DZ-650	220/110/48	70			40	3.5			
DZ-650/R	220/110	70			60 0.8s	1.6			
RXMA1	220/110/48	70				1.6			
RXMH2	220/110/48	70			50	5.5			
RXMS1（A）	220/110/48	70			4（动合） 3.5（动断）	6.8			
RXMS1（B）	220/110/48	70			5.5（动合） 5（动断）	3.5			
RXMS1（C）	220/110/48	70			8（动合） 7.5（动断）	6.8			
RXMS1（D）	220/110/48	70	0.25，0.5，1，2，4		8（动合） 7.5（动断）	8	2.5		
DZY-200	220/110/48	70～110			45	5		10 300/2800/500	
ZDB-200	220/110/48	70～110	0.25，0.5，1，2，4，8	80	45	5	5	10 300/2800/500	
DZS-200	220/110/48	70～110			0.11（0.4～1.1）s（返回）	2.5（5）		12 000/3000/700	
DZK-200	220/110/48	70～110	0.25，0.5，1，2，4，8	80	15	8	2.5	1600/460/96	
DZ-410；DZ-480	110/48	60～110			60	5			
DZ-490	110/48	70～110			45	3.5			
DZK-10	220/110	（50～70）～110			2.5	10			
DZK-11；12；13	220/110	（50～70）～110	0.25，0.5，1，2	80	2.5	10	2.5		
JT18-□	220/110/48	（35～50）～110				19			
JT18-□L			1.6～630	35～65			19		

3.4.2 热工负荷

发电厂中的直流负荷包括电动门、热工仪表、执行机构的调节阀以及程控跳闸电源等，电动门和部分调节阀属动力负荷，热工仪表等属控制负荷。在热工负荷中，准确测定经常负荷比较困难。早期的热工负荷交直流电源比较明确，采用UPS电源后，绝大多数热工仪表负荷正常情况下，采用UPS的交流电源；仅有调节阀和程控跳闸电源随机负荷，采用直流电源，且负荷很小。同时，据部分地区调查，电力系统中UPS电源容量富裕度较大，正常负荷不足额定容量的10%，由于UPS的备用电源取于直流系统蓄电池，因而过大的UPS容量会导致蓄电池容量正比增加。但由于各制造厂工艺系统不完全统一，负荷量很难准确计算。所以，在没有充分依据减小热工负荷的条件下，一方面适当、合理控制UPS容量，另一方面考虑到正常运行负荷较小、事故工况负荷较大的特点，采用较小的经常负荷系数和较大的事故负荷系数，以适当降低直流系统蓄电池容量。

表3-10、表3-11分别列出了各类机组热工经常负荷和短时负荷。

表3-10　　各类机组热工经常负荷

序号	机组容量（MW）	负荷类别	标称容量（kW）	负荷系数	计算容量（kW）	负荷电流（A）	
						220V	110V
1	125	经常	4	0.3	1.2	5.45	10.91
		事故	4	0.6	2.4	10.90	21.82
2	200	经常	5	0.3	1.5	6.82	13.64
		事故	5	0.6	3.0	13.64	27.27
3	300	经常	6	0.3	1.8	8.18	16.36
		事故	6	0.6	3.6	16.36	32.72
4	600	经常	8	0.3	2.4	10.91	21.82
		事故	8	0.6	4.8	21.82	43.64

注　1. 本表根据工程算例整理、推算列出，仅供参考。

2. 根据实际工程查询，正常热工直流负荷很小，几乎均由UPS取代，在缺乏可靠依据的前提下采用估计的功耗和不同工况下不同负荷系数统计计算处理。

表3-11　　各类机组热工短时（1min）负荷

序号	机组容量（MW）	负荷类别	标称容量（kW）	负荷系数	计算容量（kW）	负荷电流（A）	
						220V	110V
1	125	热工保护控制	3.0	0.6	1.8	8.18	16.36
		热工动力操作	4.0	0.6	2.4	10.91	21.82
2	200	热工保护控制	5.0	0.6	3.0	13.64	27.27
		热工动力操作	6.0	0.6	3.6	16.36	32.73
3	300	热工保护控制	8.0	0.6	4.8	21.82	43.64
		热工动力操作	9.0	0.6	5.4	24.55	49.09
4	600	热工保护控制	10.0	0.6	6.0	27.27	54.55
		热工动力操作	12.0	0.6	7.2	32.72	65.45

注　1. 本表根据工程算例整理、推算列出，仅供参考。

2. 热工保护控制负荷和动力（电磁阀）操动负荷应分别列入控制和动力负荷，按短时（1min）统计。

3.5 直流动力负荷

直流动力负荷主要包括直流电动机、事故照明电源、UPS电源等。经常照明负荷（长明灯）由于很小，当供电电压合适时，也可统计在控制负荷内。主要动力负荷的统计计算方法见表3-12。

表3-12 常用动力负荷统计计算

序号	负荷名称	标称容量（kW）	负荷系数	计算容量（kW）	负荷电流（A）初期/持续
1	润滑油泵电动机	P_n	0.9	$0.9P_n$	$2.0I_n/0.9I_n$
2	密封油泵电动机	P_n	0.8	$0.8P_n$	$2.0I_n/0.8I_n$
3	UPS电源	P_n	0.5～0.8	0.5～$0.8P_n$	0.5～$0.8P_n/220\times0.8$
4	DC-DC变换装置	P_n	0.8	$0.8P_n$	$0.8P_n/220\times0.9$
5	逆变装置	P_n	0.8	$0.8P_n$	$0.8P_n/220\times0.8$
6	事故照明	P_n	1.0	$1.0P_n$	$P_n/220$

注 1. 直流油泵电动机的效率 η 取0.8～0.85，标称电流 I_n 由直流电动机的额定数据中查得。当无确切数据时，用公式 $I_n=P_n/\eta U_n$ 计算求得。
2. UPS电源及DC-DC变换装置的效率 η 分别取0.8和0.9。

3.5.1 经常直流照明

经常直流照明，是为避免事故发生时，事故照明尚未及时投运前出现的短时照明消失现象，而在控制室内设置的直流照明装置。其照度无严格要求，只要保证值班人员能进行处理事故的活动即可。经常直流照明负荷的大小，主要决定于控制室的规模，一般可按表3-13中的数据估算。灯具一般情况下用白炽灯，当有交流不间断电源时，也可采用荧光灯。

3.5.2 事故照明

对于变电站和中小型发电厂，一般采用主控制室控制方式，全部事故照明负荷均取自直流电源。对于有大容量机组的发电厂，一般采用单元集中控制方式，且机组设置事故时投入的交流保安电源，此时大部分事故照明均由保安电源供电，称为交流事故照明。只有设置在控制室等重要场所中的部分事故照明负荷由直流电源供电，这些称为直流事故照明负荷。直流事故照明负荷采用可瞬时燃亮的白炽灯。

对于采用主控制室方式的中小机组电厂和变电站，一般是在主控制室、户内配电装置室等处设置直流事故照明。对于采用单元控制方式的大机组电厂，通常在单元控制室、网控室、直流配电室、不间断电源室、保安电源柴油发电机房、通信机房等处设置直流事故照明。此外，有些工程的继电器室、计算机房等场所也可设置直流事故照明。

表3-13示出了火电厂、变电站需要事故照明的场所及其单位面积照明容量，可供设计参考。

表 3-13　　火力发电厂、变电站需要事故照明的场所及其单位面积照明容量

序号	工作场所		视觉作业等级	照度（lx）		单位容量（W/m²）	
				一般照明	事故照明	一般照明	事故照明
1	锅炉房及其辅助车间	磨煤机、排粉机、送风机、引风机、一二次风机等操作区	Ⅶ	50	5	10～13	1.1～1.4
2		锅炉房通道、锅炉本体楼梯平台、给煤（粉）机平台	Ⅲ	30	3	7～10	0.8～1.1
3		煤仓间	Ⅶ	30	3	7～10	0.8～1.1
4		渣斗间及其平台	Ⅲ	15	2	5～7	0.6～0.8
5		燃油泵控制室	Ⅱ乙	150	20	15～25	1.7～2.8
6		重油泵房、燃油泵房	Ⅶ	30	3	7～10	0.8～1.1
7	热控	汽机控制室、锅炉控制室	Ⅱ甲	300	30	25～50	2.8～5.5
8		集中控制室、单元控制室	Ⅱ甲	300	30	25～50	2.8～5.5
9		变送器室	Ⅵ	100	10	13～15	1.4～1.7
10		除氧给水控制室	Ⅱ乙	150	15	18～25	2～2.8
11	汽机房及其辅助车间	汽机房运转层	Ⅳ乙		10	13～15	1.4～1.7
12		高、低压加热器平台	Ⅵ	50	5	10～13	1.1～1.4
13		发电机出线小室	Ⅵ	50	5	10～13	1.1～1.4
14		除氧器、管道层	Ⅵ	50	5	10～13	1.1～1.4
15		汽机房底层	Ⅵ	50	5	10～13	1.1～1.4
16	运煤系统	翻车机控制室	Ⅳ乙	100	15	13～15	1.4～1.7
17		干煤棚、推煤机库、卸煤沟	Ⅶ	15	2	5～7	0.6～0.8
18		碎煤机室、运煤转运站、翻车机室、地下卸煤沟	Ⅶ	30	3	7～10	0.8～1.1
19		电除尘控制室、运煤集控室	Ⅲ乙	150	20	15～25	1.7～2.8
20	化水	化学水处理控制室	Ⅱ乙	150	20	15～25	1.7～2.8
21	供水	中央循环水泵房	Ⅱ乙	150	20	15～25	1.7～2.8
22	消防	生活、消防泵房	Ⅶ	30	3	7～10	0.8～1.1
23	室内电气、通信及其他	主控室、网控室	Ⅱ甲	300	30	25～50	2.8～5.5
24		计算机室	Ⅱ乙	200	20	25～30	2.8～3.3
25		继电器室	Ⅱ乙	200	20	25～30	2.8～3.3
26		通信室	Ⅲ甲	150	15	18～25	2～2.8
27		交流不间断电源、柴油机室	Ⅲ甲	150	15	18～25	2～2.8
28		高压配电间（一）	Ⅳ乙	100	10	13～15	1.4～1.8
29		高压配电间（二）	Ⅳ乙	100	10	13～15	1.4～1.8
30		中压配电间	Ⅳ乙	100	10	13～15	1.4～1.8
31		低压配电间	Ⅳ乙	100	10	13～15	1.4～1.8
32		蓄电池、直流设备室	Ⅲ乙	200	20	25～30	2.8～3.3
33		电容器室	Ⅵ	100	10	13～15	1.4～1.7
34		重要通道、楼梯	Ⅵ	100	10	13～15	1.4～1.7

注　1. 上述数据仅供计算时参考，应以相关标准规定为依据。

2. 大中型火力发电厂，当设有交流事故保安电源时，直流系统仅供控制室和保安电源（如柴油机）室的事故照明。

在无确切资料时，直流事故照明负荷可参照表3-14和表3-15中的数值估算。实际工程应以工程的实际照明负荷资料进行计算。

表3-14　直流照明负荷数据参考表

序号	类别	装设地点或车间名称		计算负荷
1	长明灯（W）	控制室控制柜、台前		60～100W/3面柜
2		控制室控制操作柜、台中央		100～200W
3		控制室走道		50～100W
4		控制室长明灯总容量	35kV及以下变电站	60～100W
			110kV变电站，300MW以下机组	120W
			220kV变电站，300MW机组	240W
			500kV变电站，600MW机组	300W
			直流换流站，600MW以上机组	400W
5	事故照明（kW）	中、小容量发电厂和变电站的主控制室或大容量电厂的网络控制室		0.5～1.0kW
6		100～200MW机组发电厂单元控制室（1机1控）		1.0～1.5kW
7		100～200MW机组发电厂单元控制室（2机1控）		1.5～2.0kW
8		300MW机组发电厂单元控制室（1机1控）		2.0～2.5kW
9		300MW机组发电厂单元控制室（2机1控）		2.5～3.0kW
10		600MW机组发电厂单元控制室（1机1控）		3.0～3.5kW
11		600MW机组发电厂单元控制室（2机1控）		3.5～4.0kW
12		计算机室		0.5～1.0kW
13		6～10kV户内配电装置（每段）		0.2～0.2kW
14		35kV户内配电装置（每段）		0.1～0.2kW
15		110kV户内配电装置（每段）		0.2～0.3kW
16		220kV户内配电装置（每段）		0.3～0.4kW
17		每台机组的主厂房照明（主控制室控制方式）	100～125MW	4.0kW
18			25～50MW	3.0kW
19			12MW	2.0kW
20		柴油机房		2.0kW

表3-15　变电工程事故照明容量参考表　(kW)

变电站型式	10～35	110-Ⅰ	110-Ⅱ	220-Ⅰ	220-Ⅱ	220-Ⅲ	330-Ⅰ	330-Ⅱ	500-Ⅰ	500-Ⅱ
事故照明容量	0.2～0.4	1.0	1.5	2.5	3.5	4.5	4.0	5.5	5.0	6.0

注　变电工程规模和条件说明：

1）本表包括控制、通信、继电保护室和户内电气配电室要求的事故照明负荷，仅供缺乏实际负荷资料时参考。

2）所有工程的10、35kV配电装置均为户内布置。

3）110-Ⅰ为具有3台主变压器的110kV户外变电站；110-Ⅱ为具有3台主变压器的110kV户内变电站。

4）220-Ⅰ为具有3台主变压器的220kV户外变电站；220-Ⅱ为具有3台主变压器的部分户内GIS的220kV变电站；220-Ⅲ为具有3台主变压器的全部户内GIS的220kV变电站。

5）330-Ⅰ和500-Ⅰ为具有3、4台主变压器的330kV和500kV户外变电站；330-Ⅱ和500-Ⅱ为具有3、4台主变压器的部分户内GIS的330kV和500kV户外变电站。

3.5.3 直流电动机

在火力发电厂中，直流电动机负荷主要是保证安全启停机用的油泵电动机，包括汽轮机直流润滑油泵、氢冷发电机的氢密封油泵和汽动给水泵直流润滑油泵等。在全部直流负荷中，直流油泵电动机占有相当大的比例，而且其允许的运行电压下限又比较高，所以这部分负荷对蓄电池的容量有重要影响。

直流电动机负荷电流按持续工作电流计算。持续工作电流一般取额定电流的 0.8～0.9 倍，即取负荷系数 $K=0.8\sim0.9$（参见表 3-3）。取小于 1 的负荷系数，是因为直流电动机的功率总是大于油泵实际运行的最大轴功率。

常见的几种直流油泵电动机的技术数据列于表 3-16，可供负荷计算时参考。

表 3-16　常见直流油泵电动机的技术数据表

序号	汽轮机发电机型号	润滑油泵电动机		氢密封油泵电动机		给水泵润滑油泵电动机	
		额定电压（V）	额定功率（kW）	额定电压（V）	额定功率（kW）	额定电压（V）	额定功率（kW）
1	TQN-100-2	220	15	220	5.6		
2	QFSS-220-2	220	40	220	5.6		
3	QFSN-300-2	220	40	220	5.6	220	2×2.5
4	QFSN-600-2YH	220	30	220	8	220	2×2.5
5	QFSS-125-2	220	40	220	5.5		
6	QFSN-300-2	220	22	220	5.5	220	2×17
7	QFSN-200-2	220	17	220	5.5		
8	QFSN-300-2	220	22	220	5.5（空侧） 5.5（氢侧）	220	5.6
9	QFSN-200-2	220	17	220	5.5（空侧） 2.2（氢侧）		
10	QFSN-300-2	220	40	220	10（空侧） 5.5（氢侧）		

当缺乏直流电动机数据时，可参考表 3-17 所列数据。

表 3-17　Z2 系列直流电动机主要参数和启动电阻选择

Z2 直流电动机参数						选用电阻元件规范及数量			
容量（kW）	电压（V）	不同转速（r/min）下的电流（A）				型号	规范	数量	总计（Ω）
		750	1000	1500	3000				
4	220	23	22.3	22.3	21.65	ZT2-75	39A，0.075Ω	40	3
5.5	220	31.25	30.3	30.3	30.3	ZT2-110	46A，0.11Ω	20	2.2
7.5	220	42.1	41.3	40.8	40.3	ZT2-110	46A，0.11Ω	20	2.2
10	220	55.8	54.8	53.8	53.5	ZT2-80	54A，0.08Ω	20	1.6
13	220	72.1	70.7	68.7	68.7	ZT2-55	64A，0.055Ω	20	1.1
17	220	93.2	92	90	88.9	ZT2-55	64A，0.055Ω	20	1.1
22	220	119	118.2	115.4	113.7	ZT2-40	76A，0.04Ω	20	0.8
30	220	160	158.5	156.9	155	ZT2-40	76A，0.04Ω	20	0.8
40	220	214	212	210	208	ZT2-28	91A，0.028Ω	20	0.56
55	220	289	289	285.5	284	ZT2-20	107A，0.02Ω	20	0.4
75	220	387	387	385	385	ZT2-14	128A，0.014Ω	20	0.28
100	220	514	514	511	511	ZT2-10	152A，0.01Ω	20	0.2

3.6 事故停电时间

3.6.1 发电厂、变电站事故停电时间

发电厂、变电站事故停电时间按下述原则选取：

(1) 长期运行实践证明，与电力系统连接的发电厂和有人值班变电站，在全厂（站）事故停电后30min左右即可恢复厂（站）用电，但是为了保证事故处理有充裕时间，计算蓄电池容量的事故放电时间按1h计算。

(2) 不与电力系统连接的孤立发电厂，在短时间内很难立即处理恢复厂用电，因此故事故停电时间按2h计算。

(3) 直流输电换流站操作相对复杂和无人值班的变电站，发生事故时维修人员前往变电站的路途时间可能超过1h，故事故停电时间均应按2h计算。由于事故照明可采用维修人员到达现场后手投方式，无人值班变电站的事故照明负荷可按1h计算。有人值班的变电站，全站交流电源事故停电时间按1h计算。

3.6.2 直流负荷统计计算时间

直流负荷统计计算时间，是指该负荷在事故停电时间内的实际用电时间。

(1) 所有控制负荷均是按发电厂、变电站事故停电时间统计，这是考虑在整个事故停电时间内，都有可能进行控制操作。

(2) 直流润滑油泵供电的计算时间，是根据汽轮发电机组惰走时间而决定的。据调查统计，不同容量汽轮发电机组惰走时间见表3-18。

表3-18 汽轮发电机的惰走时间

机组容量（MW）	12～25	50～125	200～300	600
惰走时间（min）	17～24	18～28	22～29	80～85

由表3-18可知，200MW及以下机组按0.5h计算是可以满足要求的。对于大容量机组，为保证安全和可靠，事故停电时间宜合理增长，具体时间见表3-19。

(3) 密封油泵的计算时间，应根据汽轮发电机组事故停机后检查或检修需要排氢时所需要的时间确定，时间取值见表3-19。

(4) 交流不间断电源装置的负荷计算时间，对于小容量发电厂，因事故停电时间较短，大容量发电厂则装有保安电源，故取0.5h；对于孤立电厂、无人值班变电站和直流输电换流站，为提高安全可靠性，宜取2.0h；有人值班变电站取1.0h。

(5) 恢复供电时断路器电磁操动机构合闸的冲击负荷，可以发生在事故停电过程中的任何时间，按随机负荷考虑，叠加在事故放电过程中的严重工况上，而不固定在整个事故放电末期，从偏于安全考虑，合闸计算时间按5s计。

(6) 采用一体化电源设备时的直流负荷统计和负荷持续时间，DC-DC变换装置，其直流负荷的统计计算时间和负荷系数可参考表3-20和表3-21取值。

表 3-19　　直流负荷统计计算时间表

序号	负荷名称			经常负荷	事故放电计算时间						
					初期	持续（h）					随机
					1min	0.5	1.0	1.5	2.0	3.0	5s
1	信号灯、位置指示器和位置继电器	发电厂和有人值班变电站		√	√		√				
		无人值班变电站		√	√				√		
		直流输电换流站和孤立发电厂		√	√				√		
2	控制、保护、监控系统	发电厂和有人值班变电站		√	√		√				
		无人值班变电站		√	√				√		
		直流输电换流站和孤立发电厂		√	√				√		
3	断路器跳闸				√						
4	断路器自投（电磁操动机构）				√						
5	恢复供电断路器合闸										√
6	氢密封油泵	200MW 及以下机组			√		√				
		300MW 及以上机组			√					√	
7	直流润滑油泵	25MW 及以下机组			√	√					
		50～300MW 机组			√		√				
		600MW 及以上机组			√			√			
8	交流不间断电源	发电厂			√	√					
		变电站	有人值班		√		√				
			无人值班		√				√		
		直流输电换流站和孤立发电厂			√				√		
9	DC-DC 变换装置	有人值班变电站		√	√		√				
		无人值班变电站		√	√				√		
10	直流长明灯	发电厂和有人值班变电站		√	√		√				
		直流输电换流站和孤立发电厂		√	√				√		
11	事故照明	发电厂和有人值班变电站			√		√				
		直流输电换流站和孤立发电厂			√				√		
		无人值班变电站					√				

注　表中"√"表示具有该项负荷时，应予以统计的项目。

表 3-20　　　　　　一体化电源设备直流负荷统计计算时间表

<table>
<tr><th rowspan="3">序号</th><th rowspan="3" colspan="3">负荷名称</th><th rowspan="3">经常</th><th colspan="7">事故放电计算时间</th></tr>
<tr><th>初期</th><th colspan="5">放电持续（h）</th><th>随机</th></tr>
<tr><th>1min</th><th>0.5</th><th>1.0</th><th>1.5</th><th>2.0</th><th>3.0</th><th>5s</th></tr>
<tr><td rowspan="3">1</td><td rowspan="3">微机监控保护系统</td><td colspan="2">发电厂和有人值班变电站</td><td>√</td><td>√</td><td>—</td><td>√</td><td>—</td><td>—</td><td>—</td><td>—</td></tr>
<tr><td colspan="2">无人值班变电站</td><td>√</td><td>√</td><td>—</td><td>—</td><td>—</td><td>√</td><td>—</td><td>—</td></tr>
<tr><td colspan="2">直流输电换流站和孤立发电厂</td><td>√</td><td>√</td><td>—</td><td>—</td><td>—</td><td>√</td><td>—</td><td>—</td></tr>
<tr><td rowspan="4">2</td><td rowspan="4">UPS</td><td colspan="2">发电厂</td><td>—</td><td>√</td><td>√</td><td>—</td><td>—</td><td>—</td><td>—</td><td>—</td></tr>
<tr><td rowspan="2">变电站</td><td>有人值班</td><td>—</td><td>√</td><td>—</td><td>√</td><td>—</td><td>—</td><td>—</td><td>—</td></tr>
<tr><td>无人值班</td><td>—</td><td>√</td><td>—</td><td>—</td><td>—</td><td>√</td><td>—</td><td>—</td></tr>
<tr><td colspan="2">直流输电换流站和孤立发电厂</td><td>—</td><td>√</td><td>—</td><td>—</td><td>—</td><td>√</td><td>—</td><td>—</td></tr>
<tr><td rowspan="3">3</td><td rowspan="3">INV</td><td colspan="2">发电厂和有人值班变电站</td><td>—</td><td>√</td><td>—</td><td>√</td><td>—</td><td>—</td><td>—</td><td>—</td></tr>
<tr><td colspan="2">直流输电换流站和孤立发电厂</td><td>—</td><td>√</td><td>—</td><td>—</td><td>—</td><td>√</td><td>—</td><td>—</td></tr>
<tr><td colspan="2">无人值班变电站</td><td>—</td><td>√</td><td>—</td><td>—</td><td>—</td><td>√</td><td>—</td><td>—</td></tr>
<tr><td rowspan="2">4</td><td rowspan="2">DC-DC</td><td colspan="2">有人值班变电站</td><td>√</td><td>√</td><td>—</td><td>√</td><td>—</td><td>—</td><td>—</td><td>—</td></tr>
<tr><td colspan="2">无人值班变电站</td><td>√</td><td>√</td><td>—</td><td>—</td><td>—</td><td>√</td><td>—</td><td>—</td></tr>
</table>

注　1. 表中“√”表示具有该项负荷时，应予以统计的项目。

2. 表中未列的原直流系统其他负荷项目，仍按 DL/T 5044—2004 中的计算时间。

表 3-21　　　　　　一体化电源设备直流负荷统计负荷系数表

序号	负荷名称	负荷系数	备注
1	微机监控保护系统	0.6	
2	UPS	0.6	
3	INV	0.8	
4	DC-DC	0.6/0.8	

注　表中未列的原直流系统的其他负荷，仍按 DL/T 5044—2004 中的负荷系数计算。

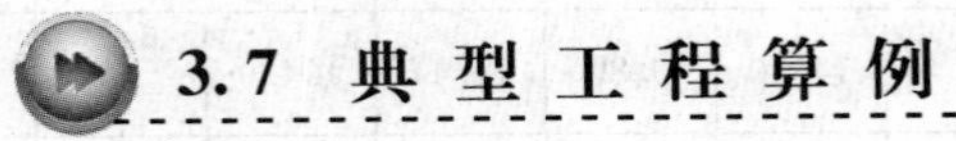

3.7 典型工程算例

3.7.1 典型数据

（1）数据分类。计算数据分为正常运行状态下的经常负荷、事故状态下投运的事故负荷、事故初期（1min）的短时冲击负荷和事故过程中的冲击（5s）负荷。变电工程一般不考虑事故初期的短时冲击负荷。

1）经常负荷应根据实际工程统计计算确定，当工程规模或设备参数不明确时，可参照本手册参考数据。

2）事故负荷，对于发电工程包括各类直流油泵、UPS电源、事故照明、通信电源以及事故工况下投运的热工和电气控制、保护负荷。

3）事故初期短时冲击负荷，主要包括事故初期、交流电源消失后，各类直流电动机启动，中、低压开关设备跳闸，备自投和保护自动装置动作负荷。

4）瞬时冲击负荷，主要指断路器的合闸电流，目前高压断路器合闸电流一般为2.5～5.0A，有时低压自动开关的合闸电流可能达到10～15A，应合理选择。由于基本不采用油断路器，所以瞬时冲击负荷不会影响蓄电池的容量选择。

（2）工程算例的直流电压选择：

1）小容量的发电机组（100MW以下）直流系统采用动力、控制联合供电方式，直流电压取220V。大中型容量的发电机组（100MW以上）直流系统采用动力、控制分别供电方式，直流电压分别取220V和110V。

2）变电工程原则上采用动力、控制联合供电方式，220kV以下的变、配电站，采用110V系统；220kV及以上的变电站，采用220V系统。大型变电站，当采用保护下放时，也可采用110V直流电压。

3.7.2 典型工程算例

（1）300MW发电工程，2机1控，分别采用220V动力直流系统和110V控制直流系统，根据本手册参考数据计算，负荷统计见表3-22和表3-23。

表3-22　　300MW机组110V直流系统负荷统计表

序号	负荷名称	装置容量(kW)	负荷系数	计算容量(kW)	负荷电流(A)	经常电流(A)	事故放电时间(h)及放电电流(A)			
							初期	持续放电(h)		随机
							1(min)	0.5	1.0	5s
1	电气经常/事故负荷	5.00	0.6/0.8	3.0/4.0	27.27/36.36	27.27	36.36	36.36	36.36	
2	热工经常/事故负荷	6.00	0.3/0.6	1.8/3.6	16.36/32.72	16.36	32.72	32.72	32.72	
3	热工电磁阀控制	8.00	0.6	4.80	43.64		43.64			
4	6kV断路器跳闸	14.30	0.80	11.44	104.0		104.0			
5	6kV断路器备自投	1.10	0.60	0.66	6.00		6.00			
6	电流统计I(A)					I_o 43.63	I_1 222.72	I_2 69.08	I_3 69.08	I_R 14.0
7	容量统计C_s(Ah)							34.54	34.54	
8	容量累加C_Σ(Ah)							34.54	69.08	

注　电气、热工的经常负荷，缺乏严格的试验和检测数据，设计单位、施工单位、甚至制造厂家提供的数据与实际运行的数据相距很远。在一些已投运的发电厂测试，只有较小的电气负荷，基本测不出热工经常负荷，但也不能随意取消经常负荷。事故负荷的准确率也不很高，表中数据系根据以往的设计经验和部分电厂的粗略数据，仅供参考。

表 3-23　　　　　　　　300MW 机组 220V 直流系统负荷统计表

序号	负荷名称	装置容量(kW)	负荷系数	计算容量(kW)	负荷电流(A)	经常电流(A)	事故放电时间(h)及放电电流(A) 初期		持续放电(h)			随机
							1(min)	0.5	1.0	1.5	3.0	5s
1	汽轮机油泵	40	0.9	36	187.2		416	187.2	187.2			
2	给水泵油泵	7.5×2	0.9	6.75×2	72.54		160.6	72.54	72.54			
3	氢密封油泵	5.5+4	0.8	7.60	41.56		103.9	41.56	41.56	41.56	41.56	
4	UPS 装置	60.0	0.6	36.0	204.6	(204.6)	204.6	204.6				
5	事故照明	5.0	1.0	5.0	22.73		22.73	22.73	22.73			
6	热工电磁阀操作	9.0	0.6	5.4	24.55		24.55					
7	长明灯	0.24	1.00	0.24	1.09	1.09	1.09	1.09	1.09	1.09	1.09	
8	电流统计 I(A)					I_o 205.7	I_1 933.5	I_2 529.7	I_3 325.1	I_4 42.7	I_5 42.7	I_R 10.0
9	容量统计 C_s(Ah)							264.8	162.6	21.4	64.1	
10	容量累加 C_Σ(Ah)							264.8	427.4	448.8	512.9	

注　1. UPS 装置正常运行时无直流消耗，表中所列的经常电流用于校验充电装置的额定容量。

2. 机组配套的各类油泵电动机容量各制造厂不尽相同，本例选择较大容量的配置。

(2) 600MW 发电工程，2 机 1 控，分别采用 220V 动力直流系统和 110V 控制直流系统，根据本手册参考数据计算，负荷统计见表 3-24 和表 3-25。

表 3-24　　　　　　　　600MW 机组 110V 直流系统负荷统计表

序号	负荷名称	装置容量(kW)	负荷系数	计算容量(kW)	负荷电流(A)	经常电流(A)	事故放电时间(h)及放电电流(A) 初期	持续放电(h)		随机
							1(min)	0.5	1.0	5s
1	电气经常/事故负荷	6.00	0.6/0.8	3.6/4.8	32.72/43.64	32.72	43.64	43.64	43.64	
2	热工经常/事故负荷	8.00	0.3/0.6	2.4/4.8	21.82/43.64	21.48	43.64	43.64	43.64	
3	热工电磁阀控制	10.00	0.6	6.00	54.55		54.55			
4	6kV 断路器跳闸	16.50	0.80	13.20	120		120.00			
5	6kV 断路器备自投	1.10	0.60	0.66	6.00		6.00			
6	电流统计 I(A)					I_o 54.20	I_1 267.83	I_2 87.28	I_3 87.28	I_R 14.0
7	容量统计 C_s(Ah)							43.64	43.64	
8	容量累加 C_Σ(Ah)							43.64	87.28	

注　电气、热工经常负荷，特别是热工负荷，仅供参考。应以实际工程的设备参数为准。

表 3-25　　600MW 机组 220V 直流系统负荷统计表

序号	负荷名称	装置容量 (kW)	负荷系数	计算容量 (kW)	负荷电流 (A)	经常电流 (A)	事故放电时间(h)及放电电流(A)					
							初期	持续放电(h)				随机
							1(min)	0.5	1.0	1.5	3.0	5s
1	汽轮机油泵	55	0.9	49.5	256		568	256	256	256		
2	给水泵油泵	5.5×2	0.9	4.95×2	54.5		121.2	54.5	54.5	54.5		
3	氢密封油泵	15	0.8	12.0	64.0		160.0	64.0	64.0	64.0	64.0	
4	UPS 装置	80.0	0.6	48.0	272.8	(272.8)	272.8	272.8				
5	事故照明	6.0	1.0	6.0	27.27		27.27	27.27	27.27			
6	热工电磁阀操作	12.0	0.6	7.2	32.73		32.73					
7	长明灯	0.30	1.00	0.30	1.36	1.36	1.36	1.36	1.36	1.36	1.36	
8	电流统计 I (A)					I_o 274.4	I_1 1183.4	I_2 675.9	I_3 403.1	I_4 375.9	I_5 65.4	I_R 10.0
9	容量统计 C_s (Ah)							337.9	201.6	188.0	98.1	
10	容量累加 C_Σ (Ah)							337.9	539.5	727.5	825.6	

注　1. UPS 装置正常运行时无直流消耗，表中所列的经常电流用于校验充电装置的额定容量。

2. 机组配套的各类油泵电机容量各制造厂不尽相同，本例选择较大容量的配置。

(3) 110kV 变电工程，采用 110V 直流系统，根据本手册参考数据计算，负荷统计见表 3-26(110kV GIS)和表 3-27(110kV 户外)，工程规模见表注。

表 3-26　　110kV 变电站(GIS)110V 直流负荷统计表

序号	负荷名称	装置容量 (kW)	负荷系数	计算容量 (kW)	负荷电流 (A)	经常电流 (A)	事故放电时间(h)及放电电流(A)				
							初期	持续放电(h)			随机
							1(min)	0.5	1.0	2.0	5s
1	经常负荷	2.5	0.6/0.8	1.5/2.0		13.64	18.18	18.18	18.18	18.18	
2	事故照明	1.5	1.0	1.5	13.64		13.64	13.64	13.64	13.64	
3	DC-DC 变换装置	0.50	0.8	0.40	4.04	4.04	4.04	4.04	4.04	4.04	
4	UPS 装置	3.00	0.6	1.80	20.46		20.46	20.46	20.46	20.46	
5	断路器操作	1.00	1.0	1.00	9.09						9.1+5.0
6	电流统计 I (A)					I_o 17.68	I_1 56.32	I_2 56.32	I_3 56.32	I_4 56.32	I_R 14.1
7	容量统计 C_s (Ah)							28.16	28.16	56.32	
8	容量累加 C_Σ (Ah)							28.16	56.32	112.64	

注　1. 计算条件：4 回 110kV 出线(GIS)；3 台主变压器；10kV 3 段，每段 12 回馈线；计算机监控，无人值班。

2. 经常负荷在事故时，取负荷系数 0.8。

表 3-27　　110kV 变电站(户外)110V 直流负荷统计表

序号	负荷名称	装置容量(kW)	负荷系数(A)	计算容量(kW)	负荷电流(A)	经常电流(A)	事故放电时间(h)及放电电流(A)				
							初期	持续放电(h)			随机
							1(min)	0.5	1.0	2.0	5s
1	经常负荷	2.5	0.6/0.8	1.5	13.64	13.64	18.18	18.18	18.18	18.18	
2	事故照明	1.0	1.0	1.0	9.09		9.09	9.09	9.09	9.09	
3	DC-DC 变换装置	0.50	0.8	0.40	4.04	4.04	4.04	4.04	4.04	4.04	
4	UPS 装置	3.00	0.6	1.80	20.46		20.46	20.46	20.46	20.46	
5	断路器操作	1.00	1.0	1.00	9.09						9.1+5.0
6	电流统计 I (A)					I_o 17.68	I_1 51.77	I_2 51.77	I_3 51.77	I_4 51.77	I_R 14.1
7	容量统计 C_s (Ah)							25.89	25.89	51.77	
8	容量累加 C_Σ (Ah)							25.89	51.77	103.54	

注　1. 计算条件：4 回 110kV 出线(户外)；3 台主变压器；10kV 3 段，每段 12 回馈线；计算机监控，无人值班。

2. 经常负荷在事故时，取负荷系数 0.8。

(4) 220kV 变电工程，采用 220V 直流系统，根据本手册参考数据计算，负荷统计见表 3-28(110、220kV GIS)和表 3-29(110、220kV 户外)，工程规模见表注。

表 3-28　　220kV 变电站(GIS)220V 直流负荷统计表

序号	负荷名称	装置容量(kW)	负荷系数	计算容量(kW)	负荷电流(A)	经常电流(A)	事故放电时间(h)及放电电流(A)				
							初期	持续放电(h)			随机
							1(min)	0.5	1.0	2.0	5s
1	经常负荷	5.00	0.6/0.8	3.00	13.64	13.64	18.18	18.18	18.18	18.18	
2	事故照明	4.50	1.0	4.50	20.46		20.46	20.46	20.46	20.46	
3	DC-DC 变换装置	1.00	0.8	0.80	4.04	4.04	4.04	4.04	4.04	4.04	
4	UPS 装置	5.00	0.6	3.00	17.05		17.05	17.05	17.05	17.05	
5	断路器操作	1.00	1.0	1.00	4.55						4.6+3.0
6	电流统计 I(A)					I_o 17.68	I_1 59.73	I_2 59.73	I_3 59.73	I_4 59.73	I_R 7.6
7	容量统计 C_s(Ah)							29.87	29.87	59.73	
8	容量累加 C_Σ(Ah)							29.87	59.73	119.46	

注　计算条件：8 回 220kV 出线(GIS)；16 回 110kV 出线(GIS)；4 台主变压器；10kV 4 段；计算机监控，无人值班。

表 3-29　　　　220kV 变电站(户外)220V 直流负荷统计表

序号	负荷名称	装置容量(kW)	负荷系数	计算容量(kW)	负荷电流(A)	经常电流(A)	事故放电时间(h)及放电电流(A)				
							初期	持续放电(h)			随机
							1(min)	0.5	1.0	2.0	5s
1	经常负荷	5.00	0.6/0.8	3.00	13.64	13.64	18.18	18.18	18.18	18.18	
2	事故照明	2.50	1.0	2.50	11.36		11.36	11.36	11.36	11.36	
3	DC/DC 装置	1.00	0.8	0.80	4.04	4.04	4.04	4.04	4.04	4.04	
4	UPS 装置	5.00	0.6	3.00	17.05		17.05	17.05	17.05	17.05	
5	断路器操作	1.00	1.0	1.00	4.55						4.6+3.0
6	电流统计 I(A)					I_o 17.68	I_1 50.63	I_2 50.63	I_3 50.63	I_4 50.63	I_R 7.6
7	容量统计 C_s (Ah)							25.32	25.32	50.63	
8	容量累加 C_Σ (Ah)							25.32	50.63	101.26	

注　计算条件：8 回 220kV 出线(户外)；16 回 110kV 出线(户外)；4 台主变压器；10kV 4 段；计算机监控，无人值班。

(5) 500kV 变电工程，采用 110/220V 直流系统，根据本手册参考数据计算。500kV 户外、220kV 户外、35kV 户内变电工程的负荷统计见表 3-30、表 3-33；500kV 户外、220kV GIS、35kV 户内变电工程的负荷统计见表 3-31、表 3-32。工程规模见表注。

表 3-30　　500kV 变电站(500kV 户外、220kV 户外、35kV 户内)110V 直流系统负荷统计表

序号	负荷名称	装置容量(kW)	负荷系数	计算容量(kW)	负荷电流(A)	经常电流(A)	事故放电时间(h)及放电电流(A)			
							初期	持续放电(h)		随机
							1(min)	0.5	1.0	5s
1	经常负荷	7.00	0.6/0.8	4.20	38.18	38.18	50.91	50.91	50.91	
2	事故照明	5.00	1.0	5.00	45.46		45.46	45.46	45.46	
3	DC-DC 变换装置	1.50	0.6	0.90	9.09	9.09	9.09	9.09	9.09	
4	UPS 电源	8.00	0.6	4.80	54.55		54.55	54.55	54.55	
5	断路器操作	1.00	1.0	1.00	9.09					9.1+5.0
6	长明灯	0.30	1.0	0.30	2.73	2.73	2.73	2.73	2.73	
7	电流统计 I (A)					I_o 50.00	I_1 162.74	I_2 162.74	I_3 162.74	I_R 14.1
8	容量统计 C_s (Ah)							81.37	81.37	
9	容量累加 C_Σ (Ah)							81.37	162.74	

注　计算条件：4 台主变压器；8 回 500kV 出线(户外)；14 回 220kV 出线(户外)；8 回 35kV 出线(户内)；计算机监控，有人值班。事故照明包括控制室、计算机室和 35kV 配电室。

表 3-31　　500kV 变电站(500kV 户外、220kV GIS、35kV 户内)110V 直流系统负荷统计表

序号	负荷名称	装置容量(kW)	负荷系数	计算容量(kW)	负荷电流(A)	经常电流(A)	事故放电时间(h)及放电电流(A)			
							初期	持续放电(h)		随机
							1(min)	0.5	1.0	5s
1	经常负荷	7.00	0.6/0.8	4.20	38.18	38.18	50.91	50.91	50.91	
2	事故照明	6.00	1.0	6.00	54.55		54.55	54.55	54.55	
3	DC-DC 变换装置	1.50	0.6	0.90	9.09	9.09	9.09	9.09	9.09	
4	UPS 电源	8.00	0.6	4.80	54.55		54.55	54.55	54.55	
5	断路器操作	1.00	1.0	1.00	9.09					9.1+5.0
6	长明灯	0.30	1.0	0.80	2.73	2.73	2.73	2.73	2.73	
7	电流统计 I(A)					I_o 50.00	I_1 171.83	I_2 171.83	I_3 171.83	I_R 14.1
8	容量统计 C_s(Ah)							85.92	85.92	
9	容量累加 C_Σ(Ah)							85.92	171.83	

注　计算条件：4 台主变压器；8 回 500kV 出线(户外)；14 回 220kV 出线(GIS)；8 回 35kV 出线(户内)；计算机监控，有人值班。事故照明包括控制室、计算机室、220kV GIS 室和 35kV 配电室。

表 3-32　　500kV 变电站(500kV 户外、220kV GIS、35kV 户内)220V 直流系统负荷统计表

序号	负荷名称	装置容量(kW)	负荷系数	计算容量(kW)	负荷电流(A)	经常电流(A)	事故放电时间(h)及放电电流(A)			
							初期	持续放电(h)		随机
							1(min)	0.5	1.0	5s
1	经常负荷	7.00	0.6/0.8	4.20	19.09	19.09	25.46	25.46	25.46	
2	事故照明	6.00	1.0	6.00	27.27		27.27	27.27	27.27	
3	DC-DC 变换装置	1.50	0.6	0.90	4.55	4.55	4.55	4.55	4.55	
4	UPS 电源	8.00	0.6	4.80	27.28		27.28	27.28	27.28	
5	断路器操作	1.00	1.0	1.00	4.55					5.0+3.0
6	长明灯	0.30	1.0	0.30	1.37	1.37	1.37	1.37	1.37	
7	电流统计 I(A)					I_o 25.00	I_1 85.93	I_2 85.93	I_3 85.93	I_R 8.0
8	容量统计 C_s(Ah)							42.97	42.97	
9	容量累加 C_Σ(Ah)							42.97	85.94	

注　计算条件：4 台主变压器；8 回 500kV 出线(户外)；14 回 220kV 出线(GIS)；8 回 35kV 出线(户内)；计算机监控，有人值班。事故照明包括控制室、计算机室、220kV GIS 室和 35kV 配电室。

表 3-33　　500kV 变电站(500kV 户外、220kV 户外、35kV 户内)220V 直流系统负荷统计表

序号	负荷名称	装置容量(kW)	负荷系数	计算容量(kW)	负荷电流(A)	经常电流(A)	事故放电时间(h)及放电电流(A)			
							初期	持续放电(h)		随机
							1(min)	0.5	1.0	5s
1	经常负荷	7.00	0.6/0.8	4.20	19.09	19.09	25.46	25.46	25.46	
2	事故照明	5.00	1.0	5.00	22.73		22.73	22.73	22.73	
3	DC-DC 变换装置	1.50	0.6	0.90	4.55	4.55	4.55	4.55	4.55	
4	UPS 电源	8.00	0.6	4.80	27.28		27.28	27.28	27.28	
5	断路器操作	1.00	1.0	1.00						4.5+2.5
6	长明灯	0.30	1.0	0.30	1.37	1.37	1.37	1.37	1.37	
7	电流统计 I(A)					I_o 25.00	I_1 81.38	I_2 81.38	I_3 81.38	I_R 7.0
8	容量统计 C_s(Ah)							40.69	40.69	
9	容量累加 C_Σ(Ah)							40.69	81.38	

注　计算条件：4 台主变压器；8 回 500kV 出线(户外)；14 回 220kV 出线(户外)；8 回 35kV 出线(户内)；计算机监控，有人值班。事故照明包括控制室、计算机室和 35kV 配电室。

4 蓄电池个数和容量选择

4.1 直流系统的标称电压

电力工程中，直流系统电压等级分为220、110、48、24V等，常用的电压等级为220V和110V。一些用于弱电控制、信号的直流系统采用48V。

直流电压等级直接影响到蓄电池、充电装置、电缆截面和其他直流设备的选择。

4.1.1 220V直流电压

以往我国发电厂和变电站大多数采用单一的220V电压。采用220V电压可以选用较小的电缆截面积，节省有色金属、降低电缆投资。但采用单一的220V直流电压存在如下问题：

(1) 220V直流系统要求绝缘水平高。220V蓄电池组的绝缘电阻不应低于0.2MΩ；110V蓄电池组的绝缘电阻不应低于0.1MΩ。

(2) 在220V直流系统中，大量采用的中间继电器由于其线圈导线线径小，易发生断线事故，且断线后难以检测查明，以致造成保护装置拒动或误动。为克服继电器线径小、易断线的问题，有些工程中采用2个110V继电器串联或1个110V继电器和电阻串联的办法，但这样做又多用了设备并增加了接线的复杂性。

(3) 在发电厂和变电站中，当采用单一的220V直流电压时，往往使得直流网络过于庞大和复杂，使得直流接地故障查找困难，而且直流网络过大，系统对地电容增大，当出现一点接地时，由于电容放电作用可能导致某些装置误动作。

4.1.2 110V直流电压

与220V直流系统相比，110V直流系统具有以下特点：

(1) 所需蓄电池个数少，占地面积较小，安装维护方便。

(2) 绝缘水平要求低，系统中配备的中间继电器线圈线径较大，减少了线圈断线和接地的故障几率。

(3) 由于电压水平较低，从而相对降低了继电器触点断开时所产生的干扰电压幅值，并减小了对电子元件构成的保护和自动装置的干扰。

(4) 由于电压水平低，使得直流负荷电流成倍增加，从而使所需电缆截面积相应增大。因此，通常在负荷电流较小、供电距离较短的控制、信号和保护用电源中才推荐采用110V

电压。

（5）对相同容量的负荷，110V需要的蓄电池容量，与220V相比，约增加1倍。

4.1.3 直流电压的选择

在DL/T 5044—2004《电力工程直流系统设计技术规程》中规定，直流系统标称电压按下列方式确定：

（1）专供控制负荷的直流系统宜采用110V。

（2）专供动力负荷的直流系统电压宜采用220V。

（3）控制负荷和动力负荷联合供电的直流系统采用220V或110V。

（4）当采用弱电控制或信号时，采用48V及以下直流电压。

当直流系统采用110V电压时，在某些情况下，例如，当控制信号等直流负荷供电距离较长或负荷电流过大、其电缆截面积比220V直流系统增大很多时，应进行技术经济比较，以确定合理的电压等级。

4.2 蓄电池组的电池个数选择

直流系统的电压水平是衡量直流供电质量的重要指标。直流系统的电压水平取决于直流系统的接线方式、单体蓄电池的放电电压和蓄电池组的电池个数。

直流系统的接线方式，可以分为无端电池和有端电池两种。这两种接线所要求的蓄电池放电电压和蓄电池组的电池个数均不相同。

4.2.1 无端电池的直流系统

（1）蓄电池个数的选择。应按浮充电运行时单体电池正常浮充电电压值和直流母线电压为$1.05U_n$来确定电池个数，即

$$n_f=\frac{1.05U_n}{U_f} \tag{4-1}$$

式中 U_n——直流系统标称电压，V；

U_f——单体电池的浮充电压，V。

（2）蓄电池均衡充电电压应根据蓄电池组的电池个数及直流母线允许的最高电压值选择。

专供动力负荷的蓄电池组，直流母线电压不宜高于$1.125U_n$。

$$U_c\leqslant\frac{1.125U_n}{n_f} \tag{4-2}$$

式中 U_c——蓄电池均衡充电时单体电池的电压，V。

专供控制负荷和供控制、动力负荷公用的蓄电池组，直流母线电压不宜高于$1.10U_n$，则均衡充电电压应满足

$$U_c\leqslant\frac{1.10U_n}{n_f} \tag{4-3}$$

（3）蓄电池放电终止电压的选择。当根据直流母线允许的最低电压考虑时，需计及蓄电池组至直流母线间的电压降，而此段电缆或导体长短不一，因此电压降大小不等，为简化计

算，改为蓄电池组出口端电压允许的最低电压，以此来选择蓄电池的放电终止电压 U_d。

专供控制负荷和供控制、动力负荷公用的蓄电池组，应满足

$$U_d \geqslant \frac{0.875U_n}{n_f} \tag{4-4}$$

专供控制负荷的蓄电池组，应满足

$$U_d \geqslant \frac{0.85U_n}{n_f} \tag{4-5}$$

式中 U_d——蓄电池的允许放电终止电压，V。

4.2.2 有端电池的直流系统

有端电池直流系统的接线方式，蓄电池组由 n 个电池组成，其中包括 n_0 个基本电池和 n_d 个端电池两部分。蓄电池个数的确定方法如下：

（1）电池总个数。事故放电末期，全部电池均接入直流母线，故电池总个数为

$$n = \frac{1.05U_n}{U_{df}} \tag{4-6}$$

式中 U_{df}——事故放电末期单体电池的电压。对容量由持续负荷决定的蓄电池组，取 U_{df} 等于与放电率相对应的放电终止电压，例如以 1h 放电率放电 1h，铅酸蓄电池取 $U_{df}=1.75$V。对持续放电负荷较小，容量由冲击负荷决定的蓄电池组，U_{df} 等于相应放电末期电压，由放电曲线查出，例如以 10h 放电率放电 1h，铅酸蓄电池取 $U_{df}=1.98$V；对高倍数镉镍蓄电池，以 5h 放电率放电 1h，取 $U_{df}=1.10$V。

（2）基本电池个数。充电末期，接入直流母线的电池称为基本电池。其个数为

$$n_0 = \frac{1.05U_n}{U_{cf}} \tag{4-7}$$

式中 U_{cf}——蓄电池充电末期单体电池的电压，铅酸蓄电池为 2.70V；镉镍蓄电池为 1.47～1.55V。

（3）端电池个数。充电末期不接入直流母线的蓄电池称为端电池。其个数为

$$n_d = n - n_0 \tag{4-8}$$

（4）浮充电池个数，仍按式（4-1）确定。

表 4-1～表 4-4 分别列出了不同型式的无端和有端电池铅酸蓄电池组的电池个数推荐值。

表 4-1　　无端电池铅酸蓄电池组单体 2V 电池参数选择参考数值

浮充电压（V）		2.15		2.23		2.25	
均充电压（V）		2.30		2.33		2.35	
系统标称电压 220V	蓄电池个数（个）	106	107	103	104	102	103
	浮充时母线电压（V）	227.90	230	229.70	231.90	229.50	231.75
	均充时母线电压（$\%U_n$）	110.82	111.86	110	111.10	108.96	110
	放电终止电压（V）	1.80	1.80	1.87	1.85	1.87	1.87
	母线最低电压（$\%U_n$）	86.73	87.55	87.55	87.45	86.70	87.55

续表

浮充电压（V）		2.15		2.23		2.25	
均充电压（V）		2.30		2.33		2.35	
系统标称电压110V	蓄电池个数（个）	52	53	51	52	50	51
	浮充时母线电压（V）	111.80	113.95	113.73	115.96	112.50	114.75
	均充时母线电压（%U_n）	108.73	110.82	108.03	110.15	106.82	109
	放电终止电压（V）	1.83	1.80	1.87	1.85	1.87	1.87
	母线最低电压（%U_n）	86.51	86.73	86.70	87.46	85	86.70
系统标称电压48V	蓄电池个数（个）	22	23	22	23	22	23
	浮充时母线电压（V）	47.30	49.45	49.06	51.29	49.50	51.75
	均充时母线电压（%U_n）	105.42	110.21	106.79	111.65	107.71	112.60
	放电终止电压（V）	1.87	1.80	1.87	1.83	1.87	1.83
	母线最低电压（%U_n）	85.71	86.25	85.71	87.69	85.71	87.69
系统标称电压24V	蓄电池个数（个）	11	12	11		11	
	浮充时母线电压（V）	23.65	25.80	24.53		24.75	
	均充时母线电压（%U_n）	105.42	115	106.79		107.71	
	放电终止电压（V）	1.87	1.75	1.87		1.87	
	母线最低电压（%U_n）	85.71	87.50	85.71		85.71	

表 4-2　无端电池阀控式密封铅酸蓄电池组的组合 6V 和 12V 电池参数选择参考数值

系统标称电压（V）	组合电池电压（V）	电池个数（个）	浮充电压（V）	浮充时母线电压（V）	均充电压（V）	均充时母线电压（%U_n）	放电终止电压（V）	母线最低电压（%U_n）
220	6	34	6.75	229.50	7.05	108.96	5.61	86.70
		34+1（2V）		231.75		110	5.61	87.55
	12	17	13.50	229.50	14.10	108.96	11.22	86.70
		17+1（2V）		231.75		110	11.22	87.55
110	6	16+1（4V）	6.75	112.50	7.05	106.82	5.61	85
		17		114.75		109	5.61	86.70
	10	10	11.25	112.50	11.75	106.82	9.35	85
	12	8+1（4V）	13.50	112.50	14.10	106.82	11.22	85
		8+1（6V）		114.75		109	11.22	86.70
48	4	11	4.50	49.50	4.70	107.71	3.74	85.71
	6	7+1（2V）	6.75	49.50	7.05	107.71	5.61	85.71
		7+1（4V）		51.75		112.60	5.49	87.69
	12	3+1（8V）	13.50	49.50	14.10	107.71	11.22	85.71
		3+1（10V）		51.75		112.60	10.98	87.69
24	4	5+1（2V）	4.50	24.75	4.70	107.71	3.74	85.71
	6	3+1（4V）	6.75		7.05		5.61	
	10	2+1（2V）	11.25		11.75		9.35	
	12	1+1（10V）	13.50		14.10		11.22	

表 4-3　　　　镉镍蓄电池组的电池参数选择参考数值

浮充电压（V）		1.36	1.38	1.39	1.42	1.43	1.45
均充电压（V）		1.47	1.48		1.52	1.53	1.55
系统标称电压 220V	浮充电池个数	170	167	166	162	161	159
	母线浮充电压（V）	231.2	230.46	230.74	230.04	230.23	230.55
	均充电池个数（个）	164	163		159	158	156
	母线均充电压（$\%U_n$）	109.13	109.66		109.86	109.88	109.91
	整组电池个数（个）	175 或 180					
	放电终止电压（V）	1.07					
	母线最低电压（$\%U_n$）	85.11 或 87.55					
系统标称电压 110V	浮充电池个数（个）	85	83		81	80	79
	母线浮充电压（V）	115.60	114.54	115.37	115.20	114.40	114.55
	均充电池个数（个）	82	81		79		78
	母线均充电压（$\%U_n$）	109.58	108.98		109.16	109.88	109.91
	整组电池个数（个）	88 或 90					
	放电终止电压（V）	1.07					
	母线最低电压（$\%U_n$）	85.60 或 87.55					
系统标称电压 48V	浮充电池个数（个）	37	36		35		34
	母线浮充电压（V）	50.32	49.68	50.04	49.70	50.05	49.30
	均充电池个数（个）	35			34		
	母线均充电压（$\%U_n$）	107.19	107.92		107.67	108.38	109.79
	整组电池个数（个）	39 或 40					
	放电终止电压（V）	1.07					
	母线最低电压（$\%U_n$）	86.94 或 89.17					
系统标称电压 24V	浮充电池个数（个）	18			17		
	母线浮充电压（V）	24.48	24.48	25.02	24.14	24.31	24.65
	均充电池个数（个）	18			17		
	母线均充电压（$\%U_n$）	110.25	111		107.67	108.38	109.79
	整组电池个数（个）	20					
	放电终止电压（V）	1.07					
	母线最低电压（$\%U_n$）	89.17					

表 4-4　　　　有端电池铅酸蓄电池组的电池个数　　　　（个）

电压等级	220V		110V	
应用场所	发电厂	变电站	发电厂	变电站
总电池数	130	118	65	59
基本电池数	88	88	44	44
端电池数	42	30	21	15

注　根据实践经验，电池抽头宜按下列号数设置：

发电厂：88，92，96，100，103，105，107，111，118，122，126；

变电站：88，91，94，96，98，100，102，104，106，108，110，116。

端电池的设置取决于蓄电池的类型，铅酸蓄电池一般不设端电池，因为只要设计中选取适当的电池个数，均衡充电时设定合适的电压值，运行电压不超过规定限值，直流母线电压就不会超过最高限值，事故放电末期也不会低于最低限值。当然，如果只有1组蓄电池，又要进行核对性放电，则只能采用1组临时（移动式）备用蓄电池代替。而对镉镍碱性蓄电池组，一般应设置端电池并附设降压装置。由于单体电池电压为1.20V，正常浮充电压较高，而放电时电压下降幅度较大，终止电压较低，如果不设端电池，难以保证直流系统最低允许电压的要求，若计及端电池，正常运行电压则偏高，因此需要附设降压装置，以满足正常电压水平的要求。

有端电池的铅酸蓄电池直流系统，由于接线、安装以及电压调整存在诸多不便，目前已很少采用。

需要说明的是：表4-1～表4-3中所推荐的个数有两个，电力工程设计时宜根据工程实际情况确定，尽量兼顾到系统内设备正常运行电压的允许范围，并保证事故状态末期满足安全可靠运行要求。如表4-1和表4-2中，系统标称电压为220V时，浮充电压为2.15V时，电池个数可取106或107；浮充电压为2.23V时，电池个数可取103或104；浮充电压为2.25V时，电池个数宜取102或103。当取低值时，在正常浮充电运行情况下，直流母线电压较低，不会超过230V，对设备的安全运行有好处，尤其对经常点亮的信号灯可延长使用寿命。当取高值时，能更好的满足远端负荷的要求。

单体蓄电池浮充电电压应根据厂家推荐值选取，当无产品资料时可按以下选取：防酸式（GF）铅酸蓄电池的单体浮充电电压宜取2.15～2.17V，一般取2.15V；GFD型蓄电池宜取2.17～2.23V，一般取2.23V；阀控式密封铅酸蓄电池的单体浮充电电压宜取2.23～2.27V，一般取2.25V；中倍率镉镍碱性蓄电池的单体浮充电电压宜取1.42～1.45V，一般取1.43V；高倍率镉镍碱性蓄电池的单体浮充电电压宜取1.36～1.39V，一般取1.36V。

单体蓄电池均衡充电电压应根据直流系统中直流负荷允许的最高电压值和蓄电池的个数来确定，但不得超出产品规定的电压允许范围。直流负荷允许的最高电压各不相同，一般应取其中较低数值。

4.3 蓄电池容量计算的可靠系数

在蓄电池的容量计算中，无论采用何种计算方法，都应考虑适量的容量储备，即选取合理的可靠系数。可靠系数应考虑以下三个因素。

4.3.1 温度系数 K_T

我国幅员辽阔，地域气温相差很大。蓄电池的额定容量是在给定终止放电电压和环境温度下的放电容量。随着环境温度的变化，电解液温度改变，蓄电池的放电容量也将偏离额定值。通常情况下，制造厂家给定的额定容量对应的基准温度为20℃或25℃。考虑到全浮充电运行的蓄电池，电解液温度不会低于室内温度，蓄电池室内允许温度一般取5～35℃。当环境温度高于基准温度时，蓄电池放出容量将大于额定容量；相反，当环境温度低于基准温度时，蓄电池放出容量将小于额定容量。一般情况下，铅酸蓄电池每上升或下降1℃，其容量将增加或减少0.5%～1.0%的额定容量。为保证足够的容量，考虑可能的较不利的环境温度，即进行温度修正取温度系数$K_t=1.10$。

4.3.2 老化系数K_a

任何蓄电池，在使用过程中，初期容量略有上升，之后要不断下降，直至下降到其额定容量的80%时，认为蓄电池寿命终止。为延长蓄电池的运行期限，通常用老化系数来计及蓄电池的老化，一般取老化系数$K_a=1.10$。

4.3.3 裕度系数K_e

蓄电池充电—放电过程受多种因素影响，计算时所依据的特性曲线和数据，也都存在一定误差，同时也可能有一些不可预计的负荷。在容量计算中，以裕度系数K_e来计及这些因素，并取裕度系数$K_e=1.15$。

4.3.4 可靠系数K_{rel}

综合上述三个因素，蓄电池容量计算的可靠系数为

$$K_{rel}=K_tK_aK_e=1.10\times1.10\times1.15=1.39 \tag{4-9}$$

取$K_{rel}=1.40$。

4.4 蓄电池容量计算用的特性曲线

4.4.1 蓄电池特性曲线

用于容量计算的铅酸蓄电池特性曲线有4种。

(1) 放电特性曲线，如图4-1所示。该曲线表示不同放电率下，铅酸蓄电池的端电压和放电时间的关系。放电率一般取（1.0～10.0）I_{10}A；放电终止电压最低值取1.65V或1.70V。该曲线用于在给定放电率和放电时间下确定蓄电池的端电压，进而计算直流系统电压。该曲线纵坐标为放电电压U，横坐标为放电时间t。

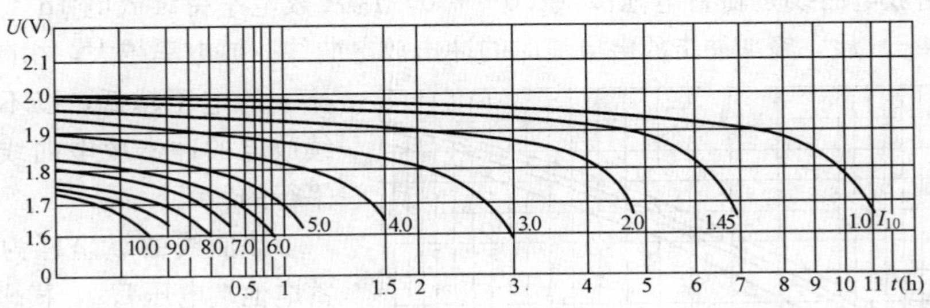

图4-1 GF-1000Ah蓄电池不同放电率时，时间与电压的关系曲线

(2) 冲击放电曲线，如图4-2和图4-3所示。该曲线表示在不同放电率下，蓄电池承受冲击放电时的端电压和冲击放电电流的关系。其中包括浮充电、突然停止浮充（“虚线”和“0线”）以及以放电率（1.0～7.0）I_{10}A持续放电等工况下的曲线。

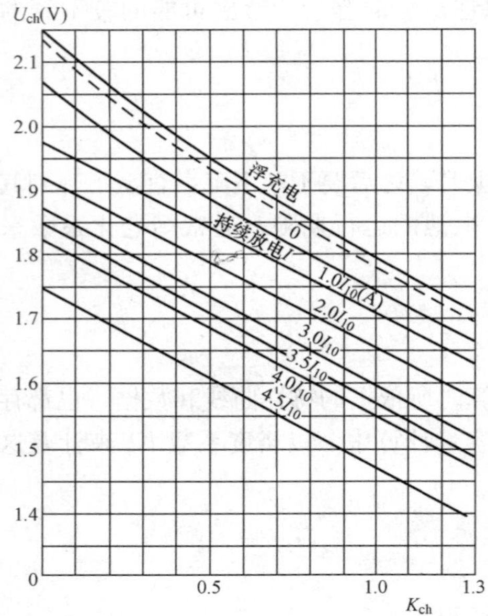

图 4-2　GF-1000 型蓄电池持续放电 1h 冲击放电曲线族

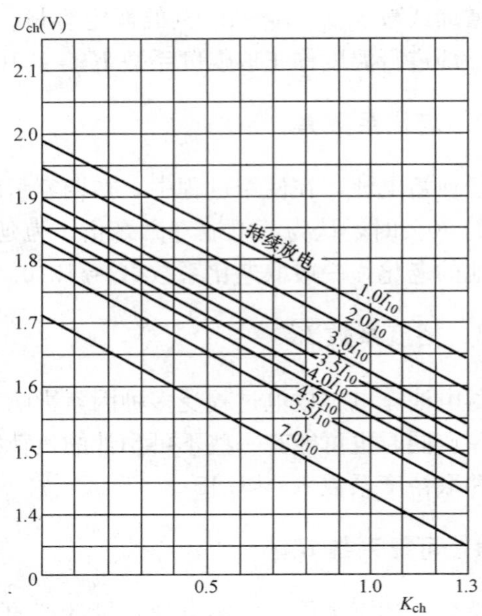

图 4-3　GF-1000 型铅蓄电池持续放电 0.5h 冲击放电曲线族

浮充电曲线表示在正常浮充电工况下，蓄电池承受冲击放电电流时的电压值。由于在该工况下，蓄电池端电压较高，故该曲线位于其他冲击放电曲线之上。

虚线表示由浮充电转入静置状态初期的冲击放电曲线，录制的条件如下：将蓄电池充足电，按浮充电运行 6～8h，然后断开浮充电电源，并立即施加冲击放电电流，录取一组冲击放电电流与相应的冲击放电电压值，然后做出曲线。该曲线稍低于浮充电曲线。

0 曲线也属于由浮充电转入静置状态的冲击曲线，其录制条件如下：将蓄电池充足电，浮充电运行 6～8h，然后断开浮充电电源，静置 8～15h，直至电池端电压降至稳定不变时，再施加冲击放电电流，并录取一组冲击放电电流与冲击放电电压，然后做出曲线。显然，由于施加冲击放电电流时蓄电池电压较低，因此该曲线低于图中的虚线。

其他冲击放电曲线是在蓄电池以（1.0～7.0）I_{10} A 放电率持续放电 1h（见图 4-2）或 0.5h（见图 4-3）后，施加冲击放电电流时的冲击放电曲线。放电率越大，相同冲击放电电流下的电压越低，以不同放电率持续放电的冲击放电曲线是一族近似平行的斜线。

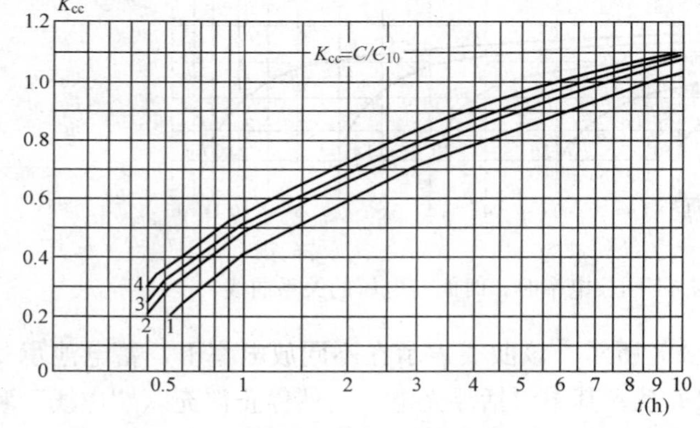

图 4-4　GF 型蓄电池放电容量与放电时间的关系曲线

该曲线的纵坐标为冲击放电时蓄电池端电压 U_{ch}，横坐标为冲击系数 $K_{ch}=I_{ch}/I_{10}$，持续放电的放电率以（1.0～7.0）I_{10} A 表示。

（3）容量系数曲线，如图 4-4 所示。

容量系数的定义为

$$K_{cc}=\frac{C}{C_{10}} \tag{4-10}$$

式中　C——以任意时间 t 放电时，蓄电池允许的放电容量；

C_{10}——蓄电池的额定容量；

K_{cc}——容量系数，以额定容量 C_{10} 为基准的放电容量的标幺值。

曲线 1～4 所对应的放电终止电压分别为 1.80、1.75、1.70V 和 1.65V。

该曲线也称为 K_{cc} 曲线，它表示不同放电终止电压下，蓄电池容量系数 K_{cc} 与放电时间 t 的关系。由于相同的放电时间下，放电终止电压越高，放出的容量越少，所以随放电终止电压的增大，K_{cc} 曲线下移。

该曲线用于容量换算法计算蓄电池容量时，由放电终止电压和放电时间查找容量系数 K_{cc}。容量系数也可以用数据表形式表示。

（4）容量换算系数曲线，如图 4-5 所示。

容量换算系数 K_c 是额定容量 1Ah 的电池所承担的放电电流。其定义式为

$$K_c=\frac{I}{C_{10}} \tag{4-11}$$

式中　I——蓄电池放电电流，A。

该曲线也称为 K_c 曲线，它表明在不同放电终止电压下，蓄电池的容量换算系数 K_c 与放电时间 t 的关系。该曲线用于根据放电电流、放电终止电压和放电时间查找容量换算系数。

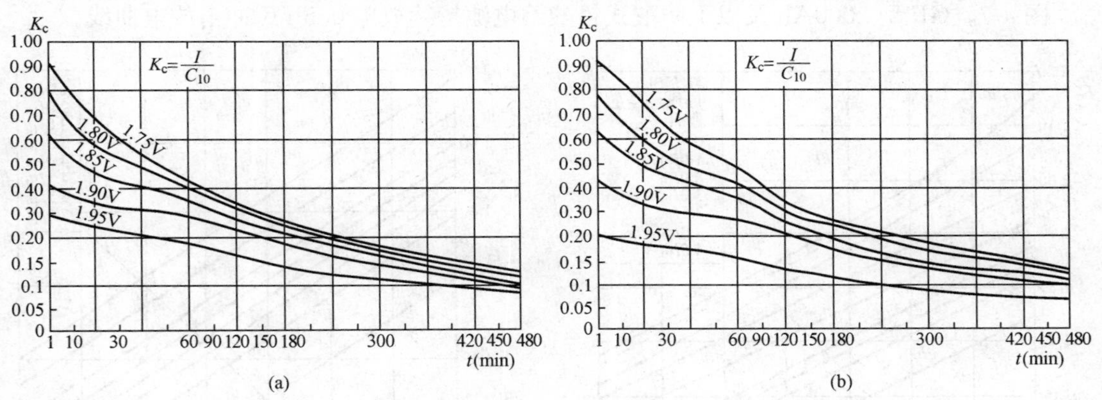

图 4-5　GF 型蓄电池容量换算系数曲线

（a）GF-2000 型蓄电池；（b）GF-3000 型蓄电池

4.4.2　蓄电池特性曲线的特点

由上述四种特性曲线可以看出，蓄电池容量和电压水平由下述参量决定：事故放电电流、冲击放电电流、放电时间、放电终止电压、容量系数和容量换算系数。它们的相互关系如下：

（1）在给定的放电电流下，放电时间越长，放电末期的电压越低；冲击放电电流越大，冲击放电电压越低。

（2）在给定的放电终止电压下，放电电流越小，则放电时间越长，允许放出的容量越大，即容量系数越大，容量换算系数越低。

（3）在给定的放电时间内，放电终止电压越高或放电电流越小，则放出的容量越小，容

量系数越小，容量换算系数也越小。

4.4.3 典型的蓄电池容量系数曲线、容量换算系数曲线和冲击放电曲线

试验录取各类蓄电池特性曲线是一项十分艰苦且复杂的工作，在不同的环境条件下，不同的试验方法和不同的测试仪器都可能得到不同的试验结果，所以蓄电池的制造商应向用户提供自己产品的准确可靠的特性曲线，以保证用户正确、合理使用这些特性曲线选择正确的蓄电池容量和个数。但在电力工程的前期，尚没有确定蓄电池具体生产厂家的时候，就无法得到具体厂家的产品特性。所以为了估算蓄电池的容量和个数，应该根据在实际应用过程中采集和积累的同类产品的典型测试数据作为蓄电池选型的依据。

本手册采用DL/T 5044—2004《电力工程直流系统设计规程》的一些特性曲线或特性参数，供蓄电池选型计算参考使用。需要注意的是，这些曲线或参数只能用于工程的初步设计阶段，供设备选型和工程概算之用。在工程的施工设计阶段，当明确了蓄电池的生产厂家后，应要求厂家提供采用产品的所有特性参数进行复核计算，以验证其选型及选择容量的准确性。

4.4.4 各类蓄电池应用图表

表4-5，GF型2000Ah及以下防酸式铅酸蓄电池容量系数和容量换算系数表。

图4-6，GF型2000Ah及以下防酸式铅酸蓄电池持续放电1.0h后冲击放电曲线。

图4-7，GF型2000Ah及以下防酸式铅酸蓄电池持续放电0.5h后冲击放电曲线。

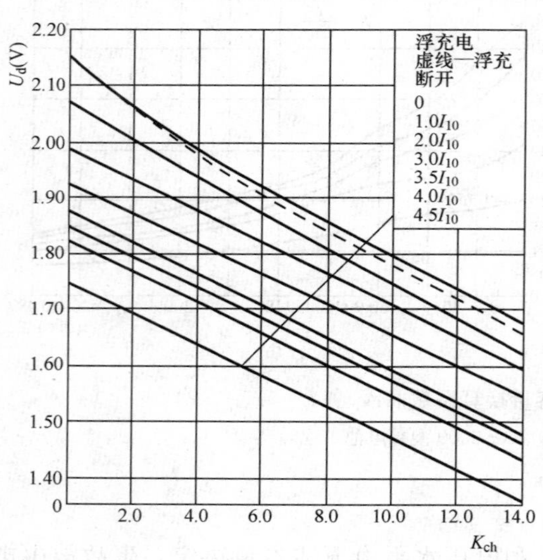

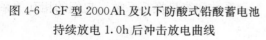

图4-6 GF型2000Ah及以下防酸式铅酸蓄电池持续放电1.0h后冲击放电曲线

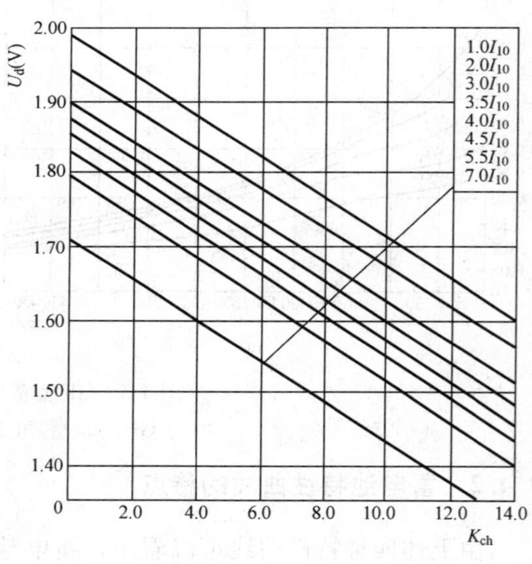

图4-7 GF型2000Ah及以下防酸式铅酸蓄电池持续放电0.5h后冲击放电曲线

表4-6，GF型2000Ah及以下防酸式铅酸蓄电池（单体2V）冲击电流与终止放电电压的关系。

表4-7，GFD型3000Ah及以下防酸式铅酸蓄电池（单体2V）的容量系数和容量换算系数表。

表4-8，阀控式密封铅酸蓄电池（贫液）（单体6V或12V）的容量系数和容量换算系数表。

表4-9，阀控式密封铅酸蓄电池（贫液）（单体2V）的容量系数和容量换算系数表。

表 4-5　　**GF 型 2000Ah 及以下防酸式铅酸蓄电池容量系数和容量换算系数表**

放电终止电压（V）	容量系数和容量换算系数	不同放电时间 t 的 K_{cc} 及 K_c 值																
		5s	1min	29min	0.5h	59min	1.0h	89min	1.5h	2.0h	179min	3.0h	4.0h	5.0h	6.0h	7.0h	479min	8.0h
1.75	K_{cc}				0.290		0.460		0.60	0.660		0.780	0.880	0.900	0.972	0.980		0.992
	K_c	1.010	0.900	0.590	0.580	0.467	0.460	0.402	0.40	0.330	0.260	0.260	0.220	0.180	0.162	0.140	0.124	0.124
1.80	K_{cc}				0.260		0.410		0.525	0.600		0.720	0.760	0.850	0.900	0.910		0.920
	K_c	0.900	0.780	0.530	0.520	0.416	0.410	0.354	0.350	0.300	0.240	0.240	0.190	0.170	0.150	0.130	0.115	0.115
1.85	K_{cc}				0.210		0.350		0.480	0.520		0.630	0.700	0.800	0.840	0.854		0.856
	K_c	0.740	0.600	0.430	0.420	0.355	0.350	0.323	0.320	0.260	0.210	0.210	0.175	0.160	0.140	0.122	0.107	0.107
1.90	K_{cc}				0.160		0.280		0.390	0.440		0.540	0.660	0.700	0.750	0.798		0.816
	K_c		0.400	0.330	0.320	0.284	0.280	0.262	0.260	0.220	0.180	0.180	0.165	0.140	0.125	0.114	0.102	0.102
1.95	K_{cc}				0.111		0.192		0.270	0.320		0.390	0.496	0.550	0.648	0.700		0.704
	K_c		0.300	0.228	0.221	0.200	0.192	0.18	0.180	0.160	0.130	0.130	0.124	0.110	0.108	0.100	0.088	0.088

注　容量系数 $K_{cc}=\frac{C_t}{C_{10}}=K_c t$（$t$—放电时间，h）；容量换算系数 $K_c=\frac{I_t}{C_{10}}$（1/h）$=\frac{K_{cc}}{t}$（t—放电时间，h）。

表 4-6　GF 型 2000Ah 及以下防酸式铅酸蓄电池（单体 2V）冲击电流与终止放电电压的关系

冲击电流倍数	0	1	2	3	4	5	6	7	8	9	10	11	12	13	14
持续放电电流	持续放电 1.0h 后，下列冲击系数 K 条件下的单体电池电压（V）														
浮充电	2.15	2.11	2.065	2.03	1.985	1.955	1.925	1.89	1.86	1.835	1.80	1.77	1.745	1.71	1.68
虚线	2.145	2.105	2.06	2.02	1.975	1.94	1.905	1.875	1.845	1.815	1.78	1.75	1.725	1.69	1.665
0	2.065	2.04	2.005	1.975	1.94	1.91	1.88	1.845	1.81	1.78	1.75	1.72	1.68	1.655	1.625
$1.0I_{10}$	1.985	1.96	1.094	1.905	1.88	1.85	1.82	1.79	1.77	1.74	1.71	1.675	1.655	1.625	1.60
$2.0I_{10}$	1.925	1.90	1.87	1.85	1.82	1.79	1.77	1.74	1.72	1.68	1.66	1.63	1.605	1.575	1.55
$3.0I_{10}$	1.875	1.85	1.82	1.79	1.765	1.74	1.71	1.68	1.65	1.625	1.595	1.57	1.535	1.51	1.485
$3.5I_{10}$	1.85	1.825	1.79	1.77	1.74	1.715	1.685	1.605	1.63	1.60	1.575	1.55	1.525	1.49	1.47
$4.0I_{10}$	1.825	1.80	1.77	1.74	1.72	1.685	1.665	1.625	1.605	1.58	1.55	1.525	1.495	1.465	1.44
$4.5I_{10}$	1.75	1.725	1.69	1.67	1.64	1.615	1.58	1.56	1.53	1.50	1.475	1.445	1.42	1.39	—
	持续放电 0.5h 后，下列冲击系数 K 条件下的单体电池电压（V）														
$1.0I_{10}$	1.99	1.962	1.934	1.906	1.879	1.850	1.823	1.795	1.767	1.740	1.710	1.684	1.656	1.628	1.600
$2.0I_{10}$	1.94	1.913	1.887	1.86	1.833	1.807	1.780	1.753	1.727	1.70	1.673	1.647	1.62	1.593	1.567
$3.0I_{10}$	1.90	1.875	1.844	1.817	1.789	1.761	1.733	1.706	1.678	1.650	1.622	1.594	1.567	1.539	1.511
$3.5I_{10}$	1.875	1.85	1.819	1.791	1.763	1.734	1.706	1.678	1.65	1.622	1.594	1.566	1.538	1.51	1.481
$4.0I_{10}$	1.855	1.827	1.798	1.770	1.742	1.713	1.685	1.657	1.628	1.600	1.572	1.543	1.515	1.487	1.458
$4.5I_{10}$	1.832	1.804	1.776	1.747	1.719	1.691	1.663	1.635	1.606	1.578	1.550	1.522	1.494	1.465	1.437
$5.5I_{10}$	1.80	1.77	1.743	1.714	1.686	1.657	1.629	1.60	1.571	1.543	1.514	1.486	1.457	1.429	1.400
$7I_{10}$	1.71	1.683	1.655	1.628	1.60	1.573	1.545	1.518	1.49	1.463	1.435	1.408	1.38	1.353	—

表 4-7　GFD 型 3000Ah 及以下防酸式铅酸蓄电池（单体 2V）的容量系数和容量换算系数表

放电终止电压（V）	容量系数和容量换算系数	不同放电时间 t 的 K_{cc} 及 K_c 值																
		5s	1min	29min	0.5h	59min	1.0h	89min	1.5h	2.0h	179min	3.0h	4.0h	5.0h	6.0h	7.0h	479min	8.0h
1.75	K_{cc}				0.310		0.470		0.588	0.640		0.810	0.880	0.950	0.960	1.036		1.040
	K_c	1.010	0.890	0.630	0.620	0.477	0.470	0.395	0.392	0.320	0.270	0.270	0.220	0.190	0.160	0.148	0.130	0.130
1.80	K_{cc}				0.260		0.410		0.530	0.400		0.750	0.820	0.850	0.852	0.910		0.920
	K_c	0.900	0.740	0.530	0.520	0.416	0.410	0.356	0.353	0.200	0.250	0.250	0.205	0.170	0.142	0.130	0.115	0.115
1.85	K_{cc}				0.205		0.340		0.425	0.540		0.660	0.720	0.720	0.780	0.826		0.832
	K_c	0.740	0.610	0.420	0.410	0.345	0.340	0.286	0.283	0.270	0.220	0.220	0.180	0.144	0.130	0.118	0.104	0.104
1.90	K_{cc}				0.160		0.271		0.375	0.440		0.570	0.620	0.620	0.612	0.685		0.672
	K_c		0.470	0.330	0.320	0.275	0.271	0.252	0.250	0.220	0.190	0.190	0.155	0.124	0.102	0.094	0.084	0.084
1.95	K_{cc}				0.111		0.182		0.257	0.332		0.450	0.600	0.520	0.522	0.539		0.544
	K_c		0.280	0.180	0.221	0.185	0.182	0.173	0.171	0.166	0.150	0.150	0.150	0.104	0.087	0.077	0.068	0.068

注　容量系数 $K_{cc}=\frac{C_t}{C_{10}}=K_c t$（$t$—放电时间，h）；容量换算系数 $K_c=\frac{I_t}{C_{10}}$（1/h）$=\frac{K_{cc}}{t}$（t—放电时间，h）。

表 4-8　阀控式密封铅酸蓄电池（贫液）（单体 6V 或 12V）的容量系数和容量换算系数表

放电终止电压(V)	容量系数和容量换算系数	不同放电时间 t 的 K_{cc} 及 K_c 值																
		5s	1min	29min	0.5h	59min	1.0h	89min	1.5h	2.0h	179min	3.0h	4.0h	5.0h	6.0h	7.0h	479min	8.0h
1.75	K_{cc}				0.500		0.700		0.764	0.870		0.936	0.972	1.000	1.032	1.099		1.136
	K_c	2.080	1.990	1.010	1.000	0.708	0.700	0.513	0.509	0.435	0.312	0.312	0.243	0.200	0.172	0.157	0.142	0.142
1.80	K_{cc}				0.495		0.680		0.756	0.858		0.915	0.956	0.990	1.020	1.085		1.120
	K_c	2.000	1.880	1.000	0.990	0.691	0.680	0.509	0.504	0.429	0.305	0.305	0.239	0.198	0.170	0.155	0.14	0.140
1.83	K_{cc}				0.490		0.656		0.743	0.832		0.891	0.936	0.985	1.008	1.071		1.104
	K_c	1.930	1.820	0.988	0.979	0.666	0.656	0.498	0.495	0.416	0.297	0.297	0.234	0.197	0.168	0.153	0.138	0.138
1.85	K_{cc}				0.482		0.629		0.731	0.816		0.885	0.924	0.980	1.002	1.064		1.008
	K_c	1.810	1.740	0.976	0.963	0.639	0.629	0.489	0.487	0.408	0.295	0.295	0.231	0.196	0.167	0.152	0.136	0.136
1.87	K_{cc}				0.465		0.600		0.729	0.798		0.867	0.880	0.970	0.990	1.043		1.064
	K_c	1.750	1.670	0.943	0.929	0.610	0.600	0.481	0.479	0.399	0.289	0.289	0.220	0.194	0.165	0.149	0.133	0.133
1.90	K_{cc}				0.421		0.571		0.693	0.774		0.837	0.884	0.945	0.960	1.001		1.016
	K_c	1.670	1.590	0.585	0.841	0.576	0.571	0.464	0.462	0.387	0.279	0.279	0.211	0.189	0.160	0.143	0.127	0.127

注　容量系数 $K_{cc}=\frac{C_t}{C_{10}}=K_c t$（$t$—放电时间，h）；容量换算系数 $K_c=\frac{I_t}{C_{10}}$（1/h）$=\frac{K_{cc}}{t}$（t—放电时间，h）。

表 4-9　阀控式密封铅酸蓄电池（贫液）（单体 2V）的容量系数和容量换算系数表

放电终止电压（V）	容量系数和容量换算系数	不同放电时间 t 的 K_{cc} 及 K_c 值																
		5s	1min	29min	0. 5h	59min	1. 0h	89min	1. 5h	2. 0h	179min	3. 0h	4. 0h	5. 0h	6. 0h	7. 0h	479min	8. 0h
1. 75	K_{cc}				0. 492		0. 615		0. 719	0. 774		0. 867	0. 936	0. 975	1. 014	1. 071		1. 080
	K_c	1. 54	1. 53	1. 000	0. 984	0. 620	0. 615	0. 482	0. 479	0. 387	0. 289	0. 289	0. 234	0. 195	0. 169	0. 153	0. 135	0. 135
1. 80	K_{cc}				0. 450		0. 598		0. 708	0. 748		0. 840	0. 896	0. 950	0. 996	1. 050		1. 056
	K_c	1. 45	1. 43	0. 920	0. 900	0. 600	0. 598	0. 476	0. 472	0. 374	0. 28	0. 280	0. 224	0. 190	0. 166	0. 150	0. 132	0. 132
1. 83	K_{cc}				0. 412		0. 565		0. 683	0. 714		0. 810	0. 868	0. 920	0. 960	1. 015		1. 016
	K_c	1. 38	1. 33	0. 843	0. 823	0. 570	0. 565	0. 458	0. 455	0. 357	0. 27	0. 270	0. 217	0. 184	0. 160	0. 145	0. 127	0. 127
1. 85	K_{cc}				0. 390		0. 540		0. 642	0. 688		0. 786	0. 856	0. 900	0. 942	0. 980		0. 984
	K_c	1. 34	1. 24	0. 800	0. 780	0. 558	0. 540	0. 432	0. 428	0. 344	0. 262	0. 262	0. 214	0. 180	0. 157	0. 140	0. 123	0. 123
1. 87	K_{cc}				0. 378		0. 520		0. 612	0. 668		0. 774	0. 836	0. 885	0. 930	0. 959		0. 960
	K_c	1. 27	1. 18	0. 764	0. 755	0. 548	0. 520	0. 413	0. 408	0. 334	0. 258	0. 258	0. 209	0. 177	0. 155	0. 137	0. 120	0. 120
1. 90	K_{cc}				0. 338		0. 490		0. 572	0. 642		0. 759	0. 800	0. 850	0. 900	0. 917		0. 944
	K_c	1. 19	1. 12	0. 685	0. 676	0. 495	0. 490	0. 383	0. 381	0. 321	0. 253	0. 253	0. 200	0. 170	0. 150	0. 131	0. 118	0. 118

注　容量系数 $K_{cc}=\frac{C_t}{C_{10}}=K_c t$（$t$—放电时间，h）；容量换算系数 $K_c=\frac{I_t}{C_{10}}$（1/h）$=\frac{K_{cc}}{t}$（t—放电时间，h）。

图 4-8，阀控式贫液铅酸蓄电池持续放电 0.5h 后冲击放电曲线。
图 4-9，阀控式贫液铅酸蓄电池持续放电 1.0h 后冲击放电曲线。
图 4-10，阀控式贫液铅酸蓄电池持续放电 2.0h 后冲击放电曲线。
表 4-10，阀控式密封铅酸蓄电池（贫液）（单体 2V）冲击电流与终止放电电压的关系。
表 4-11，阀控式密封铅酸蓄电池（胶体）（单体 2V）的容量系数和容量换算系数表。
图 4-11，阀控式胶体铅酸蓄电池持续放电 0.5h 后冲击放电曲线。
图 4-12，阀控式胶体铅酸蓄电池持续放电 1.0h 后冲击放电曲线。
表 4-12，阀控式密封铅酸蓄电池（胶体）（单体 2V）冲击电流与终止放电电压的关系。

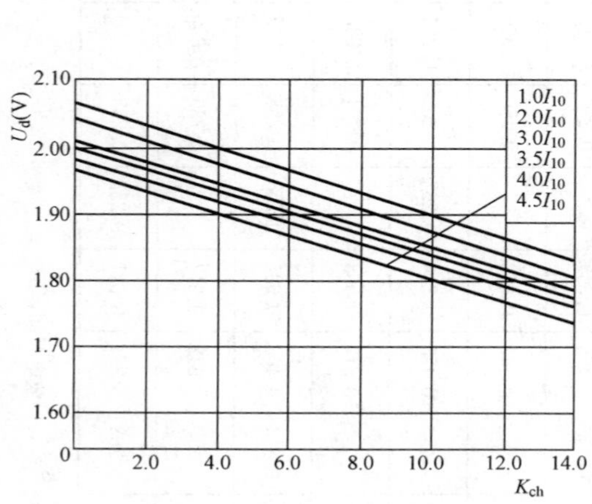

图 4-8 阀控式贫液铅酸蓄电池持续放电 0.5h 后冲击放电曲线

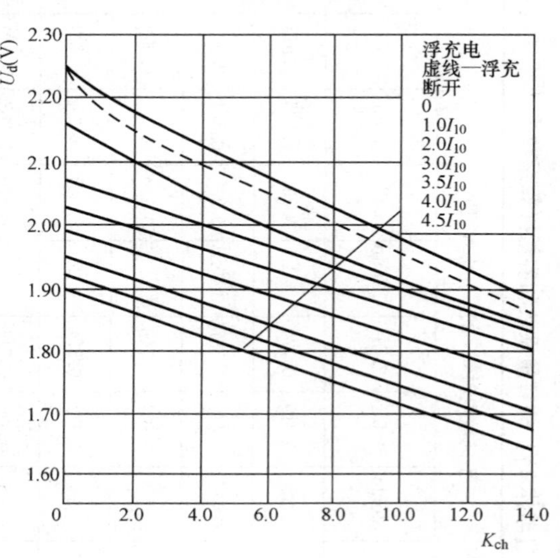

图 4-9 阀控式贫液铅酸蓄电池持续放电 1.0h 后冲击放电曲线

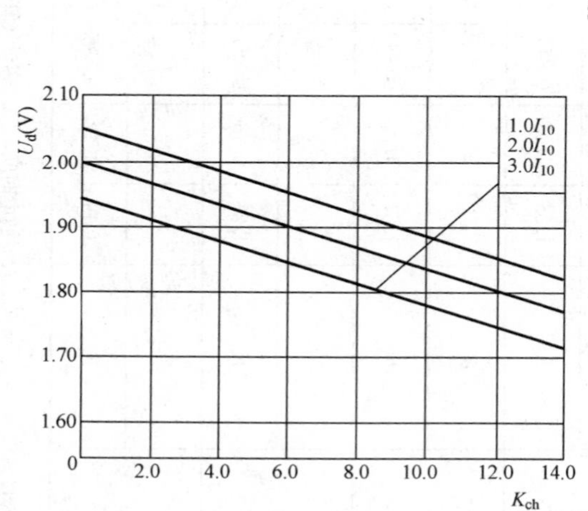

图 4-10 阀控式贫液铅酸蓄电池持续放电 2.0h 后冲击放电曲线

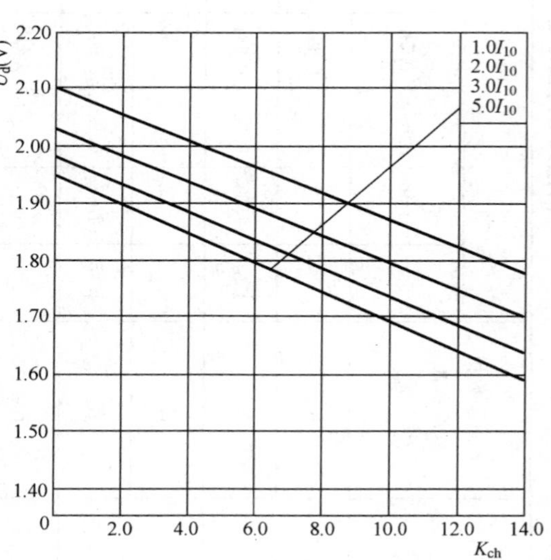

图 4-11 阀控式胶体铅酸蓄电池持续放电 0.5h 后冲击放电曲线

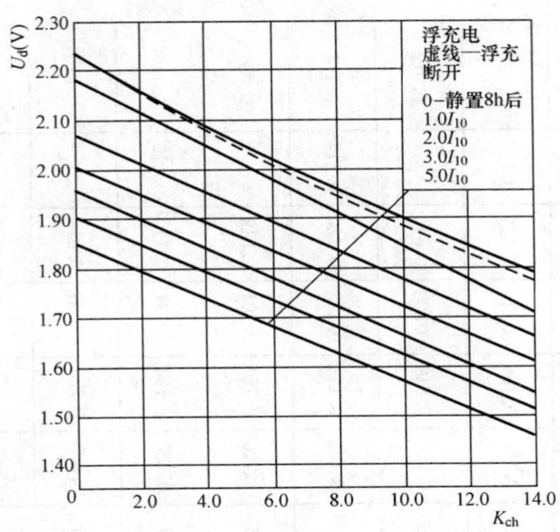

图 4-12　阀控式胶体铅酸蓄电池持续放电 1.0h 后冲击放电曲线

表 4-10　　阀控式密封铅酸蓄电池（贫液）（单体 2V）冲击电流与终止放电电压的关系

冲击电流倍数	0	1	2	3	4	5	6	7	8	9	10	11	12	13	14
持续放电电流	持续放电 0.5h 后，下列冲击系数 K_{ch}条件下的单体电池电压（V）														
$1.0I_{10}$	2.07	2.05	2.03	2.02	2.00	1.98	1.96	1.95	1.94	1.92	1.90	1.88	1.87	1.85	1.84
$2.0I_{10}$	2.04	2.02	2.01	1.99	1.98	1.97	1.94	1.93	1.91	1.89	1.88	1.86	1.84	1.83	1.81
$3.0I_{10}$	2.02	1.99	1.98	1.96	1.95	1.94	1.91	1.90	1.88	1.87	1.85	1.84	1.82	1.80	1.79
$3.5I_{10}$	2.00	1.98	1.97	1.95	1.94	1.92	1.90	1.89	1.87	1.86	1.84	1.83	1.81	1.79	1.78
$4.0I_{10}$	1.98	1.97	1.95	1.93	1.92	1.90	1.89	1.87	1.86	1.84	1.83	1.81	1.79	1.77	1.76
$4.5I_{10}$	1.60	1.95	1.93	1.92	1.90	1.88	1.86	1.85	1.84	1.82	1.80	1.78	1.77	1.75	1.74
持续放电 1h 后，下列冲击系数 K_{ch}条件下的单体电池电压（V）															
浮充电	2.25	2.20	2.17	2.15	2.13	2.10	2.07	2.05	2.03	2.00	1.97	1.95	1.93	1.91	1.89
虚线	2.20	2.18	2.15	2.12	2.10	2.07	2.05	2.03	2.00	1.98	1.95	1.93	1.91	1.88	1.86
0 线	2.16	2.13	2.10	2.07	2.05	2.02	2.00	1.97	1.95	1.93	1.91	1.89	1.88	1.86	1.84
$1.0I_{10}$	2.07	2.05	2.04	2.01	2.00	1.97	1.95	1.94	1.93	1.92	1.90	1.88	1.87	1.85	1.84
$2.0I_{10}$	2.03	2.01	1.99	1.98	1.96	1.95	1.93	1.92	1.90	1.88	1.87	1.85	1.84	1.82	1.80
$3.0I_{10}$	1.99	1.97	1.96	1.94	1.93	1.91	1.89	1.88	1.86	1.84	1.83	1.81	1.79	1.77	1.75
$3.5I_{10}$	1.95	1.93	1.91	1.90	1.88	1.86	1.85	1.83	1.81	1.79	1.76	1.74	1.73	1.72	1.70
$4.0I_{10}$	1.92	1.91	1.89	1.87	1.85	1.83	1.82	1.80	1.78	1.76	1.75	1.73	1.71	1.69	1.67
$4.5I_{10}$	1.90	1.88	1.86	1.85	1.83	1.81	1.78	1.77	1.75	1.73	1.71	1.70	1.68	1.66	1.64
持续放电 2h 后，下列冲击系数 K_{ch}条件下的单体电池电压（V）															
$1I_{10}$	2.05	2.03	2.01	2.00	1.98	1.97	1.95	1.94	1.92	1.90	1.89	1.87	1.85	1.84	1.83
$2I_{10}$	2.00	1.98	1.97	1.95	194	1.92	1.90	1.89	1.87	1.85	1.84	1.82	1.80	1.79	1.78
$3I_{10}$	1.94	1.93	1.91	1.90	1.88	1.86	1.85	1.83	1.82	1.80	1.78	1.77	1.75	1.73	1.72

注　1.“浮充电”曲线是指直流系统在浮充电工况下承受冲击负荷的试验曲线。

2.“0”线是指直流系统退出运行工况下的试验曲线，即在退出运行的蓄电池充足电后、断开电源、并静置 8～15h 后再承受冲击负荷的试验曲线。

3. 虚线是指直流系统在浮充电工况下、断开充电电源及施加冲击负荷的试验曲线。

4. 其他各冲击曲线表含义相同。

表 4-11 阀控式密封铅酸蓄电池（胶体）（单体 2V）的容量系数和容量换算系数表

放电终止电压（V）	容量系数和容量换算系数	不同放电时间 t（min）的 K_{cc} 及 K_c 值																
		5s	1min	29min	0.5h	59min	1.0h	89min	1.5h	2.0h	179min	3.0h	4.0h	5.0h	6.0h	7.0h	479min	8.0h
1.80	K_{cc}				0.405		0.520		0.630	0.660		0.750	0.784	0.830	0.864	0.889		0.928
	K_c	1.23	1.17	0.820	0.810	0.530	0.520	0.430	0.420	0.330	0.250	0.250	0.196	0.166	0.144	0.127	0.116	0.116
1.83	K_{cc}				0.365		0.490		0.570	0.620		0.690	0.760	0.810	0.820	0.840		0.912
	K_c	1.12	1.06	0.740	0.73	0.500	0.490	0.390	0.380	0.310	0.230	0.230	0.190	0.162	0.138	0.120	0.114	0.114
1.87	K_{cc}				0.330		0.450		0.555	0.580		0.660	0.720	0.780	0.804	0.819		0.880
	K_c	1.00	0.94	0.670	0.660	0.460	0.450	0.376	0.370	0.290	0.220	0.220	0.180	0.156	0.134	0.117	0.110	0.110
1.90	K_{cc}				0.300		0.424		0.525	0.548		0.630	0.688	0.750	0.780	0.812		0.816
	K_c	0.87	0.86	0.650	0.600	0.430	0.424	0.360	0.350	0.274	0.210	0.210	0.172	0.150	0.130	0.116	0.102	0.102
1.93	K_{cc}				0.270		0.400		0.465	0.520		0.570	0.660	0.675	0.708	0.735		0.792
	K_c	0.82	0.79	0.550	0.540	0.410	0.400	0.320	0.310	0.260	0.190	0.190	0.165	0.135	0.118	0.105	0.099	0.099

注 容量系数 $K_{cc}=\frac{C_t}{C_{10}}=K_c t$（$t$—放电时间，h）；容量换算系数 $K_c=\frac{I_t}{C_{10}}$（1/h）$=\frac{K_{cc}}{t}$（t—放电时间，h）。

表 4-12　阀控式密封铅酸蓄电池（胶体）（单体 2V）冲击电流与终止放电电压的关系

冲击电流倍数	0	1	2	3	4	5	6	7	8	9	10	11	12	13	14
持续放电电流	持续放电 0.5h 后，下列冲击系数 K_{ch} 条件下的单体电池电压（V）														
$1I_{10}$	2.10	2.08	2.05	2.03	2.01	1.99	1.96	1.94	1.92	1.90	1.87	1.85	1.83	1.80	1.78
$2I_{10}$	2.08	2.01	1.98	1.96	1.94	1.91	1.89	1.87	1.85	1.91	1.82	1.80	1.78	1.73	1.70
$3I_{10}$	1.98	1.96	1.93	1.91	1.88	1.86	1.84	1.81	1.79	1.76	1.74	1.71	1.69	1.66	1.64
$4I_{10}$	1.95	1.93	1.90	1.87	1.85	1.82	1.80	1.77	1.75	1.72	1.69	1.67	1.64	1.62	1.60
	持续放电 1h 后，不同冲击系数 K_{ch} 下的单体电池电压（V）														
浮	2.23	2.19	2.16	2.12	2.09	2.06	2.02	1.99	1.96	1.93	1.90	1.88	1.85	1.82	1.79
浮断	2.23	2.19	2.15	2.11	2.08	2.05	2.01	1.98	1.94	1.91	1.88	1.85	1.83	1.80	1.78
静 8h 后	2.18	2.15	2.11	2.08	2.05	2.01	1.97	1.95	1.91	1.88	1.85	1.81	1.78	1.75	1.71
$1I_{10}$	2.07	2.04	2.01	1.98	1.95	1.93	1.90	1.87	1.84	1.81	1.78	1.75	1.72	1.69	1.66
$2I_{10}$	2.00	1.98	1.95	1.92	1.90	1.86	1.83	1.81	1.78	1.75	1.72	1.69	1.66	1.64	1.61
$3I_{10}$	1.96	1.93	1.90	1.87	1.84	1.81	1.78	1.75	1.72	1.69	1.66	1.64	1.60	1.58	1.55
$4I_{10}$	1.90	1.88	1.85	1.82	1.80	1.76	1.73	1.71	1.68	1.65	1.63	1.60	1.57	1.54	1.52
$5I_{10}$	1.85	1.82	1.80	1.77	1.74	1.71	1.68	1.65	1.62	1.60	1.57	1.54	1.51	1.49	1.46

4.5 蓄电池容量计算方法

目前国内常用的蓄电池容量计算方法有两种：①容量换算法（以往也称为电压控制法），按事故状态下直流负荷消耗的安时值计算容量，并按事故放电末期或其他不利条件下校验直流母线电压水平；②电流换算法（以往也称为阶梯负荷法），按事故状态下直流负荷电流和放电时间来计算容量。现对两种方法说明如下。

4.5.1 容量换算法

1. 按事故状态下持续放电负荷计算蓄电池容量

蓄电池容量取决于事故放电容量、事故放电持续时间和限定的放电终止电压，而事故放电持续时间和限定的放电终止电压决定了蓄电池的容量系数。所以蓄电池的计算容量

$$C_c = \frac{K_{rel} C_s}{K_{cc}} \tag{4-12}$$

式中　C_s——事故放电容量，Ah；

K_{cc}——蓄电池容量系数；

K_{rel}——可靠系数，一般取 $K_{rel}=1.40$（参见 4.3 节）。

在式（4-12）中，当事故负荷在放电期间恒定不变时，事故放电容量 C_s 由事故放电电流 I_s(A)和事故放电时间 t_s(h)的乘积决定，即

$$C_s = I_s t_s \tag{4-13}$$

当事故负荷在放电期间变化时，一般多为阶梯形负荷曲线，当不是阶梯形时，也可近似地用阶梯形代替。对于阶梯形负荷，可采用分段计算法计算。

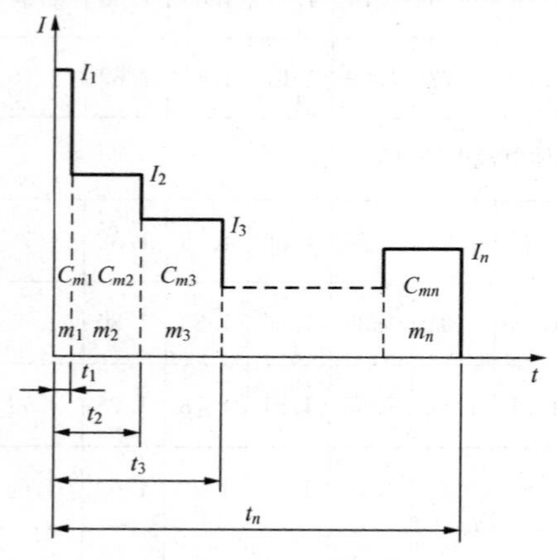

图 4-13　阶梯负荷分段计算的说明图

对图 4-13 所示的阶梯负荷图，有 n 个时段 m_1、m_2、…、m_i、…、m_n，划分为 n 个计算分段 t_1、t_2、…、t_a、…、t_n。

任意一个时段 m_i 的放电容量为

$$C_{mi} = I_i t_{mi} \tag{4-14}$$

从放电开始，到包含时段 m_i 的任意分段 t_a 结束，总的负荷容量为

$$C_{sa} = \sum_{i=1}^{a} C_{mi} \Big|_{a=1,2,\cdots,n} \tag{4-15}$$

在计算分段 t_a 内，所需要的蓄电池容量计算值为

$$C_{ca} = \frac{K_{rel} C_{sa}}{K_{cca}} \Bigg|_{a=1,2,\cdots,n} \tag{4-16}$$

其中容量系数 K_{cca} 按计算分段的时间 t_a 决定。

分别计算 n 个分段的蓄电池计算容量，然后按其中最大者选择蓄电池，则蓄电池容量为

$$C_c \geqslant \max_{a=1}^{n} C_{ca} \tag{4-17}$$

2. 放电电压水平的校验

（1）持续放电电压水平的校验。事故放电末期，电压将降到最低，校验是否符合要求的方法如下。

事故放电期间蓄电池的放电系数为

$$K_f = \frac{K_{rel} C_s}{t I_{10}} \tag{4-18}$$

式中　C_s——事故放电容量，Ah，按式（4-13）或式（4-15）确定；

I_{10}——蓄电池 10h 放电率电流，A；

t——事故放电时间，h。

根据 K_f 值，由蓄电池放电时间和电压关系曲线或从蓄电池持续放电 1h 和 0.5h 冲击放电曲线中，对应 $K_{ch}=0$ 值（参见图 4-1～图 4-3）查出事故放电末期单体电池的电压（U_{df}），然后求得蓄电池组的端电压

$$U_D = n U_{df} \tag{4-19}$$

（2）冲击放电电压水平的校验。冲击放电过程中，放电时间极短，放电电流较大。尽管消耗电量很少，但对电压影响很大。所以，在按持续放电算出蓄电池容量后，还应校验事故放电初期、末期以及其他放电阶段中，在可能的大冲击放电电流作用下蓄电池组的电压水平。

1）事故放电初期，电压水平的校验。事故放电初期的冲击系数为

$$K_{ch0}=K_{rel}\frac{I_{ch0}}{I_{10}} \tag{4-20}$$

式中 K_{rel}——可靠系数，通常取1.1；

I_{ch0}——事故放电初期冲击放电电流，A；

I_{10}——蓄电池10h放电率电流，A。

根据K_{ch0}值，由蓄电池冲击放电曲线族中的“0”曲线查得单体电池的电压值U_{ch0}，即求得蓄电池组的端电压

$$U_D=nU_{ch0} \tag{4-21}$$

式中 n——蓄电池组的电池个数。

2）事故放电过程中，包括事故放电末期随机（5s）出现大冲击电流时电压水平的校验。计算事故放电过程中出现大冲击电流时放电系数和冲击系数

$$K_f=K_{rel}\frac{C_s}{tI_{10}} \tag{4-22}$$

$$K_{chf}=K_{rel}\frac{I_{chf}}{I_{10}} \tag{4-23}$$

根据冲击系数K_{chf}，查蓄电池冲击放电曲线族（参见图4-2或图4-3）中对应于K_f的曲线，求得单体电池电压U_{chf}，并由此求得蓄电池组的端电压

$$U_D=nU_{chf} \tag{4-24}$$

由式（4-19）、式（4-21）和式（4-24）求得的端电压值应不小于要求值。

一般情况下，事故放电初期（1min）和末期或末期随机大电流放电阶段（5s）的电压水平，往往是整个事故放电过程的电压控制点。并且分别由事故放电初期冲击系数K_{ch0}和最严重放电阶段末期的冲击系数K_{chf}决定。对给定的蓄电池，在限定的放电终止电压下，蓄电池允许的冲击电流是一定的，因而允许的K_{ch0}或K_{chf}也是确定的。

3. 按电压水平计算蓄电池容量

按电压水平计算蓄电池容量，实际上是校验电压水平的反运算。

（1）按持续放电末期电压水平计算蓄电池容量。事故放电末期，蓄电池的终止电压应为

$$U_d\geqslant\frac{K_uU_n}{n} \tag{4-25}$$

式中 K_u——电压下降系数，简称电压系数，对控制用电池$K_u=0.85$，对动力用电池$K_u=0.875$；

U_n——直流系统标称电压；

n——蓄电池个数。

设事故计算时间为t_s，按U_d和t_s值用容量系数曲线（参见图4-4）确定K_{cc}值。

蓄电池的计算容量C_c仍按式（4-12）或式（4-14）～式（4-16）计算。

在按持续放电确定蓄电池容量时，如果确定K_{cc}的放电终止电压已满足电压水平要求，则在事故放电末期，蓄电池的电压水平一定能满足要求，就不需要再进行上述电压水平的计算。

（2）按冲击放电电压水平计算蓄电池容量。在冲击放电电流I_{ch}作用下，蓄电池的端电压应为

$$U_{ch}\geqslant\frac{K_{uch}U_n}{K_{ch}} \tag{4-26}$$

式中 K_{uch}——表示冲击电流作用下电压下降的系数，其值根据冲击负荷的大小确定，一般可取$K_{uch}=K_u$。

冲击放电电流 I_{ch} 所要求的蓄电池容量计算值为

$$C_c = \frac{K_{rel} I_{ch}}{K_{ch}} \tag{4-27}$$

式中 K_{ch}——冲击系数。

如果冲击放电电流出现在放电初期，则 $I_{ch}=I_{ch0}$，此时根据 U_{ch}、t_s 和 $K_f=0$ 用图 4-2 中的“0”曲线确定 $K_{ch}=K_{ch0}$，进而即可由式（4-27）算出满足电压水平要求的蓄电池容量。

4.5.2 电流换算法

1. 电流换算法的要点

电流换算法（亦称阶梯负荷法），又称 HOXIE 算法，系由美国 IEEE 会员 E. A. HOXIE 于 20 世纪 50 年代提出，并列入 IEEEstd-485 标准中，是目前国际上通用的计算方法之一。在国内也得到了比较广泛的应用。

我国电力设计部门在蓄电池生产厂家的配合下，从 1983 年开始，对国内生产的蓄电池基于 HOXIE 算法的要点进行了试验，录制了相应的特性曲线。

电流换算法的要点如下：

（1）蓄电池在放电电流阶段性减小时，特别是大电流放电后负荷减小的情况下，具有恢复容量的特性。本算法考虑了这一特性。

（2）利用容量换算系数直接由负荷电流确定蓄电池的容量。由于这种方法是在给定放电终止电压条件下进行计算的，所以只要选择的蓄电池容量大于或接近计算值，就不必再对蓄电池容量进行电压校验。

（3）随机负荷（一般为冲击负荷）叠加在第一阶段（大电流放电）以外的最大负荷段上进行计算。各阶段的计算容量相比较后取大者，即为蓄电池的计算容量。

2. 计算方法

对图 4-14 所示的阶梯负荷图，分为 n 个时段 M_1、M_2、…、M_n。这几个时段组成 n 个计算阶段，每个阶段内包括相应数目的计算分段。

各阶段内分段的时间，可用 t_{ai} 表示，并且有

$$t_{ai} = \sum_{i=1}^{a} M_{i|a=1,2,\cdots,n} \tag{4-28}$$

对阶段 a 内所需要的蓄电池容量为

$$C_{ca} = K_{rel} \sum_{i=1}^{a} \frac{I_i - I_{(i-1)}}{K_{c(ai)|a=1,2\cdots n}} \tag{4-29}$$

对 n 个阶段的计算容量取大值，即得到蓄电池的计算容量

$$C_c \geqslant \max_{a=1}^{n} C_{ca} \tag{4-30}$$

式（4-29）中，容量换算系数 $K_{c(ai)}$ 根据相应的放电时间 t_{ai} 和给定的放电终止电压 U_d 用容量换算系数曲线（见图 4-1）确定，即

$$U_z, t_{ai} \Rightarrow K_{c(ai)} \Big|_{a=1,2,\cdots,a,\text{阶段号}}^{i=1,2,\cdots,a,\text{分段号}} \tag{4-31}$$

式中 I_i、$I_{(i-1)}$——时段 M_i、$M_{(i-1)}$ 内的放电电流；

K_{rel}——可靠系数，一般取 $K_{rel}=1.4$。

为说明 C_{ca} 的计算方法，下面举个例子，列出了 $n=1$、2、3、4、5 五种情况下式（4-29）的展

开式。其中 n 为阶梯数量，a 为阶梯序号，a 最大值等于 n，如第三个阶梯，则表示为 $a=3$。

图 4-14 所示为各放电阶段计算时间及容量换算系数设定示意图。

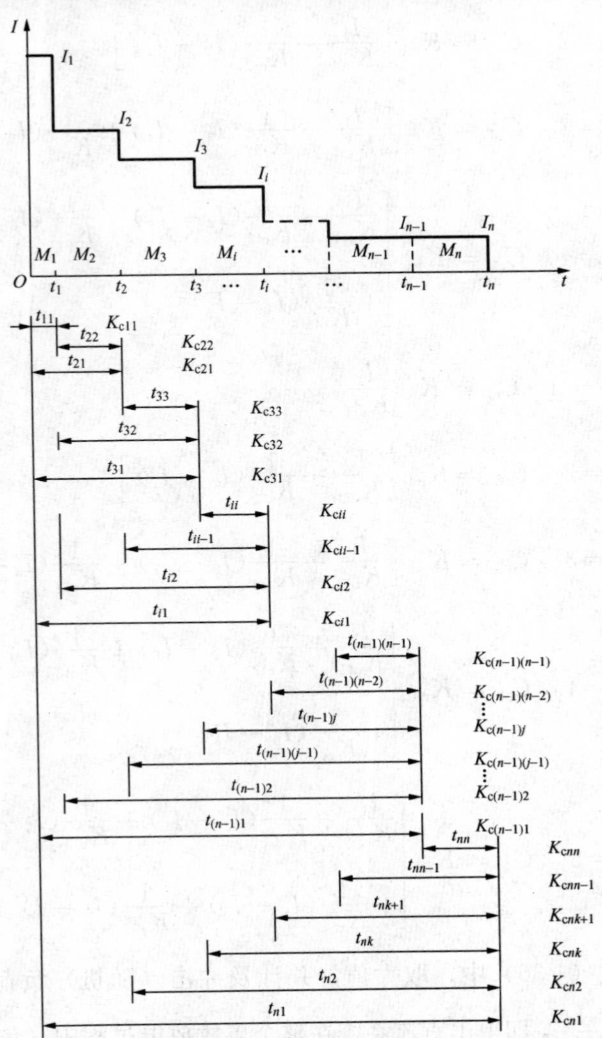

图 4-14　各放电阶段计算时间及容量换算系数设定示意图

当 $n=1$ 时，对 $a=1$　$C_{c1}=K_{rel}\dfrac{I_1}{K_{c11}}$　(4-32)

$$\left.\begin{aligned}&\text{当 } n=2 \text{ 时，对 } a=1 \quad C_{c1}=K_{rel}\frac{I_1}{K_{c11}}\\&\qquad\qquad\ \ \text{对 } a=2 \quad C_{c2}=K_{rel}\left[\frac{I_1}{K_{c21}}+\frac{1}{K_{c22}}(I_2-I_1)\right]\end{aligned}\right\}\tag{4-33}$$

$$\left.\begin{aligned}&\text{当 } n=3 \text{ 时，对 } a=1 \quad C_{c1}=K_{rel}\frac{I_1}{K_{c11}}\\&\qquad\qquad\ \ \text{对 } a=2 \quad C_{c2}=K_{rel}\left[\frac{I_1}{K_{c21}}+\frac{1}{K_{c22}}(I_2-I_1)\right]\\&\qquad\qquad\ \ \text{对 } a=3 \quad C_{c3}=K_{rel}\left[\frac{I_1}{K_{c31}}+\frac{1}{K_{c32}}(I_2-I_1)+\frac{1}{K_{c33}}(I_3-I_2)\right]\end{aligned}\right\}\tag{4-34}$$

$$\left.\begin{aligned}
&\text{当 } n=4 \text{ 时，对 } a=1 \quad C_{c1}=K_{rel}\frac{I_1}{K_{c11}}\\
&\quad\text{对 } a=2 \quad C_{c2}=K_{rel}\left[\frac{I_1}{K_{c21}}+\frac{1}{K_{c22}}(I_2-I_1)\right]\\
&\quad\text{对 } a=3 \quad C_{c3}=K_{rel}\left[\frac{I_1}{K_{c31}}+\frac{1}{K_{c32}}(I_2-I_1)+\frac{1}{K_{c33}}(I_3-I_2)\right]\\
&\quad\text{对 } a=4 \quad C_{c4}=K_{rel}\left[\begin{aligned}&\frac{I_1}{K_{c41}}+\frac{1}{K_{c42}}(I_2-I_1)+\frac{1}{K_{c43}}(I_3-I_2)\\&+\frac{1}{K_{c44}}(I_4-I_3)\end{aligned}\right]
\end{aligned}\right\} \tag{4-35}$$

$$\left.\begin{aligned}
&\text{当 } n=5 \text{ 时，对 } a=1 \quad C_{c1}=K_{rel}\frac{I_1}{K_{c11}}\\
&\quad\text{对 } a=2 \quad C_{c2}=K_{rel}\left[\frac{I_1}{K_{c21}}+\frac{1}{K_{c22}}(I_2-I_1)\right]\\
&\quad\text{对 } a=3 \quad C_{c3}=K_{rel}\left[\frac{I_1}{K_{c31}}+\frac{1}{K_{c32}}(I_2-I_1)+\frac{1}{K_{c33}}(I_3-I_2)\right]\\
&\quad\text{对 } a=4 \quad C_{c4}=K_{rel}\left[\begin{aligned}&\frac{I_1}{K_{c41}}+\frac{1}{K_{c42}}(I_2-I_1)+\frac{1}{K_{c43}}(I_3-I_2)\\&+\frac{1}{K_{c44}}(I_4-I_3)\end{aligned}\right]\\
&\quad\text{对 } a=5 \quad C_{c5}=K_{rel}\left[\begin{aligned}&\frac{I_1}{K_{c51}}+\frac{1}{K_{c52}}(I_2-I_1)+\frac{1}{K_{c53}}(I_3-I_2)\\&+\frac{1}{K_{c54}}(I_4-I_3)+\frac{1}{K_{c55}}(I_5-I)\end{aligned}\right]
\end{aligned}\right\} \tag{4-36}$$

在式（4-32）～式（4-36）中，取大值，并计及冲击（随机）负荷所需的蓄电池的容量，即加上 $C_{cl}=K_{rel}\frac{I_R}{K_{cR}}$，即得出直流系统在整个事故放电过程中（包括随机负荷的作用）所需的蓄电池容量。

一般来说，C_{ca} 值须对 n 个阶段进行计算，但实际情况下，有时只需计算 $a=1$、$a=n$ 和到某一放电电流大且放电时间较长的时段的阶段 a 的蓄电池计算容量，然后取三者中的大值即可。例如，式（4-36）表示的 $n=5$ 的情况下，若第三时段的电流 I_3 和时间 t_3 较长，则只计算 C_{c1}、C_{c3} 和 C_{c5}，然后取其中的最大值取可。

3. 表格计算法

表格计算法是电流换算法的另一种表达形式，根据式（4-28）制成表 4-13 的通用格式，其计算过程如下：

（1）绘出直流负荷示意图。

（2）列出放电时段（M_i）、放电电流（I_i）和持续时间（t_i）。

（3）将负荷电流（I_i）填入表 4-13 的（2）栏中。

表 4-13　　　　　　　　　　　　阶梯负荷计算表

单体蓄电池终止电压：1.8V；选用蓄电池型号：GFM；最低环境温度：10～25℃

(1) 分段序号	(2) 负荷(A)	(3) 负荷变化(A)	(4) 放电时间(时段)(min)	(5) 放电分段时间(t_{ai})(min)	(6) 容量换算系数($K_{c(ai)}$)	(7)各分段和阶段所需容量(Ah)
第1阶段，如果 $I_2>I_1$ 见第2阶段						
1	$I_1=$	$I_1-0=$	$M_1=1$	$t_{11}=M_1=1$	K_{c11}	
第1阶段					总 计	
第2阶段，如果 $I_3>I_2$ 见第3阶段						
1	$I_1=$	$I_1-0=$	M_1	$T_{21}=M_1+M_2=$	K_{c21}	
2	$I_2=$	$I_2-I_1=$	M_2	$T_{22}=M_2=$	K_{c22}	
第2阶段					分项合计	
					总 计	
第3阶段，如果 $I_4>I_3$ 见第4阶段						
1	$I_1=$	$I_1-0=$	$M_1=$	$T_{31}=M_1+M_2+M_3=$	K_{c31}	
2	$I_2=$	$I_2-I_1=$	$M_2=$	$T_{32}=M_2+M_3=$	K_{c32}	
3	$I_3=$	$I_3-I_2=$	$M_3=$	$T_{33}=M_3=$	K_{c33}	
第3阶段					分项合计	
					总 计	
第4阶段，如果 $I_5>I_4$ 见第5阶段						
1	$I_1=$	$I_1-0=$	$M_1=$	$T_{41}=M_1+M_2+M_3+M_4=$	K_{c41}	
2	$I_2=$	$I_2-I_1=$	$M_2=$	$T_{42}=M_2+M_3+M_4=$	K_{c42}	
3	$I_3=$	$I_3-I_2=$	$M_3=$	$T_{43}=M_3+M_4=$	K_{c43}	
4	$I_4=$	$I_4-I_3=$	$M_4=$	$T_{44}=M_4=$	K_{c44}	
第4阶段					分项合计	
					总 计	
第5阶段，如果 $I_6>I_5$ 见第6阶段						
1	$I_1=$	$I_1-0=$	$M_1=$	$T_{51}=M_1+M_2+M_3+M_4+M_5=$	K_{c51}	
2	$I_2=$	$I_2-I_1=$	$M_2=$	$T_{52}=M_2+M_3+M_4+M_5=$	K_{c52}	
3	$I_3=$	$I_3-I_2=$	$M_3=$	$T_{53}=M_3+M_4+M_5=$	K_{c53}	
4	$I_4=$	$I_4-I_3=$	$M_4=$	$T_{54}=M_4+M_5=$	K_{c54}	
5	$I_5=$	$I_5-I_4=$	$M_5=$	$T_{55}=M_5=$	K_{c55}	
第5阶段					分项合计	
					总 计	
随机负荷(根据需要)						
R	I_R	$I_R-0=$	$M_R=5s$	$t_R=M_R=5s$	K_{ch}	

（4）计算负荷电流变化（I_i-I_{i-1}），并填入表 4-13 的（3）栏中。

（5）计算各放电时段（M_i）和放电阶段的终止时间（t_{ai}）。表中的（4）栏，表示的是各阶段包括的时段。第一阶段的时段为 M_i，第二阶段的时段为 M_1 和 M_2；第三阶段的时段为 M_1、M_2 和 M_3；…依次类推。

表中（5）栏中的放电阶段（t_{ai}）是（4）栏中相应时段 M_i 之和，按式（4-28）计算。

（6）根据 t_{ai} 和终止电压值查出相应的容量换算系数。

（7）计算每一放电分段和阶段所需的蓄电池容量，每一阶段所需容量为本阶段内各分段容量的代数和。

（8）计算随机负荷所需容量，并与第一阶段（1min）以外的其他各段中最大计算容量相加，然后再与第一阶段所需容量相比较，取其大者乘可靠系数（$K_{rel}=1.4$）之后，即求得蓄电池计算容量。最后选用不小于计算容量的蓄电池。

4.5.3 蓄电池容量选择的原始数据

（1）负荷数据应按实际工程的负荷情况统计、计算，必要时绘制负荷曲线。

（2）根据蓄电池的型式选择适宜的计算曲线，确定蓄电池放电终止电压。

单体蓄电池放电终止电压应根据直流系统中直流负荷允许的最低电压值和蓄电池的个数来确定，但不得低于产品规定的最低允许电压值。按照直流负荷的要求，其最低允许电压各不相同，应取其中最高的一个数值。对于设有端电池的碱性蓄电池直流系统，可以选取产品规定的最低允许电压值，以便充分利用蓄电池的容量，但同时也应考虑蓄电池的数量不应过多。

两种计算方法可以任选一种，其计算结果不会十分悬殊。两种算法处理随机（5s）冲击负荷的方式不同，阶梯负荷法是采用容量叠加方式，而电压控制法是采用电压校验方式。当采用电压控制法时，如果计算容量已满足最低允许电压值的要求，则不需要再叠加随机负荷所需要的容量。

（3）选择适宜的计算方法，并根据计算容量和蓄电池的容量标称系列，选择蓄电池标称容量。

（4）两种算法可采用同一条容量换算系数曲线，容量系数采用下式计算

$$K_{cc}=K_{c}t \tag{4-37}$$

式中 K_{cc}——容量系数；

K_c——容量换算系数；

t——放电时间。

采用电压控制法进行实际电压水平计算时，可靠系数取 1.10，而不是取容量计算中的 1.40，主要考虑以下原因：①所采用的蓄电池厂家的特性曲线及相关的数据资料均为实测值，且均大于 10h 的标称容量 C_{10}，但在计算中仍取标称容量 C_{10}，即考虑了一定的储备系数。②“0”曲线是表征电池充足电、断开充电电源，再静置 8～15h 以后开始试验而录制的冲击放电曲线，而实际情况多是在浮充电电源刚断开后即承受冲击，其曲线（“虚线”）在“0”曲线之上，因此也隐含了一定的储备系数。计及以上两个因素，取可靠系数 1.10 可满足实际要求。

4.6 蓄电池容量选择计算例题

【例 4-1】 已知：某 110kV 变电站，4 回 110kV 出线，3 台主变压器，容量 50～63MVA，10kV 单母线四分段接线，每台主变压器出线 12 回。直流负荷统计表见表 3-26，直流系统电压取 110V，蓄电池容量计算如下：

(1) 阶梯负荷法。事故放电时间取 2h，放电曲线有 1～2 个阶梯，本例取 1 个阶梯，其蓄电池容量按式（4-32）计算，采用阀控式密封铅酸蓄电池，设 52 个电池，末期放电电压取 1.87V，查换算系数曲线，$K_{c30}=0.755$，$K_{c60}=0.520$，$K_{c90}=0.408$，$K_{c120}=0.334$，由 $I_1=56.32A$，得

$$C_{c1}=K_{rel}\frac{I_1}{K_{c11}}=1.4\times\frac{56.32}{0.334}=236.1(\text{Ah})$$

计及冲击负荷，增加 $C_{ch}=1.4\times14=19.6$（Ah），合计 255.7Ah。取标称容量 300Ah。

(2) 电压控制法。

$$C_c=\frac{K_{rel}C_s}{K_{cc}}=1.4\times112.64/0.668=236.1(\text{Ah})$$

计及冲击负荷，与阶梯负荷法计算结果相同，取标称容量 300Ah。

上述计算，是假定事故照明采用交直流备自投的方式，当事故照明采用手动投入时，假定 1h 后，维护人员到达现场，则蓄电池放电曲线为上升阶梯型，其中 $I_1=42.68A$，$I_2=56.32A$，则计算结果为

$$C_{c1}=K_{rel}\frac{I_1}{K_{c1}}=1.4\times42.68/0.52=114.9(\text{Ah})$$

$$\begin{aligned}C_{c2}&=K_{rel}\left[\frac{I_1}{K_{c21}}+\frac{1}{K_{c22}}(I_2-I_1)\right]\\&=1.4\times\left[\frac{42.68}{0.334}+\frac{1}{0.52}(56.32-42.68)\right]\\&=1.4\times(127.8+26.2)=215.6(\text{Ah})\end{aligned}$$

取大值，并计及冲击负荷，计算容量为 235.2Ah，取标称容量 300Ah。

【例 4-2】 已知：某 220kV 变电站，8 回 220kV 出线，4 台主变压器，容量 180～240MVA，10kV 单母线四分段接线，每台主变压器出线 12 回。直流负荷统计表见表 3-28，直流系统电压取 220V，蓄电池容量计算如下：

蓄电池组含 104 只电池，单体电池事故末期终止放电电压为 1.87V，各时间阶段的容量换算系数如［例 4-1］所述，当取 $I_1=59.73A$，持续放电 2h 时放电，其蓄电池容量为

$$C_{c1}=K_{rel}\frac{I_1}{K_{c11}}=1.4\times\frac{59.73}{0.334}=250.37(\text{Ah})$$

计及冲击负荷，增加 $C_{ch}=1.4\times7.6=10.6$(Ah)，合计 260.9Ah。取标称容量 300Ah。

当不考虑事故照明自动投入，事故放电分两个阶段，第一阶段 $I_1=39.27A$，持续 1h(0～1h)，第二阶段 $I_2=59.73A$，持续 1h(1～2h)，计及冲击负荷的蓄电池放电总容量为 204Ah，可取 200Ah。

当直流系统采用 110V 电压时，事故放电电流增大一倍，则蓄电池放电容量约为 500Ah 或 600Ah。

【例 4-3】 已知：某 500kV 变电站，8 回 500kV 出线，14 回 220kV 出线，4 台主变压器，容量 750～1050MVA，35kV 单母线分段接线，8 回出线。直流负荷统计表见表 3-31，直流系统电压取 110V，蓄电池容量计算如下：

蓄电池组含 52 只电池，单体电池事故末期终止放电电压为 1.87V，变电站为有人值班

方式，事故放电时间取 1h，各时间阶段的容量换算系数如例 4-1 所述，$I_1=171.83\text{A}$，则

$$C_{c1}=K_{rel}\frac{I_1}{K_{c11}}=1.4\times171.83/0.52=462.6(\text{Ah})$$

考虑冲击负荷，总容量为 482.2Ah，取标称容量 500Ah。

若采用 220V 电压，应装设 104 只电池，放电电流为 85.93A，事故放电容量为 242Ah，应选标称容量 300Ah。

【例 4-4】 某发电厂，一台 300MW 发电机组，控制用和动力用蓄电池标称电压分别采用 110V 和 220V，直流负荷分别列于表 3-22 和表 3-23，选用阀控式密封铅酸蓄电池，电池个数分别选为 52 个和 104 个，事故放电时间分别取 1h 和 3h，单体电池事故末期终止放电电压分别为 1.83V 和 1.87V。计算选择蓄电池容量，校验蓄电池组端电压水平。

查表 4-9 得不同放电时间下的蓄电池容量换算系数，见表 4-14。

表 4-14　　某发电厂不同放电时间下的蓄电池容量换算系数表

放电时间(min)		5s	1	29	30	59	60	89	90	120	150	179、180
终止放电电压	1.83V	1.38	1.33	0.843	0.823	0.57	0.565					
	1.87V	1.27	1.18	0.764	0.754	0.548	0.520	0.413	0.408	0.334	0.296	0.258

各放电阶段放电电流和容量换算系数见表 4-15。

表 4-15　　某发电厂各放电阶段放电电流和容量换算系数表

放电电流代号	I_1	I_2		I_R		
控制用电池放电电流(A)	222.7	69.08		14		
放电时间(min)	1	60	59	5s		
换算系数(K_c)	$K_{c11}=1.33$	$K_{c21}=0.565$	$K_{c22}=0.57$	1.38		
放电电流代号	I_1	I_2		I_3		
动力用电池放电电流(A)	933.5	529.7		325.1		
放电时间(min)	1	30	29	60	59	30
换算系数(K_c)	$K_{c11}=1.18$	$K_{c21}=0.754$	$K_{c22}=0.764$	$K_{c31}=0.52$	$K_{c32}=0.548$	$K_{c33}=0.754$
放电电流代号	I_4				I_R	
动力用电池放电电流(A)	42.7				7.6	
放电时间(min)	180	179	150	120	5s	
换算系数(K_c)	$K_{c41}=0.258$	$K_{c42}=0.258$	$K_{c43}=0.296$	$K_{c44}=0.334$	1.27	

(1) 控制用蓄电池容量选择计算。

已知：$I_1=222.72\text{A}$，$I_2=69.08\text{A}$，2 阶梯放电，放电时间分别为 1min 和 59min。

采用阶梯负荷法，计算如下：

$$C_{c1}=K_{rel}\frac{I_1}{K_{c11}}=1.4\times222.72/1.33=234(\text{Ah})$$

$$C_{c2}=K_{rel}\left[\frac{I_1}{K_{c21}}+\frac{1}{K_{c22}}(I_2-I_1)\right]=1.4\left[\frac{222.72}{0.565}+\frac{1}{0.57}(69.08-222.72)\right]$$

$$=1.4(349.2-269.5)=111.6(\text{Ah})$$

考虑冲击负荷，蓄电池计算容量为 248.2Ah，选标称容量 300Ah。

（2）动力用蓄电池容量选择计算。

已知：$I_1=933.5\text{A}$，$I_2=529.7\text{A}$，$I_3=325.1\text{A}$，$I_4=42.7\text{A}$，4 阶梯放电，放电时间分别为 1、29、30min 和 120min。

采用阶梯负荷法，为直观起见，采用阶梯负荷计算表法（见表 4-16）。

表 4-16　　阶梯负荷计算表

单体蓄电池终止电压：1.87V；选用蓄电池型号：GFM；最低环境温度：10～25℃

（1）分段序号	（2）负荷（A）	（3）负荷变化（A）	（4）放电时间（时段）（min）	（5）放电分段时间（t_{ai}）（min）	（6）容量换算系数（$K_{c(ai)}$）	（7）各分段和阶段所需容量（Ah）
第 1 阶段，如果 $I_2>I_1$ 见第 2 阶段						
1	$I_1=933.5$	$I_1-0=933.5$	$M_1=1$	$t_{11}=M_1=1$	1.18	791.10
第 1 阶段					总计	791.10
第 2 阶段，如果 $I_3>I_2$ 见第 3 阶段						
1	$I_1=933.5$	$I_1-0=933.5$	$M_1=1$	$T_{21}=M_1+M_2=30$	0.754	1238.10
2	$I_2=529.7$	$I_2-I_1=-403.8$	$M_2=29$	$T_{22}=M_2=29$	0.764	−528.53
第 2 阶段					分项合计	709.57
					总 计	709.57
第 3 阶段，如果 $I_4>I_3$ 见第 4 阶段						
1	$I_1=939.5$	$I_1-0=933.5$	$M_1=1$	$T_{31}=M_1+M_2+M_3=60$	0.52	1795.19
2	$I_2=529.7$	$I_2-I_1=-403.8$	$M_2=29$	$T_{32}=M_2+M_3=59$	0.548	−736.86
3	$I_3=325.1$	$I_3-I_2=-204.6$	$M_3=30$	$T_{33}=M_3=30$	0.754	−271.35
第 3 阶段					分项合计	786.98
					总 计	786.98
第 4 阶段，如果 $I_5>I_4$ 见第 5 阶段						
1	$I_1=933.5$	$I_1-0=933.5$	$M_1=1$	$T_{41}=M_1+M_2+M_3+M_4=180$	0.258	3618.22
2	$I_2=529.7$	$I_2-I_1=-403.8$	$M_2=29$	$T_{42}=M_2+M_3+M_4=179$	0.258	−1565.12
3	$I_3=325.1$	$I_3-I_2=-204.6$	$M_3=30$	$T_{43}=M_3+M_4=150$	0.296	−691.22
4	$I_4=42.7$	$I_4-I_3=-282.4$	$M_4=120$	$T_{44}=M_4=120$	0.334	−845.51
第 4 阶段					分项合计	516.37
					总 计	516.37
随机负荷						
R	$I_R=10$	$I_R-0=10$	$M_R=5\text{s}$	$t_R=M_R=5\text{s}$	1.27	7.9
取大值并考虑随机负荷		$C_c=1.4\times(791.10+7.9)=1118.6$			选标称值(Ah)	1200

根据上述计算，该 300MW 发电机组设 3 组蓄电池直流系统，其中 110V 2 组，每组蓄电池容量为 300Ah；220V 1 组，蓄电池容量为 1200Ah。

【例 4-5】 某发电厂，一台 600MW 发电机组，直流负荷分别列于表 3-24 和表 3-25，其他条件同［例 4-4］。各放电阶段放电电流和容量换算系数见表 4-17。

表 4-17　　某发电厂各放电阶段放电电流和容量换算系数表

放电电流代号	I_1	I_2		I_R		
控制用电池放电电流(A)	267.8	87.28		14		
放电时间(min)	1	60	59	5s		
换算系数(K_c)	$K_{c11}=1.33$	$K_{c21}=0.565$	$K_{c22}=0.57$	1.38		
放电电流代号	I_1	I_2		I_3		
动力用电池放电电流(A)	1183.4	675.9		403.1		
放电时间(min)	1	30	29	60	59	30
换算系数(K_c)	$K_{c11}=1.18$	$K_{c21}=0.754$	$K_{c22}=0.764$	$K_{c31}=0.52$	$K_{c32}=0.548$	$K_{c33}=0.754$
放电电流代号	I_4				I_5	
动力用电池放电电流(A)	375.9				65.4	
放电时间(min)	90	89	60	30	180	
换算系数(K_c)	$K_{c41}=0.408$	$K_{c42}=0.413$	$K_{c43}=0.520$	$K_{c44}=0.754$	$K_{c51}=0.258$	
放电电流代号	I_5				I_R	
动力用电池放电电流(A)	65.4				7.6	
放电时间(min)	179	150	120	90	5s	
换算系数(K_c)	$K_{c52}=0.258$	$K_{c53}=0.296$	$K_{c54}=0.334$	$K_{c55}=0.408$	1.27	

(1) 控制用蓄电池容量选择计算。

已知：$I_1=267.83$A，$I_2=87.28$A，2 阶梯放电，放电时间分别为 1min 和 59min。

采用阶梯负荷法，计算如下：

$$C_{c1}=K_{rel}\frac{I_1}{K_{c11}}=1.4\times267.83/1.33=281.93(\text{Ah})$$

$$C_{c2}=K_{rel}\left[\frac{I_1}{K_{c21}}+\frac{1}{K_{c22}}(I_2-I_1)\right]$$

$$=1.4\left[\frac{267.83}{0.565}+\frac{1}{0.57}(87.28-267.83)\right]$$

$$=1.4(474.04-316.75)=220.21(\text{Ah})$$

考虑冲击负荷，蓄电池计算容量为 296.1Ah，选标称容量 300Ah 或 400Ah。

(2) 动力用蓄电池容量选择计算。

已知：$I_1=1183.4$A，$I_2=675.9$A，$I_3=403.1$A，$I_4=375.9$A 和 $I_5=65.4$A，5 阶梯放电，放电时间分别为 1、29、30、30min 和 90min。

同［例 4-4］，阶梯负荷计算表法见表 4-18。

表 4-18　　阶梯负荷计算表

单体蓄电池终止电压：1.87V；选用蓄电池型号：GFM；最低环境温度：10～25℃						
(1) 分段序号	(2) 负荷(A)	(3) 负荷变化(A)	(4) 放电时间(时段)(min)	(5) 放电分段时间(t_{ai})(min)	(6) 容量换算系数($K_{c(ai)}$)	(7) 各分段和阶段所需容量(Ah)
第 1 阶段，如果 $I_2>I_1$ 见第 2 阶段						
1	$I_1=1183.4$	$I_1-0=1183.4$	$M_1=1$	$t_{11}=M_1=1$	1.18	1002.88

续表

(1) 分段序号	(2) 负荷(A)	(3) 负荷变化(A)	(4) 放电时间(时段)(min)	(5) 放电分段时间(t_{ai})(min)	(6) 容量换算系数($K_{c(ai)}$)	(7) 各分段和阶段所需容量(Ah)
单体蓄电池终止电压：1.87V；选用蓄电池型号：GFM；最低环境温度：10～25℃						
第 1 阶段					总计	1002.88
第 2 阶段，如果 $I_3>I_2$ 见第 3 阶段						
1	$I_1=1183.4$	$I_1-0=1183.4$	$M_1=1$	$T_{21}=M_1+M_2=30$	0.754	1388.59
2	$I_2=675.9$	$I_2-I_1=-507.5$	$M_2=29$	$T_{22}=M_2=29$	0.764	−664.27
第 2 阶段					分项合计	724.32
					总 计	724.32
第 3 阶段，如果 $I_4>I_3$ 见第 4 阶段						
1	$I_1=1183.4$	$I_1-0=1183.4$	$M_1=1$	$T_{31}=M_1+M_2+M_3=60$	0.52	2275.77
2	$I_2=675.9$	$I_2-I_1=-507.5$	$M_2=29$	$T_{32}=M_2+M_3=59$	0.548	−926.10
3	$I_3=403.1$	$I_3-I_2=-272.8$	$M_3=30$	$T_{33}=M_3=30$	0.754	−361.80
第 3 阶段					分项合计	987.87
					总 计	987.87
第 4 阶段，如果 $I_5>I_4$ 见第 5 阶段						
1	$I_1=1183.4$	$I_1-0=1183.4$	$M_1=1$	$T_{41}=M_1+M_2+M_3+M_4=90$	0.408	2900.49
2	$I_2=675.9$	$I_2-I_1=-507.5$	$M_2=29$	$T_{42}=M_2+M_3+M_4=89$	0.413	−1228.81
3	$I_3=403.1$	$I_3-I_2=-272.8$	$M_3=30$	$T_{43}=M_3+M_4=60$	0.520	−524.61
4	$I_4=375.9$	$I_4-I_3=-27.2$	$M_4=30$	$T_{44}=M_4=30$	0.754	−36.07
第 4 阶段					分项合计	1111.0
					总 计	1111.0
第 5 阶段，如果 $I_6>I_5$ 见第 6 阶段						
1	$I_1=1183.4$	$I_1-0=1183.4$	$M_1=1$	$T_{51}=M_1+M_2+M_3+M_4+M_5=180$	0.258	4586.82
2	$I_2=675.9$	$I_2-I_1=-507.5$	$M_2=29$	$T_{52}=M_2+M_3+M_4+M_5=179$	0.258	−1967.05
3	$I_3=403.1$	$I_3-I_2=-272.8$	$M_3=30$	$T_{53}=M_3+M_4+M_5=150$	0.296	−921.62
4	$I_4=375.9$	$I_4-I_3=-27.2$	$M_4=30$	$T_{54}=M_4+M_5=120$	0.334	−81.44
5	$I_5=65.4$	$I_5-I_4=-310.5$	$M_5=90$	$T_{55}=M_5=90$	0.408	−761.03
第 5 阶段					分项合计	855.68
					总 计	855.68
随机负荷(根据需要)						
R	$I_R=10$	$I_R-0=10$	$M_R=5s$	$t_R=M_R=5s$	1.27	7.9
取大值并考虑随机负荷			$C_c=1.4\times(1111.0+7.9)=1566.5$		取标称容量(Ah)	1600

【例 4-6】 下面采用电压控制法对［例 4-4］计算。已知某发电厂，一台 300MW 发电机组，控制用和动力用蓄电池标称电压分别采用 110V 和 220V，直流负荷分别列于表 3-22 和表3-23，选用阀控式密封铅酸蓄电池，电池个数分别选为 52 个和 104 个，事故放电时间分别取 1h 和 3h，单个电池事故放电终止电压分别为 1.83V 和 1.87V，计算选择蓄电池容量，校

验蓄电池组端电压水平。

(1) 控制用蓄电池容量选择计算。

1) 蓄电池容量选择计算。

满足事故全停电状态下的持续放电容量为

$$C_{c}=K_{rel}\frac{C_{s}}{K_{cc}}=1.40\times\frac{69.08}{0.565}=171.17(\text{Ah})$$

选择蓄电池的标称容量 $C_{10}=200\text{Ah}$。

2) 电压水平计算。

a) 事故放电初期 (1min) 承受冲击放电电流时，蓄电池所能保持的电压水平为

$$K_{ch0}=1.10\frac{I_{ch0}}{I_{10}}=1.10\times\frac{222.72}{20}=12.60$$

根据 K_{ch0} 值，由冲击曲线中的“0”曲线，查出单体电池电压值 $U_{d}=1.87\text{V}$，则

$$U_{D}=nU_{d}=52\times1.87=97.24(\text{V})$$

即为标称电压的 88.4%。

如果将蓄电池容量加大一级，即选用 300Ah，则电压水平为

$$K_{ch0}=1.10\frac{I_{ch0}}{I_{10}}=1.10\times\frac{222.72}{30}=8.17$$

根据 K_{ch0} 值，由冲击曲线中的“0”曲线，查出单体电池电压值 $U_{d}=1.94\text{V}$，则

$$U_{D}=nU_{d}=52\times1.94=100.88(\text{V})$$

即为标称电压的 91.7%。

b) 1h 事故放电阶段末期，承受冲击放电电流时，蓄电池所能保持的电压水平为

$$K_{m.x}=1.10\frac{C_{s.x}}{tI_{10}}=1.10\times\frac{69.08}{1\times20}=3.80$$

$$K_{chm.x}=1.10\frac{I_{chm}}{I_{10}}=1.10\times\frac{14}{20}=0.77$$

由图中冲击曲线，根据 $K_{m.x}$ 值找出相应的曲线，对应 $K_{chm.x}$ 值，查出单体电池电压值 $U_{d}=1.94\text{V}$，则

$$U_{D}=nU_{d}=52\times1.94=100.88(\text{V})$$

即为标称电压的 91.7%。

如果将蓄电池容量加大一级，即选用 300Ah，则电压水平为

$$K_{m.x}=1.10\frac{C_{s.x}}{tI_{10}}=1.10\times\frac{69.08}{1\times30}=2.53$$

$$K_{chm.x}=1.10\frac{I_{chm}}{I_{10}}=1.10\times\frac{14}{30}=0.51$$

由图中冲击曲线，根据 $K_{m.x}$ 值找出相应的曲线，对应 $K_{chm.x}$ 值，查出单体电池电压值 $U_{d}=2.01\text{V}$，则

$$U_{D}=nU_{d}=52\times2.01=104.52(\text{V})$$

即为标称电压的 95.0%。

（2）动力用蓄电池容量选择计算。

1）蓄电池容量选择计算。

满足事故全停电状态下的持续放电容量为

$$C_c = K_{rel}\frac{C_s}{K_{cc}} = 1.40 \times \frac{512.9}{0.774} = 927.73(\text{Ah})$$

选择蓄电池的标称容量 C_{10}＝1000Ah。

2）电压水平计算：

a）事故放电初期（1min）承受冲击放电电流时，蓄电池所能保持的电压水平为

$$K_{ch0} = 1.10\frac{I_{ch0}}{I_{10}} = 1.10 \times \frac{933.5}{100} = 10.27$$

根据 K_{ch0} 值，由冲击曲线中的“0”曲线，查出单体电池电压值 U_d＝1.91V，则

$$U_D = nU_d = 104 \times 1.91 = 198.64(\text{V})$$

即为标称电压的 90.29％。

如果将蓄电池容量加大一级，即选用 1200Ah，则电压水平为

$$K_{ch0} = 1.10\frac{I_{ch0}}{I_{10}} = 1.10 \times \frac{933.5}{120} = 8.56$$

根据 K_{ch0} 值，由冲击曲线中的“0”曲线，查出单体电池电压值 $U_d = 1.94$V，则

$$U_D = nU_d = 104 \times 1.94 = 201.76(\text{V})$$

即为标称电压的 91.7％。

b）1h 事故放电阶段末期，承受冲击放电电流时，蓄电池所能保持的电压水平为

$$K_{m.x} = 1.10\frac{C_{s.x}}{tI_{10}} = 1.10 \times \frac{427.4}{1 \times 100} = 4.70$$

$$K_{chm.x} = 1.10\frac{I_{chm}}{I_{10}} = 1.10 \times \frac{10}{100} = 0.11$$

由图中冲击曲线，根据 $K_{m.x}$ 值找出相应的曲线，对应 $K_{chm.x}$ 值，查出单体电池电压值 U_d＝1.89V，则

$$U_D = nU_d = 104 \times 1.89 = 196.56(\text{V})$$

即为标称电压的 89.35％。

如果将蓄电池容量加大一级，即选用 1200Ah，则电压水平为

$$K_{m.x} = 1.10\frac{C_{s.x}}{tI_{10}} = 1.10 \times \frac{427.4}{1 \times 120} = 3.92$$

$$K_{chm.x} = 1.10\frac{I_{chm}}{I_{10}} = 1.10 \times \frac{10}{120} = 0.09$$

由图中冲击曲线，根据 $K_{m.x}$ 值找出相应的曲线，对应 $K_{chm.x}$ 值，查出单体电池电压值 U_d＝1.93V，则

$$U_D = nU_d = 104 \times 1.93\text{V} = 200.72\text{V}$$

即为标称电压的 91.23％。

采用电压控制法，其他算例可参照本例计算方法进行，这里不再重复，计算结果见表 4-19。

表 4-19　　电压控制法计算结果

序号	机组容量（MW）	类别	放电容量（Ah）	容量系数	计算容量（Ah）	选择容量（Ah）	电压水平校验（%）		
							初期	中期	末期
1	300	控制用	69.08	0.565	171.17	200	88.4		91.7
		动力用	512.9	0.774	927.73	1000	90.29	89.35	93.8
	控制用电池电压水平校验满足要求，增大一级并校验					300	91.7		97.8
	动力用电池电压水平校验满足要求，增大一级并校验					1200	91.7	91.23	99
2	600	控制用	87.28	0.565	216.27	300	90		93
		动力用	825.6	0.768	1505.0	1500	89	88	92
	控制用电池电压水平校验满足要求，增大一级并校验					400	92.6		95
	动力用电池电压水平校验满足要求，增大一级并校验					1600	92.7	93.6	99

注　1. 表中，放电容量为负荷统计表中的最大累计放电容量，容量系数为容量换算系数乘以对应的放电时间。
2. 电压水平校验时，初期为放电开始 1min，中期为最严重的放电阶段，末期为放电结束阶段，可靠系数取 1.1，事故放电冲击系数取 0.1。

由前述两种计算方法及其计算结果可知，当蓄电池放电过程中负荷较为均衡、没有大的冲击负荷时，两种算法的计算结果大致相同；若放电负荷变化较大或有大的冲击负荷时，两种算法的计算结果有一定差距，其计算容量差额不大于一级，电压控制法计算结果小于阶梯负荷法。

在第 3 章假定负荷条件下，发电厂和变电站的蓄电池容量推荐见表 4-20。

表 4-20　　发电厂和变电站的蓄电池推荐容量

系统电压（V）	10kV 变电站	35kV 变电站		66～110kV 变电站		
	2～4 台变压器	2 台变压器	3 台变压器	2 台变压器	3 台变压器	4 台变压器
110	60	100	150	200	300	300
220	30	60	80	150	200	200
	220kV 变电站			330kV 变电站	500kV 变电站	750kV 变电站
	2 台变压器	3 台变压器	4 台变压器			
110	400	500	600	500～600	800	800
220	200	300	300	300～400	500	500
	300MW 发电机组		600MW 发电机组		800～1000MW 发电机组	
	每台机组		每台机组		每台机组	
110	2×300	—	2×400	—	2×600	—
220	1200	2×1500	1600	2×2000	2000	2×2500

注　本表仅作为前期工程、缺乏负荷资料时参考，实际工程应经计算确定。

根据假定的负荷、容量选择计算和上表的容量推荐，直流系统电压水平估算见表 4-21。

表 4-21　　　　　　　　发电厂和变电站的直流系统电压水平估算

66～110kV 变电站，3 台变压器				220kV 变电站，4 台变压器			
直流电压	计算容量	选择容量	事故放电水平	直流电压	计算容量	选择容量	事故放电水平
110V	236Ah	300Ah	104.5V　95%	220V	250Ah	300Ah	203.8V　93%
330～500kV 变电站，4 台变压器				330～500kV 变电站 4 台变压器			
直流电压	计算容量	选择容量	事故放电水平	直流电压	计算容量	选择容量	事故放电水平
110V	462Ah	500Ah	98.3V　89%	220	250Ah	300Ah	202.8V　92%
300MW 发电机组							
110V 控制用蓄电池				220V 动力用蓄电池			
	计算容量	选择容量	事故放电水平	计算容量		选择容量	事故放电水平
110	234Ah	2×300Ah	97.2V　88%	—		—	—
220	—	—	—	1108		1200	198.6V　90%
600MW 发电机组							
110V 控制用蓄电池				220V 动力用蓄电池			
	计算容量	选择容量	事故放电水平	计算容量		选择容量	事故放电水平
110V	282Ah	2×400Ah	100.491%	—		—	—
220V	—	—	—	1566		1600	194.5V　88%

当电力工程直流系统分散配置时，各单元蓄电池容量估算列于表 4-22，供参考。

表 4-22　　　　　　　　直流系统分散配置容量估算

项 目	主变压器与 10kV 配电装置		110kV 配电装置		主变压器与 10kV 配电装置		220kV 配电装置	
	110V	220V	110V	220V	110V	220V	110V	220V
技术条件	2/3/4 台 110kV 主变压器 2/3/4 段 10kV 配电装置		4/16 回 110kV 线路		2/3/4 台 220kV 主变压器 2/3/4 段 10kV 配电装置		8/14 回 220kV 线路	
容量配置(Ah)	30/50/70	20/30/40	10/40	6/20	40/60/80	20/30/40	40/80	20/40
项 目	主变压器与 10kV 配电装置		330kV 配电装置		主变压器与 10kV 配电装置		500kV 配电装置	
	110V	220V	110V	220V	110V	220V	110V	220V
技术条件	2/4 台 330kV 主变压器 2/4 段 10～20kV 配电装置		6/8 回 330kV 线路		2/4 台 500kV 主变压器 2/4 段 35kV 配电装置		6/8 回 500kV 线路	
容量配置(Ah)	30/60	20/30	30/40	15/20	40/80	20/40	30/40	15/20
项 目	100～200MW 发电机组				300～500MW 发电机组			
	保护监控	厂用电	热控	操作	保护监控	厂用电	热控	操作
技术条件	保护监控 2kW，厂用电 2kW，短时 6kW		保护监控负荷 4kW，短时 6kW		保护监控负荷 3kW，厂用电 3kW，短时 14kW		保护监控负荷 5kW 短时 8kW	
容量配置(Ah)	30	80	40	60	40	100	50	80
项 目	600～800MW 发电机组				润滑油泵电源(3)		润滑油泵电源(2)	
	保护监控	厂用电	热控	操作	220V		220V	
技术条件	保护监控负荷 4kW，厂用电 3kW，短时 16kW		保护监控负荷 8kW 短时 10kW		55/40kW 汽轮机油泵电动机，运行 1.5/1h		7.5×2/5.5×2kW 给水泵油泵电动机	
容量配置(Ah)	50	150	60	100	900	600	300	200

续表

项 目	润滑油泵电源(3)		密封油泵电源		110kV 变电站 UPS 电源	
	220V		220V		110V	220V
技术条件	22/17kW 汽轮机油泵电动机，运行 1h		(5.5+4)/15 汽轮机氢密封油泵，运行 3h		容量 3～5kW，持续 2h	
容量配置(Ah)	300	250	250	350	100～150	50～75

项 目	220kV 站变电站 UPS 电源		330～500kV 站 UPS 电源	300MW 发电机组 UPS
	110V	220V	220V	
技术条件	容量 5～8kVA，持续 1/2h		容量 8～10kVA，持续 1h	容量 60kW，持续 0.5h 直流 220V
容量配置(Ah)	100～180/ 150～250	50～100/ 80～130	150～200/180～250	400

项 目	300MW 发电机组事故照明	600MW 发电机组 UPS	600MW 发电机组事故照明
技术条件	5.0kW，直流 220V	容量 80kW，持续 0.5h 直流 220V	6.0kW，直流 220V
容量配置(Ah)	70	500	80

项 目	110kV 站事故照明		220kV 站事故照明	330kV 站事故照明		500kV 站事故照明	
技术条件	110V	220V	220V	110V	220V	110V	220V
	1.0/1.5kW		2.5/3.5/4.5kW	4.0/5.5kW		5.0/6.0kW	
容量配置(Ah)	40/60	20/30	50/70/90	100/120	50/60	140/160	70/80

注 直流电源分散配置的原则是：变电站以各电压配电装置单元进行分散配置，动力和控制分散配置。在实施分散配置时，具体容量应根据实际条件，通过计算确定。

由表 4-22 可以看出，直流电源采用分散配置后，直流控制电源和 220kV 及以下的变电工程直流动力电源一般不超过 100Ah，发电工程和超高电压变电工程的直流动力电源容量较大，特别是油泵电动机电源和 UPS 直流电源，其容量高达数百安时。但这部分电源，仅出现在部分大型发电厂内。绝大部分变电工程，由于采用小型标准模块配置，简化直流系统接线，规范直流设备配置，有效减少了维护工作量。

5 铅酸蓄电池

铅酸蓄电池是电力工程中广泛采用的直流电源装置。它是用铅(Pb)和二氧化铅(PbO_2)分别作为负极和正极的活性物质，以硫酸(H_2SO_4)水溶液作为电解液的电池。它具有适用温度和电流范围大、储存性能好、化学能和电能转换效率高、充放电循环次数多、端电压高、容量大，而且铅材料资源丰富、造价较低等一系列优点。本章重点介绍铅酸蓄电池的电化学原理、充放电性能、容量换算系数、主要电气性能及国内外主要生产厂家的产品特性、型谱、技术特点以及安装、维护的要求等。

本章介绍的防酸隔爆式(含消氢式)铅酸蓄电池，在国内已生产多年，有统一产品型号和技术数据，故只需列出一套数据和曲线就基本上能覆盖全国的产品。20 世纪 80 年代以来，迅速发展的阀控式密封铅酸蓄电池，极板形式、电解质组成、槽体结构和安装方法都不尽相同。故虽然基本原理一样，但技术数据和特性曲线尚有较大差异。所以很难用一种典型的结构来涵盖所有的阀控式密封铅酸蓄电池。

本手册仅对各类电池作了原理性和原则性阐述。为便于工程选择计算，采用了一些具有代表性的典型的应用曲线和数据。这些曲线和数据取自相关的标准、规程，尽管是近似的，但能满足有关规定和要求，是可靠的。所以，在工程实际中，特别是一些大型的重要工程，一定要向厂家索取产品的技术参数。

5.1 铅酸蓄电池分类及其基本工作原理

铅酸蓄电池按用途和外形结构分为固定型和移动型。固定型铅酸蓄电池又分为开口式、封闭式、防酸隔爆式、消氢式和阀控密封式的等，这类铅酸蓄电池主要用于通信设施、电力工程和其他固定场所。移动型铅酸蓄电池又根据其用途分为启动用、摩托车用、火车用、船舶用的等种类。此外还有医疗卫生、矿灯、航标、雷达等特殊用途的铅酸蓄电池。

按极板结构分为涂膏式(又称涂浆式)、化成式(又称形成式)、半化成式(又称半形成式)和玻璃丝管式(又称管式)等。

本节主要简介电力工程中常用的固定型铅酸蓄电池。

5.1.1 防酸隔爆式和消氢式铅酸蓄电池

防酸隔爆式铅酸蓄电池(以下简称防酸隔爆电池)是具有防止酸雾析出和防止气体爆炸

功能的蓄电池。它由管式正极板、涂膏式负极板、微孔隔离板及透明塑料电槽(或硬橡胶电槽)等组成。电池端盖上装有拧紧的防酸隔爆帽，其外壳为透明塑料。防酸隔爆功能由防酸隔爆帽实现，它是由多孔性物质金刚砂压制而成，金刚砂帽具有30%～40%的孔隙，孔隙内附有硅油(四氟化烯)，孔隙表面形成覆盖膜，硅油具有憎水性，它能使水珠滴回电池槽内，从而在充电过程中，电解液中分解出来的氢气和氧气可从孔隙中溢出，而酸雾水经硅油过滤后，使水珠又回到电池槽中。这样就减少了酸雾对电池室及其中设备的腐蚀，并减轻了对大气的污染。防酸隔爆电池虽然能够防止电液、酸雾逸出和防止电池内气体爆炸，但气体仍能逸出，因此是属于半封闭型的，这不仅使电池室中存在爆炸的危险，而且电池仍需要添加纯水。

消氢式铅酸蓄电池(以下简称消氢电池)解决了这一问题，它在蓄电池的密封盖上装置了含催化剂的催化栓，利用活性催化剂，把来自电解液的氢、氧气化合成水，再回到电池内；当电池内析出的氢氧比值(H_2/O_2)不是2∶1时，能排出电池内析出的多余的氧气或从外面空气中吸入需要的氧气。

消氢电池是一种比防酸隔爆电池更能消除气体和酸雾危害的蓄电池，它不仅增加了电池运行的安全性，而且可减少添加纯水次数。

5.1.2 阀控式密封铅酸蓄电池

与防酸隔爆式、消氢式铅酸蓄电池不同，阀控式密封铅酸蓄电池在正常充放电运行状态下处于密封状态，电解液不泄漏，也不排放任何气体，不需定期加水或加酸，正常极少维护。

阀控式密封铅酸蓄电池(以下简称阀控式密封电池)，其电解液有胶体电解液和超细玻璃纤维隔膜吸附电解液两类，我国大多采用后者，按用途分为移动型和固定型。

阀控式电池的关键问题是解决水的消耗。下面简要说明电解液的特性、结构、布置方式，以及避免水的消耗、实现密封少维护的基本性能。

(一) 电解液

胶体电解液，由硫酸配制成的电解液包含在由SiO_2微粒组成的胶体物质中，电解液密度d=1.24kg/L。这种电解液充满电池槽内所有空隙。胶体电解液均匀性能好。因而在充放电过程中极板受力均匀不易弯曲。

用超细玻璃纤维隔膜将电解液全部吸附在隔膜中，就形成一种贫电液电池，隔膜约处于95%饱和状态，电解液密度约为d=1.30kg/L。电池内无游离状态的电解液，电池可卧放也可立放，但立放电池高度有一定限制，否则电解液会产生分层现象。隔膜与极板采用紧装配工艺，内阻小受力均匀。

避免电解液的层化是阀控式密封电池力求解决的问题。铅酸蓄电池在充放电过程中电解液的密度在不断变化，充电时密度增大，放电时密度降低。对固定型铅酸蓄电池来说，充电时较重的电解液向底部沉降，放电时较轻电解液浮向顶部。在充放电过程中电解液按密度分层现象叫做层化。普通铅酸蓄电池利用充电时产生的气泡来搅拌电解液，使其趋于均匀状态。对阀控式密封铅酸蓄电池来说，则要采用特殊技术手段来解决层化问题。

电解液层化将使极板和不同密度的电解液交界面上形成不同的电位，进而导致自放电增大，温升、腐蚀和水损耗加剧，影响蓄电池寿命。

用超细玻璃纤维作为隔板的电池，其不同密度的电解液沿隔板微孔扩散。在结构上，采用水平卧式布置；在采用立式布置时，则把同一极板两端高差压缩到最低限度，以避免层化或使层化过程变慢。

胶体电解液的电池，其顶端与底部的电解液流动被阻止了，从而避免了层化。

（二）热平衡及其要求

阀控式密封电池在充电过程中热平衡功能与防酸隔爆电池有很多差别。阀控式密封电池在充电过程中产生的热量要比普通铅酸电池多得多，且为防止水分过多蒸发，故其隔绝性能较好；而普通铅酸电池在充电过程中有相当一部分电能转变成分解水的化学能，然后以氢气和氧化形式从电池内逸出，热量由此释放。

阀控式密封电池若大量过充或浮充电压过高，将导致充电电流增大；而电流增大温度升高使导电率增大，又促使充电电流进一步提高。这样反复循环，将出现热失控现象，直至电池因过热而损坏。

为防止热失控现象发生，对阀控式密封电池本体性能有如下要求：

（1）电池电压分散性要小，一组电池在充电过程中任意两个电池之间端电压差不大于规定值。

（2）在较高的环境温度下，要求较低浮充电压。

（3）浮充电流要小。

（4）电池本体热容量要大。

（5）热消散能力强，而水分蒸发量要小。

上述几点是衡量阀控式密封电池品质的重要参数。

要克服热失控现象，除对电池本体提出要求外，尚应注意以下几点：蓄电池室或蓄电池柜要有良好通风；环境温度不宜过高；对整流充电装置的稳压精度要有较高的要求。

提高电池的散热效率，是各电池制造厂重点研究的课题之一。国内外常用强化聚丙烯作为电池外壳材料。这种材料散热性能好，而且强度高，防渗漏和阻燃性能也好。在结构上，将单体电池外壳紧贴外附的钢壳安装，以利散热。美国 C&D 电池外壳还采用瓦棱状设计，并在钢壳上开孔，使叠装的电池组有数条上下贯通的通风道。

5.1.3 移动型铅酸蓄电池的结构和特点

由于移动型铅酸蓄电池是在移动情况下使用的电源设备，因此要求该类电池具有体积小、重量轻、便于携带、瞬时放电电流大、耐震、耐冻等特点。

移动型铅酸蓄电池大多采用硬橡胶槽或塑料槽，容器由外壳、胶盖和胶塞组成，并用沥青封口；阀为封闭式，以防电解液溢出。有些体积较大的铅酸蓄电池内部用硬橡胶，槽外用木壳装配而成，与固定型蓄电池相比，其内阻较大，寿命较短，容量较小，通常单体电池电压为 12V，寿命以充放电循环次数衡量。

5.1.4 铅酸蓄电池基本工作原理

（一）充电工作原理

蓄电池在充电时，在正极板上发生下列反应

$$\left.\begin{array}{r}PbSO_4 + 2H_2O \longrightarrow PbO_2 + H_2SO_4 + 2H^+ + 2e^- \\ H_2O \longrightarrow 2H^+ + \frac{1}{2}O_2 + 2e^-\end{array}\right\} \tag{5-1}$$

在负极板上发生下列反应

$$\left.\begin{array}{r}PbSO_4 + 2H^+ + 2e^- \longrightarrow Pb + H_2SO_4 \\ 2H^+ + 2e^- \longrightarrow H_2\end{array}\right\} \tag{5-2}$$

所以在充电状态下，总的化学反应如下式所示

$$2PbSO_4 + 2H_2O \xrightarrow{\text{充电}} Pb + 2H_2SO_4 + PbO_2 \tag{5-3}$$

这表明在充电时 $PbSO_4$ 分子析出 SO_4^{2-} 离子，H_2O 分离出 $2H^+$。SO_4^{2-} 和 $2H^+$ 在移动中化合成 H_2SO_4 分子。从而使电解液的浓度增加，因此用电解液的密度可以衡量蓄电池的充电程度。

随着充电的进行，正负极板的活性物质 PbO_2 和绒状 Pb 随之增加，在电解液浓度增加的情况下，电池的电压升高。因此，也可用电池电压判定电池的充电程度。

要保持充电的继续进行，必须使充电电源电压高于电池的电压，以决定电解液中正、负离子的移动方向，使电池的内电流方向由正极流向负极。

（二）放电工作原理

与充电过程相反，放电的总的化学反应式如下

$$PbO_2 + Pb + 2H_2SO_4 \xrightarrow{\text{放电}} 2PbSO_4 + 2H_2O \tag{5-4}$$

这表明，在放电过程中，正极板上的二氧化铅 PbO_2 和负极板上的绒状铅 Pb 与稀硫酸的电解液起化学反应，在极板上形成导电的硫酸铅 $PbSO_4$，并析出水 H_2O。而且电解液中的水随放电深入而增加，电解液密度随之降低，电池内阻增加，而内电动势下降，使端电压下降。

在放电过程中，电池极板上产生硫酸铅，它不仅导致蓄电池内阻增加，而且还会堵塞极板的孔穴，阻碍浓度较大的电解液向极板内部扩散。当电池在小电流放电时，水及硫酸铅的形成较为缓慢，因而电解液中浓度较大的酸容易扩散到极板孔穴中，故内电动势和内阻变化不显著，端电压下降也较缓慢；但当大电流放电时，极板孔穴中的酸很快地被消耗掉，而浓度较大的酸向极板内部扩散较慢，从而导致内电动势下降，而内阻急剧升高，端电压迅速下降；在大电流放电后停止放电或转为小电流放电时，极板孔穴中酸的浓度由于扩散作用将得以恢复，且内阻下降、端电压回升，并使电池的容量得到相应的恢复，这一容量称为恢复容量。因为在大电流冲击放电时，并没有真正把电池的容量全部放掉，只是放掉一部分，端电压急剧下降仅是一个暂时现象。这是一个重要概念，也是蓄电池容量计算的理论基础之一。

铅酸蓄电池在放电过程导致内电动势下降和内阻加大，使端电压下降的基本原理和恢复容量的概念，对阀控式密封电池也是适用的。

（三）阀控式密封电池的充电原理

如上所述蓄电池的充电过程中，还伴随着绒状铅的氧化反应，即

$$\left.\begin{array}{r}Pb + \frac{1}{2}O_2 \longrightarrow PbO \\ PbO + H_2SO_4 \longrightarrow PbSO_4 + H_2O\end{array}\right\} \tag{5-5}$$

由于正、负极发生的电化学反应各具特点，所以正、负极板的充电接受能力存在差别。当正极板充电到70%，式（5-1）所示的反应开始析氧；而负极充电到90%时，式（5-2）所示的反应开始析氧。

铅酸蓄电池在长期搁置状态下，也将生产氧气

$$PbO_2 + H_2SO_4 \rightleftharpoons PbSO_4 + H_2O + \frac{1}{2}O_2 \tag{5-6}$$

上述原因将使得蓄电池中必然产生水分损耗。为了解决这一问题，阀控式密封电池采用了负极活性物质过量设计，当对电池充电时，正极充足100%后，负极尚未充到90%，这样电池内只有正极产生的氧气，而不存在负极上产生的难以复合的氢气。

5.2 铅酸蓄电池的充电方式

铅酸蓄电池的充电方式分类如下：按照充电过程中充电电压和充电电流的变化情况，充电分为一阶段充电和二阶段充电；按照充电的作用，充电分为初充电、均衡充电或补充电；按照蓄电池正常运行方式，可分为充放电制（即充电、放电循环方式）和浮充电方式。

5.2.1 一段定电流充电方式

一段定电流充电即对电池自始至终用一个固定电流充电。采用这种充电方式，在充电过程中电池的端电压将伴随着充电时间的增长和两极中活性物质的转化而逐渐上升，直到两极活性物质中硫酸盐全部转化，电池的端电压才趋向于稳定。为了在充电后期不过多地将电解液中的水分解而浪费电能，选用的充电电流都较二段充电方式所选用的充电电流值小。待电池的端电压上升至最高值且2h稳定不变时，即可终止充电。这种充电方式，要求充电电压逐渐升高以维持定电流。采用此法可以缩短充电时间，但要求充电电压、电流控制适当，否则不仅多消耗电能，而且容易使极板上活性物质脱落，影响电池寿命。这种方式目前很少采用。

5.2.2 一段定电压充电方式

在充电过程中，充电电压始终保持不变，叫一段定电压充电法。由于充电自始至终，电源电压恒定不变，所以充电开始时充电电流很大，随着充电的进行，电池端电压升高，充电电流逐渐减少，直到充电电压与电池端电压相等时，充电电流减至最小。由此可知，该充电法的优点是：可避免充电后期因充电电流过大而造成活性物质脱落和电能过多消耗。其缺点是：充电开始时，充电电流过大，可能大大超过正常充电电流，使正极活性物质体积变化收缩太快，影响活性物质的机械强度；而在充电后期，由于充电电流过小，使极板深处的硫酸铅不易还原，形成长期充电不足，影响电池的使用年限。所以这种充电方法目前也很少采用。

5.2.3 二段定电流充电方式

在充电过程中的两个时间阶段内，分别用两个不同的定电流进行充电的方式，叫二段定电流充电方式。

这种充电方式的通常做法是：第一阶段用某一恒定电流进行充电，充电电流值一般取（0.1～0.125）C_{10}A，其中C_{10}为蓄电池以10h放电率放电的容量，通常简称10h容量，并以此容量定义为蓄电池的额定容量。当电池的端电压上升到某一定值时（如固定型电池取2.35～2.40V，阀控型电池取2.30～2.35V），转入第二阶段的定电流充电，直至充电结束，通常第二阶段的充电电流取第一阶段的1/2。

5.2.4 二段定电流、定电压充电方式

在充电过程中的两个时间阶段内，分别用定电流和定电压进行充电的方式，叫二段定电流、定电压充电方式。

这种充电方式的通常做法是：第一段的充电方法与二段定电流中的第一段一样。当转入到第二段时，维持充电电压恒定不变，则其充电电流随着时间逐渐减小，直至充电结束。

5.2.5 低定电压充电方式

所谓低定电压充电方式，是指在充电过程中始终以一定的恒定电压进行充电，与一段定电压充电法的不同点是采用的电压较低，一般取为2.25～2.35V。这种充电方式的优点在于：充电细微，活性物质利用充分，电池容量得到充分利用，而且水分解较轻微，电池温度较低。

5.2.6 充电方式的比较

表5-1为一段定电流，二段定电流，二段定电流、定电压和低定电压四种充电方式的充电效率比较表。

表5-1 不同充电方式充电效率比较表（GF型电池试验数据）

充电方式	一段定电流	二段定电流		二段定电流、定电压				低定电压
		第一阶段	第二阶段	第一阶段定电流	第二阶段定电压	第一阶段定电流	第二阶段定电压	
充电电流(A)	0.1C_{10}	0.15C_{10}	0.075C_{10}	0.15C_{10}		0.15C_{10}		
充电电压(V)					2.4		2.35	2.30
充电时间(h)	16	6	7	6	10	5	10	23
充电电量(%)	160		133.8		127		117.7	110
输出电量(%)	105		106		107.5		104.7	100
充电效率(%)	65.6		79.2		84.6		89.0	90.9

表5-1中充电和放电电量（%）均以额定容量C_{10}为基准。

由表5-1中数值可见，低定电压充电法充电效率最高，在电池容量损失100%的条件下，充电效率高达90%以上。其次是二段定电流、定电压充电法，充电效率最低的是一段定电流充电法。但从充电时间比较，最长的是低定压充电法，最短的是二段定电流充电法。目前大多采用二段定电流、定电压充电法，电压取2.35V，采用这种方法时，当转入第二段定电压充电后，充电电流逐渐减小，因此在充电后期，充电电流的利用率较高，由电池内逸出的气体量相应也减少。定电流、定电压二段充电方式，为国内外普遍采用的方式。定电流值以

$(0.1 \sim 0.125)C_{10}$，定电压以不超过 2.35V 为宜。

另外，由于低定电压充电法操作十分简便，且充电过程中酸雾逸出极少，化学反应较为平缓，对电池的损害较小，所以这种方法已引起人们的重视。

5.2.7 铅酸蓄电池充电终期的判定

充电终期的判定决定了充电的持续时间，充电终期的判定与充电质量密切相关，充电质量的好坏直接影响着容量的保持值以及电池的使用年限。防酸隔爆式、消氢式或阀控式密封铅酸蓄电池的充电终期可根据以下几点进行判定：

(1) 每个电池的充电末期，电池电压稳定在最高值或充电电流稳定在最低值，并保持 2h 以上不变。

(2) 电解液的密度(单位为 kg/L)在规定环境温度下达到规定值，固定型为1.200(20℃)～1.210(25℃)，阀控式为 1.240(20℃)～1.300(25℃)，且在充电末期保持 2h 不再上升，每个电池间电解液密度差不大于 0.005kg/L。

(3) 防酸隔爆式或消氢式电池，极板上均匀发气，冒气剧烈。

(4) 防酸隔爆式或消氢式电池，正极板为深褐色，负极板为浅灰色。

(5) 充电电量约为前次放出电量的 1.2～1.4 倍。

对于阀控式密封铅酸蓄电池，无法用观察密度、冒气、颜色等物理现象的方法判定，只能采用端电压或充电电流、充电电量等电气量的变化来判定。

在实际运行中，通常采用二段定电流、定电压充电法，充电终期判定是以第二阶段定电压充电的持续时间来判定，但由于担心充电不足，往往把充电时间整定过长，从而造成过充，影响电池的使用寿命。所以单纯用定电压充电的持续时间来判定充电终期是不适宜的。

5.2.8 均衡充电转入浮充电的判定

(1) 定电流充电法。不论是一段还是二段定电流充电法，电池的端电压都将随着两极活性物质转化而逐渐上升，直到两极活性物质全部转化，电池的端电压方趋稳定。所以，当端电压上升至最高值后且连续 2h 不变，即可终止充电。

(2) 定电流、定电压充电法。定电流、定电压二阶段充电，采用这种方法，第二阶段是在定电压下进行充电的，显然不能再以电池的端电压连续几小时不变来确定电池充电终期。

表 5-2 和表 5-3 分别为防酸隔爆式（或消氢式）和阀控式密封电池的充电时间，从表中数据可以看出，不同深度放电，不同充电方式，充电时间差异甚大。由于电力系统中，蓄电池的事故放电深度是无法事先确定的，所以，采用两段定电流、定电压充电方法时，正确衡量充电时间的判据应以充电电流的变化来进行。充电过程的本质应是电池两极板活性物质的转化过程，充电终了，也就是极板活性物质全部转化。而随着两极活性物质的转化，充电电流也逐渐减少，理论上当两极的活性物质全部转化后，充电电流即为零。但是，由于电池两极板上存在自放电现象，充电电流不可能为零，而是达到一个较低的极限后趋于稳定。因此，充电终止的判据是充电电流。当充电电流达到最低值且在一定时间内稳定不变时，即可终止充电，此充电电流最低值实际上就是浮充电流值，其持续稳定不变的时间一般取 2h。

表 5-2　　固定型防酸隔爆式和消氢式电池均充时间参考表（环境温度 25℃）

充电电压（V） 充电时间（h） 充入电量（%）	2.25	2.30	2.35	充电电压（V） 充电时间（h） 充入电量（%）	2.25	2.30	2.35
100	24	23	21	25	10	8	7
75	21	19	17	12.5	9	7	6
50	16	14	12				

表 5-3　　阀控式密封电池均充时间参考表（环境温度 25℃）

放电深度（%）	定电流充电电流（A）	定电流转定压时间（h）	定压充电电压（V）	充足电时间（h）
20	$0.1C_{10}$	1.5	2.35	12
	$0.125C_{10}$	1.0	2.35	12
50	$0.1C_{10}$	3.8	2.35	18
	$0.125C_{10}$	2.8	2.35	16
80	$0.1C_{10}$	6.3	2.35	22
	$0.125C_{10}$	4.5	2.35	20
100	$0.10C_{10}$	8	2.35	26
	$0.125C_{10}$	6	2.35	24

由于采用充电电流降至最小值且稳定 2h 不变作为均充转浮充的判据是目前最确切的方法。所以近几年来，随着微机型充电整流装置的发展，这种方法已经得到应用和推广。

另一种微机型充电整流装置，通过编程模拟了很多放电工况时的充电特性曲线，然后根据实际放电工况来选择临近充电特性曲线。这也是一种较为简单实用的方法。

应当指出，在现代定电流、定电压的充电方式下，定电压充电后，以一个预先设定的时间作为将均充转浮充的判据，无论从理论上还是从实践上都是不确切的，采用这个判据将对电池造成危害。

5.3 铅酸蓄电池的放电

铅酸蓄电池的放电通常在下述场合下进行。

5.3.1 正常放电

正常放电包括充放电循环制的放电和浮充电制的事故放电。前者以规定的放电电流放至规定的深度，当达到“放电终期”时，立即进行充电。后者则根据不可预见的事故放电电流进行放电，放电结束立即转入充电。

5.3.2 蓄电池容量放电试验

新安装的蓄电池和正常使用的蓄电池，为检验其实际容量，均需进行放电试验，新电池在初充电后立即进行，运行中的电池则每年或两年进行一次，放出的容量可取 0.5C_{10}。

放电试验应以规定的放电电流进行，并记录电池端电压、密度、液温等数据。当放电至终期判据时，应立即停止放电并转入充电。

5.3.3 浮充蓄电池的深放电

以浮充电方式运行的蓄电池，由于长时间不放电，负极板上的活性物质容易产生$PbSO_4$结晶，不易还原。为消除这一现象，要求浮充电运行的电池在每次充电前应进行深放电。深放电通常以 10h 放电率进行。

5.3.4 铅酸蓄电池放电终期的判定

放电深度对蓄电池安全运行有很大影响，过放电也会降低电池寿命，所以要正确判定蓄电池的放电终期。放电终期可根据以下几点进行判断：

（1）电池放出的容量与相应放电率的放电容量一致。

（2）每个电池的端电压在以 10h 放电率放电时降到 1.80V 左右或降到规定的终止放电电压。

（3）电解液的密度降为 1.175kg/L（25℃）左右，较充电终期的密度一般下降 0.025～0.045kg/L。

（4）正极板颜色由深褐色变为浅褐色，负极板由浅灰色变为深灰色。

（5）累计的放出电量接近电池额定容量。

同样，对于阀控式密封电池，通常只能以放出的容量或电池的端电压进行判定。

5.4 铅酸蓄电池的运行

蓄电池在投入运行前，要进行初充电，初充电完成后即转入正常运行方式。正常运行方式分为充放电循环制、定期浮充电制和连续浮充电制。电力系统中均采用连续浮充电制。事故放电后或发现电池不均衡时，需进行均衡充电或补充电。

5.4.1 初充电

固定型铅酸蓄电池的初充电。充电初期电池端电压较低，电解液密度较小。尽管此时两极活性物质转化效率较高，但极板内密度高的电解液向孔隙外扩散仍较困难。因此，当电池端电压未达 2.4V 以前，电池内电解液密度的变化仍不明显。当电池端电压达到 2.4V 后，由于气体析出使电解液得到充分搅拌，电解液密度变化才明显。初充电电压宜取 2.70V。

初充电充入电量为其额定容量的 4 倍即可。当充入电量到 3 倍额定容量时，电池的端电压及电解液密度的变化已不显著，再充已无济于事。过多的充入电量，只起到将电解液中的水分解成氢气和氧气的作用，并不增加储存的电量。

初充电采用定电流、定电压二段充电方式，同样具有耗电量少、充电电流利用率高和逸出气体少的优点。

固定型铅酸蓄电池虽然在蓄电池厂内极板已经过化成，使正极板上的活性物质变成棕色的二氧化铅，负极板上的活性物质变成灰色的绒状铅，极板是带有电荷的，理论上只需充入电解液即可使用。但由于化成后的负极板在干燥过程中绒状铅易与空气中的氧化合，生成一氧化铅而失去电荷，尤在潮湿空气中这种化合作用更为显著。所以，固定型铅酸蓄电池注入电解液后仍需要进行初充电才能投入运行。

阀控式密封电池是一种湿荷电电池，这种电池极板的化成时间长，并经过特殊处理和严格工艺控制，能保持极板上的电荷，并且出厂前注入了电解液，在使用前只需进行补充充电即可投入运行，而不需施加较高电压（如 2.7V）进行初充电。

5.4.2 均衡（补充）充电

所谓均衡充电是为了消除各蓄电池在使用过程中产生密度、端电压等不均衡现象，出现落后电池甚至反极性电池而进行的过充电措施。所谓补充电是对事故放电后进行补充充电的措施。本节所述包含上述两种充电方式。均衡充电一般采用定电流、定电压二段充电法。

均衡充电一般定期进行。对于浮充运行的蓄电池通常一个季度进行一次。如遇下列情况之一，则应及时均衡（补充）充电：

（1）过量放电使电池端电压低于规定的放电终止电压。

（2）放电后未及时进行充电。

（3）长期充电不足。

（4）用小电流长期深度放电。

（5）极板呈现不正常状态或有轻微硫化现象。

（6）长期静置不用。

（7）放电电量超过允许值。

对正常浮充制，直流母线电压的稳定是至关重要的。因此，要求蓄电池的浮充电压维持不变。但从蓄电池固有特性来看，环境温度变化引起电解液温度变化，温度升高电解液导电率增大，在同一浮充电压下浮充电流也增加，反之就减小。另外，新旧电池的自放电率相差也较大，旧电池的自放电率约是新电池的 2～3 倍。这样，不变的浮充电压势必造成电池的过充或欠充，且欠充的几率大于过充。均衡（补充）充电是弥补浮充制蓄电池容量亏损的有效措施。

放电试验后，也需进行均衡充电。

以提高浮充电压取代定期均衡充电的方法并不可取。过高浮充电压会造成母线电压波动范围过大，加速电池极板腐蚀，降低蓄电池寿命。同时，蓄电池组中可能存在个别落后电池，长期不进行均充，会加速落后电池损坏，从而影响整个蓄电池组的电压稳定。因此，均衡（补充）充电是保证直流系统安全可靠运行所必需的运行方式之一。

5.4.3 浮充充电

蓄电池和其他直流电源（如硅整流充电装置、直流发电机组等）并联供电，称为浮充电制。浮充电又分为定期浮充（半浮充）和连续浮充（全浮充）两种制式，电力系统中均采用全浮充。采用这种制式时，其他直流电源一方面向直流负荷供电，另一方面向蓄电池进行小电流补充电。浮充电压和浮充电流的选择对蓄电池的使用寿命、对直流系统的安全可靠运行都具有十分重要的作用。

蓄电池的浮充电压与电池本身构造、电解液密度、温度和自放电率有关。持续过高的浮充电压会造成浮充电流增大而使蓄电池过充，使蓄电池寿命降低。对阀控式密封电池还会导致水的加速蒸发，而水损失有可能会导致电解液干涸进而使电池损坏。浮充电压过低，浮充电流也相应降低而弥补不了电池自放电损失的容量，电池容量下降，电解液导电率下降内阻增大，两极活性物质中不能复原的硫酸盐增加。长期欠充最终也会导致电池损坏。

浮充电压的选择还涉及到蓄电池个数和容量的选择，以及直流母线电压波动范围的确定等。

表 5-4 所列数据为一组 GF-100 型蓄电池浮充试验结果。

表 5-4　　GF-100 型蓄电池在不同浮充电压和浮充时间下的浮充电流

浮充前		浮充电压 (V)	浮充电流 (A)							
电池状态	电池电压 (V)		浮充时间							
			5s	15min	30min	1h	2h	3h	4h	5h
开路	2.080	2.10	5.5	0.1	0.1	0.09	0.09	0.09		
	2.077	2.15	6	0.6	0.35	0.23	0.2	0.2		
	2.070	2.20	12	0.5	0.35	0.25	0.24	0.22	0.21	0.21
	2.067	2.25	15	0.55	0.35	0.30	0.29	0.29		
均充	2.400	2.15	2	0.1	0.1	0.1	0.09	0.09		

测试结果表明：

(1) 浮充电相当于低电压的定压充电，转入浮充瞬间电流较大，充电电流转入稳定状态，此时的电流即为浮充充电电流。

(2) 浮充电流与浮充前电池开路电压有关，开路电压越高，浮充电流就越小。

(3) 浮充电流与浮充电压有关，浮充电压越高，浮充电流越大，浮充电压要高于电池开路电压。

表 5-5 列出了防酸隔爆或消氢电池和阀控式密封电池的浮充电电压值和电解液密度值。显然阀控式密封电池的数值高于防酸隔爆式的。

表 5-5　　铅酸蓄电池的电解液密度、浮充电与均充电电压值

名称	电解液密度 (kg/L)	浮充电电压 (V)	均充电电压 (V)	名称	电解液密度 (kg/L)	浮充电电压 (V)	均充电电压 (V)
防酸隔爆式电池	1.20～1.21	2.15～2.17	2.25～2.40	阀控式密封电池	1.24～1.30	2.23～2.27	2.25～2.35

从单体电池来讲，浮充电的功能仅是充入电量弥补电池自放电损耗，为满足这一要求，浮充电压的取值应尽可能低一些，这对延长电池寿命是有益的。另外，对电池组定期进行均衡充电，对提高蓄电池组单体电池电压均衡性，防止极板上不能还原的 $PbSO_4$ 积累也是必要的。所以，技术规定中不推荐采用以提高浮充电压取代均衡充电的做法。

5.5　铅酸蓄电池的放电特性

随着放电过程深入蓄电池容量的减少，内阻增大，端电压降低。

决定蓄电池容量的因素是极板活性物质的利用率、极板厚度和面积以及极板的孔隙率。而影响蓄电池放电容量的因素是放电率（即放电电流）、电解液的温度、电解液的浓度和放电终止电压等。

5.5.1 放电容量与放电电流的关系

不同型号、不同容量的蓄电池，其放电特性曲线基本性质都是一致的，只是数值上有差异。

放电容量是放电电流与放电时间的乘积。国内所有铅酸蓄电池的额定容量是在规定环境温度下以10h放电率放电容量来表示的。在同一放电终止电压条件下，放电电流越大，其放电容量越小，因此蓄电池放电的输出容量随放电电流的不同而变化。

5.5.2 放电容量与终止电压的关系

这里的终止电压不是指蓄电池允许的极限放电电压，而是指直流系统所要求的蓄电池最低放电电压。在同一放电时间里，终止电压越高，放电容量越小。蓄电池的终止电压取决于直流系统直流负荷的要求，而且与蓄电池的个数有关。在满足直流母线允许电压的条件下，力求把终止电压选得低一些，以充分利用蓄电池的放电容量。

5.5.3 放电容量与温度的关系

蓄电池放电容量与温度有关，规定蓄电池额定容量的基准温度有25、20℃两种。蓄电池的放电容量随温度升高而增大，随温度下降而减小。在基准温度至零度范围内，温度每下降1℃，其放电容量约下降1%。

蓄电池在非基准温度时的放电容量可近似地用下式计算

$$C_T = C_{10}[1 + K_T(T_0 - T)] \tag{5-7}$$

式中 C_T——蓄电池非基准温度的放电容量，Ah；

K_T——温度系数，单位温度变化引起蓄电池容量的变化率，见厂家规定；

T_0——基准温度，25℃或20℃；

T——非基准温度，℃。

5.5.4 蓄电池内阻

蓄电池内阻是蓄电池的重要参数，在直流系统设备选型和短路电流计算时，要用到蓄电池内阻。蓄电池内阻通常按一次放电法或二次放电法测试计算求得。详见本手册第8章“直流系统短路电流计算”。

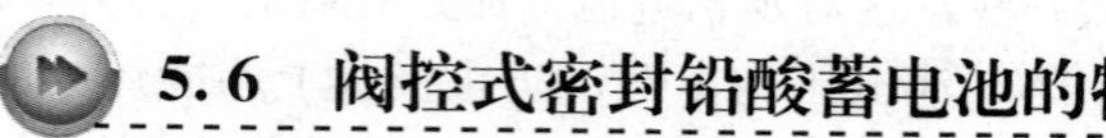

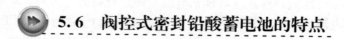

5.6 阀控式密封铅酸蓄电池的特点

5.6.1 温度与容量的关系

温度下降，容量也随之下降，当环境温度为+5℃时，其容量约为额定容量的80%，电池环境温度低于基准温度，大致每下降1℃，容量下降1%，反之，温度升高，容量也相应增大。图 5-1 所示为阀控式密封电池的温度(T)和放电容量(C)关系曲线，图中，C 用 C_{10} 的百分数表示。

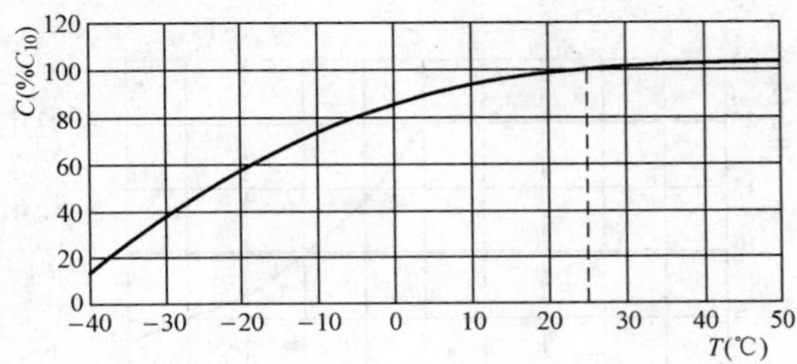

图 5-1　温度(T)与放电容量(C)关系曲线

需要指出的是电解液冰点与其密度，亦即与电池保持的容量密切相关，充足电后浮充运行的电池，其电解液冰点为−70℃，而放完电后的电解液冰点仅为−5℃，所以在低温下使用和储存电池要注意电池的状态。

5.6.2　温度与浮充电压的关系

严格地说，环境温度变化时蓄电池的浮充电压也需要相应进行调整，表 5-6 表示两者之间的关系。

表 5-6　　温度与浮充电压的关系（以 25℃、2.23V 为基准）

环境温度（℃）	建议浮充电压（V）	蓄电池组不同温度下浮充运行的母线电压（V）				
		48	110		220	
		22 个	51 个	52 个	103 个	104 个
5	2.33	51.26	118.83	121.16	240.00	242.32
10	2.305	50.71	117.56	119.86	237.62	239.72
15	2.28	50.16	116.28	118.56	234.84	237.12
20	2.255	49.61	115.00	117.26	232.20	234.45
25	2.23	49.06	113.73	115.96	229.69	231.92
30	2.205	48.51	112.46	114.66	227.12	229.32
35	2.20	48.40	112.20	114.40	226.60	228.80

当温度在 5～35℃范围内变化时，浮充电压相应地在 2.33～2.20V 之间进行调节。但需要指出的是，环境温度过低，浮充电压过高，虽然仍在母线电压允许变动范围之内，但对一些设备是不利的。

5.6.3　温度与充电电压的关系

在电池正式投入系统运行前，为弥补电池在储存期内的电量损失，宜对电池进行一次补充充电。补充充电的时间与温度的关系见表 5-7。

表 5-7　　温度与补充充电电压的关系

温度（℃）	充电时间不少于 24h	充电时间不少于 12h	温度（℃）	充电时间不少于 24h	充电时间不少于 12h
	充电电压（V）	充电电压（V）		充电电压（V）	充电电压（V）
5	2.40	2.40	25	2.30	2.35
10	2.383	2.40	30	2.273	2.323
15	2.355	2.40	35	2.245	2.295
20	2.328	2.378	40	2.218	2.268

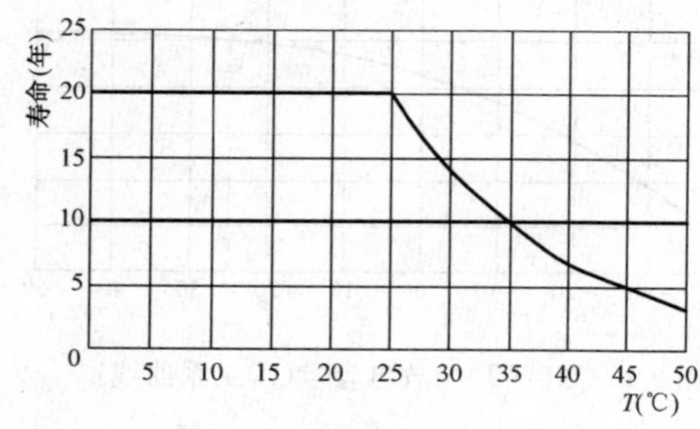

图 5-2 温度与寿命关系曲线

最低充电电压不允许低于 2.20V，最高充电电压不高于 2.40V。

5.6.4 温度与寿命的关系

以图 5-2 所示的产品为例，在 25℃条件下，预期浮充寿命为 20 年，而在温度升高 10℃后，其预期寿命降低到约 9～10 年之间，所以，阀控式密封电池不适宜在持续高温条件下运行。

电池在长期高温下使用，电池内部会产生多余气体，电池内部气压升高，引起排气阀开启，造成电解液损失。

5.6.5 排气泄压

所有阀控式密封电池都有一个排气阀。电池正常浮充运行时内部的压力和温度是不会超过限值的，但是在严重过充或环境温度持续过高时，则电池内部气压升高。为防止内部压力过高，设计了安全阀，当压力超过限定值时，安全阀自动开启泄压，当压力恢复到正常值时自动关闭。各种型号电池的泄压开阀值有所不同。排气阀具有滤酸装置，以免排气过程中酸雾排出。

5.6.6 焊接与防泄漏

阀控式密封电池外壳与端盖的密封及极桩的焊接是关键工艺之一，当前，外壳的密封普遍采用双重热封技术，而极柱则采用自动氩弧焊接技术。

为准确地控制电池内的电解液量，已采用计算机控制“质量”灌液技术，从而消除了因温度变化或过量灌液而造成渗漏。

密封状况的检测，国内大多采用充气检测。国外一些大公司采用氮气检测，把充满氮气的电池放进真空室内，用计算机控制，提高了测漏的准确性。

5.6.7 浮充预期寿命

阀控式密封电池的寿命，是指正常运行条件下的寿命（环境温度、运行方式均符合电池的设计规定值）。启动型电池的寿命是用某一放电深度下（通常按 80％深放电）的允许充放电循环次数来衡量的，这类电池不宜用于浮充制运行方式，因其浮充运行寿命较短。固定式电池的寿命，是用浮充运行状态下预期寿命来衡量的。

国内目前生产的阀控式密封电池成套电源装置中，一般选用国外进口的移动式启动型电池以浮充制运行，其浮充运行预期寿命仅为 7～10 年左右。故选用时应予以注意。

5.6.8 极板的化成与湿荷电

阀控式密封电池的极板大多选用耐腐性能强合金材料，采用长时间高温和高湿度来化成，使化成后的活性物质不易脱落。有的国外公司采用电池组装后再化成的方法，最大限度地保持极板上的电荷。电池出厂前按一定量注入电解液，故称湿荷电电池。

5.6.9 组合安装

阀控式密封电池有立式安装和卧式叠装两种组合安装方式。胶体式电池以立式安装为主，玻璃纤维吸附式以卧式叠装为主。

卧式叠装的均具有钢架组合结构。单体电池电压为 2V，钢架组件电压有 2、4、6、8V 和 12V 等。大容量电池的叠装层数不宜过多，以不超过 5 层为宜，以利于巡检和安装，也利于抗震。小容量电池可多一些，但不宜超过 9 层。当蓄电池室布置在楼层上时，特别要注意楼板承受荷重。地震裂度较高地区，除降低安装高度外，对钢架适当进行加固。

大容量电池往往需要采用电池并联方式，有垂直并联和横向并联两种。垂直并联是将各分组蓄电池的首、尾分别连接，然后再将各分组并联。横向并联，是每层的电池并联，然后再将上、下层各电池分组串连。无论哪种连接方式，电池的每个端子只允许接两根导体。

5.7 阀控式密封铅酸蓄电池的充电特性

5.7.1 浮充状态端电压偏差的测试

1. 蓄电池端电压的偏差

蓄电池端电压的偏差有两种：①静态偏差，即在不充电也不放电的静止状态下测试的端电压偏差，其偏差值一般不超过 20mV；②动态偏差，即浮充工作状态下的端电压偏差，这个偏差值在浮充运行初期较大，运行 2～3 个月后会逐渐下降，并趋于稳定。这是因为阀控式电池在充电过程中需要氧复合和氧复合通道，要使氧复合反应顺利进行，电解液的饱和度要小于 100%，而新电池电解液的饱和程度不同，有的超过 100%，使氧复合反应不能进行，造成浮充电压偏高；已建立氧复合和氧复合通道的电池，浮充电压为正常值，这样，浮充状态下各蓄电池的端电压就出现偏差，有的高达 200～300mV。随着浮充时间的增长，电解液饱和程度下降，电池内部氧复合和氧复合通道建立，电池的浮充电压会趋向于稳定和均匀。GB 13337.1—1991《固定型防酸式铅酸蓄电池技术条件》对固定型铅酸蓄电池作如下规定：单体蓄电池的端电压，不应超出所有参加试验的蓄电池电压平均值（－0.05～＋0.1）V 的范围。邮电系统规定一组阀控蓄电池任 2 个蓄电池之间最大差值为 50mV，由于其系统为 48V，所以容易满足。DL/T 637—1997《阀控式密封铅酸蓄电池订货技术条件》规定：2V 蓄电池任 2 个蓄电池之间最大差值不超过±50mV。

2. 动态偏差实测情况

对典型的 GFM 吸附式阀控电池进行浮充状态下端电压偏差测试，实测情况如下：

（1）测试条件：

1）测试时的环境温度为＋32℃。

2）测试仪表为数字式万用表（精度为 mV 级）。

3）被测电池 2V，119 只。

4）将充足电的电池以 2.23V/个浮充电压稳定运行 48h 后，逐个测取电压值；将浮充电压值改为2.25V/个稳定运行13h后，逐个测取电压值；再将浮充电压改为2.27V/个稳定运行8h后，逐个测取电压值。测试值见表5-8。

表5-8　　浮充运行状态端电压偏差测量结果

序号	平均浮充电电压（V/个）	浮充稳定运行时间（h）	电池端电压实测值（V/个）及数量					最高与最低端电压及偏差（V）		
								最高	最低	总偏差
1	2.230	48	2.215～2.225	2.225～2.235	2.235～2.245	2.215～2.200 2.246～2.250	总计	2.250	2.215	0.035
			22	60	32	5	119			
2	2.250	13	2.235～2.245	2.245～2.255	2.255～2.265	2.218～2.234 2.266～2.268	总计	2.268	2.218	0.050
			29	49	32	9	119			
3	2.270	8	2.255～2.265	2.265～2.275	2.275～2.285	2.234～2.254	总计	2.285	2.234	0.051
			22	58	28	11	119			

（2）测试结果：

1）119个电池中，运行在平均浮充电压（±0.005V）范围内的，占40%～50%。

2）119个电池中，在2.250/个浮充电压状态下，正负之间最大差值约50mV，符合国家标准规定。

3）当平均浮充电压变化时，偏差值相应变化，平均浮充电压增高，偏差增大，反之偏差减小，如2.270V/个浮充电压时最大偏差51mV，2.230V/个浮充电压时最大偏差35mV。

4）电池的剩余容量与浮充运行电池的端电压无直接关系。

5）浮充状态电池间端电压的偏差，与蓄电池制造工艺和运行状态有关，严格控制制造工艺水平和定期进行充放电是减少电池电压偏差的有效措施。

5.7.2　浮充电流的确定

浮充电流 I_f 应满足补偿电池的自放电电流 I_s 和氧复合电流 I_r 之和的要求。

阀控式电池的自放电率很小，所以相应的浮充电流值也很低。如果取80%额定容量下，其一昼夜自放电率不大于0.2%，即使按1%计算，蓄电池的自放电电流在规定温度下(20℃或25℃)为 $I_s=(C_{10}/24)\times(1/100)=0.00042C_{10}$ A/Ah，按单位安时计算 $I_s=0.42$mA/Ah。再考虑到氧循环复合的需要，浮充电流取 $I_f=1$mA/Ah足可满足要求。由于自放电电流中的大部分是板栅腐蚀所消耗的，而氧复合电流只是其中一小部分，被用来分解水。这样，不同的板栅材料，不同的制造工艺，其浮充电流也就有所不同。浮充电流越小，意味着对板栅的腐蚀电流和用于水分解的电流越小。

蓄电池的运行寿命与板栅腐蚀速率和失水程度密切相关，同样合金材料的板栅腐蚀性与电解液的硫酸浓度和电解液温度有关。当电池浮充电压高、电解液比重高、浮充电流大时，对板栅的腐蚀速率大，进而导致温度升高，失水加快，浮充运行寿命降低。所以，较小的浮充电流将会得到较高浮充运行寿命的效果。

5.7.3 温度、充电电压对寿命和容量影响的试验

阀控式电池对环境温度颇为敏感，不同温度对充电电压也有不同的要求，持续过高的环境温度和过高的充电电压，对电池寿命和容量均有影响，某外国公司对胶体式阀控电池（A600 系列）进行了一系列试验，试验方法及结果如下：

（1）40℃持续温度下浮充试验 12V（6 个 2V）315Ah 和 12V（6 个 2V）180Ah 两组电池，不带温度补偿以 2.23V/个（推荐浮充电压）浮充电压充电。持续充电 42 个月。

通过测试，其充入容量≥（106%～111%）C_{10}，预计寿命可达 15 年以上。

（2）室温条件下（18～28℃，平均 24℃，A600 基准温度为 20℃）用 3 个 2V 的 600Ah 电池和 1 个 2V 的 180Ah 电池，以 2.23、2.30、2.35V 不同浮充电压持续 9 年的试验。结果是：4 只电池的容量都在 100%C_{10}以上，且相差不多。9 年之后观察到不同充电电压的影响甚微。

5.7.4 温度与充电电压的关系

严格地说，温度变化时，浮充电压应随之修正。这里所指温度应该是电池内部的温度。但是，测量阀控式电池的内部温度难度很大，所以通常以室温或蓄电池柜内温度来代替。根据这一要求，国内有些充电装置带有温度补偿设施来修正浮充电压。按照基准温度设定，温度上升 1℃，浮充电压下降 3mV/个；温度下降 1℃，浮充电压增加 3mV/个。但是，温度补偿的方法，势必导致频繁地修正浮充电压，这对蓄电池本体及直流母线电压的稳定并不利。此外，在浮充电运行状态下的蓄电池组，其各个电池的端电压偏差也较大，很难以某一平均值来修正实际的浮充电压。

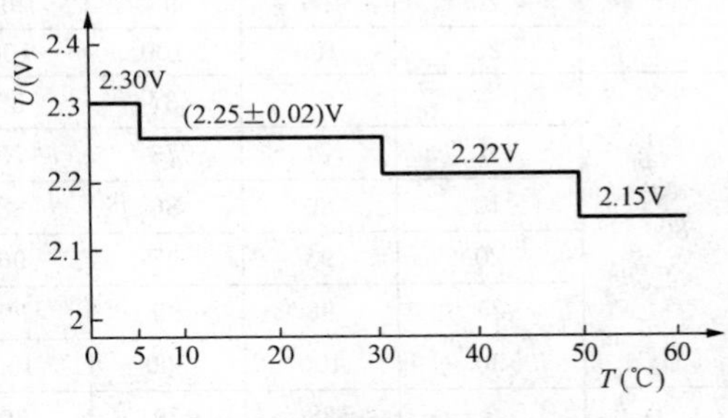

图 5-3 温度与浮充电压关系

根据制造厂规定，一般在 5～30℃范围内浮充电压可不作修正，其他温度下可参照图 5-3 进行阶段修正。

5.7.5 充电电压、电流和时间的关系

表 5-9 和表 5-10 给出了一组吸附式阀控电池的充电特性，该特性是在恒温条件（25℃）下，蓄电池（每组 300Ah，2V 电池 6 个）经数月的充放电试验测得的平均数值。

由表 5-9 可知，在同样温度情况下，一定范围的充电电压数值变化对充足电所需时间的影响并不显著。如在同一放电深度情况下，以 1.0I_{10}或 1.25I_{10}电流充电，均充电压由 2.28V 升高到 2.40V，其充电时间仅相差 3～5h。这一现象表明，在有限范围内均充电压宜取较低的数值，如对 2.28V 与 2.30V，可取 2.28V；对 2.35V 与 2.40V，可取 2.35V。

表 5-9　吸附式阀控电池不同深度放电后充电所需时间表（环境温度 25℃）

放电深度（$\%C_{10}$）	充电电流（I_{10}）	充电电压 2.28V/个 所需充电时间（h）			充电电压 2.30V/个 所需充电时间（h）			充电电压 2.35V/个 所需充电时间（h）			充电电压 2.40V/个 所需充电时间（h）		
		恒流	恒压	总计	恒流	恒压	总计	恒流	恒压	总计	恒流	恒压	总计
20	1.0	0.9	18	18.9	1.5	14	15.5	1.5	13	14.5	1.8	12	13.8
	1.25	0.8	15	15.8	1.0	13	14	1.0	12	13	1.0	11	12.0
50	1.0	3.3	20	23.3	4.0	19	23	4.3	18	22.3	4.5	15	19.5
	1.25	2.7	18	20.7	2.9	17	19.9	3.3	16	19.3	3.5	14	17.5
80	1.0	6.3	23	29.3	6.7	21	27.7	7.0	19	26	7.3	17	24.3
	1.25	4.6	22	26.6	5.0	20	25	5.4	18	23.4	5.6	16	21.6
100	1.0	8.1	24	32.1	8.7	21	29.7	9.0	20	29	9.0	20	29.0
	1.25	2.9	22	27.9	6.2	20	26.2	6.7	18	24.7	7.0	18	25.0

注　本表为 GFM 型 2V 电池试验数据。

表 5-10　吸附式阀控电池充电容量与放电深度、充电电压、电流和时间关系（环境温度 25℃）

充电电流（I_{10}）		1.0				1.25			
充电电压（V/个）		2.28	2.30	2.35	2.40	2.28	2.30	2.35	2.40
放电深度（$\%C_{10}$）	充电时间（h）	（充入电量＋剩余容量）/额定容量（$\%C_{10}$）							
20	3	82	85	88	90	85	90	93	96
	6	89	93	94	95	90	95	97	98
	10	96	98	98	99	97	98	99	99
	20	100	100	100	100	100	100	100	100
50	3	56	57	58	60	62	69	71	74
	6	84	86	89	90	90	92	93	94
	10	90	91	92	92	94	96	97	98
	20	96	98	99	100	99	100	100	100
	25	100	100	100	100	100	100	100	100
80	3	35	37	38	39	39	41	73	46
	6	71	73	75	79	75	77	79	81
	10	80	86	88	89	85	88	89	90
	20	93	95	96	98	97	98	99	99
	25	98	99	99	100	99	100	100	100
	30	100	100	100	100	100	100	100	100
100	3	28	29	30	31	33	36	37	38
	6	50	52	54	55	60	73	73	74
	10	80	84	88	89	84	86	89	90
	20	87	88	94	96	89	90	93	98
	25	94	95	98	98	95	98	98	100
	30	99	100	100	100	100	100	100	100

注　表中充电电压以 GFM 型 2V 电池的单体表示，3-GFM 型和 6-GFM 型应分别乘以 3 或 6。

图 5-4～图 5-7 示出了一组充电曲线，说明充电电流与时间的关系。图 5-4 所示为在 2.28V/个均充电压下、不同放电深度下，充电电流与充满电时间的关系；图 5-5 所示为在 2.30V/个均充电压下、不同放电深度下，充电电流与充满电时间的关系；图 5-6 所示为在 2.35V/个均充电压下、不同放电深度下，充电电流与充满电时间的关系；图 5-7 所示为在 2.40V/个均充电压下、不同放电深度下，充电电流与充满电时间的关系。

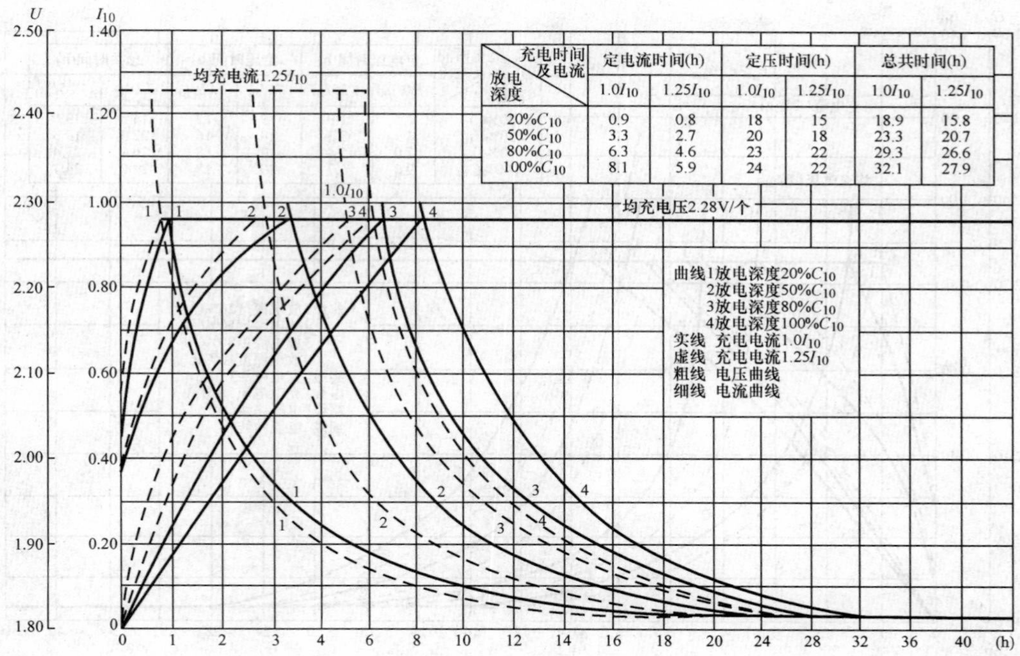

放电深度 \ 充电时间及电流	定电流时间(h) 1.0I_{10}	定电流时间(h) 1.25I_{10}	定压时间(h) 1.0I_{10}	定压时间(h) 1.25I_{10}	总共时间(h) 1.0I_{10}	总共时间(h) 1.25I_{10}
20%C_{10}	0.9	0.8	18	15	18.9	15.8
50%C_{10}	3.3	2.7	20	18	23.3	20.7
80%C_{10}	6.3	4.6	23	22	29.3	26.6
100%C_{10}	8.1	5.9	24	22	32.1	27.9

图 5-4 不同放电深度、不同均充电流在 2.28V/个均充电压时均充电特性（25℃）

注：1. 3-GFM 型或 6-GFM 型蓄电池充电时间基本上与本图相同；

2. 本图中曲线和数据是吸附式阀控电池试验数据，胶体式电池可作参考。

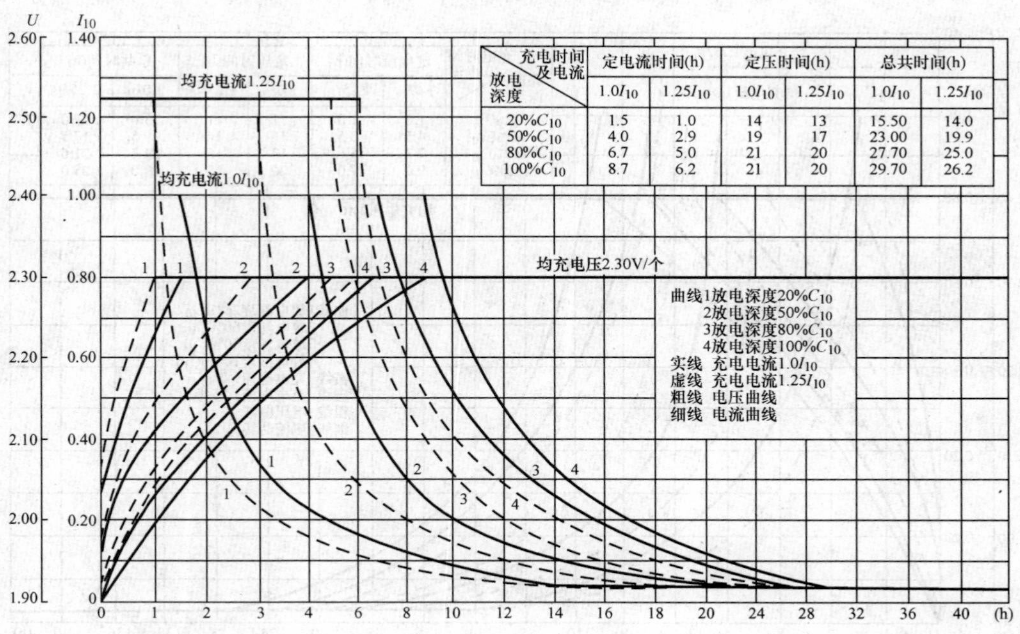

放电深度 \ 充电时间及电流	定电流时间(h) 1.0I_{10}	定电流时间(h) 1.25I_{10}	定压时间(h) 1.0I_{10}	定压时间(h) 1.25I_{10}	总共时间(h) 1.0I_{10}	总共时间(h) 1.25I_{10}
20%C_{10}	1.5	1.0	14	13	15.50	14.0
50%C_{10}	4.0	2.9	19	17	23.00	19.9
80%C_{10}	6.7	5.0	21	20	27.70	25.0
100%C_{10}	8.7	6.2	21	20	29.70	26.2

图 5-5 不同放电深度、不同均充电流在 2.30V/个均充电压时均充电特性（25℃）

注：1. 3-GFM 型或 6-GFM 型蓄电池充电时间基本上与本图相同；

2. 本图中曲线和数据是吸附式阀控电池试验数据，胶体式电池可作参考。

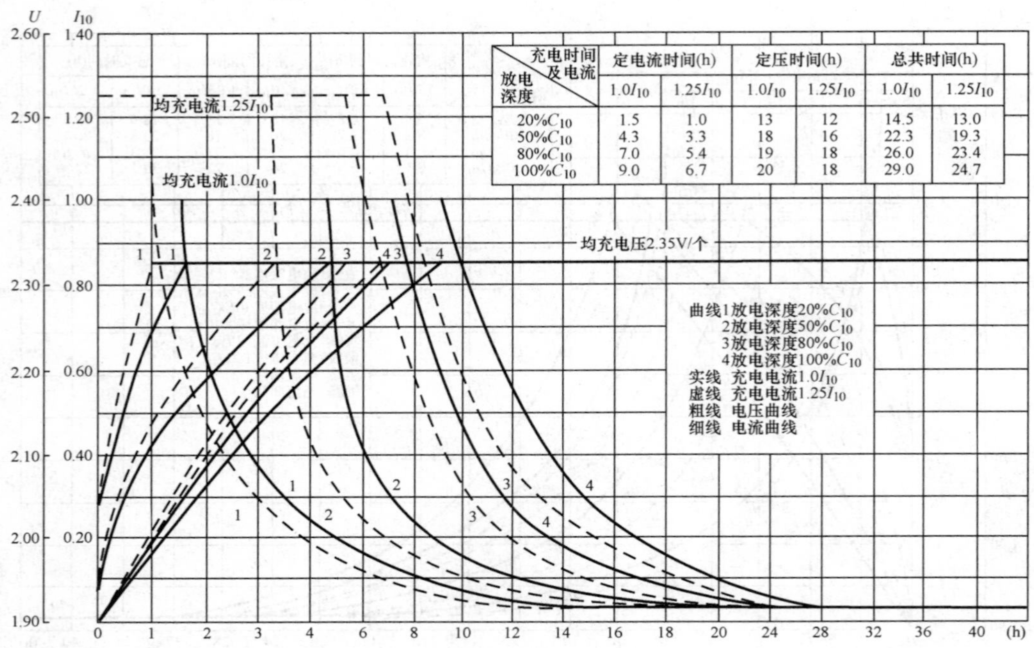

图 5-6 不同放电深度、不同均充电流在 2.35V/个均充电压时均充电特性（25℃）

注：1. 3-GFM 型或 6-GFM 型蓄电池充电时间基本上与本图相同；

2. 本图中曲线和数据是吸附式阀控电池试验数据，胶体式电池可作参考。

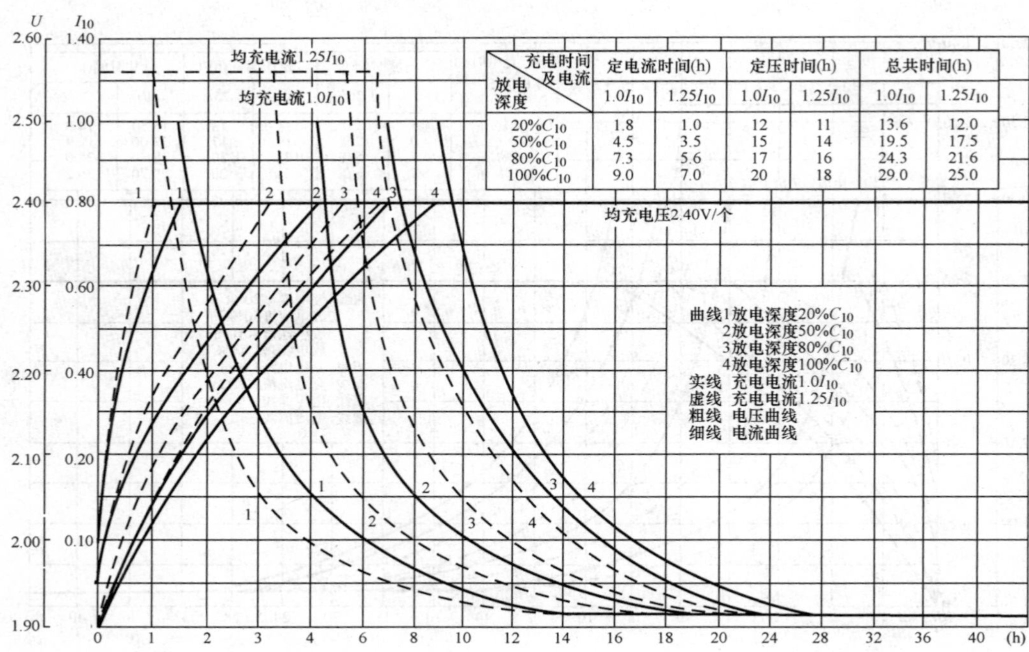

图 5-7 不同放电深度、不同均充电流在 2.40V/个均充电压时均充电特性（25℃）

注：1. 3-GFM 型或 6-GFM 型蓄电池充电时间基本上与本图相同；

2. 本图中曲线和数据是吸附式阀控电池试验数据，胶体式电池可作参考。

5.8 阀控式密封铅酸蓄电池的放电特性

5.8.1 蓄电池放电过程及特性变化

（1）电池在充放电过程中存在热反应。电极和电解液中有电阻存在，当电流通过电极和电解液中的电阻时，即产生热量，该热量称为焦耳热。在充放电过程中还产生另一种热量，即由电化学反应而引起的热量，称为反应热。反应热在充电过程表现为放出热量，在放电过程则表现为吸收热量。因此在放电过程中蓄电池的温度可能上升，也可能下降，这由放热和吸热的差值决定。因此，蓄电池在放电过程中，其热效应正负相减，而在充电过程中热效应正负相加，显然，放电运行工况要比充电运行工况好。

（2）在放电过程中，极板表面及其孔隙内电解液浓度会减小，极化电阻会增大，并通过扩散作用来弥补其浓度的差别。但在大电流瞬间放电的初期，其极板表面及孔隙中的电解液浓度急剧降低，极板的极化电阻迅速增加，端电压也迅速下降。由于浓差的增加，离子迁移速度加快，并可能在大电流放电时电池的端电压保持相对平衡，若此时终止放电，则电化学极化消失，且随着时间的增长，通过电解液扩散，极板表面及孔隙中电解液浓度回升，浓差极化下降，端电压也随之上升，此时所测定的电池容量，称为剩余容量。

（3）在放电中期电池端电压比较平稳，下降趋势缓慢，这是因为离子扩散速度加快而达到的某种相对平衡所致。但总的趋势是，随着放电时间增长，电池槽内电解液浓度逐渐减小。到放电末期，极板表面电解液浓度及蓄电池槽内电解液浓度都降低到极限，电极上的活性物质也消耗殆尽，电池端电压急剧变化，呈直线下降，此时认为放电终止。这一现象在废旧电池的放电特性试验中特别突出。

（4）在放电过程中，蓄电池的内阻变化是一个十分复杂的过程。蓄电池内阻由三部分组成：一部分是由电池内部的固相物质（含金属或金属氧化物及其盐）和液相物质（电液或隔膜中的电液）的欧姆电阻组成，它服从欧姆定律，称为欧姆阻抗；另两部分分别为电化学反应阻抗和浓差扩散阻抗，由于它们不服从欧姆定律，因此称为非欧姆阻抗。蓄电池内阻在放电过程中将不断变化，因此表现为一个动态的组合。但无论是欧姆电阻或非欧姆电阻，随着放电的深入，电阻都要增大，而且在放电过程中，因电化学反应极板上形成的结晶又反过来促使极板的欧姆电阻增加，此外，浓度极化电阻亦将随着浓度减小而增加。因此到了放电末期，也可用电阻的急剧增加，即欧姆电阻或非欧姆电阻的急剧增加，来解释电池的端电压急剧下降的原因。

5.8.2 蓄电池放电试验

（1）放电试验的必要性。放电试验，即核对蓄电池剩余容量的试验。阀控式密封铅酸蓄电池一般也要求进行定期放电试验。阀控式密封铅酸蓄电池由于酸比重较高且相应的浮充电压较高，因此极板的腐蚀速率高于普通防酸式铅酸蓄电池。此外，阀控式密封铅酸蓄电池的水分损耗虽然较小，但水分损失后却不可能和普通电池一样再加液。由于极板的腐蚀和水分的蒸发是影响蓄电池寿命的两个主要因素，因此，阀控式密封铅酸蓄电池的浮充电运行寿命有可能大大短于普通防酸式铅酸蓄电池。

另外，由于制造工艺标准控制差异、板栅材料质量、涂膏层厚薄均匀度、添加剂中有害杂质等因素，也将会造成个别落后电池自放电率过大，从而影响蓄电池的寿命，通过放电试验，可以检测蓄电池的剩余容量，此外，通过放电试验及随后的充电，还可以恢复个别落后电池容量，以减少电池间电压的偏差值。由此可见，定期核对阀控式密封铅酸蓄电池剩余容量是必要的，一般宜3～6个月进行一次放电试验。

（2）放电试验判据。核对性放电的目的，是核对浮充电运行蓄电池的剩余容量。电池有效性的基本判据是：当阀控式密封铅酸蓄电池放电电压大于1.8V/个、实际放电容量大于80%C_{10}时，即认为该电池剩余容量大于80%C_{10}可继续运行，即以1.0I_{10}的放电电流连续放电8h，其电压大于1.8V/个，则可停止放电试验，没有必要进行100%的深放电。

（3）放电试验方法。放电试验方法有电阻法和反馈法两种，放电电流宜取1.0I_{10}。若放电电流再大，则放电负载的选择将会发生困难。

1）电阻放电法通常采用固定电阻或水电阻进行。水电阻放电虽然设备简单，但难以操作，目前已很少采用。固定电阻法须选择满足放电电流要求的持续的大电流放电器及相应的调节设备和检测仪表。供电公司可选择适用于多容量电池的移动式放电装置，具有多组蓄电池的发电厂可采用公用的放电专用装置。

2）反馈放电法是利用晶闸管逆变装置，将直流能量反馈到交流电源系统中，也可采用带逆变放电功能的高频开关模块实现反馈放电。

图5-8所示为GFM型吸附式阀控电池（2V）不同倍率放电曲线，图5-10所示为吸附式阀控电池（6、12V）不同倍率放电曲线。

表5-11给出了电池1.0I_{10}放电时间与放电电压的关系，图5-10所示为新旧两种电池分别为100%C_{10}左右和80%C_{10}的放电曲线。

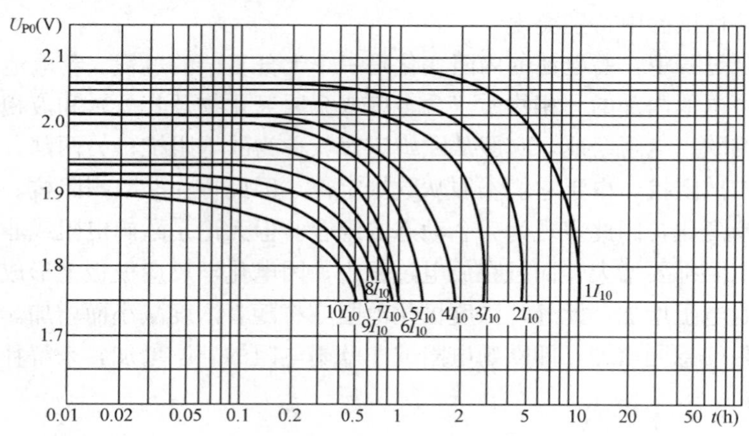

图5-8　GFM型吸附式阀控电池（2V）不同倍率放电特性曲线（25℃）

表5-11　　电池1.0I_{10}放电时间与放电电压的关系

放电时间（h）		0	1	2	3	4	5	6	7	8	9	10
80%C_{10}旧	放电电压（V）	2.144	2.063	2.056	2.044	2.020	1.950	1.910	1.870	1.760		
100%C_{10}新		2.160	2.067	2.060	2.048	2.030	2.005	1.967	1.950	1.922	1.880	1.800

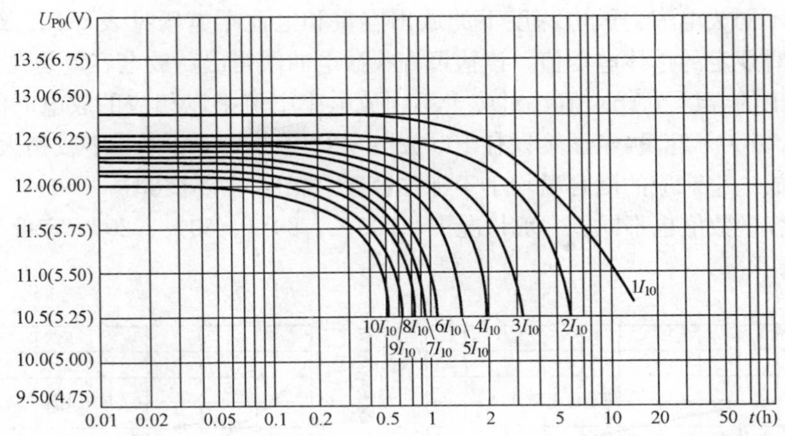

图 5-9　6-GFM、3-GFM 吸附式阀控电池（6、12V）不同倍率放电特性曲线（25℃）

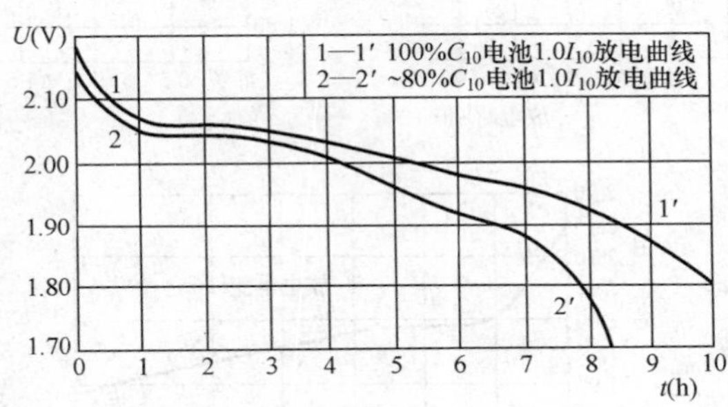

图 5-10　容量～80％C_{10}旧电池及 100％C_{10}新电池 1.0I_{10}放电特性

5.8.3　蓄电池 50％放电试验

（1）电力系统蓄电池的正常运行有以下特点：正常浮充电运行状态下，直流母线上的负荷很小，无法通过母线对负载进行放电来达到放电试验的目的。此外，电力系统的直流母线一般不允许蓄电池脱离母线，而放电试验时又要求将蓄电池与母线脱离。

（2）大容量发电机组的直流系统采用单元制接线，一台机组一般有 1 组 220V 电池和 2 组 110V 电池。蓄电池的核对性放电结合机组停役检修同步进行。即便如此，动力电源的 220V 直流系统也要求蓄电池脱离母线的时间越短越好，因为往往机组检修的同时，直流油泵的电动机同时也要进行调试，而仅依靠连接在母线上的整流装置来供电，往往不能满足要求。对于只有 1 组蓄电池的中、小型发电厂和变电站，由于不允许蓄电池长时间脱离母线，只能依靠短暂的停电时间对蓄电池组进行放电试验。这样，50％C_{10}放电深度与 80％C_{10}放电深度相比就具有明显的优点，前者时间短，后者时间长，两者充放电时间总共相差约 10h。因此必须寻找 50％C_{10}深度核对性放电的判别依据。

为了说明这一问题，需要明确放电率、放电容量和终止放电电压的概念。

（3）放电率是指放电过程中的放电电流数值，放电率通常有 10h 率、3h 率、1h 率等，10h 放电率的放电电流可以用 1.0I_{10}（A）表示，但是其他 8h 及以下放电率的放电电流都需要由制造厂家提供数据和曲线，如图 5-11 所示为某蓄电池厂 300Ah 电池以不同放电率放电的放电曲线。不同放电率、放电深度下的放出容量和电池端电压见表5-12。终止放电电压是指放电终了时规定的单体电压值，该值可查找放电曲线得出。放电容量是在某一时间阶段内蓄电池所放出的容量（Ah）值，对应于不同放电率电流乘以相应的放电时间，即是该放电率的满容量（100%容量），显然只有10h放电率对应的满容量才等于或稍大于标称容量，其他小于10h放电率对应的满容量均小于标称容量。相应对应于80%、50%、20%的容量，不同放电率，容量数值也不同。一般情况下，100%、80%、50%、20%容量是指10h放电率对应的容量。

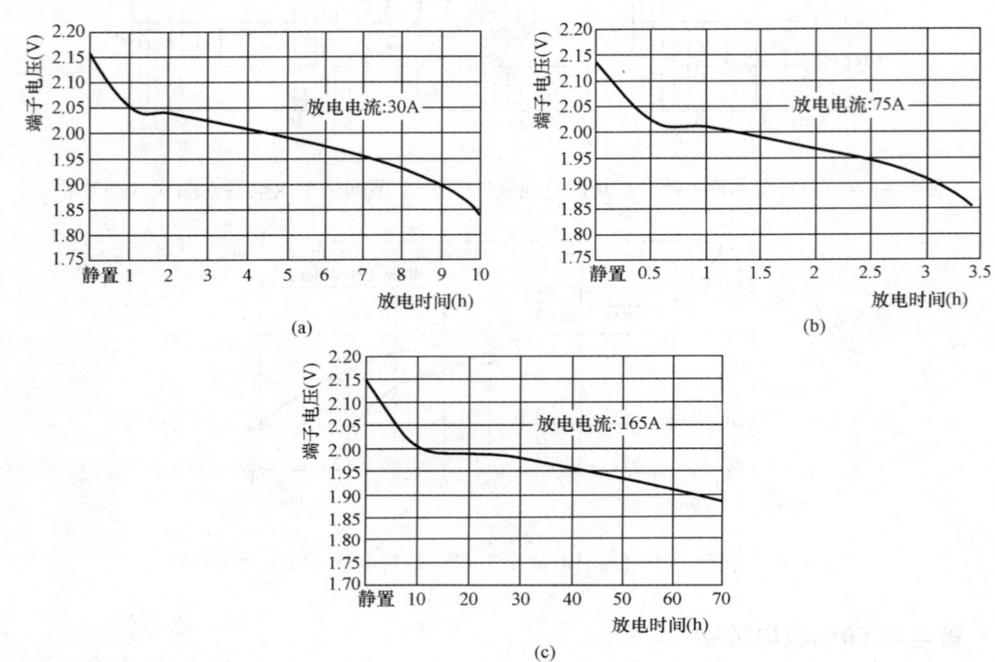

图5-11　300Ah电池不同放电率放电曲线（环境温度25℃）
（a）10h率放电；（b）3h率放电；（c）1h率放电

表5-12　　不同放电率、放电深度（%）下的放出容量（%）和电池端电压（V）

放电率	项目名称	放电深度（%）				
		100	80	50	30	20
10h	容量（%）	100	80	50	30	20
	端电压（V）	1.85	1.93	1.98	2.02	2.04
3h	容 量（%）	75	60	37.5	22.5	15
	端电压（V）	1.90	1.95	1.98	2.01	2.02
1h	容量（%）	55	44	27.5	16.5	11
	端电压（V）	1.90	1.94	1.97	1.99	2.00

注　1. 本表数据系对某一特定电池的测试结果，并不适用于各种电池。
2. 本表放电深度和放出容量均为相对于标称容量的百分数。

（4）由表5-12可以看出，随着放电深度的减小，蓄电池终止端电压逐渐升高；不同放电率放电，放电率越大，放电电流越大，其放电终止电压越低。

一般情况下，100%放电深度，10h率放电，终止放电电压不小于1.80～1.85V；80%

放电深度，10h 率放电，终止放电电压不小于 1.85～1.90V；50%放电深度，10h 率放电，终止放电电压不小于 1.95～2.00V。其他放电率，终止放电电压高于上述值。

（5）根据国家标准对蓄电池容量的考核规定，80%容量深度放电时，终止电压取 1.8V/个。当采用 50%容量深度放电时，国家标准尚未明确时，放电终止电压可取 1.95～2.00V/个。

（6）由上分析，可得出如下建议：

1）50%放电试验适用于正常运行的蓄电池不允许脱离直流母线或脱离时间要求很短的条件下。新投运的电池和已运行的旧电池都可采用 50%放电试验。

2）放电容量 50%、放电终止电压≥1.95～2.00V/个的蓄电池等同于放电容量 80%、放电终止电压≥1.8V/个的蓄电池。

3）采用 50%放电试验，可有效减少试验时间，利于蓄电池的正常运行维护。

5.9 胶体阀控式密封铅酸蓄电池的技术特点

胶体阀控式密封铅酸蓄电池与贫液阀控式密封铅酸蓄电池相比，在安全阀和排气系统、无游离电解液、无需初充电和密封检测等方面具有基本相同的特点，其不同的特点如下：

（1）胶状电解质。胶状电解质是由硫酸配制成的电解液与 SiO_2 微粒组成的胶状物混合后构成的。胶状电解质可充满电池槽所有空间，电解液的容量为同容量玻璃纤维电池电解液的 1.3～1.5 倍。胶状电解质中的硫酸密度较低，约为 1.24kg/L，所以其浮充电压也较低，可取（2.23±0.02）V/个（20℃）。

（2）胶状电解质均匀较好，不会产生层化现象，极板在大电流放电时受力均匀。

（3）正极板采用管式结构，用特殊无锑合金压铸而成，被封闭在坚固的微孔管状塑料套管内。

（4）热容量大。由于电解质充满整个电池槽空间，电池产生的热量小，热量的传递和散热性能好，电池温升低，有效地防止了产生的热失控的可能性。

（5）自放电率低。在 20℃环境温度下搁置 2 年，其可用容量还大于 $50\%C_{10}$。

（6）浮充运行寿命长，可达 18～20 年（2.23V、20℃）。

（7）极板规格多，单片极板容量大，单体单槽电池最大容量可达 3000Ah。

表 5-13 给出了胶体阀控式密封铅酸电池的充电容量与放电深度、充电电压、电流和时间的关系，表 5-14 列出了充足电所需时间与放电深度、充电电压和充电电流的关系（沈阳电池厂提供）。

表 5-13　胶体阀控式密封铅酸蓄电池充电容量与放电深度、充电电压、电流和时间的关系（20℃）

充电电流		$2.23I_{10}$				$2.30I_{10}$				$2.40I_{10}$			
充电电压（V/个）		0.5	1.0	1.5	2.0	0.5	1.0	1.5	2.0	0.5	1.0	1.5	2.0
放电深度（$\%C_{10}$）	充电时间（h）	（充入电量+剩余容量）/额定容量（$\%C_{10}$）											
25	3	87	94	95	96	87	95	96	97	87	96	98	98
	6	94	96	97	97	96	97	98	99	98	99	99	100
	10	96	97	97	97	97	98	99	100	100	100	100	100
	20	97	98	98	98	98	100	100	100	100	100	100	100

续表

充电电流		$2.23I_{10}$				$2.30I_{10}$				$2.40I_{10}$			
充电电压（V/个）		0.5	1.0	1.5	2.0	0.5	1.0	1.5	2.0	0.5	1.0	1.5	2.0
放电深度（$\%C_{10}$）	充电时间（h）	（充入电量＋剩余容量）/额定容量（$\%C_{10}$）											
50	3	62	75	82	85	62	75	85	87	62	75	87	90
	6	75	89	90	92	75	91	93	94	75	93	96	97
	10	90	93	93	94	90	95	95	96	91	98	98	98
	20	95	97	97	97	98	99	100	100	100	100	100	100
75	3	37	50	62	68	37	50	62	71	37	50	62	70
	6	50	73	80	83	50	74	83	88	50	71	88	90
	10	66	86	88	89	66	88	91	92	66	91	96	96
	20	93	94	94	94	94	96	96	96	95	100	100	100
100	3	12	25	37	47	12	25	87	48	12	25	37	50
	6	25	50	65	70	25	50	70	74	25	50	75	80
	10	41	73	78	80	41	77	82	84	41	83	87	90
	20	80	91	91	91	81	94	95	95	83	98	100	100

表 5-14　胶体阀控式密封铅酸蓄电池放电深度与充足电所需时间的关系

放电深度（$\%C_{10}$）	充电电压（V/个）及充电电流（A）			
	2.30		2.40	
	1.0	1.25	1.0	1.25
25	20	19	10	10
50	23	20	19	18
75	26	～24	20	20
100	29	～26	26	23

5.10　阀控式密封铅酸蓄电池充放电运行工况

阀控式密封铅酸蓄电池充放电运行工况如图 5-12 所示。该图除描述蓄电池运行工况外，还具有以下作用：

（1）可作为编制蓄电池管理模块程序的参数。

（2）蓄电池各种运行参数的选择。

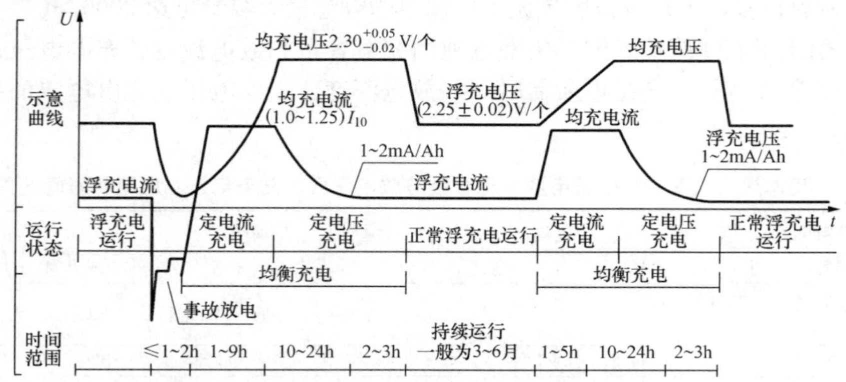

图 5-12　阀控式密封铅酸蓄电池充放电运行工况图

注：正常运行情况下，根据各运行单位的规定，每 3～6 月均充一次。当发现落后电池或事故放电后应均充。均充采用定电流定电压二阶段法，定电流充电时间、定电压充电时间和总充电时间参见图 4-1～图 4-4。

5.11 铅酸蓄电池特性测试大纲

为了做好做细蓄电池的维护，使蓄电池延长运行寿命或在有效的额定运行寿命期间表现出良好的运行特性，蓄电池供应厂家应向用户提供蓄电池组的详细特性参数，包括技术参数和技术特性。具体的参数、特性测试项目，生产厂家与用户协商确定。

5.11.1 蓄电池主要技术参数

（1）蓄电池的浮充电压和浮充电流值。

（2）蓄电池的均充电压和均充电流值。

（3）蓄电池的开路电压及电解液比重。

（4）蓄电池的极化电压。

（5）蓄电池在充足电后静置 48h，测量蓄电池静态端电压的偏差值。

（6）蓄电池动态端电压偏差值（取蓄电池数量为 104 个）：

1）浮充电压（浮充电时间不小于 48h）为标准值±0.02V/个（如 2.15、2.23、2.25V）的偏差值，及不同偏差范围（±0.005V）电池的数量。

2）均充电压为 2.28、2.30、2.33、2.35、2.40V/个，均充末期电压偏差值，及不同偏差范围（±0.005V）蓄电池的数量。

（7）蓄电池内阻（25℃）：

1）单体蓄电池的平均电阻。

2）蓄电池每 Ah 的平均电阻。

3）蓄电池连接条的电阻及接触电阻（硬连接和软连接）。

（8）蓄电池短路电流：

1）不同容量（极板）单体蓄电池的短路电流。

2）蓄电池每 Ah 的平均短路电流。

5.11.2 蓄电池主要技术特性

（1）蓄电池均衡充电特性：

1）在 2.28V/个均充电压下，蓄电池放电深度为 20%C_{10}、50%C_{10}、80%C_{10}和 100%C_{10}及均充电流 1.0I_{10}和 1.25I_{10}条件下的均衡充电特性。

2）在 2.30V/个均充电压下，蓄电池放电深度为 20%C_{10}、50%C_{10}、80%C_{10}和 100%C_{10}及均充电流 1.0I_{10}和 1.25I_{10}条件下的均衡充电特性。

3）在 2.33V/个均充电压下，蓄电池放电深度为 20%C_{10}、50%C_{10}、80%C_{10}和 100%C_{10}及均充电流 1.0I_{10}和 1.25I_{10}条件下的均衡充电特性。

4）在 2.35V/个均充电压下，蓄电池放电深度为 20%C_{10}、50%C_{10}、80%C_{10}和 100%C_{10}及均充电流 1.0I_{10}和 1.25I_{10}条件下的均衡充电特性。

5）在 2.40V/个均充电压下，蓄电池放电深度为 20%C_{10}、50%C_{10}、80%C_{10}和 100%C_{10}及均充电流 1.0I_{10}和 1.25I_{10}条件下的均衡充电特性。

（2）蓄电池充电容量与放电深度、充电电压、电流和时间关系（25℃）。

(3) 蓄电池分别以 $1.0I_{10}$～$10I_{10}$放电倍率的放电特性（25℃）。

(4) 蓄电池的容量换算系数 K_c（25℃）：

1）在终止电压分别为 1.75、1.80、1.83、1.85、1.87V 和 1.90V 时，分别放电 5s、1min 的条件下。

2）在终止电压分别为 1.75、1.80、1.83、1.85、1.87V 和 1.90V 时，分别放电 0.5、1.0、1.5、2.0、3.0、4.0、5.0、6.0、7.0h 和 8.0h 的条件下。

(5) 蓄电池的冲击放电特性（25℃）：

1）在浮充电工况下（浮充电时间不小于 48h），进行冲击放电的冲击放电特性。

2）在浮充电 48h 后，断开浮充电电源并立即冲击放电的冲击放电特性。

3）在充足电且静置 15h 后，进行冲击放电的冲击放电特性。

4）蓄电池分别以（1.0～5.0）I_{10}放电倍率放电 0.5、1h 和 2h 后的冲击放电特性。

(6) 蓄电池浮充电压与放电容量的关系（25℃）。以 6 个蓄电池为 1 组，共 2 组，在充足电以后，再分别以标准值±0.02V/个（如 2.15、2.23、2.25V/个）的浮充电压持续浮充不少于一个月，然后测试每个蓄电池的放电容量和终止电压，取每组蓄电池放电容量和终止电压的平均值。

(7) 蓄电池的温度特性：

1）温度与浮充电压的关系。

2）温度与容量的关系。

3）温度与放电容量及终止电压的关系。

4）温度与电池寿命的关系（通过加速老化试验）。

5.11.3 蓄电池的其他技术数据

(1) 蓄电池型谱、外形尺寸及质量。

(2) 蓄电池单片极板的规格、容量及极板厚度等。

(3) 不同容量蓄电池连接条数量、连接条尺寸。

5.12 阀控式密封铅酸蓄电池产品简介

20 世纪 80 年代以来，我国阀控式密封铅酸蓄电池迅速发展，产品种类齐全，质量和技术达到先进水平，本手册以 LEOCH（理士电池）为例简要介绍。

5.12.1 产品概况

(1) 产品分类。产品分三大系列：DJW——小型电池系列，12V、35Ah 及以下；DJM——中型电池系列，12V，38～250Ah；DJ——大型系列，2V，65～3500Ah。全部系列容量 0.5～4000Ah。

(2) 基本特点。

1）自放电率低，25℃室温下，静置 28 天，自放电率小于 1.8%；

2）使用范围宽，充电温度 0～40℃，放电温度－15～50℃，储存温度－15～40℃；

3）容量充足，密封性好，导电性好，充电接受能力强，具有可靠的防漏排气系统，安全性能好。

（3）使用条件。

1）充电方式以恒压限流为宜，25℃环境下，浮充使用，充电电压 2.23～2.27V/单格；循环使用充电电压 2.4～2.45V/单格；均充电压 2.3～2.35V/单格，最大充电电流为 0.3C_{10} A。充电电压，随温度变化调整，浮充使用，温度补偿系数为－3mV/(℃·单格)；循环使用为－5mV/(℃·单格)；均充时，为－4mV/(℃·单格)。

2）不宜装入密封容器中使用。

3）不宜靠近火源或高温地方使用和储存。

4）不要与有机溶剂直接接触。

5）避免过充，放电后要及时补充，使用中不要过放电。

6）保持环境清洁，部件连接牢固，严禁拆开电池和将电池扔入火中。

（4）产品规格。

DJ 系列（2V）：65、75、100、120、130、150、200、250、300、350、400、450、500、600、700、800、900、1000、1200、1500、1800、2000、2500、3000、3500Ah。

DJM 系列（12V）：38、40、45、50、55、60、65、75、80、90、100、120、140、150、180、200、230、250Ah。

（5）产品结构、尺寸、质量，详见生产厂家产品样本或说明。

5.12.2 容量换算系数（K_c）

（1）DJ（2V）系列蓄电池容量换算系数，见表 5-15，图 5-13。

（2）DJM（12V）系列蓄电池容量换算系数，见表 5-16，图 5-14。

5.12.3 其他标准曲线

（1）浮充电特性曲线，如图 5-15 所示。

（2）循环充电特性曲线，如图 5-16 所示。

（3）自放电特性曲线，如图 5-17 所示。

（4）容量—环境温度关系曲线，如图 5-18 所示。

（5）容量与循环次数、放电深度的关系曲线，如图 5-19 所示。

（6）浮充电压与环境温度的关系曲线，如图 5-20 所示。

（7）放电时间与放电电流的关系曲线，如图 5-21 所示。

（8）浮充电使用寿命与环境温度关系曲线，如图 5-22 所示。

（9）放电电压 U_{ch} 与冲击系数 K_{ch} 的关系曲线，如图 5-23 所示，见表 5-17。

表 5-15　　DJ（2V）系列容量换算系数 K_c 表

放电终止电压（V/单格）	放电时间（min）															
	1	29	30	59	60	89	90	120	179	180	240	300	360	420	479	480
1.75	1.478	0.8755	0.8463	0.5716	0.5621	0.4232	0.4185	0.3474	0.2665	0.2650	0.2100	0.1750	0.1510	0.1340	0.1223	0.1221
1.80	1.378	0.8368	0.8089	0.5498	0.5406	0.4069	0.4024	0.3350	0.2582	0.2568	0.2040	0.1705	0.1478	0.1308	0.1203	0.1200
1.83	1.278	0.7704	0.7447	0.5154	0.5068	0.3849	0.3806	0.3185	0.2468	0.2454	0.1959	0.1639	0.1423	0.1256	0.1161	0.1159
1.85	1.203	0.7207	0.6967	0.4931	0.4849	0.3703	0.3662	0.3069	0.2387	0.2374	0.1896	0.1590	0.1382	0.1223	0.1129	0.1127
1.87	1.128	0.6729	0.6505	0.4713	0.4634	0.3549	0.3510	0.2950	0.2307	0.2294	0.1835	0.1544	0.1343	0.1191	0.1099	0.1097
1.90	0.998	0.6046	0.5845	0.4363	0.4291	0.3332	0.3295	0.2789	0.2192	0.2180	0.1752	0.1475	0.1286	0.1142	0.1055	0.1053

表 5-16　　　　　　　　　　DJM（12V）系列容量换算系数 K_c 表

放电终止电压(V/单格)	放电时间（min）															
	1	29	30	59	60	89	90	120	179	180	240	300	360	420	479	480
1.75	1.566	0.9275	0.9595	0.5713	0.5810	0.4196	0.4243	0.3474	0.2635	0.2650	0.2100	0.1750	0.1510	0.1340	0.1218	0.1221
1.80	1.460	0.8865	0.9171	0.5495	0.5588	0.4034	0.4079	0.3350	0.2554	0.2568	0.2040	0.1705	0.1478	0.1308	0.1198	0.1200
1.83	1.354	0.8161	0.8443	0.5151	0.5238	0.3816	0.3858	0.3185	0.2440	0.2454	0.1959	0.1639	0.1423	0.1256	0.1152	0.1155
1.85	1.274	0.7635	0.7899	0.4928	0.5012	0.3671	0.3713	0.3069	0.2361	0.2374	0.1896	0.1590	0.1382	0.1223	0.1124	0.1127
1.87	1.195	0.7129	0.7375	0.4671	0.4750	0.3519	0.3558	0.2950	0.2281	0.2294	0.1835	0.1544	0.1343	0.1191	0.1094	0.1096
1.90	1.057	0.6405	0.6626	0.4361	0.4435	0.3304	0.3341	0.2789	0.2168	0.2180	0.1752	0.1475	0.1286	0.1142	0.1051	0.1053

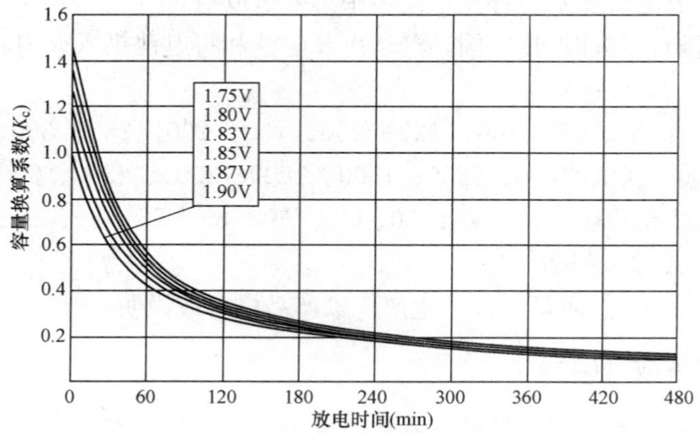

图 5-13　DJ（2V）系列容量换算系数曲线

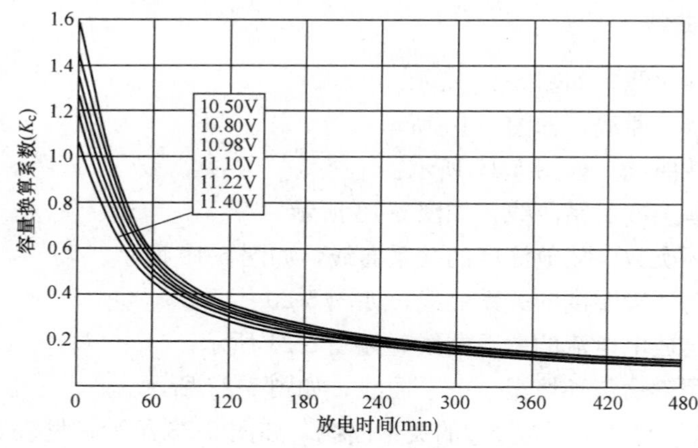

图 5-14　DJM（12V）系列容量换算系数曲线

表 5-17　　　　　　　　　　蓄电池冲击放电特性曲线

冲击电流作用下的电池电压（V）	冲击放电电流倍数							
	20	40	60	80	100	120	140	160
5s 特性	1.975	1.915	1.86	1.82	1.78	1.74	1.71	1.685
1min 特性	2.02	1.99	1.97	1.93	1.89	1.85	1.80	1.72

注　环境温度 25℃。

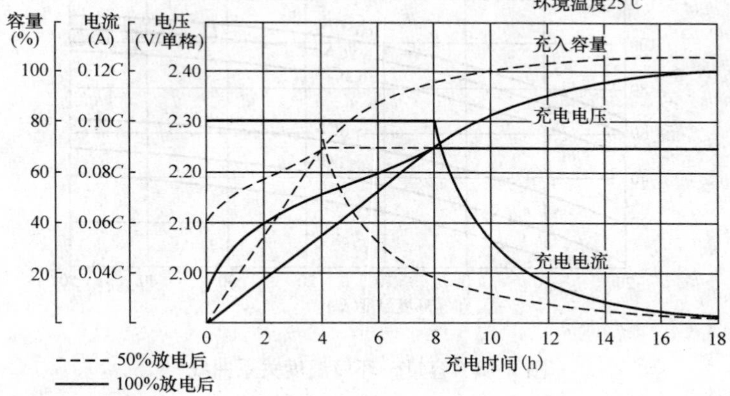

图 5-15　浮充电特性曲线

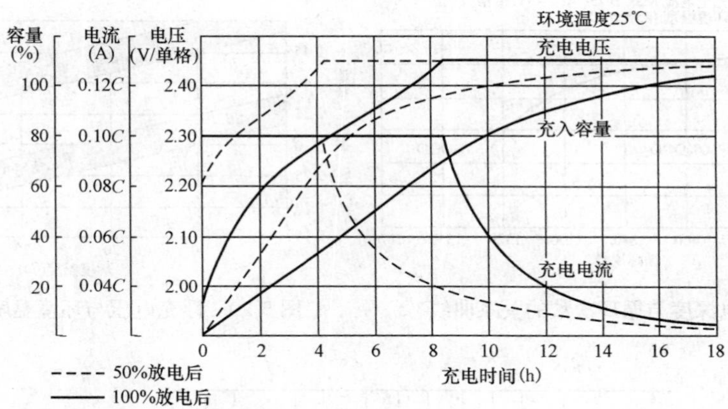

图 5-16　循环充电特性曲线

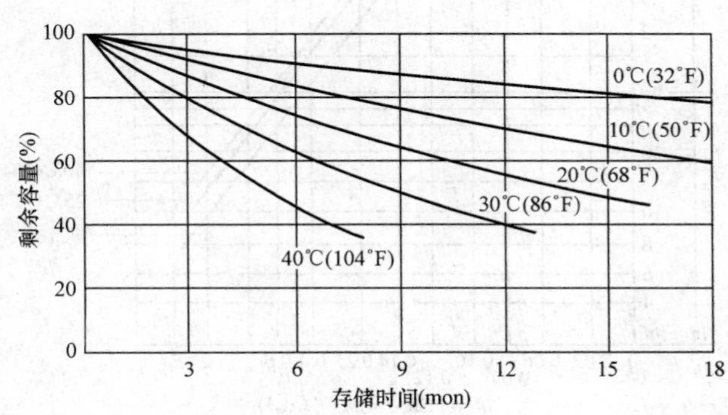

图 5-17　自放电曲线

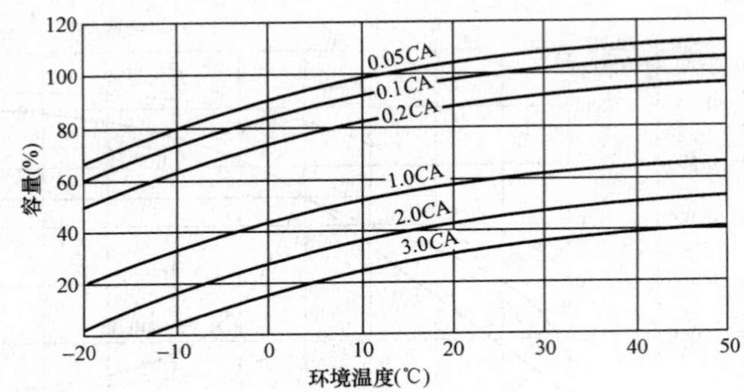

图 5-18　容量—环境温度关系曲线

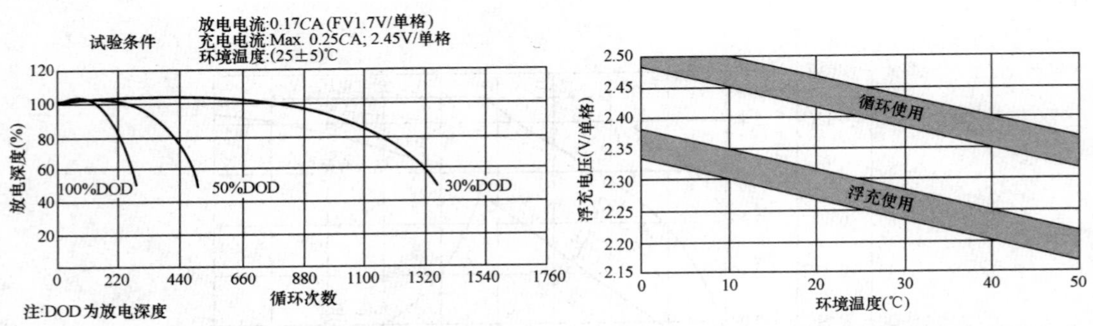

图 5-19　放电深度与循环次数的关系曲线

图 5-20　浮充电压与环境温度关系曲线

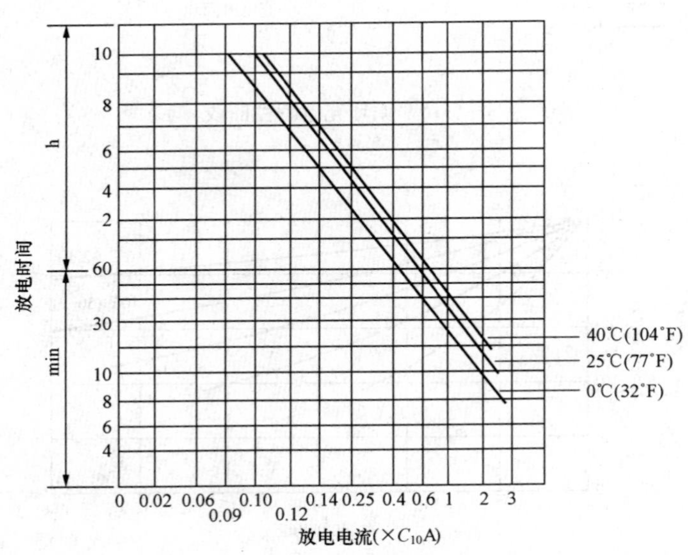

图 5-21　放电时间与放电电流的关系曲线

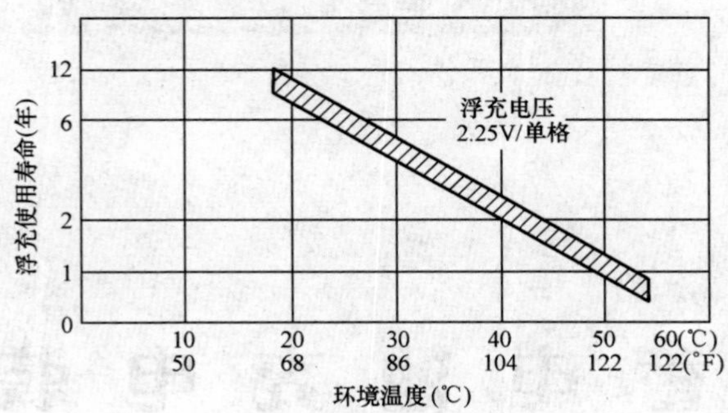

图 5-22　浮充使用寿命与环境温度的关系曲线

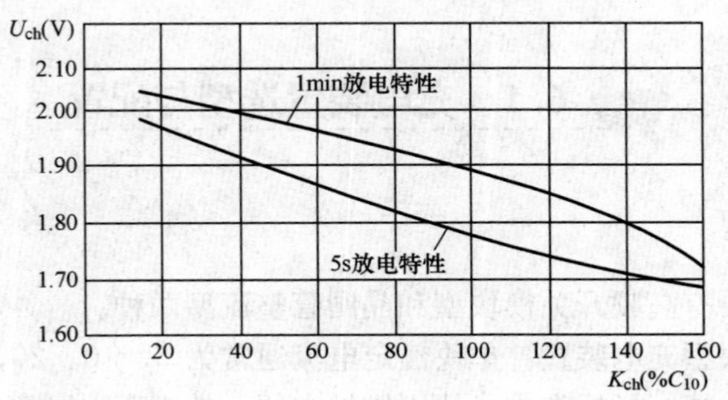

图 5-23　放电电压 U_{ch} 与冲击系数 K_{ch} 关系曲线

6 蓄电池充电装置

6.1 充电装置选型与配置

6.1.1 充电装置选型

目前充电装置主要有高频开关模块型和晶闸管整流型两种。

(1) 高频开关模块型充电装置。单块额定电流通常为 5、10、20、40A 等，由于具有体积小、质量轻，技术性能、指标先进，使用维护方便，效率高，可靠性高，自动化水平高等优点，因此应用广泛。

(2) 晶闸管整流型充电装置。接线简单，输出功率较大，价格较便宜，技术性能满足直流系统要求，2000 年以前已普遍应用。

直流系统中，充电装置可采用高频开关模块型，也可选用晶闸管整流型。目前广泛应用的是高频开关模块型充电装置。

6.1.2 充电装置配置

充电装置应根据电力工程所配置的蓄电池组数和充电装置的型式进行配置：

(1) 工程设 1 组蓄电池。采用晶闸管充电装置时，宜配置 2 套充电装置；采用高频开关模块型充电装置时，宜配置 1 套充电装置，也可配置 2 套充电装置。

配置 2 套充电装置时，其容量宜考虑带经常负荷的浮充电方式或均衡充电方式，取大值，选用相同的容量。

(2) 工程设 2 组蓄电池。采用晶闸管整流型充电装置时，宜配置 3 套充电装置；采用高频开关模块型充电装置时，宜配置 2 套充电装置，也可配置 3 套充电装置。

配置 3 套充电装置时，其容量有三种选择方法：

1) 考虑带经常负荷的浮充电方式和均衡充电方式，取大值，选用相同的容量。该选择方法适用于蓄电池组退出直流系统实施均衡充放电或核对性充放电，也适用于蓄电池组不退出直流系统实施充放电。

2) 2 台按考虑带经常负荷的浮充电方式选择，1 台按均衡充电方式选择不同的容量。通常，在大型发电厂中，按均衡充电方式选择的充电装置容量大于按浮充电方式选择的充电装置容量，所以这种选择方式也称为“两小一大”方式。该选择方法适用于蓄电池组退出直流系统实施均衡充放电或核对性充放电。

3）采用2台按均衡充电方式，1台按考虑带经常负荷的浮充电方式选择不同的容量。通常，这种选择方式称为“两大一小”方式。该选择方法适用于蓄电池组不退出直流系统实施充放电。

4）对于规模较大的、重要的110kV及以上电压等级的变电站和中小型发电厂，当设置2组蓄电池时，一般配置相应的两套相同容量的充电装置。

由于高频开关模块型充电装置安全可靠，组装配置灵活，配套和更换方便，应用较为广泛，而且多数采用与蓄电池一对一的配置方式。

6.2 充电装置的技术特性要求

充电装置的技术特性有如下要求：

(1) 应满足蓄电池组的充电和浮充电要求。需要注意在均衡充电时，是否带经常性负荷。一般来说，经常性负荷所占的比重较大，直接影响充电装置的容量大小。

(2) 应为长期连续工作制。需要注意充电装置的直流输出电压，通常称为标称电压，一般指220V或110V等，而实际上它的长期连续工作电压为230V或115V，应该高出额定电压5%。

(3) 充电装置应具有良好的稳流、稳压和限流性能，并应具有自动和手动浮充电、均衡充电和稳流、限流充电等功能。

充电装置的稳流、稳压性能分别用稳流精度和稳压精度衡量。

稳流精度用式（6-1）表示

$$\delta_i = \frac{I_{\text{out. m}} - I_{\text{out. s}}}{I_{\text{out. s}}} \times 100\% \tag{6-1}$$

式中 δ_i——稳流精度，%；

$I_{\text{out. s}}$——输出电流整定值，A；

$I_{\text{out. m}}$——输出电流波动极限值，A。

充电装置应具有良好的稳流性能，以保证在初充电或均衡充电时，能使充电装置在充电的第一阶段按整定的电流稳定充电，进而保证直流母线电压自动稳步上升。充电装置的稳流性能应满足表6-1的要求。

稳压精度用式（6-2）表示

$$\delta_u = \frac{U_{\text{out. m}} - U_{\text{out. s}}}{U_{\text{out. s}}} \times 100\% \tag{6-2}$$

式中 δ_u——稳压精度，%；

$U_{\text{out. s}}$——输出电压整定值，V；

$U_{\text{out. m}}$——输出电压波动极限值，V。

充电装置应具有良好的稳压性能，以保证在浮充电运行工况下，当输入电压和频率在规定范围内变化且负荷电流为5%～100%范围内的任一数值时，直流输出电压在其规定的范围内保持稳定，其稳压精度应不低于表6-1规定的允许值。

(4) 充电装置的交流电源输入宜为三相制，额定频率为50Hz，额定电压为380×(1±

10%)V。小容量充电装置的交流电源输入电压可采用单相 220×(1±10%)V。1 组蓄电池配置 1 套充电装置的直流系统，充电装置的交流电源宜设 2 个回路，运行中 1 回路工作，另 1 回路备用。当工作电源故障时，应自动切换到备用电源。充电装置在规定的正常使用电气条件下（见表 6-2），应能满足均衡充电、低压充电和浮充电运行的要求。

表 6-1　　充电装置的主要技术参数表

型式 项目	晶闸管		高频开关
	Ⅰ型	Ⅱ型	
稳压精度（%）	≤±0.5	≤±1	≤±0.5
稳流精度（%）	≤±1	≤±2	≤±0.5，≤±1
波纹系数（%）	≤1	≤1	≤0.5
效率（%）	≥75	≥75	≥90
噪声（dB）	<60	<60	<55

表 6-2　　电力工程用充电装置正常使用的电气条件

项　目	抗干扰等级			超过规定范围可能的后果	备　注
	A	B	C		
频率变化范围（%）	+2	+2	+1	性能下降	1. 在未作说明时为 B 级 2. 非正常使用条件，用户和制造厂协商解决
变化速率（%/s）	±2	±1	±1		
电压变化范围（%）	±10	±10	±10 −5		
频率短时变化（0.5～30Hz）（%）	±15	±15 −10	+15 −10		

（5）具有低定电压充电性能。低定电压充电是均衡充电的方式之一。其目的在于保持蓄电池的运行容量，延长蓄电池的使用寿命，且使充电电压不超过负荷允许的电压范围。即要求充电装置的输出电压达到预定的整定值后，当其输入电压、频率在规定范围内变化，负荷电流在其允许变化范围内的某一数值稳定运行，且在规定的时间内以恒定的充电电流充电时，其稳压精度应满足上述第（3）条的要求。

（6）具有灵活可靠的运行方式自动切换功能。即当充电装置投入运行后，能够以预先整定的充电电流进行电流充电；当系统电压达到预先整定的电压值时，充电装置能够以微小的恒定电流对蓄电池进行低定电压充电，并保持直流母线电压在规定的电压波动范围内，以使其对直流负荷不产生影响；当低定电压充电经过 2～3h 后，充电装置能够自动转入浮充电运行状态。当经过事故放电后或发现蓄电池组中有落后电池时，充电装置可根据预先整定的电压值判断，使充电装置进入定电流充电运行工况或是直接转入以微小充电电流、定电压充电的低压充电工况。

（7）在各种运行工况下，充电装置的电压调节范围应符合表 6-3 的规定。

表 6-3　　电力工程用充电装置电压调节范围

运行工况	电压调节范围
充电	最低直流电压到最高直流电压
浮充电	90%～110%标称直流电压
均衡充电	105%～120%标称直流电压

（8）具有可靠的分合闸性能。充电装置在规定的工况下运行，当系统合闸时，合闸母线

电压不得低于额定直流电压的 90%，控制母线电压波动范围不得超过额定电压的±10%。分闸时，控制母线电压波动范围在额定电压的±10%范围之内。

(9) 具有良好的电磁兼容性能，具有安全可靠的抗干扰及防护措施。

(10) 具有安全的绝缘性能，直流母线对地绝缘电阻应不小于 10MΩ；充电装置和母线应能承受工频 5kV、1min 耐压试验，无绝缘击穿和闪络现象。

(11) 充电装置内直流设备应能耐受系统的短路电流，一般情况下，110V 为 10kA，220V 为 20kA。

(12) 充电装置内元器件应选择性能优良、技术先进的产品，要布置安装合理。各部件温升应满足表 6-4 和表 6-5 的规定。

表 6-4　　充电装置内设备各部件温升

部件名称	极限温升（K）	测量方法
充电装置外壳	70	电偶或热敏器法
晶闸管外壳	50	
降压硅堆外壳	85	
电阻元件	25（距外表 30mm 处空气）	热电偶法、热敏器法、温度计或其他方法
与半导体器件连接处	45（裸铜）	
与半导体器件相接的塑料绝缘线	25	
铜母线螺钉固定处	55（锡镀层）	

表 6-5　　充电装置内整流器、电抗器温升

名称	绝缘等级	线圈极限温升（K）	铁芯表面温升	测量方法
整流器、变压器、电抗器	B	80	不损伤相接触的绝缘	表面温升用热电偶法，线圈温升用电阻法

(13) 具有可靠的过载保护性能。充电装置应具有一定的过载能力；当输出电流超过规定限值时，应具有可靠的限流性能。对于短路故障，应能安全可靠地切除故障。其限流整定范围应为额定直流电流的 50%～115%。

(14) 应具有电压异常的保护功能，其限压整定范围应为额定直流电压的 70%～115%；应设置电压异常监察装置（可与直流系统合用一套）。

(15) 输出纹波电压应满足系统负载要求。在浮充电运行工况下，在输入电压幅值、频率以及负载电流在规定范围内变化时，充电装置的输出负荷两端纹波系数应满足表 6-1 的规定。

(16) 具有实现遥信、遥测的接口，必要时留有遥控和遥调的接口。

6.3　充电装置额定参数选择

6.3.1　充电装置输出电压选择

充电装置输出电压按式（6-3）选择

$$U_{N} = nU_{cf} \tag{6-3}$$

式中　U_{N}——充电装置额定电压，V；

n——蓄电池组单体个数；

U_{cf}——充电末期单体蓄电池电压，V，不同蓄电池的充电末期电压见表 6-6。

表 6-6　　蓄电池的充电末期电压

类别 项目	防酸式铅酸电池		阀控式铅酸电池		中倍率镉镍碱性电池	
系统电压（V）	220	110	220	110	220	110
电池个数（个）	108	54	104	52	180	90
单体电池电压（V）	2.70		2.40		1.70	
装置输出电压（计算值，V）	292	146	250	125	306	153
装置输出电压（选择值，V）	300	150	260	130	315	160

6.3.2　充电装置额定电流选择

充电装置额定电流应满足下列要求，并应根据充电装置与蓄电池的接线方式，按大值选择。

（1）满足浮充电要求

$$I_N = 0.01I + I_o \tag{6-4}$$

（2）满足初充电要求

$$I_N = (1.0 \sim 1.25)I \tag{6-5}$$

（3）满足均衡充电要求

$$I_N = (1.0 \sim 1.25)I + I_o \tag{6-6}$$

式中　I_N——充电装置额定电流，A；

I_o——直流系统经常负荷电流，A；

I——蓄电池放电电流，铅酸蓄电池取 10h 放电率电流 I_{10}，镉镍蓄电池取 5h 放电率电流 I_5。

6.3.3　高频开关电源模块选择和配置要求

高频开关电源模块配置和数量选择可分为两种方式：

（1）方式 1。每组蓄电池配置 1 组高频开关充电装置，其模块数量为

$$n = n_1 + n_2 \tag{6-7}$$

$$n_1 = \frac{(1.0 \sim 1.25)I}{I_{mN}} + \frac{I_o}{I_{mN}} \tag{6-8}$$

式中　n_1——基本模块的数量；

n_2——附加模块的数量，当 $n_1 \leqslant 6$ 时 $n_2 = 1$，当 $n_1 \geqslant 7$ 时 $n_2 = 2$；

I_{mN}——单体模块额定电流。

（2）方式 2。1 组蓄电池配置 2 组高频开关充电装置，或 2 组蓄电池配置 3 组高频开关充电装置，其模块选择数量为

$$n = \frac{I}{I_{mN}} \tag{6-9}$$

式中　I——蓄电池放电率电流，铅酸蓄电池取 10h 放电率电流 I_{10}，镉镍蓄电池取 5h 放电率电流 I_5；

I_{mN}——单体模块额定电流，A；

n——高频开关电源模块选择的数量，当模块选择数量不为整数时，可取邻近值，宜取 $n \geqslant 3$。

6.3.4 充电装置回路设备选择

充电装置回路设备包括直流断路器、隔离开关、熔断器以及相应的回路检测仪表。回路设备的额定参数应满足充电设备正常运行和短路、异常工况的电气特性要求。

表 6-7 给出了充电装置的输出电压和输出电流的调节范围。

表 6-8 给出了充电装置回路设备的选择要求，供设计选型参考。

表 6-7　　充电装置的输出电压和输出电流调节范围

交流输入	相数			三相或单相			
	额定频率(Hz)			50×(1±2%)			
	额定电压(V)			380×(1±10%)/220×(1±10%)			
直流输出	额定值	电压(V)		220	110	48	24
		电流(A)		5、10、16、20、25、31.5、40、50、63、80、100、125、160、200、250、315、400、500			
	充电	电压调节范围(V)	阀控式	198～260	99～130	36～60	18～30
			防酸式	198～300	99～150	40～72	20～36
			镉镍式	198～315	99～160	40～80	20～40
		电流调节范围(%)		30～100			
	浮充电	电压调节范围(V)	阀控式	220～240	110～120	48～52	24～26
			防酸式	220～240	110～120	48～52	24～26
			镉镍式	220～240	110～120	48～52	24～26
		电流调节范围(%)		0～100			
	均衡充电	电压调节范围(V)	阀控式	230～260	115～130	48～52	24～26
			防酸式	230～300	115～150	48～72	24～36
			镉镍式	230～315	115～160	48～80	24～40
		电流调节范围(%)		30～100			

表 6-8　　充电装置回路设备选择要求　　(A)

充电装置额定电流	20	25	31.5	40	50	63	80
熔断器及刀开关额定电流	63					100	
直流断路器额定电流	32		63			100	
电流表测量范围	0～30		0～50		0～80		0～100
充电装置额定电流	100	125	160	200	250	315	400
熔断器及刀开关额定电流	160		200	300		400	630
直流断路器额定电流	225					400	630
电流表测量范围	0～150		0～200	0～300		0～400	0～500

6.3.5 充电装置及其回路开关设备选择示例

根据第 3 章发、变电工程的负荷假定，第 4 章蓄电池容量的计算和本节充电装置的选择计算要求，计算选择发电厂和变电站的充电装置容量，见表 6-9。

表 6-9　　发电厂和变电站的充电装置计算选择容量

直流系统电压 110/220V	10kV 变电站，2～4 台变压器			35kV 变电站，2 台变压器		
	电池容量	经常负荷	充电装置容量	电池容量	经常负荷	充电装置容量
	60/30Ah	3～5A	16/10A	100/ 60Ah	6～10A	25/16A
直流系统电压 110/220V	35kV 变电站，3 台变压器			66～110kV 变电站，2 台变压器		
	电池容量	经常负荷	充电装置容量	电池容量	经常负荷	充电装置容量
	150/80Ah	10A	31.5/20A	200/150Ah	12/8A	40/30A
直流系统电压 110/220V	66～110kV 变电站，3 台变压器，4 台变压器			220kV 变电站，2 台变压器		
	电池容量	经常负荷	充电装置容量	电池容量	经常负荷	充电装置容量
	300/200Ah	18/9A	60/30A	400/200Ah	24/12A	63/40A
直流系统电压 110/220V	220kV 变电站，3 台变压器			220kV 变电站，4 台变压器		
	电池容量	经常负荷	充电装置容量	电池容量	经常负荷	充电装置容量
	500/300Ah	35/18A	100/63A	600/300Ah	45/24A	125/63A
直流系统电压 110/220V	330～500 变电站，3 台变压器			330～500kV 变电站，4 台变压器		
	电池容量	经常负荷	充电装置容量	电池容量	经常负荷	充电装置容量
	600/300Ah	40/20A	125/63A	800/400Ah	50/30A	150/80A
300MW 直流系统	300MW 发电机组，动力直流系统 220V			300MW 发电机组，控制直流系统 110V		
	电池容量	经常负荷	充电装置容量	电池容量	经常负荷	充电装置容量
	1200Ah	205A	200A	2×300Ah	44A	80A
600MW 直流系统	600MW 发电机组，动力直流系统 220V			600MW 发电机组，控制直流系统 110V		
	电池容量	经常负荷	充电装置容量	电池容量	经常负荷	充电装置容量
	1600Ah	273A	250A	2×400Ah	54.2A	125A
800～1000MW 直流系统	800～1000MW 发电机组，动力直流系统 220V			800～1000MW 发电机组，控制直流系统 110V		
	电池容量	经常负荷	充电装置容量	电池容量	经常负荷	充电装置容量
	2000Ah	300A	315A	2×600Ah	60A	150A
发电工程混合供电直流系统	300MW 发电机组，混合供电系统 220V			600MW 发电机组，混合供电系统 220V		
	电池容量	经常负荷	充电装置容量	电池容量	经常负荷	充电装置容量
	2×1500Ah	25A	250A	2×2000Ah	30A	300A
发电工程混合供电直流系统	800～1000MW 发电机组，混合供电系统 220V					
	电池容量	经常负荷	充电装置容量	电池容量	经常负荷	充电装置容量
	2×2500Ah	50A	400A			
分散控制充电装置	监控、保护	热工控制	事故照明	变电 UPS	发电 UPS	油泵电动机
	5～10A	10～20A	10～15A	20～30A	50～80A	40～80A

注　1. 本表变电站、发电厂的蓄电池容量和经常负荷取自本手册表 4-20 和表 3-23～表 3～33 的内容。

2. 本表充电装置容量为依据计算结果所取的标称值，以计算结果选取的标称电流代表（真正的容量应以电流乘以电压）。实际选型时，可根据该标称值并增加 1 个或 2 个开关模块得出充电装置的标称容量。

3. 本表仅作为前期工程、缺乏负荷资料时参考，实际工程应经计算确定。

6.4 相控整流电源

6.4.1 整流电源分类

整流器是将交流电变换为直流电的一种换流设备。按整流元件的种类，当前主要有二极管整流电源和晶闸管整流电源。依靠改变晶闸管的导通相位来控制整流器输出电压的整流电源，称为相控型整流电源。

按照整流电路的相数，整流电源分为单相半波、单相桥式、三相半波、三相桥式以及六相桥式等，三相桥式又可分为三相桥式半控、三相桥式全控等。

按照触发电路的种类，分为单结晶体管触发电路、晶体管触发电路、晶闸管厚膜触发电路等。

6.4.2 相控整流电路的基本构成

相控整流电路由主电路、移相触发电路、自动调整电路和信号保护电路四部分构成，图 6-1 所示为其原理框图。

（1）主电路。主变压器将输入的三相 380V 交流电压降至整流器所需要的交流电压值，再由带平衡电抗器的可控整流电路将交流变成脉动直流，滤波后将平滑的直流供给负载。

（2）移相触发电路。由同步变压器取得正弦同步电压，通过积分电路获得余弦波，它与自动调整电路送来的控制电压比较形成脉冲，再经过脉冲调制和功放电路，输出脉冲群去触发主电路的晶闸管。

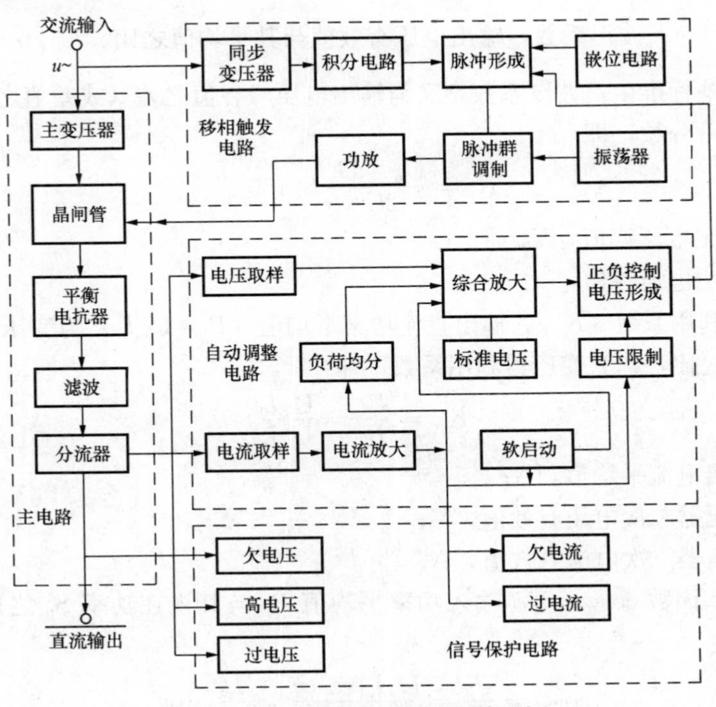

图 6-1 相控整流电路原理框图

(3) 自动调整电路。通过取样电路从整流器输出端取出反馈量（电压和电流）与标准电压比较后，由综合放大电路放大，然后去控制移相触发电路，使其触发脉冲改变相位，以控制晶闸管的导通角，从而达到稳定输出的目的。

(4) 信号保护电路。在欠电流、欠电压、高电压时，发出相应告警信号，在过电压、过电流、熔丝熔断时能自动停机（跳闸）并告警。

6.4.3 相控整流电路的主要参数

(1) 电压变换系数（K_{vt}）。整流输出电压平均值与输入相电压峰值之比称为电压变换系数，即

$$K_{vt}=\frac{U_0}{U_{2m}} \tag{6-10}$$

式中 U_0——输出电压平均值，V；

U_{2m}——输入相电压峰值，V。

(2) 波纹系数（K_r）。输出电压中交流分量有效值与输出电压平均值之比称为波纹系数，即

$$K_r=\frac{U_{ac}}{U_0} \tag{6-11}$$

$$U_{ac}=\sqrt{U^2-U_0^2}$$

式中 U_{ac}——输出电压交流分量有效值，V；

U——输出电压有效值，V。

所以

$$K_r=\sqrt{\left(\frac{U}{U_0}\right)^2-1}=\sqrt{K_w^2-1} \tag{6-12}$$

式中 $K_w=\left(\frac{U}{U_0}\right)$——波形系数，输出电压有效值与其平均值之比。

目前，在一些标准中，波纹系数定义为输出电压峰谷值之差（或差值之半）与输出电压平均值之比值的百分数，即

$$K_r=\frac{U_p-U_v}{2U_0}\times 100\% \tag{6-13}$$

式中 U_p——输出电压峰值，V；

U_v——输出电压谷值，V。

(3) 变压器利用系数（K_u）。输出直流功率平均值（$P_0=U_0I_0$）与变压器二次侧计算容量（$P_s=U_sI_s$）之比，称为变压器利用系数，即

$$K_w=\frac{P_0}{P_s}=\frac{U_0I_0}{U_sI_s} \tag{6-14}$$

式中 I_0——输出电流平均值，A；

U_s——变压器二次电压有效值，V；

I_s——变压器二次电流有效值，A。

(4) 输入功率因数 $\cos\varphi$。电源输入功率平均值 P_p 与其视在功率 S_p 之比为输入功率因数，即

$$\cos\varphi=\frac{P_p}{S_p}=\frac{U_pI_{p1}\cos\varphi_1}{U_pI_p}=\frac{I_{p1}}{I_p}\cos\varphi_{p1} \tag{6-15}$$

输入电压$\dot{U}_p$与输入电流基波分量$\dot{I}_{p1}$之间位移角φ_{p1}的余弦$\cos\varphi_{p1}$值称为位移因数K_d；输入电流基波分量I_{p1}与有效值I_p之比称为畸变因数$K_{dis}=\frac{I_{p1}}{I_p}$。则输入功率因数$\cos\varphi$为

$$\cos\varphi = K_{dis}K_d \tag{6-16}$$

（5）输入电流谐波因数（K_n）。除基波电流外的所有谐波电流有效值与基波电流有效值之比称为输入电流谐波因数，即

$$K_n = \frac{\sqrt{I_p^2 - I_{p1}^2}}{I_{p1}} = \frac{\left(\sum_{n=2}^{\infty} I_{pn}^2\right)^{1/2}}{I_{p1}} \tag{6-17}$$

式中　I_{pn}——第n次电流谐波分量（有效值），A。

根据JB/T 5777.4—2001《电力系统直流电源设备通用技术条件及安全要求》，谐波电流限值见表6-10。

（6）稳流精度（δ_i）。当交流输入电压、直流输出电压在给定的范围内变化时，直流输出电流在规定的允许范围的任一数值上保持稳定的性能，输出电流波动极限值和输出电流整定值之差与输出电流整定值之比的百分数，称为稳流精度，即

$$\delta_i = \frac{I_{out.m} - I_{out.s}}{I_{out.s}} \times 100\% \tag{6-18}$$

式中　$I_{out.m}$——输出电流波动极限值，A；

$I_{out.s}$——输出电流整定值，A。

表6-10　　谐波电流限值

谐　波　n		最大允许谐波电流（A）
奇次谐波	3	2.3
	5	1.14
	6	0.77
	9	0.40
	11	0.33
	13	0.21
	$15 \leqslant n \leqslant 19$	$0.15\frac{15}{n}$
偶次谐波	2	1.08
	4	0.43
	6	0.30
	$8 \leqslant n \leqslant 18$	$0.23\frac{8}{n}$

（7）稳压精度（δ_u）。当交流输入电压、直流输出电压在给定的范围内变化时，直流输出电压在规定的允许范围的任一数值上保持稳定的性能，电压波动极限值和输出电压整定值之差与输出电压整定值之比的百分数称为稳压精度，即

$$\delta_u = \frac{U_{out.m} - U_{out.s}}{U_{out.s}} \times 100\% \tag{6-19}$$

式中　$U_{out.m}$——输出电压波动极限值，V；

$U_{out.s}$——输出电压整定值，V。

（8）电压稳定度（K_s）和电压调整率（A_u）。在负荷电流和环境温度不变的条件下，直流输出电压变化ΔU_o与引起该变化的交流输入电压变化ΔU_i的比值，称为整流器的电压稳定度。它标志着整流器对交流输入电压的稳定性，用公式表示为

$$K_s = \frac{\Delta U_o}{\Delta U_i}\bigg|_{\Delta T=0}^{\Delta I_L=0} \tag{6-20}$$

电压稳定度（K_s）对输出电压平均值之比的百分数称为电压调整率，即

$$A_u = \frac{K_s}{U_0} \times 100\% \tag{6-21}$$

（9）电流调整率（A_i）。负荷电流变化引起输出电压变化（ΔU_o）与输出电压平均值之比的百分数称为电流调整率，即

$$A_i = \frac{\Delta U_o}{U_0} \times 100\% \tag{6-22}$$

（10）输出电阻（R_o）。当交流输入电压和环境温度不变时，输出电压变化 ΔU_o和输出电流变化 ΔI_o之比称为输出电阻（R_o），即

$$R_o = \frac{\Delta U_o}{\Delta I_o}\bigg|_{\Delta T=0}^{\Delta U_i=0} \tag{6-23}$$

输出电阻反映整流器带负载的能力。

（11）噪声电压。在通信设备直流电源中，直流输出脉动分量过大，会使通信质量下降，为此在 GB 10292—1988《通信用半导体整流设备》中规定，通信整流设备以稳压方式与蓄电池浮充工作时，在电网电压、输出电流和输出电压允许变化范围内，其噪声电压应不大于表 6-11 规定的指标。

由于人耳对不同频率声波的灵敏度不同，国际上规定将 800Hz 作为标准，其他频率以等效系数 a_n 表示（见表 6-12）。

表 6-11　整流设备噪声电压指标

噪声电压（mV）/ 噪声名称 / 整流器额定电压（V）	电话衡量噪声	峰—峰值噪声	宽频噪声	离散频率噪声
6 12 24 48 60		≤400 （0～300Hz）	≤100 （3.4～150kHz） ≤3 （0.15～30MHz）	≤5 （3.4～150kHz） ≤3 （150～200kHz） ≤2 （200～500kHz） ≤1 （0.5～30MHz）
130 220	4.4		≤1100 （0～20kHz）	

表 6-12　等效噪声系数 a_n

f（Hz）	a_n	f（Hz）	a_n	f（Hz）	a_n	f（Hz）	a_n
16.55	0.003 6	1050	1.109	2050	0.698	3100	0.501
50	0.001 7	1100	1.072	2100	0.689	3200	0.473
100	0.008 91	1150	1.035	2150	0.679	3300	0.444
150	0.035 5	1200	1.000	2200	0.670	3400	0.422
200	0.089 1	1250	0.977	2250	0.661	3500	0.376
250	0.178	1300	0.955	2300	0.652	3600	0.335
300	0.295	1350	0.928	2350	0.643	3700	0.292
350	0.376	1400	0.905	2400	0.634	3800	0.251
400	0.484	1450	0.881	2450	0.625	3900	0.214
450	0.582	1500	0.861	2500	0.617	4000	0.178
500	0.661	1550	0.842	2550	0.607	4100	0.144 5
550	0.753	1600	0.824	2500	0.598	4200	0.116
600	0.794	1650	0.807	2650	0.590	4300	0.092 3
650	0.851	1700	0.791	2700	0.580	4400	0.072 4
700	0.902	1750	0.775	2750	0.571	4500	0.056 2
750	0.955	1800	0.760	2800	0.562	4600	0.043 7
800	1.000	1850	0.745	2850	0.553	4700	0.043 7
850	1.035	1900	0.732	2900	0.543	4800	0.026 3
900	1.027	1950	0.720	2950	0.534	4900	0.020 4
950	1.109	2000	0.708	3000	0.525	5000	0.015 9
1000	1.122						

对于非直接传送话音信号的通信设备，其供电电源脉动情况用宽频噪声指标衡量。宽频噪声电压有效值按各频率成分叠加，可由式（6-24）计算得出

$$U_{\sim}=\sqrt{\left(\frac{U_{\sim m1}}{\sqrt{2}}\right)^2+\left(\frac{U_{\sim m2}}{\sqrt{2}}\right)^2+\cdots+\left(\frac{U_{\sim mn}}{\sqrt{2}}\right)^2}$$
$$=\frac{1}{\sqrt{2}}\sqrt{(U_{\sim m1})^2+(U_{\sim m2})^2+\cdots+(U_{\sim mn})^2} \tag{6-24}$$

6.4.4 晶闸管的基本特性

6.4.4.1 晶闸管的分类

晶闸管，以往称为可控硅（SCR），它具有控制特性好、效率高、寿命长、体积小、质量轻、维护方便等优点，应用很普遍。普通型晶闸管即逆阻型晶闸管，此外尚有许多特殊型晶闸管，常见的有双向型（TRIAC）、可关断型（GTO）、逆导型（RCT）、高频型等，其结构和符号如图 6-2 所示。

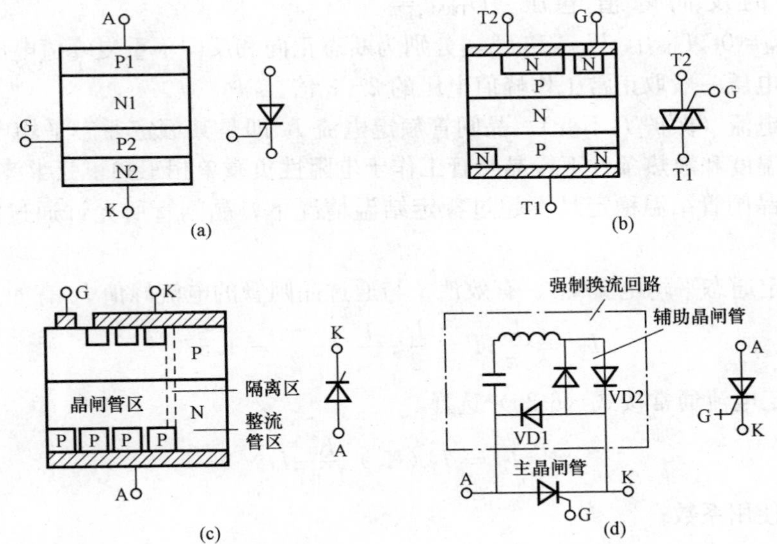

图 6-2 晶闸管的结构与符号

（a）普通型；（b）双向（TRIAC）型；（c）逆导（RCT）型；（d）可关断（GTO）型

6.4.4.2 晶闸管的基本特性

晶闸管具有以下基本特性：

（1）阳极（A）和阴极（K）间加正向电压、控制极（G）和阴极间加正向电压，晶闸管导通。

（2）晶闸管一旦触发导通，无论控制极与阴极间电压是正、是负或是零，晶闸管都继续维持导通状态。就是说控制极加触发电压，只有控制晶闸管导通的功能，而没有使已导通的晶闸管关断的功能。

（3）使晶闸管关断的唯一办法是：降低阳极电压，使阳极电流小于维持电流，或在阳极、阴极间施加反向电压。

6.4.4.3 晶闸管的阳极伏安特性

晶闸管阳极和阴极间的电压 U 与电流 I 的关系曲线，称为晶闸管的阳极伏安特性，如图 6-3 所示。第一象限为正向特性，正向特性显示正向阻断和正向导通两种状态；第三象限为反向特性，反向特性显示反向阻断状态。

6.4.4.4 晶闸管的主要参数

晶闸管有如下主要参数：

（1）额定电压。晶闸管额定电压即晶闸管重复峰值电压（U_{DRM}、U_{RRM}）。正向重复峰值电压（U_{DRM}）是当晶闸管控制极开路，处于额定结温时，允许 50 次/s，每次持续时间 ≤10ms，重复加在晶闸管上的正向峰值电压。反向重复峰值电压（U_{RRM}）是当晶闸管控制极开路，管子处在额定结温时，允许重复加在晶闸管上的反向峰值电压。$U_{DRM}=0.9U_{DSM}$，$U_{RRM}=0.9U_{RSM}$，U_{DSM}和 U_{RSM}分别为断态正向和反向不重复峰值电压。

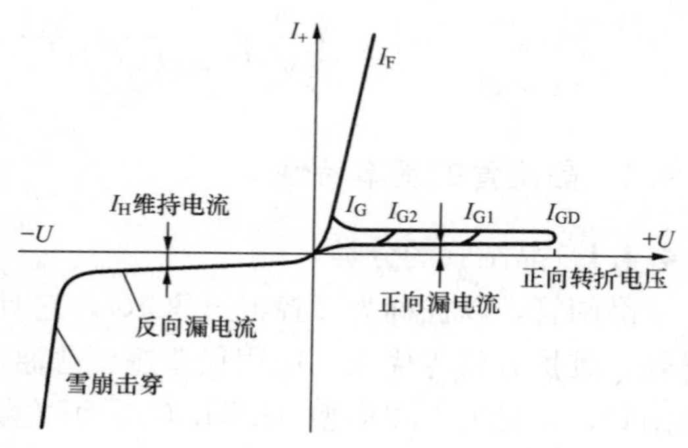

图 6-3 晶闸管的阳极伏安特性

重复峰值电压一般取正常工作峰值电压的 2～3 倍。

（2）额定电流（保护 I_F不变）。晶闸管额定电流 I_F 即是其额定通态平均电流 I_{Ta}。它是在规定的环境温度和散热条件下，晶闸管工作于电阻性负载单相工频正弦半波电路中，导通角为 180°时，晶闸管结温稳定且不超过额定结温情况下，晶闸管所允许通过的最大通态平均电流。

晶闸管额定通态平均电流 I_{Ta}、有效值 I 与通过晶闸管的电流峰值 I_p 有如下关系

$$I_{Ta}=\frac{I_p}{\pi};I=\frac{I_p}{2};\frac{I}{I_{Ta}}=\frac{\pi}{2}=1.57 \tag{6-25}$$

晶闸管额定电流通常按式（6-26）选择

$$I_F=I_{Ta}(K_u)\frac{K_f}{1.57}I_d \tag{6-26}$$

式中 K_u——使用系数；

K_f——流过晶闸管电流的波形系数，有效值 I 与平均电流 I_d 的比值，$K_f=\frac{I}{I_d}$；

I_d——流过晶闸管的允许平均电流值。

所以，通常取 $K_u=1.5\sim2.0$，即晶闸管额定电流（通态平均电流）为正常使用电流平均值的 1.5～2.0 倍，才能可靠工作。

（3）通态平均电压（U_{Ta}）。在规定环境温度和标准散热条件下，晶闸管通以额定电流 I_{Ta}，其阳极和阴极间电压降的平均值，称为通态平均电压。晶闸管的通态平均电压 U_{Ta}一般小于 1.2V，约为 0.8～1.0V。为了减小元件的损耗和结温，应选择 U_{Ta}较小的晶闸管。

（4）维持电流（I_H）。在室温与控制极断路时，晶闸管从较大的通态电流降至刚好能保持其导通的最小阳极电流，称维持电流 I_H。同一型号的晶闸管，其维持电流各不相同，而维持电流大的晶闸管，容易关断。维持电流一般为数十毫安到 100mA。

（5）擎住电流（I_{LF}）。晶闸管施加触发电压，元件从阻断刚转为导通就去掉触发电压，能使它保持导通所需的最小阳极电流，称为擎住电流 I_{LF}。对同一个晶闸管来说，通常擎住

电流约为维持电流 I_H 的 2～4 倍，即 $I_{LF}=(2\sim4)I_H$。

（6）控制极触发电流（I_{GT}），控制极触发电压（U_{GT}）。在室温下，晶闸管施加 6V 正向阳极电压时，使元件完全导通所必须的最小控制极电流，称为控制极触发电流 I_{GT}。对与控制极触发电流相对应的控制极电压，称为控制极触发电压 U_{GT}。

晶闸管的触发电流、触发电压太小，容易受干扰，造成误触发；而其触发电压、电流太大，又会造成触发困难。所以对不同系列的晶闸管都规定了最大与最小触发电压、触发电流的范围。一般 U_{GT} 为 1～5V，I_{GT} 为几十到几百毫安。

（7）反向击穿电压（U_{RBD}）。反向电压在一定范围内，漏电流极小，晶闸管呈阻断状态，当增至一定数值后电流突增，晶闸管击穿。使晶闸管击穿的反向电压称为反向击穿电压。

（8）正向转折电压（U_{DBO}）。在没有触发脉冲的情况下，正向电压在一定范围内，晶闸管呈阻断状态，当正向电压达一定值后，晶闸管就自行导通，这个正向电压称正向转折电压。正常情况下，外施电压不允许达到转折电压。

（9）动态参数。断态电压临界上升率 $\mathrm{d}u/\mathrm{d}t$、通态电流临界上升率 $\mathrm{d}i/\mathrm{d}t$、开通时间 t_{on} 和关断时间 t_{off} 称为动态参数。$\mathrm{d}u/\mathrm{d}t$ 过大，会引起误导通；$\mathrm{d}i/\mathrm{d}t$ 过大，会引起晶闸管局部过热，损坏器件。

（10）额定结温 T_{jm}。器件正常工作时，允许的最高结温。在此结温下，才能保证有关额定值和技术特性。

6.4.4.5 晶闸管的型号

我国普通型晶闸管目前用 KP 表示（过去用 3CT 命名）其型号的格式及含义如下：

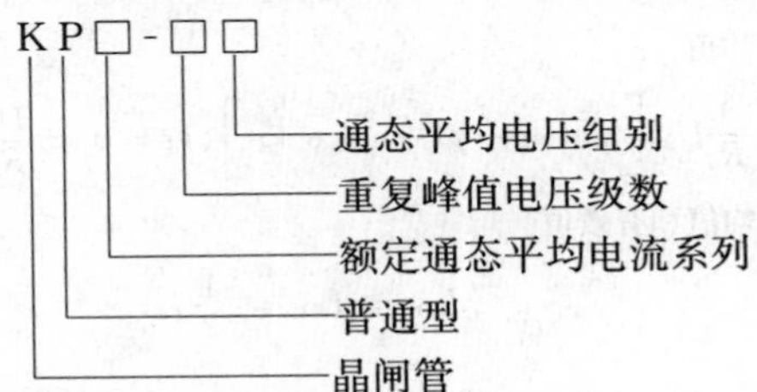

（1）额定通态平均电流系列共分 14 级，即 1、5、10、20、30、50、100、200、300、400、500、600、800、1000A。

（2）重复峰值电压的分级，在 1000V 及以下的每 100V 为一级，1000V 以上到 3000V 的每 200V 为一级。用百位数或千位数及百位数组合表示级数。

（3）通态平均电压组别共分 9 级，即 0.4、0.5、0.6、…、1.2V，每隔 0.1V 为一组，分别用 A、B、C、…、I 共 9 个字母表示。额定电流在 100A 以下的晶闸管的组别一般不标出。

例如型号 KP200-12D 的晶闸管，表示额定电流为 200A、额定电压为 1200V、管压降为 0.7V 的普通型晶闸管。

6.4.5 基本整流电路

6.4.5.1 分类

整流电路是一种将交流电变换成直流电的电源变换器，其基本分类如下：

（1）按输入电源的相数分，可分为单相、三相、六相、十二相等。

（2）按整流器件分，可分为可控整流和不可控整流。可控整流又可分为全控整流电路和半控整流电路，全控整流电路中，整流器件全由晶闸管和其他可控器件组成，半控整流电路由晶闸管和整流二极管混合组成。不可控整流全由整流二极管组成。

（3）按输入电源接线类型分，可分为单相半波、单相全波、单相桥式、三相半波、三相桥式等。

6.4.5.2 基本组成

整流电路主要由输入电路、变换电路、输出电路和控制电路组成。

各类整流电路的基本接线、电路计算和元器件选择见表 6-13。

表 6-13　各类整流电路特性

名称	（1）单相半波整流
电路示意图	VD1，L_d，U_i，VD2，R_d，负载，U_d；VD1，L_d，U_i，VD2，C_d，R_d，负载，U_d
电路计算	1）负载电压平均值 电阻负载，$U_d=\frac{1}{2\pi}\int_0^{\pi}U_{im}\sin\omega t\,d(\omega t)=\frac{\sqrt{2}}{\pi}U_i=0.45U_i$ 电感负载，$U_d=\frac{1}{2\pi}\int_0^{\varphi}U_{im}\sin\omega t\,d(\omega t)=\frac{\sqrt{2}}{\pi}U_i\frac{(1-\cos\varphi)}{2}=0.45U_i\left(\frac{1-\cos\varphi}{2}\right)$ 2）负载电流即时值和平均值 $i_d=\frac{1}{R_d}U_{im}\left[\sin(\omega t-\varphi)+\sin\varphi e^{-\frac{R_d}{L_d}t}\right], I_d=0.45\frac{U_i}{R_d}\left[\frac{1-\cos\varphi}{2}\right]$ 3）流过二极管的电流平均值和有效值 $I_{dD1}=I_{dD2}=\frac{1}{2}I_d$ $I_{D1}=I_{D2}=\frac{\sqrt{2}}{2}I_d$ 4）二极管的最大反向电压 $U_{RM}=\sqrt{2}U_i=\pi U_d$
元器件选择	1）电压：$U_{DN}=(2\sim3)\sqrt{2}U_i$ 2）电流：$I_{DN}=(1.5\sim2)\frac{I_D}{1.57}=(1.5\sim2)\frac{\sqrt{2}}{\pi}I_d=(1.5\sim2)0.45I_d$
参数含义	U_i——整流电路输入电压； U_d——负载电压平均值； I_d——负载电流平均值； I_D——流过整流二极管的电流有效值（I_T 为流过整流晶闸管的电流有效值）； I_{dD}——流过整流二极管的电流平均值（I_{dT}为流过整流晶闸管的电流平均值）； U_{RM}——作用于整流二极管或晶闸管上的最大反向电压； U_{DN}——整流二极管电压额定值（U_{TN}为晶闸管电压额定值）；

续表

名称	(1) 单相半波整流
参数含义	I_{DN}——整流二极管电流额定值（I_{TN}为晶闸管电流额定值）； R_d——负载电阻； L_d——负载电感； φ——负载阻抗角，$\varphi=\arctan\dfrac{\omega L_d}{R_d}$； α——晶闸管控制角。 以下相同
名称	(2) 单相全波整流
电路示意图	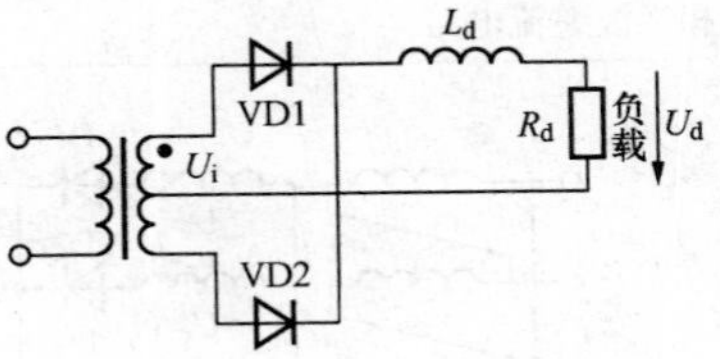 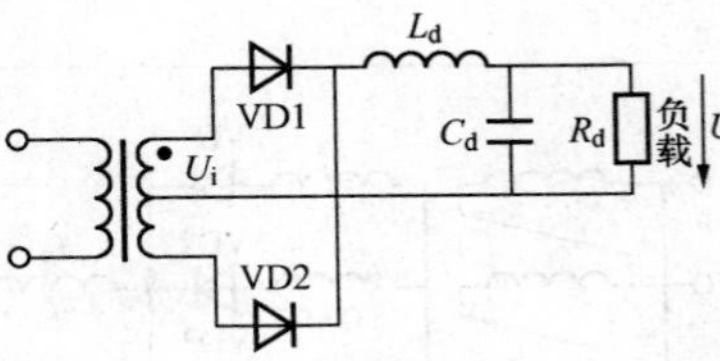 L_d VD1 U_i R_d 负载 U_d VD2 L_d VD1 U_i C_d R_d 负载 U_d VD2
电路计算	1）负载的电压和电流平均值 $$U_d=\frac{1}{\pi}\int_0^{\pi}U_{im}\sin\omega t\,d(\omega t)=\frac{2}{\pi}U_{im}=\frac{2\sqrt{2}}{\pi}U_i=0.9U_i$$ $$I_d=\frac{U_d}{R_d}=0.9\frac{U_i}{R_d}$$ 2）流经整流二极管的电流平均值和电流有效值 $$I_{dD1}=I_{dD2}=\frac{1}{2}I_d$$ $$I_{D1}=I_{D2}=\frac{\sqrt{2}}{2}I_d$$ 3）整流二极管承受的最大反向电压 $$U_{RM}=2U_{im}=2\sqrt{2}U_i=\pi U_d$$
元器件选择	1）电压：$U_{DN}=(2\sim3)2\sqrt{2}U_i$ 2）电流：$I_{DN}=(1.5\sim2)\dfrac{I_D}{1.57}=(1.5\sim2)\dfrac{\sqrt{2}}{\pi}I_d=(1.5\sim2)0.45I_d$
名称	(3) 单相桥式整流
电路示意图	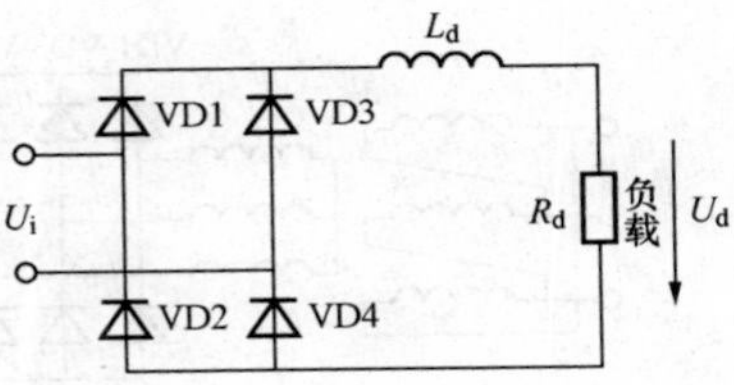 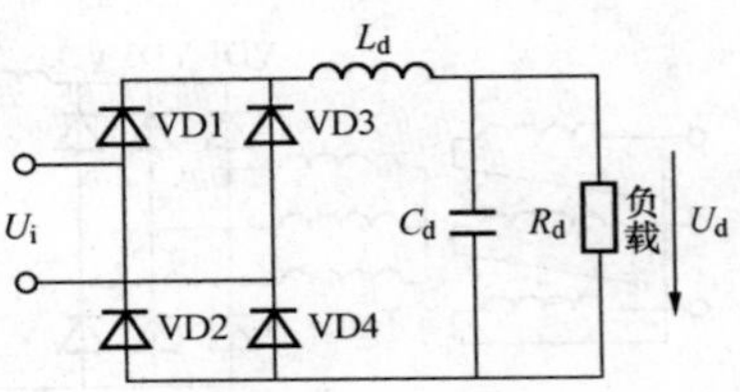 L_d VD1 VD3 U_i R_d 负载 U_d VD2 VD4 L_d VD1 VD3 U_i C_d R_d 负载 U_d VD2 VD4

名称	(3) 单相桥式整流
电路计算	1) 负载电压平均值 $$U_d = \frac{1}{\pi}\int_0^{\pi} U_{im}\sin\omega t\,d(\omega t) = \frac{2}{\pi}U_{im} = 0.9U_i$$ 2) 整流二极管承受的最大反向电压 $$U_{RM} = \sqrt{2}U_i = \frac{\pi}{2}U_d$$
元器件选择	1) 电压：$U_{DN} = (2 \sim 3)\sqrt{2}U_i$ 2) 电流：$I_{DN} = (1.5 \sim 2)\frac{I_D}{1.57} = (1.5 \sim 2)0.45I_d$
名称	(4) 三相半波整流电路
电路示意图	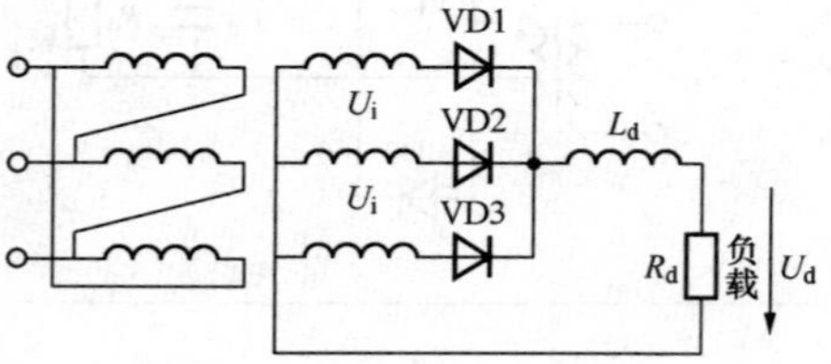 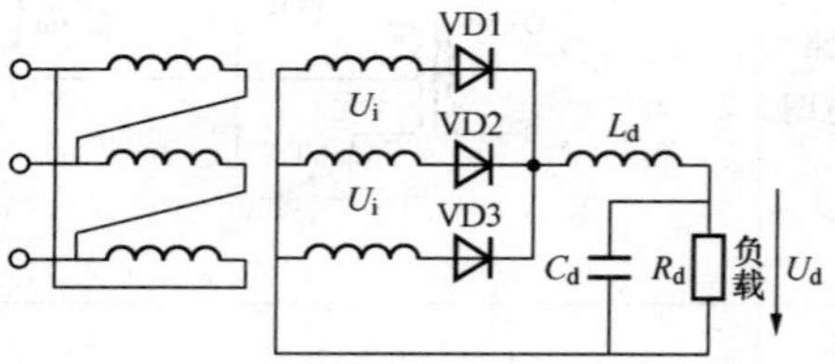 VD1 VD2 VD3 U_i U_i L_d R_d 负载 U_d VD1 VD2 VD3 U_i U_i L_d C_d R_d 负载 U_d
电路计算	1) 负载电压平均值 $$U_d = \frac{3}{2\pi}\int_{\frac{\pi}{6}}^{\frac{5}{6}\pi} U_{im}\sin\omega t\,d(\omega t) = \frac{3\sqrt{3}\sqrt{2}}{2\pi}U_i = 1.17U_i$$ 2) 负载电流平均值 $$I_d = \frac{U_d}{R_d}$$ 3) 流过整流二极管的电流平均值和有效值 $$I_{dD} = \frac{1}{3}I_d$$ $$I_D = \sqrt{\frac{1}{3}}I_d$$ 4) 整流二极管承受的最大反向电压 $$U_{RM} = \sqrt{2}\sqrt{3}U_i = \sqrt{6}U_i = 2.09U_d$$
元器件选择	1) 电压：$U_{DN} = (2 \sim 3)\sqrt{6}U_i = (2 \sim 3)2.45U_i$ 2) 电流：$I_{DN} = (1.5 \sim 2)\frac{I_D}{1.57} = (1.5 \sim 2)0.368I_d$
名称	(5) 三相全波整流电路
电路示意图	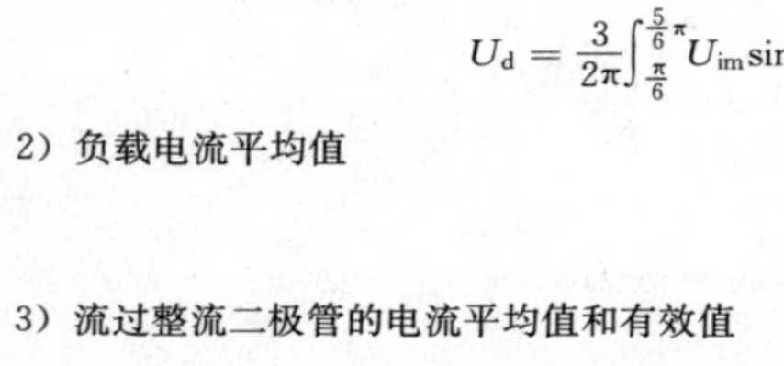 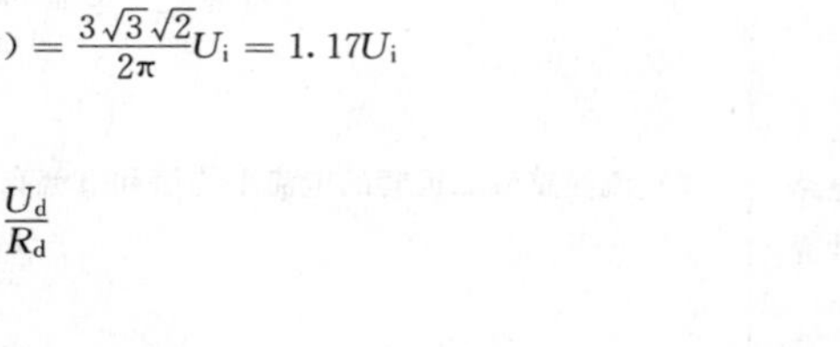 VD1 VD3 VD5 L_d R_d 负载 U_d VD4 VD6 VD2 VD1 VD3 VD5 L_d C_d R_d 负载 U_d VD4 VD6 VD2

续表

名称	(5) 三相全波整流电路
电路计算	1) 负载电压平均值 $U_d=\frac{3}{2\pi}\int_{\frac{\pi}{3}}^{\frac{4}{3}\pi}U_{im}\sin\omega t\,d(\omega t)=\frac{2\times3\sqrt{3}\times\sqrt{2}}{2\pi}U_i=2.34U_i$ 2) 负载电流平均值 $I_d=\frac{U_d}{R_d}$ 3) 流过整流二极管的电流平均值和有效值 $I_{dD}=\frac{1}{3}I_d$ $I_D=\sqrt{\frac{1}{3}}I_d$ 4) 整流二极管的承受最大反向电压 $U_{RM}=\sqrt{2}\times\sqrt{3}U_i=\sqrt{6}U_i=2.45U_i=1.05U_d$
元器件选择	1) 电压：$U_{DN}=(2\sim3)\sqrt{6}U_i=(2\sim3)\times2.45U_i$ 2) 电流：$I_{DN}=(1.5\sim2)\frac{I_D}{1.57}=(1.5\sim2)\times0.368I_d$

整流二极管整流电路整流性能比较

整流电路	整流性能指标					
	U_i/U_d	I_m/I_d	U_{RM}/U_d	I_{dD}/I_d	f_1/f	脉动系数 S
单相半波	2.22	3.14	3.14	1.0	1	1.57
单相全波	1.11	2.0	3.14	0.5	2	0.667
单相桥式	1.11	2.0	1.57	0.5	2	0.667
三相半波	0.855	3.0	2.09	0.33	3	0.25
三相桥式	0.428	3.0	1.05	0.33	3	0.057

名称	(6) 单相半波可控整流
电路示意图	VT L_d U_i VD2 R_d 负载 U_d ；VT L_d U_i VD C_d R_d 负载 U_d
电路计算	1) 负载电压平均值 $U_d=\frac{1}{2\pi}\int_{\alpha}^{\pi}U_{im}\sin\omega t\,d(\omega t)=\frac{U_{im}}{2\pi}(1+\cos\alpha)=\frac{U_i}{\sqrt{2}\pi}(1+\cos\alpha)=0.45U_i\frac{(1+\cos\alpha)}{2}$ 2) 负载电流平均值 $I_d=\frac{U_d}{R_d}=0.45\frac{U_i}{R_d}\left(\frac{1+\cos\alpha}{2}\right)$ 3) 流过晶闸管的电流平均值和有效值 $I_{dT}=\frac{\pi-\alpha}{2\pi}I_d$ $I_T=\sqrt{\frac{\pi-\alpha}{2\pi}}I_d$ 4) 晶闸管承受的最大反向电压 $U_{RM}=\sqrt{2}U_i=\pi U_d$

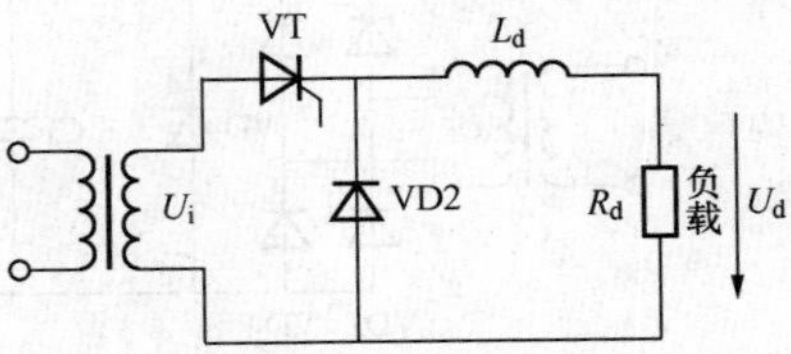

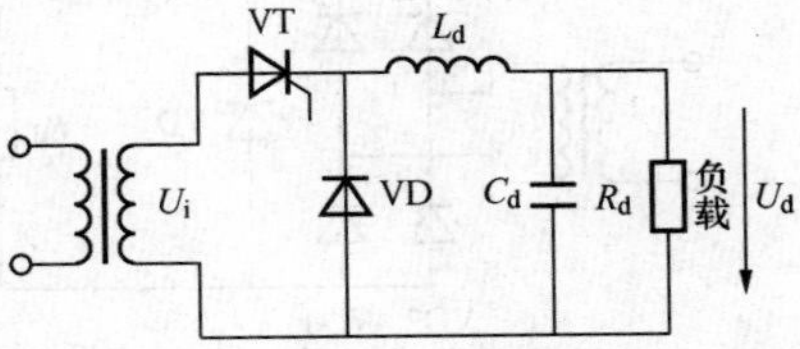

名称	(6) 单相半波可控整流
元器件选择	1) 电压：$U_{TN}=(2\sim3)\times\sqrt{2}U_i$ 2) 电流：$I_{TN}=(1.5\sim2)\times\dfrac{I_T}{1.57}=(1.5\sim2)\times0.45I_d$
名称	(7) 单相全波可控整流
电路示意图	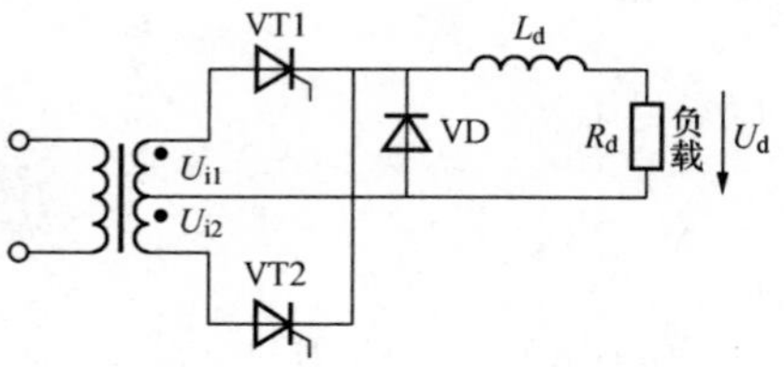 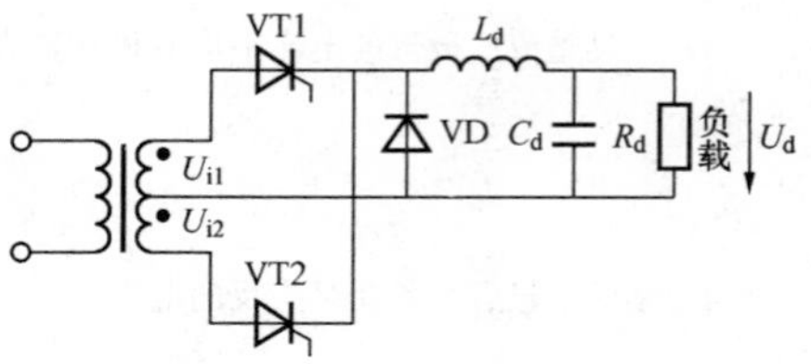
电路计算	1) 负载电压平均值 $$U_d=\frac{1}{\pi}\int_{\alpha}^{\pi}U_{im}\sin\omega t\,d(\omega t)=\frac{\sqrt{2}U_i}{\pi}(1+\cos\alpha)=\frac{2\sqrt{2}U_i}{\pi}\left(\frac{1+\cos\alpha}{2}\right)=0.9\frac{1+\cos\alpha}{2}U_i$$ 2) 负载电流平均值 $$I_d=\frac{U_d}{R_d}=0.9\frac{U_i}{R_d}\left(\frac{1+\cos\alpha}{2}\right)$$ 3) 流过晶闸管的电流平均值和有效值，同单相半波。 4) 晶闸管承受的最大反向电压 $$U_{RM}=2U_{im}=2\sqrt{2}U_i=\pi U_d$$
元器件选择	1) 电压：$U_{TN}=(2\sim3)\times2\sqrt{2}U_i$ 2) 电流：$I_{TN}=(1.5\sim2)\times0.45I_d$
名称	(8) 单相桥式半控整流
电路示意图	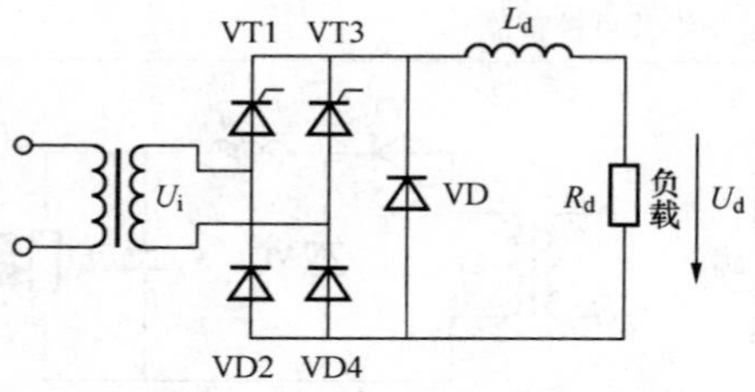 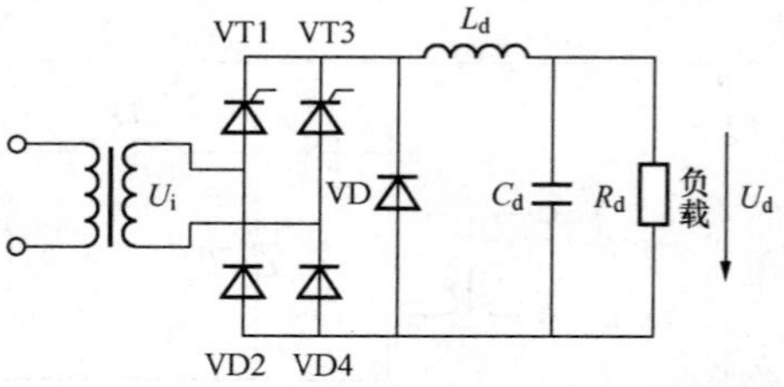
电路计算	1) 负载电压平均值 $$U_d=\frac{1}{\pi}\int_{\alpha}^{\pi}U_{im}\sin\omega t\,d(\omega t)=\frac{\sqrt{2}U_i}{\pi}(1+\cos\alpha)=\frac{2\sqrt{2}}{\pi}\left(\frac{1+\cos\alpha}{2}\right)=0.9U_i\left(\frac{1+\cos\alpha}{2}\right)U_i$$ 2) 负载电流平均值 $$I_d=\frac{U_d}{R_d}$$ 3) 流过晶闸管的电流平均值和有效值 $$I_{dT}=I_{dD}=\frac{\pi-\alpha}{\alpha\pi}I_d$$ $$I_T=I_D=\sqrt{\frac{\pi-\alpha}{2\pi}}I_d$$ 4) 晶闸管承受的最大反向电压 $$U_{RM}=\sqrt{2}U_i=\pi U_d$$

续表

名称	(8) 单相桥式半控整流
元器件选择	1) 电压：$U_{TN}=(2\sim3)\sqrt{2}U_i$ 2) 电流：$I_{TN}=(1.5\sim2)0.45I_d$
名称	(9) 单相桥式全控整流
电路示意图	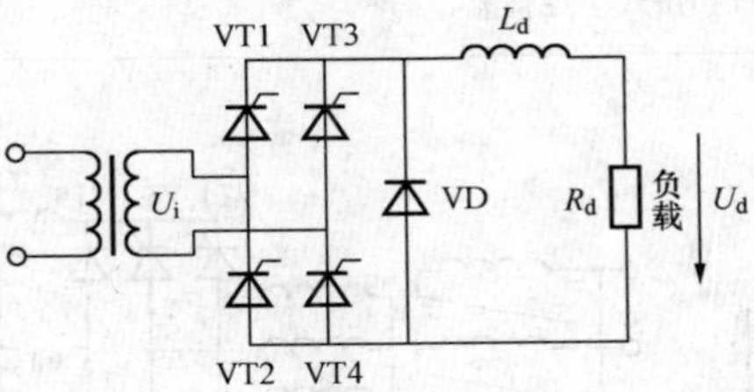 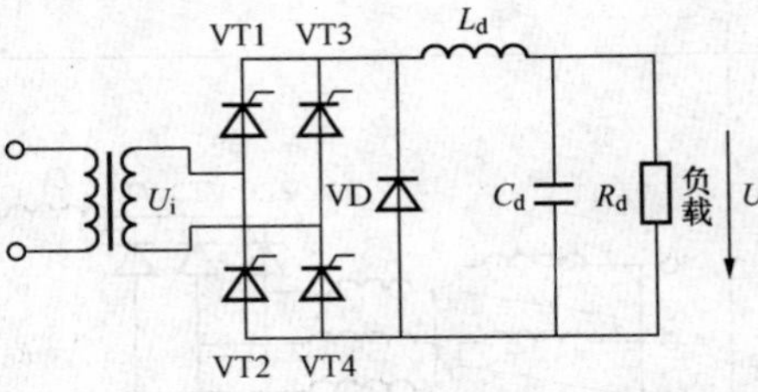
电路计算	1) 负载电压平均值，对电感负载 $U_d=\frac{1}{\pi}\int_{\alpha}^{\pi+\alpha}U_{im}\sin\omega t\,d(\omega t)=\frac{2U_{im}}{\pi}\cos\alpha=0.9U_i\cos\alpha$ 对电阻负载 $U_d=\frac{1}{\pi}\int_{\alpha}^{\pi}U_{im}\sin\omega t\,d(\omega t)=\frac{U_{im}}{\pi}(1+\cos\alpha)=0.45U_i(1+\cos\alpha)=0.9U_i\left(\frac{1+\cos\alpha}{2}\right)$ 2) 负载电流平均值与单相桥式半控电路相同，纯电阻负载时，其电流波形与负载电压波形一致，且与电源电压波形相同；电感负载，当电感足够大时，电流波形接近直线。 3) 流经晶闸管的电流每周期一次，流经续流管的电流每周期二次，其平均值和有效值同半控电路。 4) 施加于晶闸管的最大反向电压，与半控电路相同，为$\sqrt{2}U_i$
名称	(10) 三相半波可控整流
电路示意图	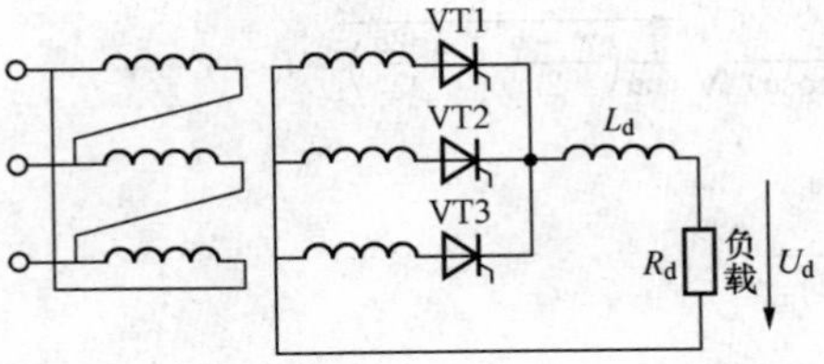 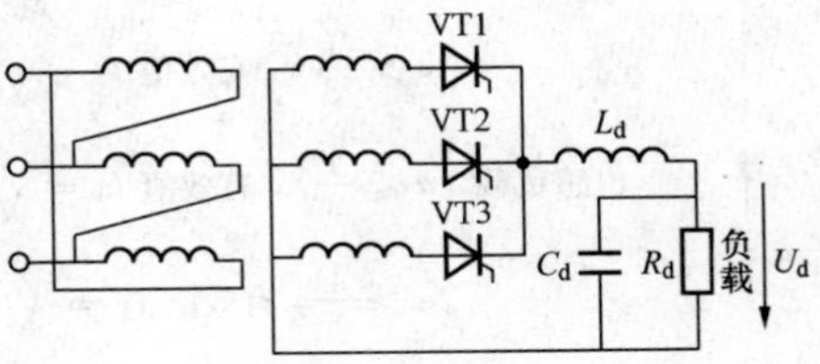
电路计算	1) 负载电压平均值 $U_d=\frac{1}{\frac{2}{3}\pi}\int_{\frac{\pi}{6}+\alpha}^{\frac{5}{6}\pi+\alpha}U_{im}\sin\omega t\,d(\omega t)=\frac{3\sqrt{3}\sqrt{2}}{2\pi}U_i\cos\alpha=1.17U_i\cos\alpha$ 2) 负载电流平均值 $I_d=\frac{U_d}{R_d}$ 3) 晶闸管电流平均值和有效值 $I_{dT}=\frac{1}{3}I_d$ $I_T=\frac{1}{\sqrt{3}}I_d$ 4) 晶闸管承受的最高反向电压 $U_{RM}=\sqrt{3}\sqrt{2}U_i=\sqrt{6}U_i=2.09U_d$

名称	(10) 三相半波可控整流
元器件选择	1) 电压：$U_{TN}=(2\sim3)\sqrt{6}U_i=(2\sim3)2.45U_i$ 2) 电流：$I_{TN}=(1.5\sim2)\dfrac{I_T}{1.57}=0.368I_d$
名称	(11) 三相桥式半控整流
电路示意图	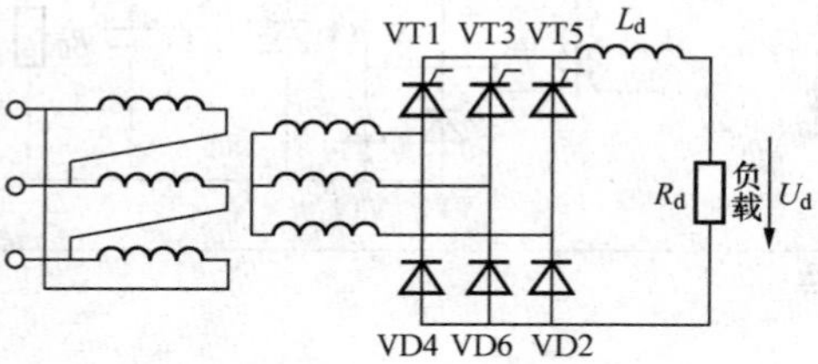 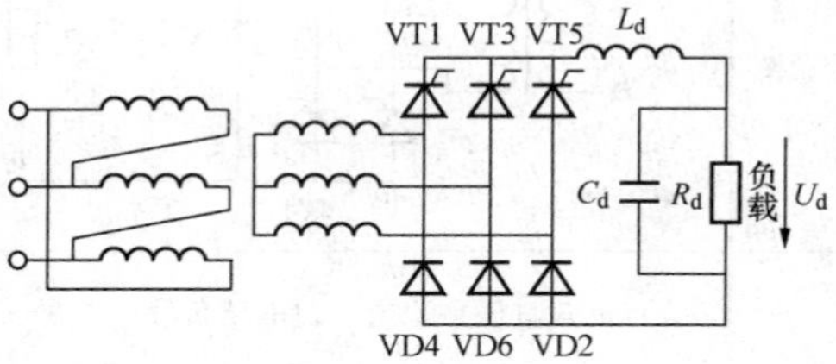 VT1 VT3 VT5 L_d R_d 负载 U_d VD4 VD6 VD2 VT1 VT3 VT5 L_d C_d R_d 负载 U_d VD4 VD6 VD2
电路计算	1) 负载电压平均值 $$U_d=2.34U_i\left(\frac{1+\cos\alpha}{2}\right)$$ 2) 负载电流平均值，$I_d=\dfrac{U_d}{R_d}$ 3) 晶闸管电流，$I_{dT}=I_{dD}=\dfrac{1}{3}I_d$ 电阻负载，$\alpha\leqslant\dfrac{1}{3}\pi$，有效值 $I_T=\dfrac{2\pi}{3(1+\cos\alpha)}\sqrt{\dfrac{1}{2\pi}\left[\dfrac{\pi}{3}+\dfrac{\sqrt{3}}{4}(1+\cos\alpha)\right]}\cdot I_d$ $\alpha>\dfrac{1}{3}\pi$，有效值 $I_T=\dfrac{2\pi}{3(1+\cos\alpha)}\sqrt{\dfrac{1}{2\pi}\left(\dfrac{\pi-\alpha}{2}+\dfrac{\sin2\alpha}{4}\right)}\cdot I_d$ 电感负载，$\alpha\leqslant\dfrac{1}{3}\pi$，有效值 $I_T=\sqrt{\dfrac{1}{3}}I_d$ $\alpha>\dfrac{1}{3}$，有效值 $I_T=\sqrt{\dfrac{\pi-\alpha}{2\pi}I_d}$
元器件选择	元器件电压、电流定额选择与三相半波相同
名称	(12) 三相桥式全控整流
电路示意图	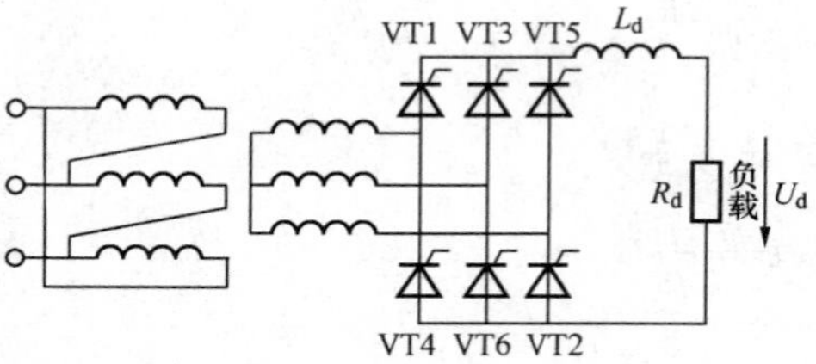 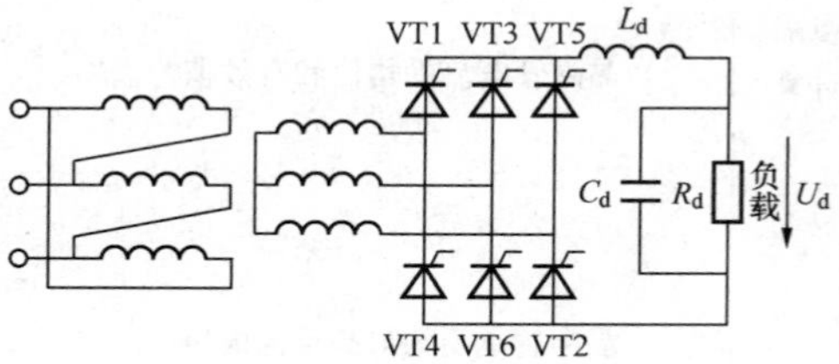 VT1 VT3 VT5 L_d R_d 负载 U_d VT4 VT6 VT2 VT1 VT3 VT5 L_d C_d R_d 负载 U_d VT4 VT6 VT2

续表

名称	（12）三相桥式全控整流
电路计算	1）负载电压平均值 $$U_d = 2.34U_i\cos\alpha$$ 2）流过晶闸管电流平均值 $$I_{dT} = \frac{1}{3}I_d$$ 有效值 $$I_T = \frac{1}{\sqrt{3}}I_d = 0.577I_d$$ 3）晶闸管承受的反向电压 $$U_{RM} = \sqrt{6}U_i = 2.09U_d$$
元器件选择	元器件电压、电流定额选择与三相半波相同
名称	（13）六相整流电路
电路示意图	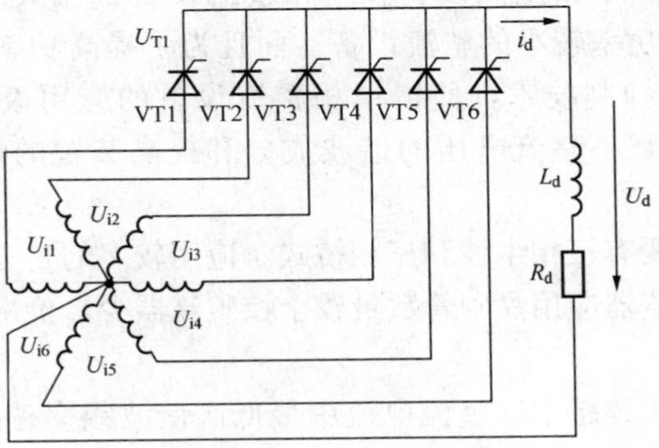 U_{T1} i_d VT1 VT2 VT3 VT4 VT5 VT6 L_d U_d U_{i2} U_{i1} U_{i3} R_d U_{i4} U_{i6} U_{i5}
电路计算	1）负载电压平均值 $$U_d = \frac{1}{\frac{2\pi}{6}}\int_{\frac{\pi}{3}+\alpha}^{\frac{2}{3}\pi+\alpha}U_{im}\sin\omega t\,d(\omega t) = \frac{3}{\pi}U_{im}\cos\alpha = 1.35U_i\cos\alpha$$ 2）流经晶闸管的电流平均值和有效值 $$I_{dT} = \frac{1}{6}I_d, I_T = \frac{1}{\sqrt{6}}I_d$$ 3）晶闸管承受的最大反向电压 $$U_{RM} = 2U_{im} = 2\sqrt{2}U_i$$
名称	（14）带平衡电抗器的双反星形整流电路
电路示意图	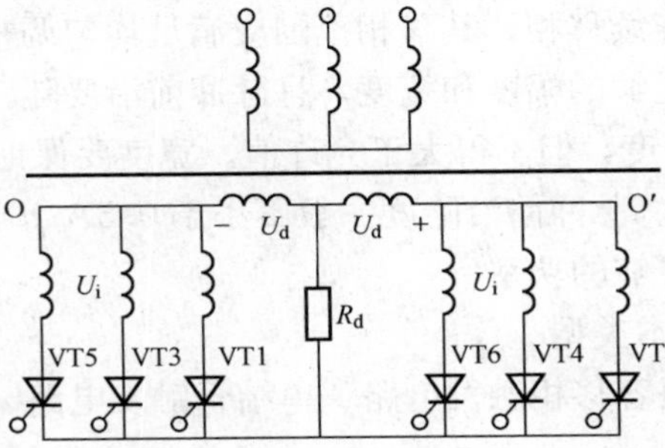 O − U_d U_d + O′ U_i R_d U_i VT5 VT3 VT1 VT6 VT4 VT2

续表

<table>
<tr><td>名称</td><td>（14）带平衡电抗器的双反星形整流电路</td></tr>
<tr><td>电路计算</td><td>1）负载电压平均值
$$U_d = \frac{3\sqrt{3}\times\sqrt{2}}{2\pi}U_i\cos\alpha = 1.17U_i\cos\alpha$$
2）流经晶闸管的电流平均值和有效值
$$I_{dT} = \frac{1}{6}I_d$$
$$I_T = \sqrt{\frac{1}{2\pi}\left(\frac{1}{2}I_d\right)^2\frac{2\pi}{3}} = \frac{1}{2\sqrt{3}}I_d$$
3）晶闸管承受的最大反向电压
$$U_{RM} = \sqrt{3}\sqrt{2}U_i = \sqrt{6}U_i$$</td></tr>
</table>

6.4.6 整流电路的比较

由上述分析可知，单相整流设备较三相整流设备整流效果差，输出参数低，谐波分量大，一般用于输出功率较小的整流设备。而且为了提高功率因数和抑制网侧谐波含量，需要采取复杂的谐波抑制技术，使得单相整流设备的应用极不经济。所以一般情况下，为了提高整机效率，减小整流电压的谐波成分和提高装置的性价比，均广泛采用三相整流设备。

多相整流电路主要有三相半波和三相桥式。应用较多的是三相桥式半控或全控式整流电路。三相桥式半控整流器应用晶闸管数量较全控整流器少，价格便宜，但负载电压和电流中含有较高的谐波成分。

在整流电路中，相数越多，整流电流中最低次谐波频率越高，越接近直流电压。表 6-14 为单相可控整流电路特性比较表。表 6-15 为多相可控整流电路特性比较表。

6.4.7 晶闸管触发电路

6.4.7.1 对触发电路的基本要求

使晶闸管由断态转为通态的条件是施加正向阳极电压和正向控制电压。控制极电压即是触发电压，它可以是交流信号、直流信号或脉冲信号。产生触发信号的电路为触发电路。为减小控制极损耗，要求脉冲触发信号作用时间尽量短，为此要求触发电路必须能够可靠、准确、迅速送出脉冲信号。为达到上述要求，对触发电路有如下要求：

（1）触发脉冲应与主电路交流电压同步。

（2）触发脉冲应能连续移相，其移相范围应满足均匀调整晶闸管导通角的要求。

（3）触发脉冲应有足够的幅度和宽度，且脉冲前沿要陡。幅度要大于控制极要求的触发电压（4～10V），要有裕度，但不得大于允许值。宽度要保证维持主电路电流的建立（大于开通时间，约 6μs 以上）。脉冲前沿陡度一般不小于 0.5A/μs。

（4）触发脉冲应有足够的功率。

6.4.7.2 触发电路的基本类型

常用的触发电路有阻容移相触发电路、单结管触发电路、晶体管触发电路以及晶闸管厚膜触发电路等。

表 6-14　　单相可控整流（纯电阻负载）电路特性比较

电路形式	电源变压器二次绕组交流电压有效值	输出波形表达式	输出电压平均值 U_d 表达式	整流管承受最大反向电压	输出电流平均值 I_d	整流效率（%）	脉冲系数	波纹最小频率	整流脉冲次数	晶闸管数量
半波	U_i	$\frac{\sqrt{2}}{\pi}U_1\left(1+\frac{\pi}{2}\cos\omega t+\frac{2}{3}\cos2\omega t-\frac{2}{15}\cos4\omega t\right)$	$0.45U_i\frac{1+\cos\alpha}{2}$	$\sqrt{2}U_i$	$\frac{U_d}{R}$	28.7	1.57	f	1	1
全波	每个绕组 U_i	$\frac{2\sqrt{2}}{\pi}U_1\left(1+\frac{2}{3}\cos\omega t-\frac{2}{15}\cos4\omega t+\frac{4}{35}\cos\omega t\right)$	$0.9U_i\frac{1+\cos\alpha}{2}$	$2\sqrt{2}U_i$	$\frac{U_d}{R}$	57.8	0.67	$2f$	2	2
桥式	U_i		$0.9U_i\frac{1+\cos\alpha}{2}$	$\sqrt{2}U_i$	$\frac{U_d}{R}$	81	0.67	$2f$	2	4

表 6-15　　多相可控整流电路的特性比较

整流主电路		三相半波可控	三相桥式半控	三相桥式全控	双反星形带平衡电抗器
控制角 $\alpha_0=0$，空载直流输出电压平均值 U_{do}		$1.17U_i$	$2.34U_i$	$2.34U_i$	$1.17U_i$
控制角 $\alpha_0\neq0$ 时，空载直流输出电压平均值	电阻性或电感性负载有续流二极管的情况	$0\leqslant\alpha\leqslant\frac{\pi}{6}$时：$U_{do}\cos\alpha$； $\frac{\pi}{6}<\alpha\leqslant\frac{5\pi}{6}$时： $\frac{3\sqrt{2}}{2\pi}U_{do}\left[1+\cos\left(\alpha+\frac{\pi}{6}\right)\right]$	$U_{do}\frac{1+\cos\alpha}{2}$	$0\leqslant\alpha\leqslant\frac{\pi}{3}$时：$U_{do}\cos\alpha$； $\frac{\pi}{3}<\alpha\leqslant\frac{2\pi}{3}$时： $U_{do}\left[1+\cos\left(\alpha+\frac{\pi}{3}\right)\right]$	$0\leqslant\alpha\leqslant\frac{\pi}{3}$时：$U_{do}\cos\alpha$； $\frac{\pi}{3}<\alpha\leqslant\frac{2\pi}{3}$时： $U_{do}\left[1+\cos\left(\alpha+\frac{\pi}{3}\right)\right]$
	负载支路开路，有续流二极管情况	$U_{do}\cos\alpha$	$U_{do}\frac{1+\cos\alpha}{2}$	$U_{do}\cos\alpha$	$U_{do}\cos\alpha$
$\alpha_0=0$ 时	脉动电压的最低脉动频率和脉动系数	$3f$ 0.25	$6f$ 0.057	$6f$ 0.057	$6f$ 0.057
元件承受的最大正、反向电压		$\sqrt{6}U_{2\phi}$	$\sqrt{6}U_{2\phi}$	$\sqrt{6}U_{2\phi}$	$\sqrt{6}U_{2\phi}$
移相控制范围	纯电阻性负载或电感性负载、有续流二极管的情况	$0\sim\frac{5\pi}{6}$	$0\sim\pi$	$0\sim\frac{2\pi}{3}$	$0\sim\frac{2\pi}{3}$
	电阻＋无限大电感性负载	$0\sim\frac{\pi}{2}$	$0\sim\pi$	$0\sim\frac{\pi}{2}$	$0\sim\frac{\pi}{2}$
最大导通角		$\frac{2\pi}{3}$	$\frac{2\pi}{3}$	$\frac{2\pi}{3}$	$\frac{2\pi}{3}$
特点与使用场合		电路简单、元件承受电压高。对变压器或交流电源侧存在直流分量，采用在功率不大的场合	各项指标较好，适用于较大功率或高电压场合	各项指标好，用于电压控制性要求高，或要求逆变的场合，要求 6 只晶闸管，触发电路复杂	在相同 I_d 下，元件电流等级低，电流仅经过一个元件。适用于大电流场合

（1）阻容移相触发电路。借助于阻容移相桥完成，其结构简单、价格便宜，但准确性差、可靠性低，只适用于要求不高的系统。

（2）单结管触发电路。利用单结管的负阻特性和阻容（RC）的充放电特性，组成弛张振荡电路产生触发脉冲，其结构简单、调整方便、脉冲前沿较陡，但功率小、脉宽窄，一般用于小容量可控整流电路中。

（3）晶体管触发电路。由同步波形成、移相控制和脉冲输出三个基本环节构成。同步波形有锯齿波、正弦波和三角波等。这种触发电路移相范围较宽、线性度较好，应用较广泛。

（4）晶闸管厚膜触发电路。是集成触发电路，由集成电路构成。由于其具有体积小、功耗低、性能稳定可靠、通用性强，应用方便等优点，应用非常广泛。图 6-4、图 6-5 所示为常用的集成触发电路原理图。

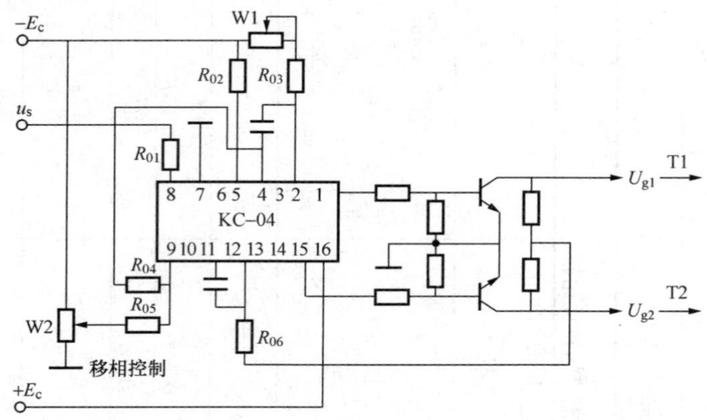

图 6-4　KC-04 型触发器外接元件组成的触发电路

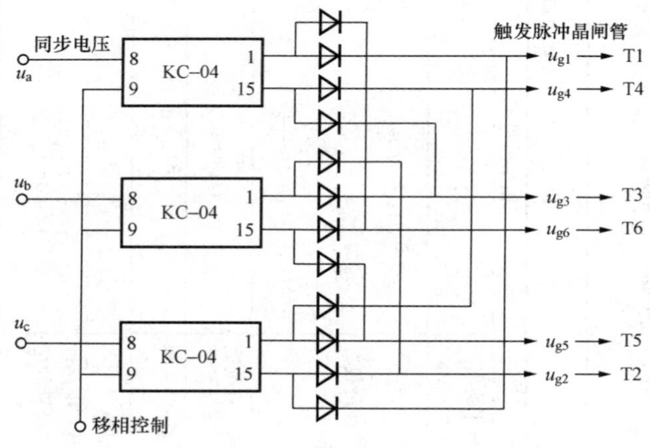

图 6-5　采用 KC-04 型触发器组成的公路双脉冲触发电路原理图

上述触发电路均采用模拟移相电路。在要求控制精度高，输出波形要求高的场合，可采用数字移相触发电路。

6.4.8　相控整流电路存在的问题

由于相控电源是依靠改变晶闸管导通角 α 来实现调压、稳压的目的，因此其交流侧电流都含有大量的谐波电流，导致电源侧电流畸变，同时由于导通角的影响，导致相控整流电路的交流侧功率因数减小。这些情况，对电网产生如下影响：

(1) 增加了电网的无功和线损，甚至导致电网电压波动。

(2) 增加电网谐波损耗。

(3) 谐波电流对电网中的一些装置和仪器产生干扰和危害。

欲实现抑制交流侧电流谐波、提高网侧功率因数，传统相控整流技术很难达到，只有采用高频自动关断器才能达到这一目的。

晶闸管构成的相控整流电路，由工频变压器、电抗器以及滤波装置构成，所以其体积、质量都大，电磁元件噪声也大，运行可靠性较低。

因工频元器件功耗大，温升高，且柜内元器件布置密集，散热通风困难，所以其效率较低。

因受工作于工频条件下的晶闸管及其辅助电路的限制，其电气特性如稳压精度、稳流精度、波纹系数等技术参数受到制约，而不可能有大幅度的提高。

6.5 高频开关电源

6.5.1 高频开关电源的基本分类及构成

采用功率半导体器件作为开关元件，通过周期性通断开关、控制开关元件的占空比来调整输出电压，称为开关电源。开关元件的接通时间 t_{on} 和开关通断工作周期 T 之比（$K_{ov}=\frac{t_{on}}{T}$）称为占空比，改变占空比的方法称为“时间比例控制”（TRC）。

6.5.1.1 高频开关电源的基本分类

按输入电压的种类，可分为单相式和三相式。

按输出电压的种类，可分为 24、48、110V 和 220V。

按开关通断的方式，可分为脉冲调制型和谐振型。

脉冲调制型按调制对象不同，可分为脉冲宽度调制、脉冲频率调制和混合调制。

谐振型按谐振的电气量不同，可分为电流谐振和电压谐振。

脉冲调制和谐振电路按其电路结构不同又可分为多种方式。

6.5.1.2 高频开关电源的基本构成

高频开关电源基本构成框图如图 6-6 所示。

(1) 交流输入。输入三相 380V 交流电源。

(2) 整流滤波。将滤波后的交流电源直接整流为平滑的直流电压，供直流—直流变换（DC-DC 变换）。

(3) DC-DC 变换。该部分电路由功率变换和高频整流两部分组成。将交流电网预整流后的直流电源变换为符合电力工程要求的直流电源，它是高频开关电源的核心部分。

(4) 滤波输出。将 DC-DC 变换后的直流电压，经二次滤波获得满足负荷要求的直流电压。该电路是高频整流模块和负载的界面，即为输出端口。

(5) 控制电路。通过检测、设定电路进行比较、放大并控制直流变换器，进而调节脉冲

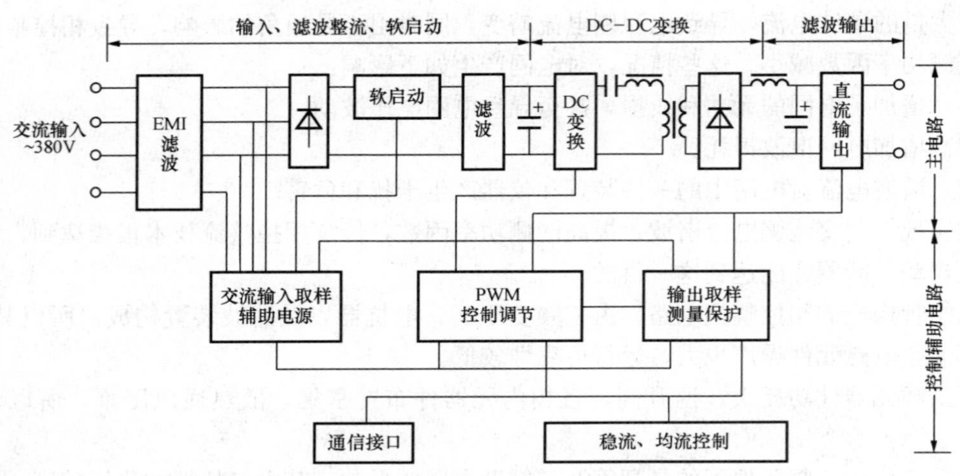

图 6-6　高频开关电源基本构成框图

宽度或频率达到输出电压稳定的作用；同时根据检测数据，经保护电路鉴别、提供控制电路对主回路实施保护作用。

（6）检测电路。从输出电路采样，得到反映电源运行工况的信息数据，进而反馈给控制电路和保护电路，实施对主电路的控制或调节功能。

（7）辅助电源。向开关电源提供可靠工作电源的电路。

（8）时钟振荡器。产生恒定频率的脉冲，作为时间比较的基准。

此外，为了提高和改善功率因数，在高频开关电源的主回路中，在预整流部件之后、DC-DC 变换单元之前应增设功率因数校正回路。设置功率因数校正电路后，高频开关电源的功率因数可提高到 0.95 以上。

6.5.1.3　高频开关电源的主要技术指标

高频开关电源的技术指标包括输入指标、输出指标、绝缘强度、机械结构、环境条件及附属功能等。这些指标的定义基本与相控整流器相同。

（1）输入技术指标。包括以下内容：

1）输入电源相数，额定输入电压及其变化范围，额定输入频率及其变化范围。

2）额定输入频率及其变化范围，最大输入电流，冲击电流和漏电流等。

3）最大输入电流。输入电压为下限值时，输出电压及输出电流为上限值时的输入电流。开关电源的输入平波方式是电容输入方式，峰值电流很大，要有电流的波峰系数以及功率因数的规定。

4）冲击电流。在规定的时间间隔内，对输入电压进行通断时，输入电流达稳态之前的最大瞬时电流。对于开关电源是输入电源接通时与其后输出电压上升时所通过的最大瞬时电流，冲击电流受输入开关的承受能力限制。

5）漏电流。正常运行时，流经输入侧地线的电流，从安全考虑一般不得大于 0.5～1mA。

（2）输出技术指标。包括标称电压、额定输出电压、额定输出电流、稳压精度、稳流精度、纹波系数、噪声、源效应（电网调整率）、电流调整率、温度调整率、效率等，开关电源的指标一般都优于相控电源。

需要指出，对于稳压精度，高频开关电源输出电压具有随机性和不规则漂移性。它由静态输入电压、静态负载电流、环境温度、动态负载以及动态输入电压参量的变化引起。

纹波系数是输出端呈现的与输入电源频率及开关变换频率同步的分量。而噪声是输出端呈现的除纹波以外频率的分量，用峰—峰值表示，一般为输出电压的 1%。当纹波与噪声综合考虑时，一般规定为输出电压的 2%以内。开关电源纹波、噪声的规定如图 6-7 所示。

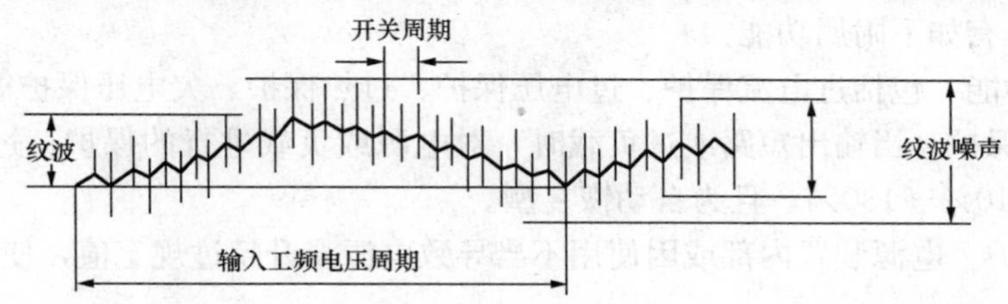

图 6-7　开关电源的纹波和噪声示意图

（3）电磁兼容。对于高频开关电源，电磁兼容（EMC）是个重要的指标，它是指高频开关整流模块的抗干扰能力、水平和对环境中其他设备产生的干扰程度。电磁兼容包括以下内容：

1）电磁干扰（EMI）。当高频开关整流模块在运行过程中，对环境中其他电气设备干扰的程度。

2）电磁敏感度（EMS）。当高频开关整流模块在运行过程中抵御环境中射频干扰，电网谐波电流传导干扰，或电场、磁场等形式的其他干扰能力。

3）静电放电（ESD）。当高频开关模块承受静电感应电荷在馈电线路或电子器件外壳上积累而产生的干扰能力。

4）电磁脉冲（EMP）。指高频开关模块抵御感应雷电在电网中造成的高脉冲电压或其他因素在馈电线路上造成的浪涌电压的能力。

高频开关整流模块的输入端口和输出端口都必须符合电磁兼容（EMC）的相关标准，都应对干扰源进行限制。通常对输入端口的要求为无线电频率干扰的限制、输入电源谐波分量的限制等。对输出端口的要求为无线频率干扰限制（分为传导干扰和辐射干扰），即通过导线传送和场方式发射（磁场或电场）。同时要符合纹波和噪声的规定要求。

其他还有绝缘强度、耐受电压和绝缘电阻的规定。

（4）其他技术要求。

1）机械结构。开关电源的机械结构应符合相关标准的规定。其中包括机箱形状、外形尺寸、允许公差、装配位置、框体材料、表面处理、箱体通风条件、温升要求、接口位置、操作部件位置、文字显示的位置以及装置重量等。

2）环境条件。高频开关整流模块应规定所适用环境温度、湿度、大气压力、空气污染气体成分以及环境的振动情况等条件。

一般运行温度为－5～50℃，保存温度为－25～70℃，温差变化小于 15℃/h。

相对湿度为 20%～85%；保存湿度为 18%～90%；在 15～35℃温度条件下，湿度在 20%～85%以内。

3）对交流电网一般要求采用中性点直接接地系统，即三相五线制低压配电系统（TN-S 系统）。

4）对输入噪声、雷电浪涌及静态噪声也应有规定。通常输入噪声规定脉冲宽度为100～800μs，电压幅值小于1000V；也有规定脉冲宽度几个毫秒，电压为几百伏，雷电浪涌一般不大于1200V；静态噪声随输入电容量与串联电阻值不同而不同。

6.5.1.4 高频开关整流模块的附属功能

高频开关整流模块的主电路、控制电路等应满足输出稳定、安全可靠、高效智能等基本要求外，还应具有如下附属功能：

（1）保护功能。包括过电流保护、过电压保护、过热保护、欠电压保护等。

1）过电流保护。当输出短路或过负载时，对电源或负载进行的保护。过电流定值一般为额定电流的110%～130%，且为自动恢复型。

2）过热保护。电源装置内部或因使用不当导致电源温升超过规定值，使电源停止工作，并发出报警信号。

3）过电压保护。当输出端出现过高电压时，对负载进行的保护功能。过电压保护定值一般为额定输出电压的130%～150%。当输出电压可调范围较大时，过电压保护定值应确保在输出电压上限值时不能误动作。当过电压达到保护定值时，应使开关电源断开，通过手动操作使电源恢复正常工作。

4）欠电压保护。输出电压下降至整定值以下，断开电源，并发报警信号。

（2）启停程控。为保证电源内部元器件和负载的安全运行，开关整流电源应规定启停过程中，输出电压上升与下降时间及其相关的信号指示。

1）电源启动时间。包括启动延迟时间和电压上升时间。延迟时间为输入接通至输出电压上升至10%电压额定值的时间间隔，上升时间为10%电压额定值至90%电压额定值的时间间隔。

2）电源断开时间。包括输出保持时间和电压下降时间。输出保持时间为电源开断至电压下降至90%电压额定值的时间间隔，下降时间为90%电压额定值下降至10%电压额定值的时间间隔。还应包含电源启停的指示预告时间等。

通常，启动时间和相应的指示预告时间为1s以下；断开时间和相应的指示预告时间为1.5s以下。

（3）遥测与遥信。高频开关整流电源应规定遥测数量、遥信量及其要求。

（4）通信。高频开关整流电源应规定通信方式，接口要求和通信规约。

6.5.1.5 高频开关整流器的主要特点

（1）体积小，质量轻。由变压器铁芯截面的基本公式 $E=4.44fWBS=Kfs$（式中 $K=4.44WB$）可知，在感应电动势相同、铁芯材料相同的条件下，频率 f 与铁芯截面积成反比，频率越高，铁芯截面积越小。工频变压器的工作频率为50Hz，高频开关整流电源的工作频率为数十千赫兹到数百千赫兹，所以高频开关电源的体积和质量大大减小。

（2）效率高。效率一般高于90%。由于高压开关晶体管的功耗小于串联线性稳压整流电源，特别是采用谐振型高频开关电源时，效率可高达95%以上。而一般相控整流电源，效率通常在60%～70%之间。

（3）功率因数高。特别是采用功率因数校正和改善电路后，功率因数可高达0.95以上。而相控电源功率因数通常仅为0.7左右。

（4）适应性强。相对于串联线性调整型稳压电源，功率晶体管的损耗随输入电源电压和输出电压之差增大而增大，因此串联调整型稳压电源不适应于输入输出电压变化大的场合。而对于高频开关整流电源，开关管工作于开关状态，只要脉冲宽度或频率调节范围许可，它可以工作在输入输出变动幅度大的场合。

(5) 可防止过电压危害。因为开关管损坏时，主电路停止工作，不会导致过电压产生。当因控制电路故障引起输出电压上升时，过电压保护电路可将其上升到危险电压之前切断电源，对负载提供可靠保护。

(6) 当交流输入突然停电时，输出电压可保持较长时间，一般可达 20ms 以上，这有利于计算机管理系统进行信息数据保护。

(7) 稳压、稳流精度高。可达到 0.5%以上，而相控整流电源通常仅为 1%及以下。

(8) 模块化积木式配置，易于扩容。运行中易于更换模块，维护方便。

(9) 采用微机控制、远端接口，便于集中监控和智能化管理，为变电站无人值班创造条件。

(10) 低噪声、低污染、低辐射，是优良的绿色电源。相控电源由于采用工频变压器以及工频滤波器件，噪声较大；而高频开关电源的噪声主要来源于冷却风机，当采用自然冷却时，噪声很小。

相控整流电源对同频率的交流电网的电压质量影响较大，而高频开关电源的输入电路是将工频电网交流电源直接引入，经低通滤波整流电路获得一个高纹波直流电源，低通滤波不仅可防止工频电网高频干扰进入整流电源，同时也可限制高频电源本身产生的高频干扰信号反窜进入工频电网，减少了整流电源对交流电网的污染。同时，电源装置采用提高功率因数措施，减小 3、5、7 次电压、电流谐波，提高输出电压的稳压、稳流精度，降低纹波电压，从而进一步提高输出电压的质量。

由于高频开关整流器具有功率因数高，效率高，可靠性高，稳压、稳流精度高，质量轻、体积小，安装运行、维护方便等优点，取代相控整流器已是大势所趋。但需进一步提高模块容量、降低模块损耗，减小模块体积，提高模块工作频率，简化线路、扩大电路集成，降低生产成本，使高频开关整流器的应用更加广泛。

6.5.2 高频开关管及其应用

高频开关电源的关键部件为功率开关管。其主要类型有功率场效应晶体管（MOSFET）和绝缘栅双极型晶体管（IGBT）。

6.5.2.1 场效应晶体管（MOSFET）

MOSFET 的结构符号、特性如图 6-8 所示。

(1) 主要特点。MOSFET 是由多数载流子参与导电的、由电压控制的单极性器件。分为 P 沟道和 N 沟道两类，每类又分耗尽型和增强型。功率 MOSFET 的结构属 N 沟道，增强型器件。其主要特点如下：

1) 具有高速开关特性，开关时间为几十纳秒至几百纳秒数量级。

2) 没有二次击穿现象，可靠性高、安全工作区大，由电流额定值、电压和功率负荷能力决定。

3) 利用电压控制开关，驱动电流小、功率小、驱动线路简单、成本低。

4) 由于电导率具有负温度系数，电阻率具有正温度系数，所以随通过元件的电流增大，

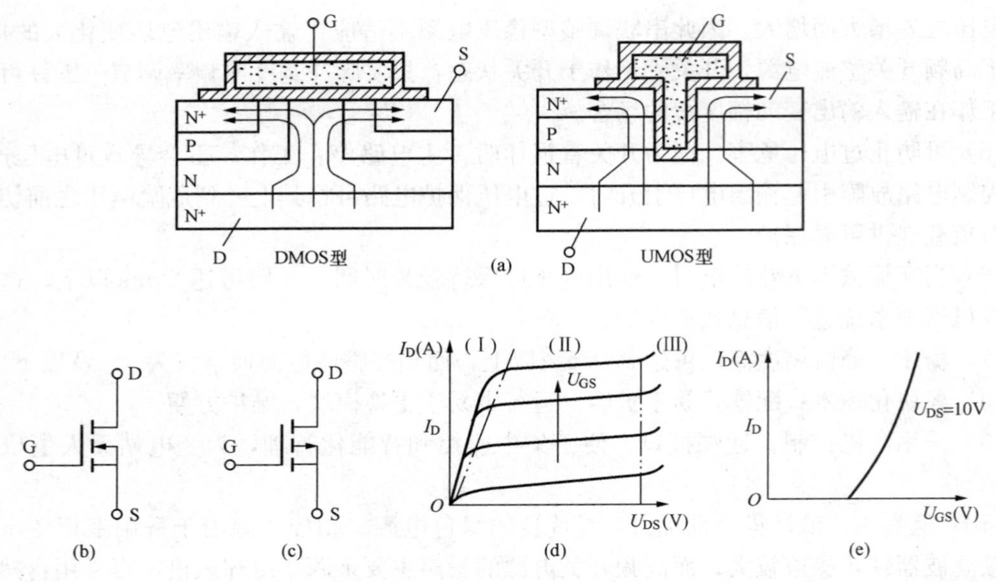

图 6-8 MOSFET 符号和特性

(a) MOSFET 基本结构；(b) N 沟道；(c) P 沟道；(d) 输出特性；(e) 转移特性

D—漏极；S—源极；G—栅极；U_{GS}—栅源电压；I_D—漏极电流；U_{DS}—漏源电压

温度升高、电阻增大，从而抑制电流集中，具有自动均流作用，使器件容易并联运行。

MOSFET 的缺点是：导通时电流冲击大，易产生过电流；栅极阻抗很高，易受静电损坏；并联工作时易产生振荡。

(2) 主要特性。MOSFET 的基本特性包括输出特性，开关特性，转移特性，极间电容，通态电阻与温度关系，漏源极间的二极管安全工作区与功率。

1) MOSFET 的输出特性和转移特性，如图 6-8 所示。

输出特性为 $I_D = f(U_{DS})$，转移特性为 $I_D = f(U_{GS})$。

输出特性分为可调电阻区（Ⅰ）饱和区（Ⅱ）和雪崩区（Ⅲ）。

2) 安全工作区（SOA）。是能安全工作而不损坏器件的工作区域。安全工作区的基本限制参数是漏极电流最大值（I_{DM}）、漏源电压额定值（U_{DSS}）和最大额定结温。安全工作区分为正向偏置安全工作区（FBSOA）和开关安全工作区（SSOA），前者是指在最大漏源电压和漏极电流下，当器件正向偏置或当导通或开始导通时，该器件能安全工作的区域；后者相当于晶体管的反偏安全工作区。

3) MOSFET 的开关特性。主要表现为开通时间 t_{on} 和关断时间 t_{off}。

工作电流进入稳定区至驱动信号消失而使电流降至 90％幅值的时间为开通时间（t_{on}）。

工作电流自 90％幅值至驱动信号再次来到而使电流上升至 10％幅值的时间为关断时间（t_{off}）。

开通时间包括延迟时间 t_d 和上升时间 t_r。延迟时间为输入信号把栅极电压由开启电压经线性区充电到产生给定漏极电流所必要的电压所需的时间，即从截止状态到线性工作区所需时间。上升时间是栅极电压从开启电压充电到有效区所需的时间，即从线性工作区到饱和工作区所需时间。

关断时间包括存储时间 t_s 和下降时间 t_f。存储时间是栅极电压由过励电压放电到有效区电压所需的时间。下降时间是栅极电压从有效区放电到开启电压所需要的时间。

上述四个时间的数值为几十纳秒到几百纳秒。

4）极间电容有输入电容 C_{is}、输出电容 C_{os} 和反馈电容 C_{rs}。输入、输出电容由栅—漏电容 C_{GD}、栅—源电容 C_{GS} 和漏—源电容 C_{DS} 组成，即

$$\left.\begin{aligned} C_{is} &= C_{GD} + C_{GS} \\ C_{os} &= C_{DS} \\ C_{rs} &= C_{GD} \end{aligned}\right\} \tag{6-27}$$

一般 MOSFET 的极间电容数值较大。

5）功率 MOSFET 的性能指标。主要用电压、电流、工作频率等描述。最大漏极电流（I_{Dmax}）表示工作在饱和状态的漏极电流值，或某一 U_{GS} 输出特性曲线平坦区域的电流值。漏极击穿电压（BU_{DS}，B 表示倍数）表示漏区沟道体区 PN 结所允许的最高反偏电压。

目前功率 MOSFET 的 I_{Dmax} 值达 100A 以上，BU_{DS} 值达 1200V。

在 MOSFET 应用中，要合理选择管型，正确设计驱动电路、保护电路，有效减小开关时间、提高开关速度，要合理布线，尽量减短接线长度。

6.5.2.2 绝缘栅双极型晶体管（IGBT）

IGBT 是在 MOSFET 结构的基础上增加一个 P＋层发射极，是一种兼有 MOSFET 和双极晶体管性能的复合器件，具有耐压高、电流大、开关频率高、导通电阻小、控制功率小的优良性能，适于高电压、大电流应用。其等效电路符号和静态输出特性如图 6-9 所示。

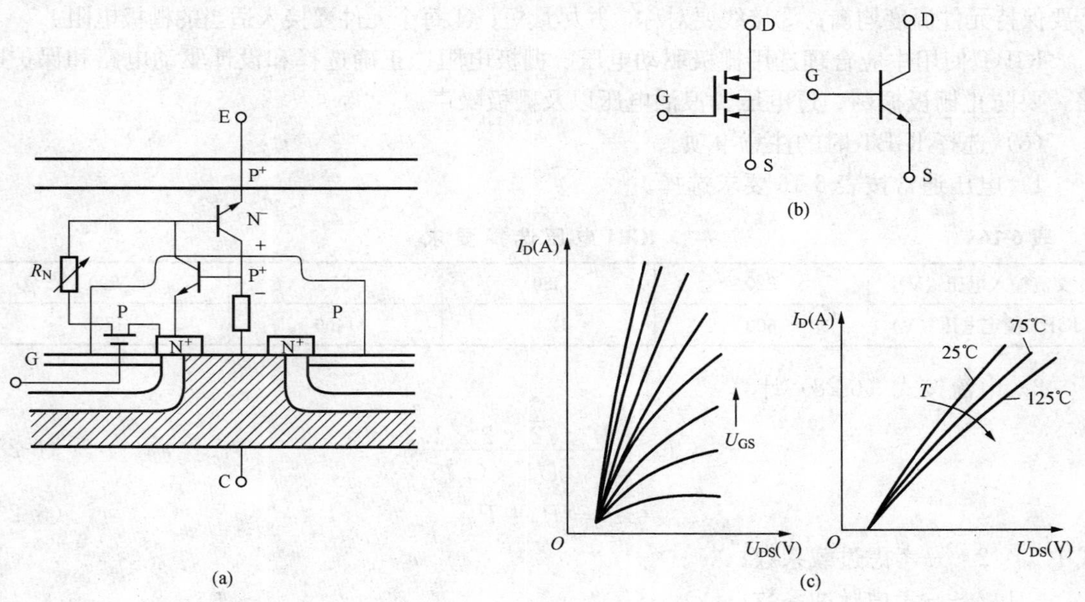

图 6-9　IGBT 符号和基本结构

（a）IGBT 基本结构；（b）符号；（c）输入特性

在软开关谐振变换电路中应用 IGBT，工作频率低于 MOSFET，开关频率多为 30～100kHz。

（1）主要特点：

1）开关速度高，损耗小，介于 MOSFET 和 GTR（电力晶体管，又叫巨型晶体管）

之间。

2）通态压降低于 MOSFET，相同导通压降下，电流密度约为 MOSFET 的 3 倍。

3）控制极用电压控制，驱动功率小，线路简单。

4）通态损耗小于 MOSFET。

5）通态压降在 1/2 或 1/3 额定电流以下区段具有负温度系数，在以上区段具有正温度系数，因此在并联使用时具有电流自动调节能力，适宜并联运行。

6）安全工作区范围大，且具有耐脉冲电流冲击性能。

（2）主要特性。IGBT 的特性主要有通态电压、关断和开通损耗。

1）通态电压。与 MOSFET 不同，通态电压为非线性，在小电流范围内为负温度系数，在大电流范围内为正温度系数。

2）关断损耗。常温下损耗数与 MOSFET 相当，但随着温度的增长而增大，通常为每提高 100℃，损耗增大 2 倍。所以一般 IGBT 关断损耗高于 MOSFET。

3）开通损耗。一般低于 MOSFET，随着开通电流增大而增加。

IGBT 的安全工作区由最大漏电流、最大漏源电压和最大功耗确定。最大漏电流根据避免动态擎住确定；最大漏源电压由 IGBT 中 PNP 管的击穿电压确定；最大功耗由最高结温确定。随着导通时间的增长，安全工作区缩小。

当要求工作电压、电流超过一个 IGBT 元件所能承受的数值时，应采用串、并联方法满足使用要求。并联运行时应注意以下问题：①合理选择集电极、发射极间饱和电压和开关时间；②要保持元件温度均衡；③接线要对称，并尽量短；④每个元件要接入适当的栅极电阻。

IGBT 使用中应合理选用栅极驱动电压、栅极电阻，正确选择和设计驱动电路和保护电路，要防止栅极振荡、过电压、浪涌电压以及栅极噪声。

（3）选择 IGBT 时的注意事项。

1）电压通常按表 6-16 要求选择。

表 6-16　IGBT 电压选择要求

交流输入电压（V）	220	380	575	690
IGBT 额定电压（V）	600	1200	1400	1700

2）电流按式（6-28）计算

$$I_c > \frac{P \times \sqrt{2} \times 2 \times 1.2}{\sqrt{3} U_m \times 0.75} \tag{6-28}$$

$$P = P_c + P_{sw} \tag{6-29}$$

式中　2——考虑过载系数；

1.2——考虑脉冲系数；

P——总损耗；

U_m——通态电压最大值；

P_c——开通损耗；

P_{sw}——关断损耗。

3）电压、电流使用值，在最恶劣条件下，宜为定额的 80%或更小。

4）功耗定额使用值，在最恶劣条件下，为定额的 50%或更小。

5）结温定额使用值，通常为定额的70％～80％或更小。

6）对于高可靠性场合，实际使用值为定额值的1/3或1/4。

7）为使静态、动态电流分配均匀，应尽量使开关管的下述特性一致：开通特性、关断特性、阈值电压、饱和压降、温度特性，且电路布线要完全一样。

6.5.2.3 IGBT/MOSFET并联组合管

MOS管通态压降大，在大功率场合不宜使用。而IGBT因电荷存储效应，关断过程中存在拖尾现象，因而关断损耗大，也不宜在大功率场合应用。当两类开关管并联运行时，可克服上述缺点，组合开关管如图6-10所示。其工作特点为：

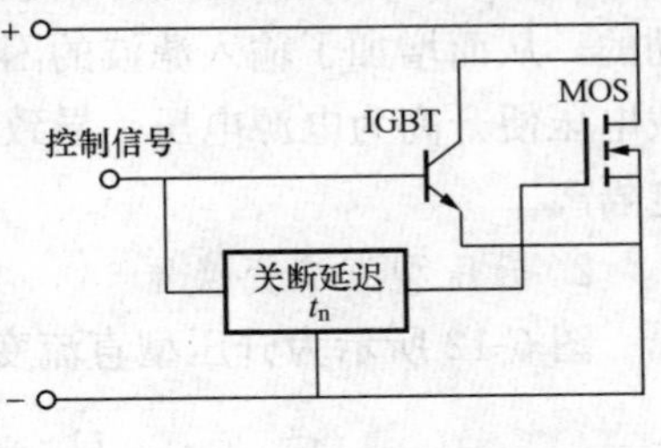

图6-10　组合开关管

（1）两管均为电压器件，速度快，在驱动信号前沿两管同时导通。

（2）因功率MOSFET电阻大于IGBT，导通后，大部分电流流经IGBT。

（3）在MOS管激励信号电路中，设置关断延时电路。使MOS管激励信号波形的下降沿较IGBT激励信号波形的下降沿延迟t_n。当组合管进入关断过程中时，在t_n时间内，功率MOS管继续导通，且分流大部分工作电流，而IGBT管中仅存在拖尾电流。

（4）当$t>t_n$时，IGBT完全关断，电流全部流过功率MOS管，由于激励信号下降沿作用，MOS管关断。

由上述可知，组合管导通时仅IGBT起作用，功耗小；在关断过程中，MOS管起作用，功耗仍较小。所以总损耗小于单管，但质量大，频率受限制。

6.5.3 DC-DC变换器的基本电路

高频开关电源的核心部分是DC-DC变换器，它是一种控制通/断时间比例、用电抗器与电容器蓄能的元件。按输入输出的隔离方式的不同，分为有隔离方式与非隔离方式；按开关的控制方式，分为自励式与它励式；按脉冲调制对象不同，分为脉宽调制、脉频调制与脉幅调制等3种方式。

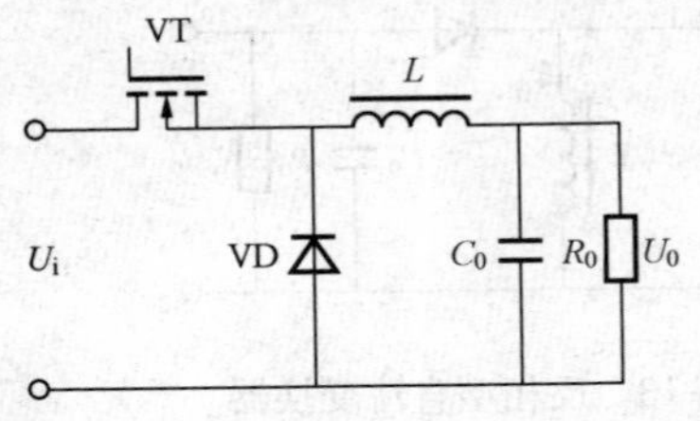

图6-11　降压型直流变换器

6.5.3.1 非隔离式变换器

1. 降压型直流变换器

降压型直流变换器的基本电路如图6-11所示。其输出、输入电压关系为

$$U_0=\frac{t_{on}}{T}U_i=ft_{on}U_i=K_{ov}U_i \tag{6-30}$$

$$K_{ov}=\frac{t_{on}}{T}=ft_{on} \tag{6-31}$$

$$T=t_{on}+t_{off} \tag{6-32}$$

式中　t_{on}——开关管导通时间；

t_{off}——开关管截止时间；

T——开关管工作周期；

f——开关管工作频率；

K_{ov}——开关占空比。

由于占空比 $K_{ov}<1$、$U_0<U_i$，所以该电路为降压式变换器。

该电路带负载能力强，电压调整率好；输出电流连续，输出电压波动小，输出滤波容易；对开关管和续流管耐压要求低，仅大于最高输入电源电压即可。但该电路输入电流是脉动的，从而增加了输入滤波的困难。开关管直接与负载电路串联，一旦开关管击穿短路，负载电压便升高为电源电压，导致负载承受过电压而损坏。该电路的输出端与交流电网之间无电隔离。

2. 升压型直流变换器

图 6-12 所示为升压型直流变换器的基本电路。其输出、输入电压关系为

$$U_0=\frac{T}{t_{off}}U_i=\frac{T}{T-t_{on}}U_i=\frac{1}{1-K_{ov}}U_i \tag{6-33}$$

由于 $0\leqslant K_{ov}\leqslant 1$，所以输出电压 $U_0\geqslant U_i$，即该电路为升压式变换器。

由式（6-33）可以求得

$$K_{ov}=\frac{U_0-U_i}{U_0} \tag{6-34}$$

该电路开关管击穿短路时，输出电压不会出现损坏负载的现象。由于输入电流为非脉动的，对电源干扰小，滤波效果好。该电路带负载能力强，电压调整率好。但电路输出电流脉动，增加了输出滤波的困难。该电路输入、输出直接耦合，与输入交流电网直接相连，没有电的隔离。

3. 反相型直流变换器

图 6-13 所示为反相型直流变换器的基本电路。其输入、输出电压关系为

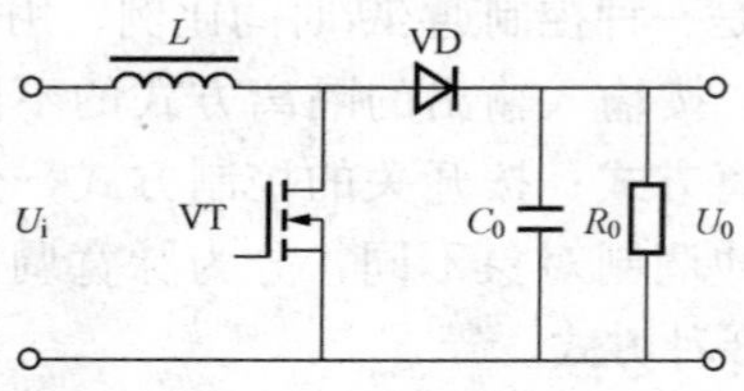

图 6-12　升压型直流变换器

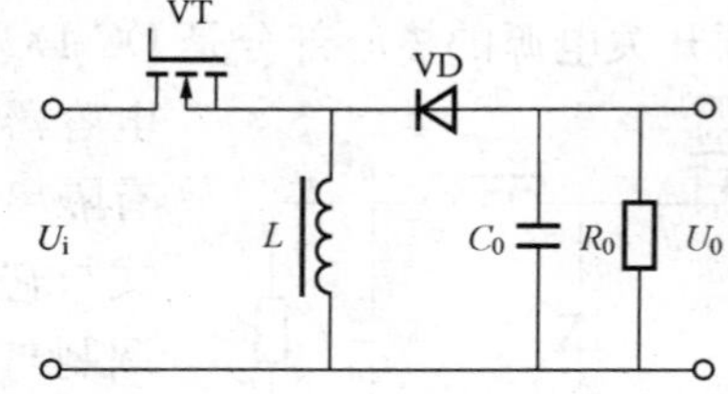

图 6-13　反相型直流变换器

$$U_0=\frac{t_{on}}{t_{off}}U_i=\frac{t_{on}}{T-t_{on}}U_i=\frac{t_{on}/T}{1-t_{on}/T}U_i=\frac{K_{ov}}{1-K_{ov}}U_i \tag{6-35}$$

由式（6-30）可知：

当 $t_{on}<t_{off}$时，$U_0<U_i$，电路为降压式；

当 $t_{on}=t_{off}$时，$U_0=U_i$，电路为等压式；

当 $t_{on}>t_{off}$时，$U_0>U_i$，电路为升压式。

所以该电路可实现降压、升压、应用灵活。同时，该电路不会因开关管击穿短路出现输出电压过高而损坏负载的现象。但该电路输入与输出电压脉动，输出电压波纹大，对输入、输出滤波要求高。开关管截止时，开关管、二极管承受峰值电压高，为 U_i+U_0，且变换器

输出端和交流电网之间无电的隔离。

4. CuK（古卡）型直流变换器

图 6-14 所示为 CuK（古卡）型变换器的基本电路。该电路的输出、输入电压关系同反相式一样，取不同的占空比，可获得降压和升压变换效果。与反相式变换器不同，其输入、输出电流都是连续的。

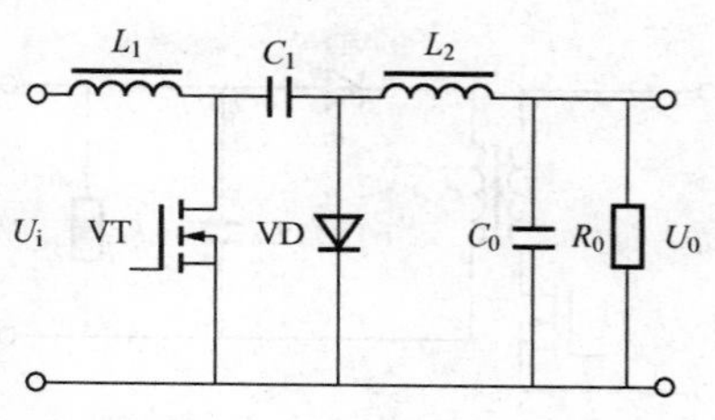

图 6-14　CuK 型直流变换器

上述四种非隔离式 DC-DC 变换器的电气性能比较见表 6-17。

表 6-17　非隔离式直流变换器性能比较

项　目	升压型	降压型	反相型	古卡型
输出电压	$\frac{1}{1-K_{ov}}U_i$	$K_{ov}U_i$	$\frac{K_{ov}}{1-K_{ov}}U_i$	$\frac{K_{ov}}{1-K_{ov}}U_i$
输入端电流	连续	不连续	不连续	连续
输出端电流	不连续	连续	不连续	连续
电路特点	VT 闭合时，输入与负载隔离	VT 断开时，输入与负载隔离	电感 L 储能	耦合电容 C_1 储能

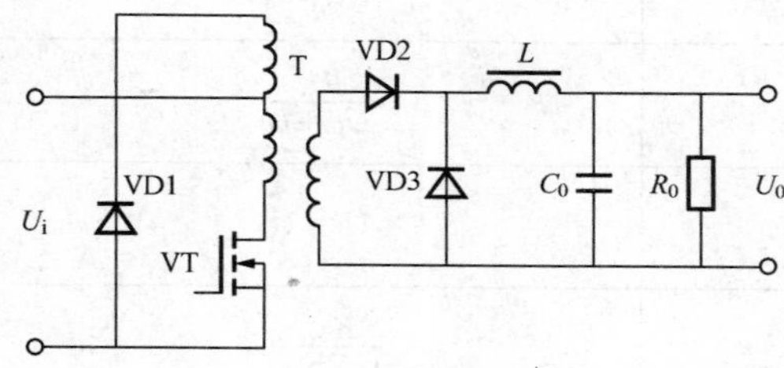

图 6-15　单端正激型直流变换器

非隔离式变换器曾主要用于调整式开关稳压电源，目前多用于功率校正器和准谐振变换器的主要部件。隔离式变换器则作为高频整流器的重要部件，按其结构可分为单端正激式、单端反激、推挽式、半桥式、全桥式等。

6.5.3.2　隔离式变换器

1. 单端正激型变换器

单端正激型变换器的基本电路如图 6-15 所示。该电路为隔离式开关电源，它与非隔离式的降压直流变换器类似，二者对比见表 6-18。

表 6-18　降压型变换器与单端正激型变换器的比较

项　目	降压型	单端正激型
电路特征	图 6-27 所示电路 VT 相当于单端正激变换器的 VD1，U_1 相当于单端正激变换器的 $\frac{U_i}{n}$，VD 相当于单端正激型变换器的 VD2	图 6-15 所示电路 VD1 相当于降压型变换器的 VT，$\frac{U_i}{n}$ 相当于降压型变换器的 U_1，VD2 相当于降压型变换器的 VD
流过 VT（VD1）的电流平均值	$K_{ov}I_0(L=L_{min})$	$K_{ov}I_0(L=L_{min})$
储能电感最小电感量 L_{min}	$\frac{U_0}{2I_0}(1-K_{ov\,min})T_{max}$	$\frac{U_0}{2I_0}(1-K_{ovmin})T_{max}$
续流二极管所承受的最大反向电压	U_i	$\frac{U_i}{n}$
输出电压	$K_{ov}U_i$	$K_{ov}\frac{U_i}{n}$

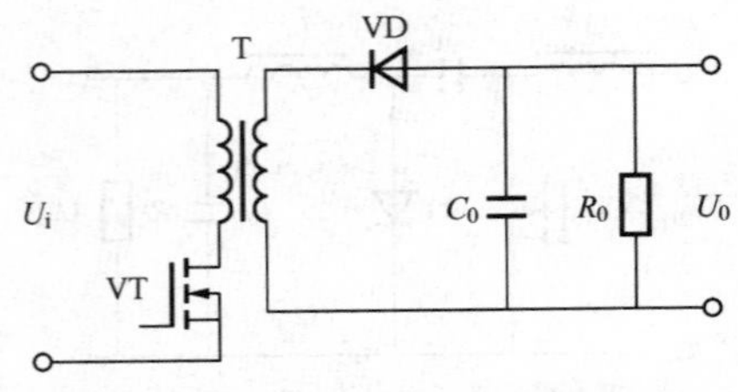

图 6-16　单端反激型直流变换器

2. 单端反激型变换器

图 6-16 为单端反激型变换器的基本电路。该电路与非隔离式反相式直流变换类同，各电量对比见表 6-19。同单端正激变换器一样，单端反激式变换器也能方便地实现交直流电网的隔离及多路输出，也可通过变比 n 的调整，满足稳压的要求。

表 6-19　　反相型变换器与单端反激型变换器的比较

项　目	单端反激型	反 相 型
电路特征	高频变压器变换后的激磁阻抗相当于反相式的电感 L	如图 6-13 所示
通过变压器一次侧电感中的电流平均值	$\frac{I_0}{n}\frac{T}{t_{off}}$	$I_0\frac{T}{t_{off}}$
变压器一次侧最小电感	$\frac{U_i^2 n^2 U_0}{(U_i+nU_0)^2}\frac{T_{max}}{2I_0}$	$\frac{U_i^2 U_0}{(U_i+U_0)^2}\frac{T_{max}}{2I_0}$
通过开关管的电流最大值	$\frac{U_i}{L_p}t_{on}$	$\frac{U_i}{L}t_{on}$
开关管截止时承受的最高电压	U_i+nU_0	U_i+U_0
占空比(K_{ov})	$\frac{nU_0}{nU_0+U_i}$	$\frac{U_0}{U_0+U_i}$
续流二极管承受的最高反向电压	$\frac{U_i}{n}+U_0$	U_i+U_0
输出电压	$\frac{K_{ov}}{1-K_{ov}}\frac{U_i}{n}$	$\frac{K_{ov}}{1-K_{ov}}U_i$

3. 推挽式变换器

图 6-17 为推挽式变换器的电路。该电路相当于 2 个单端正激型变换器交替工作。推挽式变换器的输入、输出电压有下述关系

$$U_0 = K_{ovo}\frac{U_i}{n} = 2K_{ov}\frac{U_i}{n} \tag{6-36}$$

式中　K_{ovo}——全波方式下的占空比。

该电路与单端式变换器相比，变压器铁芯利用率较高，输出功率较大，波纹电压小。

4. 半桥式变换器

图 6-18 所示为半桥式变换器的基本电路。其输入、输出电压关系为

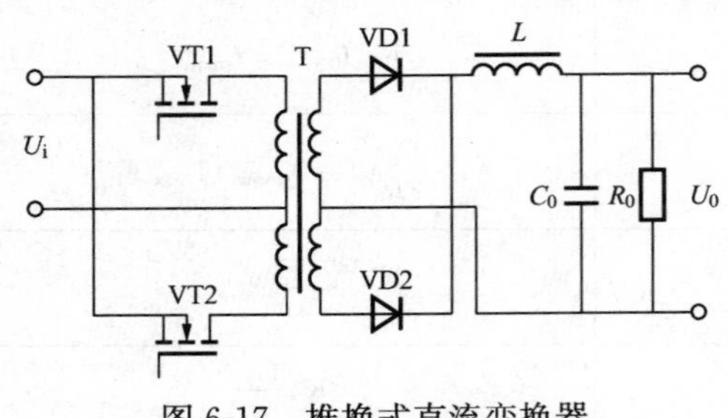

图 6-17　推挽式直流变换器

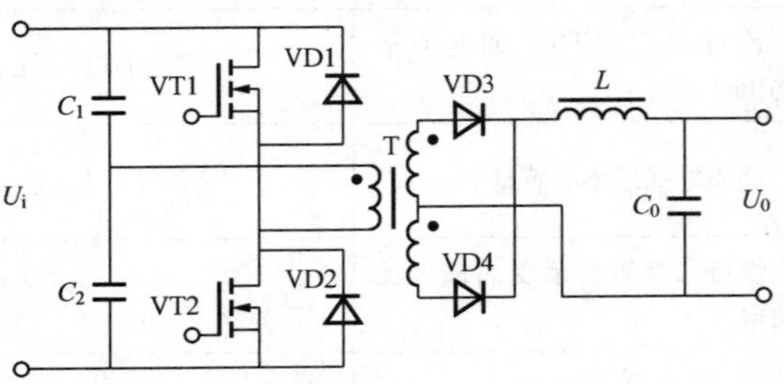

图 6-18　半桥式直流变换器

$$U_0 = K_{ovo}\frac{U_i}{2n} \tag{6-37}$$

半桥式变换器电路采用双向励磁，铁芯利用率高。变压器一次侧半桥采用电容器 C_1、C_2，可避免变压器直流励磁。变压器二次侧电压频率为一次侧开关频率的 2 倍，可减少输出滤波器的体积。在半桥式变换器电路中，虽然两个开关管的导通脉宽不等，但在两者工作周期内的前、后半周期的伏—秒数值是相等的，从而克服了磁路不平衡问题，也即抗不平衡能力强。但该电路开关管选择困难，驱动电路复杂，输出功率较小。

5. 全桥式变换器

图 6-19 所示为双端全桥式变换器的基本电路。其输入、输出电压为

$$U_0 = K_{ovo}\frac{U_i}{n} \tag{6-38}$$

全桥式变换器电路较半桥式的输出电压大 1 倍，不仅输出电压高，且输出功率大。但全桥式电路结构复杂，功率器件多，在实际选型中，开关管参数难以保证完全一样，就可能使铁芯出现不平衡，而引起铁芯饱和及二次绕组电压波形畸变。

还需指出，全桥式和半桥式变换电路可能产生共同导通现象。所谓共同导通即是导通管还未截止，而截止管已进入导通的现象。共同导通会造成输入短路，使开关管等元件在大电流作用下损坏。为防止共同导通，要求两个激励信号的宽度小于半个周期。这样，在两个功率管之间，保留有一个“死区”。在“死区”内，总有一个开关管是截止的。

6.5.3.3 双管串联正激变换器

图 6-20 所示为双管串联正激变换器的基本电路。该电路由两个功率管串联组成，其输入、输出电压关系为

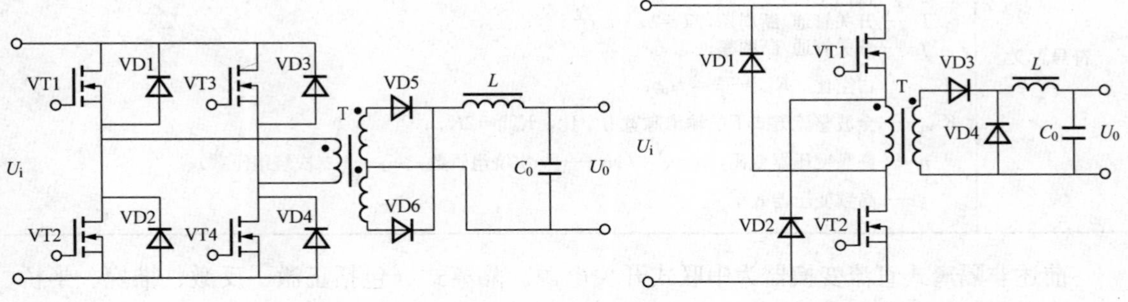

图 6-19　全桥式直流变换器　　　　图 6-20　双管串联正激变换器

$$U_0 = K_{ov}\frac{U_i}{n} \tag{6-39}$$

该电路两管同时接通或断开，所以需要考虑励磁平衡问题（只要一套驱动电路即可）。但变压器铁芯仅工作在磁化曲线（B—H）的第一象限，铁芯利用率低。这种电路如占空比设计不当，会使铁芯磁通逐次地周期性重复增加，导致铁芯饱和。为此要求合理选择占空比，使激励信号导通时间宽度设计略小于截止时间、$K_{ov} \leqslant 0.5$，以保证铁芯工作结束时其磁通恢复为开始值。

除上述变换器外，尚有 RCC（振铃扼流式）变换器、Royer 方式以及其他方式的变换器，不再详述。上述变换器的主要电气性能比较和适用范围见表 6-20。

表 6-20　　各种 DC-DC 变换电路电气性能比较

变换方式		开关元件承受电压	开关元件峰值电流	输出电压 U_0	效率 η	适用范围
非隔离式	降压	U_i	$I_0+\frac{(U_i-U_0)}{2L}t_{on}$	$K_{ov}U_i$	$\frac{(U_0+1)}{U_0}$	10A 以下，小容量
	升压	U_0	$I_0\cdot\frac{T}{t_{off}}+\frac{U_it_{on}}{2L}$	$\frac{1}{1-K_{ov}}U_i$	$\frac{(U_i-1)}{U_i}$	10A 以下，小容量
	反相	U_i+U_0	$I_0\cdot\frac{T}{t_{off}}+\frac{U_it_{on}}{2L}$	$\frac{K_{ov}}{1-K_{ov}}U_i$	$\frac{U_0}{U_0+\frac{U_0}{U_i}+1}$	10A 以下，小容量
变换方式		开关元件承受电压	开关元件峰值电流	输出电压 U_0	效率 η	适用范围
隔离式	单端正激	U_i+nU_0	$\frac{P_0}{K_{ov}U_i}$	$K_{ov}\frac{U_i}{n}$		几千瓦，较大容量
	单端反激	U_1+nU_0	$\frac{P_0}{U_i}\cdot\frac{t_{off}}{t_{on}}$	$\frac{K_{ov}}{1-K_{ov}}\frac{U_i}{n}$		几百瓦，中等容量
	双端推挽	$2U_i$	$\frac{2P_0}{K_{ov}U_i\eta}$	$K_{ovo}\frac{U_i}{n}$		几千瓦，较大容量
	双端半桥	U_i	$2\frac{P_0}{K_{ovo}U_i\eta}$	$K_{ovo}\frac{U_i}{2n}$		几千瓦，较大容量
	双端全桥	U_i	$\frac{2P_0}{K_{ovo}U_i\eta}$	$K_{ovo}\frac{U_i}{n}$		几千瓦，大容量
符号含义		U_i——输入电压； U_0——输出电压； P_0——输出功率，$P_0=U_0I_0$； I_0——输出电流； T——开关管通/断周期，$T=t_{on}+t_{off}=1/f$； f——开关管通/断频率； K_{ov}——占空比，$K_{ov}=\frac{t_{on}}{T}=ft_{on}$； K_{ovo}——全波整流方式下的输出脉宽占空比，$K_{ovo}=2K_{ov}$； n——高频变压器变比，$n=\frac{N_1}{N_2}$（N_1——一次绕组匝数，N_2——二次绕组匝数）； η——高频变压器效率				

前述非隔离式直流变换器为串联式开关电源。隔离式（包括正激、反激、推挽、半桥、全桥）变换器为变换式开关电源。不采用工频变压器的变换式开关电源才是目前广泛采用的高频开关整流电源，只有高频开关整流电源才具有所述的一系列优点。目前常用 PWM 变换型开关电源，即脉宽调制型开关电源。

6.5.4　谐振型直流变换器

高频开关电源的一个重要特点是效率高，而 PWM 型开关电源由于其损耗大，效率难于进一步提高而受到影响。开关损耗主要由下述原因造成：

（1）开关器件上存在有寄生电容，在开通过程中，开关电压从关断时的电压值减小到零，寄生电容所储存的能量通过开关器件内部放电产生损耗。

（2）由于开关器件电压下降和电流上升都需一定时间，在开关器件上产生电压、电流重叠而产生能量损耗。

随着频率的增加，开关损耗增大，当频率高到一定程度时，将会严重影响开关电源的效率。

为了减小开关损耗，提高变换效率，应设法减小开通损耗和关断损耗，减小开通损耗，可采用下述方法：

1）设法使开关电压在开通前就减小为零。

2）限制开关电流上升速率，减小开关电流、电压波形的重叠。

(3) 开关电源的关断损耗是由于电路中的寄生电感产生。在电路突然切断时，电路中寄生电感作用使电流不能瞬时降为零。为减小关断损耗，可采取下述方法：

1）在开关关断瞬间将寄生电感中的储能从开关中移开。

2）减小寄生电感中的储能值。

3）在开关关断前使开关电流就减小到零。

前述脉宽调制型变换器是用强制驱动手段来间断产生所需要的脉冲电压和电流，实现占空比的控制，称为硬开关变换器。谐振型变换器使开关管在零电流下换流或零电压下换相，从而消除或达到减小换流或换相过程中的功率消耗，称为软开关变换器。

谐振电路（如图 6-21 所示）采用 LC 串联电路，其谐振角频率和回路特性阻抗为

$$\left.\begin{aligned}\omega_0 &= \frac{1}{\sqrt{LC}}\\ Z_r &= \frac{L}{\sqrt{LC}}\end{aligned}\right\} \tag{6-40}$$

在外加电源作用下，谐振电路中的电流和电容器两端电压以正弦波形式由零到峰值和由峰值到零重复变化。如果开关管与谐振电路串联，就可实现零电流换流，称为零电流谐振开关（ZCS）。如果开关管与谐振电路中的电容器并联，就可实现零电压换相，称为零电压谐振开关（ZVS）。

在运行中，谐振状态仅占开关周期的一部分，其余时间为非谐振状态，所以高频开关电源的谐振变换为“准谐振”变换。

6.5.4.1 电流谐振开关和零电流准谐振变换器

图 6-22 为零电流谐振开关及主开关示意图。零电流谐振开关与不同类型的变换器连接即得到不同类型的电流谐振型变换器（ZCS-QRC）。图 6-23 为部分电流型准谐振变换器电路示意图。

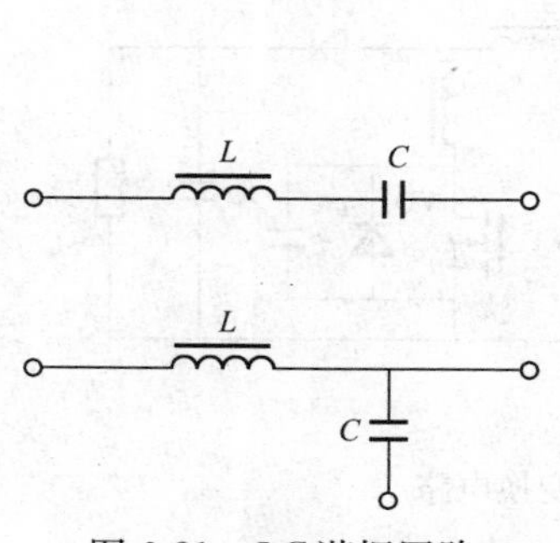

图 6-21 LC 谐振回路

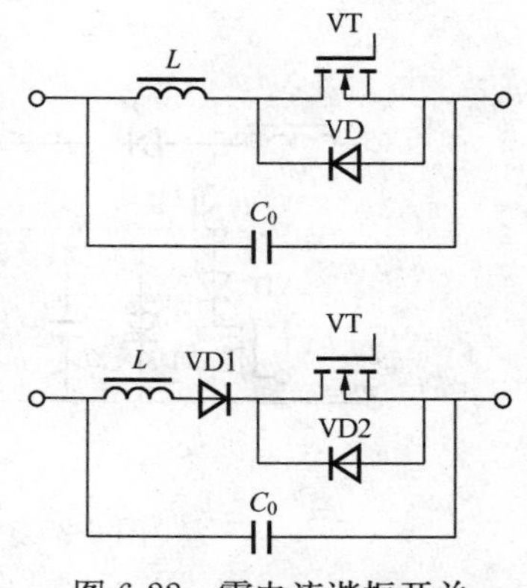

图 6-22 零电流谐振开关

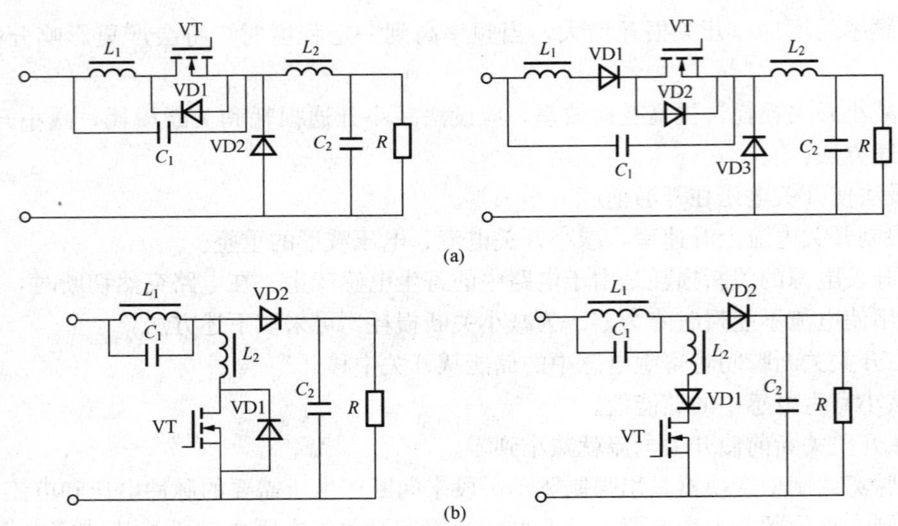

图 6-23　电流型降压、升压谐振变换电路

(a) 降压型；(b) 升压型

6.5.4.2　电压谐振开关和零电压准谐振变换器

图 6-24 为电压谐振开关和主开关示意图。零电压谐振开关和不同类型的变换器连接即可得到不同类型的电压准谐振型变换器（ZVS-QRC），如图 6-25 所示。

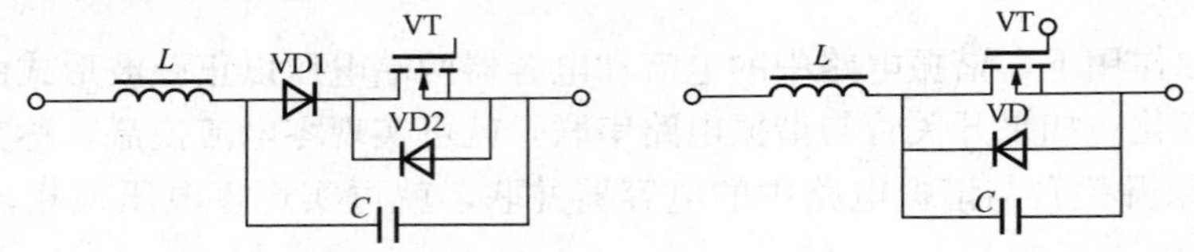

图 6-24　电压谐振开关

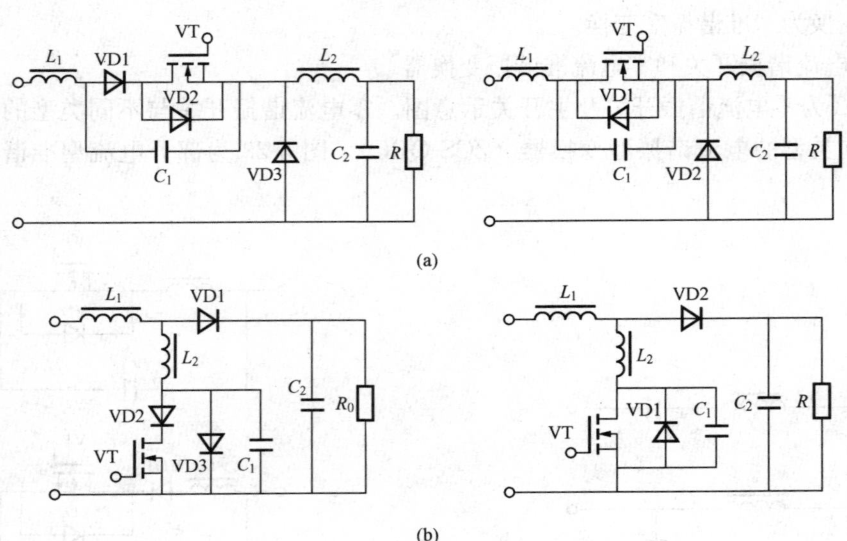

图 6-25　电压型降压、升压谐振变换电路

(a) 降压型；(b) 升压型

6.5.5 功率因数校正与滤波

高频开关整流电源的主电路中除整流、DC-DC 变换核心器件之外，尚有功率因数校正电路和滤波电路。简述如下。

6.5.5.1 功率因数定义

对纯正弦波电压和电流，功率因数定义为

$$PF = \cos\varphi \frac{P_m}{U_{rms} I_{rms}} \tag{6-41}$$

式中 P_m——周期内的平均功率；

U_{rms}——电压有效值；

I_{rms}——电流有效值。

对非正弦波的电压电流，功率因数定义为

$$PF = \frac{P_m}{S} = \frac{u(t)i(t)}{U_{rms} I_{rms}} \tag{6-42}$$

$$U_{rms} = \sqrt{\sum_{n=1}^{\infty} U_{rms(n)}} \tag{6-43}$$

$$I_{rms} = \sqrt{\sum_{n=1}^{\infty} I_{rms(n)}} \tag{6-44}$$

式中 $u(t)$——电压瞬时值；

$i(t)$——电流瞬时值；

U_{rms}——电压总有效值；

I_{rms}——电流总有效值。

当电压为正弦波，电流为非正弦波时，功率因数定义为

$$PF = \frac{U_{rms} I_{rms(1)} \cos\varphi}{U_{rms} I_{rms}} = \frac{I_{rms(1)}}{I_{rms}} \cos\varphi = K_d K_\varphi \tag{6-45}$$

式中 I_{rms}——电流总有效值；

U_{rms}——电压总有效值；

$I_{rms(1)}$——基波电流总有效值；

φ——电压与基波电流相角；

$K_d = \frac{I_{rms(1)}}{I_{rms}}$——畸变因数；

K_φ——位移系数。

电流总谐波畸变率（THD）定义为

$$I_{rms}(DisT) = \sqrt{I_{rms}^2 - I_{rms(1)}^2} \tag{6-46}$$

$$THD = \frac{I_{rms}(DisT)}{I_{rms(1)}} \tag{6-47}$$

式中 $I_{rms}(DisT)$——所有谐波分量的总有效值。

电流畸变因数 K_d 与总谐波畸变率（THD）的关系为

$$THD = \sqrt{\left(\frac{I_{rms}}{I_{rms(1)}}\right)^2 - 1} = \sqrt{\left(\frac{1}{K_d^2}\right) - 1}$$

$$K_d = \frac{1}{\sqrt{1 + THD^2}} \tag{6-48}$$

6.5.5.2 谐波电流的限制

高频开关整流器通常由 AC-DC 和 DC-DC 两级构成，AC-DC 变换采用单相桥式整流和电容

滤波，使交流输入含有大量的谐波成分。谐波电流倒流入电网，造成对电网的谐波“污染”。

（1）谐波对电网产生危害。主要表现在：

1）从交流电源获得仅为基波成分，使交流电源得不到充分利用。

2）谐波电流导致变压器绕组及铁芯产生损耗。

3）谐波导致三相四线系统中性线含有大量的 3 次谐波电流。

4）谐波导致电力系统产生谐振，而谐振可能产生过电压及过电流，而损坏设备绝缘和补偿电容器。

5）对通信设备产生电磁干扰。

（2）减小谐波电流的方法。主要有：

1）采用滤波电感。

2）采用串、并联 LC 谐振电路，并使其谐振频率为基波频率。即根据电路的性质（感性或容性），采用异性（容性或感性）补偿，以提高基波功率因数（$\cos\varphi$）。同时采用有效的整流技术、滤波技术和校正技术，最大限度地抑制谐波电流。

补偿、滤波等技术目前已广泛采用，但效果有限。

6.5.5.3 功率因数校正

功率因数校正技术是主电路中增加的一个附加环节，它的作用是使输入电流与输入电压完全同相位，所以功率因数大大提高。功率因数校正普遍采用无源谐振和有源谐振方法。无源校正法简单，但效果较差，三相模块可采用无源法。

单相功率因数校正一般采用非隔离变换电路，其中有升压型、降压型、降压—升压型、CuK 型等（如图 6-26 所示），也有采用隔离型（如图 6-27 所示）。

三相功率因数校正通常采用如下电路（如图 6-28 所示）：

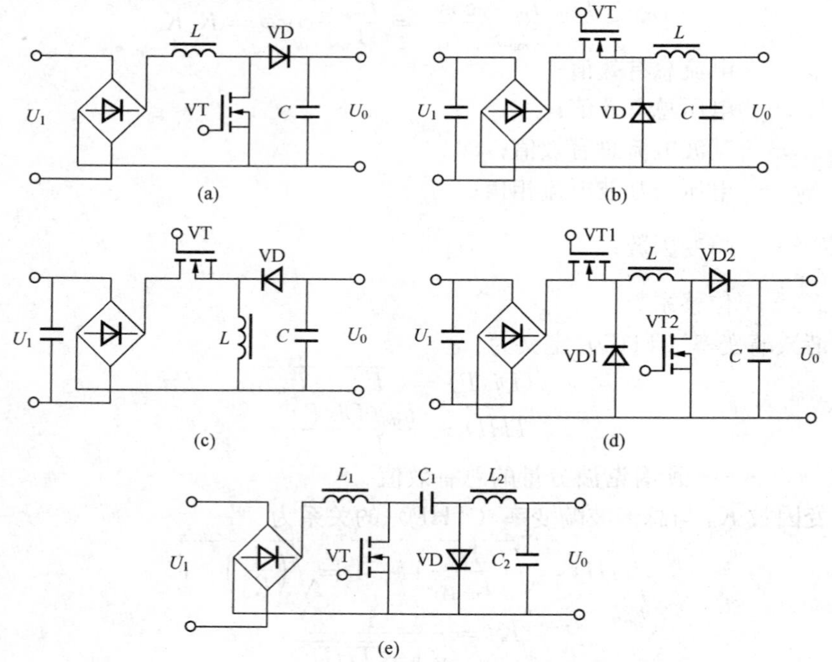

图 6-26　非隔离型功率因数校正电路

（a）升压型；（b）降压型；（c）降压—升压型；（d）双管降压—升压型；（e）CuK 型

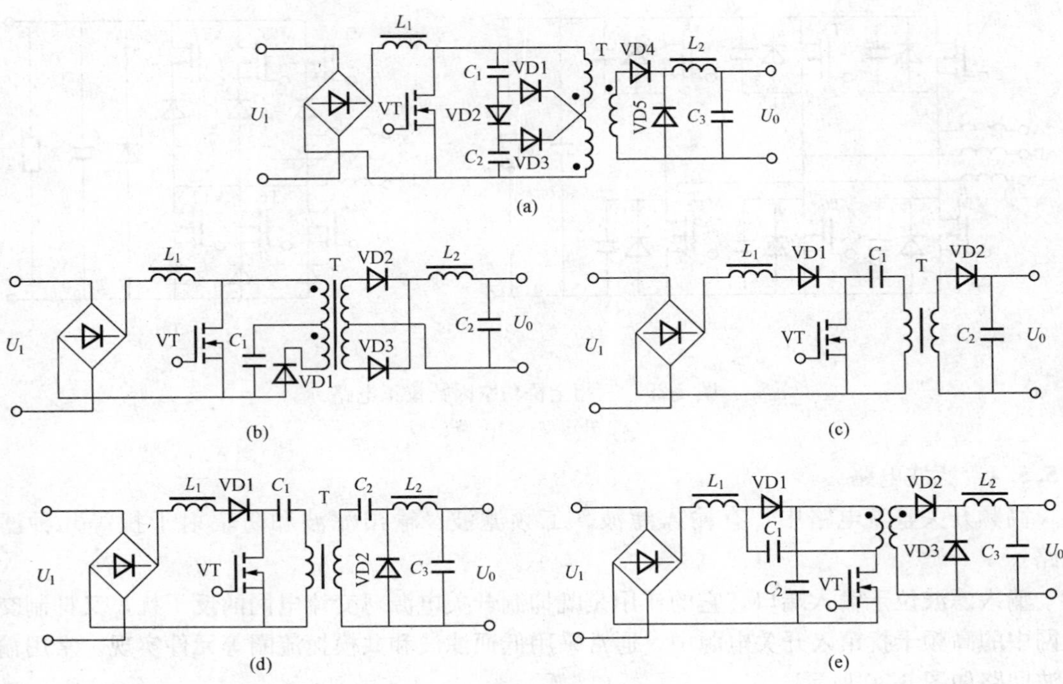

图 6-27　隔离型功率因数校正电路

（a）单端正激型；（b）单端反激型；（c）半桥式；（d）全桥式；（e）双管串联正激型

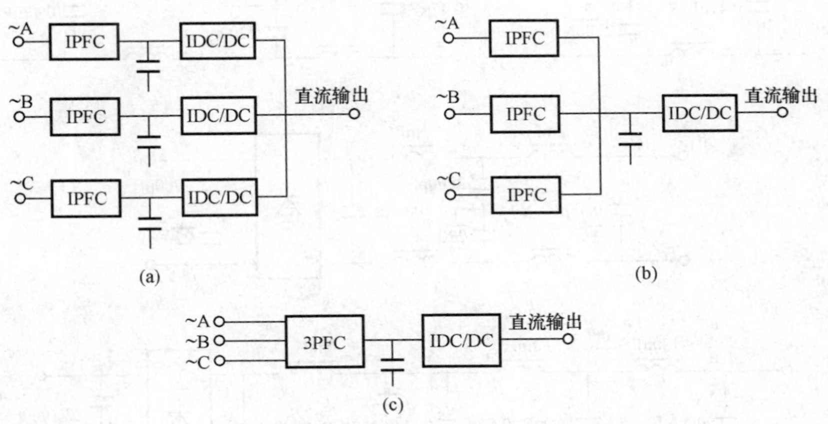

图 6-28　三相功率因数校正电路

（a）电路（1）；（b）电路（2）；（c）电路（3）

（1）三个带单相功率因数校正的单相输入开关并联运行。

（2）三单相功率因数校正器。

（3）三相功率因数直接校正。

电力工程中，（2）和（3）应用较为普遍。

三相全桥功率因数校正电路如图 6-29 所示。

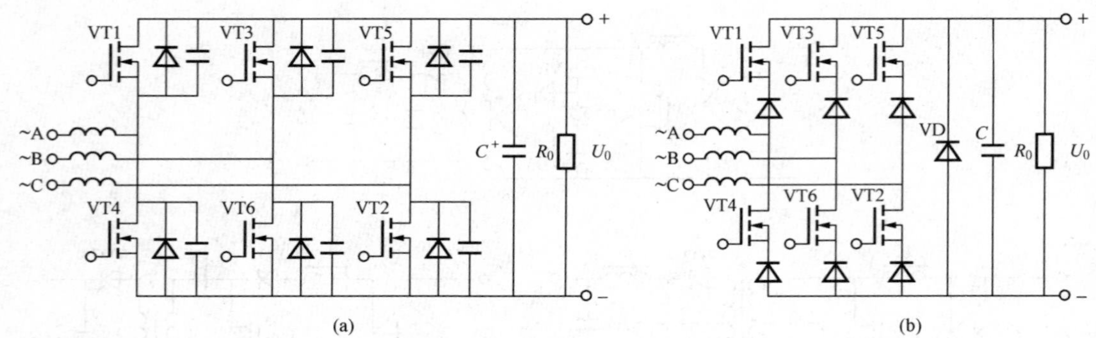

图 6-29　三相全桥功率因数校正电路

(a) 升压型；(b) 降压型

6.5.5.4　滤波电路

高频开关整流电路中，有输入滤波、工频滤波、输出滤波和防辐射干扰等几种滤波电路。

输入滤波位于输入端口，它的作用是既抑制开关电源对交流电网的反干扰，又抑制交流电网中的高频干扰窜入开关电源中。通常采用低通滤波和共模扼流圈等元件实现。常用输入滤波回路如图 6-30 所示。

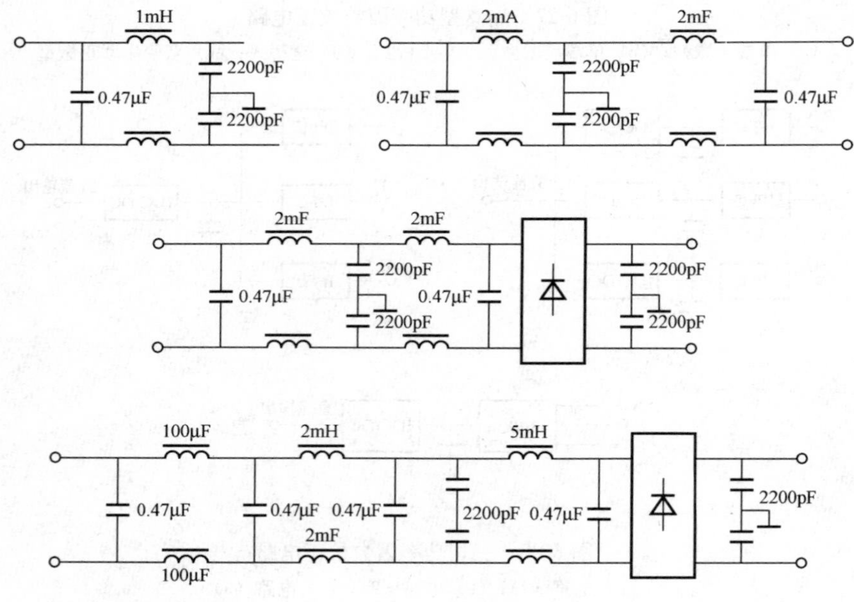

图 6-30　常用滤波回路实例

输出滤波位于输出端口，它的作用是抑制整流后的脉动分量，减小输出纹波。通常采用滤波电感和电容实现。

工频滤波位于工频整流器与 DC-DC 变换器之间，其作用是平滑直流，也具有抑制高频的作用。滤除的频率低。

在开关电源中，对能够生产电磁干扰的器件均应采取防干扰措施，如高频开关管、功率变换器、整流二极管等处，辐射来源复杂，消除较为困难，应采取防辐射干扰措施；要采用多种形式的电路。

6.5.6 控制电路与驱动电路

主电路以外，对开关电源输出产生决定作用的就是控制电路与驱动电路。控制电路的作用就是产生调制脉冲，驱动电路的作用是将调制脉冲分频、放大、整形，作为功率开关管的激励信号。

6.5.6.1 控制电路的功能及分类

控制电路应具备下述基本功能：有足够的电路增益，使输出电压达到规定的精度；输入、输出电压应具有软启动性能；输出电压及其调节范围应达到规定要求；具有负载的过电流和短路保护及负载和电源装置的过电压或欠电压保护，并能实现远距离操作和程序启停；开关电源模块具有并联运行功能，其不平衡系数应在规定的允许范围之内。

控制电路采用时间比例控制技术，通常分为脉宽调制（PWM）和脉频调制（PFM）。其控制电路框图如图 6-31 所示。

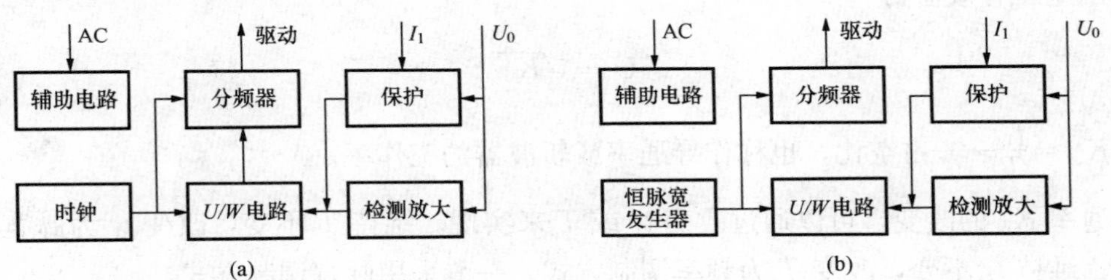

图 6-31 控制电路型式框图
(a) PWM 方式；(b) PFM 方式

两种方式的区别是：PWM 方式具有产生恒定频率的时钟和“电压—脉宽”转换电路（U/w 电路）；PFM 方式具有恒脉宽发生器和“电压—频率”转换电路（U/f 电路）。

关于分频器、时钟振荡器、U/W 电路、U/f 电路等，这些电路的分立元件构成十分复杂，不再赘述。目前，各类控制电路都已集成化，这不仅提高了元器件的可靠性、简化了电路的设计计算、方便生产和维护，而且加速了这些元器件的标准化、系列化进程，推动了开关电源技术的进一步发展。

6.5.6.2 驱动电路

驱动电路将控制电路产生的驱动脉冲放大以便激励高压开关管。脉冲幅度和波形直接影响到开关管的运行特性以及其损耗和发热，所以对驱动电路有较高的要求。

驱动电路有恒流型、比例电流型、反向型、互补型、电压型、基极电感辅助关断型等。恒流型是开关管的正向基极驱动电流基本保持恒定数值，不随集电极电流增减而变化。这种驱动方式引起空载存储时间增加，从而导致共态通导、效率降低、输出电压调节范围缩小、工作频率降低等。

为解决恒流型存储时间长、关断速率低的问题，可采取反向驱动，即反向型驱动。反向型驱动有无偏置双极型、单端正激型、电容储能型、固定反向偏置型以及互补反向偏置型。

互补反向偏置型即为互补型驱动，它适用于推挽式功率、转换电路，适用于 MOSFET、IGBT、MCT 以及 SIT 等电压型场控器件的驱动电路为电压型驱动电路。这种方式电路简单、驱动功率小，它又分为隔离型和非隔离型，隔离型按隔离的方法分为磁隔离型和光隔离型。电压型驱动电路应用广泛。

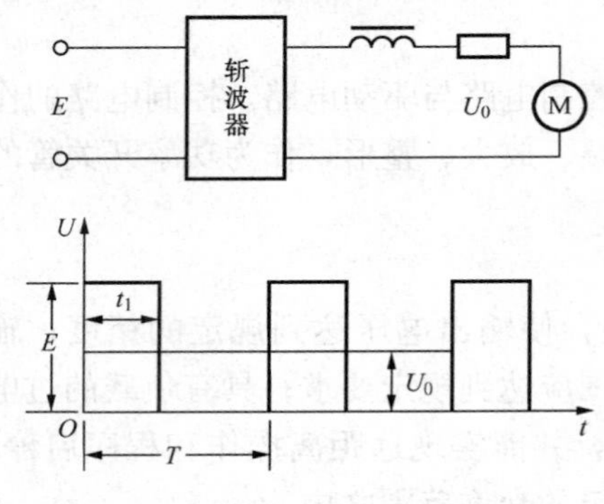

图 6-32　直流斩波器原理图

6.5.7　直流斩波器

直流斩波器是接在恒定直流电源之间，能调节负载直流电压平均值的一种装置，也可称作直流调压器，它也是 DC-DC 变换器。图 6-32 所示为直流斩波器的原理示意图。

图 6-32 中，恒定直流电压为 E，经斩波器后，施加于直流负载上的直流电压变换为 U_0，二者关系为

$$U_0 = \frac{t_1}{T}E = K_{ov}E \tag{6-49}$$

输出电压有效值为

$$U = \sqrt{K_{ov}}E \tag{6-50}$$

式中　$K_{ov} = \frac{t_1}{T}$——占空比，也称作导通率或斩波器的工作率。

导通率 K_{ov}的改变，可以通过改变 t_1 或 T 来实现。维持 T 不变，改变 t_1 为脉宽调制工作方式；维持 t_1 不变，改变 T 为频率调制方式。一般采用脉宽调制方式。

直流斩波器一般使用普通晶闸管、门极关断晶闸管（GTO）、电力晶体管（GTR）或绝缘栅双极性晶体管（IGBT）。

当直流斩波器采用晶闸管换相技术实现时，称为晶闸管直流斩波器。晶闸管换相一般有三种类型：电源换相、负载换相和强迫换相，如图 6-33 所示。

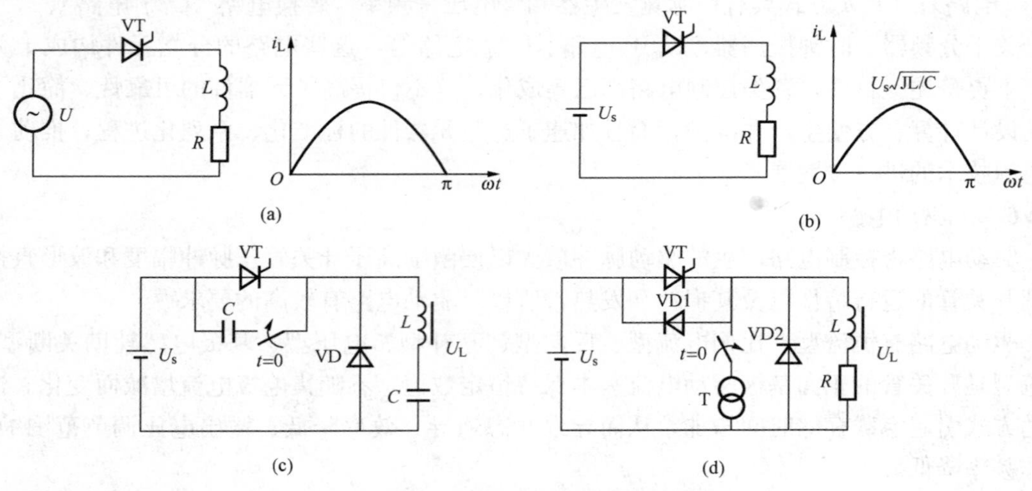

图 6-33　晶闸管换相电路

（a）电源换相；（b）负载换相；（c）强迫（加反电压）换相；（d）强迫（加冲击电流）换相

电源换相是在电源电压反相时向晶闸管施加反压而使电流截止、晶闸管关断来进行换相的。负载换相是在 RC 或 LC 负载电流下降为零、电容电压与电源电压相等，晶闸管无电流而自然关断来进行换相的。强迫换相是采用强迫换相电路来进行换相，对导通的晶闸管加反向电压，使阴极电位高于阳极电位，强迫关断，称为反电压换相；对导通的晶闸管加冲击电流，使晶闸管中电流为零，强迫关断，称为冲击电流换相。

晶闸管直流斩波器广泛用于电力牵引上，如地铁、电力机车、城市无轨电车等。

采用高频开关的直流斩波器不仅能起到很好的调压作用，而且能有效地抑制网侧谐波电流的作用。这类斩波器，如前所述，也有降压型、升压型和降压—升压混合型之分，应用较多的为降压型。目前也有采用高频开关管直流斩波器作为蓄电池充电装置，如图 6-34 所示。

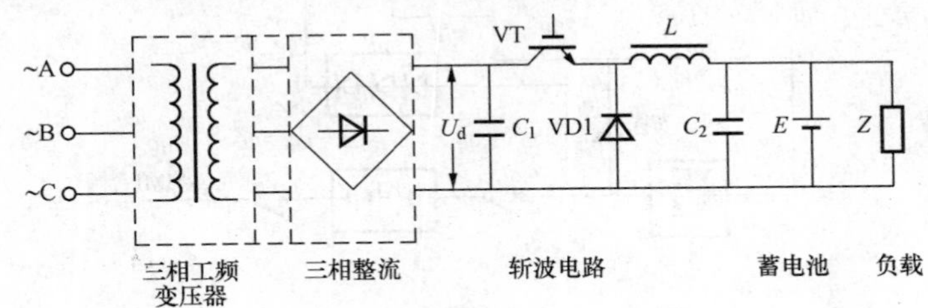

图 6-34　斩波器电路图

该类斩波器的性能介于相控电源与高频电源之间，它利用工频变压器实现隔离和变压功能，用串联的高频斩波管和电感实现稳压功能。

斩波器与高频开关电源性能比较见表 6-21。

表 6-21　　斩波器与高频开关整流器的性能比较

		斩　波　器		高频开关电源
安全性		当 IGBT 开关管发生短路故障时，交流输入整流后的 500V 电压直接加到输出回路，危害到用电设备及蓄电池的安全 （开关管 95%以上的故障为短路故障）		当高频开关管发生短路或开路故障时，交流输入整流后的 500V 电压，经高频变压器隔离，故障电源模块无输出，并自动退出工作，不会危害到用电设备及蓄电池的安全
结构		机柜式结构，无法实现模块备份		$N+1$ 备份模块式结构
自投功能		当开关管发生短路故障时，备份电源无法自动投运； 当开关管发生开路故障时，备份电源可自动投入运行		当某一模块发生故障时，自动退出工作，对其他模块及系统工作无影响
损耗	变压器	变压器的损耗与铁芯的质量成正比，工频变压器的体积与质量很大，工频变压器的损耗为输入功率的 4%左右。整机效率低	变压器	利用高频变压器作为输入与输出的隔离，高频变压器的体积与质量比工频变压器小约千倍，高频变压器的损耗为输入功率的 0.5%左右。整机效率高
	电感	具有较大的直流偏磁，作为稳压与滤波双重职能，电感量较大，体积巨大，损耗与发热严重	电感	虽具有直流偏磁，但由于只作为滤波用，所以电感量和体积均很小，损耗也很小
可维护性		需停电维修		不需停电，故障模块可带电更换

由上述分析可知，斩波型整流电源与普通相控整流电源相比，稳压精度、稳流精度、波纹系统等技术指标有较大的提高，但安全性、可靠性和整机效率二者相近。但斩波型整流电源与高频开关模块式整流电源相比有较大差距，高频开关电源无论电性能指标，还是安全性、可靠性指标以及机械结构、运行维护等各种性能都优于斩波型整流电源。

为了提高供电可靠，有些制造厂家采用备用整流器从旁路接入的方式，如图 6-35 所示。

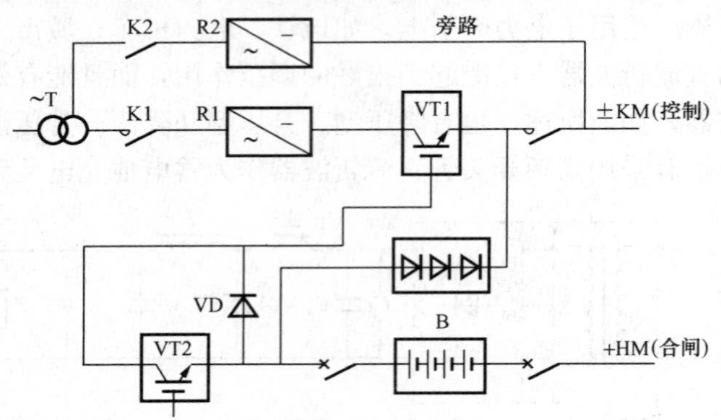

图 6-35　电力用直流斩波整流基本电路图

该类装置的技术指标为：

稳流精度，≤±0.5%　[直流输出电流(20%～100%)I_n，I_n 为标称电流]；

稳压精度，≤±0.5%　[直流输出电流(0～100%)I_n]；

波纹系数，≤0.8%　[直流输出电流(0～100%)I_n]；

噪　　声，≤50dB；

绝缘电阻，母线对地电阻≥10MΩ，二次回路对地电阻>2MΩ；

工频耐压，2000V、1min；

PWM 调制频率，15kHz。

6.5.8　电力工程对高频开关整流模块的基本技术要求

6.5.8.1　正常使用的环境条件

(1) 海拔 2000m 及以下。

(2) 周围空气温度－10℃～＋40℃。

(3) 日平均相对湿度不大于 95%，月平均相对湿度不大于 90%。

(4) 安装使用地点无强烈振动和冲击，无强电磁干扰。

(5) 使用地点不得有爆炸危险介质，周围介质不含有腐蚀金属和破坏绝缘的有害气体及导电介质。

6.5.8.2　正常使用电气条件

(1) 交流电源电压波动范围不超过±15%标称值。

220V（单相）波动范围：187～253V；

380V（三相）波动范围：323～437V。

(2) 交流电源频率变化范围不超过[50±5%(50±2.5)]Hz。

6.5.8.3　安全要求

安全要求主要包括：电气间隙和爬电距离、绝缘性能（绝缘电阻、介质强度、冲击电压）温升、噪声、耐湿热性能、防护等级、防触电措施、抗扰度试验。

（1）电气间隙和爬电距离。直流电源设备内两带电导体之间，以及带电导体与裸露的不带电导体之间的最小距离，均应符合表 6-22 规定的最小电气间隙与爬电距离的要求。

表 6-22　　电气间隙和爬电距离

额定绝缘电压 U_N（V）	不同额定工作电流下的电气间隙（mm）		不同额定工作电流下的爬电距离（mm）	
	≤63A	＞63A	≤63A	＞63A
$U_N \leqslant 60$	3.0	5.0	3.0	5.0
$60 < U_N \leqslant 300$	5.0	6.0	6.0	8.0
$300 < U_N \leqslant 500$	8.0	10.0	10.0	12.0

注　1. 当主电路与控制电路或辅助电路的额定绝缘电压或额定工作电流不一致时，其电气间隙和爬电距离可分别按其额定值选取。
2. 具有不同额定值主电路或控制电路带电的导电零件之间的电气间隙与爬电距离，应按最高额定绝缘电压和额定工作电流选取。
3. 小母线、汇流排或不同极的裸露的带电的导电体之间，以及裸露的带电的导体与未经绝缘的不带电的导电体之间的电气间隙不小于 12mm。爬电距离不小于 20mm。

（2）温升。在额定负载下长期连续运行，模块内部各发热元器件及各部位的温升应不超过表 6-23 中的规定，并且发热元件的温度不应影响周围元器件的正常工作和损坏。

表 6-23　　温　升　要　求

元器件（部件）名称	温　升（℃）	元器件（部件）名称	温　升（℃）
整流管外壳	70	母线连接处	
晶闸管外壳	55	铝搪锡—铝搪锡	55
降压硅堆外壳	85	铝搪锡—铜搪锡	55
电阻元件	25（距外表 30mm 处空间）	操作手柄	
变压器电抗器	80	金属的	15①
母线连接处		绝缘材料的	25①
铜—铜	50	可接触的外壳和覆板	
铜搪锡—铜搪锡	60	金属表面	30②
铜镀银—铜镀银	80	绝缘表面	40②

① 装有直流电源设备内部的操作手柄（如事故操作手柄、把手等），因只有门打开后才能被触及且不经常操作，其温升允许略高于表中的数字。

② 除非另有规定，对可以接触、但正常工作时不需触及的外壳和覆板，允许其温升比表 6-24 中的数据高 10℃。

（3）绝缘电阻。产品输入回路对地、输出回路对地、输入对输出之间绝缘电阻不小于 10MΩ。

（4）工频耐压与冲击电压。产品各带电回路，按其工作电压应能承受表 6-24 所规定的历时 1min 耐压试验，试验过程中应无绝缘击穿和闪络现象。产品各带电回路，按其工作电压应能承受表 6-24 所规定的标准雷电波适时冲击电压的试验，试验过程中应无击穿放电。

表 6-24　　绝缘试验的试验等级

额定绝缘电压 U_N (V)	绝缘电阻测试仪器的电压等级 (V)	试验电压 (kV)	冲击电压 (kV)
$U_N \leqslant 60$	250	1.0 (1.5)	1
$60 < U_N \leqslant 300$	500	2.0 (3.0)	5
$300 < U_N \leqslant 500$	1000	2.5 (3.75)	12

注　1. 括号内数据为直流介质强度试验值。
2. 抽样试验和出厂试验时，介质强度试验允许试验电压高于表 6-24 中规定值的 10%，试验时间为 1s。

(5) 噪声。振荡波抗扰度包括以下抗扰度试验：在额定电压下运行，带额定电流电阻性负载时，所产生的噪声（环境噪声为 40dB）风冷式噪声应不大于 55dB（A）、自冷式噪声应不大于 50dB（A）。

(6) 耐温热性能。直流电源设备应能承受 GB/T 7261—1987《继电器及继电保护装置基本试验方法》规定的交变湿热试验，产品在最高温度为 +40℃、试验周期为两周期（48h）的条件下，经交变湿热试验，在试验结束前 2h 内，用规定开路电压值的测试仪表，分别测量规定部位的绝缘电阻，应不小于 0.5MΩ，其介质强度为规定试验电压的 75%。

(7) 防护等级：不低于 IP20。

6.5.8.4　电气性能要求

(1) 应具有稳流、稳压、均流、限流性能，并具有软启动特性。

(2) 直流输出电压调节范围。直流输出电压的调节范围应为其标称值的 90%～130%，也可根据用户要求设置。

(3) 稳流精度。产品的稳流精度应不大于表 6-25 的规定值。

(4) 稳压精度。当交流电源电压在标称值 ±15% 范围内变化、直流输出电流在额定值的 0%～100% 范围内变化（电阻性负载）、直流输出电压在调节范围内时，产品的稳压精度应不大于表 6-25 的规定值。

(5) 波纹系数。当交流电源电压在标称值 ±15% 范围内变化、电阻性负载电流在额定值的 0～100% 范围内变化、直流输出电压在调节范围内时，产品的波纹系数应不大于表 6-25 的规定值。

(6) 均流性能。在多个同型号模块并联工作状态下运行时，各模块承受的电流应能做到自动均分负载，实现均流；在 2 台及以上模块并联运行时，其输出的直流电流不平衡度应不大于表 6-25 的规定值。

表 6-25　　精度、波滤系数和不平衡度指标

项目名称	项目指标	计算方法	符号含义
稳流精度 δ_i	$\delta_i \leqslant \pm 0.5\%$	$\delta_i = \frac{I_{out.m} - I_{out.s}}{I_{out.s}} \times 100\%$	$I_{out.m}$——输出电流波动极限值 $I_{out.s}$——输出电流整定值
稳压精度 δ_u	$\delta_u \leqslant \pm 0.5\%$	$\delta_u = \frac{U_{out.m} - U_{out.s}}{U_{out.s}} \times 100\%$	$U_{out.m}$——输出电压波动极限值 $U_{out.s}$——输出电压整定值

续表

项目名称	项目指标	计算方法	符号含义
波纹系数 K_r	$K_r \leqslant 0.5\%$	$K_r=\frac{U_p-U_v}{2U_m}\times 100\%$	U_p——直流电压脉动峰值 U_v——直流电压脉动谷值 U_m——直流电压脉动平均值
模块均流不平衡度 δ_{dis}	$\delta_{dis} \leqslant \pm 0.5\%$	$\delta_{dis}=\frac{I_{LM}-I_{MM}}{I_{rM}}\times 100\%$	I_{LM}——模块输出电流报警值 I_{MM}——模块输出电流平均值 I_{rM}——额定电流
效率 η	$\eta \geqslant 90\%$	$\eta=\frac{W_{DC}}{W_{AC}}\times 100\%$	W_{DC}——直流输出功率 W_{AC}——交流输入功率

(7) 效率与功率因数。整流模块效率应不低于 90%，功率因数应不低于 0.9。整流模块的功率因数在满足条件的同时，还要保证交流输入电压波形失真度不大于 5%。

(8) 噪声电压。

1) 电话衡重噪声电压（300～3400Hz）：≤2mV。

2) 宽频噪声电压(3.4～150Hz)：≤100mV；
(3.15～30Hz)：≤30mV。

3) 离散频率噪声电压(3.4～150Hz)：≤5mV；
(150～200Hz)：≤3mV；
(200～500Hz)：≤2mV；
(0.5～30Hz)：≤1mV。

4) 峰—峰值噪声电压：≤200mV。

(9) 限流及限压性能。

1) 当输出直流电流超过 110%额定值时，应能自动限流，降低输出直流电压。并当过载或短路排除以后，能自动地将输出直流电压恢复到正常值工作。

2) 当输出直流电压上升到限压整定值时（130%标称电压可调)，应能正常工作，并当恢复到正常负载条件以下，能自动地将输出直流电流恢复到正常值工作。

(10) 保护及信号功能。

1) 交流输入过电压、欠电压保护。当交流输入电压超过规定的波动范围时，整流模块应自动进行保护并延时关机，当电网电压正常后，应能自动恢复工作。

2) 直流输出过电压、欠电压保护。应设置过电压、欠电压保护，可由制造厂根据用户要求而整定。当直流输出电压值超过整定值时，应自动进行保护（报警或关机），故障排除后，应能人工恢复工作。

3) 过电流保护。应设置过电流保护，可由制造厂根据要求整定，当直流输出电流超过整定值时，应进行保护（报警或关机），过电流消失，应能正常工作。

4) 信号功能。应能发出交流失电压、过电压、欠电压，直流输出过电压、欠电压、过电流及整流模块发生故障的信号，并应具备外引标准通信接口或接点输出。

6.5.8.5 振荡波抗扰度

包括以下抗扰度试验：

(1) 1MHz 和 100kHz 振荡波抗扰度试验。

(2) 静电放电抗扰度试验。

(3) 射频电磁场辐射抗扰度试验。

(4) 电快速瞬变脉冲群振荡波抗扰度试验。

(5) 浪涌（冲击）抗扰度试验。

(6) 射频场感应的传导干扰抗扰度试验。

(7) 工频磁场抗扰度试验。

(8) 阻尼振荡磁场抗扰度试验。

(9) 电压暂降、短期中断和电压变化的抗扰度试验。

6.5.8.6 谐波电流、电压波动和闪烁限值要求

谐波电流限值应符合表 6-10 的规定。电压波动及闪烁限值应符合表 6-26 的要求。

表 6-26 电压波动及闪烁限制

项　　目	限　　值	项　　目	限　　值
短时闪烁 P_{st}	≤1.0	相对静态电压波动 d_c	≤3%
长期闪烁 P_{lt}	≤0.65		
最大相对电压波动 d_{max}	≤4%	相对电压波动 d_t	电压变化持续时间大于 200ms

6.5.8.7 开关机过冲幅值

最大峰值不超过直流输出电压整定值的±10%。

6.5.8.8 软启动时间

软启动时间可根据用户要求设定，一般为 3～8s。

6.5.8.9 平均故障间隔时间（MTBF）

在额定输入，额定输出功率和常温的环境下，MTBF 应不小于 40 000h。

6.5.8.10 蓄电池运行时对整流器的要求

(1) 满足蓄电池正常浮充电要求。正常运行时，蓄电池的容量与充电装置的电流有关，充电装置只有提供满足蓄电池充电电流值时，才能将蓄电池充足电，处于满容量状态备用。当充电电流不足时，电池长期处于充不足状态，应无法满足负载要求，并且降低蓄电池的使用寿命；相反，充电电流过大，温升快，产生气体量大，对贫液式阀控电池来说极易产生干涸而失效。因此，稳压稳流精度越高的整流器越好。一般相控整流器约为±（1～2)%，而高频开关整流器可达±（0.2～0.5)%。对阀控式密封电池，稳压、稳流精度要求为±（1～0.5)%。

(2) 满足蓄电池均衡充电要求。蓄电池在事故放电后，或发现电池不均衡时以及经过一定运行时间后（如 3 个月、6 个月或 1 年之后）需要均衡充电。不同类型电池，均衡充电电压、电流数值不同。阀控密封式铅酸蓄电池的均衡充电电压和电流分别为 2.28～2.40V 和(1.0～1.25)I_{10}。均衡充电方式需要自动进行，即由浮充电转换到均衡充电，由均衡充电转换到浮充电都要求自动切换，其转换条件应能预先设定。整流器应能满足这些要求。

(3) 蓄电池对整流器基本功能的要求。整流器除应具有稳压、稳流及低纹波系数性能外，还应具有限压、限流功能；具有浮充电、自动均衡充电和手动充电等功能；应为长期连续工作制；具有过电压、欠电压、过电流保护功能和异常工况、故障情况报警功能。

(4) 满足数据采集、处理、显示、报警和运传功能。正常运行情况下以及故障情况下，都需要准确采集蓄电池端口电压、浮充电流、均充电流和放电电流，采集蓄电池回路开关工

作状态及故障信息，并与上位机或监控中心进行通信。监控中心对蓄电池工作方式和运行参数的要求也需要经过监控器和整流模块下达。

蓄电池还要求整流模块具有手动充放电功能。此外整流装置应具备高功率因数、高效率、运行方便、操作简单、灵活，维护简便和尽量少维护等性能。

(5)蓄电池对整流装置运行参数的要求。

1)蓄电池组浮充电压调整范围：(90%～115%)U_n。

2)蓄电池组充电电压调整范围：(85%～130%)U_n。

3)恒流充电时充电电流调整范围：(10%～100%)I_{10}。

4)恒压运行时负荷电流调整范围：(0%～100%)I_n。

5)恒流充电稳流精度≤±(0.5～1)%。

6) 恒压充电稳压精度≤±(0.5～1)%。

7) 直流母线波纹系数≤±(0.2～1)%。

6.5.8.11 模块结构要求

(1) 模块设计要力求小型化、标准化、集成化和智能化。

(2) 模块的外壳应采用防锈蚀、防老化、防火、不产生有害气体，具有一定强度，不易变形的材料制作。

(3) 模块冷却方式为自冷式或风冷式。自冷式模块，一般采用立式结构，以利于通风散热，多个模块并联时，一般采取并排布置，当需要多层布置时，上下要留有足够的空间，以使空气流通。同时要注意防尘、防止灰尘积累。强制风冷模块，空气流向一般采用前进后出，模块可多层排列，柜体利用率高。

(4) 模块外壳应完好无损，四周无突出异物，平整光滑，应适应屏柜的安装要求，应能带电更换。

(5) 模块正面应朝向巡视和操作者，操作及显示设备应布置在模块正面。模块内部应注意交、直流回路隔离、控制与主回路隔离，带电部分与安装螺钉、各回路之间距离应符合安全标准要求。

(6) 模块应设置有开/关机、均/浮充转换操作按键，应具有告警信号显示。操作按键应安装整齐牢固，信号灯具标字符号正确、对齐完整。

(7) 模块应具有控制输出电压和电流的功能且能显示。

(8) 模块应具有过电压、过电流保护和自动限流的功能。

(9) 模块应具有接受直流系统监控指令，并能与系统监控通信的功能。

(10) 模块应具有手动修改浮/均充电压、电流值，手动整定、修改限流值的功能。

(11) 当监控装置发生故障或检修时，模块应能自动稳定运行在浮充工况。

(12) 模块背面应方便接线、布线和试验；交流输入电流、直流输出电流、通信接口等接线端子应正确完整，标字符号明确清晰。

(13) 模块之间的连接及对外连接应采用接触紧固、不易松动的插头和抗干扰能屏蔽的多芯连接电线、电缆。

(14) 模块背面应有明显接地标志，应通过屏柜可靠接地。

(15) 多台模块安装时，应满足其通风散热要求。

6.6 电力工程用蓄电池整流逆变设备

6.6.1 功能和分类

将直流电变换成交流电的变流设备，称为逆变设备或逆变器；具有整流充电和逆变放电功能的设备，称为整流逆变设备。在正常情况下，它能自动完成对蓄电池进行恒流充电、恒压充电和浮充电的模式充电；在核对性放电或特殊需要时，能完成把直流电转变为交流电后返回电网的有源逆变。

整流逆变设备按直流系统电压分为 110V 和 220V，交流输出电压分为 220V 和 380V；按整流逆变原理分为普通相控型、微机相控型和微机高频开关型。设备可配微机监控，也可不配微机监控。整流和逆变输出可取相同的额定电流，也可取不同的额定电流。

整流逆变设备型号规格见表 6-27。

表 6-27　　整流逆变设备型号规格示例表

序号	型号	原理特性			功能类别			输出特性		
		普通相控	微机相控	微机高频	充电	放电	监控	电压（V）	整流电流（A）	放电电流（A）
1	KCF1-100/230	K　1			C	F	—	230	100	100
2	KCFW2-100/230		K　2		C	F	W	230	100	100
3	GCFW3-30（10）/230			G　3	C	F	W	230	30	10
4	GCFW3-100/230			G　3	C	F	W	230	100	100

图 6-36 所示为 GCFW3 型微型高频开关整流逆变电气设备接口框图。

6.6.2 使用条件

（1）正常使用的环境条件。

1）使用场所：户内。

2）海拔：1000m 及以下。

3）周围空气温度：不高于＋40℃，不低于－5℃。

4）相对湿度：日平均不大于 95%，月平均不大于 90%。

5）安装使用地点无强烈振动和冲击，无强电磁干扰，外磁场感应强度不得超过 0.5m/T。

6）安装垂直倾斜不超过 5%。

7）使用地点周围无严重尘土、爆炸危险介质、腐蚀金属和破坏绝缘的有害气体、导电微粒和严重的霉菌。

（2）正常使用的电气条件。

1）频率变化范围：(50±1)Hz。

2）交流电网电压波动范围：380V 电网为 342～437V，220V 电网为 198～253V。

3）交流电网电压不对称度：≤5%。

4）交流电网电压波形应为正弦波，非正弦含量不超过 10%。

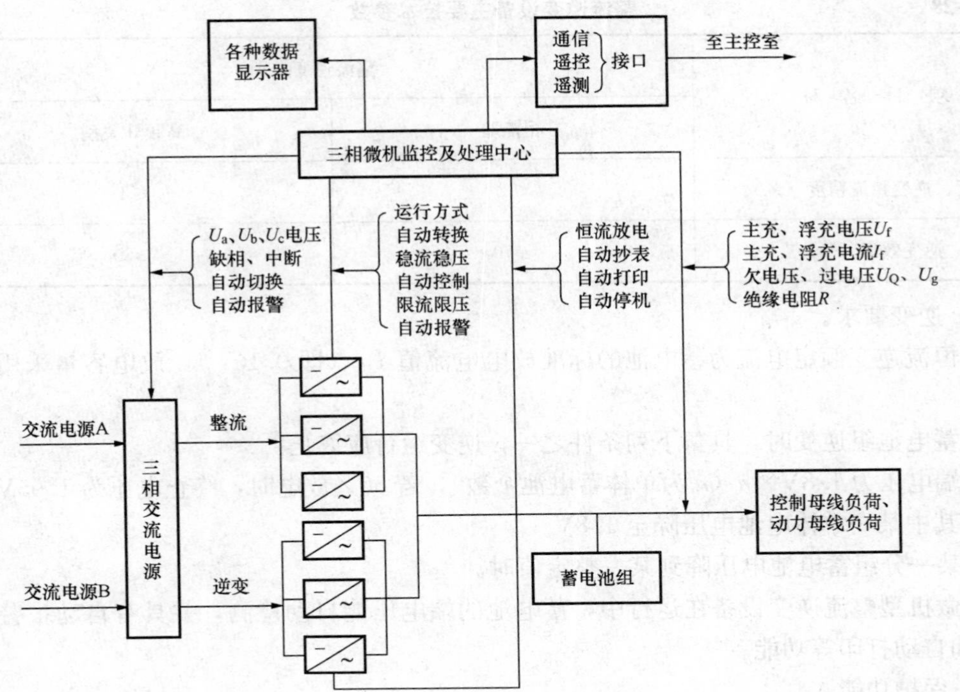

图 6-36　GCFW3 型微机型高频开关整流逆变设备电气接口框图

（3）特殊使用的电气条件。超过标准规定的使用条件，由用户与制造厂协商解决。

6.6.3　基本技术参数

（1）直流额定电压：115、230V。

（2）直流标称电压：110、220V。

（3）逆变设备直流输入电压范围：蓄电池组供电时，电压波动范围为额定值（单体蓄电池额定电压值与串联个数的乘积）的±15%；

（4）整流逆变设备额定直流电流：10、20、30、40、50、80、100、125、160、200、250、315、400A。

（5）整流、逆变稳流精度：见表 6-28。

（6）噪声：高频开关整流逆变设备≤60dB（A），相控整流逆变设备≤65dB（A）。

（7）逆变注入电网 2～19 次谐波的电压总谐波畸变率不应大于 5%，满足 GB/T 14549—1993《电能质量公用电网谐波》标准的要求。

（8）逆变注入电网电流的 2～19 次各高次谐波允许含有量均不应超过 5%（相控型不应超过 30%）。

6.6.4　技术要求

（1）电气参数。相控整流逆变型、高频开关整流逆变型两类整流逆变设备，主要技术参数应符合表 6-28 的规定。

表 6-28　　　　整流逆变设备主要技术参数

项 目 名 称	整流逆变类别	
	相控型	高频开关型
整流、逆变稳流精度（%）	≤2	≤1
逆变效率（%）	≥70	≥80

(2) 逆变要求。

1) 恒流逆变额定电流为蓄电池的标准放电电流值 I_{10}（即 $0.1C_{10}$），放电容量采用安时计量。

2) 蓄电池组逆变时，具备下列条件之一，逆变运行应终止：

a) 端电压为 1.8V×n（n 为单体蓄电池个数），若 50%放电时，终止电压为 1.95V×n。

b) 其中某一单体电池电压降至 1.8V。

c) 某一分组蓄电池电压降到某一整定值时。

3) 微机型整流逆变设备在运行中，蓄电池的端电压能自动检测，并具有自动报警、自动停机和自动打印等功能。

(3) 保护功能。

1) 整流逆变设备在逆变运行中，遇电网失电或交流缺相时，速断保护装置应可靠动作。

2) 整流逆变设备应有限流、过电流、限压保护功能。

(4) 报警功能。整流逆变设备交流电源侧的过电压、欠电压、缺相、失电均应报警。直流电源侧的控制母线电压过低与过高、绝缘降低、熔断器熔断、模块状态异常等均应报警。

(5) 显示及检测功能。整流逆变设备均能测量和显示蓄电池电源电压及充电电流、逆变放电电流等。带有安时计的整流逆变设备还能测量和显示充电及放电安时数值。

(6) 三遥功能。微机型整流逆变设备应具有遥信、遥测、遥控功能。

(7) 试验。

1) 试验分类：型式试验和出厂试验。

2) 试验项目：见表 6-29。

表 6-29　　　　逆变设备试验项目一览表

序号	试验项目	普通型整流逆变设备		微机型整流逆变设备	
		型式试验	出厂试验	型式试验	出厂试验
1	一般检查	√	√	√	√
2	绝缘性能	√	√	√	√
3	整流、逆变稳流精度	√	√	√	√
4	整流稳压精度	√	√	√	√
5	整流纹波系数	√	√	√	√
6	整流、逆变效率	√	—	√	—

续表

序号	试验项目	普通型整流逆变设备		微机型整流逆变设备	
		型式试验	出厂试验	型式试验	出厂试验
7	整流、逆变噪声	√	—	√	—
8	整流、逆变温升	√	—	√	—
9	微机整流控制程序	—	—	√	√
10	整流限流及限压	√	√	√	√
11	逆变程序	—	—	√	√
12	显示及检测功能	√	√	√	√
13	保护及报警功能	√	√	√	√
14	三遥功能	—	—	√	√
15	电磁兼容	—	—	√	—
16	高次谐波测量	√	—	√	—
17	并机均流功能（模块）	—	—	√	√

注 √表示需要做的试验项目。

6.7 PZ61系列高频开关直流电源

PZ61系列直流电源系许继电源有限公司产品，其基本构成、指标参数和技术特点简介如下。

6.7.1 系统组成原理

6.7.1.1 电源构成

PZ61系列直流电源系统主要由交流配电单元、高频开关整流模块、蓄电池组、硅堆降压单元（选择件）、直流配电单元、电池巡检装置（选择件）、绝缘监测装置、配电监测和集中监控单元等部分组成。

6.7.1.2 工作原理

正常时，交流输入电源通过交流配电单元给各个整流模块供电。整流模块将交流电变换为直流电，经保护电器（熔断器或断路器）输出，一方面给蓄电池充电，另一方面经直流配电馈电单元给直流负载提供正常的工作电源。

交流输入故障停电时，整流模块停止工作，由蓄电池组不间断地给直流负载供电。

6.7.1.3 原理接线

系统原理接线如图6-37所示。

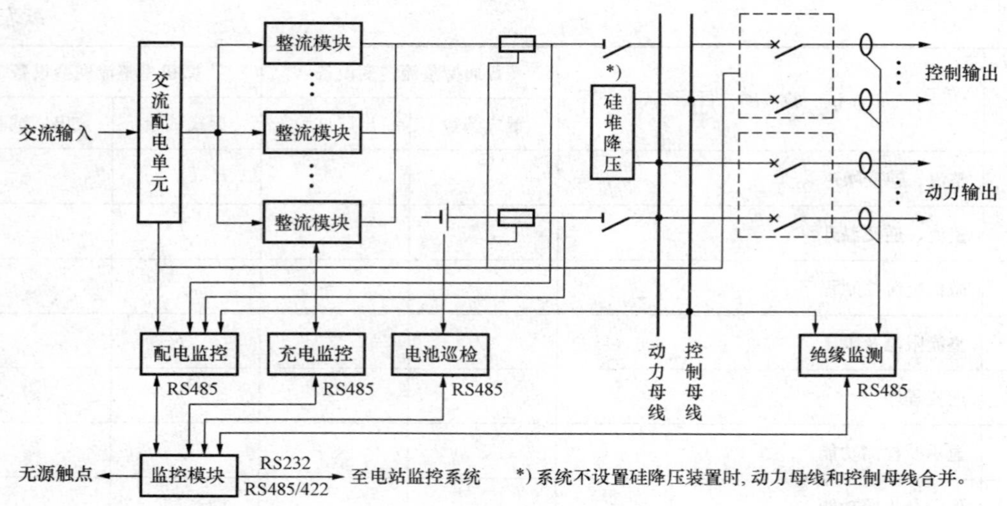

图 6-37 PZ61 系列直流电源系统框图

6.7.2 系统型号定义

高频开关直流电源系统的型号规格定义如下：

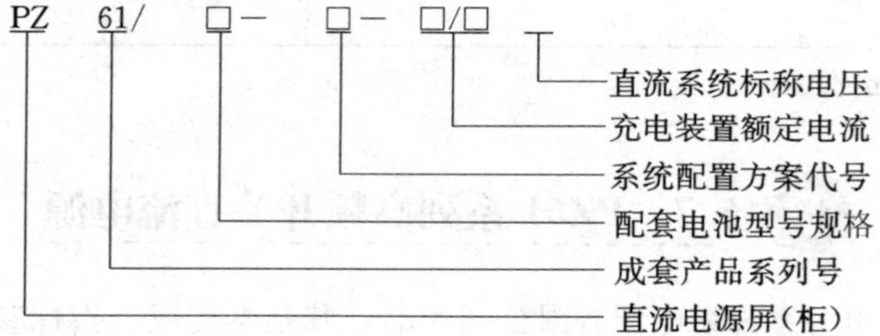

直流系统标称电压：220、110V。

配电装置额定电流为满配置并联整流模块的额定电流之和。220V 整流模块额定电流：5、10、20、30、40A；110V 整流模块额定电流：10、20、30、40、50A。

系统配置方案用阿拉伯数字表示（见表 6-30）。

表 6-30 PZ61 系列直流电源装置系统配置方案

方案代字	方案设备配置				
	蓄电池组数	充电装置套数	接线型式		
			单母线	单母分段	2 段单母线
111	1	1	√		
112	1	1		√	
121	1	2	√		
122	1	2		√	
222	2	2			√
232	2	3			√

注 1. 各种系统配置方案接线方式详见产品样本说明。
2. 由生产厂家配套提供蓄电池时，配套电池由生产厂家提供或由用户与制造厂协商确定。

6.7.3 系统技术指标及功能特点

6.7.3.1 主要技术指标

（1）直流输出电压，见表6-31。

表 6-31　　直流输出电压指标

<table>
<tr><th>序号</th><th colspan="2">名　称</th><th>指　标</th></tr>
<tr><td>1</td><td colspan="2">系统标称电压（V）</td><td>220、110</td></tr>
<tr><td>2</td><td rowspan="5">直流母线电压允许范围（%）</td><td>控制负荷专用</td><td>87.5～110</td></tr>
<tr><td>3</td><td>动力负荷专用</td><td>87.5～112.5</td></tr>
<tr><td>4</td><td>控制动力负荷混用</td><td>87.5～110</td></tr>
<tr><td>5</td><td>带硅堆降压装置系统的控制母线</td><td>87.5～110</td></tr>
<tr><td>6</td><td>带硅堆降压装置系统的动力母线</td><td>87.5～115</td></tr>
</table>

（2）直流输出电流，见6-32。

表 6-32　　充电装置各类部件额定电流选择范围

序号	名　称	选择范围（A）
1	充电装置额定电流	10、20、30、40、50、60、80、100、120、160、200、250、300、400、500、600、800、1000
2	硅堆降压装置额定电流	20、40、60、80、100、200、400、600
3	直流主母线额定电流	400、630、800、1250、1600、2000

（3）充电装置性能，见6-33。

表 6-33　　充电装置性能指标参数

序号	名　称	性 能 指 标
1	交流输入电压范围	304～456V，三相三线制/三相四线制
2	输出电压调节范围	220V系统：187～286V；110V系统：94～143V
3	稳压精度	≤±0.5%
4	稳流精度	≤±0.5%
5	波纹系数	≤0.1%
6	均流不平衡度	≤±3%
7	满载效率	≥93%
8	功率因数	≥0.94
9	音响噪声	≤55dB
10	平均故障间隔时间	≥100 000h

（4）系统绝缘性能：绝缘电阻，≥10MΩ；绝缘强度，交流50Hz、有效值2000V（直流3000V）、1min。

6.7.3.2 主要功能特点

（1）采用高频开关整流模块 $N+1$ 冗余并联组合方式供电，运行稳定可靠。整流模块可带电插拔更换，个别模块故障不影响系统正常工作，维护方便快捷。

（2）整流模块采用不依赖上位监控的工作方式，即使在监控模块故障退出时，整流模块也能按预先设定的条件继续对蓄电池正常充电，确保系统安全供电。

（3）电源监控系统采用分散测量和控制、集中管理的模式。系统中的各功能单元均内置CPU，且具有自诊断能力，并通过现场总线与集中监控模块通信，任意单元故障时不会影响其他单元正常工作。

（4）智能变送仪表具有数字显示与串行通信双重功能，采用四位半数字显示，精度达0.5级，可方便监视系统运行参数。

（5）蓄电池巡检装置可实时在线监测电池组单只电池的电压和内阻，并具有巡检数据的记录、统计和分析功能，支持USB下载数据，全面掌握单节电池的健康状况，消除事故隐患。

（6）绝缘监测装置可实时在线监测直流母线对地的绝缘电阻值。馈线支路绝缘监测采用漏电流检测原理，可精确地计算出馈线支路绝缘电阻值，检测精度不受系统对地分部电容的影响。

（7）集中监控模块采用大屏幕彩色触摸屏，显示界面图形化处理，操作直观方便。完善的智能电池管理专家维护系统保证电池使用寿命，后台监控通信支持多种协议。

（8）当控制母线电压采用降压硅堆调节的方式时，自动调压装置可在线监测降压硅堆的状态，当发生降压硅堆开路故障时，调压装置会自动将开路故障的硅堆短接旁路，保证控制母线不间断供电。

（9）直流配电系统采用上海良信、ABB、施耐德、西门子等国内外知名品牌的直流专用断路器。

6.7.4 核心部件

6.7.4.1 高频开关整流模块

整流模块的作用是将交流电转换为直流电给蓄电池充电，同时提供经常负荷电流。其型号规格见表6-34。

表6-34　高频开关整流模块型号规格

<table>
<tr><th>序号</th><th>型号规格</th><th>输入电压（V）</th><th>标称输出电压（V）</th><th>额定输出电流（A）</th></tr>
<tr><td>1</td><td>ZZG21-05220</td><td rowspan="4">单相220</td><td rowspan="2">220</td><td>5</td></tr>
<tr><td>2</td><td>ZZG21-10220</td><td>10</td></tr>
<tr><td>3</td><td>ZZG21-10110</td><td rowspan="2">110</td><td>10</td></tr>
<tr><td>4</td><td>ZZG21-20110</td><td>20</td></tr>
<tr><td>5</td><td>ZZG22-05220</td><td rowspan="4">三相380</td><td rowspan="2">220</td><td>5</td></tr>
<tr><td>6</td><td>ZZG22-10220</td><td>10</td></tr>
<tr><td>7</td><td>ZZG22-10110</td><td rowspan="2">110</td><td>10</td></tr>
<tr><td>8</td><td>ZZG22-20110</td><td>20</td></tr>
<tr><td>9</td><td>ZZG23-20220</td><td rowspan="6">三相380</td><td rowspan="3">220</td><td>20</td></tr>
<tr><td>10</td><td>ZZG23-30220</td><td>30</td></tr>
<tr><td>11</td><td>ZZG23-40220</td><td>40</td></tr>
<tr><td>12</td><td>ZZG23-30110</td><td rowspan="3">110</td><td>30</td></tr>
<tr><td>13</td><td>ZZG23-40110</td><td>40</td></tr>
<tr><td>14</td><td>ZZG23-50110</td><td>50</td></tr>
</table>

6.7.4.2 技术指标

高频开关整流模块详细参数见表6-35、表6-36和表6-37。

6.7.4.3 功能特点

(1) 开关变换。开关变换全面采用软开关技术，可大幅减小功率器件的开关损耗，提高转换效率；同时，由于电压变化率（du/dt）和电流变化率（di/dt）减小很多，功率开关器件承受的电应力较小，可靠性得到很大提高；另外，由于 du/dt 和 di/dt 的减小，高频开关电源产生的电磁干扰也有很大的改善，通过全部电磁兼容（EMC）试验，被称为“绿色电源”。

(2) 并联均流。采用先进的平均值自动均流技术，通过均流母线建立并联模块电流反馈放大信号的电压平均值，它表征总负载电流的平均值。将每个模块的电流反馈信号电压与均流母线电压比较，通过误差信号来适当调整模块输出电压，从而调整其输出电流，使各并联模块输出电流等于总负载电流的平均值，非常精确地实现自动均流。并联均流原理电路如图 6-38 所示。

表 6-35　　ZZG21 高频开关整流模块技术参数

项目		技术指标			
		ZZG21-05220	ZZG21-10220	ZZG21-10110	ZZG21-20110
输入特性	输入电压	154～275V（单相二线，满足铁路宽范围电压要求）			
	交流频率（Hz）	50×（1±10%）			
	功率因数	≥0.99			
	满载效率（%）	≥92			
	最大输入功率（kW）	1.65	3.3	1.7	3.4
输出特性	电压调节范围（V）	176～286		88～143	
	额定输出电流（A）	5	10	10	20
	最大输出电流（A）	6	11	11	22
	限流调节范围（A）	1～100%额定值			
	软启动时间（s）	4～8			
	负载调整率（%）	≤±0.5			
	电网调整率（%）	≤±0.1			
	稳压精度（%）	≤±0.5			
	稳流精度（%）	≤±0.5			
	纹波系数（%）	≤0.5（峰峰值）			
	温度系数（‰）	≤0.2（1/℃）			
保护特性	输入过电压保护	(281±3)V 关机，可自恢复，回差电压 3～9V			
	输入欠电压保护	(148±3)V 关机，可自恢复，回差电压 6～12V			
	输入缺相保护	关机，可自恢复			
	输出过电压保护	(295±5)V 关机，5min 内 3 次不可恢复		(148±3)V 关机，5min 内 3 次不可恢复	
	输出欠电压保护	(170±4)V 告警，回差电压 4V		(85±2)V 告警，回差电压 2V	
	输出过电流保护	关机，可自恢复			
	输出短路保护	电压在（170±4）V 范围内，回缩电流≤40%额定值，可自恢复			
	过温保护	(75±5)℃关机，温度降低后可自恢复			

续表

项目		技术指标			
		ZZG21-05220	ZZG21-10220	ZZG21-10110	ZZG21-20110
人机界面	LED数码管	指示输出电压和电流，电压误差≤1V，电流误差≤0.2A			
	绿色LED	"运行"指示			
	黄色LED	"保护"指示			
	红色LED	"故障"指示			
	▲▼按键	设置模块运行参数，显示与给定校正			
	拨码开关	6位：设置模块运行方式和通信地址			
其他	冷却方式	风冷（防尘）			
	音响噪声（dB）	≤55			
	外形尺寸	2U高19in机箱			

表6-36　ZZG22高频开关整流模块技术参数

项目		技术指标			
		ZZG22-05220 *	ZZG22-10220	ZZG22-10110 *	ZZG22-20110
输入特性	输入电压（V）	304～456（三相三线）			
	交流频率（Hz）	50×（1±10%）			
	功率因数	≥0.94			
	满载效率（%）	≥92			
	最大输入功率（kW）	1.65	3.3	1.7	3.4
输出特性	电压调节范围（V）	176～286		88～143	
	额定输出电流（A）	5	10	10	20
	最大输出电流（A）	6	11	11	22
	限流调节范围（A）	1～100%额定值			
	软启动时间（s）	4～8			
	稳压精度（%）	≤±0.3			
	稳流精度（%）	≤±0.5			
	纹波系数（%）	≤0.5（峰峰值）			
	温度系数（‰）	≤0.2（1/℃）			
保护特性	输入过电压保护	(465±5)V关机，可自恢复，回差电压5～15V			
	输入欠电压保护	(295±5)V关机，可自恢复，回差电压10～20V			
	输入缺相保护	关机，可自恢复			
	输出过电压保护	(295±5)V关机，5min内3次不可恢复		(148±3)V关机，5min内3次不可恢复	
	输出欠电压保护	(170±4)V告警，回差电压4V		(85±2)V告警，回差电压2V	
	输出过电流保护	关机，可自恢复			
	输出短路保护	电压在（170±4）V范围内，回缩电流≤40%额定值，可自恢复			
	过温保护	(75±5)℃关机，温度降低后可自恢复			

续表

项目		技术指标			
		ZZG22-05220 *	ZZG22-10220	ZZG22-10110 *	ZZG22-20110
人机界面	LED数码管	指示输出电压和电流，电压误差≤1V，电流误差≤0.2A			
	绿色LED	“运行”指示			
	黄色LED	“保护”指示			
	红色LED	“故障”指示			
	▲▼按键	设置模块运行参数，显示与给定校正			
	拨码开关	6位：设置模块运行方式和通信地址			
其他	冷却方式	风冷（防尘）			
	音响噪声（dB）	≤55			
	外形尺寸	2U高19in机箱			

* 当配套蓄电池容量≥100Ah时，不推荐选择该规格。

表 6-37　　ZZG23高频开关整流模块技术参数

项目		技术指标					
		ZZG23-20220	ZZG23-30220	ZZG23-40220	ZZG23-30110	ZZG23-40110	ZZG23-50110
输入特性	输入电压（V）	304～456（三相三线）					
	交流频率（Hz）	50×（1±10%）					
	功率因数	≥0.94					
	满载效率（%）	≥92					
	最大输入功率（kW）	6.6	9.9	13.2	5	6.7	8.4
输出特性	电压调节范围（V）	176～286			88～143		
	额定输出电流（A）	20	30	40	30	40	50
	最大输出电流（A）	22	32	42	32	42	52
	限流调节范围（A）	1～100%额定值					
	软启动时间（s）	4～8					
	稳压精度（%）	≤±0.3					
	稳流精度（%）	≤±0.5					
	纹波系数（%）	≤0.5（峰峰值）					
	温度系数（‰）	≤0.2（1/℃）					
保护特性	输入过电压保护	(465±5)V关机，可自恢复，回差电压5～15V					
	输入欠电压保护	(295±5)V关机，可自恢复，回差电压10～20V					
	输入缺相保护	关机，可自恢复					
	输出过电压保护	(295±5)V关机，5min内3次不可恢复			(148±3)V关机，5min内3次不可恢复		
	输出欠电压保护	(170±4)V告警，回差电压4V			(85±2)V告警，回差电压2V		
	输出过电流保护	关机，可自恢复					
	输出短路保护	电压在(170±4)V范围内，回缩电流≤40%额定值，可自恢复					
	过温保护	(85±5)℃关机，温度降低后可自恢复					

续表

项目		技术指标					
		ZZG23-20220	ZZG23-30220	ZZG23-40220	ZZG23-30110	ZZG23-40110	ZZG23-50110
人机界面	LED数码管	指示输出电压和电流，电压误差≤1V，电流误差≤0.2A					
	绿色LED	“运行”指示					
	黄色LED	“保护”指示					
	红色LED	“故障”指示					
	▲▼按键	设置模块运行参数，显示与给定校正					
	拨码开关	6位：设置模块运行方式和通信地址					
其他	冷却方式	风冷（防尘）					
	音响噪声（dB）	≤55					
	外形尺寸	3U高19in机箱					

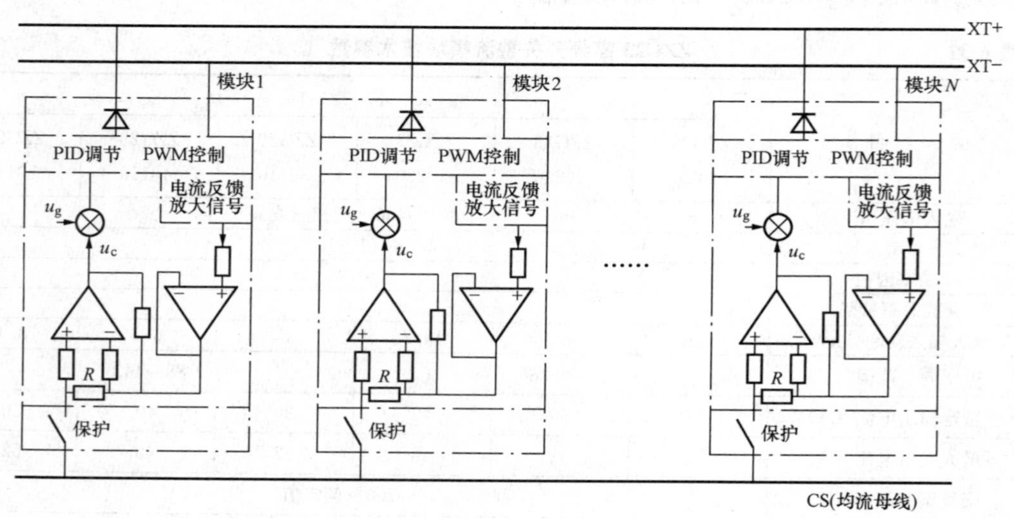

图6-38　高频整流模块并联均流原理电路图

（3）控制保护。具有自动稳压、稳流调节；输出电压、电流整定；无级限流调节；运行状态指示；输出电压、电流显示；输入过电压、欠电压、缺相保护，输出过电压、过电流保护，模块过温保护等功能。

（4）安全模式。采用不依赖上位监控的分散控制工作方式，正常时整流模块受上位监控的控制；在监控模块异常退出或通信中断时，整流模块自动进入安全工作模式，按预先设定的安全电压值运行，保证系统正常的充电电压输出。

（5）防尘措施。采用可拆卸的防尘网栅和全隔离的防尘散热风道，对流空气首先由网栅过滤，然后通过封闭的散热器风道流出，可以避免灰尘聚集到控制电路；同时模块内的控制电路板经过特殊的三防喷涂处理，具有防腐、防霉和防尘的作用，可以有效隔离静电吸附尘埃，防止绝缘破坏。这些措施的应用充分保证了模块工作的稳定性和可靠性。

（6）温控调速。模块的轴流风机采用温控调速，可延长寿命达10年以上。

(7) 端子接线。采用后插拔连接器，支持热插拔维护，整流模块在不断开交流输入与直流输出的情况下可以自由插拔更换。

6.7.4.4 硅堆调压装置

对于阀控式铅酸直流系统，当电池的个数大于104只（110V系统大于52只）时，整流器对电池组的充电电压会超过控制直流母线允许的电压波动范围（不超过电压标称值的+10%），因此在充电装置和蓄电池组与直流控制母线之间需要串接一个降压装置，把控制直流母线的电压稳定在规定的范围内。

(1) 一体式调压装置型号规格，见表6-38。

表6-38　　一体式硅堆调压装置型号规格

<table>
<tr><th>序　号</th><th>型号规格</th><th>额定电流（A）</th><th>额定电压（V）</th><th>总调节压降（V）</th></tr>
<tr><td>1</td><td>ZTY23-20A/3X8V</td><td>20</td><td rowspan="6">220</td><td rowspan="3">24</td></tr>
<tr><td>2</td><td>ZTY23-40A/3X8V</td><td>40</td></tr>
<tr><td>3</td><td>ZTY23-60A/3X8V</td><td>60</td></tr>
<tr><td>4</td><td>ZTY24-20A/4X8V</td><td>20</td><td rowspan="3">32</td></tr>
<tr><td>5</td><td>ZTY24-40A/4X8V</td><td>40</td></tr>
<tr><td>6</td><td>ZTY24-60A/4X8V</td><td>60</td></tr>
<tr><td>7</td><td>ZTY23-20A/3X4V</td><td>20</td><td rowspan="6">110</td><td rowspan="3">12</td></tr>
<tr><td>8</td><td>ZTY23-40A/3X4V</td><td>40</td></tr>
<tr><td>9</td><td>ZTY23-60A/3X4V</td><td>60</td></tr>
<tr><td>10</td><td>ZTY24-20A/4X4V</td><td>20</td><td rowspan="3">16</td></tr>
<tr><td>11</td><td>ZTY24-40A/4X4V</td><td>40</td></tr>
<tr><td>12</td><td>ZTY24-60A/4X4V</td><td>60</td></tr>
</table>

(2) 组合式调压装置型号规格，见表6-39。

表6-39　　组合式硅堆调压装置型号规格

<table>
<tr><th>序　号</th><th>型号规格</th><th>额定电流（A）</th><th>额定电压（V）</th><th>总调节压降（V）</th></tr>
<tr><td>1</td><td>ZTY23/100A/3X8V</td><td rowspan="2">100</td><td rowspan="5">220</td><td>24</td></tr>
<tr><td>2</td><td>ZTY24/100A/4X8V</td><td>32</td></tr>
<tr><td>3</td><td>ZTY24/200A/4X6V</td><td>200</td><td rowspan="3">24</td></tr>
<tr><td>4</td><td>ZTY24/400A/4X6V</td><td>400</td></tr>
<tr><td>5</td><td>ZTY24/600A/4X6V</td><td>600</td></tr>
<tr><td>6</td><td>ZTY23/100A/3X4V</td><td rowspan="2">100</td><td rowspan="5">110</td><td>12</td></tr>
<tr><td>7</td><td>ZTY24/100A/4X4V</td><td>16</td></tr>
<tr><td>8</td><td>ZTY24/200A/4X3V</td><td>200</td><td rowspan="3">12</td></tr>
<tr><td>9</td><td>ZTY24/400A/4X3V</td><td>400</td></tr>
<tr><td>10</td><td>ZTY24/600A/4X3V</td><td>600</td></tr>
</table>

(3) 调压装置功能特点：

1) 降压硅堆是由多只大功率硅整流二极管串接而成，利用PN结基本恒定的正向压降作为调整电压，通过改变串入线路的硅管数量获得适当的压降，达到电压调节的目的。相比于其他形式的电压调节方式，采用硅堆调压具有抗电流冲击性好、安全、可靠的优点。

2）降压硅堆分 4 节串联而成，在每节硅堆两端并接调压执行继电器的动断触点，若驱动执行继电器动作，令其触点断开，使得该节硅堆被串入线路，降压装置的电压降增大；反之，若执行继电器返回，其触点闭合把该节硅堆短接，使串入线路中的硅堆节数减少，降压装置的电压降减小。

3）控制转换开关 SA 用于选择调压控制方式，当开关手柄在−45°位置时，硅堆降压装置处于自动调压状态，调压控制单元根据控制母线电压的变化情况，驱动适当数量的执行继电器动作，保证控制母线的电压在正常范围内。当开关手柄在 0°位置时，硅堆降压装置处于旁路直通状态，此时的各节硅堆被执行继电器短接旁路。当开关手柄分别在 45°～180°位置时，硅堆降压装置处于手动调压状态，实现手动调节控制直流母线的电压。

4）硅堆降压装置的控制单元采用单片机控制，通过检测控制直流母线电压，与给定电压比较，经放大驱动继电器的动作，使控制直流母线电压保持在一定的范围内。

5）硅堆监视电路实时监测各节硅堆的电压降，当串入线路中的某节硅堆出现开路的情况时，控制单元自动闭锁与该节硅堆并联的继电器，使该节硅堆被短接旁路，保证控制直流母线不间断供电。

6.7.4.5 绝缘监测装置

绝缘监测装置用于在线监测直流控制母线和馈电支路的绝缘状况，当某一点出现接地故障时，装置立即发出告警信号，提醒运行人员查找并排除接地故障，从而杜绝直流系统接地故障可能引发的电力事故。

根据用户的不同使用要求，绝缘监测装置可以配置基本型或支路巡检型。

（1）绝缘监测装置型号规格见表 6-40。

表 6-40　　绝缘监测装置型号规格

序号	型号规格	功　　能
1	FZJ-12	只具有母线绝缘监测功能
2	WZJ-21	作为主机使用时，同时具有母线绝缘监测和支路巡检功能，适用于直流主屏的绝缘在线监测；作为分机使用时，只具有支路绝缘巡检功能，适用于直流分屏的支路绝缘监测

（2）功能特点。

1）直流母线对地电阻采用不平衡电桥测量原理和 16 位 A/D 转换，可检测正负母线等值平衡接地和精确测量正负母线对地的绝缘电阻值。

2）馈电支路直接检测对地的直流漏电流信号，无低频信号注入直流系统，因此对直流系统无任何影响，而且支路分布电容不影响测量精度。

3）馈电支路提供不平衡检测和平衡检测两种方式 。不平衡检测方式速度稍慢，但可以检测支路正负平衡接地，适用于直流网络复杂的系统；平衡检测方式速度较快、精度较高，适用于直流网络简单的系统。

4）具有瞬时接地报警功能，可以准确地捕捉直流控制回路动作过程中出现的瞬时接地情况，及时发现接地隐患。

5）具有零点校准和满度补偿功能，可保证检测精度的稳定，避免出现误报信号和漏判支路的情况。

6）直流馈电主屏与分屏的绝缘监测主机和分机可以相互独立，也可以通过 RS485 串口实现通信互联，实现协调工作。

6.7.4.6　电池巡检装置

电池巡检装置用于在线实时监测电池组的单体电压或内阻。系统装设蓄电池巡检装置，实时记录分析不同工作状态下每一只电池的电压，及时发现落后或异常电池，给蓄电池维护提供重要的参考依据，确保蓄电池组安全运行。

根据用户的不同使用要求，电池巡检装置可以配置电压型或内阻型。

电池巡检装置型号规格见表 6-41。

表 6-41　　电池巡检装置型号规格

序号	型号规格	功　能
1	FXJ-21	只具有母线绝缘监测功能
2	WXJ-22	作为主机使用时，同时具有母线绝缘监测和支路巡检功能，适用于直流主屏的绝缘在线监测；作为分机使用时，只具有支路绝缘巡检功能，适用于直流分屏的支路绝缘监测

（1）蓄电池组单体电池采样采用差分电路输入和多路电子开关切换，无机械触点，测量速度快、精度高，电压分辨率达 2mV，内阻分辨率达 0.01mΩ。

（2）采用交流注入法实现蓄电池内阻的实时在线检测，无需外接瞬时大电流放电负载，对直流系统无任何影响。

（3）具有零点和满度自校准功能，可以保证检测精度的稳定，避免出现误报信号和漏判单体电池的情况。

（4）采用分布式安装、接线方式，靠近蓄电池安装巡检模块，减少蓄电池采样接线的长度，提高测量精度。

（5）具备温度探头接口、数字信号输入，实现对蓄电池环境温度或单体电池的表面温度检测，据此可以对蓄电池组进行温度补偿控制。

（6）具备 RS485 通信接口，通过数据总线与监控装置连接，实现蓄电池单体电压和内阻数据的显示、分析和判断。

6.7.4.7　微机监控装置

微机监控装置是电力操作直流电源系统的管理和控制核心，它采集、处理系统各配电单元的检测数据，根据系统管理和电池管理的要求进行各种控制，显示和记录系统的运行信息。同时通过通信口与远方监控设备通信，实现远方对电源设备的监测与控制，以及集中维护管理。

主要功能特点有：

（1）采用 32 位微处理器，TFT 彩色液晶触摸屏汉化显示，强大的菜单操作帮助提示信息，便于人机对话和减少误操作。

（2）提供最多 6 路电气相互隔离的 RS485 通信接口，分别独立连接各个下级智能监控设备，防止相互干扰。

（3）提供 1 路隔离的 RS232/RS485 串口或扩展 2 路 100M 以太网接口，可同时连接两个远程监控设备，支持多种通信规约（61850、104、MODBUS、CDT 等），满足数字化变电站的接口规范和无人值守变电站的要求。

（4）提供 8 路可编程告警继电器输出，接点容量为：220V DC/500mA，250V AC/5A。满足现场连接电站 RTU 或电厂 DCS 系统。

（5）正面提供 2 个 USB 接口。其中一路可连接 PC 机，方便现场调试；另一路插入 U 盘，方便下载系统运行和历史记录数据。

（6）操作和设置的自动纠错功能，以及电池管理专家维护系统的参数保护功能，防止操作和设置错误，保证系统安全运行。

（7）多级别密码保护，保证设备操作、维护的权限。

（8）大容量的告警和充放电历史记录，全面记录系统的运行信息。

（9）智能化电池管理和维护，最大限度延长电池的使用寿命，随时掌握电池状况，及时发现电池隐患，杜绝电源故障引发电力事故。

7 直流开关设备

7.1 隔离开关

7.1.1 隔离开关的选择

（1）额定电压应不小于回路的最高工作电压。

（2）额定电流按下式选择

$$I_{n} \geqslant K_{rel} I_{Lm} \tag{7-1}$$

式中 I_{Lm}——负荷最大电流，对蓄电池回路，I_{Lm}取事故放电电流和蓄电池1h放电电流二者中较大者，通常取后者；对充电、浮充电回路，I_{Lm}为充电设备的额定电流；对其他回路，根据回路的负荷电流确定；

K_{rel}——可靠系数，一般取1.1～1.2。

（3）动、热稳定应满足直流系统短路电流的要求。

7.1.2 隔离开关的应用

（1）直流电气回路采用熔断器保护时，应采用隔离开关作隔离电器。

（2）直流馈线回路的电源侧采用断路器保护时，在馈线回路的负荷侧宜采用隔离开关作操作和隔离电器。

（3）其他需要电气隔离的场合，如有些母线分段处等。

7.1.3 隔离开关类别

目前常用的隔离开关为Q系列、GM系列和熔断器式隔离开关。前两种为单纯的操作和隔离电器，后一种为保护、操作功能合一的电器。

Q系列和熔断器式隔离开关均为手动操作，GM系列隔离开关一般为手动操作，当要求电动操作时，也可配套供应电动操动机构。

7.1.3.1 Q系列隔离开关

Q系列隔离开关具有全封闭式触头灭弧系统，刀形触头和滚动触头相结合，触头系统独特，具有短路容量大、分断能力强。机械和电气寿命长，可广泛用于交、直流回路中。

Q 系列隔离开关的型号含义如下：

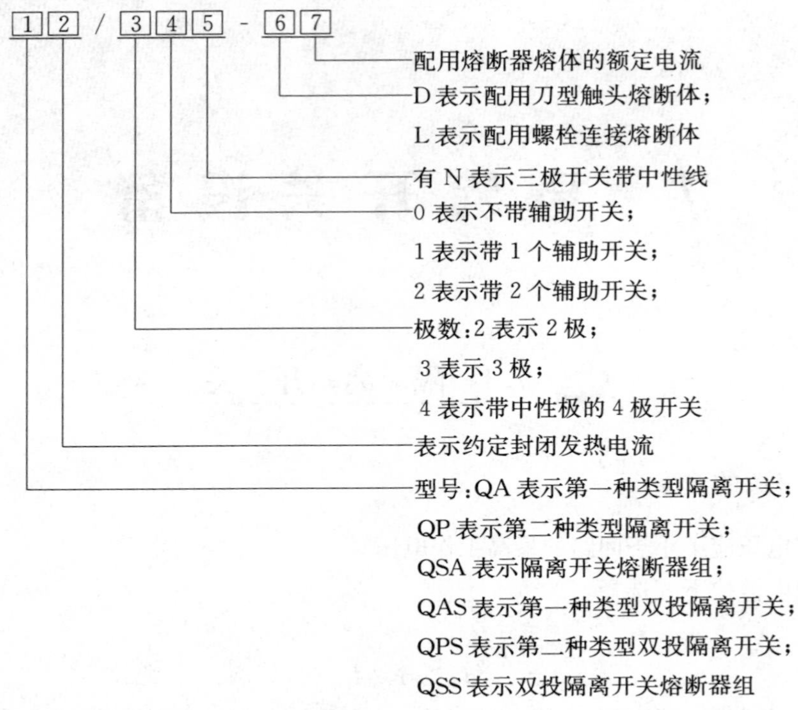

Q 系列隔离开关的主要技术参数如表 7-1～表 7-3 所示，Q 系列隔离开关外形及其尺寸如图 7-1～图 7-3 所示，Q 系列隔离开关面板开孔尺寸见图 7-4。

表 7-1　　QA 型隔离开关技术参数

<table>
<tr><th colspan="2">型　　号</th><th>QA125</th><th>QA160</th><th>QA200</th><th>QA400</th><th>QA630</th><th>QA1000</th></tr>
<tr><td colspan="2">额定绝缘电压（V）</td><td colspan="6">1000</td></tr>
<tr><td colspan="2">额定工作电压（V）</td><td colspan="6">AC：380，660，1000；DC：220，440</td></tr>
<tr><td colspan="2">约定封闭发热电流（A）</td><td>125</td><td>160</td><td>200</td><td>400</td><td>600</td><td>1000</td></tr>
<tr><td rowspan="2">额定工作电流（A）</td><td>220V</td><td>125</td><td>160</td><td>200</td><td>400</td><td>600</td><td>1000</td></tr>
<tr><td>440V</td><td>125</td><td>160</td><td>160</td><td>400</td><td>500</td><td>800</td></tr>
<tr><td colspan="2">额定接通能力（A，660V）</td><td>1250</td><td>1600</td><td>1600</td><td>4000</td><td>4000</td><td>8000</td></tr>
<tr><td colspan="2">额定分断能力（A，660V）</td><td>1000</td><td>1280</td><td>1280</td><td>3200</td><td>3200</td><td>6400</td></tr>
<tr><td colspan="2">额定短路接通能力（kA，峰值）</td><td colspan="3">20</td><td colspan="3">50</td></tr>
<tr><td colspan="2">额定短路耐受电流(1s,kA,有效值)</td><td colspan="3">4</td><td colspan="2">15</td><td>50</td></tr>
<tr><td colspan="2">机械寿命（次）</td><td colspan="3">15 000</td><td colspan="2">12 000</td><td>3000</td></tr>
<tr><td colspan="2">电寿命（次）</td><td colspan="3">1000</td><td>300</td><td>200</td><td>150</td></tr>
<tr><td colspan="2">辅助开关数量（只）</td><td colspan="5">4</td><td>6</td></tr>
<tr><td colspan="2">质量（kg）</td><td>1.5</td><td>1.6</td><td>1.6</td><td>4.1</td><td>4.3</td><td>11.7</td></tr>
</table>

表 7-2　　　　　　　　　　　　**QSA 型隔离开关技术参数**

<table>
<tr><th colspan="2">型　　号</th><th>QSA63</th><th>QSA125</th><th>QSA160</th><th>QSA250</th><th>QSA400</th><th>QSA630</th><th>QSA800</th></tr>
<tr><td colspan="2">额定绝缘电压（V）</td><td colspan="7">1000</td></tr>
<tr><td colspan="2">额定工作电压（V）</td><td colspan="7">AC：380，660，1000　DC：220，440</td></tr>
<tr><td colspan="2">约定封闭发热电流（A）</td><td>63</td><td>125</td><td>160</td><td>250</td><td>400</td><td>630</td><td>800</td></tr>
<tr><td colspan="2">额定工作电流（A）</td><td>63</td><td>125</td><td>160</td><td>250</td><td>400</td><td>630</td><td>800</td></tr>
<tr><td colspan="2">额定接通能力（A）</td><td>630</td><td>1250</td><td>1600</td><td>2500</td><td>4000</td><td>6300</td><td>8000</td></tr>
<tr><td colspan="2">额定分断能力（A）</td><td>504</td><td>1000</td><td>1280</td><td>2000</td><td>3200</td><td>5040</td><td>6400</td></tr>
<tr><td rowspan="2">额定熔断短路电流
（kA，有效值）</td><td>380V</td><td colspan="7">100</td></tr>
<tr><td>660V</td><td colspan="7">50</td></tr>
<tr><td colspan="2">最大熔断体电流（A）</td><td colspan="3">160</td><td colspan="2">400</td><td>630</td><td>800</td></tr>
<tr><td colspan="2">机械寿命（次）</td><td colspan="2">1500</td><td colspan="3">12 000</td><td colspan="2">3000</td></tr>
<tr><td colspan="2">电寿命（次）</td><td colspan="2">1000</td><td colspan="3">300</td><td>200</td><td>150</td></tr>
<tr><td colspan="2">质量（kg）</td><td>1.6</td><td>1.7</td><td>4.1</td><td>4.5</td><td>4.7</td><td>14.0</td><td>14.0</td></tr>
<tr><td colspan="2">辅助开关电流（A）</td><td colspan="4">4</td><td colspan="3">6</td></tr>
</table>

表 7-3　　　　　　　　　　　　**Q 系列隔离开关外形尺寸**　　　　　　　　　　　　（mm）

<table>
<tr><th rowspan="2">型　　号</th><th colspan="3">外　形　尺　寸</th><th colspan="2">面板开孔尺寸</th></tr>
<tr><th>宽</th><th>高</th><th>深</th><th>固定孔</th><th>把手孔</th></tr>
<tr><td>QA125，QSA125
QSA63
QA160</td><td>155
155
155</td><td>116
100
127</td><td>199～250
199～250
199～250</td><td>4 孔 $\phi4.5_{0}^{+0.5}$
孔距 65±0.2</td><td rowspan="2">$\phi42_{0}^{+3}$</td></tr>
<tr><td>QA200</td><td>155</td><td>127</td><td>199～250</td><td></td></tr>
<tr><td>QSA160
QA400，QSA250
QSA400</td><td>240
240</td><td>146
160</td><td>226～284
226～284</td><td rowspan="3">4 孔 $\phi5.5_{0}^{+0.5}$
孔距 88±0.2</td><td rowspan="3">$\phi63_{0}^{+3}$</td></tr>
<tr><td>QA630</td><td>240</td><td>180</td><td></td></tr>
<tr><td>QA1000，QSA630
QSA800</td><td>315</td><td>270</td><td>260～295</td></tr>
<tr><td>QSS63、125
QAS125、160、200</td><td>430</td><td>170</td><td>300</td><td rowspan="3">4 孔 $\phi5.5_{0}^{+0.5}$
孔距 88±0.2</td><td rowspan="3">$\phi63_{0}^{+3}$</td></tr>
<tr><td>QSS160、250、400
QAS400、630</td><td>630</td><td>190</td><td>300</td></tr>
<tr><td>QSS630，QAS100</td><td>950</td><td>250</td><td>400</td></tr>
</table>

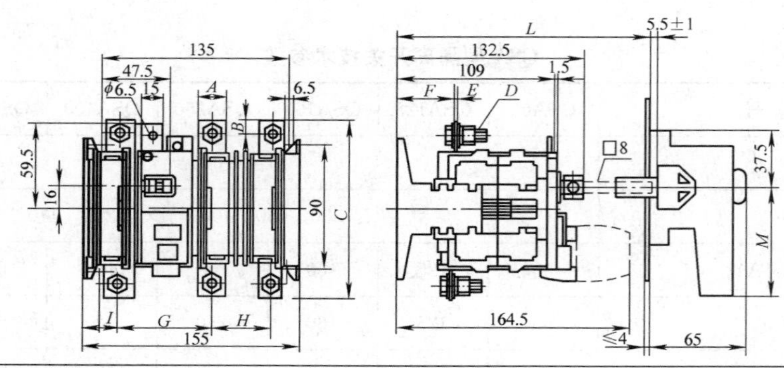

型号	外形尺寸(mm)													
	A	B	C	D	E	F	G	H	I	L	L_1	L_2	L_3	M
QA125	15	7.5	116	M6	3	38.5	70	40.5	10	250～301	301～385	199～250	148*～199	70
QA160	20	10	127	M8	3	38.5	65	45.5	13	250～301	301～385	199～250	148*～199	70
QA200	20	10	127	M8	3	38.5	65	45.5	13	250～301	301～385	199～250	148*～199	70

* 装辅助开关时为170/170。

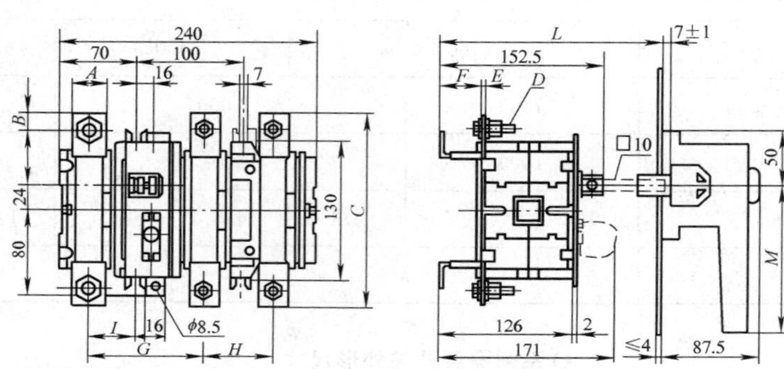

型号	外形尺寸(mm)													
	A	B	C	D	E	F	G	H	I	L	L_1	L_2	L_3	M
QA400	25	12.5	160	M10	4	40	107	65	43.5	284～342	342～400	226～284	188～238	140
QA630	30	15	180	M10	6	38	107	65	43.5	284～342	342～400	226～284	188～238	140

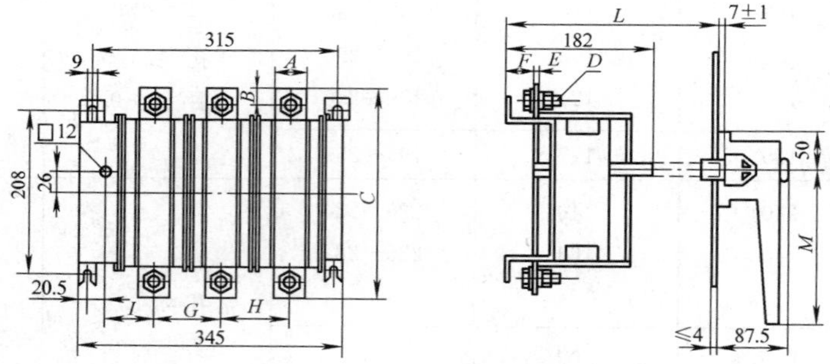

型号	外形尺寸(mm)														
	A	B	C	D	E	F	G	H	I	L	L_1	L_2	L_3	L_4	M
QA1000	40	20	270	M12	6	33	87	87	60	295～330	330～400	400～500	260～295	225～260	200

图 7-1　QA 型隔离开关外形及其尺寸

7.1.3.2　双投式隔离开关

双投式隔离开关是实现双电源切换、防止双电源误并列的隔离电器，QPS 型、QSS 型和 QAS 型等为双投式隔离开关。在直流系统中，当要求下列操作时，应采用双投式隔离开关。Q 系列双投式隔离开关外形及开孔尺寸见图 7-5。

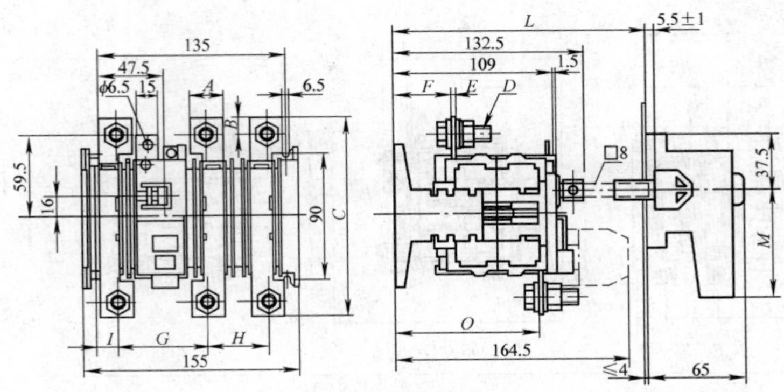

型号	外形尺寸(mm)														
	A	B	C	D	E	F	G	H	I	L	L_1	L_2	L_3	M	O
QP250	25	12.5	143	M10	4	37.5	66	44.5	12.5	250～301	301～385	199～250	148*～199	70	99

* 装辅助开关时为170/170。

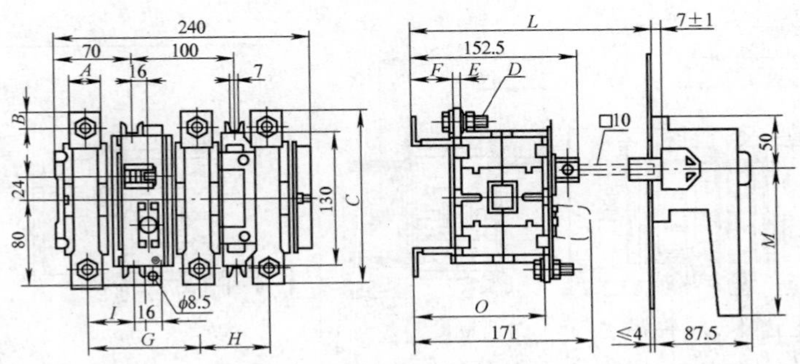

型号	外形尺寸(mm)														
	A	B	C	D	E	F	G	H	I	L	L_1	L_2	L_3	M	O
QP630	30	15	170	M10	5	39	107	65	43.5	284～342	342～400	226～284	180～238	140	119
QP1000	40	20	218	M12	6	32	117	80	51	284～342	342～400	226～284	180～238	140	125

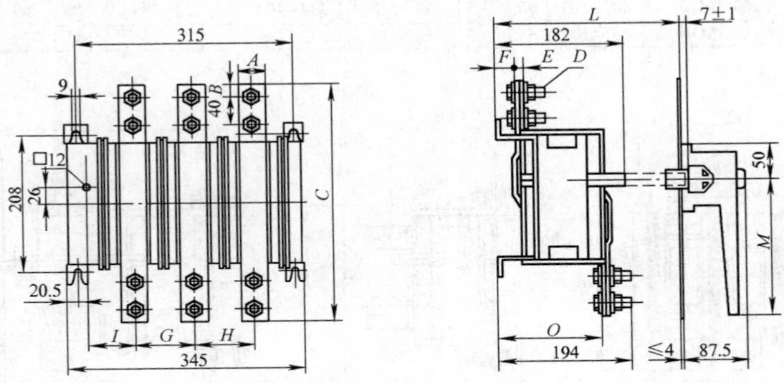

型号	外形尺寸(mm)															
	A	B	C	D	E	F	G	H	I	L	L_1	L_2	L_3	L_4	M	O
QP1250	40	20	350	2×M12	10	29	87	87	60	295～330	330～400	400～500	260～295	225～260	200	147
QP1600	50	20	350	2×M12	10	29	87	87	60	295～330	330～400	400～500	260～295	225～260	200	147

图 7-2　QP 型隔离开关外形及其尺寸

（1）一组充电装置分别对两组蓄电池进行充电、浮充电的切换运行。

（2）充电装置分别对直流负荷供电和对蓄电池充电的切换运行。

（3）直流负荷分别由两组蓄电池供电切换。

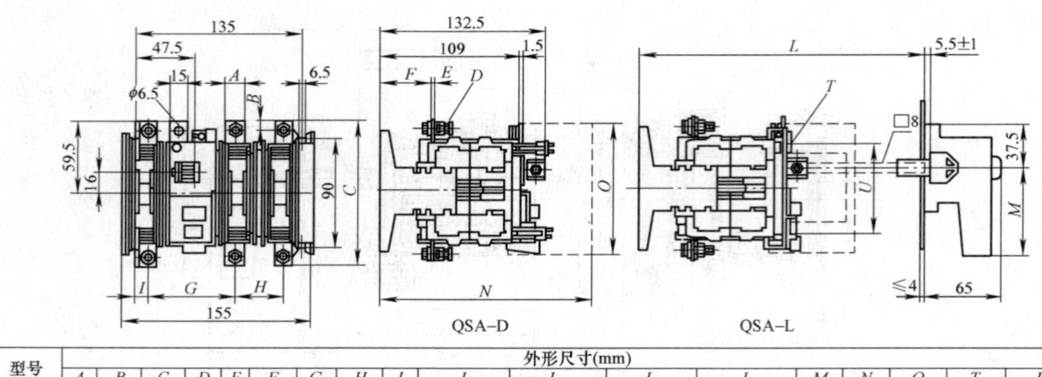

型号	外形尺寸(mm)																	
	A	B	C	D	E	F	G	H	I	L	L_1	L_2	L_3	M	N	O	T	U
QSA63	12	6	100	M5	2	39.5	72	38.5	9	250~301	301~385	199~250	180~199	70	170	95	M8	73
QSA125	15	7.5	116	M6	3	38.5	70	40.5	10	250~301	301~385	199~250	180~199	70	170	95	M8	73

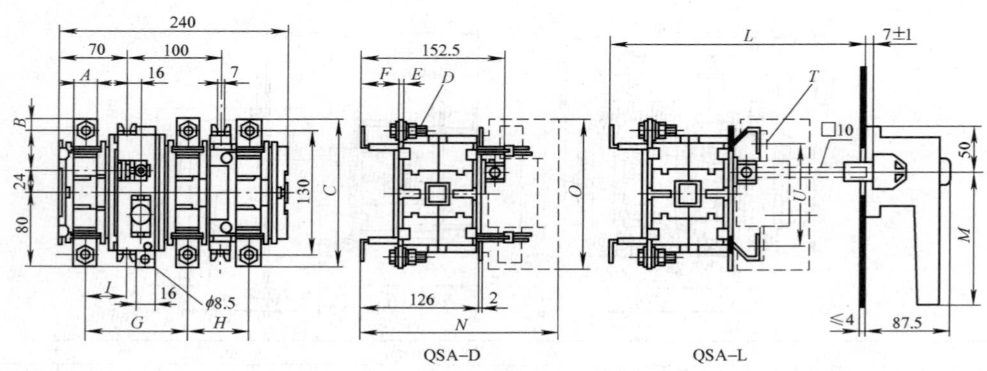

型号	外形尺寸(mm)																
	A	B	C	D	E	F	G	H	I	L	L_1	L_2	M	N	O	T	U
QSA160	20	10	146	M8	4	44	107	65	46	284~342	342~400	226~284	140	189	120	M8	111
QSA250	25	12.5	160	M10	4	40	107	65	43.5	284~342	342~400	226~284	140	209	160	M8	111
QSA400	25	12.5	160	M10	6	38	107	65	43.5	284~342	342~400	226~284	140	209	160	M8	111

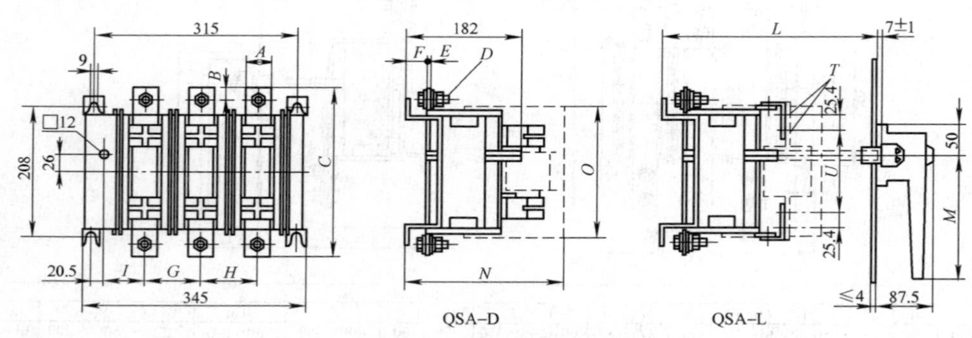

型号	外形尺寸(mm)																	
	A	B	C	D	E	F	G	H	I	L	L_1	L_2	L_3	M	N	O	T	U
QSA630	40	20	270	M12	6	33	87	87	60	295~330	330~400	400~500	260~295	200	250	205	M8	133
QSA800	40	20	270	M12	6	33	87	87	60	295~330	330~400	400~500	260~295	200	250	205	M8	133

图 7-3 QSA 型隔离开关外形及其尺寸

型　　号	面板开孔尺寸（mm）
QSA63、125 QA125、160、200 QP250	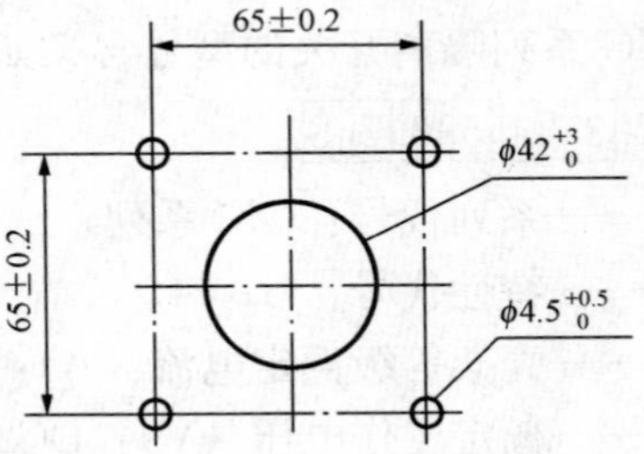 65±0.2 65±0.2 $\phi 42^{+3}_{0}$ $\phi 4.5^{+0.5}_{0}$
QSA160、250、400、630、800 QA400、630、1000 QP630、1000、1250、1600 2500、3150	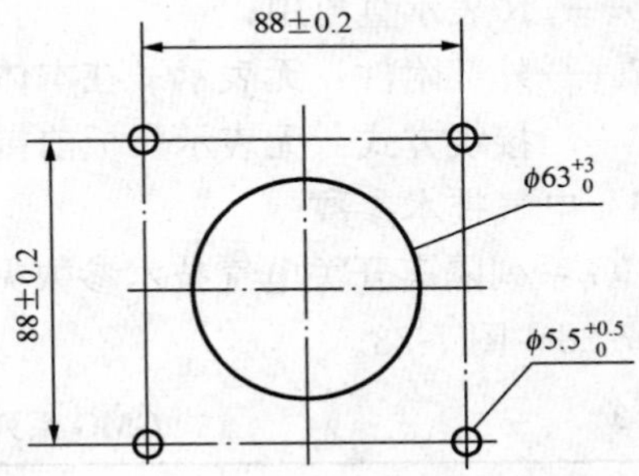 88±0.2 88±0.2 $\phi 63^{+3}_{0}$ $\phi 5.5^{+0.5}_{0}$

图 7-4　Q 系列隔离开关面板开孔尺寸

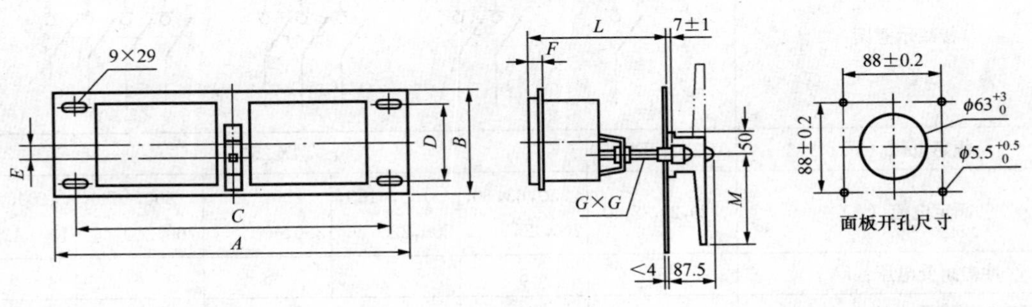

型　　号	外形尺寸（mm）								
	A	*B*	*C*	*D*	*E*	*F*	*G*	*L*	*M*
QSS63、125，QAS125、160、200，QPS250	430	170	386	120	14	25	10	300	140
QSS160、250、400，QAS400、630，QPS630、1000	630	190	590	120	25	25	12	300	200
QSS630，QAS1000，QPS1250、1600	950	250	906	180	28	28	12	400	200
QPS2500、3150	950	265	906	180	28	28	12	400	400

图 7-5　Q 系列双投式隔离开关外形及开孔尺寸

7.1.4　GMG 系列隔离开关

7.1.4.1　适用范围

GMG 系列隔离开关适用于额定电压 DC250V、额定电流 20～1250A 的直流系统中的专用操作电器。与同型的断路器外形相似，操作方式分为电动和手动两种。

7.1.4.2 型号及含义

GMG系列隔离开关的型号含义如下

[1][2][3]/[4][5][6][7][8]

其中 1——系列代号：GM系列；

2——特性代号：G；

3——壳架等级额定电流（A）：100，125，225，400，800，1250；

4——额定工作电压（V）：DC250V，DC440V，AC230V；

5——内部附件：0—无附件，2—1组辅助触头，6—2组辅助触头；

6——R表示直流用；

7——外部附件：无表示—在本体操作，P—电动操作，GZ3—旋转手柄操作；

8——接线方式：无表示—板前接线，B—板后接线，C—插入式。

7.1.4.3 电气技术参数

GMG系列隔离开关电气技术参数见表7-4。外形及安装尺寸与同壳架断路器尺寸相同，详见图7-28～图7-33。

表7-4　GMG系列隔离开关主要技术参数

型　　号	GMG100	GMG125	GMG225	GMG400	GMG800	GMG1250
极数（P）	1，2，3，4	2，3，4	2，3，4	2，3，4	2，3，4	2，3
接线示意图						
额定电压（V）	AC230，DC250	DC250				
额定电流（A）	20,25,32,40	50,63,80,100,125	160，180，200,225	250，315，350,400	500，630，700,800	800，1000,1250
冲击耐受电压（kV）	6	8	8	8	8	8
额定短时耐受电流 I_{cm}（kA）		6	8	15	20	20
机械寿命（次）	20 000					
接线规格（mm^2）	35					
执行标准	IEC 60947—3，GB14048.3—2002《低压开关设备和控制设备　第3部分：开关、隔离器、隔离开关及熔断器组合电器》					

注　GMG125型的2P小壳体不能加装电动操动机构及手动操动机构，如需要可选用GM100型的2P大壳体结构。

7.2 熔断器式隔离开关

熔断器式隔离开关俗称为刀熔开关，它由熔断器和隔离开关组合而成，兼有操作和保护双重功能。该型电器结构紧凑、操作安全可靠、维护方便，在直流系统中广泛应用。常用的刀熔开关有QS系列和SF系列。

7.2.1 QS 系列刀熔开关

QS 系列刀熔开关有 QSA 和 QSS 两种型号，前者为单投型，后者为双投型，其主要技术参数如表 7-5、表 7-6 所示。

表 7-5　　　　　　　　QSA 系列刀熔开关技术参数

型号		QSA63	QSA125	QSA160	QSA250	QSA400	QSA630	QSA800
极　数		3						
额定绝缘电压（V）		1000						
额定工作电压（V）		DC：220，440						
约定封闭发热电流（A）		63	125	160	250	400	630	800
额定工作电流（A）	220V，L/R=15ms	63	125	160	250	400	630	800
	440V，L/R=15ms，DC-23	63	125	160	250	400	630	800
额定接通能力（A）	660V，AC-23	630	1250	1600	2500	4000	6300	8000
	DC							
额定分断能力	660V，AC-23	504	1000	1280	2000	3200	5040	6400
	DC							
额定熔断短路电流（kA）		50（660V，AC）、100（380V，AC），DC 20（估计值）						
最大熔断体电流（A）		160			400		630	800
配熔断体尺寸（mm）	刀型	00			1～2		3	
	螺栓连接型	00			1～2		3	
机械寿命/电寿命（次）		15 000/1000		12 000/300			3000/200	3000/150
操作力矩（N·m）		7.5		16			30	
辅助开关数量（只）		4					6	
质量（kg）		1.6	1.7	4.1	4.5	4.7	14.0	14.0

表 7-6　　　　　　　　QSS 系列刀熔开关技术参数

型号		QSS63	QSS125	QSS160	QSS250	QSS400	QSS630
极　数		2，3					
额定绝缘电压（V）		1000					
额定工作电压（V）		DC：220，440					
约定封闭发热电流（A）		63	125	160	250	400	630
额定工作电流（A）	220V，L/R=15ms，DC-23	63	125	160	250	400	630
	220V，L/R=15ms，DC-23	63	125	160	250	400	630
额定接通能力（A）	660V，AC-23	630	1250	1600	2500	4000	6300
	DC-220V						
额定分断能力（A）	660V，AC-23	504	1000	1280	2000	3200	5040
	DC-220V						

续表

型号		QSS63	QSS125	QSS160	QSS250	QSS400	QSS630
额定熔断短路电流(kA)	660V,AC	660V,50;380V,100					
	220V,DC	20(估计值)					
最大熔断体(A)		160			400		630
配用熔断体尺寸(mm)	刀型	00			1～2		3
	螺栓连接型	00		1～2			3
机械寿命/电寿命(次)		15 000/1000		12 000/300			3000/200
操作力矩(N·m)		8		17.5			33
辅助开关数量(只)		4					6
质量(kg)		10.7	10.9	20.2	21	21.4	46

7.2.2 SF 系列刀熔开关

在小容量的馈线回路中，广泛应用 SF 系列刀熔开关。其特点如下：

(1) 分断能力高，达 50kA。

(2) 触头为镀银桥式，可保证回路安全断开。

(3) 设有可靠地机械连锁，保证在隔离开关断开状态下才能更换熔断器；熔断器与隔离开关接触良好时才能合上隔离开关，从而保证操作人员的人身安全。

(4) 壳体采用高强度塑料注塑成型，绝缘性能好、防潮、阻燃、抗老化、外形新颖美观。

(5) 壳体可由单极拼装成两极、三极或四极，并具有安装导轨，组装灵活，安装维护方便。

(6) SF 系列刀熔开关的主要技术参数见表 7-7，外形尺寸如图 7-6。

表 7-7　SF 系列刀熔开关技术参数

型号		SF1	SF2	SF3	SF3
额定电压（V）		220	220	220	220
壳体额定电流（A）		16	63	32	63
短时耐受电流（kA）		30	50	50	$20I_N$
工频耐压（kV，1min）		2	2.5	2.5	250V，1min
最大接线截面（mm^2）		6	25	10	16
使用类别		AC-22，DC-21	AC-22，DC-21	AC-22，DC-21	AC-22
安装方式		G、T 型导轨		T 型导轨	
外形尺寸（mm），(长×宽×高)		70×17×45	81×27×78	90×18×76	78×17.5×72.5
配用熔丝规格	型号	gF、aM、S	gF、aM、S	gF、aM、S	—
	电流（A）	2，4，6，8，10	2，4，6，10，12，16，20，25，30，32，40，50，60，63	2，4，6，10，12，16，20，25，30，32	

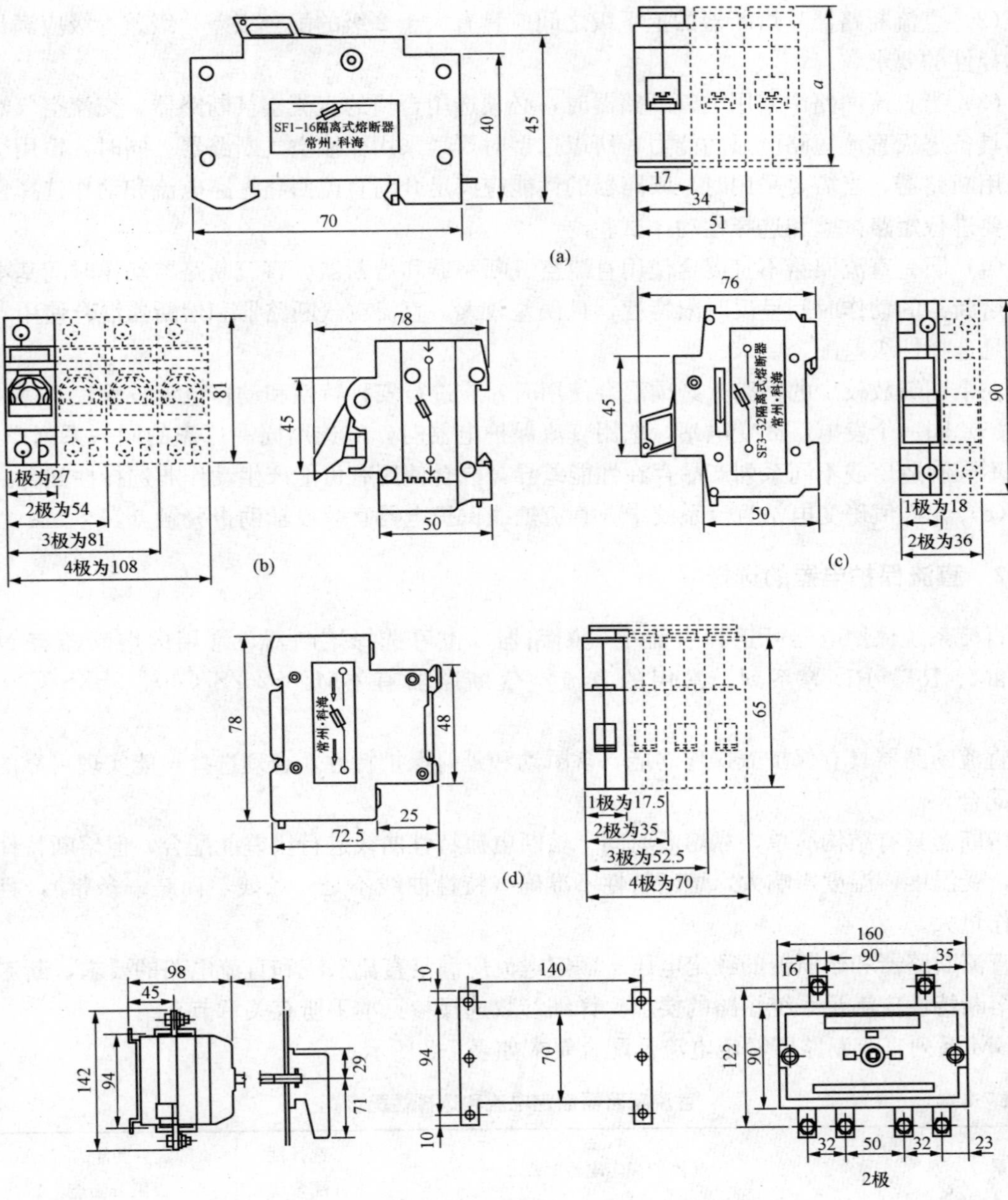

图 7-6　SF 系列刀熔开关外形及安装尺寸

（a）SF1-16；（b）SF2-63；（c）SF3-32；（d）SF3-63

注：a—T 型导轨安装尺寸为 52mm；G 型导轨安装尺寸为 56mm。

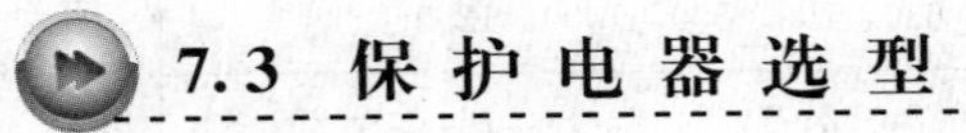

7.3 保护电器选型

7.3.1　保护电器选型基本要求

直流保护电器应满足以下基本要求：

（1）直流保护电器应满足直流回路最大长期电流和直流系统短路动、热稳定的要求。

(2) 直流断路器、熔断器的上下级之间应具有大于2级的配合级差，级差等级应满足动作选择性的要求。

(3) 当直流回路中采用空气断路器时，必须选用合格的直流空气断路器。交流空气断路器不具备熄灭直流短路电弧的能力，所以选型时严禁采用交流空气断路器。同时，慎用交直流通用断路器，当需要采用时，断路器的性能应满足开断直流回路短路电流和动作选择性要求，要进行短路试验和选择性动作试验。

(4) 同一直流回路不宜混合使用直流空气断路器和熔断器。直流断路器动作时间基本恒定，熔断器的动作时间呈反时限特性，且误差较大。直流空气断路器和熔断器混合使用，很难满足选择性级差配合要求。

在个别级数较少的回路上必须混合使用时，应进行安秒特性和动作电流校验。

(5) 同一个发电厂或变电站，选用直流保护电器时，应选用同一厂家的同一系列产品。由于不同制造厂或不同系列产品存在性能差异，混合使用有可能产生动作非选择性配合。

(6) 无人值班变电站直流系统中，直流馈线保护电器宜装设辅助报警触点。

7.3.2 直流保护电器的选择

直流系统保护电器可选择直流空气断路器，也可选择熔断器，常用的熔断器有NT、gF、aM、RT、RL等系列，常用的直流空气断路器有GM、S252S/C40、5SXS/C40等产品。

直流断路器具有保护兼操作功能，含瞬动和延时保护特性，合理选择，能实现可靠的选择性配合。

熔断器具有结构简单，靠熔断时间—熔断电流特性曲线进行级差能配合，但熔断特性不稳定，受温度、湿度影响大，熔断特性不准确（特性曲线不是一条线，而是一条带），且维护工作量大。

直流断路器和熔断器的额定电压、额定电流应满足直流系统和直流电路的要求，断流能力和熔断特性应满足系统短路的要求。详细参数选择参见本手册有关章节介绍。

GM系列直流断路器额定电流及配合要求如表7-8所示。

表7-8　直流断路器额定电流和选择性配合

系　列	断路器额定电流（A）	选择性配合比	额定分断能力（kA，极限分断能力）
GMN20R，GM微型	1，2，3、4，6；1，3，6，16，20，25，32，40	上、下级差为2级及以上	15，20
GM，GMB	10，16，20，25，32，40，50，63，80，100，125，140，160，180，200，225，250，315，350，400，500，630，700，800，1000，1250		15，20，25
GM5B，GM5	16，20，25，32；1，3，6，10，16，20，25，32，40，50，63		4.5 10
GW3	630，800，1000，1250，1600，2000		40

各类熔断器额定电流及选择性配合要求如表7-9所示。

表 7-9　　熔断器额定电流和选择性配合

型号	熔断体额定电流（A）	选择性配合比	额定分断能力（kA，极限分断能力）
NT（NT00，NT1，NT2，NT3，NT4）	4，6，10，16，20，25，32，35，40，50，63，80，100，125，160，200，224，250，300，315，355，400，425，500，630，800，1000	1.6∶1	NT00～NT3-660V，50（AC）、500V，120（AC）NT4-380V，100
RT0	RT0-100∶30～100 RT0-200∶80～200 RT0-400∶150～400 RT0-600∶350～600 RT0-1000∶700～1000	2∶1	380V，50
gF、aM（RT19）	2，4，6，8，10，16，20，25，32，40，50，63，80，100，125	2∶1	50（cosφ=0.15～0.25）
RM14	2，4，6，10，16，20，25，32，40，50，63	2∶1	（cosφ=1.2～12）
RL6	2，4，6，8，10，16，20，25，35，40，50，63，80，100，125，160，200		50

注　1. RT0 系列与 NT 系列相比：RT0 系列时间—电流特性误差大，约 50%，选择性差、分断能力低、功耗大（大 40%），故可用 NT 系列替代。

2. 横线上的电流数值还作为熔断器的壳体电流。

7.4　熔断器特性

7.4.1　NT（RT16、RT17）系列熔断器

7.4.1.1　主要特点

（1）分断能力高，限流特性好，能可靠分断从最小熔化电流至 120kA 之间的任何短路电流，时间—电流特性稳定，性能符合 IEC 269 标准，分断能力高。

（2）熔断体采用高纯度铜带制成，呈栅状，具有损耗低、特性稳定、抗热老化等性能。灭弧介质选用粒度好、含硅量高，经特殊处理的优质石英砂，提高了分断能力。熔管选用抗胀强度高、吸水率低的氧化铝瓷。熔管与端帽之间用石棉衬垫密封保护。动、静触头均镀有银层，接触良好，长期工作稳定。

（3）产品体积小，更换方便。底座牢靠，具有稳定夹持力，确保接触电阻稳定。

（4）具有可靠、灵敏的熔断指示器。

7.4.1.2　适用范围

适用于频率为45～62Hz，额定电压660V及以下、额定电流1000A及以下的低压配电网络或配电装置，作为短路和过负荷保护，使用类别为全范围分断的一般用途型，安装地点环境污秽等级为3级；安装类别为Ⅲ类。

正常工作条件如下：

（1）周围空气温度最高不超过40℃；

（2）周围空气温度24h的平均值不超过35℃；

（3）周围空气温度最低不低于－5℃；

（4）安装地点的海拔高度不超过2000m；

（5）空气要纯净、清洁，在最高气温为40℃时，相对湿度不超过50％；

（6）无显著的摇动和冲击振动的工作场所。

7.4.1.3　型号及底座标志含义

（1）熔断体：

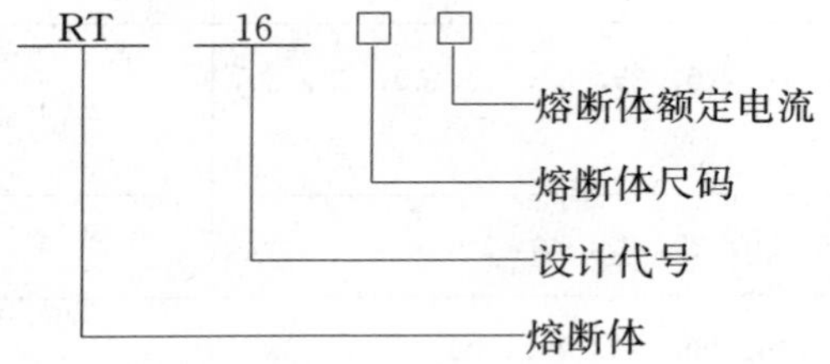

（2）底座：

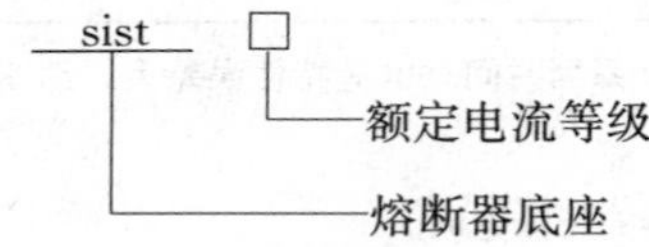

7.4.1.4　形式结构

NT系列熔断器由熔管、熔断体和底座三部分组成。熔管为高强度陶瓷，内装优质石英砂。熔断体采用优质材料，功率损耗小，特性稳定。

更换熔断器时，应用载熔件即操作手柄进行操作。

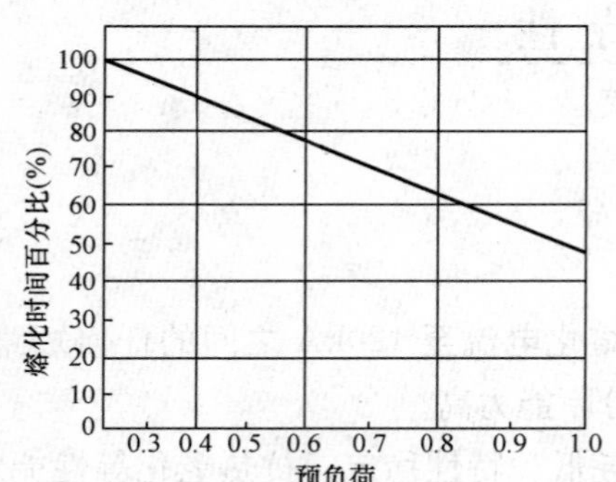

图7-7　经预负荷的NT系列低压高分断能力熔断器的熔化时间较特性曲线中给出的熔化时间下降的百分比

7.4.1.5　熔断器主要技术参数及特性曲线

（1）主要技术参数见表7-10。

（2）额定分断能力。RT16(NT00～NT3)：500V为120kA；660V为50kA。RT17(NT4)：380V为100kA。

（3）经预负荷的NT系列低压高分断能力熔断器的熔化时间较特性曲线中给出的熔化时间下降的百分比见图7-7。

（4）熔断器弧前时间—预期电流特性曲线见图7-8。

（5）外形及安装尺寸。熔断器熔断管外形及安装

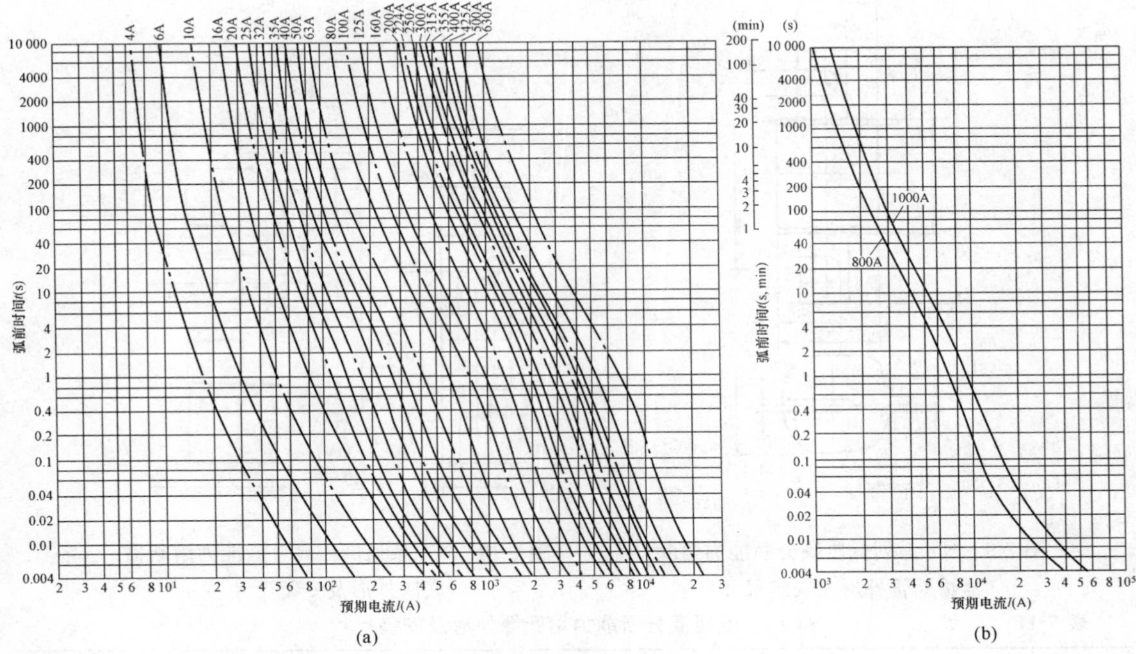

图 7-8　NT 系列低压高分断能力熔断器弧前时间—预期电流特性曲线

(a) RT16（NT）型 4～630A 熔断器；(b) RT17（NT4）型 800～1000A 熔断器

尺寸见表 7-11 和图 7-9；底座外形及安装尺寸见表 7-12 及图 7-10；熔断器载熔件（手柄）外形尺寸见图 7-11。

表 7-10　　NT（RT16、RT17）系列低压高分断能力熔断器技术数据

型　号	额 定 电 流（A）	额定电压（V）	额定分断能力（kA）			底 座 型 号
			380V	500V	660V	
NT00	4，6，10，16，20，25，32，35，40，50，63，80，100	500 660		120	50	sist101
	125，160	500				
NT0	6，10，16，20，25，32，35，40，50，63，80，100	500 660		120	50	sist160
	125，160	500				
NT1	80，100，125，160，200	500、660		120	50	sist201
	224，250	500				
NT2	125，160，200，224，250，300，315	500 660		120	50	sist401
	355，400	500				
NT3	315，355，400，425	500、660		120	50	sist601
	500，630	500				
NT4	800，1000	380	100			sist1001

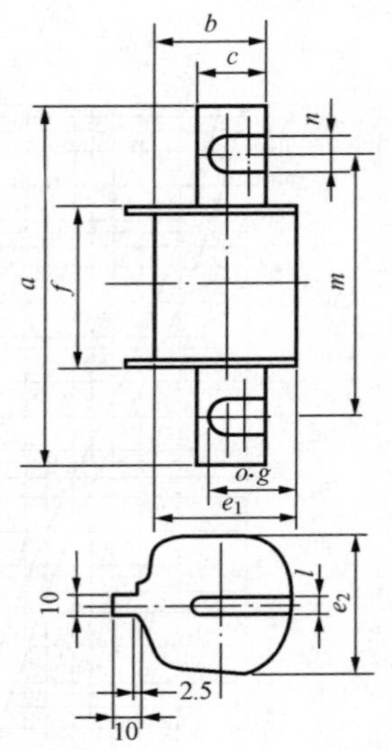

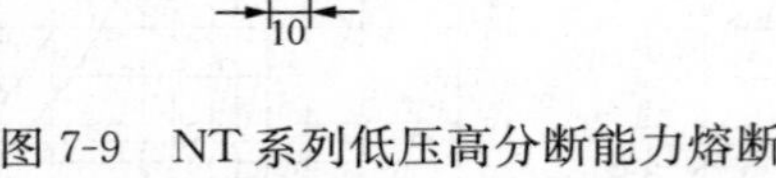

图 7-9　NT 系列低压高分断能力熔断器熔断管外形及安装尺寸

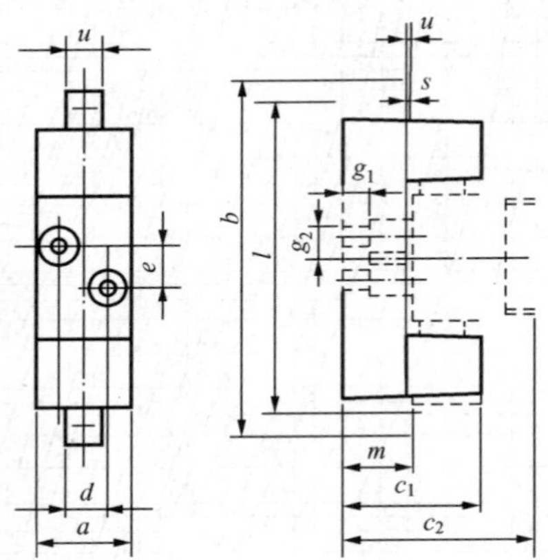

图 7-10　NT 系列低压高分断能力熔断器底座外形及安装尺寸

表 7-11　　NT 系列低压高分断能力熔断器外形及安装尺寸

型　号	熔断器外形及安装尺寸（mm）											质量 (kg)
	a	*b*	*c*	e_1	e_2	*I*	*f*	*g*	*m*	*n*	*o*	
NT00	78.5	35	15	45	29	6	49	11.5	—	—	—	0.15
NT0	126	35	15	45	29	6	68	11.5	—	—	—	0.2
NT1	135	40	21	48	48	6	68	12	—	—	—	0.36
NT2	150	48	27	58	58	6	68	13	—	—	—	0.65
NT3	150	60	33	67	67	6	68	14	—	—	—	0.85
NT4	200	83	50	96	88	8	68	20	150	16	32	1.95

说明：

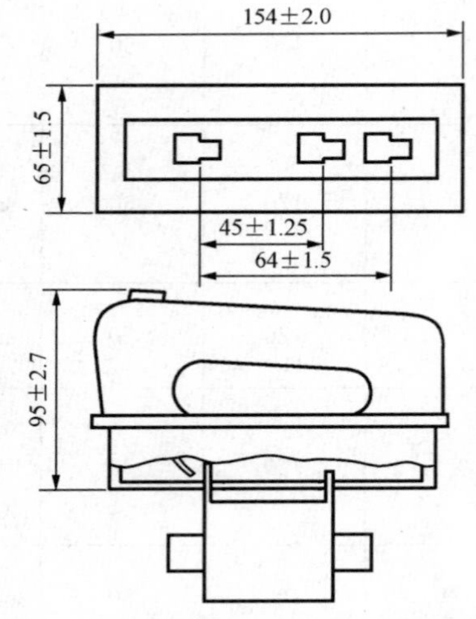

图 7-11　NT 系列低压高分断能力熔断器载熔件（手柄）外形尺寸

（1）NT 系列熔断器的弧前时间—预期电流特性曲线是在环境温度为 20℃，熔断器在冷态条件下进行载流试验绘制而成。预载状态下的弧前时间，可按图 7-7 的熔化时间比乘以冷态时的弧前时间即可求出。

（2）NT 系列熔断器的弧前时间—预期电流特性曲线在电流方向的误差≤±10%。

（3）NT 系列熔断器在分断短路电流时具有限流特性，即在短路电流峰值出现前已经熔断，切断了电路电流，从而保护了导线、电缆和其他负荷，避免了因巨大的热冲击和电冲击所造成的损失。

表 7-12　　　　NT 系列低压高分断能力熔断器底座外形及安装尺寸

型　号	熔断器底座的外形及安装尺寸（mm）													质量
	a	*b*	c_1	c_2	*d*	*e*	g_1	g_2	*I*	*m*	*s*	*u*	*o*	(kg)
sist101	30	120	60	85	0	25	8	7.5	100	25	M8	25	—	0.2
sist160	30	170	73	93	0	25	16	7.5	150	38	M8	25	3	0.32
sist201	58	200	82	96	30	25	15	10.5	175	38	M10	25	3	0.8
sist401	64	225	98	112	30	25	17	10.5	200	40	M10	30	5	1.2
sist601	64	250	105	120	30	25	17	10.5	210	40.5	M12	40	5.5	1.5
sist1001	96	304	142	165	45	30	4	13	260	47.5	M16	45	8.5	3.45

7.4.1.6 NT 系列熔断器的选用

（1）对保护电缆、导线的熔断器而言，要满足前后级熔断器在任何故障出现时，均能选择性地、准确地分断故障电流，前后级熔断器之间的电流特性配合，两者额定电流的比为1∶1.6。

（2）电动机保护。在通常由熔断器—接触器—热继电器—电动机组成的电路中，根据经验，选择 NT 系列熔断器额定电流约为电动机额定电流的 1.2～1.5 倍。

（3）在电容器开关设备中，NT 系列熔断器的额定电流不应小于电容器额定电流的 1.6 倍。

（4）在放射式系统中，在短路电流非常大的情况下，由于超快速熔化，熔断器的弧前时间—预期电流特性曲线有重叠。对这种情况必须根据熔断器熔化 I^2t 值和熔断 I^2t 值进行选择，即负载端熔断器的熔断 I^2t 值应比电源端（或后备端）熔断器的熔化比 I^2t 值小。达到上述条件时，称为最佳配合。NT 系列熔断器熔化 I^2t 值和熔断 I^2t 值见图 7-12。

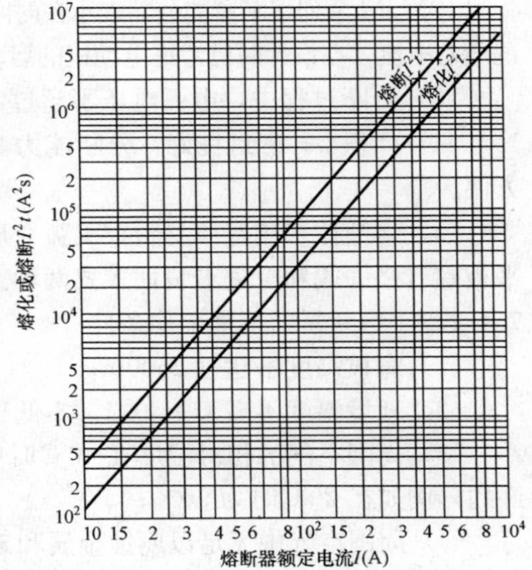

图 7-12　电压为 500V、电流为 100kA 时低压高分断能力熔断器 I^2t 值

（5）负荷开关与负载熔断器之间的级间配合见图 7-13。

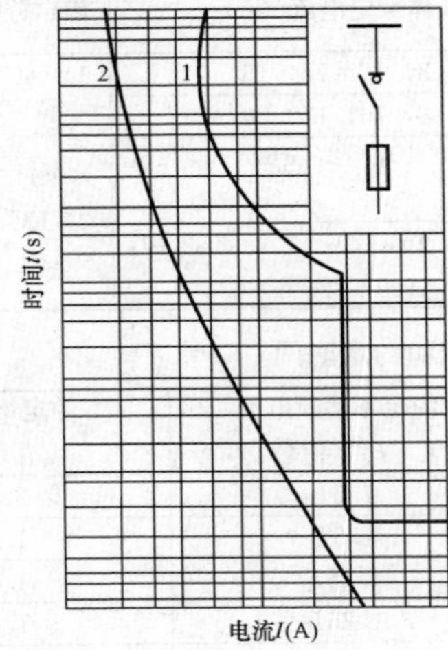

图 7-13　负荷开关与负载熔断器之间的级间配合

1—负荷开关的特性曲线；2—熔断器特性曲线

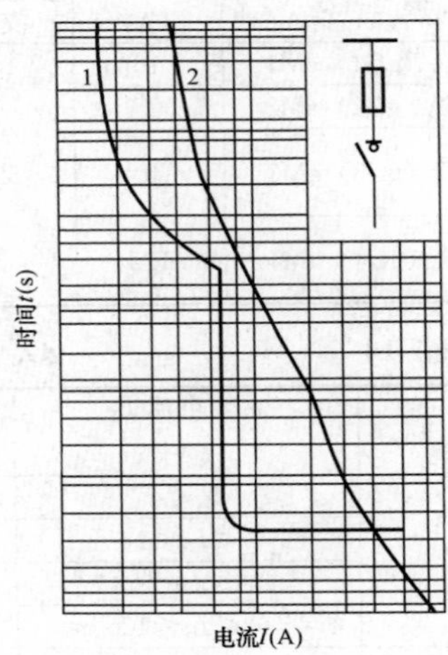

图 7-14　低压高分断能力熔断器与负荷开关之间的级间配合

1—负荷开关的特性曲线；2—熔断器的特性曲线

（6）熔断器与负荷开关之间的级间配合见图 7-14。

7.4.2 gF、aM 系列熔断器

gF 系列熔芯为一般用途熔断体，适于一般馈线保护；aM 系列熔芯为电动机保护熔断体，适用于电动机保护。

7.4.2.1 主要特点

（1）gF 系列熔断器能可靠分断熔断器的熔化电流至其额定分断能力之间的所有电流。

（2）aM 系列熔断器能分断表示在时间—电流特性曲线上的最低电流至其额定分断能力之间的所有电流，在设计时已考虑电动机的启动电流，使用时只需按照电动机额定电流选择。

（3）分断过程中，电弧电压不超过 2500V（峰值）。

（4）体积小，密封良好，分断能力高，耐弧、耐热性能强，指示灵敏、动作可靠，安装方便。

（5）熔断体采用优质材料，灭弧介质为优质石英砂，熔管为高强度陶瓷。安装方式分为平板螺钉坚固式和滑道卡簧插入式两种。熔断体分带熔断信号和不带熔断信号。

7.4.2.2 熔断器的正常工作条件

（1）海拔高度不超过 2500m；

（2）环境温度不高于＋40℃，不低于－5℃；

（3）周围空气的相对湿度在 40℃时应不超过 50％；在温度较低时，空气湿度较高是允许的，例如在 20℃时为 90％；

（4）周围空气中无足以腐蚀金属和破坏绝缘的气体及导电尘埃；

（5）振动振幅不大于 0.5mm，频率不大于 600 次/min，最好是垂直安装。

7.4.2.3 主要技术参数

主要技术参数见表 7-13～表 7-17、图 7-15～图 7-17。

表 7-13　　gF、aM 系列熔断器技术数据

型　号	电流等级（A）	额定电压（V）		熔断体额定电流（A）	额定分断能力（kA）
		交流	直流		
gF1（gG1）aM1	16	500	250	2，4，6，8，10，12，16	1）AC ＞50 cosφ＝0.15～0.25 2）DC ＞20
gF2（gG2）aM2	25			2，4，6，8，10，12，20，25	
gF3（gG3）aM3	40			4，6，8，10，12，16，20，25，32，40	
gF4（gG4）aM4	125			10，12，16，20，25，32，40，50，63，80，100，125	

表 7-14　　gG、aM 系列熔断体的约定电流和约定时间

类　别	额定电流 I_N（A）	约定时间（h）	约定不熔断电流（I_{nf}）倍数	约定熔断电流（I_f）倍数
gF	$I_N \leqslant 4$	1	$1.5I_N$	$2.1I_N$
	$4 < I_N < 16$	1	$1.5I_N$	$1.9I_N$
	$16 \leqslant I_N < 63$	1	$1.25I_N$	$1.6I_N$
	$63 \leqslant I_N \leqslant 125$	2	$1.25I_N$	$1.6I_N$
aM	$2 < I_N \leqslant 1.25$	1（miN）	$4I_N$	$6.3I_N$
S	$2 \leqslant I_N \leqslant 125$	＞4	$1.1I_N$	
		≤0.025		$6I_N$

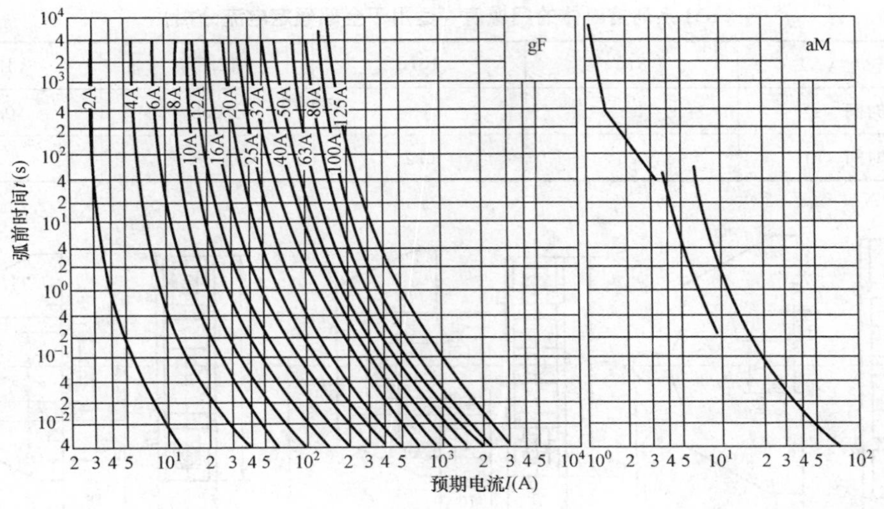

图 7-15 gF、aM 系列圆柱形管状有填料熔断器弧前时间—预期电流特性曲线

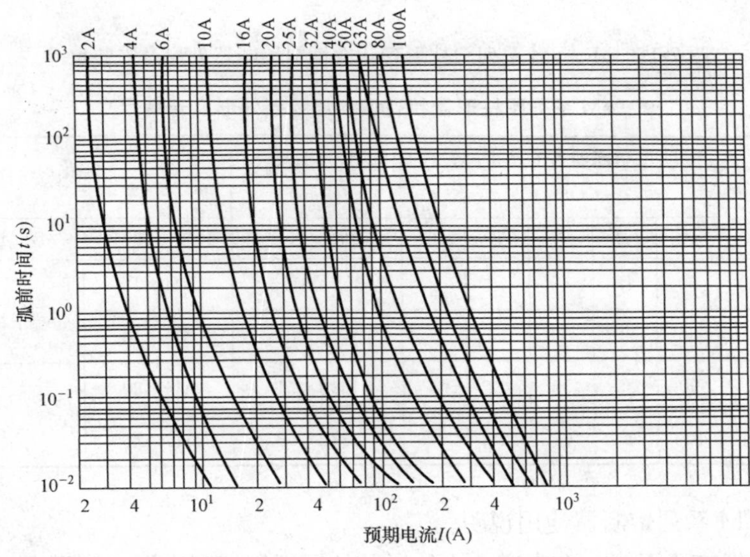

图 7-16 S熔断体弧前时间—预期电流特性曲线

表 7-15 **gG 系列熔断体弧前时间门槛值** A

额定电流	2	4	6	10	16	20	25	32	40	50	63
10s 最小门槛电流	4.1	8.1	12.0	22.0	33.0	42.0	52.0	75.0	95.0	125.0	160.0
5s 最大门槛电流	8.8	17.5	26.0	46.5	65.0	85.0	110.0	150.0	190.0	250.0	320.0
0.1s 最小门槛电流	7.0	15.0	24.5	58.0	85.0	110.0	150.0	200.0	260.0	350.0	450.0
0.1s 最大门槛电流	21.5	42.0	67.5	117.0	150.0	200.0	260.0	350.0	450.0	610.0	820.0

表 7-16　　**aM 系列熔断体的门槛值（适用于全部额定电流分挡）**

门槛电流（A）	$8I_N$	$10I_N$	$12.5I_N$	$19I_N$
熔断时间（s）	—	—	0.5	0.10
弧前时间（s）	0.5	0.2	—	—

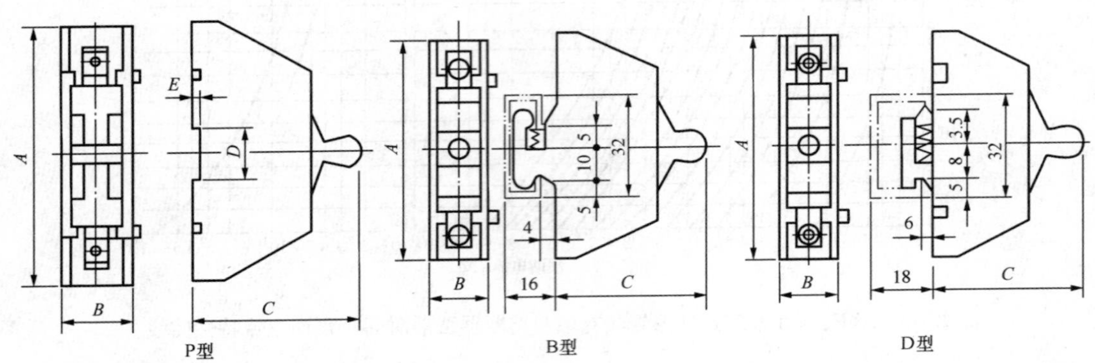

图 7-17　gF、aM 系列圆柱形管状有填料熔断器外形及安装尺寸

表 7-17　　**gF、aM 系列圆柱形管状有填料熔断器外形及安装尺寸**

型　号	熔断器外形尺寸 (mm)					熔管外形尺寸 (mm)	底座安装型式		
	A	B	C	D	E	直径×长度	P 型（螺钉）	B 型	D 型
gF1、aM1	70	18	48	12	2	3.5×31.5	M4×12	配 B 系列端子板	配 D 或 D1 系列端子板
gF2、aM2	80	22	53	16	3	10.3×38	M4×16		
gF3、aM3	90	25	55	22	4	14.3×51	M5×20		
gF4、aM4	100	35	65	28	5	22.2×58	M6×25		

7.4.2.4　gF、aM 系列熔断器使用说明

（1）平板条螺钉紧固式。在底座中央的通孔处用螺钉把底座固定在配电盘的平板条上。

（2）滑道卡簧插入式。是把底座上的弹簧卡片凸面朝上插入滑道，然后将熔断体放入滑动支架的圆孔内插入底座中；

（3）如果是两个以上可并联使用，必须将底座两侧的凸面和凹槽对应排列。

（4）gF3、gF4、aM3、aM4 型熔断器在连接母线时，必须将微动开关及其固定夹片拔出，接好母线后再将微动开关及其固定夹片装上。若微动开关接通声光信号装置，则应更换熔断体。

7.4.3　RT14 系列有填料封闭管式圆筒形帽型熔断器

7.4.3.1　主要特点

RT14 系列熔断器是一种高分断能力熔断器，适用于交流 50～60Hz、额定电压 380V 的配电装置中，作为过载和短路保护。熔断器的性能符合 GB 13539.3—1999《低压熔断器 第 3 部分：非熟练人员使用的熔断器的补充要求（主要用于家用和类似用途的熔断器）》要求，同时还采用了 IEC 更新草案中某些新增的动向性条款，例如门限值、约定的电缆过载保护、I^2t 极限值、CTI 值测试、额定电流验证、过电流选择比 2∶1、耐非正常的热和火、抗锈性等，是一种新的、性能更完善的低压元件。

7.4.3.2 形式结构

RT14 系列熔断器分为带撞击器和不带撞击器两类，熔断器由圆筒形帽熔断管、熔体和支持件（底座）组成。熔断管为圆管状瓷管，两端有帽盖，熔体设计成变截面形状，并配置起“冶金效应”作用的低熔点锡基合金，以保证熔断器在最小熔断电流至额定分断能力范围内可靠地分断电路。带撞击器熔体熔断时，撞击器弹出，即可作熔断信号指示，也可触动微动开关以控制接触器线圈回路，可作为交流三相电动机的断相保护。

7.4.3.3 技术特性

（1）型号含义。

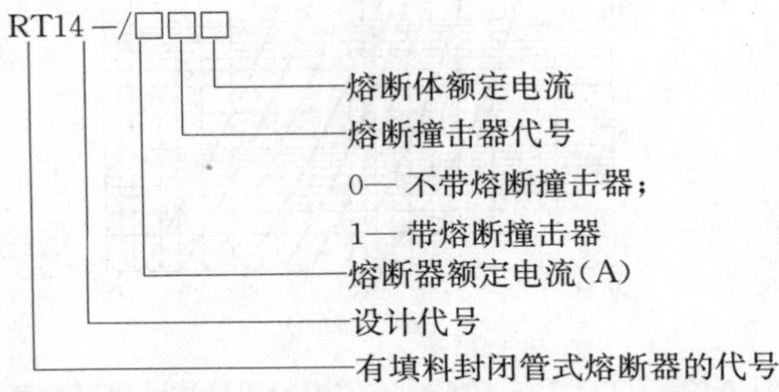

（2）技术数据。RT14 系列熔断器技术数据见表 7-18，熔断器在 0.01s 时 I^2t 特性见表 7-19，熔断器弧前时间—预期电流特性曲线见图 7-18、图 7-19。

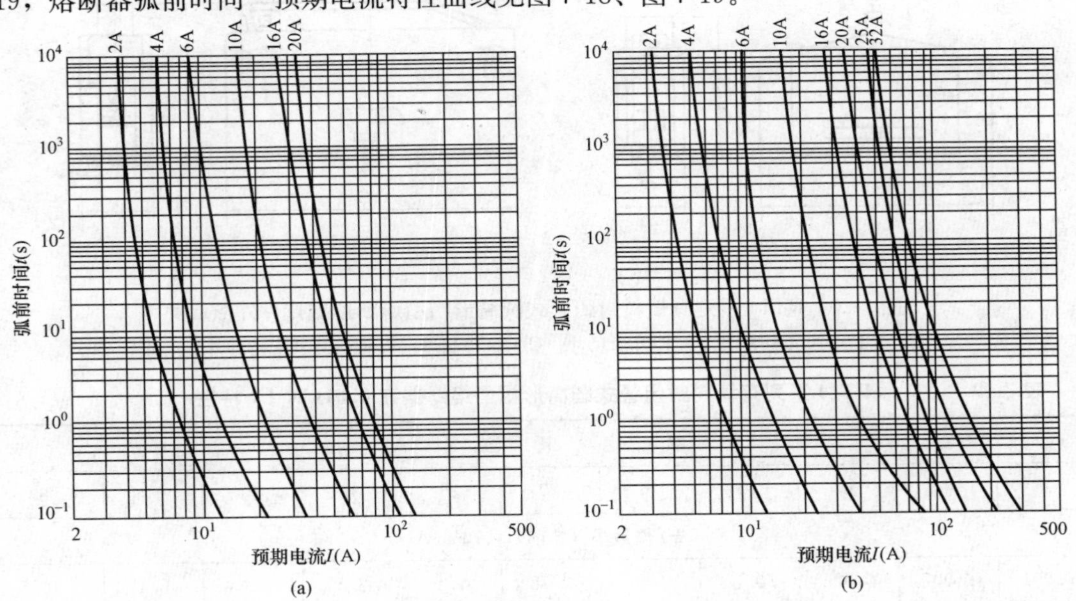

图 7-18 RT14 筒形帽型熔断器弧前时间—预期电流特性曲线

（a）2～20A；（b）2～32A

表 7-18　　　**RT14 系列有填料封闭管式圆筒形帽型熔断器技术数据**

额定电流（A）	额定电压（V）	熔体额定电流（A）	额定分断能力（kA）	额定功耗（W）
20	380	2，4，6，10，16，20	100 cosφ=0.1～0.2	3
32		2，4，6，10，16，20，25，32		5
63		10，16，20，25，32，40，50，63		9.5

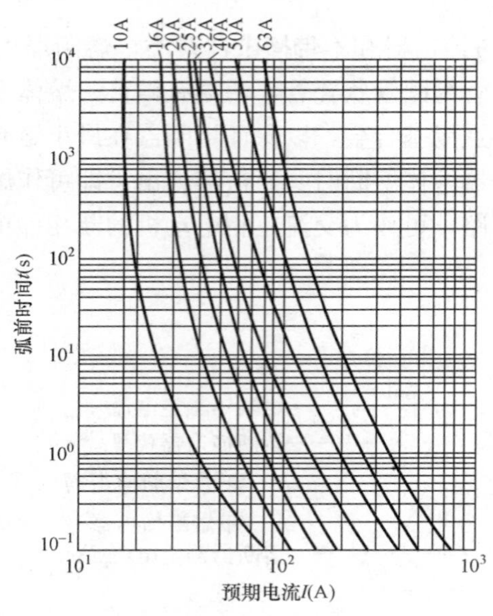

图 7-19　RT14-10～63A 型有填料封闭管式圆筒形帽型熔断器弧前时间—预期电流特性曲线

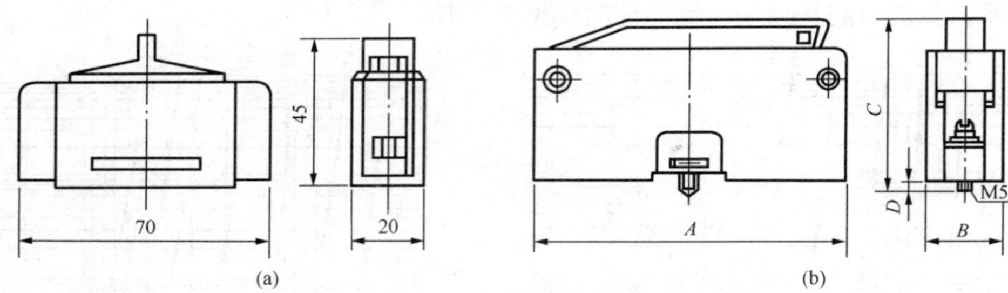

图 7-20　RT14 系列有填料封闭管式圆筒形帽型熔断器支持件外形尺寸
（a）RT14-20 型熔断器支持件外形尺寸；（b）RT14-32、63 型熔断器支持件外形尺寸

表 7-19　　　**RT14 系列有填料封闭管式圆筒形帽型熔断器在 0.01s 时 I^2t 特性**

额定电流（A）										
2	4	6	10	16	20	25	32	40	50	63
I^2t 值最小（弧前）×10^3（A^2s）										
0.001	0.007	0.025	0.1	0.44	0.78	1.4	2.5	4.3	6.4	10.5
I^2t 值最大（熔断）×10^3（A^2s）										
0.02	0.1	0.26	0.78	2.5	4.3	6.4	10.5	16.4	26.0	40.0

（3）外形及安装尺寸。RT14 系列熔断器支持件和熔断管外形尺寸见图 7-20、图 7-21 和表 7-20 和表 7-21。

表 7-20　RT14 系列有填料封闭管式圆筒形帽型熔断器支持件外形尺寸

额定电流（A）	外形尺寸（mm）				质量（kg）	备注
	A	*B*	*C*	*D*		
20					0.082	见图 7-18
32	104	27	56	10	0.16	见图 7-18
63	124	34	65	9	0.29	见图 7-18

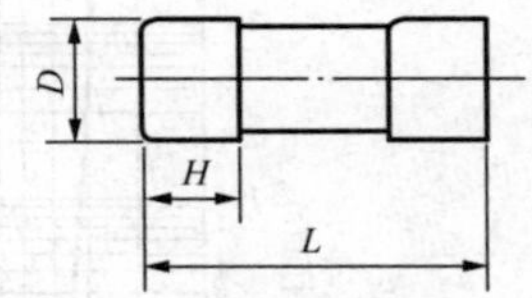

图 7-21　RT14 系列有填料封闭管式圆筒形帽型熔断管外形尺寸

表 7-21　RT14 系列有填料封闭管式圆筒形帽型熔断管外形尺寸

额定电流（A）	外形尺寸（mm）			质量（kg）
	L	H_{max}	*D*	
20	38	10.5	ϕ10.3	0.009
32	51	13.8	ϕ14.3	0.022
63	58	16.2	ϕ22.2	0.06

注　撞击器弹出的尺寸最小为 7mm。

7.4.4　RL6 型螺旋式熔断器

7.4.4.1　主要特点

RL6 型熔断器适用于频率为 45～62Hz、电压在 500V 及以下的电路中，作过载和短路保护。RL6 型熔断器性能符合 JB 4011.1-85 和 GB 13539.3—1999 等有关标准。需要满足防护要求时，该型熔断器备有附加的防护罩取代保护圈（200A 除外）。RL6 型熔断器具有较高的分断能力，限流特性好，功率损耗小，弧前时间—预期电流特性稳定，选择性好（选择比为 1.6∶1），有明显的熔断指示，不用任何工具能安全取下或更换熔断体。

7.4.4.2　结构形式

RL6 型熔断器由载熔件、熔断体及底座三部分组成。熔断体内装有熔体并填充石英砂，装有非互换性的限位装置。熔断体端面有明显的熔断指示器，当电路分断时，指示器跳出，通过载熔件上的观察孔便可见到。当熔体已熔断时，其熔体及填料均已无效，必须及时更换。

7.4.4.3　技术数据

RL6 型熔断器技术数据见表 7-22，弧前时间—预期电流特性曲线见图 7-22。

7.4.4.4　外形及安装尺寸

RL6 型熔断器及其防护罩、熔断体的外形及安装尺寸，见图 7-23～图 7-25，表 7-23～表 7-25。

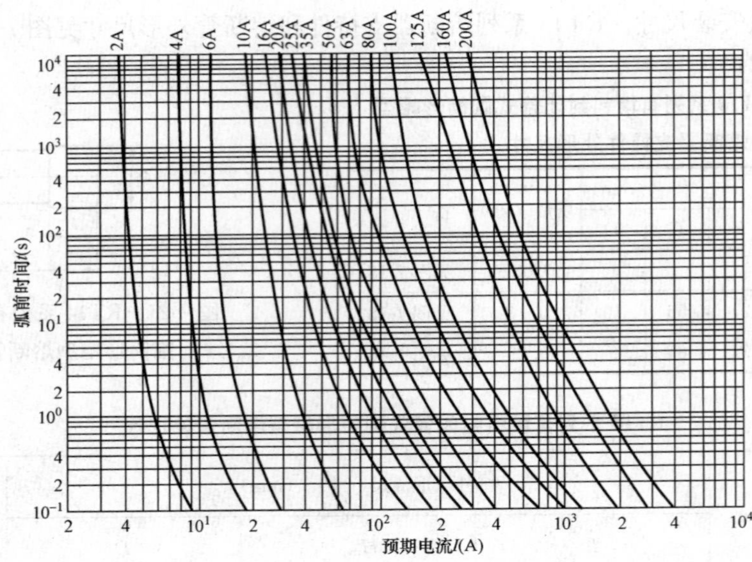

图 7-22　RL6 型螺旋式熔断器弧前时间—预期电流特性曲线

表 7-22　　　　RL6 型螺旋式熔断器技术数据

额定电流（A）	额定电压（V）	熔体额定电流（A）	额定功耗（W）	额定分断能力（kA）
25	500	2，4，6，10，16，20，25	4	50 cosφ=0.1～0.2
63		35，50，63	7	
100		80，100	9	
200		125，160，200	19	

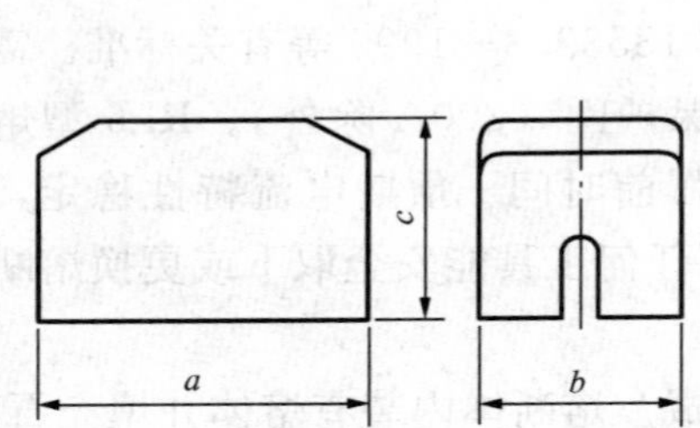

图 7-23　RL6 型螺旋式熔断器的外形和安装尺寸

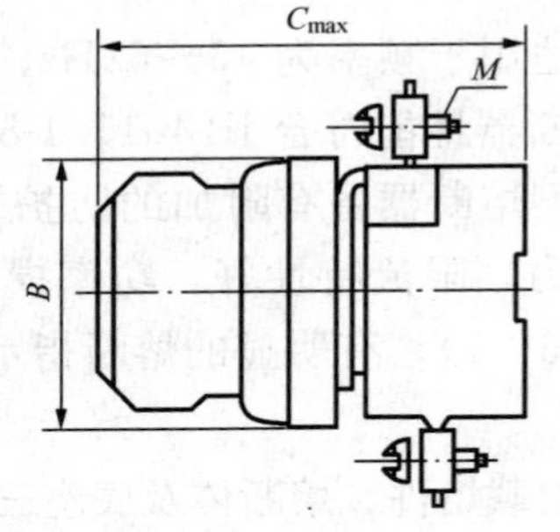

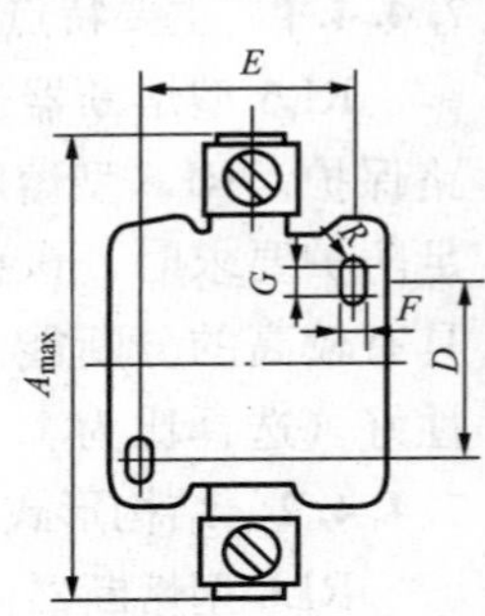

图 7-24　RL6 型螺旋式熔断器防护罩外形尺寸

表 7-23　　　　RL6 型螺旋式熔断器外形及安装尺寸

额定电流（A）	外形及安装尺寸（mm）						
	A_{max}	B	C_{max}	D	E	M	$R\times F\times G$
25	66	$43^{+1.5}_{0}$	80	30±1.0	27.5±1.0	5	$3.4\times4.5^{+0.5}_{-0.4}\times6^{+0.5}_{-0.4}$
63	89	$54^{+2.0}_{0}$	82	32.5±1.0	37.5±1.0	6	$3\times5^{+0.5}_{-0.4}\times6^{+0.5}_{-0.4}$
100	121	75±2.4	115	55±1.2	45±1.0	8	$4.5\times7^{+0.6}_{-0.4}\times6^{+0.6}_{-0.4}$
200	158		121	65±1.2	60±1.2	19	$4.5\times7^{+0.6}_{-0.4}\times9^{+0.6}_{-0.4}$

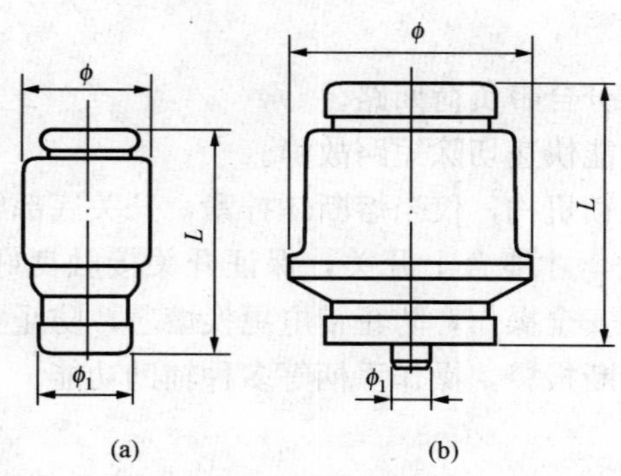

图 7-25　RL6 型螺旋式熔断体的外形尺寸

(a) 25 (30)，63A；(b) 100，200A

表 7-24　　RL6 型螺旋式防护罩外形尺寸

额定电流（A）	外　形　尺　寸　(mm)		
	a	*b*	*c*
25	72	44	46
63	100	60	55
100	140	68	74

表 7-25　　RL6 型螺旋式熔断体外形尺寸及指示器色别

熔断体额定电流（A）	外　形　尺　寸　(mm)			指示器色别
	L	ϕ	ϕ_1	
2	49^{+2}_{0}	$22.5^{0}_{-1.5}$	$6^{+0.2}_{-0.4}$	玫瑰
4				棕
6				绿
10			$8^{+0.2}_{-0.4}$	红
16			$10^{+0.2}_{-0.4}$	灰
20			$12^{+0.2}_{-0.4}$	蓝
25			$14^{+0.2}_{-0.4}$	黄
35	49^{+2}_{0}	28^{0}_{-2}	$16^{+0.2}_{-0.4}$	黑
50			$18^{+0.2}_{-0.4}$	白
63			$20^{+0.2}_{-0.4}$	铜
80	56^{+2}_{0}	38.5^{0}_{-2}	5±0.2	银
100			7±0.2	红
125	$56^{+2.5}_{0}$	$\phi 52^{0}_{-2.5}$	5±0.2	黄
160			7±0.2	铜
200			9±0.2	蓝

7.4.5　KSF2 系列熔断器式负荷开关

7.4.5.1　适用范围

该负荷开关适用于 100A 以下各类交直流回路兼作负荷开关和熔断器保护。

7.4.5.2 特点

（1）正常情况下，直接分合带负荷回路。

（2）具有高分断能力，能快速切除短路故障。

（3）具有可靠的机械连锁机构，仅当熔断体拧紧，开关底部触板接触良好，且到达预定位置时，连锁机构自动释放，才能合上开关，保证开关接触良好。当开关盖板开启，电路断，方可更换熔芯。可确保安全操作，防止带电更换熔芯，防止空合、误合开关。

（4）具有辅助触头，熔断报警，操作手柄等多种辅助功能。

7.4.5.3 主要技术参数

主要技术参数见表 7-26。

表 7-26　　KSF2 系列熔断器式负荷开关技术数据

型　　号	KSF2-40	KSF2-63	KSF2-100
额定电压（V）	AC400，DC300	AC690，DC300	AC690，DC300
额定电流（A）	40	63	100
分断能力（kA）	50	50	50
机械寿命（次）	10 000	20 000	20 000
最大接线截面积（mm^2）	16	25	35
配用熔体电流（A）	2，4，6，10，12，16，20，25，30，32，40	6，10，12，32，40，50，60，63	32，40，50，63，75，80，90，100

7.4.6 组合开关

该组合开关适用于 100A 以下的馈线电路中，以往通常采用小型组合开关作为操作电器，常用的组合开关有 HZ10、HZ15 等型，其电气性能见表 7-27、表 7-28。

表 7-27　　HZ 系列组合开关特性参数

型　号	额定电流（A）	直流接通与分断条件				试验周期与间隔时间
		电流（A）	时间常数（ms）	次数	电压（V）	
HZ10	10～100	$1.5I_N$	10	10	$1.1U_N$	通、断—3min 通、断
HZ15	10～63	$1.5I_N$	1	$1.1U_N$		

表 7-28　　HZ 系列组合开关技术参数

型　　号	额定电流（A）	机械寿命（次）	电寿命（次）
HZ10	10，25，60，100		5000～10 000
HZ15	10，25，63	30 000	10 000

 7.5 RX1-1000 型熔断信号器

RX1-1000 型熔断信号器用于熔断器熔断动作，并推动微动开关带动其他辅助电器动作，以发出报警或连锁信号。

7.5.1 工作条件

（1）海拔：≤2000m。

（2）环境温度：≤40℃，＞－5℃，24h内测得的平均温度≤35℃。

（3）湿度：温度40℃时，相对湿度≤50％；温度为20℃时，相对湿度≤90％。

（4）额定电压：AC1000V。

（5）最低动作电压：≤12V。

（6）配用微动开关KWX型。

7.5.2 结构及工作原理

熔断信号器主要由熔断体、底座及微动开关组成，如图7-26所示。

熔断信号器是一个额定电流极小，熔断体电阻较大的熔断器。它并联于主熔断器上，当主熔断器熔断时，信号器熔断体立即同时熔断，并通过弹簧向外推动顶杆，由顶杆撞击微动开关，再带动其他装置及时发出信号。

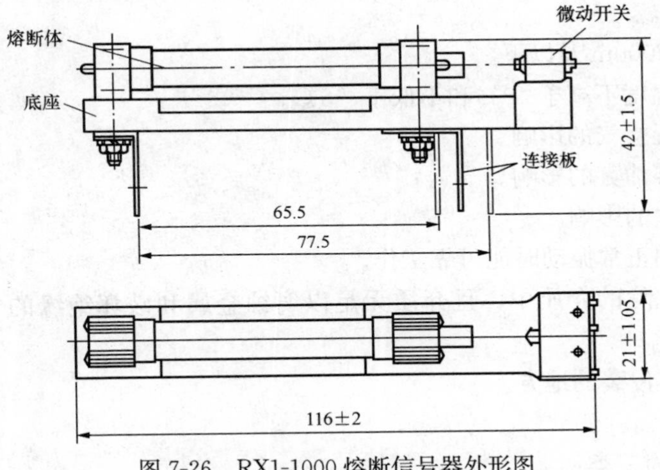

图7-26 RX1-1000熔断信号器外形图

7.5.3 安装

将熔断信号器连接板高度调节至与熔断器两端盖板的高度一致，松动熔断器螺钉，将连接板插入两端盖板之外，然后将螺钉紧固即可，见图7-27。

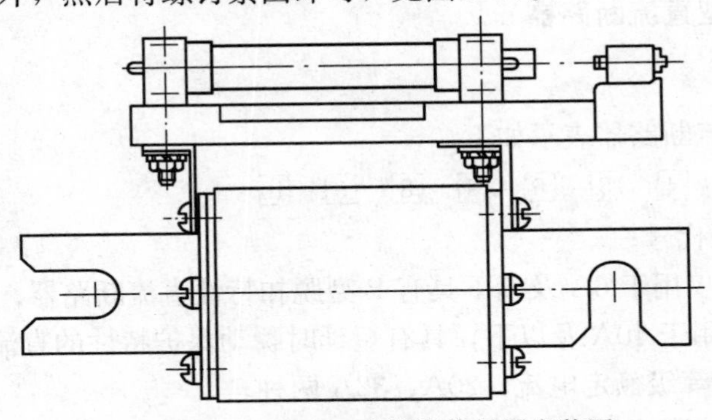

图7-27 RX1-1000型熔断信号器安装图

7.6 GM系列直流断路器

7.6.1 概述

本节以GM系列直流断路器和直流隔离开关为例说明直流断路器的性能特点和使用要求。用户可根据工程特点，参考本节所述直流断路器的特性提供相关的技术要求。

(1) 特点。

1) 直流断路器具有满足系统要求的短路分断能力，达到15、20kA和35kA；额定运行短路分断能力（I_{cs}）达到额定极限短路分断能力（I_{cu}）。

2) 保护特性安全可靠，整定操作方便灵活，可选择短路型、复合型和三段型脱扣器，满足不同工况的使用要求。

3) 附件配套齐全，根据需要配备辅助接点，极塑接点以及各类操作配件。

4) 接线灵活方便，可根据需要采用板前接线，板后接线或插入式接线。

(2) 适用环境。

1) 海拔高度2000m及以下。

2) 周围介质温度不高于40℃和不低于－5℃。

3) 能耐受潮湿空气的影响。

4) 能耐受盐雾油雾的影响。

5) 能耐受霉菌的影响。

6) 在受到船舶正常振动时能可靠工作。

7) 在无爆炸危险的介质中，且介质无足以腐蚀金属和破坏绝缘的气体与导电尘埃的地方。

8) 在没有雨雪侵袭的地方。

(3) 分类。

直流断路器分为三类：

1) 微型直流断路器：壳架额定电流在32A及以下。

2) 塑壳直流断路器：壳架额定电流在100～1250A范围内。

3) 万能式直流断路器：壳架额定电流为2000A。

7.6.2 GM系列微型直流断路器

7.6.2.1 型号含义

GM系列微型直流断路器表示如下。

GM [1] [2] [3] [4] [5] [6] [7] [8] [9] [10]

其中 1——特征代号；

N：仅用于6A及以下具有B型脱扣特性直流断路器；

B：用于40A及以下，具有短延时瞬动保护特性的直流断路器。

2——壳架等级额定电流，20A、32A两种；

3——额定极限短路分断能力；M：15kA、H：20kA；

4——极数：1—1P、2—2P、3—3P、4—4P；

5——脱扣器方式：0—无，1—延时脱扣，2—瞬时脱扣，3—复式脱扣；

6——附件：08—极塑，20—辅助，60—工组辅助，28—辅助＋极塑；

7——直流断路器代号 R；

8——负载指示灯 D，有指示灯时，应注明工作电压；

9——额定工作电流（A）：1，3，6，10，16，20，25，32，40；其中 GMN 型只有 1，2，3，4，6；

10——短延时时间，GMB 型为 10ms。

由于 GMN 系列断路器，极限分断能力只有 4.5kA，只有 2 极，且适用于较快速脱扣的场合，故型号简化为

GMN20R 1 2 3

其中 1—负载指示灯；

2—额定工作电流；

3—附件类别：OF—辅助，SD—报警，OF＋OF—2 组辅助，OF＋SD——辅助＋报警。

例如：GMN20R/60A OF＋SD，GM32M2308T/16A，GMB32M2408R/16A 10ms。

7.6.2.2 主要技术参数

GM 系列微型直流断路器的主要技术参数见表 7-29，外形安装尺寸见图 7-28。

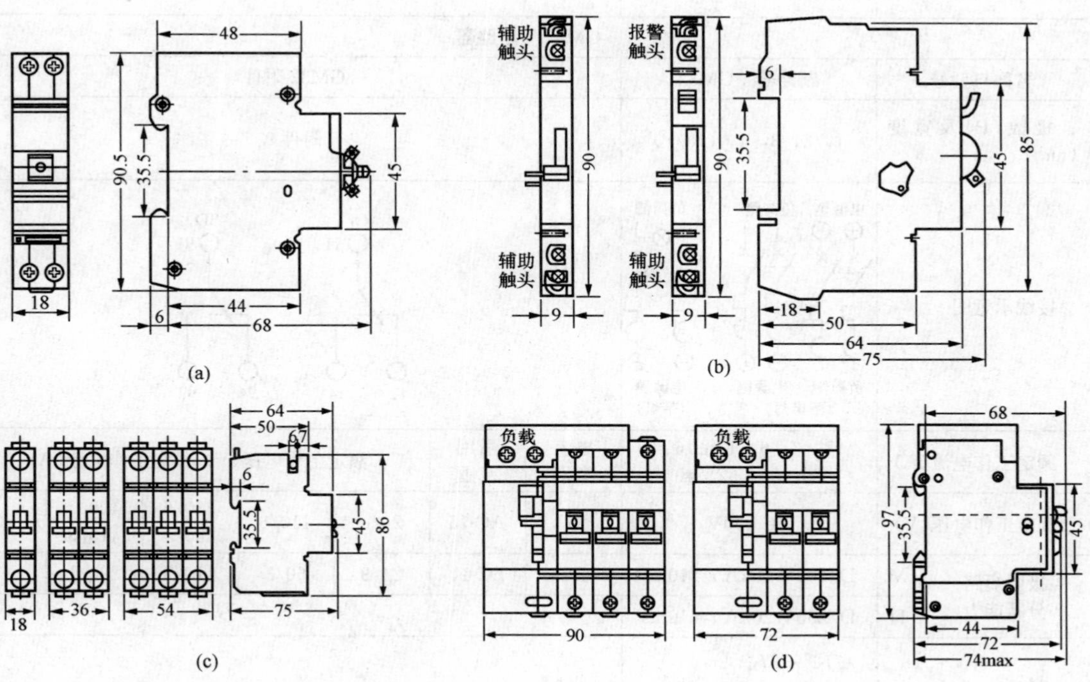

图 7-28 壳体电流 40A 及以下断路器、隔离开关尺寸

(a) GMN20R；(b) 辅助、报警触头；(c) GM32；(d) GMB32

表 7-29　　GMN20R 型断路器和 GM32 型断路器技术参数

GMN20R 型断路器								
名称与型号	断路器　GMN20R	辅助，报警触头						
极数(P)及宽度(mm)	2，18	9						
接线示意图	负荷侧　负荷侧 电源侧　电源侧	OF 11　SD 91 12　14　94　92						
额定工作电流(A)	1，2，3，4，6	电流类别	适用范围	额定工作电压(V)/额定工作电流(A)				
额定工作电压(V)	DC 250V	AC	AC-15	24/6	110/6	230/6 230/4	400/3 415/3	50/ 60Hz
极限短路分断能力	4.5kA(t=4ms)	DC	DC-14	24/3	60/3	110/3	220/1	
环境温度 30～35℃条件下的脱扣特性 B 型	$4I_N \sim 7I_N$ B 特性断路器适用于较快速脱扣、且短路电流不是很大的场合，尤其是末级保护	报警、辅助触头可通过额定电流为 6A 的熔断器或微型断路器作为后备保护						

GM32 型断路器								
名称与型号	断路器　GM32	GM32 附件						
极数(P)及宽度(mm)	1，2，3，4，(18/P)	附件 9						
接线示意图	电源侧　负荷侧　负荷侧 或 负荷侧　电源侧　电源侧 (不带灯)　(带灯)	OF 11　SD 91 12　14　94　92						
额定工作电流(A)	1，3、6、10、16、20、25、32、40	电流类别	适用范围	额定工作电压(V)/额定工作电流(A)				
额定工作电压(V)	DC 250V	AC	AC-15	24/6	110/6	230/6 230/4	400/3 415/3	50/60Hz
极限短路分断能力　M	DC250V 15kA t=10ms	DC	DC-14	24/3	60/3	110/3	220/1	
极限短路分断能力　H	DC250V 20kA t=10ms							
环境温度 30～35℃条件下的脱扣特性 C 型	$7I_N \sim 15I_N$ C 特性断路器适用于大部分电气回路、它允许负载短路通过较高的电流而微型断路器不动作	报警、辅助触头可通过额定电流为 6A 的熔断器或微型断路器作为后备保护						

<table>
<tr><td colspan="10">GMB32 型断路器</td></tr>
<tr><td colspan="2">名称与型号</td><td>断路器　GMB32</td><td colspan="7">GBM32 附件</td></tr>
<tr><td colspan="2">极数（P）及宽度（mm）</td><td>2，72</td><td colspan="7">附件 9</td></tr>
<tr><td colspan="2">接线示意图</td><td>负荷侧　负荷侧
S　S
⊖ ⊕　⊖ ⊕
电源侧（不带灯）　电源侧（带灯）</td><td colspan="7">OF 11　SD 91
12　14　94　92</td></tr>
<tr><td colspan="2">额定工作电流（A）</td><td>16，20，25，32，40</td><td>电流类别</td><td>适用范围</td><td colspan="5">额定工作电压（V）/额定工作电流（A）</td></tr>
<tr><td colspan="2">额定工作电压（V）</td><td>DC 250V</td><td>AC</td><td>AC-15</td><td>24/6</td><td>110</td><td>AC-15</td><td>24/6</td><td>AC</td></tr>
<tr><td rowspan="2">极限短路分断能力</td><td>M</td><td>DC250V 15kA t=10ms</td><td>DC-14</td><td>24/3</td><td>DC</td><td>DC-14</td><td>24/3</td><td>DC</td><td></td></tr>
<tr><td>H</td><td>DC250V 20kA t=10ms</td><td colspan="7"></td></tr>
<tr><td colspan="2">短路短延时电流整定值及延时时间</td><td colspan="8">整定值：$10I_N$～1.2kA（适用范围 16，20）
$10I_N$～1.8kA（适用范围 25）
$10I_N$～2.5kA（适用范围 32，20）
延时时间：t=10ms</td></tr>
<tr><td colspan="2">脱扣特性</td><td colspan="8">短延时工作电压：DC70V～DC250V</td></tr>
</table>

注　1. 断路器符合标准：IEC 60898—2 和 GB 10963.2。

2. 接线时务必分清上下接线端子的极性。

7.6.3　GM 系列直流断路器

7.6.3.1　GM 系列直流断路器型号含义

GM 系列直流断路器表示如下：

GM [1] [2] [3] [4] [5] [6] [7] [8] /[9] [10] [11] [12] [13]

其中　1——代号：GM 系列，GMB 系列；

2——壳架等级额定电流（A）：100，225，400，800，1250；

3——额定极限短路分断能力代号：M—标准型、H—较高型、R—高级型；

4——极数：2—2P、3—3P、4—4P；

5——脱扣器方式代号：2—短路脱扣器、3—复式脱扣器、4—三段保护脱扣器；

6——附件代号：0—无、2—1 组辅助触头、6—2 组辅助触头；

7——极塑触头代号：0—无、8—有；

8——直流断路器代号：R；

9——额定工作电流（A）：10，16，20，25，32，40，50，63，80，100，125，140，160，180，200，225，250，315，350，400，500，630，700，800，1000，1250；

10——额定工作电压：DC250V；

11——外部附件代号：无—本体操作、P—电动操作、GZ3—旋转操作；

12——三段保护短路延时时间：分 10，30ms 和 60ms；

13——接线方式代号：无代号—板前接线，B—板后接线，C—插入式。

7.6.3.2 主要技术参数

GM 系列和 GMB 系列断路器主要技术参数见表 7-30 和表 7-31。外形安装尺寸见图 7-29～图 7-33。

表 7-30　GM 系列断路器技术参数

GM 系列断路器							
型号			GM100	GM225	GM400	GM800	GM1250
额定电流（A）			10，16，20，32，40，50，63，80，100	100,125,140,160，180，200，225	250，315，350，400	400，500，630，700，800	800，1000，1250
极数（P）			2，3，4	2，3，4	2，3，4	2，3，4	2，3
直流工作电压（V）			2P：DC 250V；3P：DC 440V；4P：DC 1140V				
极限短路分断能力 I_{cu}（kA）	M	DC 250V	15 t=10ms 2P	15 t=10ms 2P	20 t=10ms 2P	20 t=10ms 2P	20 t=10ms 2P
	H	DC 250V	20 t=10ms 2P	20 t=10ms 2P	25 t=10ms 2P	25 t=10ms 2P	25 t=10ms 2P
		DC 440V	3 t=5ms 3P	5 t=5ms 3P	10 t=5ms 3P	10 t=5ms 3P	10 t=5ms 3P
		DC 660V	3 t=5ms 4P	5 t=5ms 4P	8 t=5ms 4P	8 t=5ms 4P	8 t=5ms 4P
	R	DC 250V	35 t=15ms	35 t=15ms	35 t=15ms	35 t=15ms	35 t=15ms
短路瞬时脱扣器动作电流值			$10I_N$	$10I_N$	$10I_N$	$5I_N$	$5I_N$
飞弧距离（mm）			50	50	100	100	150

注　1. 极限短路分断能力 I_{cu} 等于额定运行短路分断能力 I_{cs}。

2. GM100 型开关分“大”、“小”壳体，分别为 90mm×155mm×86mm 和 60mm×155mm×86mm。

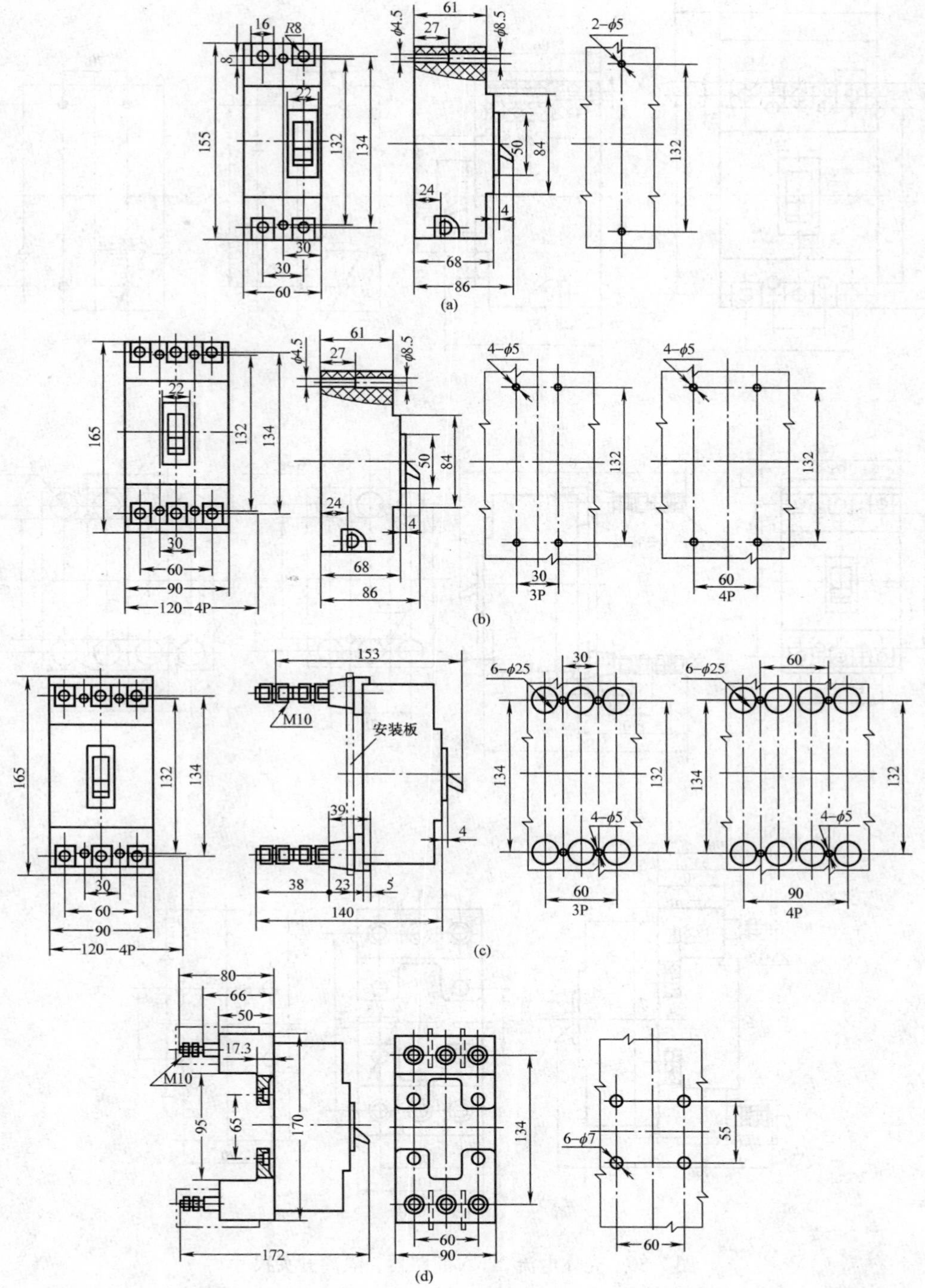

图 7-29　壳体电流 125A 断路器、隔离开关尺寸

(a) GMG125、GM100/2P 板前（小壳体）；(b) GMG125、GM100、GMB100 板前（大壳体）；
(c) GMG125、GM100、GMB100 板后（大壳体）；(d) GMG125、GM100、GMB100 插接式（大壳体）

注：GMB100 系列产品两极尺寸同两段 GM100 系列产品的三极尺寸，
GMB100 系列产品三极尺寸同两段 GM100 系列产品的四极尺寸。

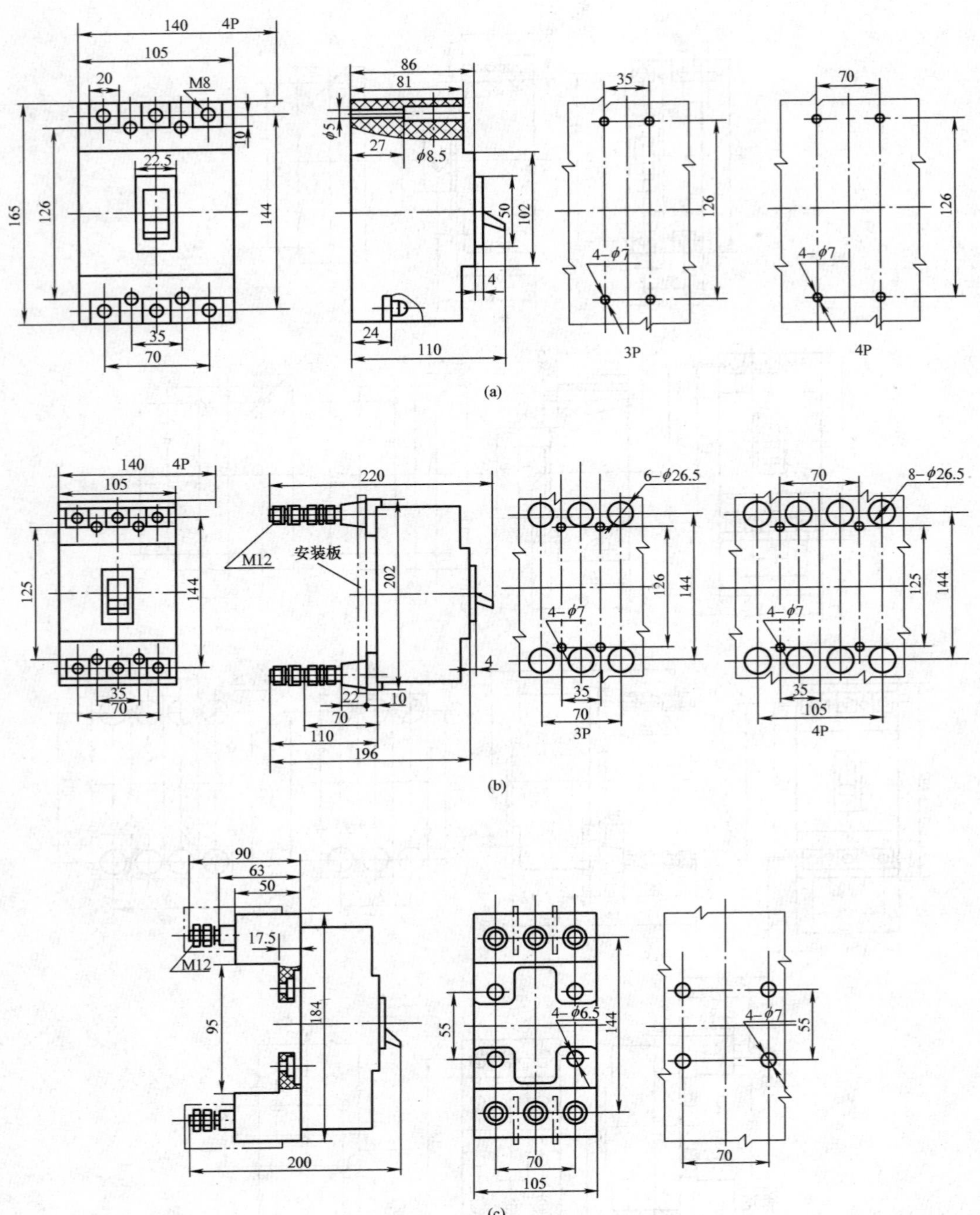

图 7-30　壳体电流 225A 断路器、隔离开关尺寸

(a) GMG225、GM225、GMB225 板前；(b) GMG225、GM225、GMB225 板后；

(c) GMG225、GM225、GMB225 插接式

注：GMB225 系列产品两极尺寸同两段 GM225 系列产品的三极尺寸，

GMB225 系列产品三极尺寸同两段 GM225 系列产品的四极尺寸。

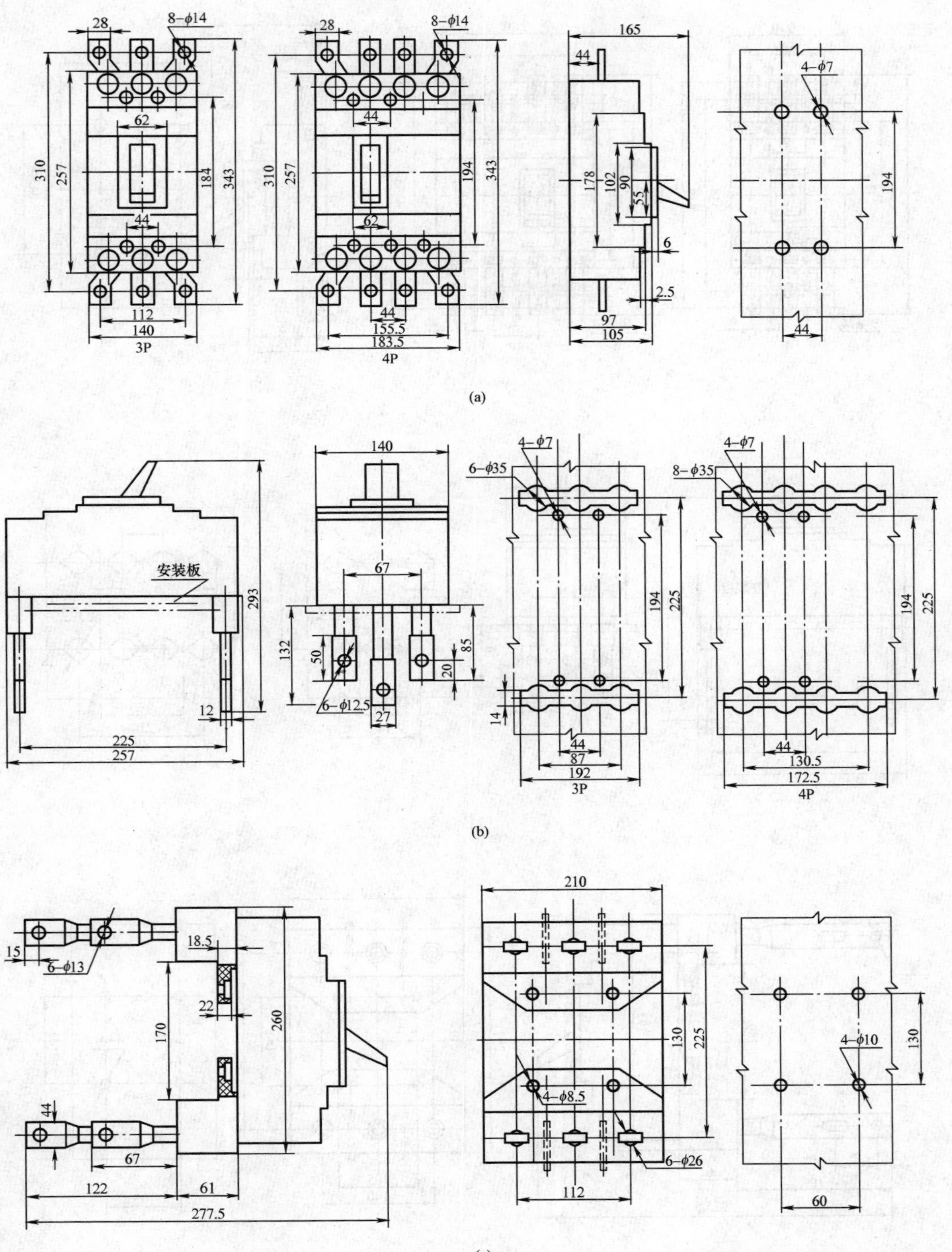

图 7-31　壳体电流 400A 断路器、隔离开关尺寸

(a) GMG400、GM400、GMB400 板前；(b) GMG400、GM400、GMB400 板后；

(c) GMG400、GM400、GMB400 插接式

注：GMB400 系列产品两极尺寸同两段 GM400 系列产品的三极尺寸，

GMB400 系列产品三极尺寸同两段 GM400 系列产品的四极尺寸。

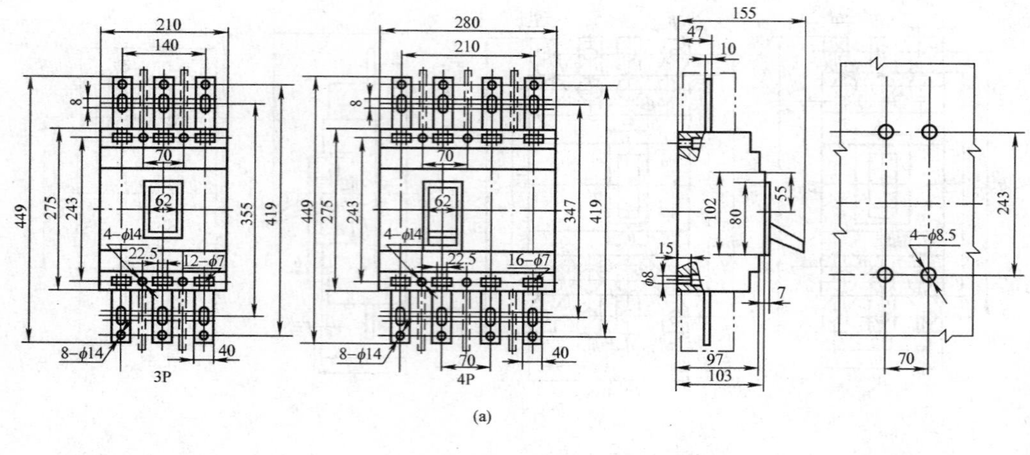

(a)

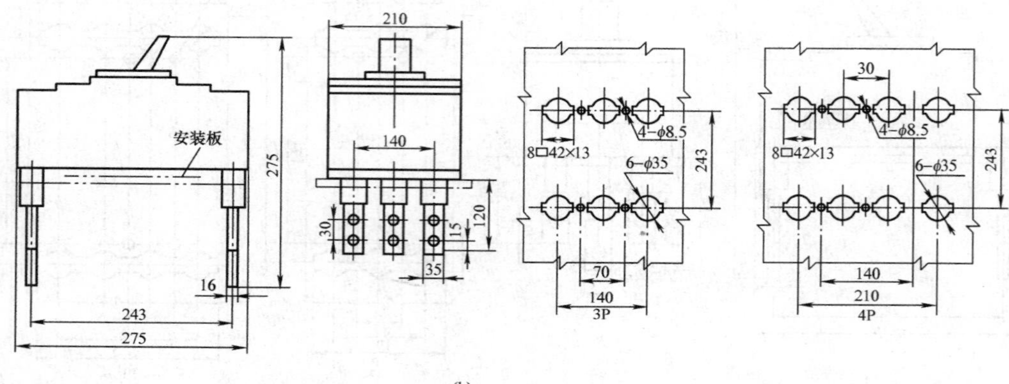

(b)

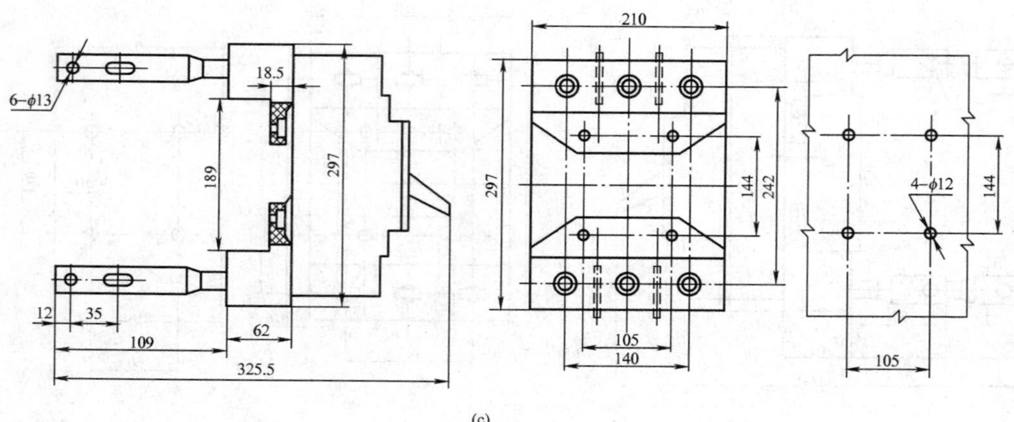

(c)

图 7-32　壳体电流 800A 断路器、隔离开关尺寸

(a) GMG800、GM800、GMB800 板前；(b) GMG800、GM800、GMB800 板后；

(c) GMG800、GM800、GMB800 插接式

注：GMB800 系列产品两极尺寸同两段 GM800 系列产品的三极尺寸，

GMB800 系列产品三极尺寸同两段 GM800 系列产品的四极尺寸。

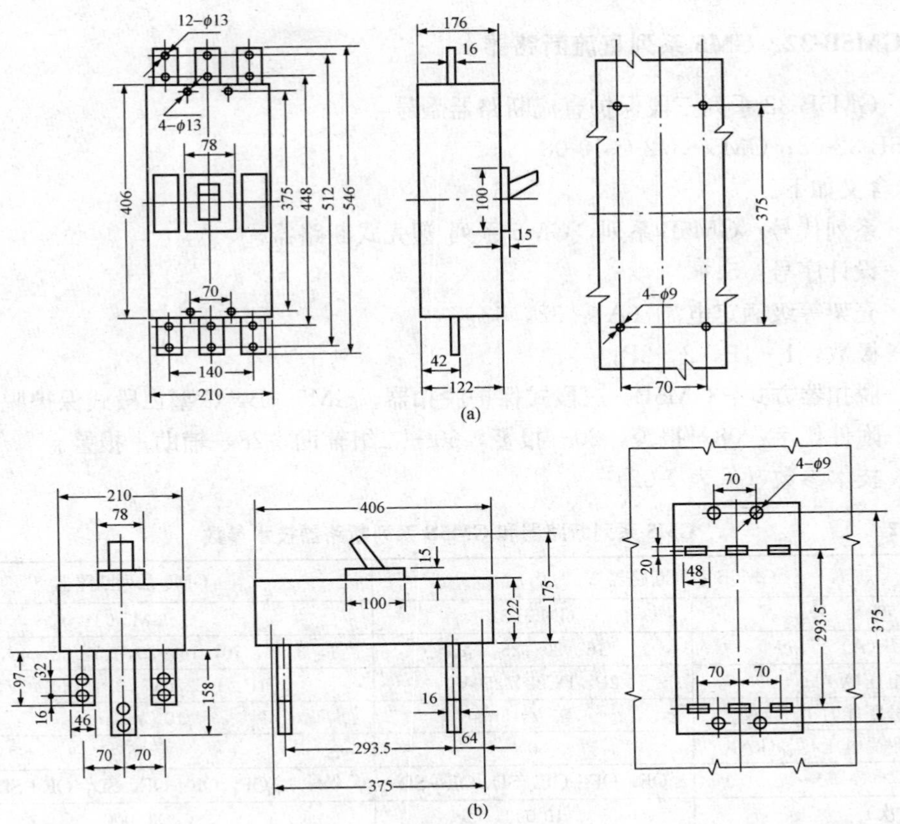

图 7-33　壳体电流 1250A 断路器、隔离开关尺寸

(a) GMG1250、GM1250、GMB1250 板前；(b) GMG1250、GM1250、GMB1250 板后

注：GMB1250 系列产品两极尺寸同两段 GM1250 系列产品的三极尺寸，GMB1250 无三极产品。

表 7-31　　GMB 系列断路器的技术参数

型　号			GMB100	GMB225	GMB400	GMB800	GMB1250
额定电流（A）			50，63，80，100	100，125，140，160，180，200，225	250，315，350，400	400，500，630，700，800	800，1000，1250
极数（P）			2	2	2	2	2
直流工作电压（V）			DC 250V	DC 250V	DC 250V	DC 250V	DC 250V
极限短路分断能力 I_{cu}（kA）	M	DC 250V	15 t=10ms	15 t=10ms	20 t=10ms	20 t=10ms	20 t=10ms
	H	DC 250V	20 t=10ms	20 t=10ms	25 t=10ms	25 t=10ms	25 t=10ms
	R	DC 250V	35 t=15ms	35 t=15ms	35 t=15ms	35 t=15ms	35 t=15ms
短路短延时脱扣器动作电流范围			$10I_N$～6kA	$10I_N$～8kA	$10I_N$～15kA	$5I_N$～20kA	$5I_N$～20kA
短路短延时时间整定范围			10，30，60	10，30，60	30，60	30，60	30，60
延时时间整定误差			±5%	±5%	±5%	±5%	±5%
短路瞬时脱扣器动作作电流值			6kA	8kA	15kA	20kA	20kA
额定短时耐受能力 I_{cw}（kA）			6	8	15	20	20
飞弧距离（mm）			50	50	100	100	150

注　$I_{cu}=I_{cs}$。

7.6.4　GM5B-32、GM5 系列直流断路器

7.6.4.1　GM5B-32 系列三段保护直流断路器型号

GM5B-32-08；GM5-63/2-C-10-08

编号含义如下。

1——系列代号：GM5B 系列，GM5 系列 塑壳式断路器；

2——设计序号：5；

3——壳架等级额定电流（A）：32，63；

4——极数：1—1P，2—2P；

5——脱扣器方式：GM5B—三段式保护脱扣器，GM5—B，C 型二段式保护脱扣器；

6——附件代字：08—报警，20—报警，60—二组辅助，28—辅助＋报警。

7.6.4.2　技术参数（见表 7-32）

表 7-32　**GM5 系列断路器和 GM5B 系列断路器技术参数**

GM5B 系列断路器		GM5 系列断路器
型　号	GM5B-32	GM5-63
额定电流 I_N(A)	16、20、25、32	1，3，6，10，16，20，25，32，40，50，63
直流工作电压(V)	2P：DC220/250V，	1P：DC220V，2P：DC440V，
额定短路分断能力 I_{CU}(kA)	4.5，t=5ms	10，t=4ms
额定冲击耐受电压 U_{imp}(kA)	6	6
可带附件	OF，OF+OF，SD，OF+SD	OF，OF+OF，SD，OF+SD
机械寿命(次)	10 000	30 000
使用环境	−5～+40℃	−25～+40℃
最大接线能力(mm²)	25	25
符合标准	GB 14048.2—2001《低压开关设备和控制设备低压断路器》	GB 10963.2《家用及类似场所用过电流保护断路器第 2 部分：用于交流和直流的断路器》，IEC 60898—2

脱扣特性				
GM5B 脱扣形式	长延时(L)+短延时(S)+瞬时(I)			
	额定电流	过载、短路电流(A)	动作时间	动作状态
过载长延时	16～32	$1.05I_N$	t≤1h	不脱扣
		$1.3I_N$	t<1h	脱扣
		$2I_N$	5s<t<60s	脱扣
短路短延时		$10I_N$～(1200～1440)A	t<(10～11)ms	不脱扣
			t>(10～11)ms	脱扣
短路瞬时		1200～1440A$^{+20\%}$	t<5ms	脱扣
GM5 脱扣形式	长延时(L)+短延时(S)			
	额定电流	过载、短路电流	动作时间	动作状态
过载长延时	B 型，C 型	$1.13I_N$	t≥1h	不脱扣
		$1.45I_N$	t<1h	脱扣
		$2.55I_N$	1s<t<60s，(I_N≤32)	脱扣
			1s<t<120s，(I_N>32)	脱扣

续表

GM5B 系列断路器			GM5 系列断路器	
短路短延时	B(6～32A)	$4I_N$	$0.1s \leqslant t \leqslant 45s$	脱扣
	B(32～63A)		$0.1s \leqslant t \leqslant 90s$	脱扣
	B	$7I_N$	$t < 0.1s$	脱扣
	C(1～16A)	$7I_N$	$0.1s \leqslant t \leqslant 15s$	脱扣
	C(20～63A)	$12I_N$	$0.1s \leqslant t \leqslant 15s$,($I_N \leqslant 32$)	脱扣
			$0.1s \leqslant t \leqslant 30s$,($I_N > 32$)	
	C(1～16A)	$10I_N$	$t < 0.1s$	脱扣
	C(20～63A)	$15I_N$		
注意事项	电源正、负极不允许接错,否则不能有效分断故障电流。			
接线	GM5B 断路器		GM5 断路器	

7.6.5 GW 系列万能式直流断路器

7.6.5.1 适用范围

(1) 适用于额定电压 DC 250V 和 DC 440V,额定电流 630～2000A 的直流系统中,用于操作电路、保护电路免受过载、欠压和短路的危害。

(2) 具有三段式保护性能,能可靠实现选择性动作,减少直流系统的事故范围,提高供电的安全可靠性。

(3) 安装方式灵活,操作方便,安全可靠性高。

7.6.5.2 型号及含义

GW 系列断路器表示如下

□1 □2 □3/□4 □5

其中 1——系列代号:GW 系列;

2——保护特性代号:B;

3——壳架等级额定电流(A):2000;

4——额定工作电流(A):630,800,1000,1250,1600,2000;

5——额定工作电压(V):DC 250V,DC 440V。

7.6.5.3 环境条件

(1) 周围空气温度:最高不高于+40℃,最低不低于-5℃,24h 平均值不高于+35℃。

(2) 大气条件:相对湿度,周围空气温度为+40℃时不超过 50%,较低温度下可以允许较高的相对湿度,最湿月的月平均最大相对湿度为 90%,同时该月的月平均最低温度为+25℃,并考虑因温度变化发生在产品表面的凝露。

(3) 安装地点海拔高度:不超过 2000m。

(4) 污染等级:3 级。

(5) 安装类别:主回路—Ⅳ、二次回路—Ⅱ。

(6) 安装条件:断路器安装位置与垂直面的倾斜度不超过 5°,无显著摇动和冲击振动。

7.6.5.4 电气技术参数

GW 系列断路器电气技术参数见表 7-33。

表 7-33　　　　GW 系列断路器性能参数

<table>
<tr><td colspan="3">万能式直流断路器型号</td><td colspan="6">GW3B-2000</td></tr>
<tr><td colspan="3">额定工作电流（A）</td><td>630</td><td>800</td><td>1000</td><td>1250</td><td>1600</td><td>2000</td></tr>
<tr><td colspan="3">额定工作电压（V）</td><td colspan="6">DC 250V，DC 440V</td></tr>
<tr><td colspan="3">测试电压 50Hz/min（V）</td><td colspan="6">2000</td></tr>
<tr><td colspan="3">脉冲耐受电压（kV）</td><td colspan="6">8</td></tr>
<tr><td colspan="3">极数（P）</td><td colspan="6">2</td></tr>
<tr><td colspan="2">额定极限短路分断能力（kA）t=15ms</td><td>DC 250V</td><td colspan="6">40</td></tr>
<tr><td colspan="3">全分断时间（ms）</td><td colspan="6">＜80</td></tr>
<tr><td colspan="3">飞弧距离（mm）</td><td colspan="6">200</td></tr>
<tr><td colspan="3">额定短路短延时时间（ms）</td><td colspan="6">60</td></tr>
<tr><td colspan="3">机械操作循环次数（次）</td><td colspan="6">10 000</td></tr>
<tr><td colspan="3">通电操作循环次数（次）</td><td colspan="6">1000</td></tr>
<tr><td colspan="3">抽屉式装置机械操作次数（次）</td><td colspan="6">100</td></tr>
<tr><td colspan="3">操作方式</td><td colspan="6">电动机快速闭合</td></tr>
<tr><td rowspan="4">安装接线方式</td><td colspan="2" rowspan="2">固定式</td><td colspan="6">水平（板后）</td></tr>
<tr><td colspan="6">垂直（板前）</td></tr>
<tr><td colspan="2" rowspan="2">抽屉式</td><td colspan="6">水平（板后）</td></tr>
<tr><td colspan="6">垂直（板前）</td></tr>
<tr><td rowspan="3">电压脱扣器</td><td colspan="2">分励脱扣器（220W）</td><td colspan="6">DC 220V、DC 110V</td></tr>
<tr><td rowspan="2">欠电压脱扣器（10W）</td><td>瞬时</td><td colspan="6">DC 220V、DC 110V</td></tr>
<tr><td>延时（1.5s）</td><td colspan="6">DC 220V、DC 110V</td></tr>
<tr><td rowspan="2">附属装置</td><td colspan="2">辅助开关 DC 250V</td><td colspan="6">控制容量 60W，二动合、二动断</td></tr>
<tr><td colspan="2">机械连锁</td><td colspan="6">可实现两台断路器连锁只能一台闭合</td></tr>
<tr><td colspan="3">短路短延时脱扣器整定电流范围</td><td colspan="6">$5I_N$～25kA</td></tr>
<tr><td colspan="3">短路瞬时脱扣器动作电流范值</td><td colspan="6">25kA</td></tr>
</table>

7.6.6　G 系列断路器主要特点比较

如前所述，G 系列断路器包括 GMN20R、GM、GMB、GM5、GM5B、GW 等类别，其特点比较如表 7-34 所示：

7.6.7　GM 系列断路器应用注意事项

（1）GM 系列断路器组屏时应注意进线方式，该系列断路器有上、下两种进线方式，GMN20R，GMB32 和带负载指示灯的 GM32 型断路器应采用下进线方式；GMB100～1250 和 GW3B-2000 应采用上进线方式；GM100～1250 和 GMG125～GMG1250 则无极性要求，可采用上或下进线方式。见图 7-34 接线端子位置示意图。

（2）GM 系列断路器可根据用户要求采用板后、板前、插入等安装方式。如图 7-35 所示为屏正面布置示意图，图 7-35 中各屏断路器为同一类型，用户根据需要可采用不同断路器的混合布置。断路器的布置尺寸如表 7-34 所示。

表 7-34 **G 系列保护断路器特性比较**

<table>
<tr><td colspan="9">G 系列两段保护断路器特性比较</td></tr>
<tr><td colspan="3">项目名称</td><td>GMN20R</td><td>GM32</td><td>GM5-63</td><td colspan="3">GM100～1250</td></tr>
<tr><td colspan="3">符合标准</td><td colspan="3">GB 10963. 2(IEC 60898-2)</td><td colspan="3">GB 14048. 2(IEC 60947-2)</td></tr>
<tr><td colspan="3">最高额定工作电压 V</td><td>250</td><td>250</td><td>1P：220 2P：440</td><td colspan="3">2P：250</td></tr>
<tr><td colspan="3">壳架额定电流 A</td><td>20</td><td>32</td><td>63</td><td colspan="3">100、225、400、800、1250</td></tr>
<tr><td colspan="3">额定电流 A</td><td>1～6</td><td>1～40</td><td>1～63</td><td colspan="3">100～1250</td></tr>
<tr><td colspan="3">额定短路分断能力 kA/ms</td><td>4. 5kA(T=4ms)</td><td>M：15kA(T=4ms)
H：20kA(T=4ms)</td><td>220V(1P)：10kA
220V(2P)：20kA
440V(2P)：10kA</td><td colspan="3">100A、225A、250V、2P，400A～1250A
M：15kA；H：20kA(10ms)M：20kA；H：25kA(10ms)
R：35kA(15ms)R：50kA(15ms)</td></tr>
<tr><td colspan="3">最大接线能力 mm²</td><td>25</td><td>25</td><td>25</td><td colspan="3">导线：100A：35；225A：95；400A：240；
铜排：800A：500；1250A：800。</td></tr>
<tr><td rowspan="3">保护配置</td><td colspan="2">配置</td><td>L+I</td><td>L+I</td><td>L+I</td><td colspan="3">L+I</td></tr>
<tr><td>L</td><td>定值，时间</td><td colspan="3">1. 13In，t≤1h 不脱扣，1. 45In，t<1h 脱扣；2. 55In，1s<t<60s(In≤32)脱扣；2. 55In，1s<t<120s(In>32)脱扣</td><td colspan="3">1. 05In(冷态)，t≤2h 不脱扣(In≤63A，t≤1h 不脱扣)
1. 3In(热态)，t<2h 脱扣(In≤63A，t<1h 脱扣)</td></tr>
<tr><td>I</td><td>定值时间</td><td>t<0. 1s 脱扣</td><td>t<0. 1s 脱扣</td><td>t<0. 1s 脱扣</td><td colspan="3">t<0. 2s 脱扣</td></tr>
<tr><td colspan="3">外形尺寸 h×w×t(mm)</td><td>90×18×68</td><td>86×18×75</td><td>93×18×74</td><td colspan="3">注 1</td></tr>
<tr><td rowspan="3">注 1，注 2</td><td colspan="2">壳架等级</td><td colspan="2">100</td><td>225</td><td>400</td><td>800</td><td>1250</td></tr>
<tr><td colspan="2">产品型号</td><td>小壳</td><td>大壳</td><td>大壳</td><td>大壳</td><td>大壳</td><td>大壳</td></tr>
<tr><td colspan="2">GMB/GM
(板前接线)</td><td>2P：155×60×68
GMB 无小壳</td><td>3P：155×90×68
4P：155×120×68</td><td>3P：165×105×86
4P：165×140×86</td><td>3P：343×140×103
4P：343×183. 5×103</td><td>3P：449×210×103
4P：449×280×103</td><td>3P：546×210×122</td></tr>
</table>

续表

G 系列三段保护断路器特性比较

项目名称			GMB32	GM5B-32	GMB100～1250	GW3B
符号标准			GB 10963. 2(IEC 60898-2)	GB 14048. 2(IEC 60947-2)	GB 14048. 2(IEC 60947-2)	GB 14048. 2(IEC 60947-2)
最高额定工作电压 V			25	250	250	250
壳架额定电流 A			32	32	100、225、400、800、1250	2000
额定电流分级 A			16、20、25、32、40	16、20、25、32	100～1250	630～2000
额定短路分断能力 kA/ms			M：15kA(T=4ms) H：20kA(T=4ms)	4. 5kA(T=5ms)	100A～225A，400A～1250A M：15/10，H：20/10；M：20/10，R：50/15；H：25/10，R：50/15	40kA(T=15ms)
最大接线能力 mm²			16	25	导线：100A ∶ 35，225A ∶ 95，400A ∶ 240 铜排：800A ∶ 500，1250A ∶ 800	铜排：630/800 ∶ 600，1000/1600 ∶ 900，2000 ∶ 1200
保护配置	配置		L+S+I	L+S+I	L+S+I	L+S+I
	L	定值，时间	反时限：1. 13In(冷态)，$t\leqslant$ 1h 不脱扣；1. 45In(热态)，$t<$ 1h 脱扣；2. 55In(冷态)，$1s<t<60s$ 脱扣	反时限：1. 05In(冷态)，$t\leqslant$ 2h 不脱扣；1. 3In(热态)，$t<2h$ 脱扣；2In(冷态)，$5s<t<60s$ 脱扣	反时限：1. 05In(冷态)，$t\leqslant2h$ 不脱扣(In≤63A，$t\leqslant1h$ 不脱扣) 1. 3In(热态)，$t<2h$ 脱扣(In≤63A，$t<1h$ 脱扣)	1.05In，$t\leqslant2h$ 不脱扣 2In，$t<8min$ 脱扣
	S	定值时间	10ms	8In，$t\leqslant0.2s$ 不脱扣；12In～1200A，$0.07s\leqslant t\leqslant0.04s$ 脱扣；12In～1200A，$\Delta t\leqslant0.007s$ 可返回不脱扣	100A ～ 225A：10ms，30ms，60ms 400A～1250A：30ms，60ms	60ms
	I	定值时间	$t<0.01s$ 脱扣	1200A，$t\leqslant0.007s$ 不脱扣 1680A，$t<0.01s$ 脱扣	$t<0.2s$	$t<0.2s$
外形尺寸 h×w×t(mm)			97×72×72(2P) 97×90×72(3P)	91×45×68	注 2	固定：400×364×344. 5 抽屉：435×375×445

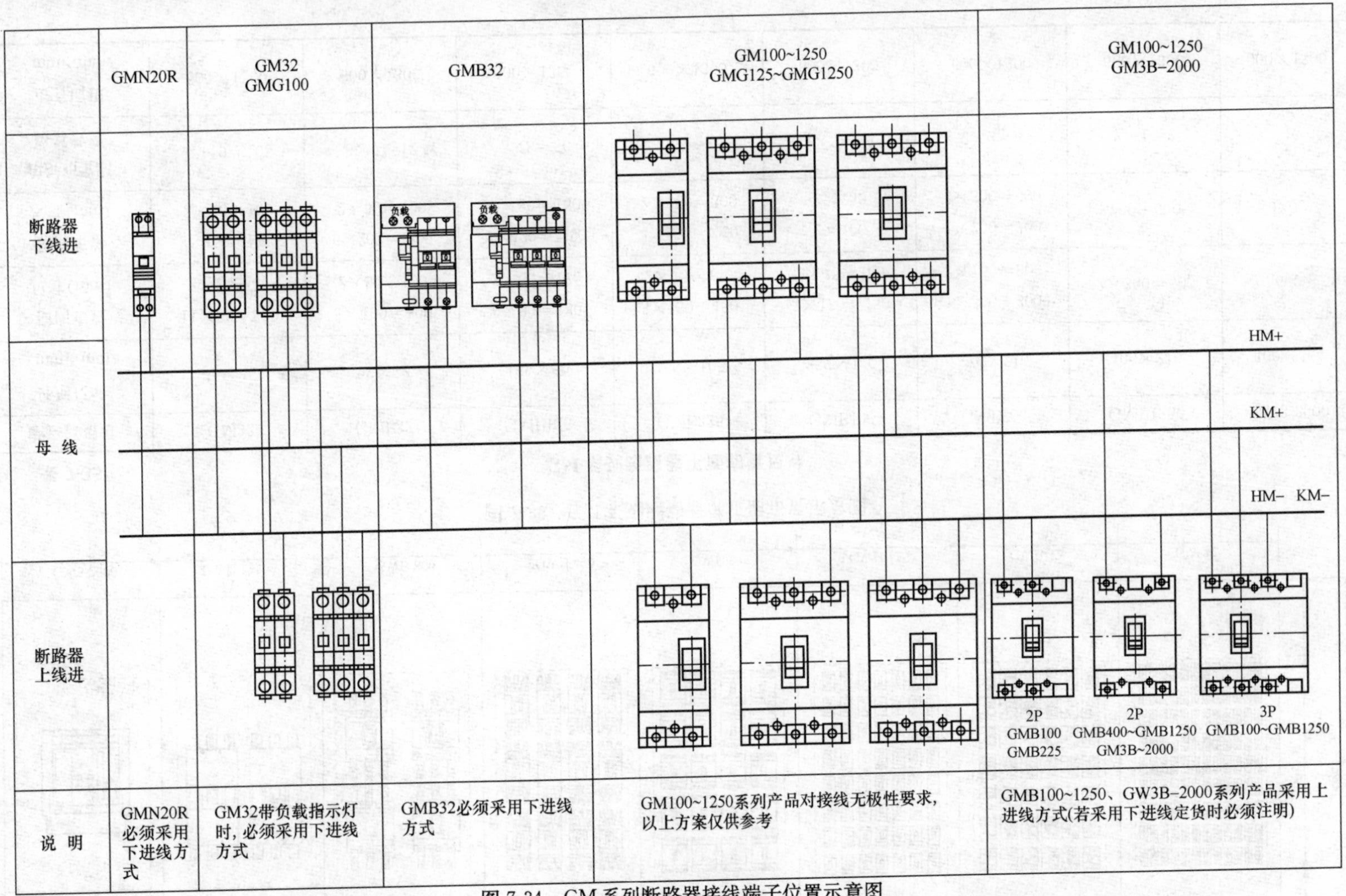

	GMN20R	GM32 GMG100	GMB32	GM100~1250 GMG125~GMG1250	GM100~1250 GM3B–2000
断路器 下线进			负载 负载		
母 线					HM+ KM+ HM– KM–
断路器 上线进					2P GMB100 GMB225 2P GMB400~GMB1250 GM3B~2000 3P GMB100~GMB1250
说 明	GMN20R必须采用下进线方式	GM32带负载指示灯时，必须采用下进线方式	GMB32必须采用下进线方式	GM100~1250系列产品对接线无极性要求，以上方案仅供参考	GMB100~1250、GW3B–2000系列产品采用上进线方式(若采用下进线定货时必须注明)

图 7-34 GM 系列断路器接线端子位置示意图

注：1. 本图只用来说明 GMN20、GM、GMB 系列断路器的正负极及接线端子位置分布情况，不代表工程设计中的接线方案。
2. 三极断路器的保护特性决定于通过该三极断路器任一极的最大电流值。
3. 有关高电压（>DC440V）、共正母线系统等特殊场所用产品的接线方式及更详细信息，请与制造厂联络。

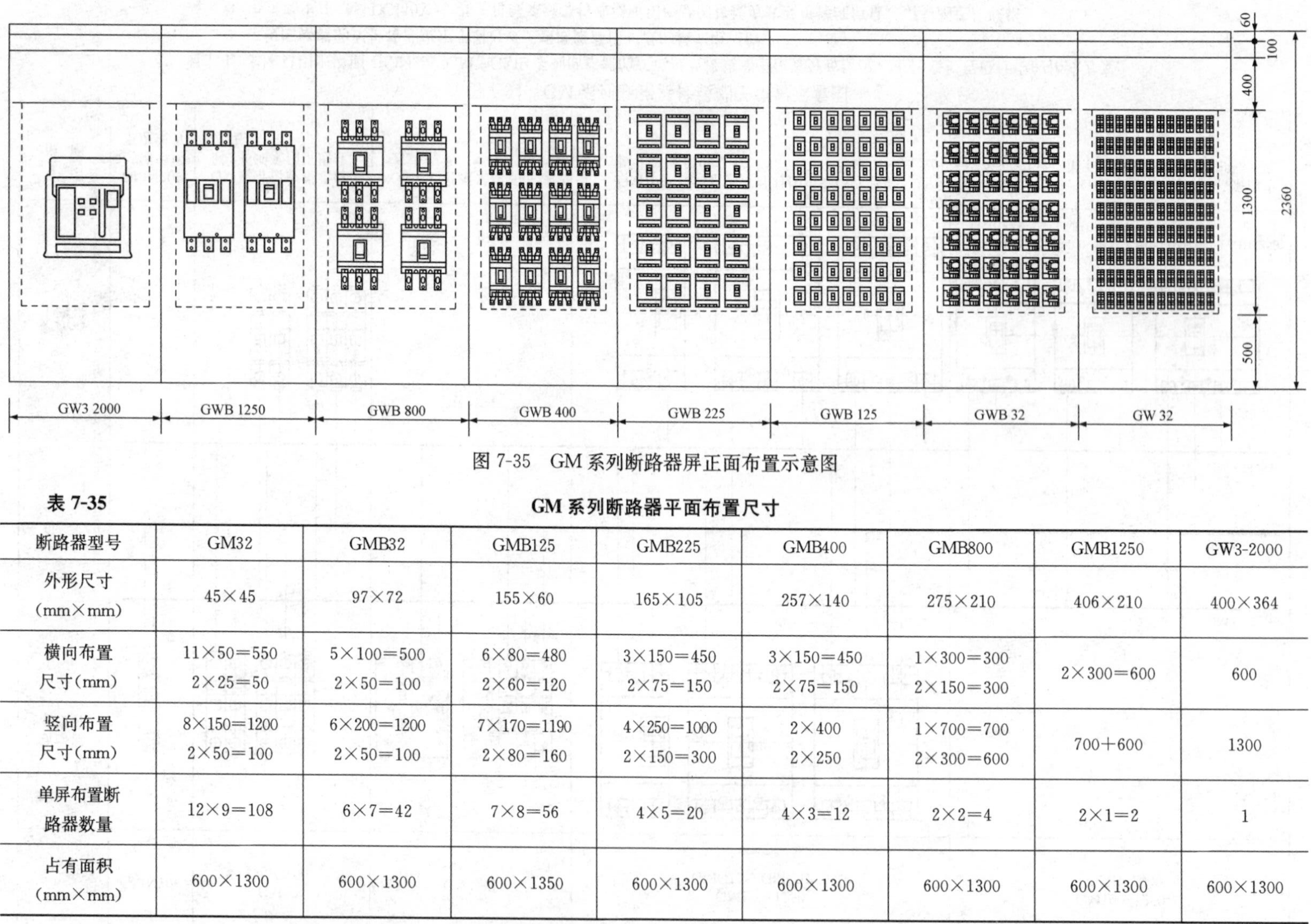

图 7-35 GM 系列断路器屏正面布置示意图

表 7-35 **GM 系列断路器平面布置尺寸**

断路器型号	GM32	GMB32	GMB125	GMB225	GMB400	GMB800	GMB1250	GW3-2000
外形尺寸（mm×mm）	45×45	97×72	155×60	165×105	257×140	275×210	406×210	400×364
横向布置尺寸(mm)	11×50=550 2×25=50	5×100=500 2×50=100	6×80=480 2×60=120	3×150=450 2×75=150	3×150=450 2×75=150	1×300=300 2×150=300	2×300=600	600
竖向布置尺寸(mm)	8×150=1200 2×50=100	6×200=1200 2×50=100	7×170=1190 2×80=160	4×250=1000 2×150=300	2×400 2×250	1×700=700 2×300=600	700+600	1300
单屏布置断路器数量	12×9=108	6×7=42	7×8=56	4×5=20	4×3=12	2×2=4	2×1=2	1
占有面积（mm×mm）	600×1300	600×1300	600×1350	600×1300	600×1300	600×1300	600×1300	600×1300

8　直流保护电器与选择性配合

8.1　直流断路器的保护特性

8.1.1　保护特性分类

当直流系统发生短路故障时，感受不同短路电流的断路器将以不同的时间从直流系统中切除，按照动作时间不同，断路器保护特性可以分为三类。

（1）过载长延时保护。故障电流较小，经过较长延时（数秒到 1h 内）动作切除故障的保护。

（2）短路瞬时保护。故障电流较大，瞬时动作（几毫秒）切除故障的保护。

（3）短路短延时保护。故障电流较大，经较短延时（几十毫秒）切除故障的保护。

8.1.2　保护动作电流和动作时间

由上述保护特性可知，通过断路器脱扣器的电流大小不同，从而引起断路器动作时间长短不同。通过断路器的电流分为四个范围，如图 8-1 所示为 I_{No}、I_{ov}、I_{sc} 和 I_{sm}。

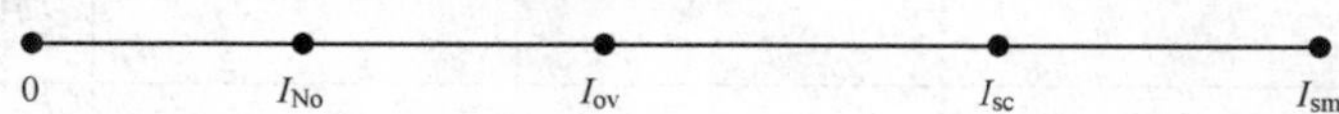

图 8-1　通过断路器脱扣器的电流

0～I_{No}—正常运行电流；I_{No}～I_{ov}—过载电流；

I_{ov}～I_{sc}—一般短路电流；I_{sc}～I_{sm}—大短路电流

断路器保护特性如图 8-2 所示。

图 8-2 中示出三种保护特性的电流—时间关系曲线。I_{No}、I_{ov}、I_{sc}、I_{sm} 分别为长延时、瞬时脱扣、延时脱扣动作电流和极限短路分断能力。

正常情况下，流经断路器的工作电流为

$$I_w \leqslant I_{No}$$

事故短路故障时，流经断路器的短路电流为

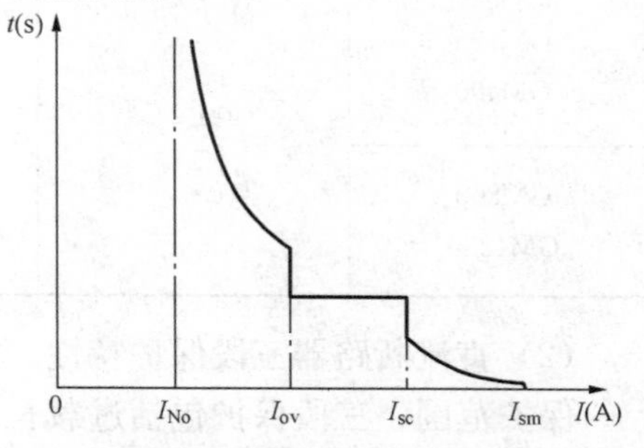

图 8-2　直流断路器保护特性示意图

$$I_k > I_{No}$$

根据短路发生地点距断路器的电气距离，短路电流 I_k 有以下三种情况：

$I_{Nt}<I_k<I_{ov}$——远端短路，处于长延时动作区；

$I_{ov}<I_k<I_{sc}$——近区短路，处于短延时动作区；

$I_{sc}<I_k<I_{sm}$——近区短路，处于瞬时动作区。

I_{No}，I_{ov}为长延时动作区，动作时间与动作电流呈反时限特性，如 $I_k=1.45I_N$，$3I_N$，$7I_N$ 时，其动作时间大约在 t=1h，7s，3s 范围内，$I_w<I_{ov}$时，即是在有限的过载情况下，断路器不动作。

I_{ov}，I_{sc}为短延时动作区，I_{sc}为瞬时动作值，其值约为额定电流的数十倍；I_{op1}也为短延时动作值，一般取 $10I_N$。

I_{sc}，I_{sm}为瞬时动作值，I_{sm}为额定运行短路分断能力，通常 $I_{sm}=I_{cu}$。

一般断路器只具有长延时和瞬时脱扣动作特性［图 8-3（a）所示］，只有具有 GMB 系列断路器才具有三段保护特性［图 8-3（b）所示］。

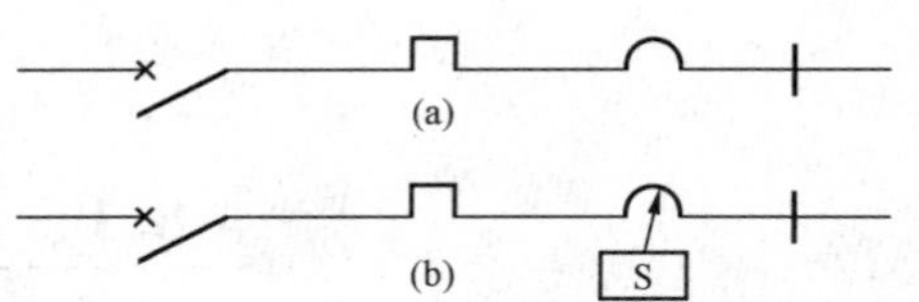

图 8-3　直流断路器保护特性示意图

（a）二段保护特性；（b）三段保护特性

8.1.3　GM 系列直流断路器保护特性

（1）直流断路器二段保护特性。

保护范围：二段保护范围包括过载长延时保护＋短路瞬时保护，即 L＋I，其中 L 表示长延时，I 表示瞬时。二段式断路器保护动作特性见表 8-1。

表 8-1　　GM 系列直流断路器二段保护特性

技术参数 / 型号	过载长延时保护（L）			短路瞬时保护（I）
	环境温度	不动作时间	动作时间	短路瞬时脱扣器动作电流整定倍数±20%
GMN20T	30～35℃	$1.13I_n$ 不动作时间＞1h	$1.45I_n$ 动作时间≤1h	$5I_n$
GM32				$10I_n$
GM100z GM225 GM400	40±2℃	$1.05I_n$ 不动作时间＞2h	$1.31I_n$ 动作时间 ≤2h	$10I_n$
GM800 GM1250				$5I_n$

（2）直流断路器三段保护特性。

保护范围：三段保护包括过载长延时保护＋短路瞬时保护＋短路短延时保护（L＋I＋S，其中 L 表示长延时，I 表示瞬时，S 表示短延时）。保护动作特性见表 8-2。

表 8-2　　GM 系列直流断路器的三段保护特性

<table>
<tr><td rowspan="2">技术参数
型号</td><td colspan="3">过载长延时保护(L)</td><td colspan="4">短路短延时保护(S)</td><td colspan="2">短路瞬时保护(I)</td></tr>
<tr><td>环境温度</td><td>不动作时间</td><td>动作时间</td><td>动作电流值</td><td>短延时时间整定值 t(ms)</td><td>灭弧时间(ms)</td><td>全分断时间(ms)</td><td>短路瞬时脱扣器动作电流(kA)</td><td>全分断时间(ms)</td></tr>
<tr><td>GMB32</td><td>30～35℃</td><td colspan="2">同 GM32</td><td>$10I_n$</td><td>10</td><td>2</td><td>$t+2$</td><td>2.5</td><td>4</td></tr>
<tr><td>GMB100</td><td rowspan="6">40±2℃</td><td colspan="2" rowspan="6">同 GM100～GM1250</td><td>$10I_n$</td><td>10，30，60</td><td>5</td><td>$t+5$</td><td>6</td><td>10</td></tr>
<tr><td>GMB225</td><td>$10I_n$</td><td>10，30，60</td><td>5</td><td>$t+5$</td><td>8</td><td>15</td></tr>
<tr><td>GMB400</td><td>$10I_n$</td><td>30，60</td><td>5</td><td>$t+5$</td><td>15</td><td>20</td></tr>
<tr><td>GMB800</td><td>$5I_n$</td><td>30，60</td><td>6</td><td>$t+6$</td><td>20</td><td>20</td></tr>
<tr><td>GMB1250</td><td>$5I_n$</td><td>30，60</td><td>6</td><td>$t+6$</td><td>20</td><td>20</td></tr>
<tr><td>GM3B2000</td><td>$5I_n$</td><td>60</td><td>10</td><td>$t+10$</td><td>25</td><td>20</td></tr>
</table>

8.2　直流保护设备的选择

直流开关设备主要包括直流隔离设备和直流保护设备，直流保护设备主要指断路器和熔断器，直流保护设备应按正常工作条件和短路条件选择。

8.2.1　按正常工作条件选择

(1) 额定工作电压。直流断路器额定电压有 250、440、660V 和 1140V 四级。通常 220、110V 直流系统选用 DC250V。

(2) 额定工作电流。按回路负荷选择标称电流值，标称电流应从 GB/T 762—2002《标准电流等级》规定的 R10 系列数据中选取，即从 1，1.25，1.6，2，2.5，3.15，4，5，6.3，8 及其 $10n$（n 为自然数）中选择。回路负荷电流计算详见 8.3。

8.2.2　按短路条件选择

直流回路开关设备应满足回路短路电流的要求，开关保护设备的耐受直流短路电流水平应大于设备所在回路的直流短路电流计算值。直流系统短路电流计算详见 8.4 节。

8.2.3　直流断路器整定值选择

(1) 过载长延时保护定值选择。

根据直流负载，计算直流回路电流，并选择相应的回路额定电流。

按回路额定电流选保护整定值

$$I_{set} \geqslant K_{rel} I_N \tag{8-1}$$

根据下一级保护电器的额定电流和动作时间选择整定值

$$I_{set1} \geqslant K_{Co} I_{set2} \tag{8-2}$$

$$t_1 > t_2 \tag{8-3}$$

式中　I_{set}——保护设备整定电流，A；

K_{rel}——可靠系数，取 1.05；

I_N——回路额定电流，A；

K_{Co}——上、下级保护设备配合系数，取 $K_{Co} \geqslant 1.6 \sim 2.0$；

I_{set1}，I_{set2}——上、下级保护设备整定电流，A；

t_1，t_2——上、下级保护设备在相同电流作用下的保护动作时间，s。

根据式（8-1）～式（8-3）选择直流保护设备过载长延时保护脱扣器的动作整定值和动作时间。原则上应选择微型、小型、塑壳式、框架式等不同系列的直流断路器，额定电流应从小到大，它们之间电流级差不宜小于 3～4 级。

GM 和 GMB 系列直流断路器的保护—电流特性曲线见图 8-4 和图 8-5。

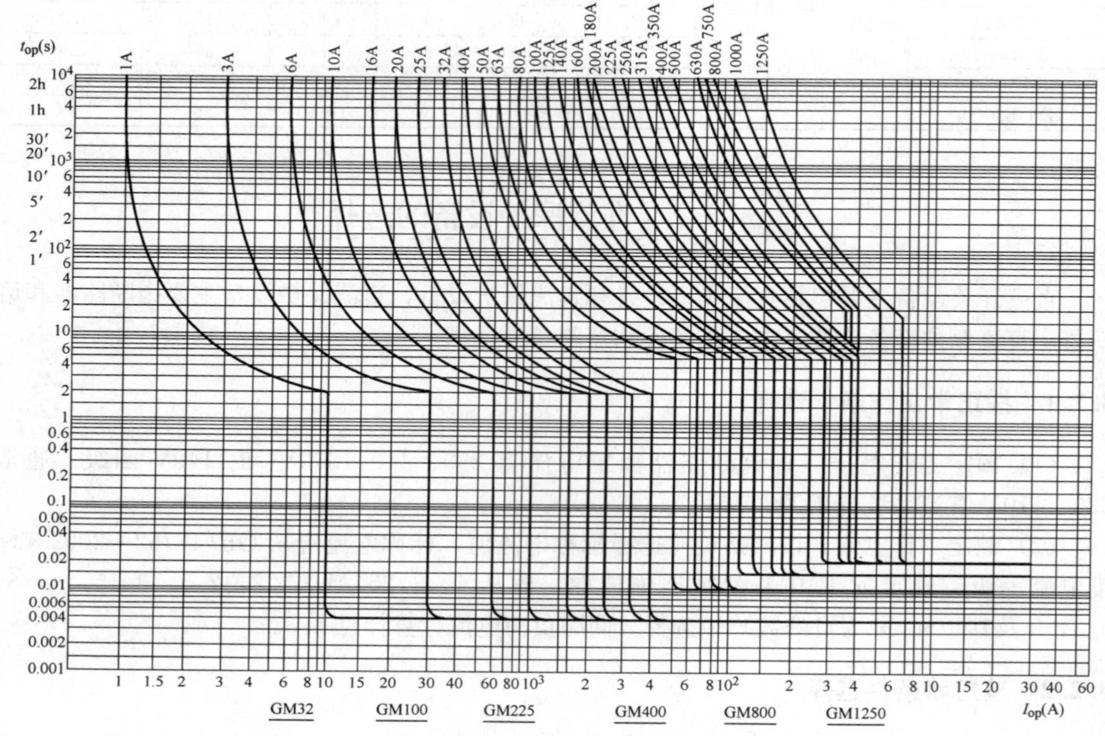

图 8-4　GM 系列直流断路器二段保护时间—电流特性曲线

I_{op}—脱扣器动作电流；t_{op}—脱扣器动作时间

断路器额定电流的选择如表 8-3 所示：

表 8-3　断路器的额定电流　（A）

类　型	壳体电流	整定（或熔体）电流标称值（R10 系列值）
直流断路器	16，20	1，2，3.15，4，6.3，10，12.5，16，20，25，32
	32	1，2，3.15，4，6.3，10，12.5，16，20，25，32，40
	63	1，3.15，6.3，10，16，20，25，32，40，50，63
	100	10，12.5，16，20，25，31.5（32），40，50，63，（80），100
	225	100，125，（140），160，（180），200，（225）
	400	200，（225），250，315，（350），400
	800	500，630，（700），800
	1250	（700），800，1000，1250
		1600，2000，（3000）3150，5000

注　1. 括号内的数值为非 R10 系列内的数值。非标准数值由制造厂或与用户协商确定。

2. 如果同一壳架电流等级不能满足 3～4 级级差时，可选择不同壳架的断路器电流等级。

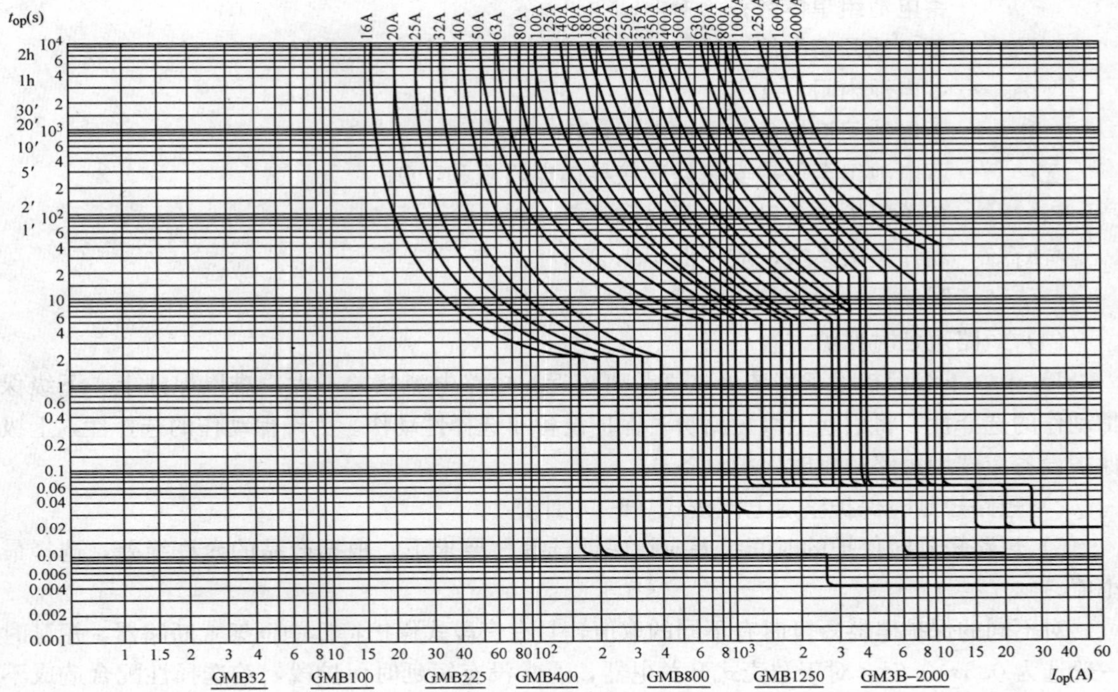

图 8-5　GMB 及 GW3B 系列直流断路器三段保护时间—电流特性曲线（典型）

I_{op}—脱扣器动作电流；t_{op}—脱扣器动作时间

（2）短路瞬时保护定值选择。

按保护设备额定电流倍数整定

$$I_{set} \geqslant K_N I_N \tag{8-4}$$

按与下一级保护短路瞬时保护电流配合整定

$$I_{set1} \geqslant K_{co} I_{set2} \tag{8-5}$$

式中　I_{set1}——保护整定电流，A；

K_N——额定电流整定倍数，一般取 10；

I_N——保护设备额定电流，A；

K_{co2}——上、下级断路器瞬时保护（脱扣器）配合系数，取 $K_{co2} \geqslant 3 \sim 4$；

I_{set1}、I_{set2}——上、下级断路器瞬时保护（脱扣器）电流，A。

当配合系数不满足要求时，可提高上级保护设备额定电流，以提高瞬时保护动作电流。但应进行灵敏系数计算，防止保护拒动。

当直流保护设备具有限流功能时，式（8-5）可写为

$$I_{set1} \geqslant K_{co2} I_{set2} / K_{xl} \tag{8-6}$$

式中　K_{xl}——限流系数，其数值应由产品厂家提供，一般可取 0.60～0.80。

（3）根据短路电流，校验各级断路器的动作情况。

$$I_{sc} = nU_0 / [n(r_b + r_t) + \Sigma r_1 + \Sigma r_k] \tag{8-7}$$

$$K_L = I_{sc} / I_{set} \tag{8-8}$$

式中　I_{sc}——保护设备安装处短路电流，A；

n——蓄电池组单体数；

U_0——蓄电池开路电压，V；

r_b——蓄电池内阻，Ω；

r_t——蓄电池间连接条或导体电阻，Ω；

$\sum r_1$——蓄电池组至保护安装处连接导体电阻之和，Ω；

$\sum r_{set}$——相关保护设备触头电阻之和，Ω；

K_L——动作灵敏系数，应不低于1.25；

I_{set}——瞬动保护动作整定电流，A。

（4）短路短延时保护。

1）上、下级保护设备安装处电气距离较近，短路电流相差不大，难以保证上、下级保护动作的选择性，将引起上级短路瞬时保护设备非选择性动作。为确保动作的选择性，上级保护设备应选用短路短延时保护设备。

2）短路短延时保护整定电流按式（8-4）计算。

3）短路短延时保护的时间级差应在保证选择性要求下，根据产品的允许级差，选择最小值。

对不同的保护电器短延时有不同的取值，具有三段式保护特性的框架式断路器，短延时一般选为0.5～0.6s。对于塑壳式开关电器，通常没有短延时保护段，给选择性配合造成不便。北京人民电器厂研发的GMB系列塑壳式开关具有10～100ms的动作延时，首次解决了塑壳式开关选择性配合的技术难题。如表8-4所示为GM、GMB系列断路器的动作短延时整定值。对于一般规模的直流系统，10、30、60ms三段时限足以满足选择性动作要求。

表8-4　　GM、GMB系列断路器的短延时参数

直流断路器壳架类型	短延时间（ms）	动作延时误差
GMN20R	无	
GM32，GM800，GM1250	无	
GM100，GM255，GN400	无	
GNB32	10	±10%
GMB100	10，30，60	±5%
GMB225	10，30，60	
GMB400	30，60	
GMB800	30，60	
GMB1250	30，60	
GM3B2000	60	

8.2.4　熔断器整定值选择

熔断器也是一种电路开关设备，但它与断路器不同，不是依靠拉合开关设备触头来断开电路，而是靠熔断件（熔体、熔丝）在自身焦耳热（I^2Rt）的作用下熔断汽化来断开电路。

熔断器的额定电流有壳体和熔断体之分。如表8-5，表8-6所示列出了熔断器的熔体特性和部分熔断器的标准电流。

表 8-5　　熔断体的特性

名称	类型	熔断体特性	备注
熔体特性	T 型	慢速：熔化速率 $S_R=6\sim8$	
	K 型	快速：熔化速率 $S_R=10\sim13$	
	H 型	抗涌流型：用于小型变压器，能抗关合和雷击时的涌流	

表 8-6　　熔断器壳体和熔断体的额定电流

名称	壳体电流	整定（或熔体）电流标称值（R10 系列值）（A）	备注
EEI 标准	推荐值（200）	1，2，3，5，6，10，15，25，40，65，100，140，200	
	非推荐值	8，12，20，30，50，80	
国标	50	1，2，3，6，8，10，12，15，20，25，30，40，50	
	100	8，10，12，15，20，25，30，40，50，65，80，100	
	200	20，25，30，40，50，65，80，100，140，200	
NT 熔断器	160	4，6，10，16，20，25，32，35，40，50，63，80，100，125，160	
	250	80，100，125，160，200，224，250	
	400	125，160，200，224，250，300，315，355，400	
	630	315，355，400，425，500，630	
	1000	800，1000	

注　熔化速率 $S_R=I_{0.1}/I_{300}$（或 I_{600}）。其中：$I_{0.1}$、I_{300} 和 I_{600} 分别为 0.1s、300s 和 600s 熔断的熔断电流。

（1）额定参数选择。额定电压通常选用 250 或 440V。额定电流应根据直流回路电流选择熔断体电流和相应的壳体电流。熔断器额定电流应不小于回路的最大负荷计算电流。

（2）按短路条件选择。熔断器应能耐受所在回路的直流短路电流效应。不同蓄电池容量的直流系统短路电流水平计算详见 8.4。

（3）保护特性及其配合。采用熔断器进行短路保护的直流回路按熔断器的“电流—时间特性”（即 t—I 曲线，又称安秒特性）进行。回路各段宜采用同一型号的熔断件，熔断件的 t—I 曲线应符合以下要求。

1）熔断体应能长期通过负荷电流。

2）在回路最大短路电流和最小短路电流作用下，熔断件能可靠熔断。

3）最大开断时间与最小开断时间的比值（t_{max}/t_{min}）应小于 75%。

4）能和相邻回路的熔断件进行选择性配合。

8.3　直流回路设备负荷电流的选择

本节“直流设备回路”主要指直流电源和直流负载设备的回路。计算正常条件下的通过该设备回路的最大工作电流。

8.3.1　蓄电池组出口回路

（1）按蓄电池的 1h 放电率电流选择，即

$$I_N \geqslant I_1 \tag{8-9}$$

式中　I_1——蓄电池1h放电率电流，A，铅酸蓄电池可取$5.5I_{10}$，中倍率镉镍碱性蓄电池可取$7.0I_5$，高倍率镉镍碱性蓄电池可$20.0I_5$；

I_{10}——铅酸蓄电池10h放电率电流，A；

I_5——镉镍碱性蓄电池5h放电率电流，A。

（2）按保护动作选择性条件，即蓄电池额定电流应大于参与选择性配合的下一级额定电流最大一台保护设备选择，即

$$I_N \geqslant K_{co} I_{N,max} \tag{8-10}$$

式中　$I_{N,max}$——蓄电池下一级最大一台保护设备的额定电流，A；

K_{co}——配合系数，一般可取2.0，必要时取3.0。

取式（8-9）、式（8-10）中计算电流最大者为蓄电池回路额定电流，并应满足蓄电池出口回路短路时灵敏系数的要求。同时还应按事故初期（1min）冲击放电电流校验保护动作时间。

8.3.2　充电装置输出回路

按充电装置额定输出电流选择，即

$$I_N \geqslant K_{rel} I_{CN} \tag{8-11}$$

式中　I_{CN}——充电装置额定输出电流，A；

K_{rel}——可靠系数，取1.2。

8.3.3　直流母线联络电器

宜采用直流隔离开关，额定电流按以下原则计算，按较大电流的母线上供电的负载工作电流选择，即

$$I_N = K_{sin} \Sigma I_{MBi} \tag{8-12}$$

式中　ΣI_{MBi}——较大电流的母线段上全部负载的工作电流之和；

K_{sin}——同时系数，取0.5～0.6。

8.3.4　馈线负载回路

（1）直流电动机回路

$$I_N \geqslant I_{NM} \tag{8-13}$$

式中　I_N——直流回路额定电流，A；

I_{NM}——电动机额定电流，A。

（2）断路器电磁操动机构的合闸回路

$$I_N \geqslant K_{co2} I_{clB} \tag{8-14}$$

式中　I_N——直流额定电流，A；

K_{co2}——配合系数，取0.3；

I_{clB}——断路器合闸机构额定电流，A。

（3）控制、保护、信号回路

$$I_N \geqslant K_{co}(I_{CC} + I_{CP} + I_{CX}) \tag{8-15}$$

式中 I_N——直流额定电流，A；

K_{co}——配合系数，取0.8；

I_{CC}——控制负荷计算电流，A；

I_{CP}——保护负荷计算电流，A；

I_{CX}——报警信号负荷计算电流，A。

（4）直流分电柜电源回路。断路器额定电流按直流分电柜上全部用电回路的计算电流之和选择，即

$$I_N \geqslant K_{co}\Sigma(I_{CC}+I_{CP}+I_{CS}) \quad (8\text{-}16)$$

式中 I_{CC}——控制负荷计算电流，A；

I_{CP}——保护负荷计算电流，A；

I_{CS}——信号负荷计算电流，A；

K_{co}——配合系数，取0.8。

为保证动作选择性的要求，断路器的额定电流还应大于直流分电柜馈线断路器的额定电流，它们之间的电流极差不宜小于4级。

（5）蓄电池放电回路。按蓄电池的放电装置的额定电流选择，一般情况下，放电装置的额定电流按照蓄电池的（1.10～1.30）I_{10}选择。

（6）直流回路的绝缘监测、电压监视、电压表回路。因这些装置目前均为微机构成的装置，消耗功率很小，故根据各装置的工作电流选择，一般可选用16或10A以下的断路器或熔断器即可。

（7）降压装置。

1）降压装置宜由硅元件构成，应有防止硅元件开路的措施。

2）硅元件的额定电流应满足所在回路最大持续负荷电流的要求，并能承受冲击电流的短时过载和反向电压。

这里需要说明的是由于蓄电池的输出电流经常变化，但降压装置的电压降应基本保持恒定，以保证直流母线的电压稳定。硅元件中的硅二极管、硅堆和硅链均具有这种特性，即：正向电流大于饱和值以后，虽然通过硅元件的电流在很大范围内变化，但其管压降只在0.6～0.8V范围内变动。所以，直流系统需要的电压降数值的大小，就可以用不同数量的硅元件串联来实现。

3）硅元件的额定电流可按下式计算

$$I_{Ng} \geqslant K_{rel} I_{dm} \quad (8\text{-}17)$$

式中 I_{Ng}——硅元件的额定电流；

K_{rel}——可靠系数，取1.5～2.0；

I_{dm}——通过降压装置的最大持续负荷电流。

当有冲击电流通过硅元件时，还应校验该电流是否超过硅元件的短时过载能力，如果超过了，还应加大硅元件的额定电流，以保证安全运行。

4）硅元件所在的工作回路电压不是很高，但由于直流系统中可能出现的暂态过电压，可能会击穿硅元件，所以，硅元件的额定反向电压应为直流系统的标称电压的2倍及以上，以保证有足够的裕度。

8.4 直流系统短路电流计算

8.4.1 蓄电池短路电流计算

蓄电池短路电流计算需要蓄电池的开路电压、内阻、电池间的连接条电阻等计算参数。这些参数需要采用专用的测试仪器进行测试。

测试蓄电池内阻的方法，有两种为一次放电法和两次放电法。

(1) 一次放电法。将蓄电池充满电，静置 8h 以上，待电压稳定后，测量其开路电压 U_0，再以电流 $I_t=(10\sim15)I_{10}$ 的大电流冲击放电，同时由示波器录制波形，然后测定 $t=0.02$、0.2、0.5 和 1.0s 时冲击放电电流 I_l 和冲击放电电压 U_l，则蓄电池内阻为

$$R_b=\frac{U_0-U_l}{I_l} \tag{8-18}$$

在蓄电池引出端子上短路，则蓄电池的短路电流

$$I_{sc}=\frac{U_0}{R_b+R_t} \tag{8-19}$$

如果在蓄电池组连接的直流母线上短路，则短路电流

$$I_k=\frac{nU_0}{n(R_b+R_t)+R_L} \tag{8-20}$$

式中 R_t——蓄电池连接条的电阻；

n——蓄电池个数；

R_L——蓄电池组端子到直流母线的连接电缆或导线电阻。

(2) 两次放电法。两次放电法，是 IEC 896—2：1995提出的一种直流短路电流计算方法，其做法如下。

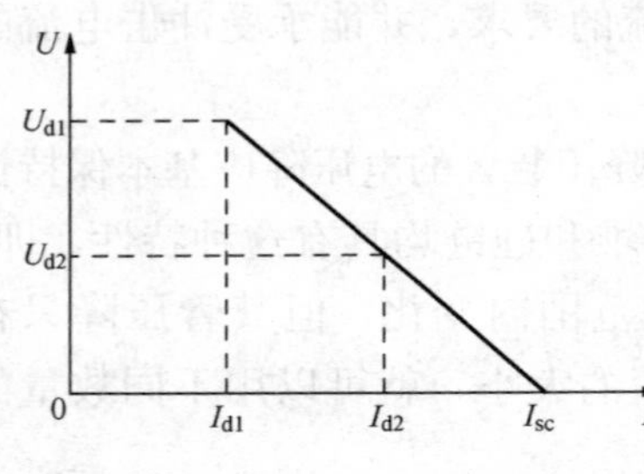

图 8-6 放电特性曲线

对充满电的蓄电池，首先以电流 $I_{d1}=(4.0\sim6.0)I_{10}$ 放电 20s 后，测定电压 U_{d1}（见图 8-6）。放电时间不超过 25s，立即断开短接回路，静置 2～5min，不再充电。然后再以 $I_{d2}=(20\sim40)I_{10}$ 的电流放电 5s 后，测定电压 U_{d2}，则蓄电池的内阻

$$R_b=\frac{U_{d1}-U_{d2}}{I_{d2}-I_{d1}} \tag{8-21}$$

由图 8-6 可知

$$\frac{I_{sc}-I_{d1}}{U_{d1}}=\frac{I_{d2}-I_{d1}}{U_{d1}-U_{d2}} \tag{8-22}$$

进而求出蓄电池端子上短路时，流过蓄电池的短路电流

$$I_{sc}=\frac{U_{d1}U_{d2}-U_{d2}U_{d1}}{U_{d1}-U_{d2}} \tag{8-23}$$

为便于计算，表 8-7、表 8-8 分别示出了阀控式密封铅酸蓄电池和普通防酸式铅酸蓄电池的内阻及出口短路电流值，供参考。实际工程中，蓄电池制造厂应向用户提供蓄电池的开路电压、内阻等计算参数。

表 8-7　　阀控式密封铅酸蓄电池内阻及出口短路电流值

蓄电池容量（Ah）	电池内阻（mΩ）及短路电流计算值（A）	2.17V 开路电压下不同时间短路电流			
		0.02s	0.2s	0.5s	1.0s
100	电阻	1.98	2.16	2.24	2.31
	短路电流	1096	1005	960	939
200	电阻	1.01	1.10	1.14	1.18
	短路电流	2149	1973	1904	1839
300	电阻	0.70	0.75	0.77	0.80
	短路电流	3100	2893	2806	2713
400	电阻	0.53	0.57	0.59	0.61
	短路电流	4096	3807	3768	3557
500	电阻	0.43	0.46	0.48	0.49
	短路电流	5047	4717	4521	4429
600	电阻	0.358	0.396	0.406	0.416
	短路电流	6062	5480	5345	5216
800	电阻	0.311	0.325	0.345	0.357
	短路电流	6977	6677	6290	6078
1000	电阻	0.256	0.267	0.282	0.292
	短路电流	8477	8127	7695	7432
1100	电阻	0.236	0.245	0.259	0.268
	短路电流	9195	8857	8378	8097
1200	电阻	0.198	0.208	0.221	0.229
	短路电流	10 960	10 433	9819	9476
1500	电阻	0.157	0.163	0.175	0.181
	短路电流	14 151	13 287	12 423	11 967
1800	电阻	0.138	0.145	0.153	0.159
	短路电流	15 725	14 966	14 183	13 648
2000	电阻	0.128	0.134	0.141	0.146
	短路电流	16 954	16 254	15 390	14 864
2200	电阻	0.118	0.123	0.130	0.134
	短路电流	18 390	17 642	16 692	16 194
2500	电阻	0.100	0.104	.0111	0.115
	短路电流	21 684	20 677	19 655	18 945
3000	电阻	0.085	0.089	0.094	0.097
	短路电流	25 529	24 384	23 085	22 371

表 8-8　　普通防酸式铅酸蓄电池内阻及出口短路电流值

GF、GM系列				GFD系列			
蓄电池容量（Ah）	一片正极板容量（Ah）	蓄电池内阻（mΩ）	短路电流（kA）	蓄电池容量（Ah）	一片正极板容量（Ah）	蓄电池内阻（mΩ）	短路电流（A）
800	100	0.285	7.298	600	100	0.387	5.375
1000		0.228	9.122	800		0.290	7.172
1200		0.190	10.947	1000		0.232	8.966
1400		0.163	12.760	1200		0.193	10.777
1600		0.143	14.545	1500	125	0.200	10.400
1800		0.127	16.378	1878		0.160	13.000
2000		0.114	18.246	2000		0.150	13.867
2400	125	0.121	17.190	2500	125	0.120	15.600
2600		0.112	18.570	3000		0.100	20.800
2800		0.104	20.000				
3000		0.097	21.440				

8.4.2 直流系统短路电流计算

直流系统短路电流按下式计算

$$I_{sc}=\frac{U_0}{\sum R_i} \tag{8-24}$$

式中 U_0——蓄电池开路电压，V，一般阀控式密封铅酸单体蓄电池取 2.17V，根据电池个数（110V 取 52 或 51，220V 取 104 或 103）即可求出系统短路电压值。为简化计算，如表 8-9 所示给出阀控密封式铅酸蓄电池内阻，供设计计算参考；

$\sum R_i$——回路电阻之和，回路电缆电阻，直流断路器电阻和蓄电池内阻应分别由制造厂产品样本中查出，当无样本可查时，可参考本手册数据估算，直流空气断路器和导线电阻分别见表 8-10 和表 8-11。

表 8-9　　阀控式密封铅酸蓄电池内阻

电压（V）	不同容量（Ah）下的蓄电池内阻（mΩ）								
容量（Ah）	100	200	300	400	500	600	800	1000	1100
110	112	57	39	30	24	21	17	14	13
220	224	114	77	59	47	41	34	27	26
容量（Ah）	1200	1500	1800	2000	2200	2500	3000		
110	11	8.5	7.5	7	6.4	5.4	4.6		
220	22	17	15	14	13	11	9		

表 8-10　　　　GM 系列直流空气断路器内阻

GMN20 GMB32		GMB100		GMB225		GMB400	
额定电流（A）	单极内阻（mΩ）	额定电流（A）	单极内阻（mΩ）	额定电流（A）	单极内阻（mΩ）	额定电流（A）	单极内阻（mΩ）
3	175	10	13	100	0.85	250	0.29
6	37	16	12.4	125	0.64	315	0.24
10	18	20	6.3	140	0.51	350	0.21
16	6.8	32	2.5	160	0.48	400	0.19
20	5.3	40	2.0	180	0.41		
25	3.85	50	1.8	200	0.37		
32	2.56	63	1.74	225	0.34		
		80	0.96				
		100	0.96				

GMB800		GMB1250		GM3B2000	
额定电流（A）	单极内阻（mΩ）	额定电流（A）	单极内阻（mΩ）	额定电流（A）	单极内阻（mΩ）
400	0.18	800	0.095	2000	0.03
500	0.16	1000	0.09		
630	0.12	1250	0.085		
700	0.11				
800	0.1				

表 8-11　　　　常用导线和导体电阻值

序号	适用电流范围（A）	导线截面（mm^2）	允许载流量（A）	1m 导线内阻（mΩ）
1	$1<I\leqslant8$	1.0		18
2	$8<I\leqslant12$	1.5		12
3	$12<I\leqslant20$	2.5		7.2
4	$20<I\leqslant35$	4.0	35	4.5
5	$35<I\leqslant40$	6.0	44	3.0
6	$40<I\leqslant60$	10	61	1.8
7	$60<I\leqslant80$	16	81	1.13
8	$80<I\leqslant100$	25	103	0.72
9	$100<I\leqslant130$	35	135	0.52
10	$130<I\leqslant150$	50	157	0.36
11	$150<I\leqslant180$	70	186	0.26
12	$180<I\leqslant220$	95	223	0.19
13	$220<I\leqslant260$	120	267	0.15
14	$260<I\leqslant2908$	150	299	0.12

续表

序号	适用电流范围（A）	导线截面（mm^2）	允许载流量（A）	1m 导线内阻（mΩ）
15	290<I≤340	185	341	0.10
16	340<I≤380	240	382	0.08
17	380<I≤430	300	434	0.06
18	430<I≤500	400	508	0.047
19	500<I≤560	500	570	0.037
20	560<I≤630	630	637	0.028
21	380<I≤430	PVC 绝缘铜导线/铜排 2×150/2×（30mm×5mm）	435	PVC 绝缘铜导线/铜排 0.06/0.06
22	400<I≤450	PVC 绝缘铜导线/铜排 2×185/2×（40mm×5mm）	485	PVC 绝缘铜导线/铜排 0.048/0.045
23	450<I≤8540	PVC 绝缘铜导线/铜排 2×240/2×（50mm×5mm）	558	PVC 绝缘铜导线/铜排 0.037 5/0.036

注 本表载流量计算，小于 1200mm^2 采用聚氯乙烯双芯铜芯电缆，1200mm^2 及以上截面电缆采用聚乙烯单芯交联铜芯电缆，并考虑 0.8 使用系数。

8.4.3 直流设备的短路性能要求

工作于直流系统中的导体和开关设备应能满足系统短路电流的要求。短路电流取决于直流系统中蓄电池的容量。根据 DL/T 5044—2004《电力工程直流系统设计技术规程》规定，不同容量蓄电池的直流系统，短路电流水平要求如表 8-12 所示。

表 8-12　直流系统短路水平

蓄电池容量（Ah）	短路电流水平（kA）	适用范围
≤800	10	直流主母线及与主母线直接连接的开关电器
800～1600	20	
>1600	实际计算值	

注 1. 距蓄电池较远的直流设备短路水平要求，应通过短路计算确定。
2. 蓄电池容量过大，直流设备选择困难时，可改变直流系统接线，选用较小容量的蓄电池。

8.5 短路电流对保护电器额定电流的影响

与独立的保护装置不同，直流系统中，其保护电器的保护定值与开关电器的额定电流密切相关，所以在选择直流系统保护电器的额定电流时，必须要经过系统短路电流校验。

为了确保在直流系统短路时，保护电器能够正确可靠的切除短路故障，蓄电池出口保护电器的瞬动（或瞬动短延时）脱扣器整定电流应小于蓄电池出口短路电流，并保证必要的可靠系数。一般情况下，各种容量蓄电池出口短路电流值可参考如表 8-13 所示近似值。根据短路电流值，其回路保护电器的额定电流可参考本表选择。

表 8-13　　蓄电池出口保护电器额定电流选择

蓄电池容量(Ah)	50	100	200	300	400	500	600	800	1000
蓄电池出口短路电流(A)	550	1005	1973	2893	3807	4717	5480	6677	8127
自动开关额定电流(A)	50	63	100	200	250～315	350	400	500	63
熔断器熔断体电流(A)	40	63	125	200	250	355	400	500	630

蓄电池容量(Ah)	1100	1200	1500	1800	2000	2200	2500	3000
蓄电池出口短路电流(A)	8857	10 433	13 287	14 966	16 254	17 642	20 677	24 384
自动开关整定电流(A)	700	700	800	1000	1250	1250	1250	2000
熔断器熔断体电流(A)	630	700	800	1000	1100	1250	1250	1600

注　表中短路电流采用阀控式密封铅酸蓄电池出口 0.2s 的短路计算值。

蓄电池回路开关电器为直流系统首端保护电器。系统末端开关电器额定参数应满足负载要求，取决于负载容量，现代保护控制及监测设备一般都采用微机型产品，功率消耗很小，通常电压为 220V 时，约为 2～3A；110V 时约为 5～6A，这样，直流系统末端开关电器的额定电流一般取 3～5A。

当系统首端与末端开关电器选型范围确定之后，其回路中间联络电器，考虑级差配合，其参数大体也确定了。由表 8-13 数值可以看出，小容量电池系统，中间级差数量较少；大容量电池系统，中间级差数量较多。级差数量越多，则选择范围越宽。最多 24 个级差，最少 6～7 个级差。根据级差，选择性配合最多可设 3～4 级，最少仅能设 1 级。GMB 型直流断路器级差配合如表 8-14 所示。

表 8-14　　直流断路器和熔断器额定电流级差配合　　(A)

下级断路器		上级断路器		下级熔路器		上级熔路器	
壳体	额定电流	壳体	额定电流	壳体	熔体电流	壳体	熔体电流
GM32	3，5	GMB32	16，20	NT00	6，10	NT00	20，32
GMB32	20	GMB100	40，50	TN00	32	NT0	63，80
GMB100	50	GMB225	100，125	NT0	63	NT1	125
GMB100	100	GMB225	200，250	NT1	125	NT1	250
GMB400	200	GMB800	400，500	NT2	250	NT2	500
GMB400	350	GMB800	630，800	NT3	400	NT3	630
GMB800	400	GMB1250	800	NT3	500	NT4	800
GMB1250	500	GM3B2000	1000	NT3	630	NT4	1000

8.6　直流回路保护电器的选择性配合

8.6.1　选择性配合的一般原则

(1)系统接线中，具有两个及以上的分支回路时，在分支回路及其上级回路中应配置具有选择性保护功能的电器，并应进行选择性配合校验计算。

(2)系统接线中，当母线两侧分别配置电源进线及负荷馈线电器时，电源进线电器的保护动作时间应大于馈线保护动作时间。

（3）在一个回路中，宜在回路首端设置具有短路保护功能的电器，不宜在回路中设置多个保护电器，为了操作方便灵活，可在回路末端设置仅具有操作、控制功能的电器。当要求在一个回路中设置多个保护电器时，应对回路保护电器进行选择性配合校验。

（4）系统中的末段馈线，应尽量配置满足负载要求的小容量电器。

（5）系统接线应可靠、简单、清晰，宜采用辐射式供电接线。回路尽量减少分级，分级数量宜不超过3级。

8.6.2 选择性配合校验要求

当系统接线要求保护电器具有选择性配合要求时，应对保护电器进行选择性配合校验计算。选择性配合校验包括保护动作的灵敏性和可靠性校验，即保护动作正确性校验。

（1）保护动作灵敏系数

$$K_{L}=\frac{I_{sc}}{I_{set}}\geqslant 1.25 \tag{8-25}$$

式中 I_{sc}——保护范围内短路电流，A；

I_{set}——断路器瞬时脱扣器整定电流，A。

（2）可靠不动作系数

$$K_{b}=\frac{I'_{sc}}{I_{set}}\leqslant 0.8 \tag{8-26}$$

式中 I'_{sc}——下一级断路器保护范围内短路电流，A；

I_{set}——断路器瞬时脱扣器整定电流，A。

不难看出，同时满足式（8-25）和式（8-26）是很困难的，如果计算满足该两式的要求，很可能出现相当范围的保护死区。特别是计及蓄电池内阻和电源连线电阻后，会显著影响保护电器的保护范围。在［例8-1］可以看出这一存在问题。解决这一问题的有效办法是采用带短延时保护型断路器。采用短延时保护型断路器时，可不再校验保护的可靠不动作系数，仅仅校验保护的动作灵敏系数就可以了，此时保护的可靠不动作（不误动）性能靠短延时实现。同时，采用短延时保护型断路器还可以降低保护的动作灵敏系数，只要断路器整定动作准确度提高，灵敏系数降低到1.1、1.05都是允许的。这样，大大扩大了保护范围，使保护死区降低到最小范围。

8.6.3 选择性配合校验的注意事项

（1）短路计算是选择性配合的前提和基础，短路计算时，必须根据实际设备参数进行计算，本书所示数据仅供参考。

（2）设备确定之后，制造厂家（蓄电池、断路器）应向建设单位和设计单位提供相应设备的计算参数。

（3）当计算结果不满足规定要求时，可采用变更断路器型号、额定值、整定值，或更换导线截面，调整电线长度等手段，重新计算整定。

（4）当单纯采用电流定值不能满足选择性配合要求时，应选择带短延时的开关电器。

8.7 保护选择性配合与供电方式的关系

供电方式直接影响直流馈线的保护选择性配合。直流馈线的接线分为环形供电和辐射供电两种基本形式，辐射供电根据是否设置分电屏又分为集中辐射供电和分层辐射供电两种形式。

8.7.1 分电屏的设置原则

设置分电屏是为了运行、维护的方便，当发变电工程规模较大、且分电屏有适宜的安装位置时，应设置分电屏，如大型发电工程，可将分电屏设在厂用配电间和单元控制室内；大型变电工程，当直流主屏设置在主控制室以外的单独直流配电室内时，可设置分电屏，并布置在主控制室或10kV配电间，一般室内站、220kV以下较小规模的变电站不宜设分电屏。这种情况下，对于辐射供电的直流系统，应合理配置馈线断路器。

分电屏进线可采用隔离开关，当需要装设保护电器时，应与对端直流主屏的保护电器特性一致。

分电屏上的馈线断路器或刀熔开关一般不需短延时，但当负荷端，如保护屏或测控屏上装有两个及以上的保护电器时，也可装设具有动作选择性的短延时保护电器。

设有分电屏的辐射供电方式称为分层辐射供电方式；不设分电屏、在直流主屏上直接辐射供电的方式称为集中辐射供电方式。

8.7.2 不同供电方式的选择性配合要求

不同供电方式，对馈线的选择性配合有不同的要求：

(1) 环形供电方式的可靠性较差，环路内任一负荷故障影响所有负荷的正常供电。环形供电电源的保护定值应按最远供电范围整定。

(2) 集中辐射供电简单可靠，选择性配合要求较低，除了接于主馈电屏母线两侧的保护电器可能要求选择性配合外，其他回路不需复杂的级差配合。

(3) 分层辐射供电较集中辐射供电复杂，除主馈电屏外，还有分电屏，一般主配电屏和分电屏都需要选择性级差配合。

(4) 为了提高供电的可靠性，减少选择性配合的复杂性，辐射供电分层应不多于两级。

8.7.3 集中辐射式供电方式直流断路器选型

这种接线方式，只需要配置电源侧和馈线侧的一级选择性保护，在馈线侧原则上不需进行选择性配合。这类配合一般只需要满足动作值的选择性，不需再考虑动作时间的配合。如［例8-1］说明。

【例8-1】 如图8-7所示为某110kV变电站直流系统接线示意图，采用集中辐射供电方式。直流系统设蓄电池屏，充电屏和馈线屏。蓄电池容量为200Ah，系统电压为110V，蓄电池出线端至进线屏，（电缆25mm²，5m，进线开关GMB 100/80A，电阻合计57+7.2+2.0=66.2mΩ），进线屏至馈线屏（电缆6mm²，3m，出线断路器GMB 32/16A，电阻合计2×（9+7）=32mΩ）、馈线屏至直流负荷距离为（电缆4mm²，20m，负荷开关

GMN 20R/6A，电阻合计 180＋74＝254mΩ）。短路电流计算及保护选择性校验见表 8-15。

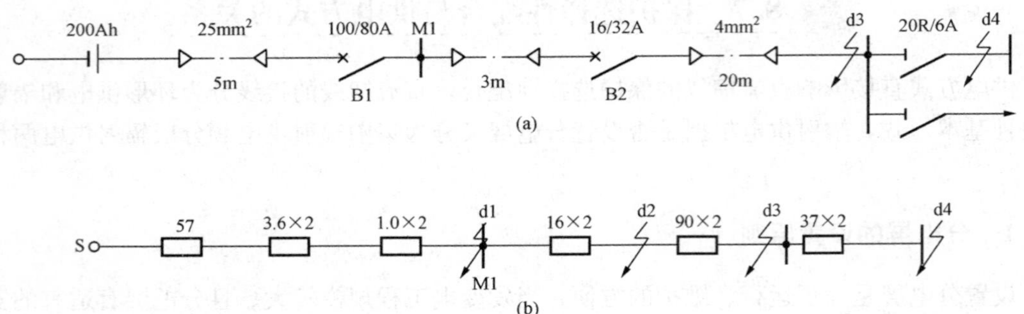

图 8-7　某 110kV 变电站直流系统示意图

（a）配置图；（b）电阻图

表 8-15　　设备配置、回路参数、短路电流及保护灵敏度选择性校验

<table>
<tr><td colspan="2">设备材料</td><td>蓄电池</td><td>进线</td><td>主进 B1</td><td>屏间线</td><td colspan="2">主馈 B2</td><td colspan="2">主馈线</td><td colspan="2">负荷 B3</td></tr>
<tr><td colspan="2">设备形式</td><td>阀控</td><td></td><td>GMB</td><td></td><td colspan="2">GMB</td><td colspan="2"></td><td colspan="2">GMB</td></tr>
<tr><td colspan="2">设备参数</td><td>200Ah</td><td>25mm²，5m</td><td>100/80</td><td>6mm²，3m</td><td colspan="2">32/16</td><td colspan="2">4mm²，20m</td><td colspan="2">32/6</td></tr>
<tr><td colspan="2">电阻代号</td><td>R1</td><td>R2</td><td>R3</td><td>R4</td><td colspan="2">R5</td><td colspan="2">R6</td><td colspan="2">R7</td></tr>
<tr><td colspan="2">元件电阻（mΩ）</td><td>57</td><td>3.6</td><td>1.0</td><td>9.0</td><td colspan="2">7.0</td><td colspan="2">90</td><td colspan="2">37</td></tr>
<tr><td colspan="2">保护定值（A）</td><td></td><td></td><td>800</td><td></td><td colspan="2">160</td><td colspan="2"></td><td colspan="2">30</td></tr>
<tr><td colspan="2">短路点</td><td>57</td><td colspan="2">4.6</td><td>d1</td><td>32</td><td>d2</td><td>37.74</td><td>d3</td><td>95.3</td><td>d4</td></tr>
<tr><td rowspan="8">灵敏度及选择性校验</td><td rowspan="2">d1</td><td colspan="4">$R_{\Sigma}=66.2m\Omega$，$I_d=1.704kA$</td><td colspan="2" rowspan="2"></td><td colspan="2" rowspan="2"></td><td colspan="2" rowspan="2"></td></tr>
<tr><td colspan="2">$K_{se}=2.1$</td><td>✓</td><td></td></tr>
<tr><td rowspan="2">d2</td><td colspan="6">$R_{\Sigma}=98.2m\Omega$，$I_d=1.15kA$</td><td colspan="2" rowspan="2"></td><td colspan="2" rowspan="2"></td></tr>
<tr><td colspan="2">$K_{se}=1.44$</td><td>×</td><td colspan="2">$K_{se}=7.19$</td><td>✓</td></tr>
<tr><td rowspan="2">d3</td><td colspan="8">$R_{\Sigma}=278.2m\Omega$，$I_d=406A$</td><td colspan="2" rowspan="2"></td></tr>
<tr><td colspan="2">$K_{se}=0.51$</td><td>✓</td><td colspan="2">$K_{se}=2.54$</td><td>✓</td><td>$K_{se}=2.2$</td><td>✓</td></tr>
<tr><td rowspan="2">d4</td><td colspan="10">$R_{\Sigma}=352.2m\Omega$，$I_d=0.319kA$</td></tr>
<tr><td colspan="2">$K_{se}=0.40$</td><td>✓</td><td colspan="2">$K_{se}=1.99$</td><td>✓</td><td colspan="2"></td><td>$K_{se}=10.6$</td><td>✓</td></tr>
</table>

注　表中“✓”表示正确动作；“×”表示不正确动作。

由上述计算可知：

（1）全线所有短路点，断路器均能可靠动作。

（2）馈线侧和负荷端部分别装设断路器，能可靠保证切除馈线回路短路故障。馈线断路器动作范围覆盖了部分负载端断路器的保护区，增加了保护的可靠性。这种配合，在线路末段区域是可行的。

（3）蓄电池出口断路器应按最大放电电流选择额定电流，并应按可靠躲过馈线断路器出口短路进行校验。由于馈线出口断路器内阻很小，其两侧短路电流接近。很难正确区分该断路器两侧的短路电流。因此，为了既能保证在蓄电池出口断路器端口（或母线上及其附近）短路时正确可靠动作，又能保证在馈线出口断路器端口短路时可靠不动作，唯一的办法是采用带短延时的能保证蓄电池、馈线出口断路器附近短路时可靠动作的断路器。本例选用

GMB 100/100A 型，具有短延时 10～30ms 动作的断路器。

(4) 分电屏馈线出口断路器不宜配置短延时保护，由于分电屏馈线为一对一单元接线，负载端一般可只设隔离开关就可以了。当馈线较长，首端断路器对馈线末端短路故障灵敏度不够时，可在末端装设断路器，以保证末端故障的可靠动作或弥补末端故障的灵敏度不足。

8.7.4 分层辐射供电方式直流断路器选择

典型的分层辐射供电方式如图 8-8 所示。

这种接线方式，通常需要配置蓄电池电源侧与馈线侧的选择性保护和分电屏电源侧与馈线侧的选择性保护两级及以上的选择性配合计算，举例说明如下；

图 8-8 为某 220kV 变电站直流系统接线示意图，采用分层辐射供电方式。直流主屏布置在控制楼底层，1、2 号分电屏布置在控制室，分别用于 110、220kV 和主变压器的保护测控以及 10kV 和低压站用电测控。直流系统 220V 蓄电池容量 300～400Ah。

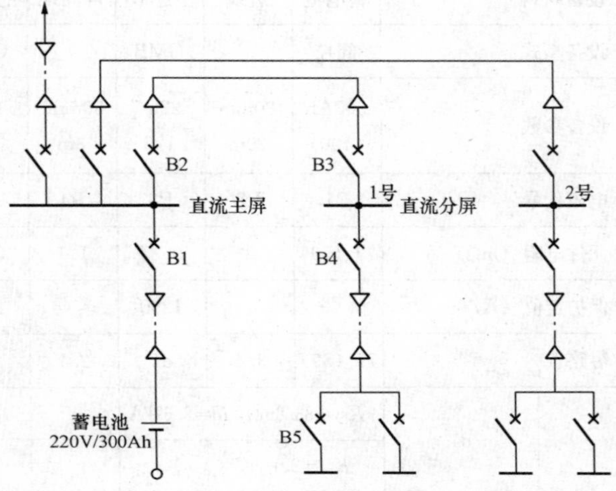

图 8-8 分层辐射供电方式

【例 8-2】 图 8-8 为某 220kV 变电站直流系统接线示意图，采用分层辐射供电方式。直流主屏布置在控制楼底层，1、2 号分电屏布置在控制室，分别用于 110、220kV 和主变的保护测控以及 10kV 和低压所用电测控。直流系统 220V 蓄电池 300～400Ah。电源和馈线设备配置见表 8-16。

图 8-9 由直流主屏至负载的直馈线，可参考［例 8-1］选择保护电器。直流主屏至 1、2 号直流分屏以及至分屏负载的保护电器选择相似。

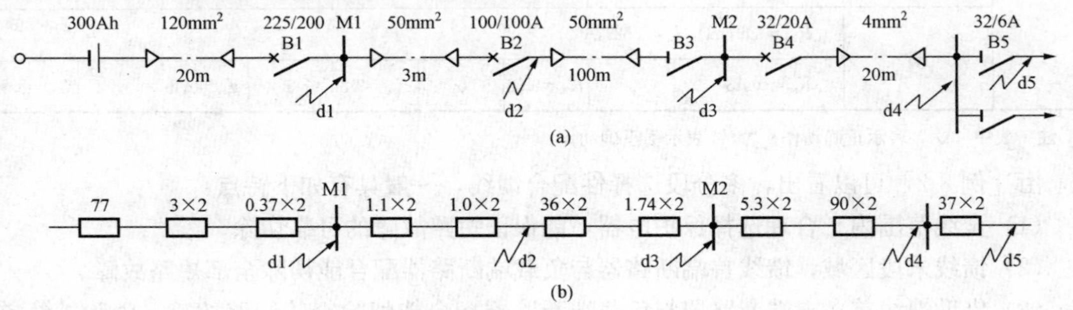

图 8-9 直流主屏至负载的直馈线
(a) 供电配置图；(b) 电阻图

(1) 设备选择和保护灵敏度。本例中 B1 为电源进线断路器，B5 为负载断路器，B2 为主屏馈线断路器，B3 为馈线末端断路器、也作为直流分电屏的进线断路器，B4 为分屏馈线断路器。通常 B3 可以为隔离开关，但本例中该馈线较长，在线末或分屏母线上短路时 B2

灵敏度不足 2，为此装设断路器 B3，保护定值小于 B2。同样考虑，B5 为含有瞬动和反时限动作特性的断路器。

（2）选择性配合。选择性配合应根据设备配置确定。当 B3 和 B5 为隔离开关时，仅 B1、B2 和 B3 参与选择性配合。本例中 5 级开关设备均为具有保护特性的断路器。选择性配合根据接线和负载要求确定。短路电流计算和灵敏度、选择性校验如表 8-16 所示。

表 8-16　　短路电流计算、灵敏度和选择性校验

设备材料		蓄电池	进线	主进 B1	屏间线	主馈 B2	主馈线	分进 B3	分馈 B4	分馈线	负荷 B5
设备型式		阀控		GMB		GMB		GMB	GMB		GMB
设备参数		300Ah (400)	$120mm^2$ 20m	225/125	$50mm^2$ 3m	100/100	$50mm^2$，100m	100/63	32/20	$4mm^2$ 20m	32/6
电阻代号		R1	R2	R3	R4	R5	R6	R7	R8	R9	R10
元件电阻（mΩ）		77（59）	3	0.37	1.1	0.96	36	1.74	5.3	90	37
保护定值（A）				1250		1000		630	200		60
短路点		77（59）	3.4	d1	2.1	d2	37.74	d3	95.3	d4	37　d5
灵敏度及选择性校验	d1	$R_\Sigma=83.8m\Omega$，$Id=2.69kA$									
		$K_{se}=2.1$		✓							
	d2	$R_\Sigma=88m\Omega$，$I_d=2.56kA$									
		$K_{se}=2.05$		×	$K_{se}=2.56$	✓					
	d3	$R_\Sigma=162m\Omega$，$I_d=1.39kA$									
		$K_{se}=1.1$		×	$K_{se}=1.38$	✓	$K_{se}=2.2$	✓			
	d4	$R_\Sigma=352.6m\Omega$，$I_d=0.64kA$									
		$K_{se}=0.51$		✓	$K_{se}=0.64$	✓	$K_{se}=1.0$	✓	$K_{se}=3.2$	✓	
	d5	$R_\Sigma=426.6m\Omega$，$I_d=0.529kA$									
		$K_{se}=0.423$		✓	$K_{se}=0.53$	✓	$K_{se}=0.8$	✓	$K_{se}=2.6$	✓	$K_{se}=8.8$✓

注　表中“✓”表示正确动作；“×”表示不正确动作。

由［例 8-2］可以看出，多分段选择性配合馈线，一般具有如下特点：

（1）全线范围内，合理选择保护电器，能保证短路故障的可靠切除。

（2）馈线末段区域，馈线首端断路器与负载端断路器配合能切除全部短路故障。

（3）借助馈线首、末端断路器与负载端断路器配合能切除全线短路故障。消除馈线首、末端保护死区。

（4）蓄电池进线断路器与主屏馈线断路器通常不能实现选择性配合，所以进线断路器应设短延时 30～60ms。

（5）合理选择断路器的瞬时短路保护整定值，可以实现选择性配合而不必采用短延时保护，但需注意，此时一定要准确计算，保证应动作保护的灵敏系数和不应动作保护的可靠系数。

8.7.5 直流断路器的基本配置接线

为了保证正确可靠地切除短路故障保护开关设备应遵循以下基本配置原则：

（1）安装在主屏的电源进线断路器应具有短路短延时动作特性，以保证馈线断路器出口短路时的动作选择性。

（2）当直流系统采用集中辐射供电时，馈线侧断路器的动作定值应能可靠地切除全线短路故障，当馈线侧断路器对馈线末端或负载处的保护灵敏度不足时，应在合适的位置装设负载断路器。负载断路器应配置长延时保护功能和瞬动保护功能。

（3）馈线侧断路器的动作时间一般不需和负荷断路器配合，必要时可设置与负荷断路器瞬动保护配合的短延时保护功能。馈线侧断路器保护动作时限不宜多于2级。

（4）具有动作时限配合的断路器保护回路，应在保护范围末端校验其动作的可靠性。

典型接线如图8-10、图8-11所示。

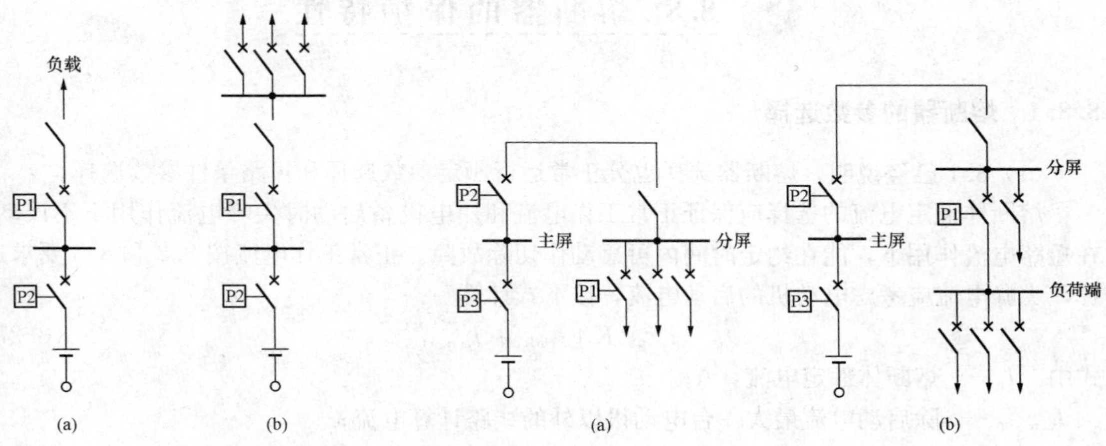

图8-10 集中辐射供电断路器配置图
（a）负荷端无分支馈线，$t_{P1}=0$，$t_{P2}=10ms$；（b）负荷端有分支馈线，$t_{P1}=10ms$，$t_{P2}=30ms$

图8-11 分层辐射供电断路器配置图
（a）负荷端无分支馈线，$t_{P1}=0$，$t_{P2}=10ms$，$t_{P3}=30ms$；（b）负荷端有分支馈线，$t_{P1}=10ms$，$t_{P2}=30ms$，$t_{P3}=60ms$

（5）当直流系统采用具有分电屏的分层辐射供电时，分馈线断路器与负载应采用一对一接线方式。对于主屏与分电屏距离较近时，分电屏进线端可不设断路器，为操控方便，可仅装设隔离开关。当主屏与分电屏距离较远时，为保证保护动作可靠性，提高保护灵敏度，可设置分电屏进线断路器。分电屏进线断路器应与该线路首端断路器动作定值和动作时间相匹配。

（6）当分电屏与负载距离较近时，负载端可不设断路器，为操控方便，可仅装设隔离开关。当分电屏与负载距离较远时，可设置负载断路器，分电屏馈线断路器应与负载断路器相匹配。

（7）断路器和隔离开关的额定电流和短路保护定值应根据回路负荷电流和回路短路电流确定，应满足选择性配合的要求。

直流系统常用保护开关设备配置见表 8-17。

表 8-17　　直流系统常用保护开关设备配置

接线型式	设备配置方案	定值与时间整定				
		进线断路器 B_1　t_1（ms）	主馈线断路器 B_2　t_2（ms）	分屏进线开关 D_3 或 B_3　t_3（ms）	分屏馈线断路器 B_4　t_4（ms）	负载开关 D_5　B_5　t_5（ms）
集中辐射	A	GMB 30～60	GM5 或 GMB 0～10			GMG
	B	GMB 30～60	GM5 或 GMB 0～10			GM3
分层辐射	A	GMB 60～100	GMB 或 GM5 10～30	GMG	GM5 0～10	GMG0
	B	GMB 60～100	GMB 或 GM5 10～30	GMB 或 GM5	GM5 0～10	GM5 0

注　1. 设备配置方案 A 适用于规模较小、馈线距离较短的直流系统。

2. 设备配置方案 B 适用于规模较大、馈线距离较长的直流系统。

3. 断路器和隔离开关的额定电流和短路保护定值应根据负荷电流和短路电流计算确定。

8.8　熔断器的保护特性

8.8.1　熔断器的参数选择

（1）8.1 已经说明，熔断器选择也分正常运行额定参数选择和短路条件参数选择。

熔断体额定电流的选择应保证正常工作电流和用电设备启动时尖峰电流作用下不误动，在短路电流作用下，能在约定时间内可靠动作切除故障。正常工作电流按 8.2 和 8.3 要求选择，尖峰电流应考虑电动机的启动电流，按下式计算

$$I_r \geqslant K_r[I_{NM1} + I_{c(n-1)}] \tag{8-27}$$

式中　I_r——熔断体额定电流，A；

$I_{c(n-1)}$——除启动电流最大一台电动机以外的线路计算电流；

I_{NM1}——线路中启动电流最大一台电动机的额定电流，A；

K_r——回路熔断体选择计算系数，由最大一台电动机的额定电流与回路计算电流的比值确定，取 1.1～1.3。

照明线路熔断体额定电流取决于计算系数 K_{CLF}，不同光源的 K_{CLF} 值见下表（见表 8-18）。

表 8-18　　不同光源的 K_{CLF} 值

熔断器型号	熔断体额定电流（A）	白炽灯、卤钨等、荧光灯	高压钠灯、金属卤化物灯	荧光高压汞灯
RL7、NT	≤63	1.0	1.2	1.1～1.5
RL6	≤63	1.0	1.5	1.3～1.7

（2）时间—电流特性。在规定熔断条件下，弧前时间（从过电流开始到熔断体熔断的时间）和预期电流平均值（允许偏差为平均值±10%）的曲线。时间—电流特性应满足回路负荷要求。

gG 系列、aM 系列等熔断器的约定时间和约定电流如表 8-19 所示。

（3）熔断器的分断能力（交流分量有效值）应大于被保护线路预期三相短路电流有效值，常用熔断器耐冲击能力见表 8-20。

表 8-19　　gG、aM 系列熔断器的约定时间和约定电流

类别	额定电流 I_{rN}（A）	约定时间（h）	约定不熔断电流 I_{nf}	约定熔断电流 I_f
gG	$I_{rN}\leqslant 4$	1	$1.5I_{rN}$	$2.1I_{rN}$（1.6）
	$4<I_{rN}<16$	1	$1.5I_{rN}$	$1.9I_{rN}$（1.6）
	$16\leqslant I_{rN}\leqslant 63$	1	$1.25I_{rN}$	$1.6I_{rN}$
	$63<I_{rN}\leqslant 160$	2	$1.25I_{rN}$	$1.6I_{rN}$
	$160<I_{rN}\leqslant 400$	3	$1.25I_{rN}$	$1.6I_{rN}$
	$I_{rN}>400$	4	$1.25I_{rN}$	$1.6I_{rN}$
aM	全部 I_{rN}	60s	$4I_{rN}$	$6.3I_{rN}$

表 8-20　　熔断器的耐冲击能力

熔断器型　号	熔断器额定电流（A）	耐冲击能力 I_{ch}（kA）/$\cos\varphi$			结构形式
		380V	500（415）V	600V	
NT（RT16）	160，250，400，630		120/0.1～0.2	50/0.1～0.2	刀形触头
NT（RT17）	1250	100/0.1～0.2			刀形触头
RT20	160，250，400，630		120/0.1～0.2		刀形触头
RL6	63，100，200，250		50/0.1～0.2		螺旋
RL7	25，63，100			25/0.1～0.2	螺旋
RT30	63	20/0.1～0.2			圆筒帽形
NH	160，250，400，630，1000，1250，1600	100/0.1～0.2	120/0.1～0.2	50/0.1～0.2	刀形触头
NFC	1～1250	120/0.1～0.2	120/0.1～0.2	80/0.1～0.2	刀形触头管形

8.8.2　熔断器的动作特性

一般熔断器的动作特性都包含瞬动段和长延时段，瞬动段的动作时间通常在几个毫秒到十几个毫秒。长延时时间从几秒到几分、几小时。从瞬动段到长延时段通常经过几毫秒到几十分钟。所以熔断器的选择性配合是靠熔断器熔断时间的长短来实现的。常用的熔断器有 NT 系列、RL6 型、RL8B 型以及 gG 系列和 aM 系列等，其中 RL8B 型用于与 SF 系列组合装配构成熔断器型隔离开关（俗称刀熔，由常州科海厂生产），下述示例说明熔断体的选择性配合。

SF1 型与 RT14 型配合：RL8B（16A）型作上级，RT14-20/6A 型作下级，上、下级电流为 16/6A。在电流 1000～5000A 范围内，由于 RT14 型的限流性能、动作速度极快（小于 1ms），先于 RL8B 型动作。当 SF2 型与（RL8B/40～50A）型与 RT14/10A 型配合时，上、下级电流为 40/10A，也具有良好的选择性配合性能。

NT 系列熔断器，当级差为 3 及以上，电流比大于 2，能实现可靠的选择性配合。

一般情况下，熔断器保护取级差大于 3，电流比大于 2.5；如上、下级电流为 40/16A，100/40A、250/100A、800/250A 等，则可依次进行选择配合。还应注意，当熔断器不具备限流性能时，应计算回路的预期短路电流，当预期短路电流大于限定的倍数时（如 20～30 倍），有可能同时瞬动。所以，应尽量选用具备限流特性的熔断器。熔断器选择性配合可参考表 8-14。

当混合选用直流断路器和熔断器作为直流回路保护电器时，通常在馈线侧选择小型（或微型）直流断路器作为负载馈线保护，在电源侧选择较大规格的熔断器作为蓄电池、充电器的保护电器。应校验在短路情况，熔断器的熔断时间（如几秒钟），要大于直流断路器动作时间（如几毫秒或几十秒）。也可在馈线侧选用中型刀熔开关，电源侧选用三段保护断路器。

如图 8-12 所示为直流断路器与熔断器选择性配合的特性曲线图。

如表 8-21～表 8-23 所示为 GMB 系列直流断路器、NT 系列熔断器和熔断器与 GMB 系列断路器额定电流选择性配合级差表。

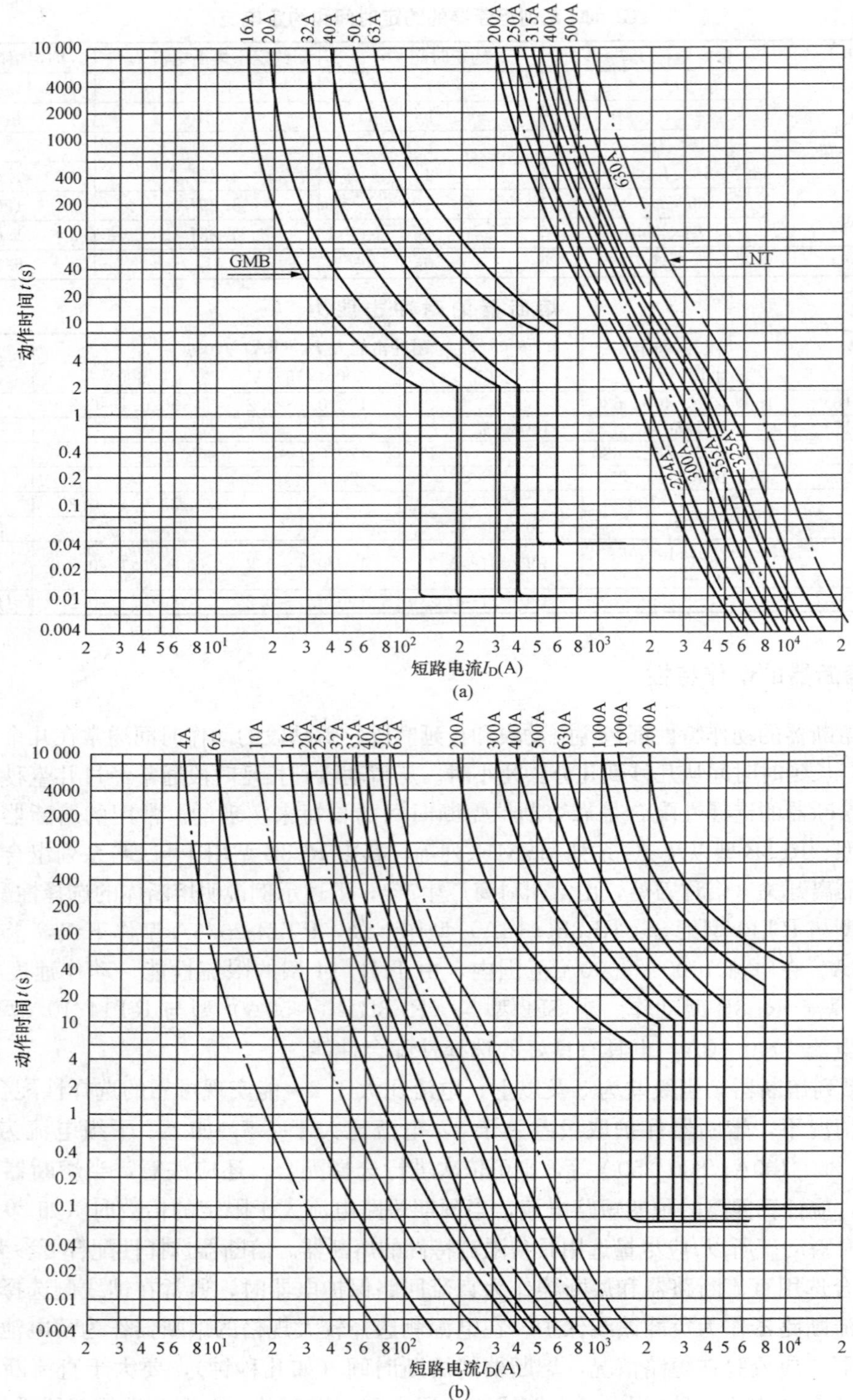

图 8-12　直流断路器与熔料器选择性配合动作特性曲线

(a) 上级为熔断器下级为直流断路器的配合特性；(b) 上级为直流断路器、下级为熔断器的配合特性

表 8-21　GMB 系列直流断路器额定电流配合表

下级直流断路器额定电流(A)	上级直流断路器额定电流(A)																			
	16	20	25	32	40	50	63	80	100	125	160	200	250	315	350	400	500	630	800	1000
3	√	√	√	√	√	√	√	√	√	√	√	√	√	√	√	√	√	√	√	√
6		√	√	√	√	√	√	√	√	√	√	√	√	√	√	√	√	√	√	√
10		—	√	√	√	√	√	√	√	√	√	√	√	√	√	√	√	√	√	√
16		—	—	√	√	√	√	√	√	√	√	√	√	√	√	√	√	√	√	√
20		—	—	—	√	√	√	√	√	√	√	√	√	√	√	√	√	√	√	√
25		—	—	—	—	√	√	√	√	√	√	√	√	√	√	√	√	√	√	√
32		—	—	—	—	—	√	√	√	√	√	√	√	√	√	√	√	√	√	√
40		—	—	—	—	—	—	—	√	√	√	√	√	√	√	√	√	√	√	√
50		—	—	—	—	—	—	—	—	√	√	√	√	√	√	√	√	√	√	√
63		—	—	—	—	—	—	—	—	—	√	√	√	√	√	√	√	√	√	√
80		—	—	—	—	—	—	—	—	—	—	√	√	√	√	√	√	√	√	√
100		—	—	—	—	—	—	—	—	—	—	—	√	√	√	√	√	√	√	√
125		—	—	—	—	—	—	—	—	—	—	—	—	√	√	√	√	√	√	√
160		—	—	—	—	—	—	—	—	—	—	—	—	—	√	√	√	√	√	√
200		—	—	—	—	—	—	—	—	—	—	—	—	—	—	—	√	√	√	√
250		—	—	—	—	—	—	—	—	—	—	—	—	—	—	—	—	√	√	√
315		—	—	—	—	—	—	—	—	—	—	—	—	—	—	—	—	—	√	√
350		—	—	—	—	—	—	—	—	—	—	—	—	—	—	—	—	—	√	√
400		—	—	—	—	—	—	—	—	—	—	—	—	—	—	—	—	—	—	√

注　"√"表示选用的配合方式。

表 8-22　　NT 系列熔断器额定电流配合表

下级熔断器额定电流(A)	上级熔断器额定电流(A)																			
	16	20	25	32	40	50	63	80	100	125	160	200	250	300	355	400	500	630	800	1000
6	✓	✓	✓	✓	✓	✓	✓	✓	✓	✓	✓	✓	✓	✓	✓	✓	✓	✓	✓	✓
10	—	✓	✓	✓	✓	✓	✓	✓	✓	✓	✓	✓	✓	✓	✓	✓	✓	✓	✓	✓
16	—	—	—	✓	✓	✓	✓	✓	✓	✓	✓	✓	✓	✓	✓	✓	✓	✓	✓	✓
20	—	—	—	—	✓	✓	✓	✓	✓	✓	✓	✓	✓	✓	✓	✓	✓	✓	✓	✓
25	—	—	—	—	—	✓	✓	✓	✓	✓	✓	✓	✓	✓	✓	✓	✓	✓	✓	✓
32	—	—	—	—	—	—	✓	✓	✓	✓	✓	✓	✓	✓	✓	✓	✓	✓	✓	✓
40	—	—	—	—	—	—	—	✓	✓	✓	✓	✓	✓	✓	✓	✓	✓	✓	✓	✓
50	—	—	—	—	—	—	—	—	✓	✓	✓	✓	✓	✓	✓	✓	✓	✓	✓	✓
63	—	—	—	—	—	—	—	—	—	✓	✓	✓	✓	✓	✓	✓	✓	✓	✓	✓
80	—	—	—	—	—	—	—	—	—	—	✓	✓	✓	✓	✓	✓	✓	✓	✓	✓
100	—	—	—	—	—	—	—	—	—	—	—	✓	✓	✓	✓	✓	✓	✓	✓	✓
125	—	—	—	—	—	—	—	—	—	—	—	—	✓	✓	✓	✓	✓	✓	✓	✓
160	—	—	—	—	—	—	—	—	—	—	—	—	—	✓	✓	✓	✓	✓	✓	✓
200	—	—	—	—	—	—	—	—	—	—	—	—	—	—	—	✓	✓	✓	✓	✓
250	—	—	—	—	—	—	—	—	—	—	—	—	—	—	—	—	✓	✓	✓	✓
300	—	—	—	—	—	—	—	—	—	—	—	—	—	—	—	—	—	✓	✓	✓
355	—	—	—	—	—	—	—	—	—	—	—	—	—	—	—	—	—	—	✓	✓
400	—	—	—	—	—	—	—	—	—	—	—	—	—	—	—	—	—	—	—	✓
425	—	—	—	—	—	—	—	—	—	—	—	—	—	—	—	—	—	—	—	✓
500	—	—	—	—	—	—	—	—	—	—	—	—	—	—	—	—	—	—	—	—

注　“√”表示选用的配合方式。

表 8-23　　熔断器与 GMB 系列断路器额定电流配合表

下级GMB系列断路器额定电流(A)	上级熔断器额定电流(A)																
	50	63	80	100	125	160	200	250	315	350	400	500	630	800	1000	1250	2000
10	√	√	√	√	√	√	√	√	√	√	√	√	√	√	√	√	√
20	√	√	√	√	√	√	√	√	√	√	√	√	√	√	√	√	√
25	—	√	√	√	√	√	√	√	√	√	√	√	√	√	√	√	√
32	—	—	√	√	√	√	√	√	√	√	√	√	√	√	√	√	√
40	—	—	—	√	√	√	√	√	√	√	√	√	√	√	√	√	√
50	—	—	—	—	√	√	√	√	√	√	√	√	√	√	√	√	√
63	—	—	—	—	—	√	√	√	√	√	√	√	√	√	√	√	√
80	—	—	—	—	—	—	√	√	√	√	√	√	√	√	√	√	√
100	—	—	—	—	—	—	—	√	√	√	√	√	√	√	√	√	√
125	—	—	—	—	—	—	—	—	√	√	√	√	√	√	√	√	√
160	—	—	—	—	—	—	—	—	—	√	√	√	√	√	√	√	√
200	—	—	—	—	—	—	—	—	—	—	—	√	√	√	√	√	√
225	—	—	—	—	—	—	—	—	—	—	—	—	√	√	√	√	√
250	—	—	—	—	—	—	—	—	—	—	—	—	√	√	√	√	√
315	—	—	—	—	—	—	—	—	—	—	—	—	—	√	√	√	√
350	—	—	—	—	—	—	—	—	—	—	—	—	—	—	√	√	√
400	—	—	—	—	—	—	—	—	—	—	—	—	—	—	√	√	√
500	—	—	—	—	—	—	—	—	—	—	—	—	—	—	—	√	√
630	—	—	—	—	—	—	—	—	—	—	—	—	—	—	—	—	√
800	—	—	—	—	—	—	—	—	—	—	—	—	—	—	—	—	√

注　“√”表示选用的配合方式。

9 直流监控、监测设备

9.1 直流系统监控设备基本概念

9.1.1 监控设备的基本功能及构成

9.1.1.1 基本功能

直流电源监控设备的基本功能是完成直流系统被监控设备和监控中心的信息交流，是对被监控设备实施遥信、遥测、遥控和遥调，完成被监控设备的配置、操作、故障和异常工况的实施及状态显示。所以监控设备包括直流系统的电源控制设备、检测、监视设备和整个电源系统的管理设备。

在发电厂、变电站的直流系统中，被监控设备即直流电源设备，监控中心即发电厂、变电站的计算机监控中心（上位机）。

（1）遥信。将被监控设备的工作状态信号，反映到监控中心，称为遥信。工作状态信号主要包括：交流输入电路和直流输出电路的工作状态；蓄电池的工作状态；充电装置的工作状态；有无异常情况；有无故障情况等。

（2）遥测。将被监控设备的主要技术数据，反映到监控中心，称为遥测。主要技术数据包括：充电电流、充电电压、母线电压、浮充电电流、蓄电池事故放电电流、放电时间、蓄电池均衡充电电流和均衡充电时间、均衡充电电压、故障接地位置、接地电阻等。

（3）遥控。将监控中心的控制操作指令传送到被监控设备，称为遥控。主要遥控对象包括：充电装置开/关机、蓄电池浮/均充电、馈线开关设备跳/合闸等。

（4）遥调。将监控中心的调节或整定指令传送到被监控设备，称为遥调。主要遥调对象包括：充电装置的均充电/浮充电电压整定值及均充电、浮充电转换条件等。

（5）为了实现遥信、遥测、遥控和遥调功能，监控系统必须制订完善的管理制度。也就是说必须有相应的管理功能。即配置管理、操作管理、性能管理和故障管理的功能。

配置管理即对系统被控对象的管理。

操作管理即对被控设备操作程序的管理，以保证被控设备操作程序的安全可靠。

性能管理即对被控设备的工况、参数等进行显示，打印的管理。

故障管理即对被控设备的异常和故障进行报警、显示和打印的管理。

监控系统通过完善的硬件和软件配置，实现正常运行时的数据显示和必要的数据报表打印；确保正常维护操作管理、安全措施、操作程序及其过程显示和事件记录打印；完成故障和异常状态报警，报警信号应能区别不同性质以及报警时间优先。总之，直流监控系统是直流系统安全运行、正确方便维护以及故障状态准确报警的有效可靠的保障。

9.1.1.2 构成

现代直流电源系统，根据多年来电力工程直流电源系统的运行实践，并吸取发电厂分散控制系统（DCS）和变电站计算监控系统（CMS）的应用经验，直流电源系统监控的基本构成，宜采用二级管理（监控）方式。

所谓二级管理（监控）的模式，第一级包括功能模块本身具有的监控板，如高频开关电源模块，微机相控电源和绝缘在线检测装置本体的监控板和直流系统的监控装置；第二级为上位机（DCS、CMS）。

在自动化水平不高的中、小型发电厂或变电站中，虽不具备配置 DCS 或计算机监控系统的条件，但要求直流电源的监控装置具有部分上位机的功能，并需具备能与上位机连接的通信接口。

9.1.2 监控设备的命名与分类

9.1.2.1 命名

直流电源的监控系统，在发电厂或变电站中并不是一个独立的监控系统，尤其是大型发电工程中，它仅仅是电气子系统中的一个分支系统，这样的系统全厂可能有多个。为了运行管理和维护方便，它的命名应标以被监控的设备或系统。如单元模块的监控板应以单元模块设备名称来命名，即命名为“开关模块监控板”，其他如“绝缘检测监控板”等。直流系统的监控装置是直流电源系统中管理、控制和监视的装置，是直流智能化监控的核心和主要设备，其主要功能是对蓄电池组实施动态管理和对充电装置进行监视和控制。

现代充电设备中，其整流部件可分为高频开关整流装置和相控整流装置两类，分别简称为开关电源模块和相控电源模块，两者统称为充电模块。充电模块与监控装置等设备组成能完成充电过程的系统时，称为充电装置。

9.1.2.2 分类

不同规模的发电厂、变电站其自动化水平不同，直流电源系统也有差异，相应的直流电源监控装置也有较大区别。

根据发电厂、变电站自动化水平的不同，所配置的不同直流电源监控装置简述如下：

1）大、中型发电厂。大型及部分中型发电厂的大型机组（200MW 及以上），自动化水平较高，每台机组的热力系统和电气系统配置一套分散控制计算机系统（DCS）。电气系统是 DCS 的一个子系统，直流电源系统是电气子系统的一个分支系统。

2）大型和中型重要变电站。500kV 变电站和 220kV 枢纽变电站以及发电厂的 500kV 及 220kV 的网络控制室，配有计算机监控系统，直流电源系统纳入计算机的监控范围。

上述发电厂和变电站，其自动化水平较高，具有完整的计算机监控系统，这类厂、站对直流监控装置的功能要求不高，并应减少与上位机功能过多的重复。过多的功能重复会给运行管理带来混乱和增加维护工作量。

3）中、小型发电厂及变电站。目前国内的中、小型发电厂大多在 20 世纪 80 年代以前兴建，电气控制采用常规的一对一集中控制，直流设备大多为普通的铅酸电池和相控整流电源，全厂设置1组或2组220V蓄电池。中、小型变电站，一般不设计算机监控系统，自动化水平不高。

这类自动化水平较低的厂、站，在直流设备更换时，应配置功能较完善的直流电源监控装置。有条件时应采用彩色屏幕显示器来替代液晶显示器。

4）无人值班变电站。具有较高自动化水平的无人值班变电站，目前国内大多为110kV及以下的变电站。这类变电站本身不设计算机监控装置。各种模拟量、开关量及控制命令的传输，通常是通过站内的远动系统中的远方终端装置（RTU）进行的。地区调度所具有计算机监控系统，它可同时监控几个无人值班变电站。

无人值班变电站的直流电源监控装置，同大、中型电厂和大中型变电站的直流电源监控装置要求相似。

如图9-1所示为国内典型的直流系统监控装置原理框图，图9-1中表明监控装置的基本构成、主要功能及与直流系统其他检测单元的逻辑关系。监控装置实施设置各单元运行参数、控制运行方式和实时显示、打印单元运行参数，同时，接受上一级（发电厂或变电站）监控中心对直流系统下达的指令和通报直流系统主要运行参数。

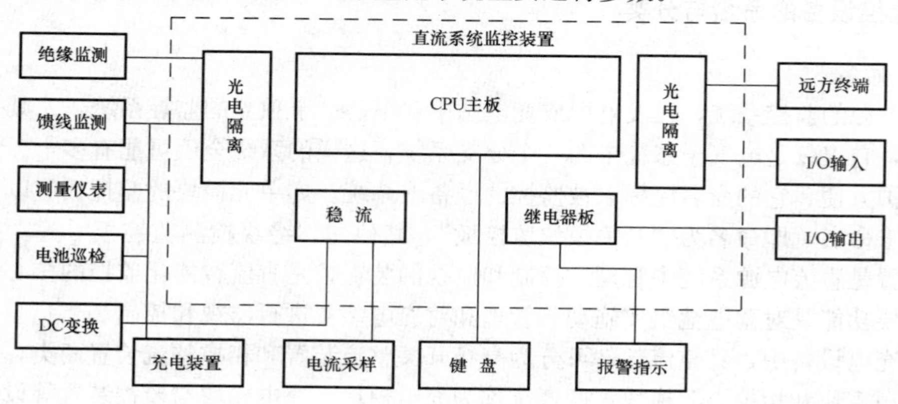

图9-1 直流监控装置原理框图

9.2 监控设备的功能分层

处在不同层面的设备，应实施和完成不同的监控功能。发电厂或变电站中，监控设备至少分为三层：站控层、间隔层和单元设备层。作为厂、站电气监控系统子系统的直流监控系统通常分为两层，即支站层和单元设备层。

9.2.1 充电模块监控功能

充电模块中，无论是开关电源模块或相控整流电源模块，均设有独立的监控板，它是智能化充电模块的重要组成部分。其主要功能是采集本模块的运行状态参数和各种信息；通过通信接口向上一级传输信息和接受指令；具有汉显功能，显示实时运行参数；具有状态信号指示，标明模块开/停机或故障状态，具有手动调整参数和手动开/停机功能。每个模块是一个运行实体，当与上级监控失去通信时，按照预选整定值稳定运行在浮充状态。

充电模块监控板的具体功能如下：

(1) 显示下列模拟量和运行工况。

1) 直流输出电压、电流。

2) 显示模块运行状态，浮/均充电开/停机以及故障。

(2) 采集下列报警信号及事故信号。

1) 交流输入电压过高/过低、缺相或消失。

2) 直流输出电压过高/过低或消失。

3) 电源模块过热。

(3) 手动开/停机。

(4) 手动整定和修改浮/均充电压、电流值。

(5) 手动整定和修改限流值。

(6) 开关电源模块自动均流。

(7) 标准通信接口。

9.2.2 直流电源监控装置的功能

9.2.2.1 总的要求

(1) 监控装置是以监视蓄电池组运行工况，对蓄电池组进行动态管理为核心，以充电装置为主要控制对象，具有数据采集、数据显示、信号报警、人机接口和通信接口的综合性监视控制装置。

(2) 每组蓄电池配置一台监控装置。监控装置应满足不同接线方式、不同运行工况时的监控要求。即监控装置既能控制一套充电装置，也能控制两套充电装置。当控制两套充电装置时，要能适应三种不同运行工况：

1) 两套并列运行。

2) 两套解列运行；其中一套对蓄电池进行均充，另一套带母线上的负荷。

3) 一套工作，一套备用。

(3) 对两组蓄电池，单母线分段，配三套充电装置的接线，配置两台监控装置。其中一台充电装置作为备用，通过切换，可接受任一台监控装置的控制。其监控要求与上述相同。

(4) 监控装置采用模块式结构设计，按不同功能要求划分功能模块，以提高系统可靠性和便于维护。

(5) 采用大屏幕显示器，全汉化显示。

(6) 采用两个独立的串行接口，分别与每组充电模块连接。

9.2.2.2 功能要求

监控装置可根据直流系统接线方式和容量规模合理选择以下功能。

(1) 采集功能。

1) 采集直流母线电压，蓄电池组回路电压、电流，充电装置回路的电压、电流，每个开关电源模块的电流。

2) 采集蓄电池回路、充电模块回路、母线分段、重要馈线和蓄电池放电试验等回路中的各断路器或隔离开关的工作位置，充电模块交流侧接触器的触头位置。

3) 采集各种事故状态量。

4) 需要采集的模拟量、开关量的名称和数量，参见表 9-3（I/O 接口表）。

(2) 显示功能。

1) 实时显示正常运行状态母线电压、蓄电池回路、充电模块回路的电流、电压，每个开关电源模块电流，故障点及故障状态有关参数。

2) 实时显示报警信号和故障信号。

3) 充电、放电容量显示，试验放电容量显示。

4) 液晶显示按状态显示、参数设置显示及报警和故障显示分类。

5) 所有显示全部应为汉显。

(3) 管理和控制功能。

1) 监控装置在不同运行方式下，应具有对直流系统实施有效管理和控制的功能：① 应满足本节总的要求中第 (3) 项的控制要求；② 监控装置具有自诊断功能，当监控装置退出运行时，仍能保持充电模块按浮充状态正常运行；③ 监控装置所整定的各种参数和所保存的历史数据，除人工干预外，不应由于辅助电源消失或监控装置本身故障而消失。

2) 事故放电后或持续浮充运行 3～6 月 (可调) 按照蓄电池运行工况图 5-12 程序，对蓄电池组自动进行均充和均/浮充转换。

3) 根据事故放电和试验放电的放电深度而进行均衡充电的时间超过图 5-4～图 5-7 所规定的时间 (不同类型蓄电池，时间可调) 2～3h，应强制由均充电压转至浮充电压，并报警。

4) 环境温度在+5～30℃范围内，浮充电压可不必进行修正，当超越此范围时，按温度段修正浮充电压 (参见图 5-3)。

5) 试验放电回路在 50%C_{10}或 80%C_{10}放电深度处加锁定点，当达到整定的试验放电深度时，应中止试验放电，并发出信号。

6) 均衡充电采用定电流、定电压两阶段充电法，均充转浮充的判据采用蓄电池回路的充电电流达到 1～2mA/Ah，并维持 2～3h 不变。

7) 能整定或修改均/浮充电压、电流，浮充自动转均充的周期，放电试验深度，均充转浮充的电流和时间等参数。修改各种参数需具有相应密码。

8) 能在线检测任一充电模块运行位置 (开/关) 状态和输出电流值。

9) 具有自/手动控制转换和闭锁功能。在自动方式下，自动完成上述所有功能。在手动方式下，由人工完成均/浮充，开/停机及调整均/浮充电压、电流及模块限流点功能。当脱机状态，充电模块的控制板能完成各项手动控制功能。所有手动控制被自动控制所闭锁。

10) 具有人机对话界面和手段。

(4) 报警功能。

1) 报警信号分异常报警信号和事故报警信号两种。异常报警信号为黄色，事故报警信号为红色。

2) 异常报警信号：① 交流电源自动切换装置动作 (如果需要)；② 蓄电池组持续过充；③ 蓄电池柜内温度过高 (如果需要)；④ 直流母线电压异常 (过高/过低)；⑤ 蓄电池组放电试验放电容量达到锁定值；⑥ 交流电源电压异常 (过高/过低，缺相)；⑦ 任一开关电源模块交流侧开关跳闸。

3) 事故报警信号：① 充电装置故障 (含交流侧、直流侧开关跳闸或熔断器熔断)；② 蓄电池组出口开关 (熔断器) 跳闸；③ 馈线回路故障跳闸 (每段母线 1 个)；④ 直流系统接地。

4）异常报警信号和事故报警信号在监控装置显示屏上自动弹出，当信号量超过屏面容量时，事故信号优先，其余按次序排列，通过翻页可查阅当时所有信号。

5）所有信号应显示发生时间，并自保持。在故障或事故消除后，通过人工干预才会消失。

6）事故报警信号逐条向上位机报告，异常报警信号分类归纳后向上位机报告，对无上位机的中、小型发电厂和变电站，则向控制室信号屏报告。

7）当直流屏设有光字牌时，事故报警信号还应逐条在光字牌上显示，异常报警信号可归类集中后在光字牌上显示。

（5）通信功能。

1）与开关电源模块或相控电源模块具有通信接口，接受下级监控板的信息或向它们发出指令。

2）向上位机传送信息和接受指令。

3）应具有两个串行输出口，分别同时控制两套充电装置。

4）可提供多种标准通信接口，RS-232、RS-485、RS-422、Modem以便用户根据需要，以不同通信方式与上位机连接。

5）发电厂、变电站的直流监控装置没必要通过调制解调器（Modem）方式与上位机连接，但也不排除分散控制系统（DCS）和监控与数字采集系统（SCADA）的通信规约不适用于监控装置时采用MODEM的可能性。

（6）当对监控装置的功能要求较高时，如中小型发电厂或变电站，除满足上述各项要求外，尚应满足下述要求。

1）交流电源自动切换装置（如果需要）。

2）数据保存（100条）：① 各种故障记录数据；② 定期自动由浮充转均充日期及数据；③ 放电试验日期、放电容量及放电终止电压；④ 运行整定参数修改记录；⑤ 监控装置维修记录。

3）触摸式屏幕（可选项）。当用户有要求时，可用触摸式屏幕取代液晶显示屏幕，其要求如下：① 触摸式屏幕选用彩式屏幕；② 在线显示直流系统运行方式；③ 取代键盘，进行各种参数整定、修改；④ 显示液晶屏所需显示一切文字、参数，某些参数如电流、电压、蓄电池容量等可用图形来表达。

9.2.3 上位机监控的功能

（1）接受监控装置和绝缘检测装置传输信息数据和各种开关量。

（2）实时显示运行参数，显示报警信号和故障信号。

（3）完成系统组态图，实时显示设备的位置状态。

（4）事件顺序记录。

（5）历史数据保存。

（6）运行参数和各种数据打印。

9.2.4 无人值班变电站上位机监控功能

有些较小规模的无人值班变电站，直流监控装置和直流绝缘检测装置可能通过变电站内的 RTU 向上位机传输信息和数据。此时，传输的信息和数据如下：

（1）直流母线电压。

（2）蓄电池出口开关（熔断器）跳闸，充电装置故障，直流系统接地，馈线回路开关（熔断器）跳闸等事故信号和直流母线电压异常报警信号。

9.2.5 变电站遥调和遥控功能

根据对一些供电局调查，普遍认为直流系统运行方式确定及有关参数整定后，一般不再进行调整。没有必要再设置遥控和遥调功能。所以，DL/T 5044—2004《电力工程直流系统设计技术规程》中没有设置遥调、遥控的规定。

9.2.6 通信接口与通信协议

监控系统是通过通信接口和总线来完成的。

（1）信号传输方式。在监控系统中，根据传输距离的远近，信号传输方式可分为现场通信和远程通信两种基本类型。

在发电厂、变电站的直流系统中，所谓现场通信即是厂、站的监控主机（上位机）与直流屏的监控装置、监控装置与充电模块的监控板之间的通信。这类通信是通过 RS-232、RS-422 或 RS-485 通信接口实现的。远程通信即厂、站的监控主机（上位机）与地区监控管理中心之间的通信。这类通信一般采用以下几种连接方式。

1）LAPD 高速数据链路连接。这种连接利用脉冲编码调制（PCM）中的一个间隙，透过各种交换机及传输设备进行。这种方式结构简洁、不增加线路投资，且传输速率高。但这种方式需要整个网内为全数字信号传输。

2）数字数据网（DDN）连接。这种连接利用 DDN 网专线，提供 64kbit/s 高速数据通道。这种连接稳定可靠，但被控点较多时，占用 DDN 网资源较多。

3）调制解调器（Modem）方式连接。这种方式适用范围较广，当网上有模拟信号传输时，一般采用这种方式。它的传输速率可达 19.2kbit/s，且可根据线路状态自动调整波特率。

电力系统中一般采用这种连接方式。

（2）通信接口。无论现场通信，还是远程通信，都必须通过接口方能实现。监控系统一般采用串行通信。采用串行通信，数据字节一位一位按顺序发送与接收。串行通信有同步与异步之分，常用的通信接口有 RS-232、RS-422 和 RS-485，RS-232 通信接口应用在线长为几米的情况下，RS-485 通信接口可应用在几百米的情况下。三种接口总线的总线引脚及功能如表 9-1、表 9-2 所示。

RS-485 通信接口的引脚与 RS-422 通信接口相同，二者差别为：RS-485 通信接口为半双工，RS-422 通信接口为全双工。全双工即是在某一时刻，可同时发送和接收。半双工是某一时刻，只能一端发送，另一端接收，半双工用于多终端互连时，可节省信号线，有利于提高通信速度。

表 9-1　RS-232 通信接口常用引脚及功能

引脚号	功　能
1	保护地（GND）终端到调制解调器
2	发送数据（TXD）
3	接收数据（RXD）
4	请示发送（RTS）
5	清除发送（CTS）
6	数据就绪（DSR）
7	信号地（GND）
8	传输检测（DCD）从调制解调器到终端
20	数据终端就绪（DTR）从终端到调制解调器
22	音响指示

表 9-2　RS-422 通信接口总线引脚及功能

引脚号	功　能
1	保护地（GND）
2	未用
3	发送数据（TXD）
4	未用
5	接收数据（RXD）
6	未用
7	请求发送（RTS）
8	未用
9	清除发送（CTS）
10	未用
11	数据准备好（DCD）
12	未用
13	信号地（GND）
14	数据终端准备好（DCD）
15	未用
26	未用

（3）通信协议。为了完成通信，监控系统除了应具备接口和总线之外，通信的发送方和接收方必须共同遵守相关“约定”，即通常所说的通信协议。在一个系统中，被监控的所有设备必须采用统一的通信协议。

通信协议应根据监控对象的内容、分类、规范、编码，应按监控系统要求的功能制定统一的数据格式。通信协议应具有灵活性、开放性、可扩展性和可行性。

通信规约应与装置所在的中心监控网络的规约相同，通信规约可采用国际标准规约，如 IEC 60870-5-101 或 IEC 60870-5-103，也可采用国家标准规约，如 CDT91，CDT92 循环式远动规约 DL 451—1991《循环式远动规约》等。经用户和厂方协商也可采用成熟可靠的企业标准规约，如奥特迅规约（ATCD13）、四方规约（CSNOZX）、泰坦规约等。直流监控装置的通信规约应规定与上位机通信的接口方式、帧格式、波特率、通信方式及通信内容等。

装置为上位机提供的通信接口通常为 RS-232C 和 RS-485 两种接口，通信方式为异步方式，报文内容以字节为单位（10 位），8 个数据位，附加 1 个起始位和 1 个停止位。报文在信道中传送的一般顺序如图 9-2 所示。

M	B_7	B_6	B_5	B_4	B_3	B_2	B_1	B_0	S

图 9-2　报文在信道中传送的一般顺序
S—起始位；M—停止位；B_0～B_7—数据位

监控装置应能与其他智能设备如绝缘控制装置、蓄电池检测仪通信。

上位机应能通过监控装置获取直流系统直流设备的实时模拟量数据、开关量数据和运行方式，通信波特率可在 1200～9600bit/s 范围内选取。

监控装置应能确保正确执行上位机的命令。

9.2.7　监控方框图

典型直流系统的监控方框图如图 9-3 和图 9-4 所示。

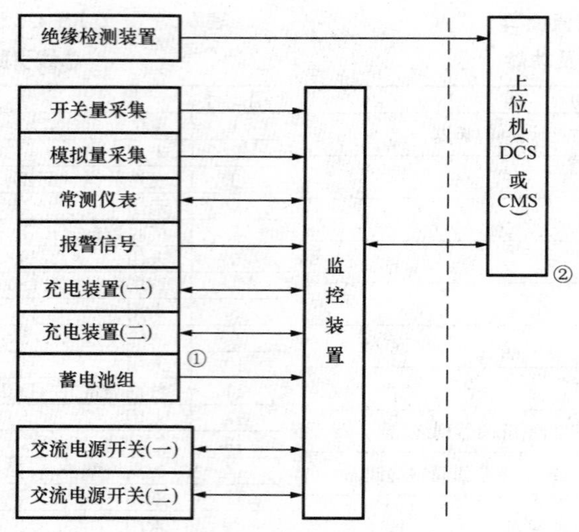

图 9-3　一组蓄电池配一套或两套充电装置的监控方框图

①—一组蓄电池按 $N+n$ 冗余配置一套开关电源模块时，无此方框；

②—当无上位机时，无此方框。

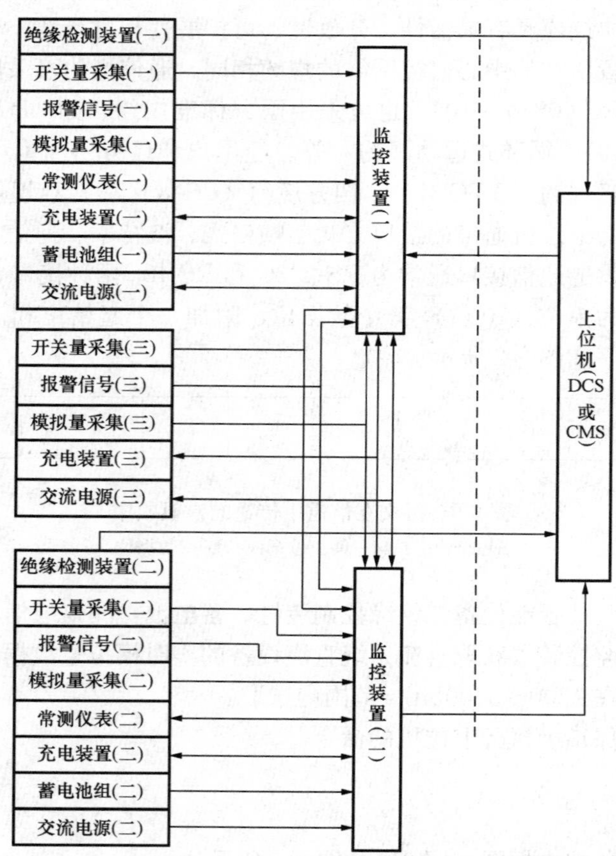

图 9-4　两组蓄电池三套充电模块（装置）监控方框图

9.3 直流系统I/O接口及参数整定

9.3.1 直流系统I/O接口（如表9-3所示）

表9-3　　直流系统I/O接口

序号	信息名称	直流柜或就地		直流系统监控装置		发电厂、变电站监控系统		备　注
		开关量	模拟量	开关量	模拟量	开关量	模拟量	
1	交流输入电源							
1.1	交流电源开关状态	✓		✓		✓		
1.2	交流电源自动切换装置动作	✓		✓		✓		有电源切换装置时
2	充电装置及其回路							
2.1	充电装置直流输出电压		✓		✓		△	
2.2	充电装置直流输出电流		✓		✓		△	
2.3	交流侧保护设备开关状态	✓		✓		△		
2.4	直流侧保护设备开关状态	✓		✓		△		
2.5	直流侧保护设备事故跳闸	✓		✓		✓		
2.6	充电装置故障	✓		✓		✓		
2.7	整流模块过热	△		△		△		
3	蓄电池组及其回路							
3.1	蓄电池电压		✓		✓		✓	
3.2	蓄电池电流		✓		✓		✓	
3.3	蓄电池浮充电电流		△		△		△	
3.4	蓄电池试验放电电流		✓					
3.5	蓄电池保护设备开关状态	✓		✓		✓		
3.6	蓄电池回路保护设备事故跳闸	✓		✓		✓		
3.7	蓄电池过充电	△		△				
3.8	蓄电池温度		△		△			
3.9	蓄电池室温度		△		△			
3.10	成套电池柜温度高	✓		✓		✓		成套装置有此项目时
3.11	电池柜风扇自启动	✓		✓		△		
4	直流母线及绝缘监测装置（按每段母线统计）							
4.1	直流母线电压		✓		✓		✓	
4.2	直流母线电压异常	✓		✓		✓		
4.3	直流系统接地	✓		✓		✓		
4.4	绝缘监测装置故障	✓		✓		△		
4.5	母线分段开关状态	✓		✓		△		
5	直流馈线							
5.1	重要馈线保护设备开关状态	✓		✓		△		
5.2	重要馈线保护设备事故跳闸	✓		✓		✓		

注　1. 表中“✓”表示该项应列入。

2. 表中“△”表示该项在有条件时或需要时可列入。

9.3.2 功能及参数整定

直流系统功能及参数整定如表9-4所示。

表9-4 直流系统功能及参数整定

序号	名称	大中型电厂、变电站		中小型电厂、变电站		备注
		直流监控装置	DCS、计算机监控	直流监控装置	控制屏RTU	
1	开关状态量					
1.1	交流电源开关状态	√	√	√		
1.2	交流自动切换装置动作			√*		当交流电源为一回工作一回备用时
1.3	每个开关电源模块交流侧开关状态	√	√	√		每个模块一个
1.4	蓄电池组出口开关状态	√	√	√		
1.5	充电装置直流侧开关状态	√	√	√		
1.6	重要馈线开关状态	√	√	√		
1.7	母线分段或联络开关状态	√	√	√		
1.8	放电试验回路开关状态	√	√	√		
1.9	充电装置手动/自动位置状态	√	√	√		
2	模拟量					
2.1	母线电压	√	√	√	√	
2.2	充电装置输出电压	√		√		
2.3	充电装置输出电流	√	√*			DCS计算机监控此项为可选项
2.4	蓄电池组输出电压	√		√		
2.5	蓄电池组放电试验电流	√	√*	√		DCS计算机监控此项为可选项
2.6	每个开关电源模块输出电压	√	√*	√		
2.7	每个开关电源摸块输出电流	√	√	√		
3	报警信号、显示、系统组态显示及触摸式屏幕显示					
3.1	直流母线电压异常	√	√	√	√	
3.2	直流系统接地		√		√	绝缘检测装置本身显示
3.3	直流检测装置故障		√		√	
3.4	充电装置直流侧开关跳闸	√	√	√	√	
3.5	任一开关电源模块交流侧开关跳闸	√		√		
3.6	充电装置交流开关事故跳闸	√	√	√	√	
3.7	蓄电池组出口开关故障跳闸	√	√	√	√	
3.8	蓄电池组持续过充	√		√		
3.9	成套装置蓄电池柜温度过高	√*		√*		成套装置时才有此项

续表

序号	名　　称	大中型电厂、变电站		中小型电厂、变电站		备　注
		直流监控装置	DCS、计算机监控	直流监控装置	控制屏RTU	
3.10	重要馈线开关故障跳闸	√	√	√	√	每段母线1个信号
3.11	系统组态显示		√			
3.12	触摸式屏幕显示			√*		此项为可选项
4	运行参数打印					
4.1	直流母线电压		√		√	
4.2	充电装置输出电压		√		√	
4.3	充电装置输出电流		√		√	
4.4	蓄电池组输出电压		√		√	
4.5	蓄电池组充、放电电流		√		√	
4.6	每个开关电源模块输出电流		√*			根据需要确定
5	故障记录打印					
5.1	交流电源消失及电源恢复时间		√		√	
5.2	充电装置交流侧开关跳闸		√		√	
5.3	蓄电池事故放电时间及放电容量		√		√	
5.4	充电装置直流侧开关跳闸		√		√	
5.5	蓄电池组出口开关故障及恢复时间		√		√	
5.6	直流母线接地故障及恢复时间		√		√	
5.7	事故放电及恢复充电时间		√		√	
5.8	交流电源自动切换时间				√*	当交流电源为一回工作一回备用时
5.9	任一开关电源模块交流侧开关跳闸		√		√	
6	数据保存（不少于100条）					
6.1	各种故障记录数据		√	√		
6.2	定期自动由浮充转均充日期及数据		√	√		
6.3	放电试验日期及放电容量、终止电压		√	√		
6.4	运行参数修改记录		√	√		
6.5	监控装置维修记录		√	√		
7	运行参数整定值及异常运行报警值					
7.1	浮充运行电压（105%U_N）	√		√		
7.2	均充运行电压（～111%U_N）	√		√		
7.3	浮充电流（1～10mA/Ah 可调）	√		√		

续表

序号	名　　称	大中型电厂、变电站		中小型电厂、变电站		备　　注
		直流监控装置	DCS、计算机监控	直流监控装置	控制屏 RTU	
7.4	均充电流（1～1.25I_{10}）	√		√		
7.5	定期浮充电转均充时间（3～6个月）	√		√		
7.6	均充转浮充判据（充电电流1～2mA/Ah持续 2h 不变——阀控电池）	√		√		防酸隔爆电池约 3mA/Ah
7.7	母线电压允许波动范围（+12.5%U_N，−15%U_N）	√		√		
7.8	母线电压异常报警值（≥+15%U_N，≤−15U_N）	√		√		
7.9	事故放电容量＞5%～10% C_{10}，交流电源恢复后立即转均充	√		√		
7.10	放电试验，放电深度80%C_{10}，终止电压＞1.8V/个，放电深度50%C_{10}，终止电压≥1.95V/个（阀控电池）	√		√		防酸隔爆电池的终止电压可参照
7.11	蓄电池柜温度过高报警值≥35℃			√*		成套装置才有此项
7.12	蓄电池柜风扇自起动温度值≥25℃			√*		
7.13	蓄电池持续过充报警值（参照充电特性曲线，充电时间超过2～3h）	√		√		
7.14	220V 和 110V 系统绝缘电阻分别低于 200kΩ 和 100kΩ 报警					绝缘检测装置

*　表示在有条件或需要时可列入。

9.4　直流系统绝缘检测和电压监察装置

9.4.1　绝缘检测装置

直流电源系统应设置直流检测装置，当直流系统发生接地故障或绝缘下降至规定值时，绝缘检测装置应可靠动作，并发出信号。绝缘检测装置应能测出正、负母线对地的电压值和绝缘电阻值，并能测出各分支回路绝缘电阻值。

（1）绝缘检测装置分为在线检测和离线检测两种，电力系统中在馈线较多或较重要的电厂、变电所中采用功能较完善的微机型在线检测装置，检测范围涉及到所有馈线、蓄电池回路、充电装置回路，能确切迅速在线检测出故障回路，并显示出故障回路正、负对地绝缘电阻值。110、220V 回路的绝缘电阻应分别不低于 100、200kΩ。

（2）在线检测绝缘检测装置，目前较为广泛应用的，以其工作原理来分，有两种。

1）叠加低频小幅信号型绝缘检测装置，其基本工作原理如下：

a. 常规监测部分。用采集电压信号元件取出正、负极对地电压，送 A/D 转换器，经微型计算机处理后，数字显示电压值和母线对地绝缘电阻值。监测无死区，当电压过高/过低，绝缘电阻过低时会发出报警信号。报警值可自行整定。

b. 回路巡检部分。将检测回路的正、负极导线，同时穿入一个电流互感器内，用一个低频信号分别注入正、负极导线。互感器二次侧一端接地，另一端接入检测装置。互感器不反应直流部分信号，而交流信号因幅值相等、方向相同，所以在互感器二次侧的输出电流正比于正、负极对地电阻和电容电流相量和，当某一极发生接地时，其电阻和电容电流都发生变化，将其阻性电流和容性电流分离开来，经 A/D 转换和微机数据处理后，显示屏显示该回路号或名称及相应正、负极对地电阻值。该装置检测回路可达 2×48 回路，但由于是巡检方式，所以，有可能检测出故障点的时间较长。这种方法，对正、负极对比绝缘电阻同时下降的情况不能反映。

如图 9-5～图 9-9 所示为常规绝缘检测装置和微机型检测装置的接线图

2）智能电流互感器型绝缘检测装置，该型检测装置微处理机部分与上述监测部分无大

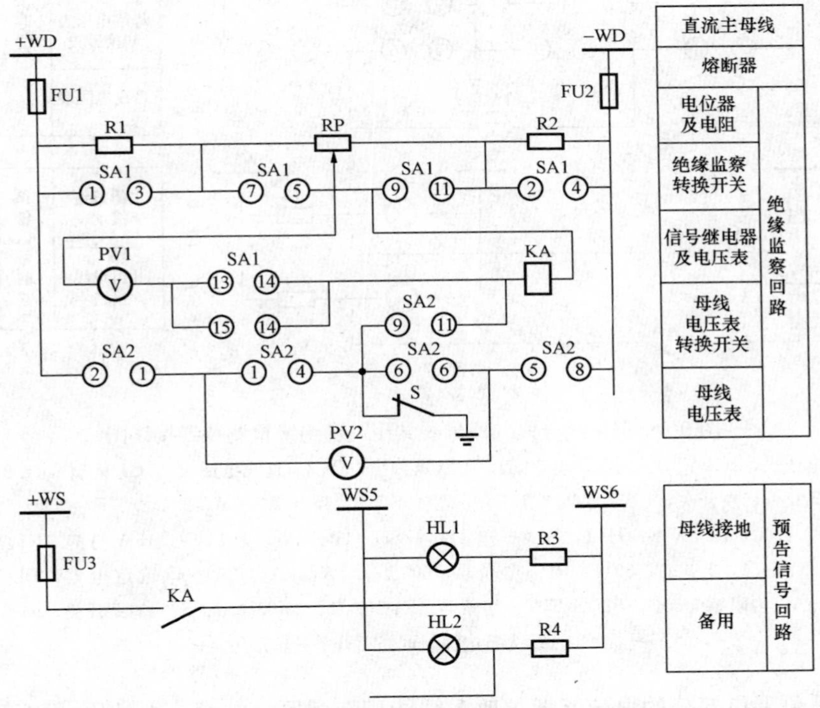

图 9-5　一段母线一套绝缘检测装置接线图

PV1—1C1-V 型直流电压表，内阻 100 000Ω，附欧姆刻度；PV2—1C1-V 型直流电压表，0～250V，内阻 100 000Ω；SA2—转换开关；LW2—W6a，6.1/F6-8X 型；SA1—转换开关；LW2-2.1.1.7F4-8X 型；HL1、HL2—光字牌，ZSD-110/1 型，附 220V、15W 灯泡；R1、R2、R3、R4—电阻，ZG11-50 型，1000Ω，50W；RP—电位器，1000Ω，50W；KA—电流继电器，DL-11/1.4 型，1.4mA，内阻 30 000Ω；S—辅助开关，F1-2 型；FU1～FU3—熔断器，R1-10/4A 型，250V

注：1. 本图是针对第Ⅰ段母线绝缘检测装置而设计的，当用于第Ⅱ段母线绝缘检测装置时，应将 SA2 触点 4、6 及 9 直接接地。

2. "S" 为母线分段刀开关上的辅助开关。

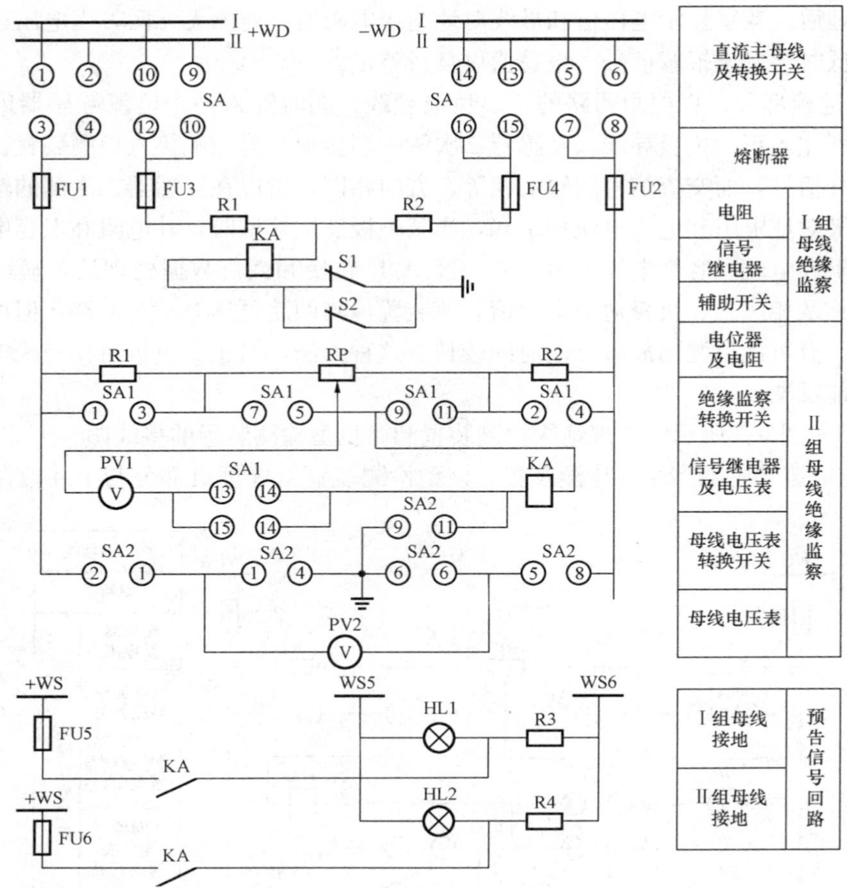

图 9-6　单母线分段二段母线共用一套绝缘检测装置接线图

PV1—直流电压表，1C1-V 型，内阻 100 000Ω，附欧姆刻度；PV2—直流电压表，1C1-V 型，0～250V，内阻 100 000Ω；SA2—转换开关，LW2-W6a. 6. 1/F6-8X 型；SA—转换开关，LW2-2. 2. 2. 2/F4-8X 型；SA1—转换开关，LW2-2. 1. 1. 7/F4-8X 型；HL1，HL2—光字牌，ZSD—110/1 型，附 220V，15W 灯泡，R1、R2、R3～R6—电阻，ZG11-50，1000Ω，50W；RP—电位器 1000Ω，50W，kA，KA1—电流继电器，DL-11/1. 4 型，1. 4mA，内阻 30 000Ω，FU1～FU6—熔断器，R1-10/4A，250V；S1、S2—辅助开关，F1-2 型

注：S1、S2 为蓄电池组回路刀开关的辅助触点。

区别，而信号源采集部分的电流互感器改为智能型互感器，并编入地址码，取消了交流低频信号源。当某一回路的正极或负极发生接地时，则接地极对地的电阻电流增加，该回路正、负极流经电流互感器部分的电流方向仍相反，但数值却有差异。互感器二次侧也反应了这一差值，经放大处理后，通过总线输入微处理机，经过微机处理后，能显示接地回路号或名称及对应接地极电阻值。它与低频信号型比较，取消了低频信号源和响应速度较快，但智能型电流互感器的抗干扰性能要求高，否则会发生误报警情况。此外，对绝缘电阻缓慢下降的情况不能反映。

（3）在线检测装置应具有的功能。

1）正常工作时，能显示母线电压值，正、负母线对地绝缘电阻值。

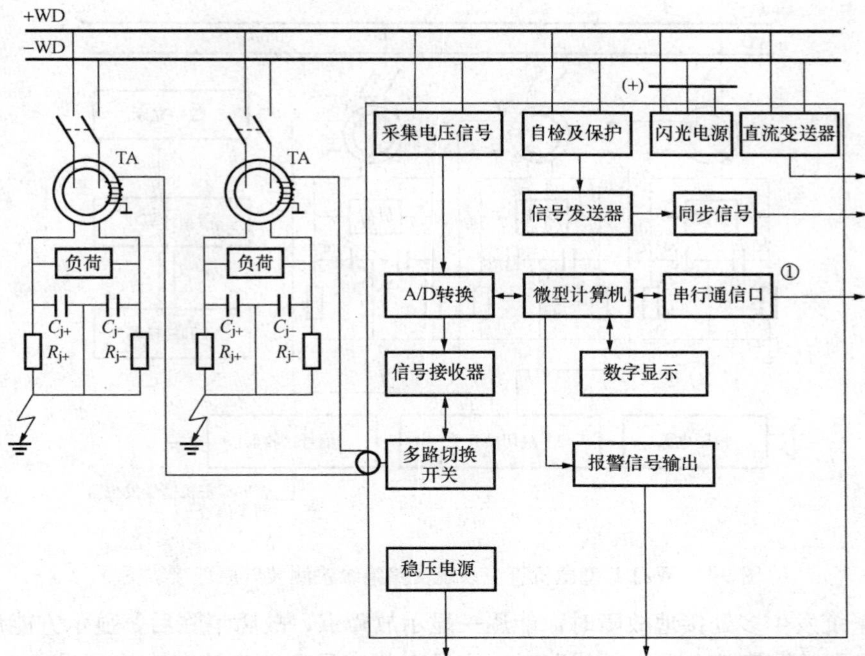

图 9-7　WZJ 系列直流绝缘检测装置原理接线框图

注：①WZJ-4 型直流绝缘检测装置特有的功能。

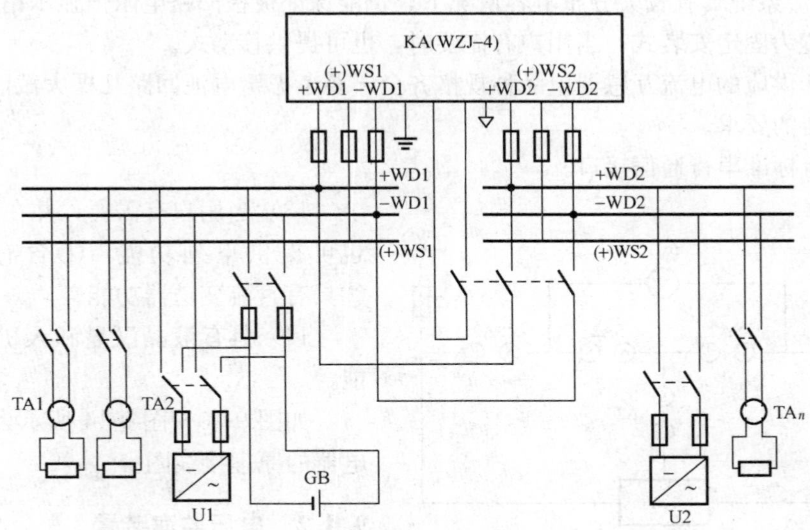

图 9-8　WZJ-4 型直流绝缘检测装置与直流系统接线示意图

2）兼有直流电压监察功能，母线电压过高、过低或欠压时应报警，报警值可手动整定。

3）检测范围要广，能检测直流系统中任一回路；误差要小，实时显示电压值，误差要小于 1%。电阻显示范围 0.5kΩ～2MΩ，误差小于 10%。

4）自动弹出发生接地故障的回路，并报警。绝缘电阻值可手动整定。

5）微处理器和智能型电流互感器均应有良好的抗干扰性能。

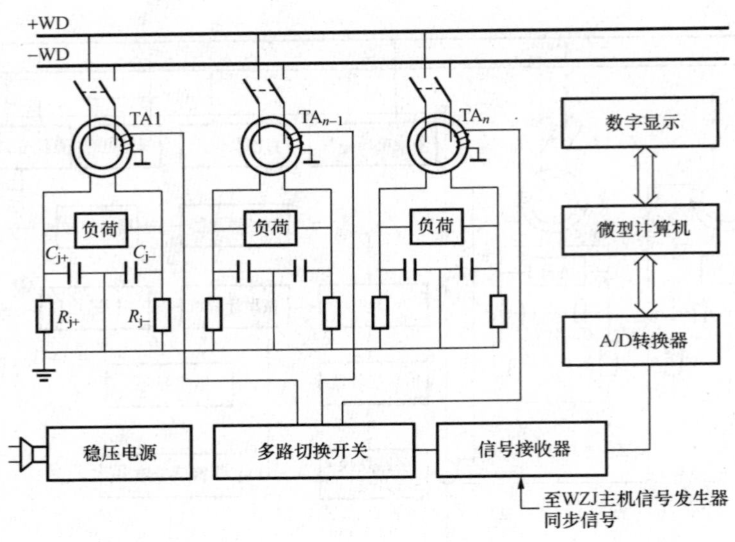

图 9-9 WZJ-F 型微机直流系统支路绝缘检测装置原理接线图

6）当系统发生多处接地故障时，能逐一显示故障点，故障消除后，显示方能清除。

7）当需要检测直流分屏上的线路时，应具有相应配套的直流分支检测设备，以显示直流分屏及其分支回路的绝缘状况。

8）所有被检测回路，均为在线检测，不需要断开被检回路的电源。

9）在直流系统具有较大分布电容情况下，仍能保证被检回路电阻值显示精度。

10）装置为固定安装式，当用户有需要时，也可提供移动式。

11）配套供应的电流互感器应品种规格齐全，要考虑蓄电池回路几棵大截面电缆同时穿越电流互感器的要求。

12）具有标准串行通信接口。

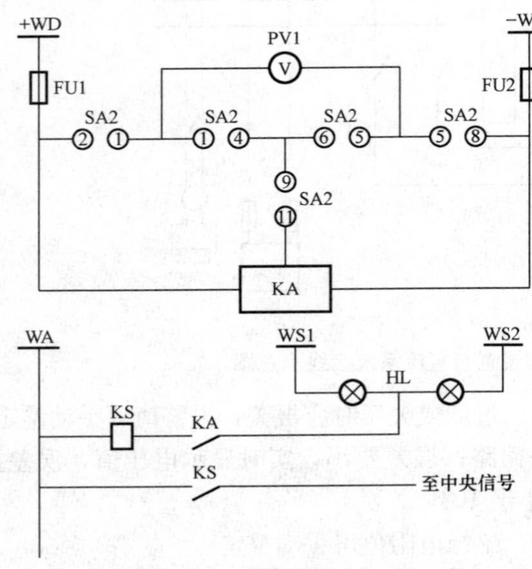

图 9-10 绝缘监察装置原理接线图

13）当用户有需要，并在选用时注明，也可提供下列功能：①含有闪光电源；②具有直流变送器功能。

14）具有液晶汉显和人机对话界面功能。

如图 9-10～图 9-14 所示为绝缘监察继电器的原理接线图。

9.4.2 电压监察装置

根据 DL/T 5044—2004《电力工程直流系统设计技术规程》的规定，每段直流母线应装设母线过电压和低电压的直流电压监察装置。当母线电压高于或低于规定的电压允许范围（如±12.5%或+10%、−15%母线额定电压）时，应报警，发出“电压异常”

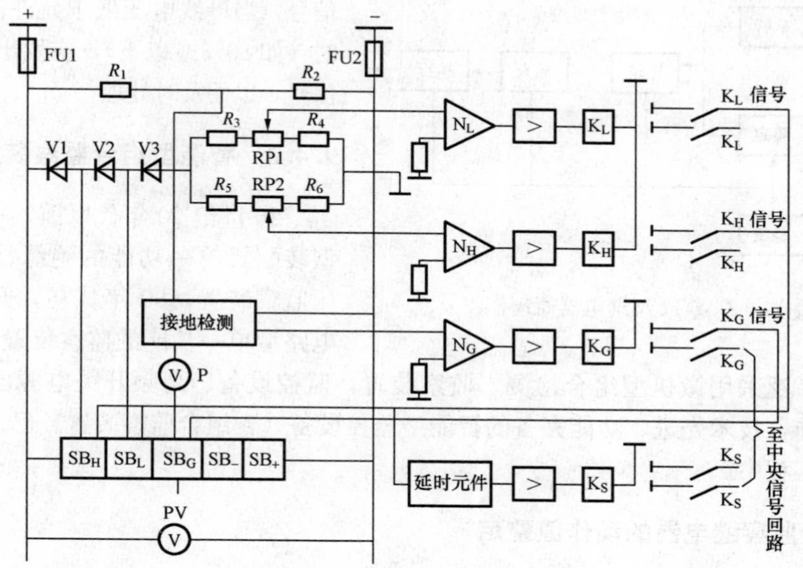

图 9-11　图 9-10 中 KA 的原理图

SB_L—电压降低指示灯和试验按钮（常闭）；SB_H—电压升高指示灯和按钮（常开）；SB_G—绝缘降低指示灯和按钮（常开）；SB_-—负极绝缘降低按钮；SB_+—正极绝缘降低按钮

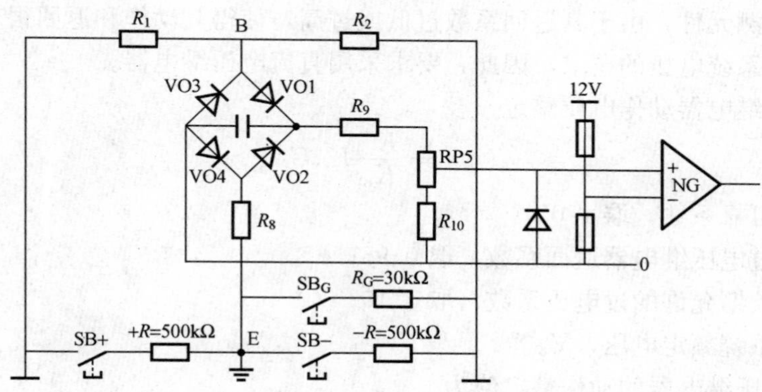

图 9-12　绝缘监察部分原理接线图

＋R 和－R—模拟正、负极对地之间的绝缘电阻；R_G—模拟负极接地电阻

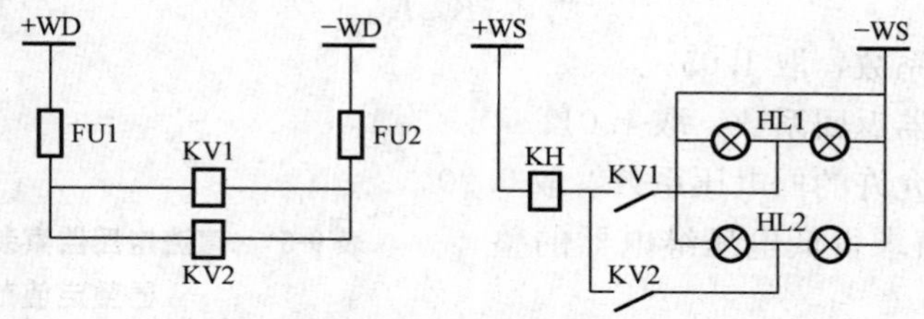

图 9-13　直流电压监察装置原理接线图

KV1、KV2—电压继电器（JX-15 或 ZDY-11）；KH—信号继电器（DX-□）；HL1、HL2—光字牌（XD10）；FU1、FU2—熔断器（SF1-10/4）

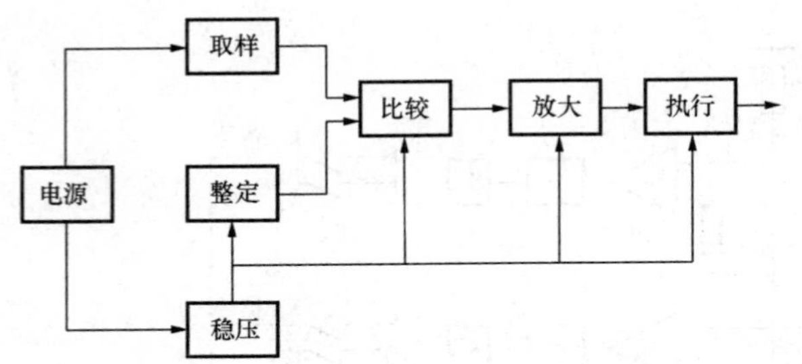

图 9-14　ZDY-11 型继电器原理框图

信号，当母线电压低于允许值较多或消失时（如 80%或以下），应发出“母线失压”信号，以便及时处理。

9.4.3　智能型组合监察装置

20 世纪 90 年代以前，一般采用电磁型装配式单一功能的绝缘检测装置和电压监察装置，90 年代初，开始应用集成电路型单一功能的监察装置，90 年代中、末期已逐渐广泛采用微机型组合检测、监察装置，监控设备、高频开关电源已进入技术市场，直至目前，技术先进、功能完备的智能型监控设备（含组合监察装置）已广泛应用于各类发、变电工程中。

9.4.4　电压监察继电器的动作值整定

智能型监察装置不需要动作值整定，所以本节仅供采用老式传统的集成电路型电压监察继电器参考。

继电器感受的电压大于或小于直流系统允许的电压范围时，继电器应可靠动作；而当继电器感受的电压返回到允许范围以内时，继电器应可靠返回。以往在直流系统中采用交流电压继电器作为监测元件，由于其返回系数过低或过高，使得其动作和返回很难满足要求，从而不能满足监测系统电压的要求，因此，要求采用直流电压继电器。

（1）过电压继电器动作电压整定

$$U_{act1} = \frac{K_{rel}}{K_{r0}} K_{ov} U_N \tag{9-1}$$

式中　K_{rel}——可靠系数，取 1.05；

K_{r0}——过电压继电器返回系数，取 0.95；

K_{ov}——长期允许的过电压系数，取 1.10；

U_N——系统额定电压，V。

由此，过电压继电器的动作整定值为

$$U_{mo} = 1.22U_N$$

（2）低电压继电器动作电压整定

$$U_{act2} = \frac{K_{LV}}{K_{rel} K_{rL}} U \tag{9-2}$$

式中　K_{rel}——可靠系数，取 1.05；

K_{rL}——继电器返回系数，取 1.01；

K_{LV}——长期允许的低电压系数，取 0.90。

由上述系数取值求得低电压继电器的整定值为

$$U_{mL} = 0.85U_N$$

由此，推荐各电压等级直流系统过电压和低电压继电器整定值如表 9-5 所示。

表 9-5　直流电压监察装置继电器整定值范围

额定电压（V）	220	110	48	24
过电压整定值（V）	268	134	59	29
低电压整定值（V）	187	94	41	20

9.5 直流系统测量

9.5.1 常规仪表配置

直流系统设有微机监控装置时，在直流柜上的测量表计可只装设直流母线电压表。直流系统不设微机监控装置时，直流柜上应装设下列常测表计：

（1）直流主母线、蓄电池回路和充电装置输出回路的直流电压表。

（2）蓄电池回路和充电装置输出回路的直流电流表。

（3）蓄电池回路宜装设浮充电电流表。

（4）直流分电柜应装设直流电压表。

（5）直流主母线应设有绝缘检测，能测出正极、负极对地的电压值及绝缘电阻值。

（6）直流柜和直流分电柜上所有测量表计，宜采用 1.5 级指针式或 $4\frac{1}{2}$ 位精度数字式表计。

（7）直流柜布置在控制室主环外或控制室外时，应在主环屏上装设直流母线电压表。

直流系统测量仪表和变送器典型配置如图 9-15 所示。

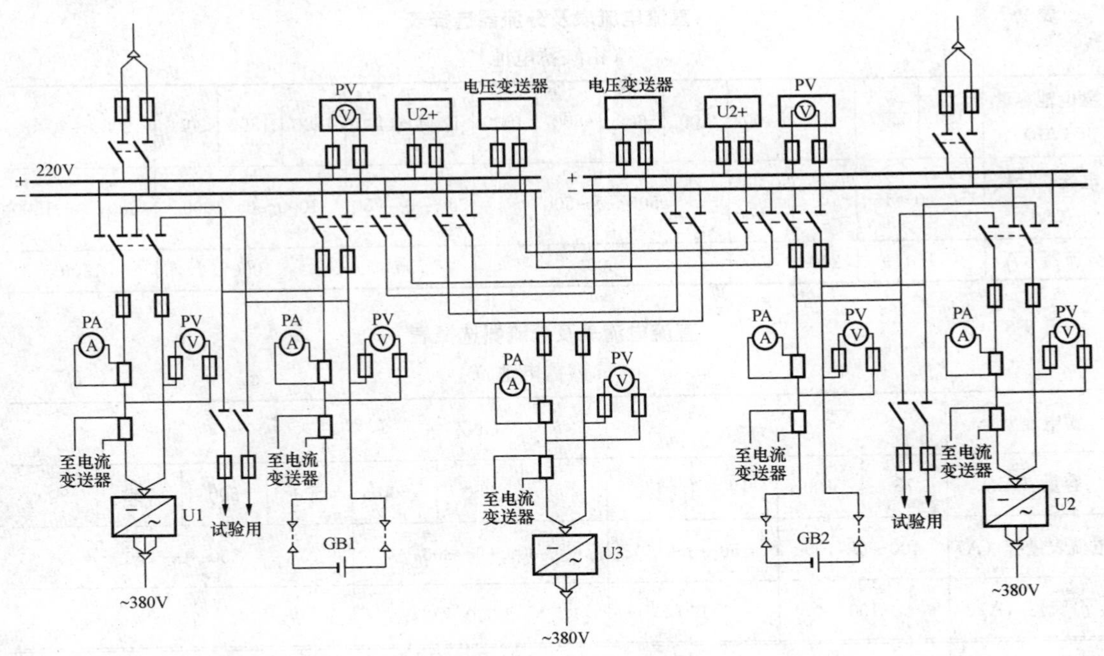

图 9-15 直流系统测量仪表和变送器典型配置图

9.5.2 测量仪表选型

（1）一般情况下，直流测量仪表采用 120mm×120mm 的方形表，根据面板的布置也可采用较小的方形表或槽形表。仪表的准确度应不低于 1.5 级。直流电流表应通过分流器接入，分流器的准确度应不低于 0.5 级。

（2）测量仪表的量程范围，可参照如表 9-6、表 9-7 和表 9-8 所示选择。

表 9-6　　直流电压表选择表

有无端电池		无端电池			有端电池		
系统电压（V）		220	110	48	220	110	48
电压表量程（V）	固定防酸	0～320 （0～450）	0～160 （0～200）	0～70 （0～100）	0～360 （0～450）	0～180 （0～200）	0～80 （0～100）
	阀控密封	0～300 （0～450）	0～150 （0～200）	0～60 （0～100）			
	镉　镍	降压接线：220V－0～330（0～450） 110V－0～165（0～200） 48V－0～70（0～100）					

注　1. 括号内的数值为实际所选电压表量程。

2. 电压表应在正常运行电压处（1.05U_N）有醒目标志（如红线或粗线）。

表 9-7　　直流电流表及分流器选择表

（铅酸蓄电池）

蓄电池容量（Ah）	150	200	300	400	500	600	800	1000	1200	1400	1600	1800	2000	2000～3000
电流表量程（A）	150～0～150		200～0～200	300～0～300	500～0～500				750～0～750		1000～0～1000			1500～0～1500
分流器（A）	150		200	300	500				750		1000			1500

表 9-8　　直流电流表及分流器选择表

（镉镍蓄电池）

蓄电池型号	GNZ										
容量（Ah）	75	100	120	150	200	250	300	500	600	700	800
电流表量程（A）	100～0～100		150～0～150		300～0～300			750～0～750			
分流器（A）	100		150		300			750			

蓄电池型号	GNC（G）						
容量（Ah）	5	10	20	40	60	80	—
电流表量程（A）	10～0～10		30～0～30	50～0～50	75～0～75		—
分流器（A）	—		—	—	75		—

(3) 浮充电流表。为保证蓄电池在事故状态下按规定事故放电时间进行可靠放电，在正常浮充电运行方式下，必须经常对蓄电池以小电流浮充。为监视浮充电流的大小，需装设浮充电流表。DL/T 5044—2004 也推荐装设浮充电流表。借助于浮充电流表可以监视蓄电池自放电电流的变化，判断蓄电池的运行状况。以往由于蓄电池放电电流与浮充电流差别很大，均装设专用的浮充电流表。平时，浮充电流表用接触器旁路，当需要测量浮充电流时接触器触点断开，使浮充电流通过浮充电流表。但这种做法比较复杂。经过长时间的运行实践，在蓄电池回路分流器上接数字双向电流表来监测浮充电流效果良好。其接线图如图9-16所示。

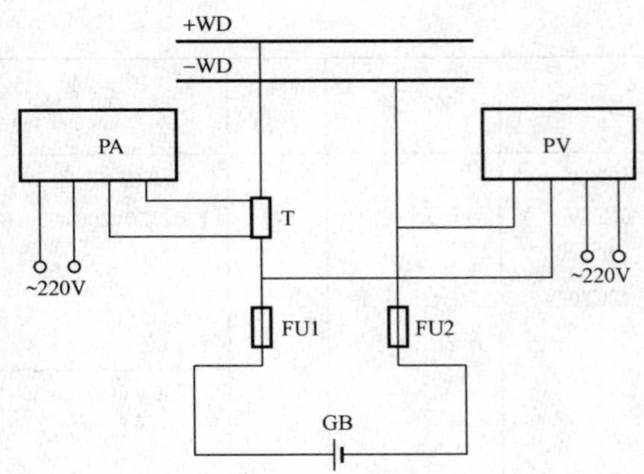

图 9-16　浮充电流表接线示意图

PA—PA135 型直流数字电流表；T—0～75mV 直流分流器；PV—数字式直流电压表（也可为普通指针式表）；FU1，FU2—熔断器（带熔断信号）；GB—蓄电池组

在图 9-16 中所采用的 PA135 型数字电流表，其技术性能如下。

显示电流值（A）：±100.00，±199.99，±300.0，±500.0，±750.0，±999.9（或1000.0）。

直流电压输出（V）：0～±5。

功耗（W）：≤7。

工作电压（V）：AC220±10%，50Hz（最好采用 UPS 电源）。

温度（℃）：0～40。

湿度（%）：45～85。

外形尺寸（mm）：160×80。

质量（kg）：≤2.5。

常用直流电流、电压测量仪表、直流变送器技术参数见表 9-9、表 9-10。

表 9-9　　**直流测量仪表主要技术数据**

型　号	名　称	准确度（级）	量　限	连接方式	外形尺寸（mm）
1C2-A 6C2-A 42C3-A 42C20-A	直流电流表	1.5	100，200，300，500μA 1，2，3，5，10，20，30，50，75，100，150，200，250，300，500，750mA 1，2，3，5，7.5，10，15，20，30，50A	直接接通	1C2-A，1C2-V：160×160×～1106C2-A，6C2-V 42C3-A，42C3-V：80×80×～75 120×120×～84
			75，100，150，200，300，500，750A 1，1.5，2，3，4，5，6，10kA	外附分流器	42C20-A 42C20-V 120×120×～71

续表

型　号	名　称	准确度（级）	量　　限	连接方式	外形尺寸（mm）
1C2-V 6C2-V 42C3-V 42C20-V	直流电压表	1.5	1.5，3，7.5，10，15，20，30，50，75，100，150，200，250，300，450，500，600V	直接接通	1C2-A，1C2-V：160×160×～110 6C2-A，6C2-V 42C3-A，42C3-V：80×80×～75 120×120×～84
			750V，1，1.5kV	外附定值电阻器	42C20-A 42C20-V 120×120×～71
1KC-A	控制型直流电流表	2.5	1，2，3，5，10A	直接接通	
			20，30，50，75，100，150，200，300，500A	外附分流器	
1KC-V	控制型直流电压表	2.5	30，50，75，100，150，250，300，450，500，600V 20～30，50～75，100～150，160～240，170～250，180～270（无零位）	直接接通	

注　1KC-A、1KC-V 表内具有继电器触点，当电流、电压达上、下限时，各有一对触头接通。

表 9-10　　　　直流变送器主要技术参数

型　号	准确度等级	响应时间（ms）	输入电阻（MΩ）	最大过量输入	最大负荷能力	生产厂家
FPD FPDH	0.2	＜400	＞10（≤2V 规格） ＞0.5（＞2V 规格）	≤150V（连续）（≤2V 规格） ≤300V（连续）（2～200V 规格） ≤800V（连续）（＞200V 规格）	最大恒流制输出电压：10V （电流输出规格） 最大驱动电流：10mA （电压输出规格）	苏州上普
FPD-1 FPD-2	0.2	＜400	电压方式：＞1 电流方式：＜1V/额定电流最大值（mA）	同 FPD、FPDH 型号该项参数	恒流输出：额定 10V 压降 恒压输出：额定 2mA 最大 5mA	海盐普博
FDD FDDH	0.2	＜400	＞10（≤2V 规格） ＞0.5（＞2V 规格）	同 FPD、FPDH 型号该项参数	恒流输出电压：12V 最大驱动电流：5mA	上海福得
DU61～63 DI61～63	0.5	＜300	最大负荷电阻 $R=\frac{15V}{输出(mA)}(k\Omega)$	—	—	北京赛威

其中各型直流变送器的型号含义（订货要求）如下：

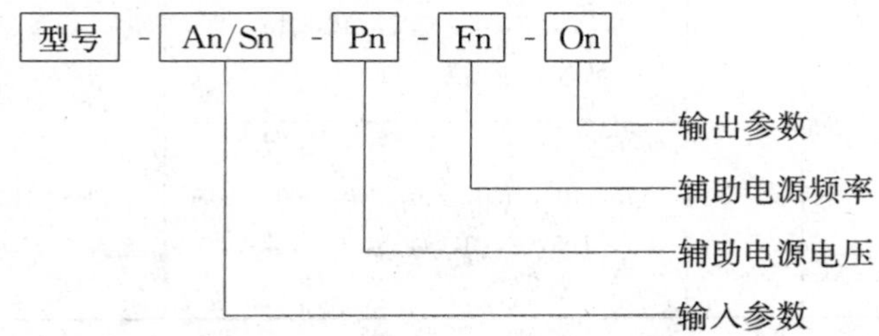

与变送器配套的分流器，技术参数见表 9-11。

表 9-11　　分流器主要技术参数

型　号	量　限 (A)	准确等级	外形尺寸（mm） L（长）$\times b$（宽）$\times h$（高）	备　注
FL-2	5，10，15 20，30，50	0.5	120×25×16	
	75，100 150 200		110×25×12	
	300 500 750 1000 1500 2000 3000		128×26×22 128×46×22 128×76×22 128×96×22 210×95×100	
	4000		210×195×100	
	5000 6000 7500 10 000	1.0	290×195×150 290×240×150 290×320×150 290×400×150	
FL-13	7.5，10 15，20，30 50	0.5	100×20×25	
FL-29	75，100，150 200 250，300 400，500 600 750	0.5	138×30×30 153×40×30 153×40×38 172×50×34 232×50×48 232×62×42	
	1000 1500 2000 2500 3000 4000 5000 6000	1.0	215×80×42 225×80×57 320×100×90 362×120×90 225×80×114 320×100×180 360×120×180 294×140×180	

9.6　直流系统的指示和信号设备

为便于直流系统的运行监视，在直流屏上装设必要的信号指示灯、信号光字牌（或报警器）、转换开关、按钮和监察继电器。

指示、信号和控制转换设备通常按下述原则配置：

（1）在直流馈线回路中设置红色指示灯。

（2）设有闪光装置的直流屏上，应装设闪光试验按钮和试验指示白灯。

（3）其他需要指示的信号灯。

（4）事故报警回路，如蓄电池和充电设备以及其他回路熔断器熔断、直流系统接地或绝缘降低，母线电压过高或过低以及充电设备故障、监察装置内部故障、交流辅助电源失压等，应设置信号光字牌或信号报警器。当直流监察装置中包括上述报警指示时，可省去相应的光字牌或报警器。

（5）当采用老式绝缘监察装置时，应设置控制转换开关。

（6）为实现熔断器熔断远方报警，对 NT 型熔断器应装设辅助信号熔管；对控制用熔断器，应配置监察继电器。

（7）故障信号除在直流屏上有灯光信号外，还应有远方报警的接口。

目前广泛应用的指示、信号设备如表 9-12 所示。必要时，也可采用信号报警器。

表 9-12　　　　广泛应用的指示、信号设备表

型　　号	灯光源	额定电压 （V）	功　率 （W）	配电电阻	适用条件
XD5，XD6-48 XD5，XD6-110 XD5，XD6-220	白炽灯	12	1.2	400Ω，25W 1000Ω，30W 2200Ω，30W	—
LXD5，LXD6-48 LXD5，LXD6-110 LXD5，LXD6-220	LED	48 110 220	0.75 1.65 3.3		LED6M 适用于马赛克屏
22/21，22 AD1-25/21，22 30/21，22	白炽灯	60 60	1.5 1.5	1.2kΩ，3W，2只 3kΩ，7W，2只	—
AD1-30/111 /121	白炽灯	48 110 220	3 3 5	—	—
22/212，222 AD1-25/212，222 30/212，222	辉光灯	85 176	—	15kΩ，1W（串） 100kΩ，1W（并） 27kΩ，1W（串） 220kΩ，1W（并）	辉光灯泡颜色：红、黄、白灯配红辉光灯；绿灯配绿辉光灯
22/ AD11-25/ 30/	—	—	—	—	—
XD-19 XD-20	LED	48 110 220	0.96 2.2 4.4	—	用于直流时有色标点的“正极”
XD-21 XD-21A	LED	48 110 220	0.5 1.0 1.8	—	用于直流时有“＋”标点的为“正极”，－21 为不带色型，21A 为带色型（不通电能分清颜色）

9.7 闪 光 装 置

目前在电力工程中，闪光装置的设置分三种方式：不设置闪光装置，而在故障报警装置内具有闪光功能；闪光装置随中央信号装置配套，且分区或分单元设置；闪光装置随直流系统配套。

当闪光装置随直流系统配置时，应在每段（组）直流母线装设一套。这种方式多用于中、小型发电厂或变电所且直流屏与控制屏布置在一起的情况下。

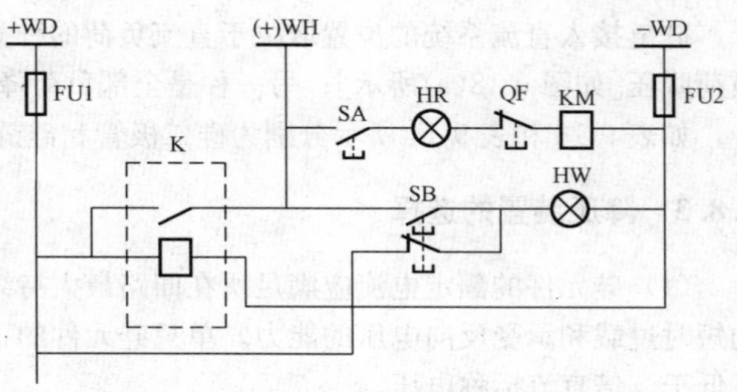

图 9-17 闪光装置原理接线图

K—闪光继电器（JX-3）；SB—试验按钮；SA—控制开关；HW—试验白灯；HR—红灯；FU1，FU2—熔断器（SF1-16/4）；QF—断路器辅助触点；KM—合闸接触器

闪光装置原理接线如图 9-17 所示。其动作原理如下：正、负电源引自直流母线，WH 为闪光母线。当控制开关与断路器的位置不对应时，闪光母线接入负荷，当负荷达到闪光继电器的动作值时，其触点以 1s 周期通断，并带动信号灯闪光。SB 为试验按钮，用以检查闪光回路。其中 K 为许继生产的 JX-3 型新型闪光继电器。

目前，还有一种静态闪光继电器，可配用各种光源信号灯作为闪光指示灯。闪光频率为 60±10 次/min，即闪光周期大致为 1s，继电器功耗不大于 10W，机械寿命不小于 10^6 次。

现在有些直流绝缘自动巡检装置本身设有闪光功能（如 WZJ-4 型微机绝缘监察装置），从而可省去单独的闪光装置。

9.8 降 压 装 置

9.8.1 降压装置的使用条件

（1）直流系统正常浮充运行时，充电装置浮充输出电压使直流母线电压高于允许值时，应采取降压装置将其降低至允许的范围内。

（2）在直流系统中，充电装置对不脱离直流系统的蓄电池进行均衡充电使直流母线电压高于允许值时，应采取降压装置将其降低至允许的范围内。

（3）对于馈线距离较长、负荷容量较大，为保证事故放电末期供电电压水平，适当增加电池数量或提高运行电压水平的直流系统，经核算在正常运行时需要采取降压措施，以保证安全地供电电压水平。

需要说明，一般情况下对于铅酸蓄电池，执行 DL/T 5044—2004 所推荐的蓄电池个数和容量的计算方法，不需要装设降压装置。降压装置用于某些特殊情况的补充措施，不是所有的系统不进行核算都要装设降压装置。

9.8.2 降压装置的构成

降压装置由硅链、控制器、辅助继电器、切换开关等元件组成。硅链由普通的硅二极管组成，其数量根据降压范围确定，控制器、切换开关和辅助继电器用于自动或手动完成降压要求。

硅链接入直流系统的位置取决于直流负荷的种类和性质，一般分两种，一种是仅将控制负荷降压[如图 9-18(a)所示]；另一种是全部负荷降压[如图 9-18(b)所示]。

如表 9-13 和表 9-14 所示分别为硅二极管和硅链的实用参数。

9.8.3 降压装置的选择

(1) 硅元件的额定电流应满足所在回路最大持续负荷电流的要求，并应有承受冲击电流的短时过载和承受反向电压的能力。单只硅元件的正向压降约为 0.6～0.8V。额定反向电压不低于 2 倍直流标称电压。

(2) 降压回路应有防止硅元件开路的措施。

(3) 通过硅元件的额定电流可按下式计算

$$I_{Ng} \geqslant K_{rel} I_{dm}$$

式中 I_{Ng}——通过硅元件的额定电流，A；

K_{rel}——可靠系数，取 1.5～2.0；

I_{dm}——通过降压装置的最大持续负荷电流。

当有冲击电流通过硅元件时，还应校验该电流是否超过硅元件的短时过载能力，如果超过了，还应加大硅元件的额定电流，以保证安全运行。

如图 9-19 所示为降压装置接线原理图。

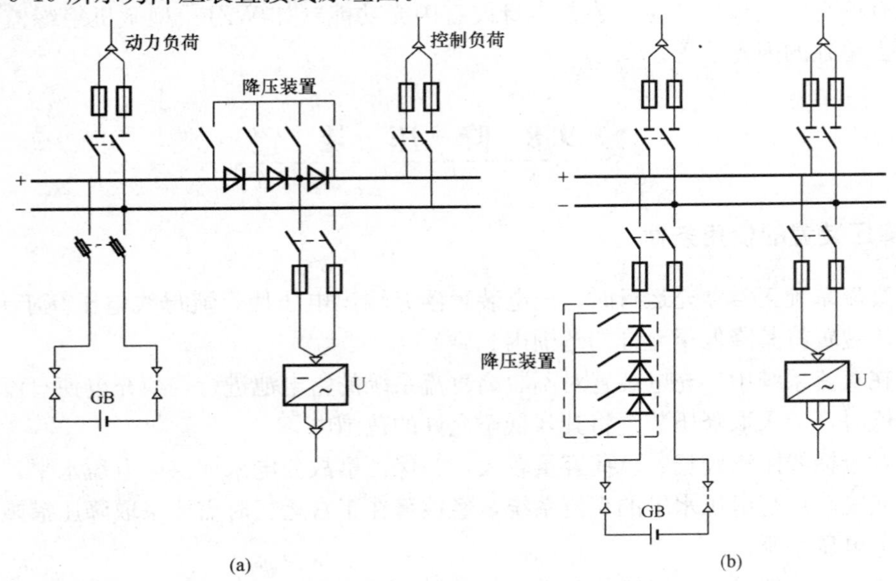

图 9-18 降压装置示意图

(a) 控制负荷降压；(b) 总负荷降压

表 9-13 ZP 型硅降压二极管主要技术参数

型 号	额定正向平均电流 (A)	正向平均电压 (V)	正向峰值电压 (V)	反向重复峰值电压 (V)	反向重复平均电流 (mA)	反向重复峰值电流 (mA)	浪涌电流 (A)	额定结温 (℃)	冷却方式
ZP3	3	≤1	≤1.6	100～1600	<1	≤2	40	140	自冷

续表

型 号	额定正向平均电流(A)	正向平均电压(V)	正向峰值电压(V)	反向重复峰值电压(V)	反向重复平均电流(mA)	反向重复峰值电流(mA)	浪涌电流(A)	额定结温(℃)	冷却方式
ZP5	5	≤0.7	≤1.6	100～1600	<1	≤2	180	140	自冷
ZP10	10	≤0.7	≤1.6	100～1600	<1.5	≤5	310	140	自冷
ZP20	20	≤0.7	≤1.6	100～1600	<2	≤10	570	140	自冷
ZP30	30	≤0.7	≤1.8	100～1600	<3	≤20	750	140	风冷
ZP50	50	≤0.7	≤1.8	100～1600	<4	≤20	1260	140	风冷
ZP70	70	≤0.8	≤1.8	100～1600	<6	≤20	1500	140	风冷
ZP100	100	≤0.8	≤2.0	100～1600	<6	≤30	2200	140	风冷
ZP200	200	≤0.8	≤2.0	100～1600	<8	≤40	4080	140	风冷
ZP300	300	≤0.8	≤2.0	100～1600	<10	≤40	5650	140	水冷
ZP400	400	≤0.8	≤2.0	100～1600	<12	≤50	7540	140	水冷

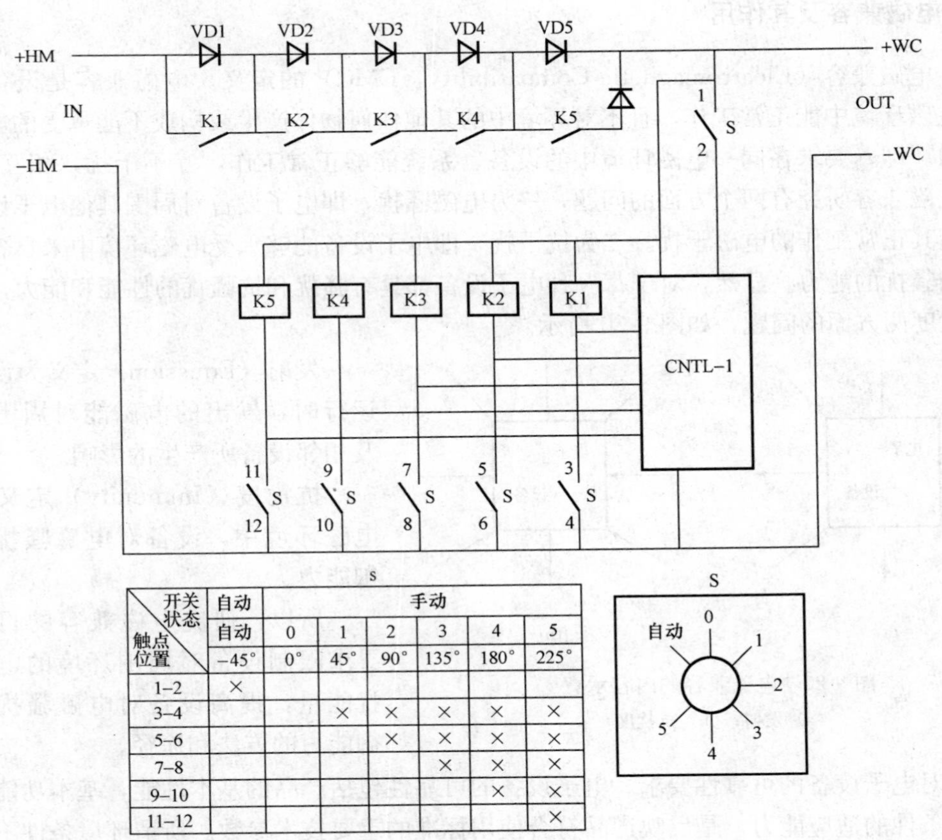

触点位置 \ 开关状态	自动	手动					
	自动	0	1	2	3	4	5
	−45°	0°	45°	90°	135°	180°	225°
1–2	×						
3–4			×	×	×	×	×
5–6				×	×	×	×
7–8					×	×	×
9–10						×	×
11–12							×

图 9-19 降压装置接线原理图

表 9-14　　直流系统硅降压二极管（或硅堆）的参数选择表

蓄电池种类	超高倍率镉镍蓄电池 GNC		中倍率镉镍蓄电池 GNZ		阀控式密封铅酸蓄电池 MF	
直流系统电压（V）	−220	−110	−220	−110	−220	−110
单体电池电压（V）浮充/均充	1.36～1.39/1.47～1.48		1.42～1.45/1.52～1.55		2.23～2.25	
蓄电池单体数（只）	180	90	172	86	104	
浮充电压（V）	231	116	231	116	231	116
硅二极管数（只）	35V÷0.7=50 分5组	18V÷0.7=25 分5组	35V÷0.7=50 分5组	18V÷0.7=25 分5组	35V÷0.7=50 分5组	18V÷0.7=25 分5组
硅　堆（组）	7V　5	3.5V　5	7V　5	3.5V　5	7V　5	3.5V　5
额定电压（V/组）	500	300	500	300	500	300
额定电流	≥最大持续电流					
调压方式	可选用自动、手动调压					

注　其他电压等级参照算式$(U_f-U_h)\div 0.7$，分为5组，并取整选择。

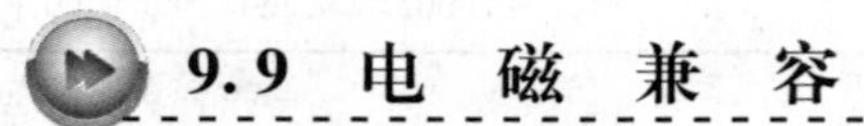

9.9 电　磁　兼　容

9.9.1　电磁兼容及其作用

（1）电磁兼容（Electromagnetic Compatibility，EMC）的定义。电磁兼容是设备和系统在其电磁环境中能正常工作，且不对环境中的其他任何物体产生或构成不能承受的电磁骚扰的能力。即，要求在同一电磁环境中的设备、系统能够正常工作，互不干扰，相互兼容。所以，电磁兼容研究有两个方面的问题，一为电磁骚扰，即电子设备对周围其他电子设施产生的影响其正常工作的电磁干扰。二为抗干扰，即电子设备能够承受电磁环境中来自各种途径的电磁骚扰的能力。显然，对于每一种电子设备都具有骚扰和抗骚扰的性能和能力，即发射和抗扰度两方面的问题，如图 9-20 所示。

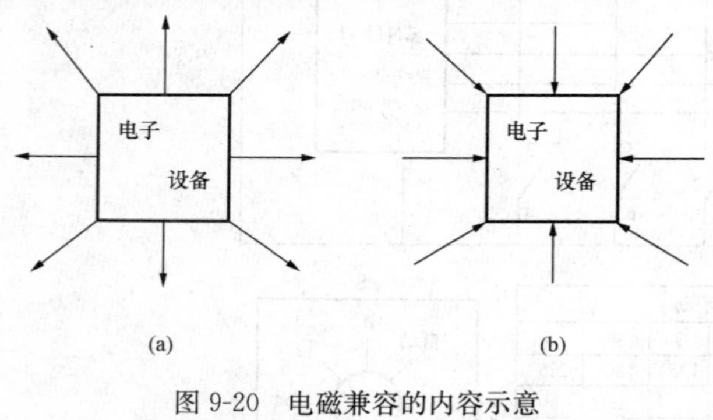

图 9-20　电磁兼容的内容示意
（a）发射；（b）抗扰度

发射（Emission）定义为设备在运行时，发出的电磁能对周围环境及相邻设备所产生的影响。

抗扰度（Immunity）定义为在电磁环境中，设备对电磁骚扰的抵御能力。

所以，研究电磁兼容的目的是寻求限制设备对周围环境的电磁骚扰能量，提高设备对电磁骚扰的抵御能力的方法和途径。

（2）对电子设备的可靠性要求。电子设备的可靠性包括产品的基本性能，基本功能和产品对环境条件的适应能力，是反映产品符合使用标准的重要技术参数。所谓环境条件不仅是指产品所处的气候、机械条件，还包括电磁环境条件，而电磁环境则包括使用环境中电子设施所产生的电磁骚扰，它使使用环境恶化，使设备因电磁骚扰而导致性能下降。所以任何电子设备的研制和生产，都应该明确其电磁环境。即符合电磁兼容性的要求。

现代直流设备，包含有大量的电子设备，如高频开关模块、直流监控、检测设备等。而且它们工作在大量的微电子设备中间，如静态继电保护设备和自动装置等。所以直流设备必须具有规定的电磁兼容性，不仅要求直流设备在共同的电磁环境中能够安全、稳定、可靠运行，还要求它的运行不能影响其他保护、自动装置和测量、计量设备安全、可靠运行。

9.9.2 电磁干扰

(1) 电磁骚扰与电磁干扰（Electromagnetic Disturbance）。任何可能引起设备、系统性能降低或对其他任何物质产生损害作用的电磁现象，定义为电磁骚扰。当电磁骚扰使敏感设备的正常工作受到影响，才称为电磁干扰。

(2) 电磁干扰的形成。电磁干扰形成必须具备的要素为电磁骚扰源、传输途径和敏感设备。

(3) 电磁骚扰源。产生电磁骚扰的设备或系统，称为电磁骚扰源。

(4) 传输途径。电磁骚扰的传输途径有两条，分别是空间辐射和导线传导，即辐射发射或传导发射。辐射发射是在远场条件下骚扰以电磁波形式的发射和在近场条件下的电磁耦合；传导发射是在导线或金属导体中发射。

(5) 敏感设备。受电磁干扰的设备，即受到电磁骚扰源发射的电磁能量作用时，产生电磁损坏，导致性能下降或失效的设备或系统。

限制和降低电磁骚扰源发射的电磁能量、消除电磁骚扰的传输途径和提高设备的抗扰度是净化电磁环境、提高设备电磁兼容能力的有效方法。

9.9.3 电磁骚扰源的分类

(1) 按骚扰源的来源分有自然骚扰源和人为骚扰源。自然骚扰源可分为电子噪声、天电噪声、地球外噪声和沉积静电等；人为骚扰源可分为无线电骚扰和非无线电骚扰。

(2) 按骚扰源的性质分有脉冲骚扰源和持续骚扰源。彼此互不交迭、不连续、其峰值比平均值大3～4倍的电磁骚扰称为脉冲骚扰；彼此重迭、连续的电磁骚扰称为持续骚扰。

(3) 按骚扰源的作用时间分有长时间作用、短时间间歇作用和作用时间很短且为非周期性的骚扰源。

(4) 按骚扰是否具有功能性分为功能性骚扰和非功能性骚扰。前者由设备或系统正常工作时产生；后者是由设备或系统正常工作时附带产生的。

(5) 按骚扰频谱分有宽频带和窄频带。

(6) 按骚扰耦合方式分有辐射、传导和两种耦合方式的组合。

9.9.4 电磁干扰抑制的方法

电磁干扰抑制的方法有接地、屏蔽和滤波三种。

1. 接地

(1) 接地的工作原理。所谓“接地”，即使电气设备与大地之间作良好的电气连接，一个系统中，每一个设备都有一个电位参考点，或电位基准点，各电位基准点的电位是不同的，要使系统正常工作，必须建立系统的等电位面，即接地面。理想的接地面应是零阻抗，其面上各点之间不存在电位差。系统内各设备的电位参考点应与接地面连接，接地面再与大地可靠连接，就构成系统的接地。接地的目的是防止电磁干扰，消除公共阻抗耦合，保障人身和设备的安全。

（2）接地方式。接地技术有三种基本的系统分别为浮地、单点多点和混合接地系统。

浮地接地系统：接地面不与大地相连，且系统不受接地面质量影响的接地系统。浮地接地系统常用于设备电路的工作状态不能与公共地或大地相连的情况。

单点接地系统：选择设备电路系统中某一点作为系统接地参考点，所有接地线均接至该参考点，再由该参考点接至大地。接地连线长度远小于电路工作波长时，采用单点接地。

多点接地系统：系统中每一个需要接地的设备、电路都以接地线分别单点直接连接到最近的地线上。设备、电路之间的距离较信号波长大时，应采用多点接地系统。

混合接地系统：在复杂情况下，采用一种接地方式无法达到抑制干扰的目的时，需要同时采用多种接地方式，即为混合接地系统。

（3）接地分类。按照接地的目的和实现的功能，接地可分为以下几类。

安全接地：为了安全的目的，即为保证设备、装置及人身安全所采取的接地。

屏蔽接地：为防止外来电磁干扰和电气回路间的耦合干扰，将具有屏蔽作用的部件作良好接地。屏蔽部件有屏蔽室、机壳、元器件的屏蔽帽、屏蔽电缆的屏蔽层等。

静电接地：非导电用导体部件的接地，用于释放金属部件上的静电荷，防止部件接受近区无线电发射机的辐射能量并再行发射。

防雷接地：对可能遭受雷击的物体和大地连接，以提供雷电流通路的接地。

电源接地：供电电源单独建立基准接地点，建立电源的公共接地点并实现不同功能接地或隔离。

信号接地：为信号电流提供低阻抗的回流通路，信号接地即建立信号地线。

工作接地：为保证设备正常运行，对设备限定的接地方式，如电力系统中的中性点接地方式。

（4）接地注意事项。接地线尽可能短；接地线阻抗尽量小；接地线的金属材料尽量相同；接地线的接地点应有良好的导电性能；接地线的连接点应有足够的机械强度。

2. 屏蔽

利用磁性材料或低阻材料作成的容器将需要隔离的设备包起来，限制容器内部设备的电磁能量干扰外部的接受器；防止外部的电磁能量干扰容器内部的设备，称为屏蔽。屏蔽是抑制干扰源的有效措施之一。

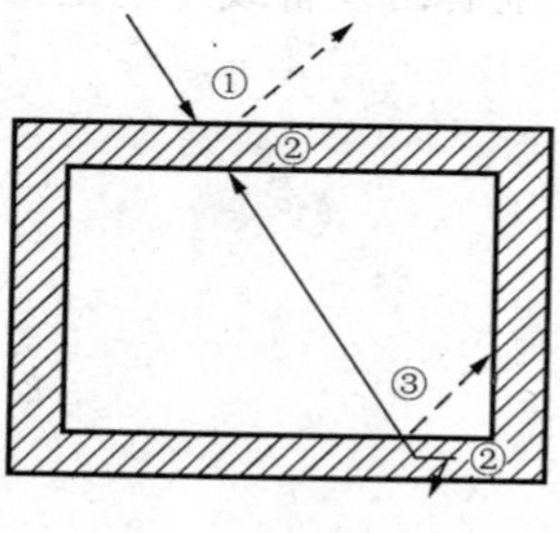

图 9-21　屏蔽的三过程示意图
①—反射（表面）；②—吸收；
③—反射（内表面）

（1）屏蔽的原理。屏蔽是由封闭的壳体构成，其材料应具有良好的导电性能；其形状由产品或部件的形状确定；但必须是完全封闭的。壳体表面不允许有裂缝、开口等泄漏电磁能量的缺陷。屏蔽过程有三个，如图 9-21 所示，一是外来电磁波经过屏蔽体外表面的反射；二是进入屏蔽体金属层时，剩余能量被金属材料吸收；三是进入屏蔽体后，被屏蔽体内表面再次反射。从而使进入屏蔽体内的外来电磁波能量大大减小，达到屏蔽的目的。第一、三过程取决于屏蔽体外、内表面的形状和光滑程度，第二过程取决于屏蔽体的厚度和材料属性。如表 9-15 所示列出了部分金属材料的吸收损耗（衰减）。

表 9-15　　金属的吸收损耗（衰减）（f=150Hz）

金属名称	相对电导率（σ_r）	相对磁导率（μ_r）	吸收损耗（dB，μm）
银	1.05	1	0.052 8
铜（已退火）	1.00	1	0.051 6
铜（冷拉）	0.97	1	0.050 4
金	0.70	1	0.043 2
铝	0.61	1	0.040 4
镁	0.38	1	0.031 6
锌	0.29	1	0.028
黄铜	0.26	1	0.026
镍	0.20	1	0.023
磷青铜	0.18	1	0.022
铁	0.17	1000	0.676
锡	0.15	1	0.02
钢	0.10	1000	0.516
铍	0.10	1	0.016 4
铅	0.08	1	0.014 4
镍钢	0.06	80 000	3.54
坡莫合金	0.03	80 000	2.528
不锈钢	0.02	1000	0.228

（2）屏蔽分类。屏蔽分为静电屏蔽、电磁屏蔽和磁场屏蔽。

静电屏蔽：消除两个设备、装置和电路之间由于分布电容耦合所产生的静电场干扰所采取的屏蔽称为静电屏蔽。其原理为，利用低阻金属材料制成的容器，使其内部电力线不传到外部，外部电力线也不影响到内部，把电场限制在接地的屏蔽壳体上。常用的材料是铜，接地电阻尽量小。

电磁屏蔽：用金属和磁性材料对电场和磁场的电磁波进行隔离，称为电磁屏蔽。电磁屏蔽原理是基于辐射场通过金属时，在表明被反射，在金属内部被吸收，从而使电场能量衰减；或者电磁场在金属壳体上感应涡流反磁场，抵消原磁场，达到屏蔽作用。电磁屏蔽主要用于限制 10kHz 以上的高频磁场。

磁场屏蔽：利用高导磁材料具有的低磁阻特性，将骚扰源磁场分路并吸收损耗，使磁场尽可能通过磁阻很小的屏蔽壳体，尽量不扩散到外部空间。磁场屏蔽主要用于防止低频磁场骚扰。

（3）磁场屏蔽材料选择原则。屏蔽层的开口或缝隙处不能切断磁力线；屏蔽材料的磁导率要足够高；屏蔽体直径要小；屏蔽层厚度要厚；屏蔽层数满足要求。

3．滤波

利用电感、电容器件，把不需要的电磁能量，即电磁干扰减少到满足限值要求水平的抑制电磁干扰方法。主要用于抑制频率达 300MHz 的中、低频传导骚扰源。其基本原理是利用由集中参数或分布参数的电阻、电感和电容构成的电路网络，实现阻止不需要的频率，只保证需要的频率畅通，达到抑制电磁干扰的目的。

滤波器的种类：常用的滤波器有 T 型、π 型、L 型和 C 型滤波器，电容低通滤波器和电感低通滤波器。

采用滤波方法抑制传导骚扰时，应了解骚扰源的频谱、频带分布情况、骚扰波的幅值等，并有针对性地选择滤波器的种类或设计滤波器。在设计、制作滤波器后，应检测滤波器对给定频带信号电平的衰减性能，根据检测结果评定所设计的滤波器的滤波效果，以确定是否满足抑制干扰的要求。

9.9.5 干扰耦合

干扰源发射的电磁能量通过某种途径传输给敏感设备，传输干扰的途径或通道即是耦合。根据耦合的方式或介质的种类，耦合分为传导耦合、辐射耦合等。按照介质的不同传导耦合可分为电容性耦合（如图 9-22 所示）、电感性耦合（如图 9-23 所示）、阻抗性耦合等。

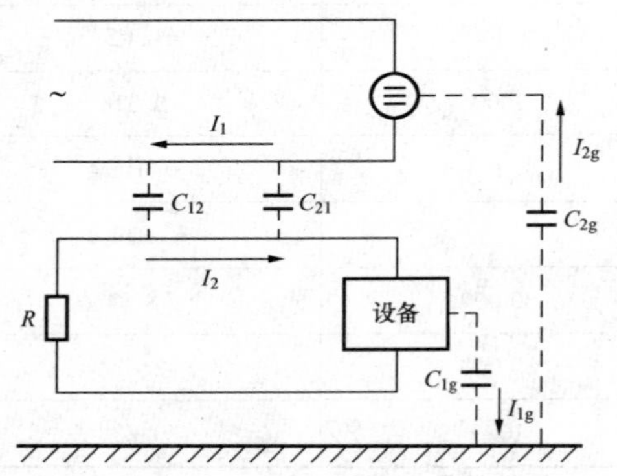

图 9-22　电容性耦合

C_{12}—电路 1、2 之间的电容；C_{21}—电路 2、1 之间的电容；C_{1g}—电路 1 对地电容；C_{2g}—电路 2 对地电容；I_{1g}—电路 1 地电流；I_{2g}—电路 2 地电流；I_1—电路 1 电流；I_2—电路 2 电流

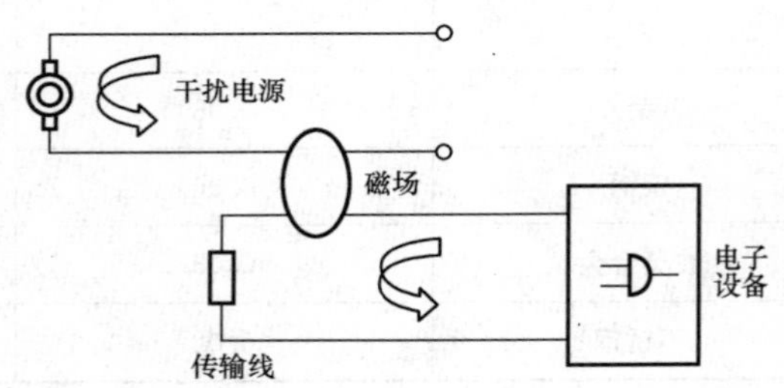

图 9-23　电感性耦合

（1）传导耦合。通过导体器件而形成的干扰耦合，称为传导耦合。借助于导体间的寄生电容来传导耦合的，称为电容性耦合，或电耦合。耦合电压并联于敏感电路上。减少耦合电容，即可抑制电耦合；借助于导体间的互感作用来传导耦合的，称为电磁性耦合，或磁耦合。耦合电压串联于敏感电路上。减少耦合电路的磁通密度、增加导体间的距离，即可抑制磁耦合；多个设备的电流通过一个公共阻抗，将产生共阻抗耦合，减少公共阻抗的阻值，即可抑制公共阻抗耦合，如图 9-24 和图 9-25 所示。

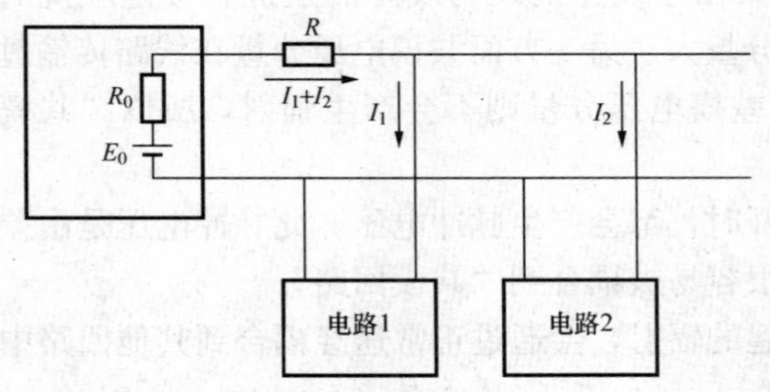

图 9-24　共电源的共阻抗耦合

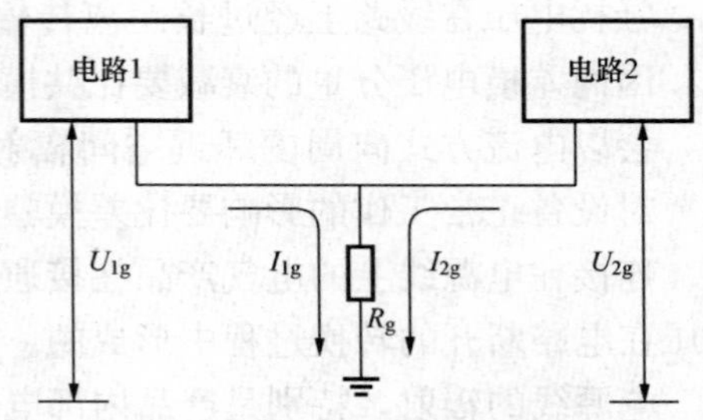

图 9-25　共地线的共阻抗耦合

U_{1g}—电路 1 对地电压；U_{2g}—电路 2 对地电压；I_{1g}—电路 1 地电流；I_{2g}—电路 2 地电流；R_g—共地阻抗

电耦合和磁耦合同时作用于导体上时，称为电磁耦合。实际上传导耦合多是电磁耦合，单一类型的干扰耦合是不存在的。

相对于高频耦合，上述电磁耦合为低频耦合，即导体长度远小于干扰源波长，其干扰源与敏感设备的干扰耦合为低频耦合。导体长度远大于干扰源波长的 1/4，其干扰源与敏感设备的干扰耦合为高频耦合。

（2）辐射耦合。以电磁场“波”的形式将电磁能量从骚扰源经空间传输到敏感设备的耦合，称为辐射耦合。典型辐射方式有：通过设备外壳辐射；通过设备外壳的缝隙辐射；通过设备间的连接电缆或导线（如天线）辐射；通过装配的屏蔽性能不佳的连接器辐射；由于屏蔽性能不良的屏蔽层向外辐射。

9.9.6　电源的骚扰及其抑制方法

直流电源设备中，特别是目前已广泛使用的高频开关电源模块充电装置，已大量采用数字电路、微机等电子元器件。这些元器件一方面要承受设备内部电源变化产生的电磁骚扰，另一方面还要承受来自设备外部电源电压波动等原因产生的骚扰。这些电磁骚扰一般是由高能量的电磁场所引起的辐射电磁场骚扰、静电放电骚扰，快速瞬变电脉冲群骚扰以及电源线上被耦合的其他骚扰所引起的。研究和抑制电源骚扰是电磁兼容的重要内容之一。

9.9.6.1　电源骚扰的方式

电源骚扰的形式很多，骚扰方式可归纳为共模骚扰和差模骚扰两类。

共模骚扰是由电源输入线与大地或中线与大地之间的电压差所形成的骚扰。对于三相电源而言，共模骚扰存在于任何一相与地之间。即共模骚扰是产生在截流导体与大地之间的骚扰。共模骚扰又称共态骚扰、对地骚扰或不对称骚扰。

差模骚扰存在于电源线之间，或相线与中性线间。对于三相电源还存在于相线与相线之间，即差模骚扰是产生在载流导体之间的骚扰。差模骚扰又称串模骚扰、正态骚扰或对称骚扰。

骚扰的方式反映出骚扰源与耦合通道的关系，差模骚扰发生在同一电源电路上，而共模骚扰是因辐射和“串扰”耦合到电路中去的。通常，在电源的输入线上的骚扰电压都会有共模电压分量和差模电压分量，由于线路阻抗的不平衡，这两种骚扰电压在传输过程中会相互转换。

骚扰电压在线路上经过长距离传输后，又由于线路的线与线间的阻抗和接地阻抗的不同，因而差模电压分量的衰减要比共模电压分量大。另一方面共模电压分量在线路传输过程中，会以电流方式向周围邻近空间辐射，而差模电压分量则不会产生辐射，所以“共模骚扰”对设备正常工作的影响要比差模骚扰大。

连接在电源线上的电气产品在接通或断开时，都会产生脉冲电压。此脉冲电压是由差模电压在电路断开的转换过程中形成的。它又很容易被耦合到“共模回路”。

电源线的辐射，特别是产品内部电源引起的辐射，会通过正常途经耦合到其他回路中形成骚扰源，对产品的正常工作产生影响。

电源输入线产生的骚扰因环境不同表现形式也不同。其中包括电源电压的变化，如：浪涌、电压跌落或中断、频率的变化、电流或电压波形的失真、产生谐波等。特殊情况下，骚扰会伴随而生，如电力系统设备运行时遭遇雷击，会产生瞬时的电压脉冲，出现冲击电压的脉冲骚扰和冲击电压的浪涌；电力设备在接入和切除电感性或电容性负载时，会产生快速瞬变骚扰的高频脉冲群骚扰；电力系统运行中出现强烈电磁场时，会产生辐射电磁场骚扰；人体在某种环境条件下产生静电时，会对产品产生静电骚扰等等。这些骚扰对产品的正常工作极为不利，所以必须采取适当措施对这些骚扰源进行抑制，以保证产品的正常工作。

9.9.6.2 骚扰的抑制方法

（1）共模骚扰的抑制方法。

1）浮点接地屏蔽法；

2）变压器电场屏蔽法；

3）平衡电路法；

4）隔离变压器或共模扼流圈法；

5）光电耦合方法；

6）输入滤波器的方法。

（2）差模骚扰的抑制方法。

1）双绞线输入法（使骚扰电势互相抵消）；

2）屏蔽接地法（抑制电场骚扰的影响）；

3）电源输入端接入低通滤波器法（减少高频骚扰的输入）；

4）各种电源线输入分离法（减少磁场骚扰的影响）。

9.9.6.3 典型滤波器简介

（1）电源滤波器。电源滤波器对工频电流没有衰减作用，主要用于衰减高频骚扰，常用的电源滤波器是共模扼流圈，它由一个扼流圈和三个电容组成。

1）对电源滤波器的要求如下：

a. 频率特征的一般衰减量 40～60dB。

b. 选择的泄漏电流应适中，泄漏电流大抗干扰性能好，但安全性差。

c. 旁路电容的耐压要高。

d. 通过最大电流时，电压降要小、温升要低。

e. 外壳应用金属材料制作。

2）安装注意事项如下：

a. 滤波器输入端和输出端的引线必须相互分开，以免由于分布电容耦合降低滤波性能。

b. 滤波器直接安装在电源线入口处，理想的情况下应与壳体相连，如装在产品内部，布线不要过长。

c. 滤波器外壳对地的射频阻抗必须接近零，接触面必须清洁、光滑，并且接触紧密和稳定。

d. 滤波器应安装在靠近需滤波的地方，其连接线要采取屏蔽。

(2) 高频滤波器。为了防止干扰进入或防止高频辐射，对某部分电路应进行屏蔽，因此对所有进出屏蔽盒的引线都要进行滤波，这种滤波器一般应为高频滤波器，用于滤去高频干扰。

高频干扰滤波器的典型结构类似于π型滤波器。高频滤波器的体积较小，一般采用穿芯式电容器及用铁氧体瓷芯制成的电感。穿芯式电容器的电感小、高频阻抗小。

(3) 铁氧体磁环。铁氧体磁环是一种吸收型滤波器，它使高频干扰的能量转化为热损耗。通常将铁氧体套在产品的电源输入线上，在其附近的一段线中具有单环扼流圈的特性，它的阻抗随着电流的频率变化，在高频范围内其磁导率高，阻抗增大，用于抑制高频。而在低频范围内，磁导率低，阻抗小，对低频信号没有作用。这是一种简易衰减高频骚扰的方法，对开关动作引起的瞬变骚扰和高频振荡波有效。

(4) 其他抑制电源输入线骚扰的方法。

1) 瞬变干扰抑制器。该设备可对预设的过电压进行能量转移。属于这类抑制器的有气体放电管、金属氧化物压敏电阻及齐纳二极管。

这些器件无论对共模骚扰，或对差模骚扰都有较大的抑制作用，这些抑制器应安装在电源输入线的线与线之间或线与地之间。

2) 普通隔离变压器。该变压器是一种一次侧与二次侧之间不存在电连接的变压器，在输入和输出之间具有隔离作用，对共模骚扰有一定的屏蔽作用，但由于分布电容的存在，变压器的隔离和屏蔽能力随着频率的升高而下降。

3) 屏蔽变压器。在变压器的一次侧与二次侧间增设电容性法拉第屏蔽层，以使变压器对高频部分具有隔离作用，这种变压器又称为屏蔽变压器。屏蔽层应与地相连，从而削弱了一次侧与二次侧间的分布电容作用，为干扰信号提供了一条高频通道，提高产品的抗共模骚扰的能力。

4) 噪声免除变压器。又称为超级隔离变压器，是一种多重屏蔽的变压器。它利用漏感来削弱差模骚扰，利用容抗来削弱共模骚扰。

超级隔离变压器在结构上是比较特殊的，关键在于处理好一次侧与二次侧绕组间的屏蔽关系，保证变压器具有一定量的漏感抗。

常见的结构形式有以下三种：

a. 一次侧绕组和二次侧绕组分别绕在不同的铁芯柱上，用两个屏蔽罩将其分别屏蔽。该结构的缺点是漏感抗压降大，电压调整率差，仅用于小功率变压器。

b. 一次侧绕组和二次侧绕组绕在同一铁芯柱上，各占铁芯的一半，分别用屏蔽罩将其屏蔽。两铁芯柱的一次侧绕组、二次侧绕组分别串联。整体变压器外面加屏蔽罩，结构复杂，电压调整率较好。

c. 一次侧与二次侧绕组按普通变压器制作，在一次侧与铁芯间，一次侧与二次侧绕组间加两层静电屏蔽层，每个铁芯柱的线圈上和整个变压器上各加一个屏蔽罩。

9.9.7 电磁兼容性试验

电磁兼容性试验主要包括设备电磁发射检测和设备抗扰度性能试验，见表 9-16。

表 9-16 电磁兼容性试验

序号		标准号	标准名称	等同或等效的国际标准	检验项目
1	电磁发射试验	GB 9254—1998	《信息技术设备的无线电骚扰限值和测量方法》	Idt CISPR 22：1997	测量传导、辐射发射限值
2		GB/T 6113.101～105—2008	《无线电骚扰和抗扰度测量设备和测量方法规范》	Idt CISPR 16—1—1～5	
3		GB/T 6113.201～204—2008	《无线电骚扰和抗扰度测量设备和测量方法规范》	Idt CISPR 16—2—1～4	
4		GB/T 17625.1—2003	《电磁兼容 限值 谐波电流发射限值（设备每相输入电流≤16A）》	Idt IEC 61000—3—2：2001	测量谐波电流限值
5		GB/T 17625.2—2007	《电磁兼容 限值 对每相额定电流≤16A且无条件接入的设备在公用低压供电系统中产生的电压变化、电压波动和闪烁的限制》	Idt IEC 61000—3—3：2005	测量电压波动闪烁限值
6	抗扰度试验	GB/T 17624.1—1998	《电磁兼容 综述 电磁兼容基本术语和定义的应用与解释》	Idt IEC 61000—1—1：1992	
7		GB/T 17626.1—2006	《电磁兼容 试验和测量技术 抗扰度试验 总论》	Idt IEC 61000—4—1：2000	
8		GB/T 17626.2—2006*	《电磁兼容 试验和测量技术 静电放电抗扰度试验》	Idt IEC 61000—4—2：2001	静电放电
9		GB/T 17626.3—2006	《电磁兼容 试验和测量技术 射频电磁场辐射抗扰度试验》	Idt IEC 61000—4—3：2006	射频电磁场辐射
10		GB/T 17626.4—2008*	《电磁兼容 试验和测量技术 电快速瞬变脉冲群抗扰度试验》	Idt IEC 61000—4—4：2004	电快速瞬变脉冲群骚扰
11		GB/T 17626.5—2008*	《电磁兼容 试验和测量技术 浪涌（冲击）抗扰度试验》	Idt IEC 61000—4—5：2005	浪涌（冲击）
12		GB/T 17626.6—2008	《电磁兼容 试验和测量技术 射频场感应的传导骚扰抗扰度》	Idt IEC 61000—4—6：2006	射频场感应的传导骚扰
13		GB/T 17626.7—2008	《电磁兼容 试验和测量技术 供电系统及所连设备谐波、谐间波的测量和测量仪器导则》	Idt IEC 61000—4—7：2002	
14		GB/T 17626.8—2006	《电磁兼容 试验和测量技术 工频磁场抗扰度试验》	Idt IEC 61000—4—8：2001	工频磁场骚扰
15		GB/T 17626.9—1998	《电磁兼容 试验和测量技术 脉冲磁场抗扰度试验》	Idt IEC 61000—4—9：1993	脉冲磁场骚扰

续表

序号		标准号	标准名称	等同或等效的国际标准	检验项目
16	抗扰度试验	GB/T 17626.10—1998	《电磁兼容　试验和测量技术　阻尼振荡磁场抗扰度试验》	Idt　IEC　61000—4—10：1993	阻尼振荡磁场骚扰
17		GB/T 17626.11—2008	《电磁兼容　试验和测量技术　电压暂降、短时中断和电压变化抗扰度试验》	Idt　IEC　61000—4—11：2004	电压暂降、短时中断和电压变化
18		GB/T 17626.12—1998*	《电磁兼容　试验和测量技术　振荡波抗扰度试验》	Idt　IEC　61000—4—12：1995	振荡波骚扰

*表示电力系统中通常采用该标准进行的试验项目。

10 直流系统导体选择

10.1 直流屏主母线选择

10.1.1 对直流屏主母线的要求

在大容量的发电厂和超高压变电站中，所采用的蓄电池容量较大，而且出线回路较多，规模较大，从而通过直流母线的负荷电流较大，发生短路故障时，通过直流母线的短路电流也很大，特别是对于大型阀控式密封铅酸蓄电池，由于其内阻小、开路电压高，短路电流更大，往往达到20～30kA。所以对直流屏主母线要合理选型。一般情况下，直流屏主母线应满足下述要求：

（1）直流屏主母线应选用阻燃绝缘铜母线。

（2）主母线应按蓄电池1h放电率（终止电压为1.80V）计算长期允许载流量，并根据短路电流校验热稳定。

当无确切数据时，蓄电池1h放电率可按蓄电池额定容量（C_{10}）的55%～60%，即按0.55～0.60C_{10}A进行估算。

（3）直流电屏主母线宜布置在屏（柜）上部，也可布置在屏（柜）中部，母线两端必须用母线夹具或绝缘子牢牢固定。母线夹具或绝缘子应能耐受50kA（交流有效值，1min）短路电流。

（4）正、负极母线间距离应不小于60mm，母线跨度不应超过1000mm，当屏（柜）宽超过1000mm时，应在屏顶增加支撑。

10.1.2 主母线参考数据

根据持续电流和短路电流的估算，用于不同容量蓄电池直流屏的主母线选择结果见表10-1。

表10-1　直流屏主母线选择表

序　号	蓄电池容量 C_{10}(Ah)	蓄电池1h放电率(A)	蓄电池出口短路电流(kA)	选用铜导体截面(mm^2) 正负极母线间最小距离60mm	
				屏宽800mm	屏宽1000mm
1	500及以下	300	4.717	60×6	60×6
2	1000	580	8.477	60×6	60×6

续表

序　号	蓄电池容量 C_{10}(Ah)	蓄电池 1h 放电率 (A)	蓄电池出口短路电流(kA)	选用铜导体截面(mm^2) 正负极母线间最小距离 60mm	
				屏宽 800mm	屏宽 1000mm
3	1500	870	14.151	80×8	80×8
4	2000	1160	16.954	80×8	80×10，100×8
5	2500	1450	21.684	80×10，100×8	2(80×8)，100×10
6	3000	1740	25.529	2(80×8)，100×10	2(100×10)

注　本表短路电流是按某型阀控式密封电池数据计算的，仅供参照。实际工程中，应采用实际型号的蓄电池数据进行计算。

对于小型直流电源成套装置，直流屏主母线长期持续电流较小，但考虑到短路的稳定性和长期运行的安全可靠性，主母线铜导体截面可根据蓄电池容量 100～300Ah，按 50mm×4mm～60mm×6mm 选择。

如表 10-2 所示为矩形铜、铝导体的长期允许载流量。

表 10-2　　**矩形铜、铝导体长期允许载流量**　　A

导体截面	单　条				双　条			
	平　放		竖　放		平　放		竖　放	
	铜	铝	铜	铝	铜	铝	铜	铝
40×4	609	480	638	503				
50×4	744	586	778	613				
50×5	839	661	878	692				
63×6.3	1155	910	1209	952	1789	1409	1964	1547
63×8	1318	1038	1378	1085	2067	1628	2256	1777
63×10	1483	1168	1550	1221	2317	1825	2532	1994
80×8	1491	1174	1689	1330	2471	1946	2706	2131
100×8	1958	1542	2043	1609	2918	2298	3195	2516
100×10	2232	1728	2289	1803	3248	2558	3550	2796

10.2　选择电缆截面的基本数据

直流电力电缆截面按电缆导体的长期允许载流量计算选择，并按电缆允许的电压降校验，计算公式如下

$$KI_{PC} \geqslant I_{ca1} \tag{10-1}$$

$$S_{cn} = \frac{\rho 2LI_{ca2}}{\Delta U_p} \tag{10-2}$$

式中　K——由环境温度和敷设条件决定的电缆载流量修正系数；

I_{PC}——电缆允许载流量，A；

I_{ca1}——直流回路长期工作电流，A；

I_{ca2}——直流回路短时工作电流，A，该电流选取时应尽量准确，当该电源过大，导致电缆截面选择困难时，应结合实际核减不落实的直流电源；

S_{cn}——电缆计算截面，mm^2，选择时，根据计算截面选取标称截面；

ρ——导体电阻系数，对于铜导体 $\rho=0.0184\Omega\cdot mm^2/m$；对于铝导体 $\rho=0.031\Omega\cdot mm^2/m$；

L——电缆长度，m；

ΔU_p——回路允许电压降，V。

由式（10-2）可以看出，选择导体截面的基本数据有以下四项：

（1）导体材质。常用导体材质有铜、铝，用于直流系统的导体材质一般为铜。导体截面与导体材质的导体系数成正比。

（2）导体长度。导体截面与导体长度成正比。

（3）直流负荷。导体截面正比于直流负荷电流。要正确、合理选择工作电流。

（4）导体允许电压降。导体截面反比于允许的电压降。导体允许电压降取决于负荷的性质和直流回路性质。

10.2.1 直流负荷电流

直流负荷电流与直流系统容量有关，与负荷本身性质有关。一般情况下，较大负荷电流的回路主要有：蓄电池回路、充电装置回路、交流不停电电源回路、直流电动机回路以及事故照明回路等，其他回路电流一般较小。直流回路电流计算详见第 8 章。表 10-3 列出了不同性质回路电流的计算公式。

表 10-3　　直流系统不同性质回路的计算电流

<table>
<tr><th colspan="2">回路名称</th><th>计算电流或计算公式</th><th>备　注</th></tr>
<tr><td colspan="2">蓄电池回路</td><td>$I_{ca1}=I_{d,1h}$
$I_{ca2}=I_{cho}$</td><td>$I_{d,1h}$——蓄电池 1h 放电电流；*
I_{cho}——事故初期（1min）冲击放电电流</td></tr>
<tr><td colspan="2">充电装置输出回路</td><td>$I_{ca1}=I_{ca2}=I_{cN}$</td><td>I_{cN}——充电装置额定电流</td></tr>
<tr><td rowspan="7">直流馈线</td><td>直流电动机回路</td><td>$I_{ca1}=I_{nM}$
$I_{ca2}=I_{stM}=K_{stM}\cdot I_{nM}$</td><td>$K_{stM}$——电动机启动电流系数 2.0；
I_{stM}——电动机启动电流；
I_{nM}——电动机额定电流</td></tr>
<tr><td>电磁机构合闸回路</td><td>$I_{ca2}=I_{cl}$</td><td>I_{cl}——合闸线圈合闸电流</td></tr>
<tr><td>交流不停电电源输入回路</td><td>$I_{ca1}=I_{ca2}=I_{Un}/\eta$</td><td>$I_{Un}$——装置的额定功率/直流系统标称电压；
η——装置的效率</td></tr>
<tr><td>事故照明回路</td><td>$I_{ca1}=I_{ca2}=I_{e}$</td><td>I_{e}——照明馈线计算电流</td></tr>
<tr><td>控制、保护和信号回路</td><td>$I_{ca1}=I_{ca2}=I_{cc}$
$I_{ca1}=I_{ca2}=I_{cp}$
$I_{ca1}=I_{ca2}=I_{cs}$</td><td>I_{cc}——控制馈线计算电流；
I_{cp}——保护馈线计算电流；
I_{cs}——信号馈线计算电流</td></tr>
<tr><td>直流分电柜回路</td><td>$I_{ca1}=I_{ca2}=I_{cd}$</td><td>I_{cd}——直流分电柜计算电流</td></tr>
<tr><td>DC/DC 变换器输入回路</td><td>$I_{ca1}=I_{ca2}=I_{Tn}/\eta$</td><td>$I_{Tn}$——变换器的额定功率/直流系统标称电压；
η——变换器的效率</td></tr>
</table>

* 对于事故停电时间大于 1h 的发、变电工程应注意，如果没有因时间增加而增加负荷，如无人值班变电站，事故停电时间为 2h，其事故负荷与原来 1h 时具有相同的负荷，一些大于 1h 的发电工程等，蓄电池回路电流应选择实际停电时间，如 2h 或 3h 放电电流。

工程计算中，应根据工程规模、负荷特性，正确、准确统计计算，当缺乏资料时，本手册相关数据可供参考。

要注意，在选择直流回路的电流时，要认真分析、合理选择。在选择蓄电池容量时，考虑一些可能的、但不确切的负荷，如火力发电机组的 1min 负荷是允许的，目的是保证蓄电池容量有足够的裕度，但在具体选择某一回路的电流时，要认真分析、不必考虑没有任何依据的、过渡夸大的负荷，以免过大的电流导致导体截面而无法选择。

10.2.2 直流回路的允许电压降

如表 10-4 所示列出了直流系统不同性质回路的允许电压降。显然，允许电压降取决于放电过程中蓄电池的端电压和负荷允许的最低电压。电压降包括两部分，一部分是蓄电池输出端子到直流进线屏之间的压降；另一部分是直流馈线屏到直流负荷端子之间的压降（见图 10-1）。

根据 DL/T 5044—2004 规定，直流系统事故放电过程中，蓄电池允许的最低放电电压为标称电压的 87.5%（动力负荷）和 85%（控制负荷），直流电动机和断路器操动机构允许的最低电压为标称电压的 85%，一般直流负荷为 80%或更低。由此，直流回路允许的电压降，直流电动机和断路器操动机构回路应不小于直流标称电压的 2.5%，其他回路约为 5% 及以上。当所选择的蓄电池容量大于计算容量时，应通过计算，求取实际的电压降。

表 10-4　　直流系统不同性质回路允许电压降

<table>
<tr><th colspan="2" rowspan="2">回路名称</th><th colspan="2">允许电压降</th><th rowspan="2">备　注</th></tr>
<tr><th>电压控制法</th><th>阶梯计算法</th></tr>
<tr><td colspan="2">蓄电池回路</td><td>$\Delta U_p \geqslant 1\% U_n$</td><td>$\Delta U_p \leqslant 1\% U_n$</td><td></td></tr>
<tr><td colspan="2">直流分电柜回路</td><td>$\Delta U_p \geqslant 1\% U_n$</td><td>$\Delta U_p = (0.5\% \sim 1\%) U_n$</td><td rowspan="6">$U_n$——直流系统标称电压；
U_{D0}——蓄电池放电末期或某一严重放电（即最低电压）阶段末期端电压；
K_1——电动机启动电压系数，取 $K_1 = 0.85$；
K_2——电磁机构合闸电压系数，取 $K_2 = 0.85$；
K_3——装置允许最低工作电压系数，取 $K_3 = 0.80$</td></tr>
<tr><td colspan="2">充电输出回路</td><td>$\Delta U_p \geqslant 2\% U_n$</td><td>$\Delta U_p = (1.5\% \sim 2\%) U_n$</td></tr>
<tr><td rowspan="3">直流负荷馈线</td><td>直流电动机回路</td><td>$\Delta U_p = U_{D0} - K_1 U_n$
（计算电流取 I_{ca2}）
$\Delta U_p = U_{Dm} - K_1 U_n$
（计算电流取 I_{ca1}）</td><td>$\Delta U_p = 2.5\% U_n$
（计算电流取 I_{ca1}）</td></tr>
<tr><td>电磁机构合闸回路</td><td>$\Delta U_p = U_{Dm} - K_2 U_n$</td><td>$\Delta U_p = 2.5\% U_n$</td></tr>
<tr><td>交流不停电电源回路</td><td>$\Delta U_p = U_{Dm} - K_3 U_n$</td><td>$\Delta U_p = (3\% \sim 5\%) U_n$</td></tr>
<tr><td rowspan="3">直流负荷馈线</td><td>事故照明回路</td><td>$\Delta U_p = U_{Dm} - K_3 U_n$</td><td>$\Delta U_p = (1.5\% \sim 2\%) U_n$</td></tr>
<tr><td>控制、保护和信号回路</td><td>$\Delta U_p = U_{Dm} - K_3 U_n$</td><td>$\Delta U_p = 5\% U_n$</td><td></td></tr>
<tr><td>DC/DC 变换器回路</td><td>$\Delta U_p = U_{Dm} - K_3 U_n$</td><td>$\Delta U_p = (0.5\% \sim 1\%) U_n$</td><td></td></tr>
</table>

注　1. 对电压控制法，不同回路允许电压降（ΔU_p）应根据蓄电池容量选择中电压水平计算的结果来确定，一般均不小于阶梯计算法所取数值。对阶梯计算法可按 10.3 方法进行估算。

2. 计算电磁机构合闸回路电压降，应保证最远一台断路器可靠合闸。在环形网络供电时，应按任一侧电源断开的最不利条件计算。

3. 对环形网络供电的控制、保护和信号回路的电压降，应按直流柜至环形网络最远断开点的回路计算。

在蓄电池的容量计算中，都要预先计算或给定电池的终止放电电压。例如：对于不设端电池的铅酸蓄电池，则根据电池的类别（防酸隔爆、或阀控密封式等）和使用场合（发电厂、变电站等）的不同，取 1.8、1.83 或 1.87V；对于镉镍碱性电池，则通常取 1.07、

1.01 或 1.15V，以满足直流负荷限定电压的要求。

由于蓄电池的实际容量一般都大于计算容量，而通过电缆的计算电流各有不同，故在计算电缆截面时，首先要计算最不利情况下的蓄电池端电压，[即事故放电初期（1min）；事故放电末期；事故放电末期承受 5s 冲击三种情况中电压最低的] 而不应采用上述预先给定的一般数据。然后再根据蓄电池端电压的大小确定如图 10-1 所示中 ΔU_{p1} 和 ΔU_{p2} 的值。

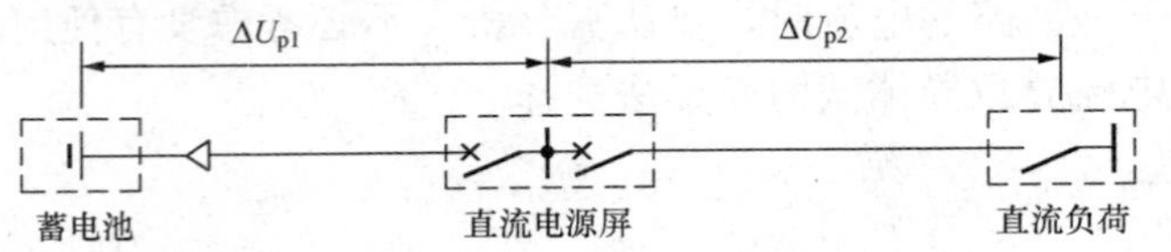

图 10-1　集中辐射供电压降示意图

当设有直流分电屏时，直流回路压降计算应考虑蓄电池至直流主屏、主屏至直流分屏以及分屏至直流负荷各分段的电压降（见图 10-2）。即

$$\Delta U_{p} = \Delta U_{p1} + \Delta U_{p2} + \Delta U_{p3} \tag{10-3}$$

式中　ΔU_{p1}——蓄电池至直流主配电屏的压降；

ΔU_{p2}——直流主配电屏至直流分电屏的压降；

ΔU_{p3}——直流分电屏至直流负荷端的压降。

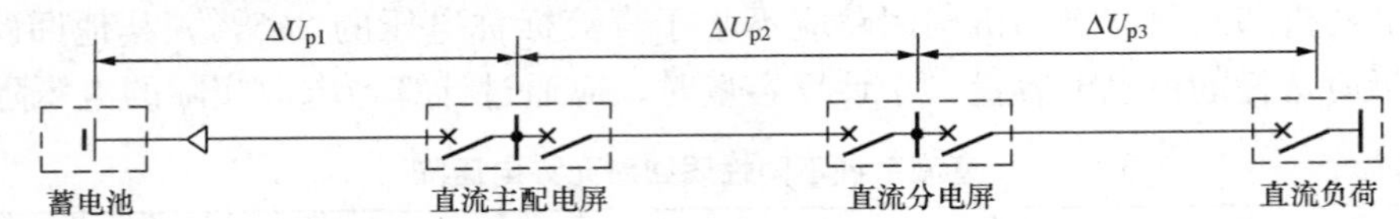

图 10-2　分散辐射供电压降示意图

选择导体截面时，应注意各段馈线的压降限值，其中，ΔU_{p1}、ΔU_{p2} 宜各为 $0.5\%U_N$ 以下，其目的是为 ΔU_{p3} 留有足够的余量，以使分屏至负载的电缆截面限制在 $6mm^2$ 以下。为达到该要求，蓄电池至直流主屏距离应尽量短，宜不超过 10～20m。通常小容量电池，直接装柜（屏）布置在直流主屏的旁边，中容量电池宜直接布置在直流主屏的附近（如隔壁分室布置）。直流主屏至直流分屏的距离难以人为控制，可采用较大的电缆截面。ΔU_{p3} 一般为 $1.5\%U_N$ 以上，最大控制在 $(3\%\sim5\%)U_N$，由于单回路负荷电流较小，从而导线截面可控制在 $4\sim6mm^2$ 以内。如表 10-5 所示列出了电压降为 0.5%～5%范围内，负荷电流按 5A 计算，负载距电池的距离与导线截面的关系。

表 10-5　　不同电压降、不同距离条件下的最小允许电缆截面

压降百分数与压降数			不同距离条件下的最小允许截面（mm^2）					
220V(%)	110V(%)	数值(V)	50	100	150	200	250	300
	0.5	0.55	16	35	50	70	95	120
0.5	1.0	1.1	10	16	25	35	50	50
1.0	2.0	2.2	6	10	16	16	25	25
1.5	3.0	3.3	4	6	10	16	10	16
2.0	4.0	4.4	2.5	6	6	10	10	16
2.5	5.0	5.5	2.5	4	6	10	10	10
3.0	6.0	6.6	2.5	4	6	6	6	10
3.5	7.0	7.7	2.5	2.5	4	6	6	10
4.0	8.0	8.8	2.5	2.5	4	6	6	10
4.5	9.0	9.9	2.5	2.5	4	4	6	6
5.0	10.0	11.0	2.5	2.5	2.5	4	6	6

由表 10-5 可以看出以下内容。

（1）直流负荷电流反比于直流系统额定电压，提高直流系统额定电压，可减小导体的截面。所以，对于一些规模较大的发电厂和变电站，应通过技术经济比较后，合理选择直流系统额定电压，进而优选导体截面。

（2）减小电缆长度或适当增大电池容量、提高电池运行电压，可有效减小电缆截面。

10.3 蓄电池实际放电电压水平估算

10.3.1 放电终止电压计算的必要性

计算容量是根据给定负荷和放电终止电压计算得出的。而根据计算容量所确定的标称容量 C_{10}，一般大于计算容量，所以选定容量所对应的放电终止电压必然大于原先确定的放电终止电压。该电压的确定对于估算直流母线电压水平、选择直流电缆截面是十分必要的。

10.3.2 放电终止电压计算方法

蓄电池的放电特性，与很多因素有关，如蓄电池的保持容量、放电时间、放电的原始状态、环境温度、事故放电负荷等。而且这些因素的影响都不是线性的，所以要准确计算不同状态下的放电终止电压是十分困难的，只有在一定的假定条件下，进行近似估算。可以假定，在小范围内容量换算系数曲线，可以用直线逼近。这样，在小变化范围内，容量换算系数与放电终止电压具有线性反比关系，而放电终止电压与容量也近似具有线性正比关系。

由于在小范围内标称容量最大限度的接近计算容量，所以采用直线解析法是可行的。

由曲线 $K_c=f_1(t)$，U=常数和曲线 $K_{cc}=f_2(t)$，U=常数 看出（见图 10-3），对于确定的放电时间，由于两组曲线彼此接近平行，可以说明它们的近似线性关系为 $U=f_3(K_c)$ 和 $U=f_4(C)$（见图 10-4）。

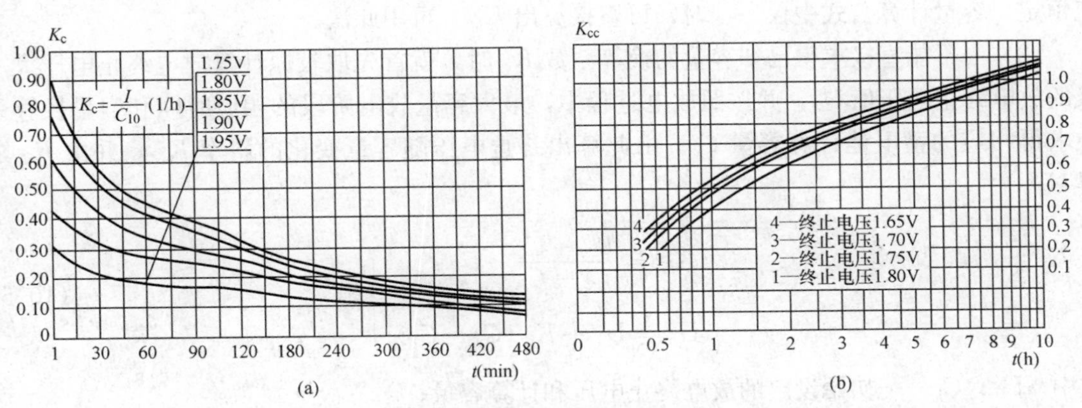

图 10-3 容量换算系数曲线

(a) $K_c=f_1$ (t)；(b) $K_{cc}=f_2$ (t)

试验分析证明，在蓄电池容量变化范围较小时，其放电末期电压与放电容量（最终选定的蓄电池容量）具有近似的线性关系，即 $U_{mf}=kC_n$。

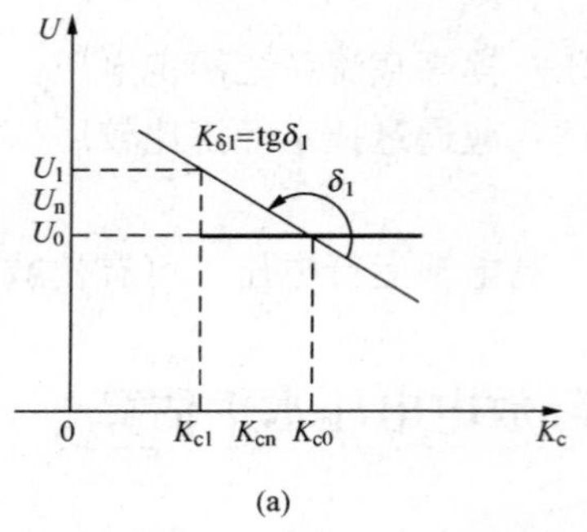

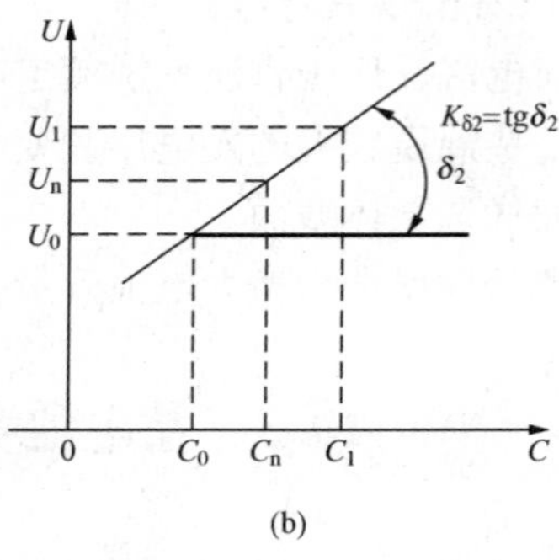

图 10-4　放电终止电压与换算系数、放电容量的关系示意图

(a) $U=f_3$（K_c）；(b) $U=f_4$（C）

由上述近似线性关系可得出终止电压的近似计算公式。

（1）当能直接求得对应于已知计算容量的容量换算系数 K_{cn}时，可求出对应于 K_{cn}的 U_n

$$\left.\begin{aligned} K_{cn} &= \frac{K_{c0}C_n}{C_{10}} \\ K_{\delta1} &= \frac{U_1 - U_0}{|K_{c1} - K_{c0}|} \\ U_n &= U_0 + K_{\delta1}(K_{cn} - K_{c0}) \end{aligned}\right\} \tag{10-4}$$

式中　U_0，K_{c0}，C_{10}——计算蓄电池容量时给定的放电终止电压、相应给定时间的容量换算系数和蓄电池容量计算值；

U_1，K_{c1}——较 U_0 大 1 级的放电终止电压和容量换算系数；

C_n，K_{cn}，U_n——对应于蓄电池选择容量、容量换算系数和放电末期电压；

$K_{\delta1}$——在 U_0～U_1 区间内，U 随 K_c 变化的斜率。

一般情况下，当蓄电池容量由初始短时（1min）放电阶段决定、或放电过程中放电电流恒定、容量计算公式中仅一项时，可直接算出 K_{cn}，可用此法。

（2）当不能直接求得已知容量的换算系数 K_{cn}时，就首先取较原计算放电终止电压大一级的放电终止电压值 U_2，并按照放电过程中，最大容量放电阶段的相应时间和容量换算系数求得相应的蓄电池计算容量 C_2。由此算出终止电压随容量变化的斜率 $K_{\delta2}$，并由 $K_{\delta2}$ 求得 U_n

$$\left.\begin{aligned} K_{\delta2} &= \frac{U_2 - U_1}{C_2 - C_1} \\ U_n &= U_1 + K_{\delta2}(C_n - C_1) \end{aligned}\right\} \tag{10-5}$$

式中　U_1，C_1——初始设定的放电终止电压和计算容量；

U_2，C_2——较 U_1 大 1 级的放电终止电压和计算容量；

U_n，C_n——对应最终选择容量和估算的终止放电电压。

如表 10-6 所示为蓄电池在各种工况下的电压水平校验，以便为导线截面选型计算提供条件。

表 10-6　　　　蓄电池电压水平校验

序　号	项目名称	符　号	单　位	技术参数或计算结果
		原　始　数　据		
1	直流系统标称电压	U_n	V	
2	选定的蓄电池类型			阀控密封贫液铅酸蓄电池
3	选定的单体蓄电池浮充电压	U_{fl}	V	
4	选定的单体蓄电池均充电压	U_{eql}	V	
5	选定的单体蓄电池放电末期电压	U_{finl}	V	
6	计算蓄电池容量的可靠系数	K_{rel}		通常取 1.4
		计　算　及　校　验　结　果		
7	蓄电池计算容量	C_c	Ah	
8	选定的蓄电池额定容量	C_{10}	Ah	
9	选定蓄电池 10h 放电电流	I_{10}	A	
10	选定蓄电池 1h 放电电流	I_1	A	
11	单体蓄电池放电末期计算电压	U_{fcl}	V	
12	蓄电池组放电末期计算端电压	U_{fc}	V	
13	单体蓄电池放电初期计算电压	U_{0cl}	V	
14	蓄电池组放电初期计算电压	U_{0c}	V	
15	单体蓄电池最严重放电阶段计算电压	U_{mcl}	V	
16	蓄电池组最严重放电阶段计算端电压	U_{mc}	V	
17	蓄电池组最严重放电阶段			
18	蓄电池组电池数量		个	
19	正常浮充状态下直流屏母线电压	U_{fn}	V	
20	蓄电池均充状态下直流屏母线电压	U_{eqn}	V	

注　当选择容量与计算容量之差≤选择容量的 5%时，可不进行电压水平估算，直流系统电压水平可采用初始设定的数据。

10.4 电缆选型

10.4.1　电缆选型基本原则

（1）直流电缆一般选用双芯电缆，当负荷电流较大而需要较大电缆截面时可采用单芯电缆。

（2）蓄电池的正、负极引出线，宜采用单极电缆（单芯，截面较大时，可双芯或多芯并接）引出。

（3）直流系统电缆，特别是保护、控制和信号回路电缆，直流电源回路电缆，交流不间断电源装置电源电缆，重要的事故照明电缆等应采用铜芯电缆。

（4）直流电缆宜选用聚氯乙烯绝缘、聚氯乙烯护套电缆，在不宜采用聚氯乙烯绝缘电缆的高温场所，应选用耐热聚氯乙烯电缆或普通交联聚乙烯、辐照式交联聚乙烯等耐热型电缆。在不宜采用聚氯乙烯绝缘电缆的低温环境，可选用油纸绝缘或聚乙烯绝缘电缆。电缆在托架上敷设时，可采用全塑电缆，在支架上或穿管敷设时，可选用钢带铠装电缆。

（5）直流电缆的绝缘水平不应低于500V，当选用全塑电缆且用可能受外部过电压影响和要求有较高绝缘水平的场所时，可提高其额定电压等级。一般选用450/750V，220kV配电装置中敷设的直流电缆或要求较高绝缘水平的场合，可选用600/1000V或1000/1000V。

（6）双重化保护电源、跳闸电源应采用独立的控制电缆，强、弱电信号回路、高、低电平信号回路、重要的弱电操作回路，均不得合用一根控制电缆。对位于电磁干扰影响区域的控制、信号回路，高压配电装置内的控制、信号回路，计算机监测信号回路以及用于微机保护、自动装置的控制、信号电缆，均应采用可靠的屏蔽电缆。

（7）发生火灾时，要求持续通电的事故照明、断路器操作控制电源、事故保安电源、计算机监控、继电保护等的电源电缆，应选用耐火电缆或采取耐火防护措施。有低毒难燃性防火要求时，可采用不含卤素的交联聚乙烯等类电缆。

直流电缆的选型和敷设应执行GB 50217—2007《电力工程电缆设计规范》的规定。

10.4.2 电缆选型

（1）电力电缆。电力电缆主要由导体、绝缘层、护套和外护层四部分组成。各部分的功能、材料构成如下：

1）导体采用铜材或铝材，用作电流的载体。

2）绝缘层包在导体外面，作为导体的绝缘介质。绝缘材料分为油纸、橡皮和塑料三种。

3）护套用于保护绝缘层。护套分为铅包、铝包、铜包、不锈钢包和综合护套等。

4）外护层用于承受机械外力或拉力作用，避免电缆受损，外护层主要有钢带和钢丝两种。

常用电力电缆型号各部分代号及其含义如表10-7所示。

表10-7　电力电缆型号各部分代号及其含义

类别、用途	导　体	绝　缘	内护层	特　征	铠装层	外　护
V—聚氯乙烯塑料绝缘电缆； X—橡皮绝缘电缆； YJ—交联聚乙烯绝缘电缆	L—铝芯； T—铜芯，（一般省略）	V—聚氯乙烯； X—橡皮； Y—聚乙烯	H—橡套； F—氯丁橡皮套； L—铝套； V—聚氯乙烯套； Y—聚乙烯套； Q—铅套	F—分相护套； P—贫油干绝缘； CY—充油； D—不滴流； P—屏蔽； Z—直流	0—无； 2—双钢带； 3—细圆钢丝； 4—粗圆钢丝	0—无； 1—纤维层； 2—聚氯乙烯套； 3—聚乙烯套

各类常用电缆的应用场合见表10-8～表10-10。

表10-8　常用交联聚乙烯电缆的型号、名称、应用场合

型号		名　称	应用场合
铜　芯	铝　芯		
YJV YJY	YJLV YJLY	交联聚乙烯绝缘，聚乙烯、聚氯乙烯护套电缆	室内、隧道内及管道中，可经受一定的敷设牵引，但不能承受机械外力作用，单芯电缆不允许敷设在磁性材料管道中

续表

型号		名称	应用场合
铜芯	铝芯		
YJV22	YJLV22	交联聚乙烯绝缘，聚氯乙烯护套内钢带铠装电缆	室内、隧道内、管道及埋地敷设，能承受机械外力作用，但不能承受大的拉力
YJV32	YJLV32	交联聚乙烯绝缘，聚氯乙烯护套内钢丝铠装电缆	可敷设在高落差地区或矿井、水中，能承受相当的拉力和机械外力作用

注 1kV 交联电缆可生产 A、B、C 类阻燃电缆和耐火电缆。

表 10-9 常用聚氯乙烯电缆的型号、名称、应用场合

型号		名称	应用场合
铜芯	铝芯		
VV	VLV	聚氯乙烯绝缘，聚氯乙烯护套电缆	室内、隧道内、电缆沟、管道中、易燃及严重腐蚀地方，不能承受机械外力作用
VY	VLY	聚氯乙烯绝缘，聚乙烯护套电缆	室内、管道、电缆沟及严重腐蚀地方，不能承受机械外力作用
VV22	VLV22	聚氯乙烯绝缘钢带铠装聚氯乙烯护套电缆	室内、隧道内、电缆沟、地下、易燃及严重腐蚀地方，不能承受拉力作用
VV23	VLV23	聚氯乙烯绝缘钢带铠装聚乙烯护套电缆	室内、电缆沟、地下及严重腐蚀地方，不能承受拉力作用
VV32	VLV32	聚氯乙烯绝缘细钢丝铠装聚氯乙烯护套电缆	地下、竖井、水中、易燃及严重腐蚀地方，不能承受大的拉力作用
VV33	VLV33	聚氯乙烯绝缘细钢丝铠装聚乙烯护套电缆	地下、竖井、水中及严重腐蚀地方，不能承受大拉力作用
VV42	VLV42	聚氯乙烯绝缘粗钢丝铠装聚氯乙烯护套电缆	竖井、易燃及严重腐蚀地方，能承受大拉力作用
VV43	VLV43	聚氯乙烯绝缘粗钢丝铠装聚乙烯护套电缆	竖井及严重腐蚀地方，能承受大拉力作用

表 10-10 常用屏蔽电缆的型号和名称

型号				名称
铜芯		铝芯		
屏蔽	阻燃屏蔽	屏蔽	阻燃屏蔽	
VV-P		VLV-P		聚氯乙烯绝缘聚氯乙烯护套屏蔽电力电缆
	ZR-VV-P		ZR-VLV-P	聚氯乙烯绝缘聚氯乙烯护套阻燃屏蔽电力电缆
YJV-P		VJLV-P		交联聚乙烯绝缘聚氯乙烯护套屏蔽电力电缆
	ZR-VJV-P		ZR-VJLV-P	交联聚乙烯绝缘聚氯乙烯护套阻燃屏蔽电力电缆
VV22-P		VLV22-P		聚氯乙烯绝缘钢带铠装聚氯乙烯护套屏蔽电力电缆
J	ZR-VV22-P		ZR-VLV22-P	聚氯乙烯绝缘钢带铠装聚氯乙烯护套阻燃屏蔽电力电缆
YJV22-P		VJLV22-P		交联聚乙烯绝缘钢带铠装聚氯乙烯护套屏蔽电力电缆
	ZR-VJV22-P		ZR-VJLV22-P	交联聚乙烯绝缘钢带铠装聚氯乙烯护套阻燃屏蔽电力电缆

注 1. 阻燃电缆，在原电缆型号前加“ZR-”，特种阻燃电缆加“TZR-”；对低烟、低卤阻燃电缆，在“ZR”前加 D，即“DZR”。

2. 耐火电缆，在原电缆型号前加“NH-”。

（2）控制电缆。常用的控制电缆为聚氯乙烯绝缘聚氯乙烯护套，根据环境条件可选用屏蔽型、阻燃性、低烟低卤阻燃型或耐火型。控制电缆的额定电压一般为450/750V；缆芯采用铜芯；标称截面有0.75，1，1.5，2.5，4，6和10mm²，芯数有2，3，4，5，7，8，10，12，14，16，19，24，27，30，37，44，48，52，61。控制电缆的型式规格和应用范围如表10-11和表10-12所示。

表10-11　控制电缆的型式、截面和芯数配置

型　号	额定电压（V）	导体标称截面（mm^2）							
		0.5	0.75	1	1.5	2.5	4	6	10
		芯　数							
KVV，KVVP	450/750		2～61				2～14		2～10
KVVP2				2～61			4～14		4～10
KVV22			7～61				4～14		4～10
KVVR		4～61							
KVVRP		4～61			4～48				

表10-12　控制电缆的型式、名称和应用场合

型　号	名　称	应　用　场　合
KVV	聚氯乙烯绝缘聚氯乙烯护套控制电缆	室内、电缆沟、管道等固定场合
KVVP	聚氯乙烯绝缘聚氯乙烯护套铜丝编织屏蔽控制电缆	室内、电缆沟、管道等要求屏蔽的固定场合
KVVP2	聚氯乙烯绝缘聚氯乙烯护套铜带屏蔽控制电缆	室内、电缆沟、管道等要求屏蔽的固定场合
KVV22	聚氯乙烯绝缘聚氯乙烯护套钢带铠装控制电缆	室内、电缆沟、管道等能承受较大机械外力的固定场合
KVVR	聚氯乙烯绝缘聚氯乙烯护套控制软电缆	室内、移动且要求柔软的场合
KVVRP	聚氯乙烯绝缘聚氯乙烯护套铜丝编织屏蔽控制软电缆	室内、移动且要求柔软、屏蔽的场合
ZR-(NH-)	阻燃(耐火)型控制电缆	有阻燃(耐火)或其他消防要求的场合
ZRDL-(NHDL)	低卤阻燃(耐火)型控制电缆	有阻燃(耐火)和低烟、低卤、低毒要求的场合

特殊需要时可采用交联聚乙烯绝缘控制电缆，该型电缆具有高机械强度、优良的电气性能和耐化学腐蚀等特点，重量轻，结构简单，使用方便，有阻燃型、耐火型以及无氯低烟阻燃型等多种型式。交联聚乙烯（XLPE）绝缘和聚氯乙烯（PVC）绝缘控制电缆的使用特性比较如表10-13所示。

表10-13　XLPE控制电缆与PVC控制电缆使用特性比较

比　较　项　目	绝缘型式和使用特性	
	XLPE	PVC
额定电压，U_0/U（V）	450/750	450/750
长期允许工作温度（℃）	90	70

续表

比较项目	绝缘型式和使用特性	
	XLPE	PVC
电缆敷设的最低允许温度（℃）	0	0
敷设允许弯曲半径（电缆外径的倍数）	无铠装-6，有铠装或铜带屏蔽-12	无铠装-6，有铠装或铜带屏蔽-12
可派生产品	阻燃、耐火、无氯低烟阻燃、屏蔽	阻燃、耐火、无氯低烟阻燃、屏蔽
产品型号（普通型）	KVV，KVVP，KVVP2，KVV22，KVV32，KVVP2-22，KVVR，KVVRP	KYJV，KYJVP，KYJVP2，KYJV22

（3）电缆导体的直流电阻。电力电缆的导体直流电阻如表10-14所示，控制电缆的导体直流电阻如表10-15所示。

表10-14　　电力电缆的导体直流电阻

标称截面（mm^2）	直流电阻（+20℃，Ω/km）≤		标称截面（mm^2）	直流电阻（+20℃，Ω/km）≤	
	铜	铝		铜	铝
1.5	12.1	—	95	0.193	0.320
2.5	7.41	—	120	0.153	0.253
4	4.61	7.41	150	0.124	0.206
6	3.08	4.61	185	0.099 1	0.164
10	1.83	3.08	240	0.075 4	0.125
16	1.05	1.91	300	0.060 1	0.100
25	0.727	1.20	400	0.047	0.077 8
35	0.524	0.868	500	0.036 6	0.060 5
50	0.387	0.641	630	0.028 3	0.046 9
70	0.268	0.443	800	0.022 1	0.036 7

注　本表系生产研究单位设计数据，仅供参考。

表10-15　　控制电缆的导体直流电阻

标称截面（mm^2）	导体结构		直流电阻（+20℃，Ω/km）≤	
	种类	根数/单线标称截面（mm^2）	不镀锡	镀锡
0.5	3	16/0.20	39.0	40.1
0.75	1	1/0.97	24.5	24.8
0.75	2	7/0.37	24.5	24.8
0.75	3	24/0.20	26.0	26.7
1.0	1	1/1.03	18.1	18.2
1.0	2	7/0.43	18.1	18.2
1.0	3	32/0.20	19.5	20.0
1.5	1	1/1.38	12.1	12.2
1.5	2	7/0.52	12.1	12.2
1.5	3	30/0.25	13.3	13.7
2.5	1	1/1.78	7.41	7.56
2.5	2	7/0.68	7.41	7.56

续表

标称截面（mm^2）	导体结构		直流电阻（+20℃，Ω/km）≤	
	种　类	根数/单线标称截面（mm^2）	不镀锡	镀　锡
2.5	3	50/0.25	7.98	8.21
4	1	1/2.25	4.61	4.70
4	2	7/0.85	4.61	4.70
6	1	1/2.76	3.08	3.11
6	2	7/1.04	3.08	3.11
10	2	7/1.35	1.83	1.84

注　本表系生产研究单位设计数据，仅供参考。

10.4.3　电缆截面选择

（1）直流电力电缆和控制电缆的截面按直流回路的允许电压降选择，并按最高允许温度条件下的载流量校验。各类电缆的最高允许温度和允许载流量如表10-16～表10-18所示。

表10-16　　**常用电力电缆最高允许温度**

电缆类型	电压（kV）	最高允许温度（℃）	
		额定负荷时	短 路 时
黏性浸渍纸绝缘	1～3	80	250
不滴流纸绝缘	1～3	80	250
聚氯乙烯绝缘	1～3	70	160
交联聚乙烯绝缘	1～3	90	250

表10-17　　**1kV聚氯乙烯绝缘电缆允许载流量**

		聚氯乙烯绝缘电缆允许持续载流量（A）					
敷设方式		空气中敷设		直埋敷设			
护　套		无有钢铠护套		无有钢铠护套		有钢铠护套	
缆芯最高工作温度（℃）		70					
缆芯数		单芯	二芯	单芯	二芯	单芯	二芯
缆芯截面（mm^2）	4		24	47	36		34
	6		31	58	45		43
	10		44	81	62	77	59
	16		60	110	83	105	79
	25	95	79	138	105	134	100
	35	115	95	172	136	162	131
	50	147	121	203	157	194	152
	70	179	147	244	184	235	180
	95	221	181	295	226	281	217
	120	257	211	332	254	319	249

续表

缆芯数		单芯	二芯	单芯	二芯	单芯	二芯
缆芯截面（mm^2）	150	294	242	374	287	365	273
	185	340		424		410	
	240	410		502		483	
	300	473		561		543	
	400			639		625	
	500			729		715	
	630			846		819	
	800			981		963	
土壤热阻系数（℃·m/W）				1.2			
环境温度（℃）		40		25			

注　表中系铝芯电缆数值，铜芯电缆的允许持续载流量值可乘以 1.29。

表 10-18　　1kV 交联聚乙烯绝缘电缆允许载流量

		交联聚乙烯绝缘电缆允许持续载流量（A）				
敷设方式		空气中敷设			直埋敷设	
缆芯数		单芯		二芯	单芯	二芯
单芯电缆排列方式		水平				
金属屏蔽层接地点		单侧	两侧			
缆芯材质		铜				
缆芯截面（mm^2）	25	150	150	118	143	117
	35	182	178	150	169	143
	50	228	209	182	200	169
	70	292	264	228	247	208
	95	356	310	273	295	247
	120	410	351	314	334	282
	150	479	392	360	374	321
	185	546	438	410	426	356
	240	643	502	483	478	408
	300	738	552	552	543	469
	400	908	625		635	
	500	1026	693		713	
	630	1177	757		796	
环境温度（℃）		40			25	
土壤热阻系数（℃·m/W）					2.0	
缆芯最高工作温度（℃）		90				

注　1. 水平排列电缆相互间中心距为电缆外径的 2 倍。

2. 允许载流量确定，还应遵守 GB 50217—2007《电力工程电缆设计规范》有关电缆导体截面选择的规定。

3. 本表中的二芯电缆数据系参照 GB 50217—2007 中的三芯电缆数据，仅供参考，工程中应采用生产厂家提供的数据。

(2) 电缆的允许载流量尚需根据实际环境和敷设条件进行修正。选择导线截面时，修正后的导线载流量应大于通过导体的实际最大工作电流，即

$$KI_{\mathrm{P}} \geqslant I_{\mathrm{Lm}}$$

式中 K——考虑环境和敷设条件的综合校正系数。根据环境和敷设条件不同，综合校正系数与下列因素有关，见表 10-19，各类校正系数见表 10-20～表 10-25；

I_{Lm}——通过导体的最大持续负荷电流。

表 10-19　　不同环温和敷设条件的综合校正系数

温度校正	环境温度校正系数 K_t						
	综合校正系数						
敷设名称	空气中单根敷设	空气中多根敷设	空气中穿管敷设	土壤中单根敷设	土壤中多根敷设	桥架多层敷设	户外无遮阳明敷
校正系数	K_t	K_tK_1	K_tK_2	K_tK_3	$K_tK_3K_4$	K_tK_5	K_tK_6
系数名称及较严重校正范围	K_t——空气中温度校正系数	K_1——空气中多根敷设校正系数	K_2——空气中穿管敷设校正系数	K_3——土壤热阻校正系数	K_4——土壤中多根敷设校正系数	K_5——桥架多层敷设校正系数	K_6——户外无遮阳明敷校正系数
	0.91～0.94	(0.91～0.94) 0.9	(0.91～0.94) 0.85	(0.88～0.92) 0.9	(0.88～0.92) 0.8	(0.91～0.94) 0.5	(0.91～0.94) 0.9

注　校正范围以实际工程条件进行核算，本表数据仅供参考。

表 10-20　　35kV 及以下电缆在不同环境温度时的载流量校正系数（K_t）

		空气中				土壤中			
环境温度（℃）		30	35	40	45	20	25	30	35
缆芯最高工作温度（℃）	60	1.22	1.11	1.0	0.86	1.07	1.0	0.93	0.85
	65	1.18	1.09	1.0	0.89	1.06	1.0	0.94	0.87
	70	1.15	1.08	1.0	0.91	1.05	1.0	0.94	0.88
	80	1.11	1.06	1.0	0.93	1.04	1.0	0.95	0.90
	90	1.09	1.05	1.0	0.94	1.04	1.0	0.96	0.92

注　其他环境温度下载流量的校正系数 K 可按下式计算

$$K=\sqrt{\frac{\theta_{\mathrm{m}}-\theta_2}{\theta_{\mathrm{m}}-\theta_1}}$$

式中 θ_{m}——缆芯最高工作温度，℃；

θ_1——对应于额定载流量的基准环境温度，℃；

θ_2——实际环境温度，℃。

表 10-21　　空气中单层多根并行敷设时电缆载流量的校正系数（K_1）

		1	2	3	4	5
电缆中心距	$S=d$		0.90	0.85	0.82	0.80
	$S=2d$	1.00	1.00	0.98	0.95	0.90
	$S=3d$		1.00	1.00	0.98	0.96

注　1. S 为电缆中心间距离，d 为电缆外径。

2. 本表按全部电缆具有相同外径条件制定，当并列敷设的电缆外径不同时，d 值可近似地取电缆外径的平均值。

空气中穿管敷设电缆时，对10kV及以下、截面95mm²及以下的电缆载流量校正系数（K_2）可取0.9，截面为120～185mm²时，可取0.85。

表10-22　不同土壤热阻系数时电缆载流量的校正系数（K_3）

土壤热阻系数（℃·m/W）	分类特征（土壤特性和雨量）	校正系数
0.8	土壤很潮湿，经常下雨，如湿度大于9%的沙土；湿度大于10%的沙—泥土等	1.05
1.2	土壤潮湿，规律性下雨，如湿度大于7%但小于9%的沙土；湿度为8%～14%的沙—泥土等	1.0
1.5	土壤较干燥，雨量不大，如湿度为8%～12%的沙—泥土等	0.93
2.0	土壤干燥，少雨，如湿度大于4%但小于7%的沙土；湿度为4%～8%的沙—泥土等	0.87
3.0	多石地层，非常干燥，如湿度小于4%的沙土等	0.75

注　1. 本表适用于缺乏实测土壤热阻系数时的粗略分类，对110kV及以上电压电缆线路工程，宜以实测方式确定土壤热阻系数。
2. 本表中校正系数适于采取土壤热阻系数为1.2℃·m/W的情况。

表10-23　土中直埋多根并行敷设时电缆载流量的校正系数（K_4）

根　数		1	2	3	4	5	6
电缆之间净距（mm）	100	1	0.9	0.85	0.80	0.78	0.75
	200	1	0.92	0.87	0.84	0.82	0.81
	300	1	0.93	0.90	0.87	0.86	0.85

表10-24　在电缆桥架上无间距配置多层并列电缆时持续载流量的校正系数（K_5）

叠置电缆层数		一	二	三	四
桥架类别	梯　架	0.8	0.65	0.55	0.5
	托　盘	0.7	0.55	0.5	0.45

注　呈水平状并列电缆数不少于7根。

空气中穿管敷设电缆时，截面95mm²及以下的电缆载流量校正系数（K_2）可取0.9，截面为120～185mm²时，可取0.85。

表10-25　电缆户外明敷无遮阳时载流量的校正系数（K_6）

截面（mm²）				35	50	70	95	120	150	185	240
电压（kV）	1	芯数	三				0.90	0.98	0.97	0.96	0.94
	～6		三	0.96	0.95	0.94	0.93	0.92	0.91	0.90	0.88
			单				0.99	0.99	0.99	0.99	0.98

注　运用本表系数校正对应的载流量基础值，是采取户外环境温度的户内空气中电缆载流量。

10.4.4　常用直流电缆截面选择

直流系统中，常用电缆有蓄电池回路电缆、充、放电装置回路电缆、控制、保护回路电缆、UPS电源回路、事故照明回路、事故油泵电动机回路等动力回路电缆。根据式（10-2），计算电缆截面必须预知电缆回路长度、电缆回路电流、电缆允许压降和电缆导体材料（铜或铝），如表10-26～表10-28所示为部分常用电缆的截面选择范围。

表10-26　蓄电池回路电缆的截面选择范围

序号	蓄电池标称容量（Ah）	计算条件	负载电流（A）	按载流量计算截面（mm^2）	按压降计算电缆截面（mm^2）		电缆截面选择（mm^2）	
					110V	220V	110V	220V
1	100	$\Delta U\%=1$ 铜导体电缆长度：2×20m 负荷电流：蓄电池1h放电电流，1h率容量换算系数：0.6	60	16	40.2	20.1	50	25
2	200		120	35	80.4	40.2	95	50
3	300		180	70	120.6	60.3	150	70
4	400		240	95	160.8	80.4	185	95
5	500		300	150	201.0	100.5	240(2×120)	150
6	600		360	185	241.2	120.6	240(2×120)	185
7	800		480	2×95	321.6	160.8	400(2×185)	2×95
8	1000		600	2×150	402.0	201.0	400(2×240)	2×150
9	1200		720	2×185	482.4	241.2	500(2×240)	2×185
10	1500		900	2×300	603.0	301.5	630(2×300)	2×300
11	1600		960	3×150		321.6		3×150
12	1800		1080	3×185		361.8		3×185
13	2000		1200	3×240		402.0		3×240
14	2400		1440	4×185		482.4		4×185
15	3000		1800	5×185		603.0		5×185

注　蓄电池容量较小时(400Ah以下)，电缆截面由压降决定，蓄电池容量较大时，电缆截面由载流量决定。

表10-27　充电装置回路电缆的截面选择范围

序号	充电装置额定电流（A）	计算条件	负荷电流（A）	按载流量计算截面（mm^2）	按压降计算截面（mm^2）		电缆截面选择（mm^2）	
					110V	220V	110V	220V
1	30	$\Delta U\%=2$ 铜导体电缆长度：2×5m 负荷电流负荷率：0.8	24	6	2	1	6	6
2	50		40	16	3.35	1.68	16	16
3	80		64	25	5.35	2.68	25	25
4	100		80	35	6.69	3.35	35	35
5	160		128	70	10.71	5.36	70	70
6	200		160	95	13.38	6.69	95	95
7	250		200	120	16.73	8.37	120	120
8	315		252	150	21.08	10.04	150，185	150，185
9	400		320	185	26.77	13.38	185，240	185，240

注　表中电缆截面均由载流量决定。

表 10-28　　主要设备回路电缆的截面选择范围

序号	设备名称及容量（kW）	计算条件	负荷电流（A）	按载流量计算截面（mm²）	按压降计算截面（mm²）110V	按压降计算截面（mm²）220V	电缆截面选择（mm²）110V	电缆截面选择（mm²）220V
动力设备回路								
1	事故油泵 55	电源至设备的距离取100m，负荷电流为设备额定电流。当实际距离和负荷不同时，按式（10-6）修正	284	185		190		240
2	事故油泵 40		208	150		139		150
3	密封油泵 15		74	25		49.5		70
4	密封油泵 9.4		52	16		24.8		25
5	密封油泵 5.5		30.3	10		20.3		25
6	给水泵油泵 7.5×2		40.3×2	2×16		27×2		35×2
7	给水泵油泵 5.5×2		30.3×2	2×10		20.3×2		25×2
8	UPS直流电源 80kVA		363.6	240		202.7		240
	UPS直流电源 60kVA		272.7	185		152		185
	UPS直流电源 8kVA		36.4/72.8	10/25	41	20.5	50	25
	UPS直流电源 5kVA		22.7/45.4	10/16	25.4	12.7	35	16
	UPS直流电源 3kVA		13.6/27.2	6/10	15.2	7.6	16	10
9	分屏电源	24 路	24(5/3A)	50/25	133.8	40.1	150	50
10	主屏至保护控制屏		3/5A	4	3.35	1.0	4	4
11	分屏至保护控制屏		3/5A	4	1.67	0.5	4	4
12	操作电机	2kW	10/18A	4	24	6.7	25	10
14	事故照明电源	1.5kW	7/14A	4	23.4	5.9	25	10

注　1. 允许压降：油泵电动机 2.5%，UPS 3%。设分屏时，应保证主屏至设备的总压降不大于 5%和分屏至设备的电缆截面不大于 4～6mm²。

当实际距离和负荷与本表不同时，可用下式修正

$$S_{c2}=S_{c1}\frac{L_2I_2}{L_1I_1}$$

式中　S_{c1}、I_1、L_1——表中的计算数据；

S_{c2}、I_2、L_2——修正的数据。

2. 表中，负荷电流和按载流量选截面用分子、分母表示时，分子为 220V，分母为 110V。

10.5 直流系统模拟试验

10.5.1 直流系统测试的意义

电力工程直流系统，包括蓄电池、充电器、直流负荷以及相关的开关电器和连接导体，正常运行时，由充电器通过开关电器、连接导体向直流负荷供电。当交流电源事故情况下，则由蓄电池通过开关电器、连接导体向直流负荷提供电源。在直流回路或直流设备发生短路时，蓄电池将产生很大的短路电流流过开关电器和相关的连接导体，而此时充电器提供的短路电流仅占百分之几。短路电流的计算，第 8 章已经阐明，依赖于系统开关设备特性参数和

回路导体电阻参数。对具体工程，应采用生产厂家提供的设备和材料参数计算，当缺乏实际参数时，可参考本手册的典型数据估算。为了真实可靠地选择和整定保护设备参数，应采用厂家随供货设备配套提供的设备参数，必要时，特别是发电工程和大型枢纽变电工程，应通过模拟试验，检验开关保护设备选择和保护定值的合理性和正确性。

10.5.2 直流系统试验站

北京人民电器厂组建的直流系统试验站是我国目前唯一的大型直流系统综合试验装置。该系统组建于2001年，建筑面积约180m²，系统包括蓄电池组、充放电设备、电阻柜、试品柜、电源切换柜、操作台、测试仪器等，用于装置试验的蓄电池容量为3000Ah。

（1）装置主要技术指标。

试验容量(Ah)：500，1000，1500，2000，3000；

试验电压(V)：48，110，220；

试验功能：

1）各种电压、各种容量条件下的回路短路试验；

2）直流回路开关保护设备参数选择和保护定值检验；

3）直流回路开关保护设备和连接导体电阻测试。

（2）主要设备参数。（见表10-28）

表10-29　　主要试验设备参数

名　　称	型　　式	技 术 特 性
蓄电池组	2×500Ah	2×104个　2V
	2×1000Ah	2×108个　2V
充放电设备	KCFW-100/220V	
	KCFW-200/220V	
存储记录仪	HIOKI8855	20ms/s 采样速率，512MB/1GB内存
微机测试系统	AMS-3Z	
电流传感器		200A～10kA，精度0.1%
大功率电阻负载箱		
保护柜、切换柜		

（3）系统示意图（如图10-5所示）。

（4）电池容量检验。根据DL/T 637—1997《阀控式密封铅酸蓄电池订货技术条件》规定，大电流放电技术条件：蓄电池以$30I_{10}$的电流放电1min，装置电压和单体电压应符合规定要求，极柱不应熔断，外观不得出现异常。YD/T 799—2002《通信用阀控式密封铅酸电池》标准规定，大电流放电时间为3min。

以1000Ah为例，$30I_{10}$（3000A）放电1min（60 000ms）、实践证明≥3000A放电＜200ms的试验，在几年来已有数百次，小于1000A的放电＜200ms的试验已有数千次，经蓄电池容量核对充放电试验2次后，蓄电池容量≥95%，外观无异常。

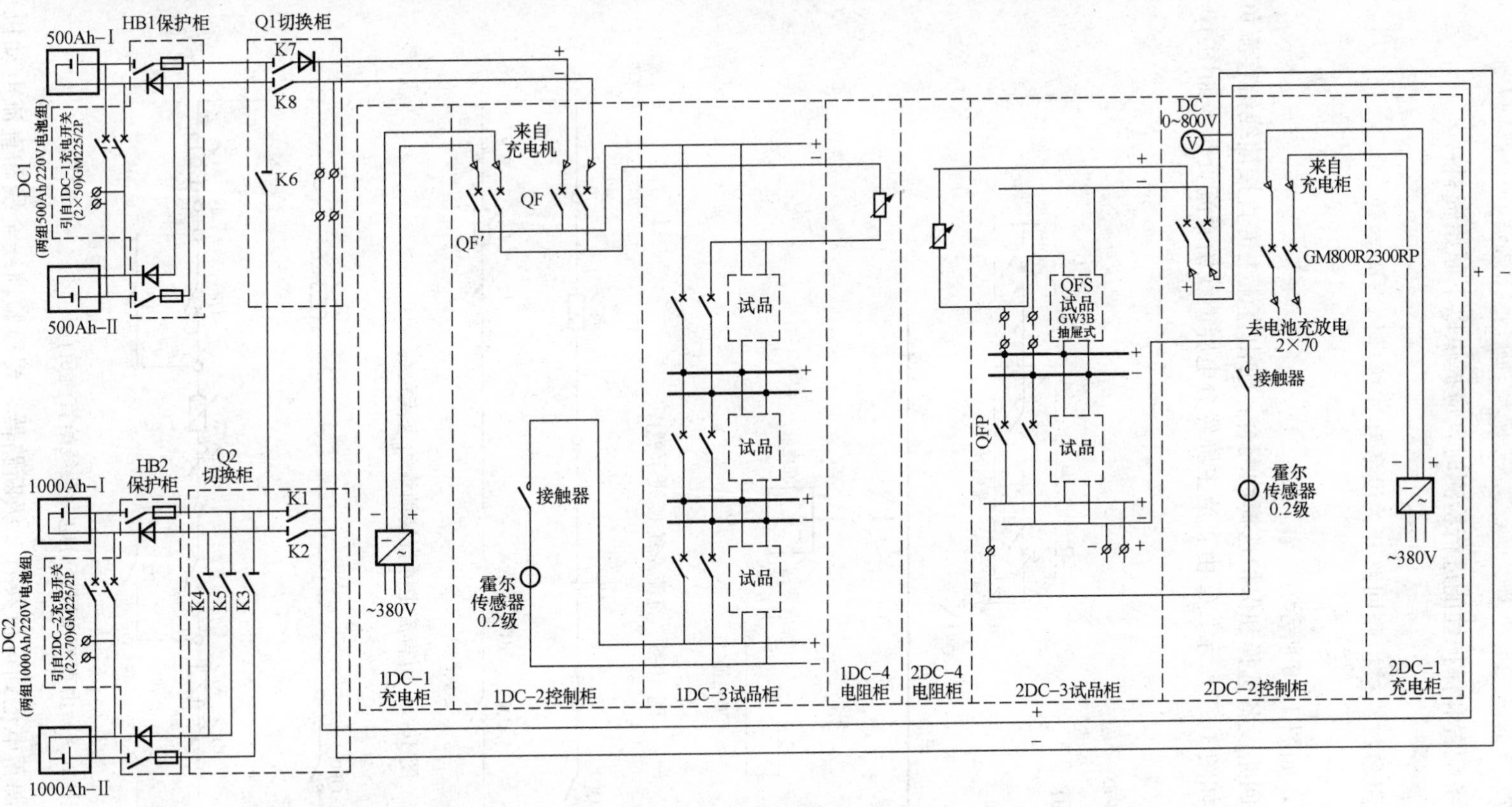

系统组态说明				
系统容量	处于断开状态的开关	处于闭合状态的开关	输出端口	备　注
220V/100Ah	K1/K2/K3/K4/K5/K6	K7/K8	K7/K8	2组220V/500Ah并联
220V/200Ah	K5/K6/K7/K8	K1/K2/K3/K4	K1/K2	2组220V/1000Ah并联
220V/300Ah	K5/K6	K1/K2/K3/K4/K7/K8	K1/K2	2组220V/1000Ah并联 2组220V/500Ah并并联
240V/1000Ah	K3/K4/K6/K7/K8	K1/K5/K2	K1/K2	2组220V/1000Ah串联
660V/1000Ah	K2/K3/K4/K7	K1/K5/K6/K8	K1/K8	2组220V/1000Ah串联 2组220V/500Ah并串联

图 10-5　直流试验站直流电源系统示意图

10.5.3 试验方法和步骤

当对某直流系统的设备配置和保护性能进行检测时，应提供以下原始资料：

(1) 直流系统接线图。

(2) 蓄电池容量和电阻参数、被检测回路开关设备和连接导体电阻参数。

举例说明如下：

直流系统接线示意图，如图 10-6 所示。

检验两种典型的直流回路设备选择和保护选择性配合：①由直流主屏直接馈线给直流负荷，如直流油泵电动机，如图 10-7 所示；②由直流主屏经分电屏馈线给直流负荷，如图 10-8 所示。

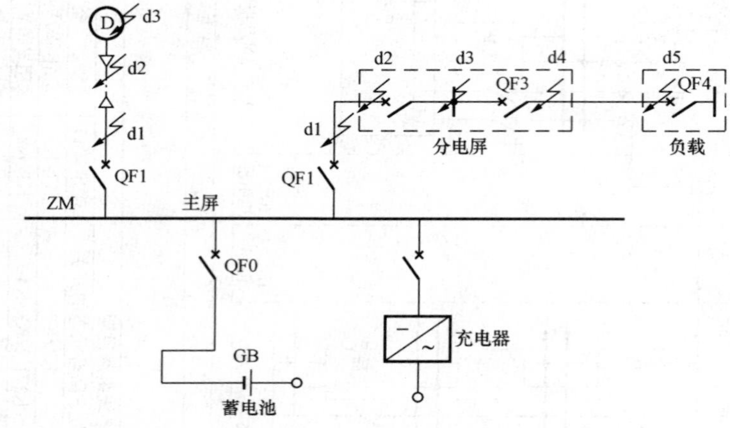

图 10-6 直流系统接线示意图

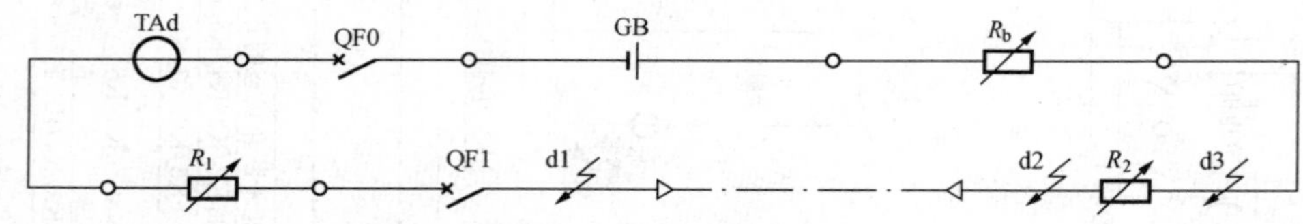

图 10-7 由直流主屏直接馈线给直流负荷

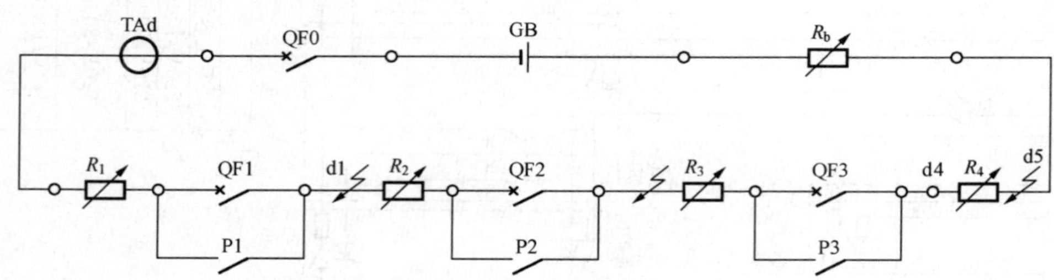

图 10-8 由直流主屏经分电屏馈线给直流负荷

由图 10-7 可知，由电源蓄电池到负荷共有 2 级断路器，要检验馈线全线和直流电动机短路故障，馈线断路器（QF1）应可靠动作；电动机启动过程中馈线断路器应可靠不动作。

同时应保证在上述范围内故障时，蓄电池进线断路器（QF0）应保证可靠不动作。但该要求在馈线的一定长度范围内是无法满足的，因为在接近直流主母线的馈线上短路时，流经断路器 QF0 和 QF1 的短路电流是相同的。为此断路器 QF0 和断路器 QF1 必须具有必要的动作值级差，当动作值级差无法满足要求时，断路器 QF0 应具有短延时特性。断路器动作情况见表 10-30。

表 10-30　　断路器动作情况

短路点	断路器动作情况（动作✓，不动作×）		说　明
	QF0	QF1	
d1	×		馈线出口短路，QF0 靠延时拒动
d2	×	✓	馈线末端短路，QF0 靠定值拒动
d3	×	✓	电动机内部故障，QF0 靠定值拒动
启动	×	×	正常启动，QF0、QF1 不应误动

注　自主屏引出的直馈线，馈线断路器与蓄电池电源开关的选择性配合应采用短延时解决，即蓄电池电源开关采用短延时动作，以实现馈线断路器近端故障或短线路馈线全线故障的选择性配合。

由图 10-8 可知，由电源蓄电池到负荷馈线共有 4 级断路器，要检验馈线 d1、d2、d3、d4、d5 各点短路时，各相应断路器应正确动作或正确不动作。正确动作情况见表 10-31。

表 10-31　　断路器正确动作情况

短路点	断路器动作情况（动作✓，不动作×）				说　明
	QF0	QF1	QF2	QF3	
d1	×	✓	—	—	主馈线出口短路，QF0 靠延时拒动
d2	×	✓	—	—	主馈线末端短路，QF0 靠定值拒动
d3	×	×	✓	—	分屏母线短路，QF0、QF1 靠定值拒动
d4	×	×	×	✓	分屏全线任一点短路，QF2 靠延时拒动，QF0 、QF1 靠定值拒动
d5	×	×	×	✓	

注　1. 具有分电屏馈线系统的断路器配置：主屏馈线出口、分屏馈线出口应设断路器，分屏进线宜设隔离开关，负载端开关设备设置情况根据负载性质确定。本例中 QF0、QF1、QF3 三级开关应进行级差配合。

2. QF0 和 QF1 之间的配合一般采用短延时；QF1 和 QF3 之间的配合一般采用定值，短线路也应采用短延时；所以具有分电屏的馈线系统，通常采用两级短延时，两级延时之和应不大于 200ms。

11 直流屏（柜）

11.1 直流屏(柜)技术要求

用于完成交直流转换、电源进线、馈电、自动检测、信号报警等多种功能，并将有关直流电源操作、保护、检测等设备组装在相应屏、柜或装置内，以实现预期功能的直流设备总称为直流屏（柜）。

11.1.1 直流屏（柜）的技术要求

直流屏（柜）应满足以下基本技术要求：

（1）直流系统的额定电压和额定电流。可在下列数值中选取：

1）额定电压：220，110，48V。

2）额定电流：主母线电流 200，400，630，800，1000，1250，1600A。

（2）动、热稳定要求。直流屏（柜）主母线及相应回路应能耐受母线出口短路时的动、热稳定要求。蓄电池容量为 800Ah 及以下的按短路电流 10kA 考虑；容量为 800～1600Ah 的可按 20kA 考虑；大于 1600Ah 时，取实际计算值。

（3）电气间隙和爬电距离。柜内两带电导体之间、带电导体与裸露的不带电导体之间的最小距离，应符合表 11-1 规定的最小电气间隙和爬电距离的要求。

表 11-1　电气间隙和爬电距离

额定绝缘电压 U_i（额定工作电压交流均方根值或直流，V）	额定电流≤63A		额定电流≥63A	
	电气间隙（mm）	爬电距离（mm）	电气间隙（mm）	爬电距离（mm）
≤60	3.0	5.0	3.0	5.0
$60<U_i\leqslant 30$	5.0	6.0	6.0	8.0
$300<U_i\leqslant 600$	8.0	12.0	10.0	12.0

注　小母线汇流排或不同极的裸露带电的导体之间，以及裸露带电导体与未经绝缘的不带电导体之间的电气间隙不小于 12mm，爬电距离不小于 20mm。

（4）电气绝缘性能，主要指绝缘电阻、工频耐压和冲击耐压等。

1）绝缘电阻。在断开所有其他连接支路时，柜内直流汇流排和电压小母线对地的绝缘电阻应不小于 10MΩ。对于蓄电池组：电压为 220V 的蓄电池组其绝缘电阻不小于 200kΩ；电压为 110V 的不小于 100kΩ；电压为 48V 的不小于 50kΩ。

表 11-2 绝缘试验的试验等级

额定绝缘电压 U_i 额定工作电压 交流均方根值或直流（V）	工频电压（kV）	冲击电压（kV）
≤60	1.0	1
60＜U_i≤300	2.0	5
300＜U_i≤500	2.5	12

2）工频耐压。柜内各带电回路，按其工作电压应能承受表 11-2 所规定历时 1min 的工频耐压试验，试验过程中应无绝缘击穿和闪络现象。试验部位包括：①非电连接的各带电电路之间；②各独立带电电路与地（金属框架）之间；③柜内直流汇流排和电压小母线，在断开所有其他连接支路时对地之间。

3）冲击耐压。柜内各带电电路对地（金属框架）之间，按其工作电压应能承受表 11-2 所规定标准雷电波的短时冲击电压。试验过程中应无击穿放电。

（5）噪声。在正常运行时，采用高频开关充电装置的系统，自冷式设备的噪声应不大于 50dB；风冷式设备的噪声平均值应不大于 55dB；采用相控充电装置系统的设备噪声平均值不大于 60dB。

（6）温升。充电装置及各发热元器件，在额定负载下长期运行时，其各部位的温升均不应超过表 11-3 规定的极限温升。

表 11-3 设备各部件的极限温升

部件或器件名称	极限温升（K）	部件或器件名称	极限温升（K）
整流管外壳	70	与半导体器件连接的塑料绝缘线	25
晶闸管外壳	55	整流变压器、电抗器 B 级绝缘绕组	80
降压硅堆外壳	85	铁芯表面	不损伤相接触的绝缘零件
电阻发热元件	25（距外表 30mm 处）	母线连接处 铜与铜 铜搪锡—铜搪锡	 50 60
与半导体器件的连接处	55		

（7）直流屏的接线和结构。

1）直流屏的接线应简单可靠，便于安装、运行和维护。

2）直流屏结构应安全、可靠，满足防护等级的要求。可采用加强型结构，防护等级不低于 IP20。屏正面结构宜为各自独立的固定分隔单元式。

3）直流屏体结构、面板及构件涂漆应符合有关标准的规定，屏内设备布置、导线排布及连接应牢固可靠、整齐美观。屏体应有保护接地，接地处应有防锈措施和明显标志。门应开闭灵活，开启角不小于 90°，门锁可靠。门与柜体之间应采用截面不小于 $6mm^2$ 的多股软铜线可靠连接。电流在 63A 及以下的直流馈线，应经电力端子出线。

4）屏面设备布局合理、安装牢固、操作维护方便、观察清晰。

5）屏体外形尺寸宜采用 800mm×600mm×2260mm（宽×深×高）。屏正面操作设备的布置高度不应超过 1800mm，距地高度不应低于 400mm。根据需要，柜的宽度和深度可取括号中的调整值。

2200mm×800(1000、1200)mm×600(800)mm(优选值，高×宽×深)；

2300mm×800(1000、1200)mm×550(800)mm;

高度公差为±2.5mm，宽度公差为0～－2mm，深度公差为±1.5mm。

(8) 直流屏内元器件选型应力求先进、合理，各元件应满足有关标准的技术要求，要选用经过有关部门鉴定的优质产品。

(9) 当蓄电池采用柜式安装时，电池柜应满足以下要求：

1) 柜内应装设温度计。

2) 电池柜体结构应有良好的通风、散热。电池柜内的蓄电池应摆放整齐，并保证足够的空间：蓄电池间的距离不小于15mm，蓄电池与上层隔板间的距离不小于150mm。

3) 电池柜隔架最低距地不小于150mm，最高距地不超过1700mm。

(10) 高频开关模块整流器应满足下列要求：

1) 应采用 $N+1$ 配置，并联运行方式，模块总数宜不小于3块。

2) 监控单元发出指令时，应按指令输出电压、电流；脱离监控单元时，可输出恒定电压给电池浮充。

3) 可带电拔插更换。

4) 开机和停机时应软启动和软停止，防止电压冲击。

11.1.2 直流屏正常使用的条件

(1) 环境条件：

1) 海拔不超过2000m。

2) 设备运行期间周围空气温度不高于40℃，不低于－10℃。环境温度变化率小于5℃/h，相对湿度变化率小于5%/h。

3) 日平均相对湿度不大于95%，月平均相对湿度不大于90%。

4) 安装使用地点无强烈振动和冲击，无强电磁干扰，外磁场感应强度不得超过0.5mT。

5) 安装垂直倾斜度不超过5%。

6) 使用地点不得有爆炸危险介质，周围介质不含有腐蚀金属和破坏绝缘的有害气体及导电介质。

7) 使用环境通风良好。

(2) 电气条件：

1) 频率变化范围不超过额定值的±2%。

2) 交流输入电压波动范围不超过额定值的±10%。

3) 交流输入电压不对称度不超过5%。

4) 交流输入电压应为正弦波，非正弦含量不超过额定值的10%。

11.2 直流屏(柜)分类

直流屏（柜）按其功能分为以下6种：

(1) 整流器柜。将交流电转变为直流电，并完成向蓄电池充电功能的装置，称为整流器柜。目前普遍采用高频开关整流模块电源，也可采用晶闸管整流器。详见第 7 章蓄电池充电装置。

(2) 蓄电池屏(柜)。将 200Ah 以下的小容量阀控式密封铅酸蓄电池或镉镍碱性蓄电池组装在屏(柜)内，称为蓄电池屏(柜)。

(3) 进线和馈线屏(柜)。将整流装置、蓄电池回路连接到直流母线上的屏(柜)，称为进线屏(柜)。连接直流电源母线和直流负荷馈线的屏(柜)，称为馈线屏(柜)。对于中、小容量直流系统，进线和馈线也可混合组装。

进线和馈线柜内装设隔离开关、熔断器或自动空气断路器，以及相应的位置指示器或有关的测量仪表。

进线和馈线柜内根据需要还可装设自动切换装置、闪光装置和直流系统接地检测装置等设备。

(4) 电源成套装置。将整流装置、蓄电池、进线和馈线以及自动装置按功能划分成若干模块，综合后组成的直流电源系统，称为电源成套装置。

(5) 交、直流电源切换屏(柜)。实现交流照明电源自动切换到直流电源功能的屏(柜)叫交、直流电源切换屏(柜)，也称为事故照明切换屏(柜)。

(6) 放电试验装置。作为蓄电池的放电负荷用于对蓄电池进行放电试验的装置，称为放电试验装置。根据其结构型式，放电试验装置分为固定式和移动式两种；根据其放电原理，可分为电阻型和晶闸管型两种。

11.3 PED 新型直流屏(柜)

PED 新型直流屏(柜)是 20 世纪 90 年代由电力规划设计总院组织电力设计部门吸收国外技术，总结国内经验，根据我国规程和标准的要求设计制造的一种新型直流屏(柜)。

PED 系列直流屏(柜)是一种系列完整、品种齐全的新型直流柜（含直流系统电源成套装置)，并分别于 1994 年和 1997 年由电力规划设计总院组织科技、设计、试验及电力用户等单位的专家、技术人员进行过鉴定和技术评审。产品在大型火电厂、核电站、变电站中应用，普遍反映良好。

11.3.1 技术特点

(1) 从系统接线、设计计算到设备选型、屏体结构都贯彻安全可靠、简单清晰、工艺先进、布置紧凑及方便运行的原则。

(2) 所选用和开发的元器件都是经过严格的型式试验或经过认真筛选的优质产品。

(3) 自动化水平高，选用微机型整流装置和在线直流接地检测装置，具有遥信、遥测或通信接口。电源成套装置还具有自投切换功能。

(4) 屏体结构新颖，选用高强度型钢组合结构，装配方便。按功能模块进行固定分隔，安全可靠。防护等级不低于 IP20。

11.3.2 型号含义

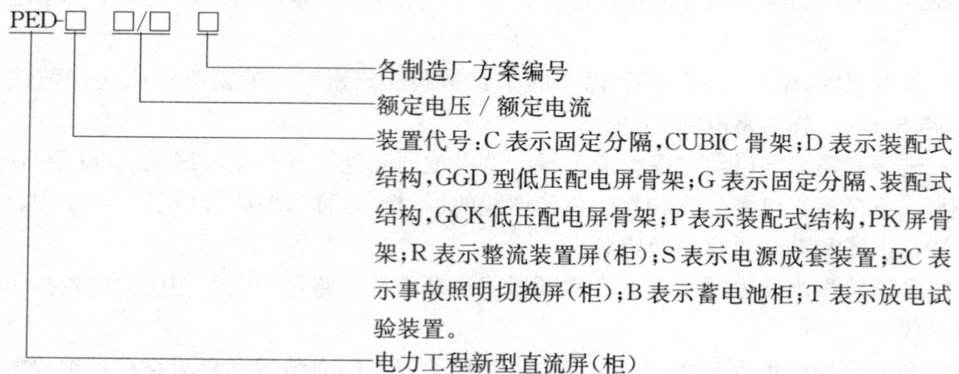

PED-□ □/□ □
各制造厂方案编号
额定电压／额定电流
装置代号：C表示固定分隔，CUBIC骨架；D表示装配式结构，GGD型低压配电屏骨架；G表示固定分隔、装配式结构，GCK低压配电屏骨架；P表示装配式结构，PK屏骨架；R表示整流装置屏（柜）；S表示电源成套装置；EC表示事故照明切换屏（柜）；B表示蓄电池柜；T表示放电试验装置。
电力工程新型直流屏（柜）

11.3.3 PED系列直流屏的设备配置

11.3.3.1 铅酸蓄电池

（1）采用防酸隔爆电池，为减少氢气外逸，宜采用消氢式防酸隔爆电池。

（2）采用阀控密封电池。

11.3.3.2 整流装置

应选用高频开关整流模块电源，也可采用具有微机检测装置的晶闸管整流电源。整流装置应满足以下基本要求：

（1）稳压精度高。当输入电压在±10%、输入频率在±2%范围内和输出负载电流在0～100%范围内变化时，稳压精度不大于±1%。

（2）用于阀控式密封电池的整流器，其输出电压上限满足电池均充电压加10%裕度即可，以降低整流器容量。

（3）具有浮充电转均衡充电，均衡充电转浮充电自动转换功能。其转换判据应符合下述要求。

1）以微小充电电流恒定为判据，当微小充电电流连续2～3h维持不变，且直流母线电压在规定的波动范围之内，即自动转入浮充电，这种方式是按照蓄电池充电特性确定的，转换时间按蓄电池的放电深度确定。

2）按照蓄电池放电深度，自动选择预先整定好的一族时间曲线中的一根邻近曲线，作为转换判据。

（4）检测装置应备用足够的模拟量和开关量输出接口。

11.3.3.3 保护电器和隔离电器

直流屏内的保护电器、隔离电器和其他元件，应满足以下要求：

（1）要满足额定电压和额定电流要求。蓄电池的出口开关、熔断器额定电流应按大于蓄电池1h放电率选择。

（2）保护电器要能开断本回路内最大短路电流，并具有良好的灵敏性和选择性。隔离电器应满足动稳定性要求，当带直流负载误操作时，应能防止或减少对人体的伤害和对邻近设备的损坏。

（3）应具有位置状态指示，整流器、蓄电池回路应配有开关量和故障信号接口。

11.3.3.4 自动装置

微机型在线直流接地检测装置具有对直流母线、蓄电池主回路、整流器直流输出回路和各馈线支路在线接地检测功能。同时，还具有直流系统母线电压模拟量及异常运行信号的输出接口。

检测装置具有自检功能和抗干扰、误发信号措施。

11.3.4 PED系列直流屏体结构及屏面布置

PED系列直流屏的屏面布置有以下特点：

（1）保护电器及操作电器目前以刀熔开关为主，小容量直流断路器为辅。

（2）屏内设备布置按功能单元划分。根据用户性质，采用固定分隔或不分隔两种类型屏体结构，屏架结构选用高强度型钢装配式结构，安装、维护、操作方便，外形美观。

（3）蓄电池及整流器回路均留有遥测、遥信、遥控和故障信号的输出接口。

（4）PED系列直流屏的正面布置：

1）PED系列直流屏典型正面布置图如图11-1～图11-8所示。

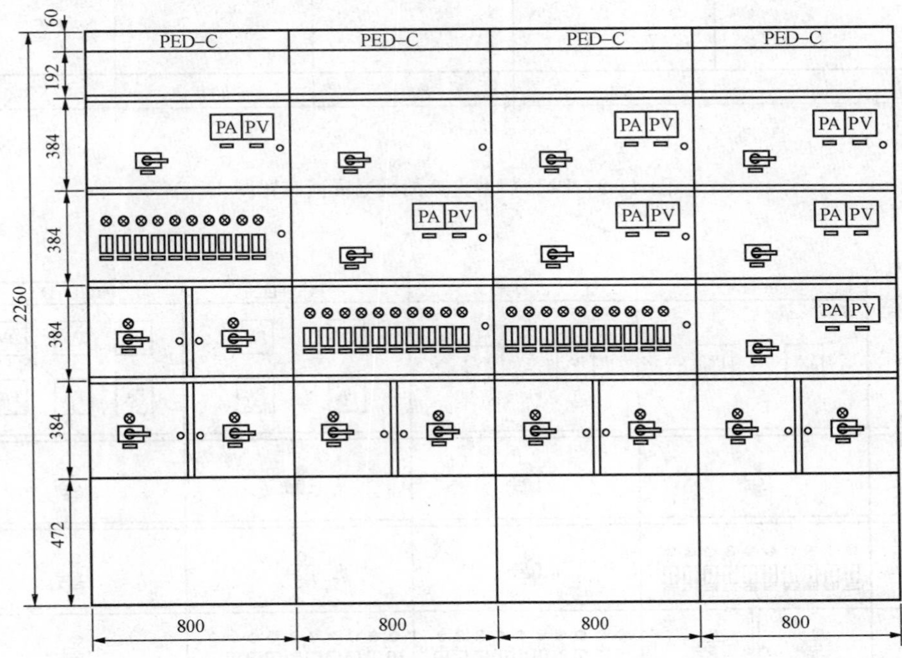

图11-1 PED-C型直流电源屏屏面布置图

2）根据具体工程的要求，电源屏或馈线屏的上层屏面可以布置绝缘监测装置、测量仪表或者用于闪光等用途的按钮、信号指示灯等。其常用的布置形式如图11-9所示。

3）根据具体工程的要求，各类直流屏在满足电气和机械要求的条件下，可采用其他的屏面布置形式。

4）各类直流屏体的尺寸可在下列尺寸中选择：

宽度（mm）：600，800，1000；

厚度（mm）：600（550），800；

高度（mm）：2260，2360。

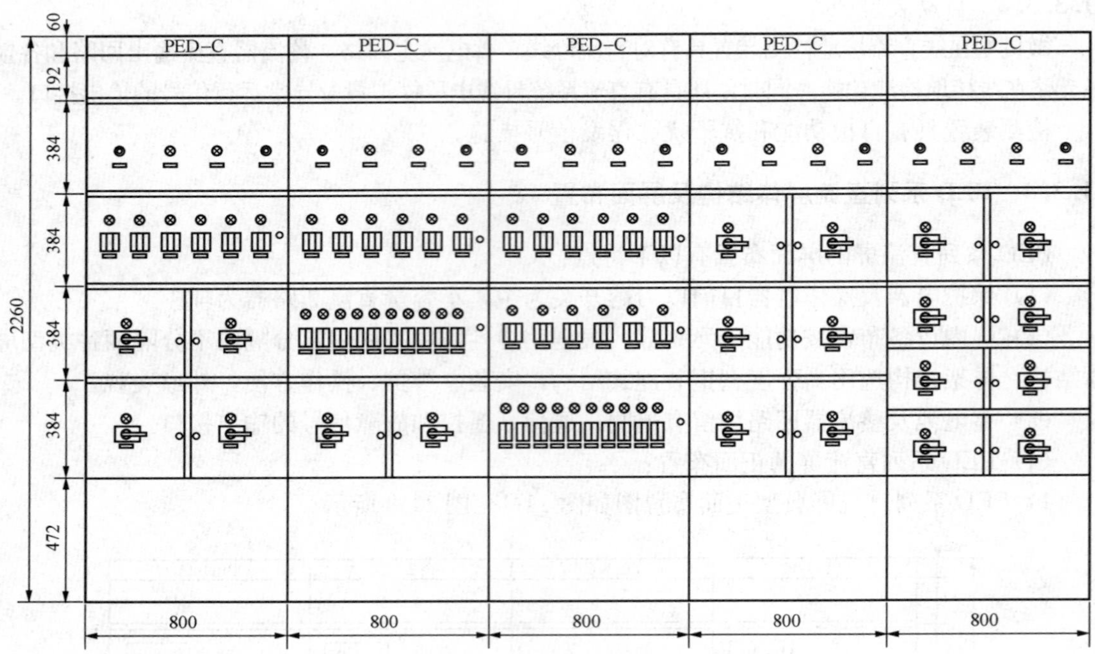

图 11-2　PED-C 型直流馈线屏屏面布置图

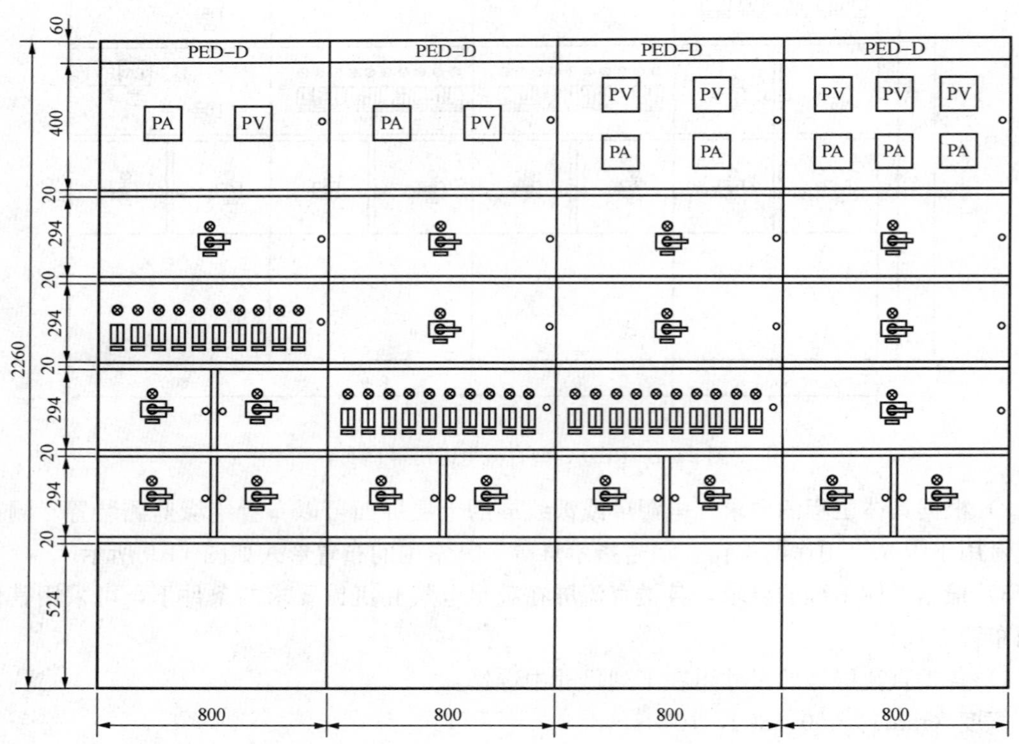

图 11-3　PED-D 型直流电源屏屏面布置图

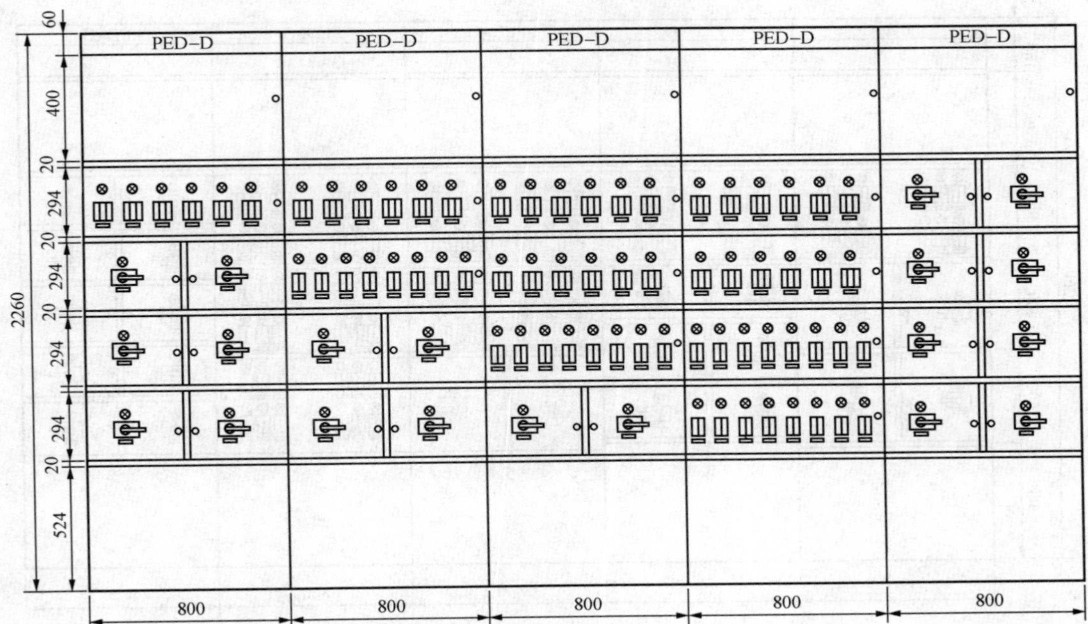

图 11-4　PED-D 型直流馈线屏屏面布置图

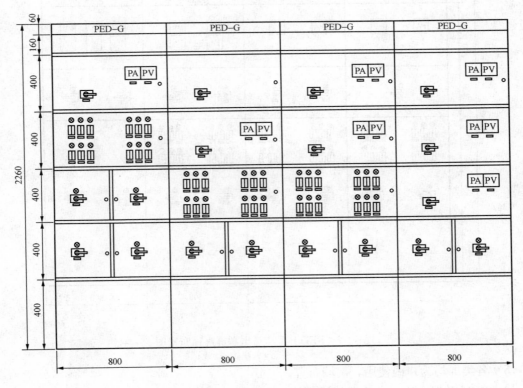

图 11-5　PED-G 型直流电源屏屏面布置图

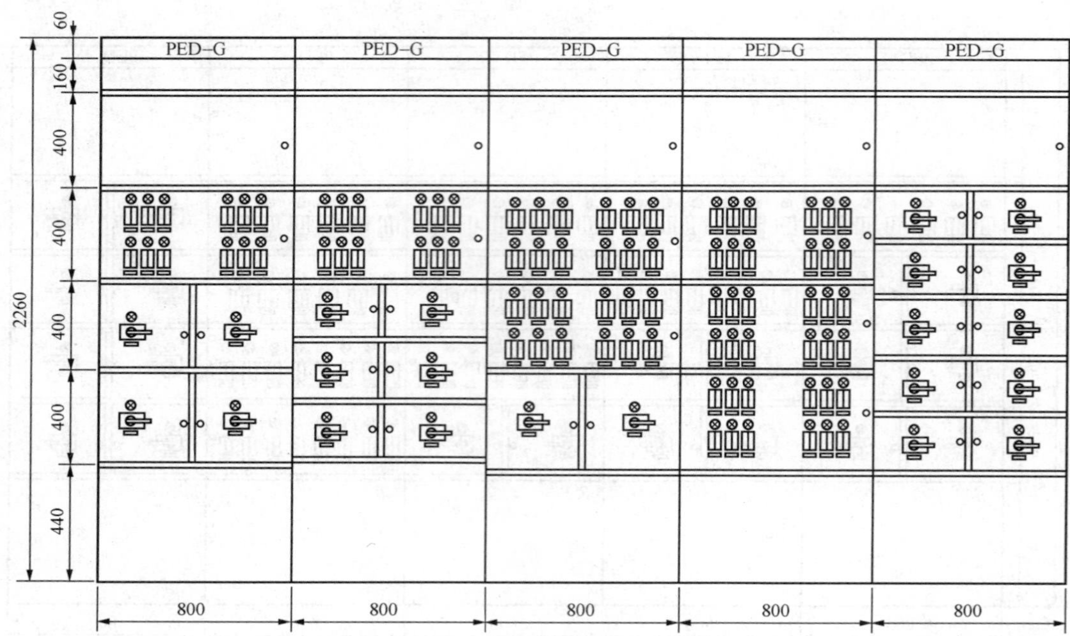

图 11-6　PED-G 型直流馈线屏屏面布置图

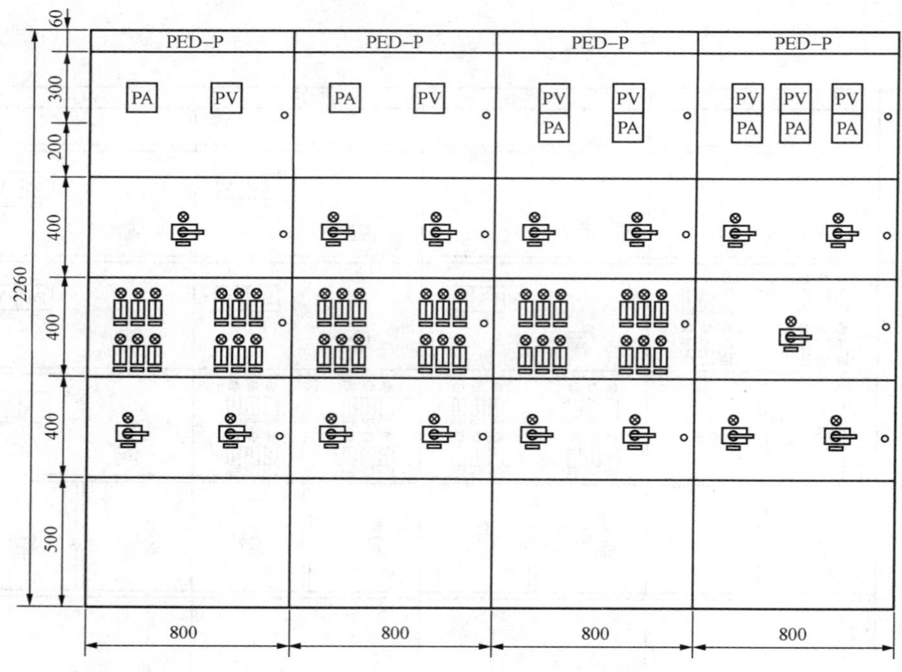

图 11-7　PED-P 型直流电源屏屏面布置图

（5）各类屏均为户内使用，离墙布置。

（6）PED 系列直流屏所采用的元器件有：

1）隔离开关：额定电流小于 63A 时，选用 SF2 型刀熔开关；额定电流大于（或等于）

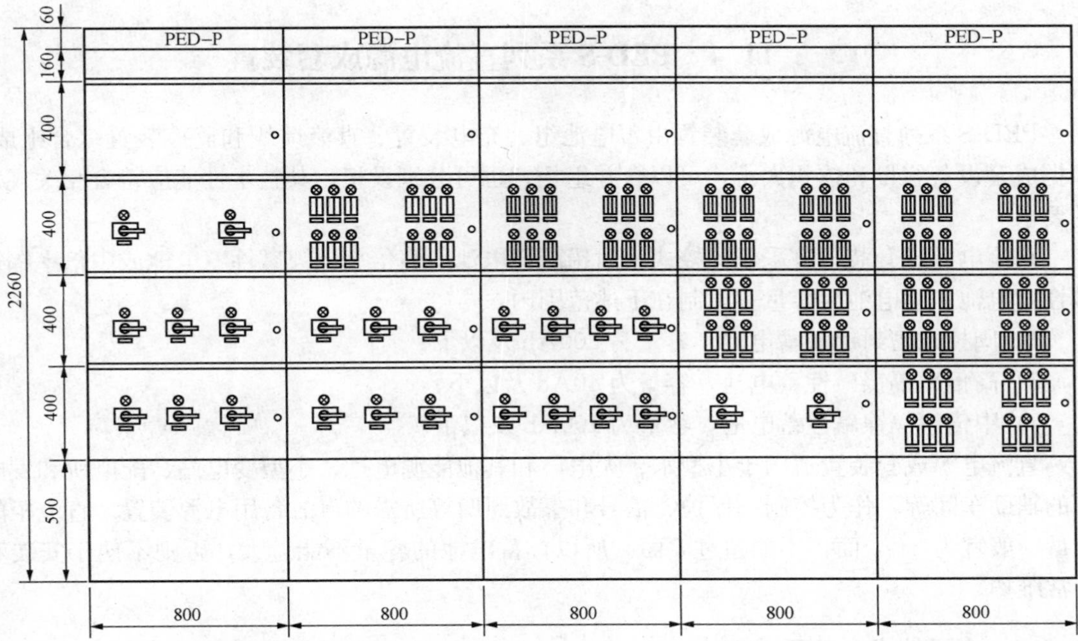

图 11-8　PED-P 型直流馈线屏屏面布置图

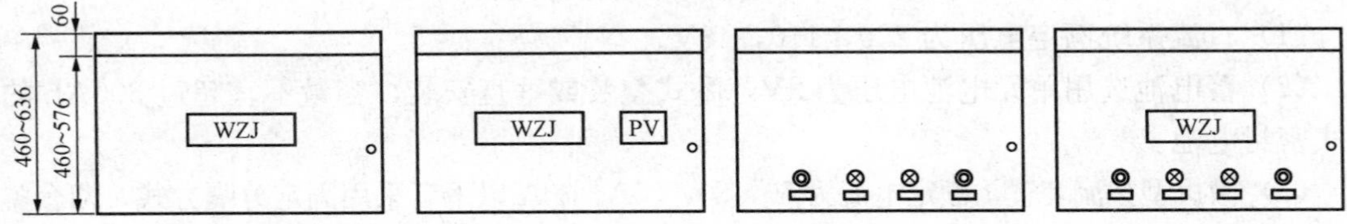

图 11-9　直流屏上层屏面常用的布置形式

63A 时，选用 QA、QSA、QSS、QAS 系列刀开关或刀熔开关。

2）熔断器：选用 NT 系列（与 Q 系列刀开关配套）和 RL8 型（与 SF2 型刀熔开关配套）熔断器。

3）接地检测装置：选用 WZJ 型或 JDD5131A 型。

4）其他仪表或二次配件：自选。

（7）屏架外形尺寸的允许偏差值应符合表 11-4 的规定。

表 11-4　　　　屏架外形尺寸的允许偏差值

屏架外形尺寸极板偏差值（mm）			面板平面度公差（mm）	垂直度公差（mm）	面板开孔位置公差（mm）
屏架外形尺寸范围	极限偏差值				
	JS15 型	JS16 型			
<500	±1.0	±2.0	1000：3	前后方向 1000：3 且不大于 5；左右方向 1000：3 且不大于 3	1.5
501～1250	±2.10	±3.30			
1250～2500	±3.40	±5.50			
>2500	±4.30	±6.70			

11.4 PED-S 系列直流电源成套装置

PED-S 系列直流电源成套装置由蓄电池组、充电装置、直流馈线和监控装置综合组成。根据成套设备容量和体积大小，可以合并组柜，也可分别设柜，其技术性能应符合相关规定的要求。

直流电源成套装置宜采用阀控式密封铅酸蓄电池、高倍率镉镍碱性蓄电池或中倍率镉镍碱性蓄电池。蓄电池组容量宜限制在下述范围内：

1）阀控式密封铅酸蓄电池，容量为 200Ah 及以下；

2）高倍率镉镍碱性蓄电池，容量为 40Ah 及以下；

3）中倍率镉镍碱性蓄电池，容量为 100Ah 及以下。

直流电源成套装置适用于小型水、火电厂和其他能源电厂、小型变电站、配电所和发电厂的辅助车间等，作为控制、保护、信号和事故照明等所需的事故备用电源装置。直流柜的数量一般宜为 2～3 面，不能超过 5 面。所以，蓄电池的容量不能过大，否则不便于安装和日常维护。

11.4.1 主要技术参数及功能

PED-S 系列直流电源成套装置的主要技术参数及功能如下：

(1) 直流系统额定电压为 220，110，48V。

(2) 蓄电池选用单元电池电压为 2V，卧式叠装或垂直安装，容量不宜超过 300Ah 的阀控式密封电池。

(3) 微机型整流装置，额定电流为 50，30，20A。30A 以下者采用固定分隔方式，两套整流装置可安装在一块屏内。采用以充电电流为判据均充自动转浮充的转换方式，无硅降压装置。

(4) 采用微机型接地在线检测装置，对直流母线、蓄电池主回路、整流器回路及所有馈线支路进行在线检测。

(5) 回路保护电器和隔离电器采用以刀熔开关和隔离式熔断器为主、小型直流断路器为辅的两种接线方案。

(6) 屏体结构采用组合框架结构，除固定蓄电池及整流器底座局部焊接外，全部采用装配式连接，以保证屏柜结构具有良好性能。蓄电池组荷重支撑点在基座上。

11.4.2 接线与屏面布置

图 11-10 和图 11-11 为 PED-S 系列直流电源成套装置接线和屏面布置例图，表 11-5 为组屏方案。

表 11-5　　PED-S 系列直流电源成套装置柜的组合及数量配置表

额定电压、母线接线形式及柜数量 / 蓄电池、整流器容量及柜宽度			220V			110V		48V①	
			单母线	单母线分段	两段单母线（两组电池）	单母线	单母线分段	单母线（一）	单母线（二）
蓄电池柜	100Ah	800mm	2	2	4	1	1	1	1

续表

额定电压、母线接线形式及柜数量 / 蓄电池、整流器容量及柜宽度			220V			110V		48V①	
			单母线	单母线分段	两段单母线（两组电池）	单母线	单母线分段	单母线（一）	单母线（二）
蓄电池柜	200Ah	800mm	3	3	6	2	2	1	1
		1000mm	2	2	4	1	2	1	2
	300Ah	800mm	4	4	8	2	2	1	1
		1000mm	3	3	6	2	2		
整流器自动装置及馈线柜	20A	800mm	1	1	2	1	1	1	1
	30A	800mm	2	2	3	2	2	1	1
		1000mm	1	1	2	1	1		1
	50A	800mm	2	2	3	2	2	1	2
		1000mm	2	2	3	2	2		

① 48V 单母线（一）为一组整流器，单母线（二）为两组整流器。

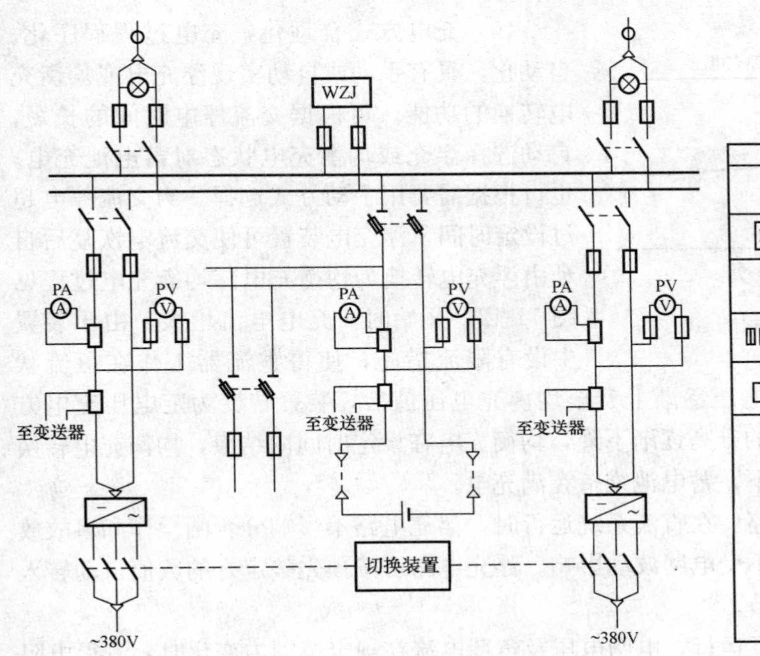

图 11-10 PED-S系列直流电源成套装置接线图

图 11-11 PED-S系列直流电源成套装置正面图

注：当整流器额定电流大于 30A 时一台整流器用一块屏。

11.5 GZD系列直流电源成套装置

GZD系列直流电源成套装置，适用于中小型发电厂、大中小型变电站电气化铁道、工矿企事业单位配（变）电室、宾馆大厦中的操作电源，能满足正常运行和事故状态下的继电保护、信号系统、高压断路器分合闸及事故负荷的需要。

11.5.1 技术特点

(1) 在充电、浮充电电压范围内，整流器的负荷等级为Ⅰ级，即连续输出100%额定电流。

(2) 有一路或两路交流进线，可手动或自动转换，提高了供电电源的可靠性。

(3) 充电、浮充电整流器具有充电电压手动调节控制的功能，还具有充电稳流限压和浮充电稳压限流的功能。

(4) 当运行在浮充、均衡充电电压调节范围内的任一数值上，电网电压在额定值的±10%范围内变化、负荷电流在0～100%范围内变化时，输出电压稳压精度≤2%。

(5) 充电（稳流）状态下运行时，在充电电压范围内任一数值上，电网电压在额定值的±10%范围内变化，直流输出电流在额定值20%～100%范围内任一点保证稳定，其稳流精度≤5%。

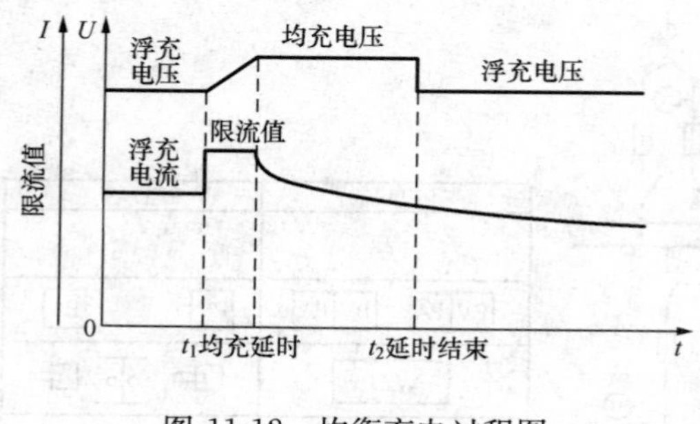

图 11-12 均衡充电过程图

(6) 充电方式合理化，充电过程程序化、自动化，具有手动或自动实现浮充电或均衡充电转换的功能。可根据交流停电时间的长短，自动选择浮充或均衡充电状态对蓄电池充电；也可根据需要用手动方式选择。当交流停电超过设定时间，浮充电装置可使交流电恢复后自动由浮充电转换为均衡充电。均衡充电过程见图11-12，开始时，充电电流增大，由于装置中设有限流措施，使得整流器工作在恒流状态。随着充电的进行，蓄电池电压逐渐上升至均衡充电压值后，装置转变为定电压充电方式。充电电流随着蓄电池电压的升高逐渐下降，均衡充电在设定时间内结束，均衡充电转换为浮充电状态。在浮充电状态下，蓄电池维持在满充电。

(7) 有合理可靠的浮充电路。在直流系统运行时，浮充电路不影响分合闸操作和事故放电。浮充时，电压自动稳定，不受电网波动影响。浮充电路可按预先整定好的数值自动转入浮充，也可随机监视，进行调节。

(8) 整流器在浮充电状态下运行，电网电压及负荷电流在规定范围内变化时，测得电阻性负载两端纹波电压（有效值）≤2%。

(9) 在正常运行时，装置的噪声≤60dB。

(10) 直流控制母线电压具有手动或自动调整电压的功能，自动调整控制母线电压的调整范围为±10%，也可根据用户的要求设为±5%。

(11) 直流屏中设有直流系统所必备的电压监察装置及绝缘监察装置，并设有预告信号母线，可发出远动信号。也可根据用户的要求设置闪光信号装置。

(12) 直流馈出线可根据用户的要求安装组合开关或空气断路器，并可利用空气断路器的辅助触点发出远动信号。

(13) 设有两套充电、浮充电装置的直流系统，具有一主一备的功能，并且主充、浮充可同时或分别运行，以保证控制母线在不间断供电的情况下，对蓄电池进行充电，使整个系统运行更加可靠。

(14) 在采用晶闸管的整流器上，为保护晶闸管在受到大电流时不被损坏，设置了限流保护装置，具有大电流过后的自恢复功能。

(15) 设备有封闭柜和敞开柜两种形式，蓄电池柜与充电和浮充电柜、馈电柜在空间上得到隔离，以免蓄电池析出的气体腐蚀电气元件。蓄电池采用阶梯式结构，方便观测、检修、更换和加液工作。

(16) 装置内的各个主要系统均采用自动化线路，各部分均可自动调整运行状态。因此该直流系统可运行在偏僻边远地区的变电站，实现无人管理。

11.5.2 组屏方式

该设备由充电浮充电柜、馈电柜、镉镍电池柜（镉镍电池组）或阀控式密封电池组组成。

11.5.2.1 系统方框图

该系统主回路共有以下三种供电方式：

第一种供电方式：充电浮充电装置对蓄电池浮充电的同时，向动力母线及控制母线供电，系统框图见图 11-13。

第二种供电方式：充电浮充电装置对蓄电池浮充电的同时，向动力母线供电及通过降压回路向控制母线供电，系统框图见图 11-14。

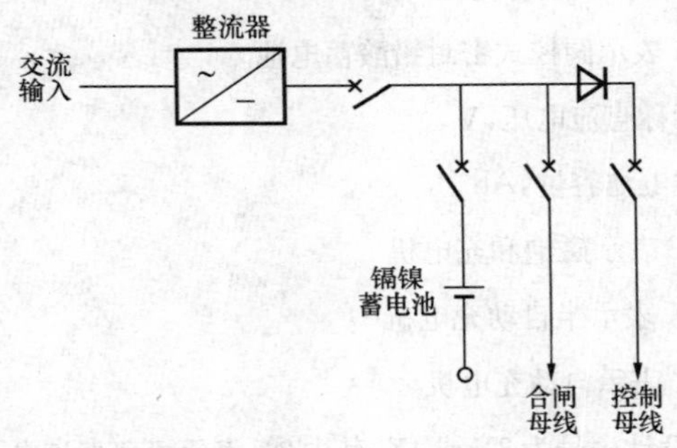

图 11-13 第一种供电方式系统框图

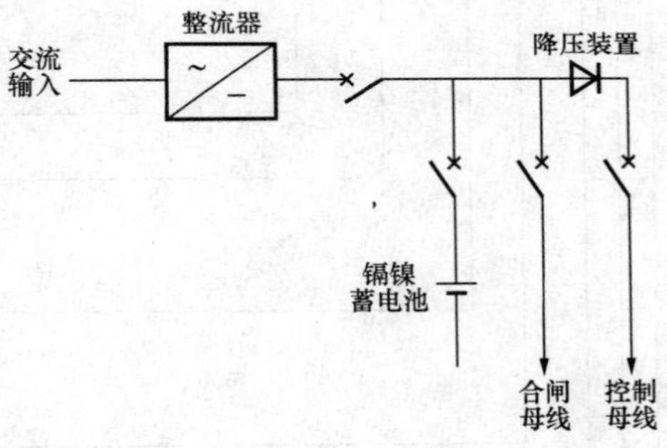

图 11-14 第二种供电方式系统框图

动力母线（合闸母线）与蓄电池直接接通，控制母线通过降压装置与蓄电池接通。交流失电时，蓄电池通过降压装置对控制母线供电。

第三种供电方式：利用整流器本身的结构特点分两路供电，一路向控制母线供电，另一路给蓄电池浮充电，系统框图见图 11-15。

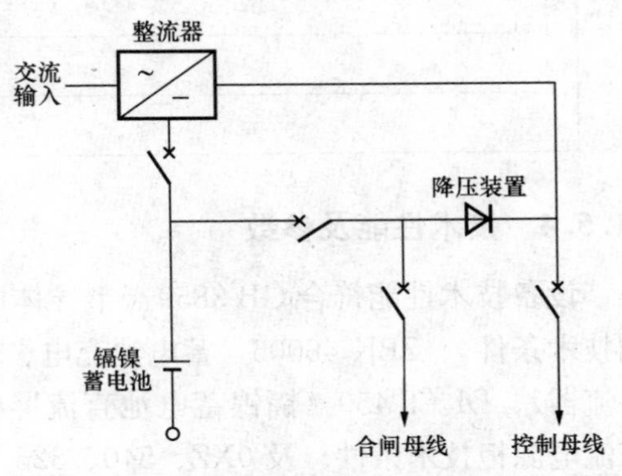

图 11-15 第三种供电方式系统框图

动力母线（合闸母线）与蓄电池直接接通，控制母线通过降压装置与蓄电池接通。交流失电时，蓄电池通过降压装置对控制母线供电。

11.5.2.2 系统输出特性

系统输出特性见图 11-16。

当交流电网电压二次恢复时，设备自动投入均衡充电状态，从图 11-16 中 A 点开始充电，

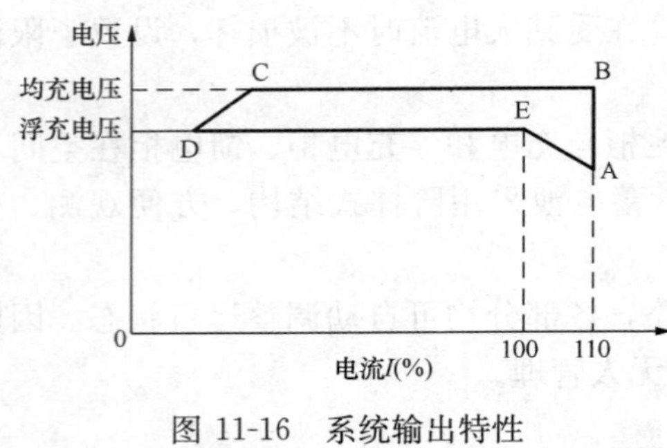

图 11-16　系统输出特性

A-B之间的区域为定电流充电区域。

当蓄电池充电电压上升至均衡电压值 B 点后，设备进入定电压充电工作方式，B-C 段为定电压充电区域，均衡充电在给定的时间内结束。

均衡充电结束后，自动转换到浮充电状态，蓄电池维持在完全充满的状态下，在 D-E 段工作。

11.5.3　型号含义

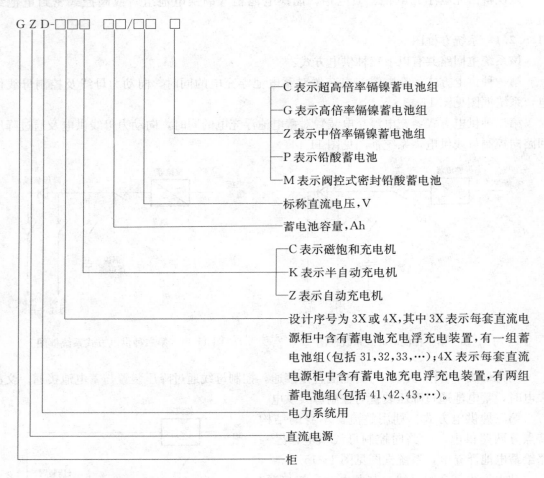

GZD-□□□　□□/□□　□

- □（最后一位）：C 表示超高倍率镉镍蓄电池组；G 表示高倍率镉镍蓄电池组；Z 表示中倍率镉镍蓄电池组；P 表示铅酸蓄电池；M 表示阀控式密封铅酸蓄电池
- □□（斜线后）：标称直流电压，V
- □□（斜线前）：蓄电池容量，Ah
- □（D-后第三位）：C 表示磁饱和充电机；K 表示半自动充电机；Z 表示自动充电机
- □□（D-后前两位）：设计序号为 3X 或 4X，其中 3X 表示每套直流电源柜中含有蓄电池充电浮充电装置，有一组蓄电池组（包括 31，32，33，…）；4X 表示每套直流电源柜中含有蓄电池充电浮充电装置，有两组蓄电池组（包括 41、42、43，…）。
- D：电力系统用
- Z：直流电源
- G：柜

11.5.4　技术性能及参数

设备技术性能符合 GB 3859《半导体电力变流器》、ZBK 45017《电力系统用直流屏通用技术条件》、ZBK 46006《蓄电池充电、浮充电用晶闸管整流器》、ZBK 46010《分合闸用整流器》、DL/T 459《镉镍蓄电池直流屏（柜）订货技术条件》、LS30～40-JT《电力系统用直流电源柜技术条件》及 0XZ、540、326《镉镍蓄电池直流屏技术条件》。GZD3X 型直流电源成套装置主要技术参数见表 11-6、表 11-7。

表 11-6　　GZD3X 型直流电源成套装置技术参数

型　　号	蓄电池型号	直流母线电压（$\%U_N$）		交流输入（V）	稳压范围（$\%U_N$）	稳压精度（%）	稳流范围（$\%I_N$）	稳流精度（%）	纹波系数（%）	最大经常负荷（A）	事故负荷（A）	合闸电流（A）
		正常	事故									
GZD3XC-20/230G	GNG-20	105	90	380	90～120	≤2	40～100	≤5	≤2	8	10	120
GZD3XK-20/230G	GNG-20	105	90	380	80～140	≤2	20～100	≤5	≤2	8	10	120
GZD3XZ-20/230G	GNG-20	105	90	380	80～140	≤1	20～100	≤5	≤2	8	10	120
GZD3XC-40/230G	GNG-40	105	90	380	90～120	≤2	40～100	≤5	≤2	12	20	240
GZD3XK-40/230G	GNG-40	105	90	380	80～140	≤2	20～100	≤5	≤2	12	20	240
GZD3XZ-40/230G	GNG-40	105	90	380	80～140	≤1	20～100	≤5	≤2	12	20	240
GZD3XK-80/230Z	GNZ-80	105	90	380	80～140	≤2	20～100	≤5	≤2	12	40	160
GZD3XZ-80/230Z	GNZ-80	105	90	380	80～140	≤1	20～100	≤5	≤2	12	40	160
GZD3XK-100/230Z	GNZ-100	105	90	380	80～140	≤2	20～100	≤5	≤2	16	50	200
GZD3XZ-100/230Z	GNZ-100	105	90	380	80～140	≤1	20～100	≤5	≤2	16	50	200
GZD3XK-150/230Z	GNZ-150	105	90	380	80～140	≤2	20～100	≤5	≤2	20	75	300
GZD3XZ-150/230Z	GNZ-150	105	90	380	80～140	≤1	20～100	≤5	≤2	20	75	300
GZD3XK-200/230Z	GNZ-200	105	90	380	80～140	≤2	20～100	≤5	≤2	20	100	360
GZD3XZ-200/230Z	GNZ-200	105	90	380	80～140	≤1	20～100	≤5	≤2	20	100	360
GZD3XK-250/230Z	GNZ-250	105	90	380	80～140	≤2	20～100	≤5	≤2	20	120	390
GZD3XZ-250/230Z	GNZ-250	105	90	380	80～140	≤1	20～100	≤5	≤2	20	120	390
GZD3XK-300/230Z	GNZ-300	105	90	380	80～140	≤2	20～100	≤5	≤2	20	140	450
GZD3XZ-300/230Z	GNZ-300	105	90	380	80～140	≤1	20～100	≤5	≤2	20	140	450

注　各种型号均可承做 24、48、110V 等电压等级的产品。

表 11-7 GZD4X型直流电源成套装置技术参数

型号	蓄电池型号	直流母线电压（%U_N）		交流输入（V）	稳压范围（%U_N）	稳压精度（%）	稳流范围（%I_N）	稳流精度（%）	纹波系数（%）	最大经常负荷（A）	事故负荷（A）	合闸电流（A）
		正常	事故									
GZD4XC-10/230G	GNG-10	105	90	380	90～120	≤2	40～100	≤5	≤2	5	10	120
GZD4XK-10/230G	GNG-10	105	90	380	80～140	≤2	20～100	≤5	≤2	5	10	120
GZD4XZ-10/230G	GNG-10	105	90	380	80～140	≤2	20～100	≤5	≤1	5	10	120
GZD4XC-20/230G	GNG-20	105	90	380	90～120	≤2	40～100	≤5	≤2	8	20	240
GZD4XK-20/230G	GNG-20	105	90	380	80～140	≤2	20～100	≤5	≤2	8	20	240
GZD4XZ-20/230G	GNG-20	105	90	380	80～140	≤2	20～100	≤5	≤1	8	20	240
GZD4XC-40/230G	GNG-40	105	90	380	90～120	≤2	40～100	≤5	≤2	12	40	480
GZD4XK-40/230G	GNG-40	105	90	380	80～140	≤2	20～100	≤5	≤2	12	40	480
GZD4XZ-40/230G	GNG-40	105	90	380	80～140	≤2	20～100	≤5	≤1	12	40	480
GZD4XK-80/230Z	GNZ-80	105	90	380	80～140	≤2	20～100	≤5	≤2	12	80	300
GZD4XZ-80/230Z	GNZ-80	105	90	380	80～140	≤2	20～100	≤5	≤1	12	80	300
GZD4XK-100/230Z	GNZ-100	105	90	380	80～140	≤2	20～100	≤5	≤2	16	100	380
GZD4XZ-100/230Z	GNZ-100	105	90	380	80～140	≤2	20～100	≤5	≤1	16	100	380
GZD4XK-150/230Z	GNZ-150	105	90	380	80～140	≤2	20～100	≤5	≤2	20	150	450
GZD4XZ-150/230Z	GNZ-150	105	90	380	80～140	≤2	20～100	≤5	≤1	20	150	450
GZD4XK-200/230Z	GNZ-200	105	90	380	80～140	≤2	20～100	≤5	≤2	20	200	550
GZD4XZ-200/230Z	GNZ-200	105	90	380	80～140	≤2	20～100	≤5	≤1	20	200	550
GZD4XK-250/230Z	GNZ-250	105	90	380	80～140	≤2	20～100	≤5	≤2	20	240	650
GZD4XZ-250/230Z	GNZ-250	105	90	380	80～140	≤2	20～100	≤5	≤1	20	240	650
GZD4XK-300/230Z	GNZ-300	105	90	380	80～140	≤2	20～100	≤5	≤2	20	280	700
GZD4XZ-300/230Z	GNZ-300	105	90	380	80～140	≤2	20～100	≤5	≤1	20	280	700

注 各种型号均可承做24、48、110V等电压等级的产品。

GZD系列直流电源成套装置的电气方案如表11-8所示。产品规格型号较多，,可由一面柜或几面柜组成，组屏(柜)方式及尺寸见表11-9和表11-10，表示A、A_1、A_2、A_3含义见图11-19。

图11-17、图11-18和图11-19分别表示组屏排列顺序示例和柜体平面布置尺寸图。

表11-8　　GZD系列直流电源成套装置的电气方案

方案		镉镍蓄电池容量（Ah）								
		10	20	40	80	100	150	200	250	300
单母线分段，单电池组，两套双线输出充电浮充电设备，无降压回路	110V					✓	✓	✓	✓	✓
	220V					✓	✓	✓	✓	✓
单母线，单电池组，两套双线输出充电浮充电设备，无降压回路	110V					✓	✓	✓	✓	✓
	220V					✓	✓	✓	✓	✓
单母线分段，单电池组，两套双线输出充电浮充电设备	110V		✓	✓	✓	✓	✓	✓	✓	✓
	220V		✓	✓	✓	✓	✓	✓	✓	✓
单母线，单电池组，两套双线输出充电浮充电设备	110V		✓	✓	✓	✓	✓	✓	✓	✓
	220V		✓	✓	✓	✓	✓	✓	✓	✓
单母线分段，单电池组，两套三线输出充电浮充电设备	110V		✓	✓	✓	✓	✓	✓	✓	✓
	220V		✓	✓	✓	✓	✓	✓	✓	✓
单母线，单电池组，两套三线输出充电浮充电设备	110V		✓	✓	✓	✓	✓	✓	✓	✓
	220V		✓	✓	✓	✓	✓	✓	✓	✓
单母线分段，双电池组，三套双线输出充电浮充电设备，无降压回路	110V					✓	✓	✓	✓	✓
	220V					✓	✓	✓	✓	✓
单母线，双电池组，两套双线输出充电浮充电设备	110V	✓	✓	✓						
	220V	✓	✓	✓						
单母线分段，双电池组，三套双线输出充电浮充电设备	110V		✓	✓	✓	✓	✓	✓	✓	✓
	220V		✓	✓	✓	✓	✓	✓	✓	✓
单母线，双电池组，两套三线输出充电浮充电设备	110V	✓	✓	✓						
	220V	✓	✓	✓						

表11-9　　GZD系列直流电源成套装置柜体组合及尺寸（一）　　mm

型号	A	A_1	A_2	A_3	组合方式
GZD30、31-100/115Z	4400	800	800	1000	$A_1+A_2+2A_3$
GZD30、31-150/115Z	5400				$A_1+A_2+3A_3$
GZD30、31-200/115Z	3200				$2A_1+2A_2$
GZD30、31-250/115Z					
GZD30、31-300/115Z					
GZD30、31-100/230Z	6400			1000	$A_1+2A_2+4A_3$
GZD30、31-150/230Z	9200				$2A_1+2A_2+6A_3$
GZD30、31-200/230Z	3200				$2A_1+2A_2$
GZD30、31-250/230Z					
GZD30、31-300/230Z		1000			

续表

<table>
<tr><th>型　　号</th><th>A</th><th>A_1</th><th>A_2</th><th>A_3</th><th>组 合 方 式</th></tr>
<tr><td>GZD32～35-20/115G. C</td><td rowspan="2">2400</td><td rowspan="15">800</td><td rowspan="16">800</td><td rowspan="2">800</td><td rowspan="2">$A_1+A_2+A_3$</td></tr>
<tr><td>GZD32～35-40/115G. C</td></tr>
<tr><td>GZD32～35-80/115Z</td><td rowspan="2">3600</td><td rowspan="3">1000</td><td rowspan="2">$A_1+A_2+2A_3$</td></tr>
<tr><td>GZD32～35-100/115Z</td></tr>
<tr><td>GZD32～35-150/115Z</td><td>4600</td><td>$A_1+A_2+3A_3$</td></tr>
<tr><td>GZD32～35-200/115Z</td><td rowspan="3">3200</td><td rowspan="3"></td><td rowspan="3">$2A_1+2A_2$</td></tr>
<tr><td>GZD32～35-250/115Z</td></tr>
<tr><td>GZD32～35-300/115Z</td></tr>
<tr><td>GZD32～35-20/230G. C</td><td rowspan="2">3200</td><td rowspan="2">800</td><td>$A_1+A_2+A_3$</td></tr>
<tr><td>GZD32～35-40/230G. C</td><td>$A_1+A_2+2A_3$</td></tr>
<tr><td>GZD32～35-80/230G. C</td><td rowspan="2">5600</td><td rowspan="3">1000</td><td rowspan="2">$A_1+A_2+4A_3$</td></tr>
<tr><td>GZD32～35-100/230Z</td></tr>
<tr><td>GZD32～35-150/230Z</td><td>8400</td><td>$2A_1+A_2+6A_3$</td></tr>
<tr><td>GZD32～35-200/230Z</td><td rowspan="3">3200</td><td rowspan="3"></td><td rowspan="3">$2A_1+2A_2$</td></tr>
<tr><td>GZD32～35-250/230Z</td></tr>
<tr><td>GZD32～35-300/230Z</td><td>1000</td></tr>
</table>

表 11-10　　GZD 系列直流电源成套装置柜体组合及尺寸（二）　　mm

<table>
<tr><th>型　　号</th><th>A</th><th>A_1</th><th>A_2</th><th>A_3</th><th>组 合 方 式</th></tr>
<tr><td>GZD40-100/115Z</td><td>7200</td><td rowspan="9">800</td><td rowspan="10">800</td><td rowspan="2">1000</td><td>$2A_1+2A_2+4A_3$</td></tr>
<tr><td>GZD40-150/115Z</td><td>9200</td><td>$2A_1+2A_2+6A_3$</td></tr>
<tr><td>GZD40-200/115Z</td><td rowspan="3">4000</td><td rowspan="3"></td><td rowspan="3">$3A_1+2A_2$</td></tr>
<tr><td>GZD40-250/115Z</td></tr>
<tr><td>GZD40-300/115Z</td></tr>
<tr><td>GZD40-100/230Z</td><td>11 200</td><td rowspan="2">1000</td><td>$2A_1+2A_2+8A_3$</td></tr>
<tr><td>GZD40-150/230Z</td><td>16 000</td><td>$2A_1+2A_2+12A_3$</td></tr>
<tr><td>GZD40-200/230Z</td><td rowspan="3">4000</td><td rowspan="3"></td><td rowspan="3">$3A_1+2A_2$</td></tr>
<tr><td>GZD40-250/230Z</td></tr>
<tr><td>GZD40-300/230Z</td><td>1000</td></tr>
<tr><td>GZD41、43-10/115G. C</td><td>2400</td><td rowspan="6">800</td><td rowspan="6">800</td><td rowspan="6">800</td><td>$A_1+A_2+A_3$</td></tr>
<tr><td>GZD41、43-20/115G. C</td><td rowspan="2">3200</td><td rowspan="2">$A_1+A_2+2A_3$</td></tr>
<tr><td>GZD41、43-40/115G. C</td></tr>
<tr><td>GZD41、43-10/230G. C</td><td>2400</td><td>$A_1+A_2+A_3$</td></tr>
<tr><td>GZD41、43-20/230G. C</td><td>3200</td><td>$A_1+A_2+2A_3$</td></tr>
<tr><td>GZD41、43-40/230G. C</td><td>4800</td><td>$A_1+A_2+4A_3$</td></tr>
</table>

续表

<table>
<tr><th>型　　号</th><th>A</th><th>A_1</th><th>A_2</th><th>A_3</th><th>组 合 方 式</th></tr>
<tr><td>GZD42-20/115G. C</td><td rowspan="2">4800</td><td rowspan="15">800</td><td rowspan="16">800</td><td rowspan="2">800</td><td rowspan="2">$2A_1+2A_2+2A_3$</td></tr>
<tr><td>GZD42-40/115G. C</td></tr>
<tr><td>GZD42-80/115Z</td><td rowspan="2">7200</td><td rowspan="3">1000</td><td rowspan="2">$2A_1+2A_2+4A_3$</td></tr>
<tr><td>GZD42-100/115Z</td></tr>
<tr><td>GZD42-150/115Z</td><td>9200</td><td>$2A_1+2A_2+6A_3$</td></tr>
<tr><td>GZD42-200/115Z</td><td rowspan="3">4000</td><td rowspan="3"></td><td rowspan="3">$3A_1+2A_2$</td></tr>
<tr><td>GZD42-250/115Z</td></tr>
<tr><td>GZD42-300/115Z</td></tr>
<tr><td>GZD42-20/230G. C</td><td>4800</td><td rowspan="2">800</td><td>$2A_1+2A_2+2A_3$</td></tr>
<tr><td>GZD42-40/230G. C</td><td>6400</td><td>$2A_1+2A_2+4A_3$</td></tr>
<tr><td>GZD42-80/230Z</td><td rowspan="2">11 200</td><td rowspan="3">1000</td><td rowspan="2">$2A_1+2A_2+8A_3$</td></tr>
<tr><td>GZD42-100/230Z</td></tr>
<tr><td>GZD42-150/230Z</td><td>16 000</td><td>$2A_1+2A_2+12A_3$</td></tr>
<tr><td>GZD42-200/230Z</td><td rowspan="2">4000</td><td rowspan="2"></td><td rowspan="2">$3A_1+2A_2$</td></tr>
<tr><td>GZD42-250/230Z</td></tr>
<tr><td>GZD42-300/230Z</td><td>4400</td><td>1000/800</td><td>800</td><td>$2A_1+A_2+2A_3$</td></tr>
</table>

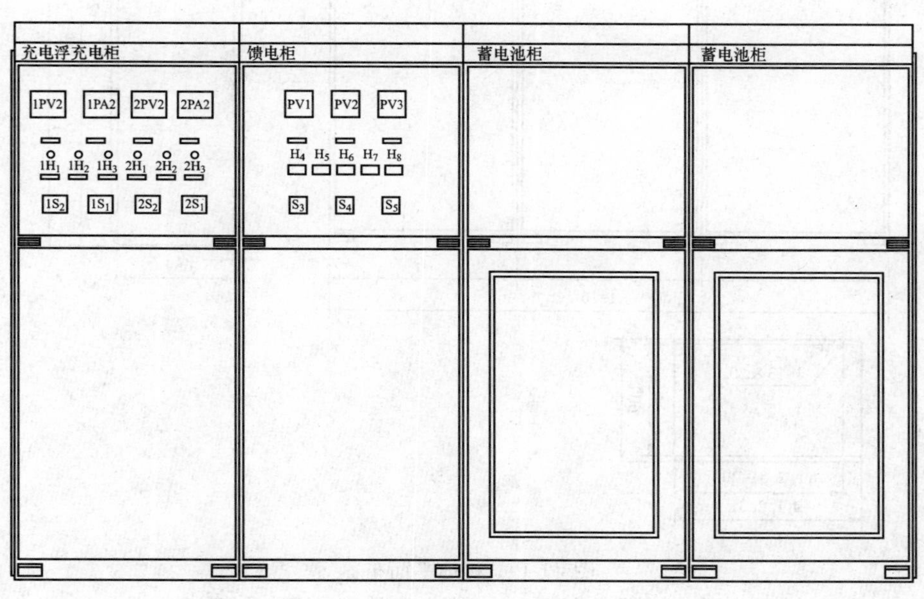

图 11-17　GZD3X 系列直流电源柜屏面布置

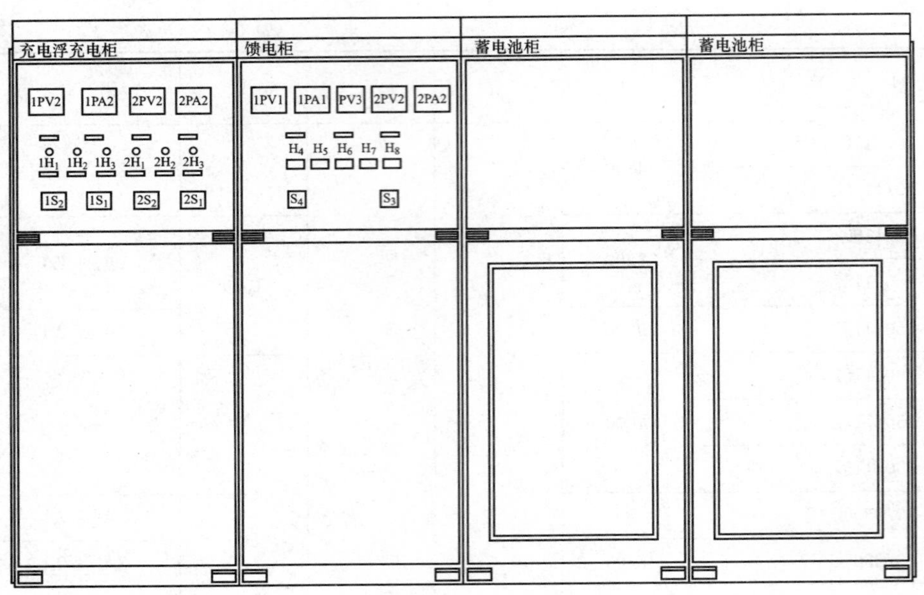

图 11-18　GZD4X 系列直流电源柜屏面布置

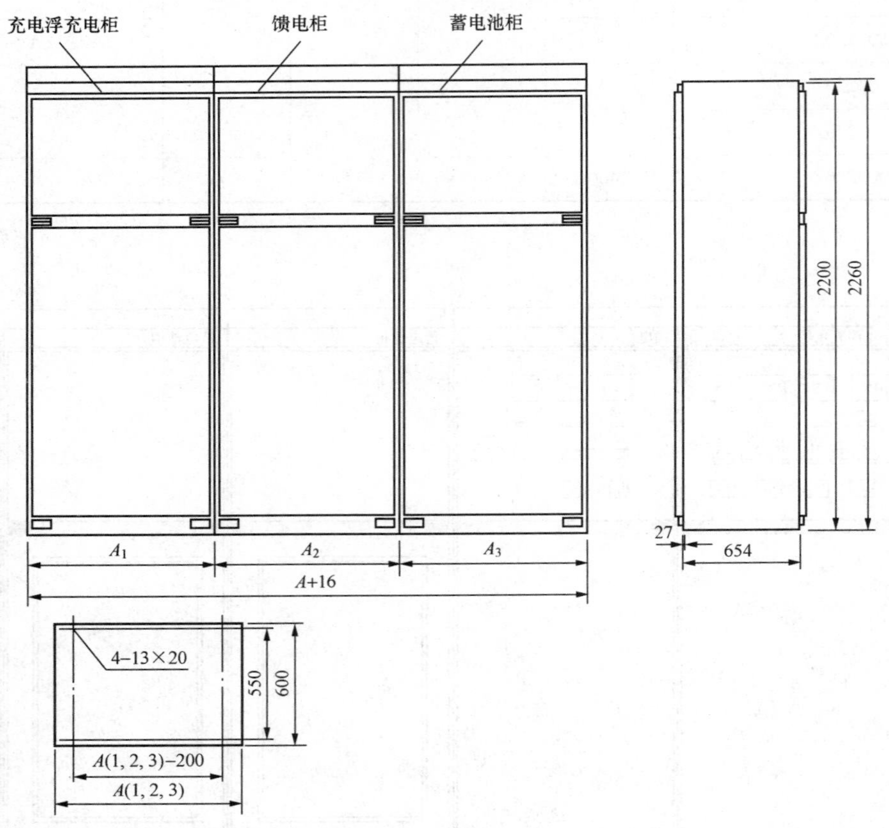

图 11-19　柜体平面布置

A_1—充电浮充电柜宽度；A_2—馈电柜宽度；A_3—蓄电池柜宽度（200Ah 以上容量蓄电池不装柜内）；A—直流设备总宽度

11.6 2000版电力工程直流系统典型设计及设计软件

11.6.1 直流系统典型设计

2000版电力工程直流系统典型设计（简称2000版直流典设）于2001年7月由中国电力工程顾问公司颁布实施。2000版直流典设具有安全可靠、简单清晰的接线方案；节能环保、指标先进的设备选型和配置齐全、灵活方便的设计配置三大基本特点。2000版直流典设有力促进了直流系统设计的标准化，科学化和现代化，有效地加快了设计进度、提高了设计效率。

11.6.1.1 典型设计（简称典设）内容

典设包括7类原则接线方案，21种设备配置方案，适用于220、110、48V电压等级的各种容量系列的发电工程和各种电压等级的变配电工程。

典设共分以下8个分册：

第一册　直流系统接线

第二册　直流电源进线柜

第三册　直流馈线柜

第四册　直流充电整流柜

第五册　蓄电池屏（架）

第六册　直流辅助接线

第七册　变电工程直流系统典型设计

第八册　发电工程直流系统典型设计

典设主要接线方案、设备配置和技术特点见表11-11。

表11-11　典设基本接线方案、设备配置和技术特点

项　目	典设主要接线方案名称							
接线代号	SC1/1	SC1/2	SC1/2F	SC2/2	SC2/3A	SC2/3B	SC2/3C	PF
母线型式	单母线	单母线	单母分段	单母分段	单母分段	单母分段	单母分段	单母线
蓄电池、充电器配置	单蓄单充	单蓄双充	单蓄双充	双蓄双充	双蓄三充	双蓄三充	双蓄三充	—
接线特点	蓄电池、充电器接母线	蓄电池、充电器接母线	蓄电池跨接两段母线	电池、充电器分接两段母线	前方案+备用浮充整流器	前方案+备用浮充充电整流器	两组单蓄单充单母分线+备用充电器	直流分屏

注　直流典设方案根据系统接线和直流开关设备类别确定，直流开关设备配置分三种情况：①熔断器+隔离开关；②直流空气断路器；③混合型（电源侧用熔断器+隔离开关，负荷侧用断路器）。并分别用“DF”、“CB”和“DB”标志，所以典设接线方案总计25种。

图11-20所示为2000版直流典设的部分屏面布置示意图。其中(a)～(e)为电源进线屏；(f)～(n)为充电装置屏面；(o)～(r)为馈线屏；(r)～(z)为变电站或发电厂用直流系统示意图。

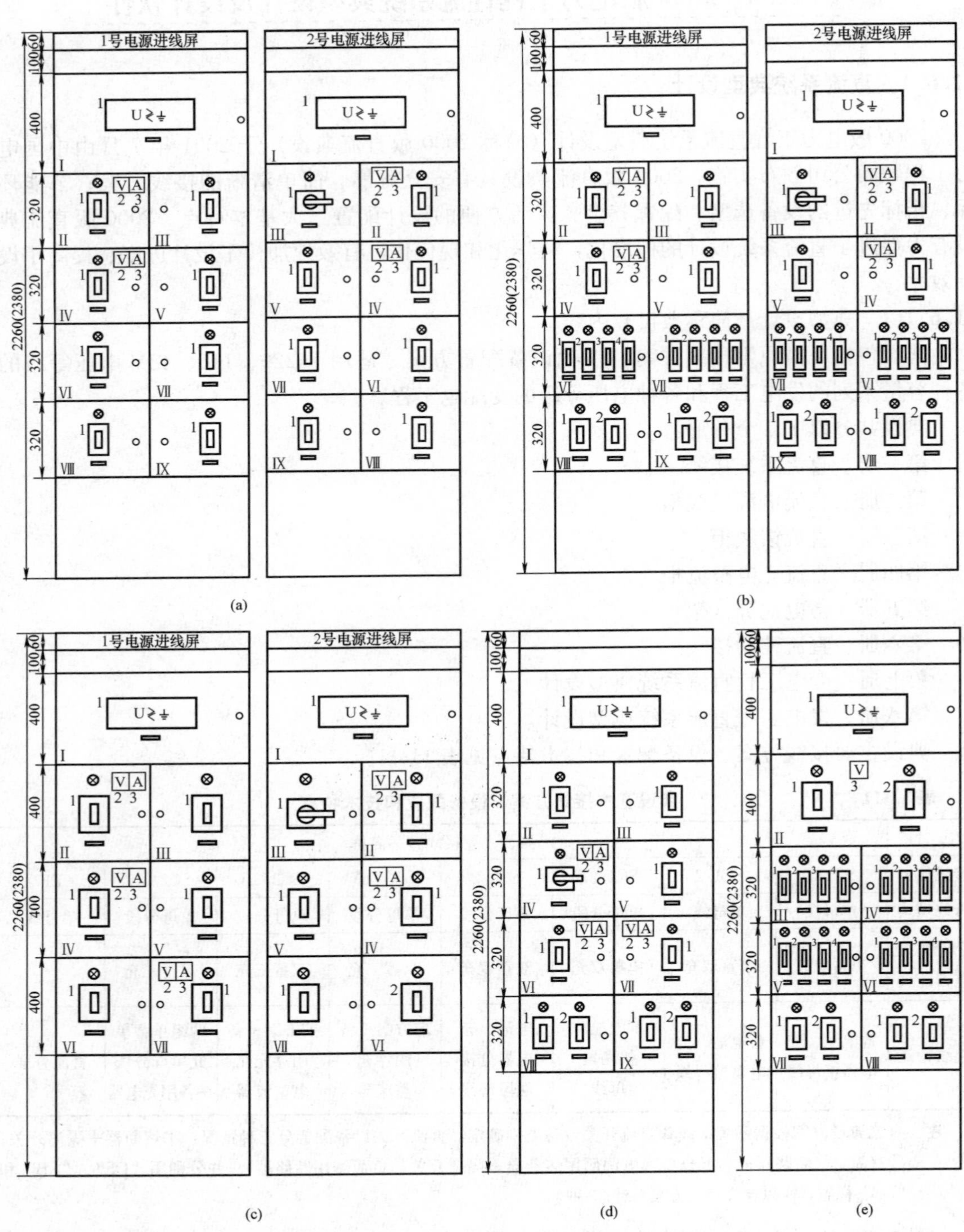

图 11-20　2000 版直流典设的部分屏面布置示意图（一）

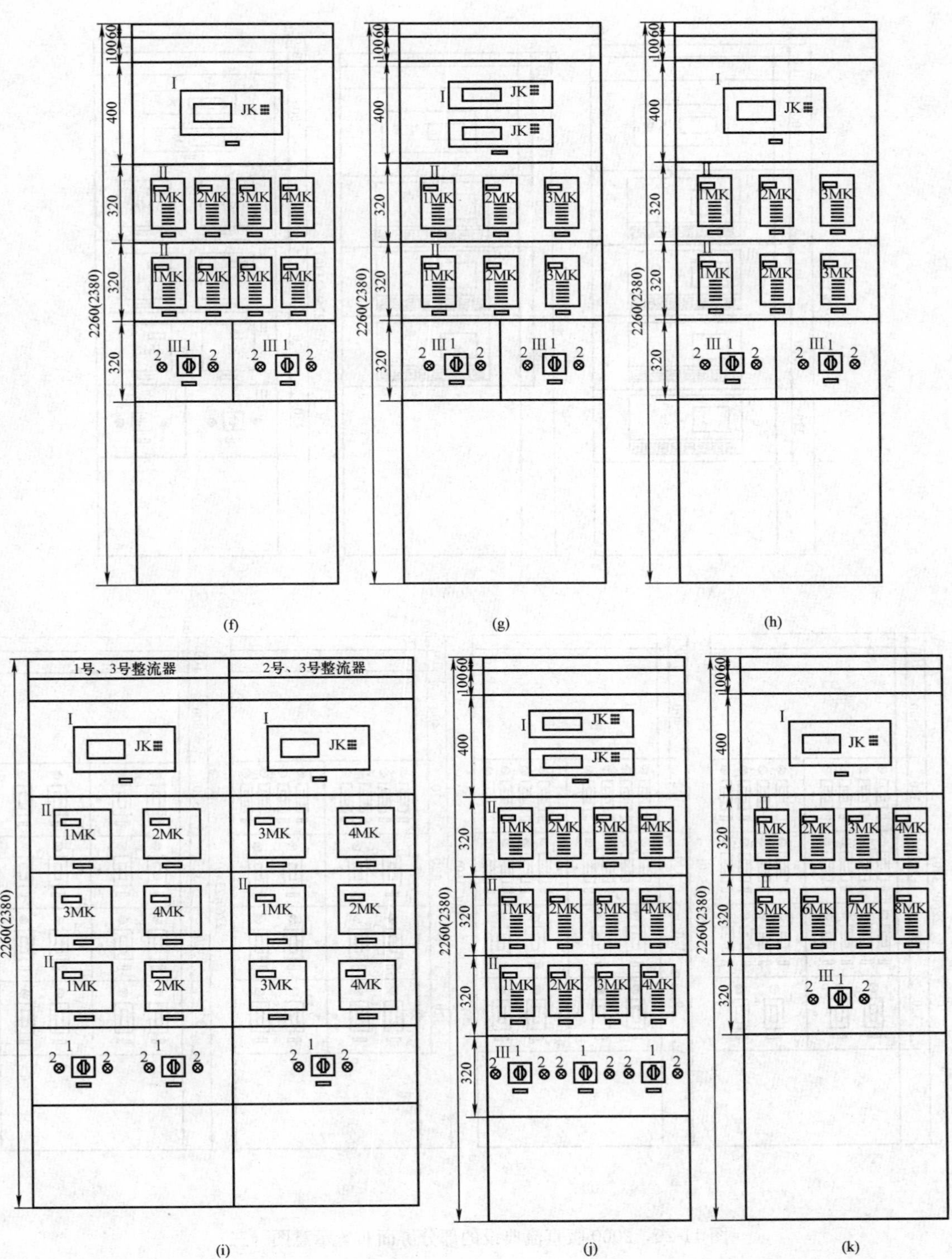

图 11-20　2000 版直流典设的部分屏面布置示意图（二）

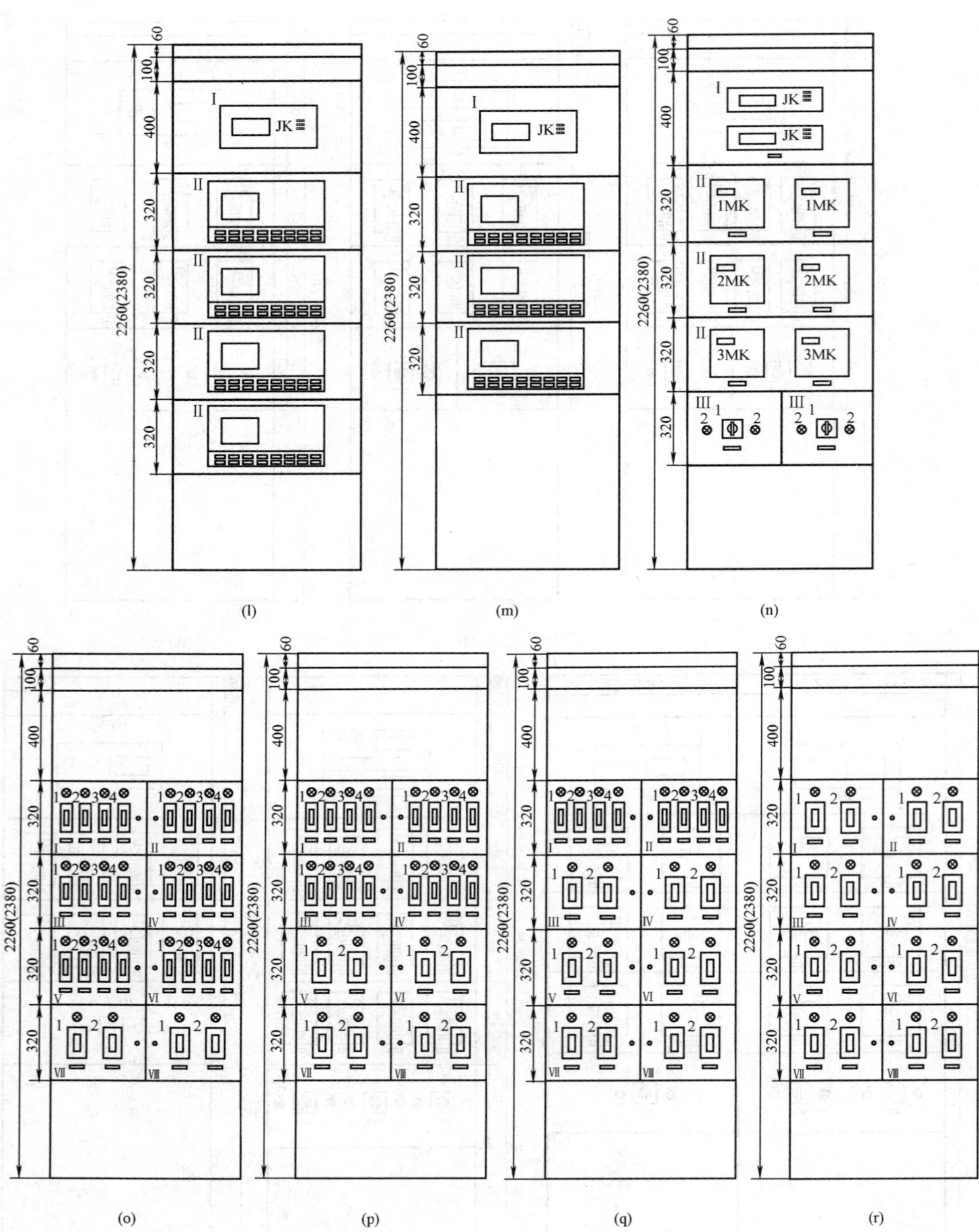

图 11-20　2000 版直流典设的部分屏面布置示意图（三）

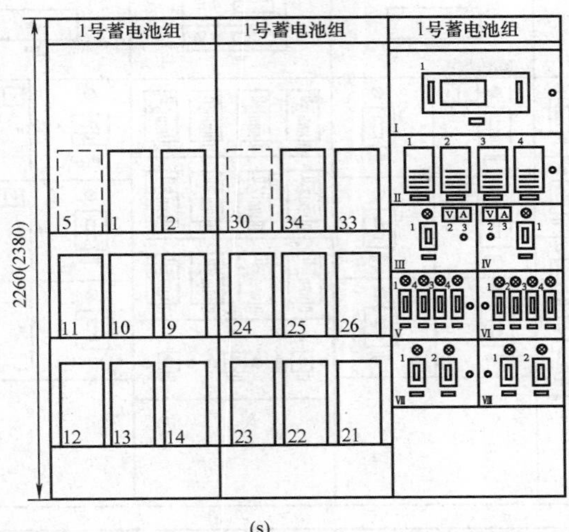

(s)

2260(2380)

1号蓄电池组 1号蓄电池组 1号电源进线屏 2号电源进线屏 1号、2号导流器 2号蓄电池组 2号蓄电池组

(t)

2260(2380)

1号蓄电池组 1号蓄电池组 1号进线屏 1号电源进线屏 2号电源进线屏 1号、2号进线屏 2号蓄电池组 2号蓄电池组

(u)

图 11-20　2000 版直流典设的部分屏面布置示意图（四）

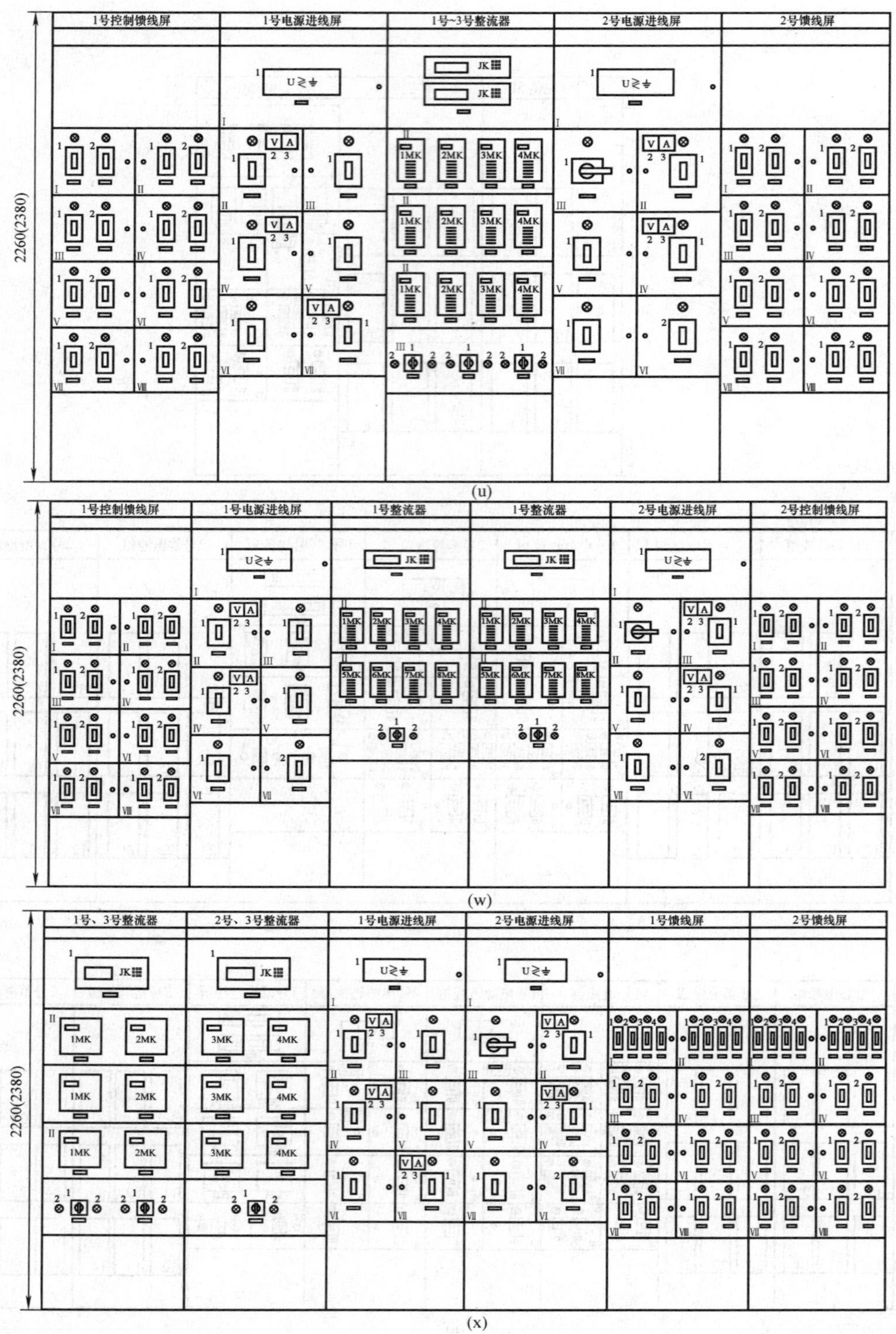

图 11-20　2000 版直流典设的部分屏面布置示意图（五）

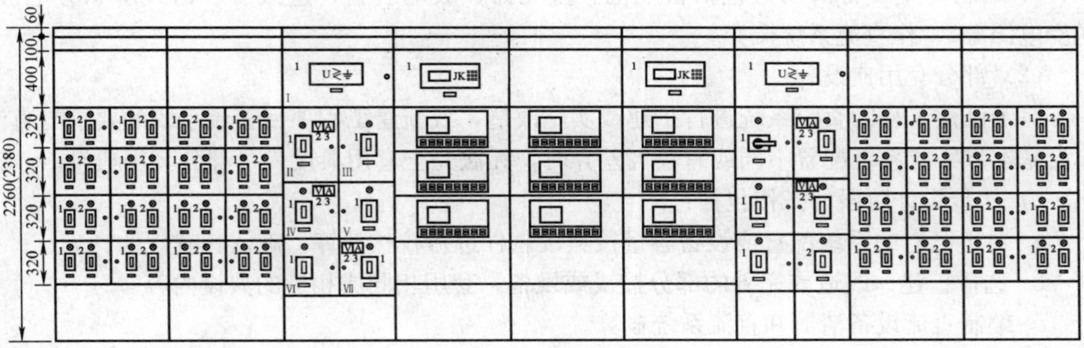

(y)

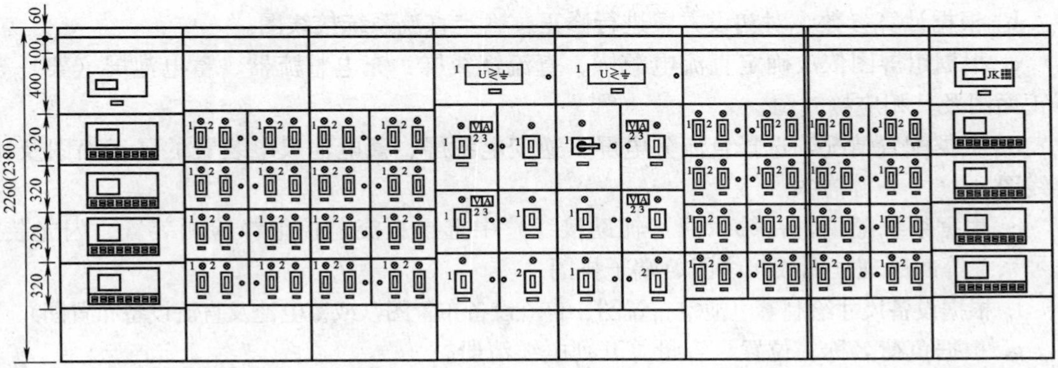

(z)

图 11-20　2000 版直流典设的部分屏面布置示意图（六）

11.6.1.2　典设的应用

本典设可采取以下两种应用方式，即完全套用典设（传统纸介质或 CAD）和部分套用典设（改变接线、重新组屏、改变屏面布置等）。

（1）完全套用典设。

1）完全套用典设的条件。在工程前期，项目可研或初步设计阶段，直流设备尚未确定，为估算工程投资或进行工程概算，可参考具有典型参数的典型工程，完全套用直流典设。通常在工程可研阶段和工程初设阶段采用这种办法。

2）工程可研阶段的工作包括：

a. 根据可研阶段的工程设想方案，选择合适的直流系统和直流主要设备。

b. 根据选定的直流系统和直流设备，估算直流系统的投资。

3）初步设计阶段的工作包括：

a. 根据典型负荷由计算软件选择蓄电池容量，并进行母线水平校验。

b. 根据蓄电池容量和推荐的接线方式计算选择充电整流器的型式和容量。

c. 根据蓄电池型式容量、充电整流器型式容量和接线方式选择所需工程方案接线图和组屏图。

d. 编制直流设备清册（包括蓄电池、整流器、放电装置、进线屏、馈线屏、分电屏、逆变电源等），作直流系统概算。

（2）部分套用典设。

对于已建工程的直流系统进行扩建或实施改造，或新建工程项目直流系统的要求与直流典设基本方案或系统配置不同或有较大差异时，无法完全套用典设，可部分套用典设。

1）初步设计阶段的工作包括：

a. 对于已有的系统配置或设备容量按典设软件进行校核计算，确认其有效性。

b. 选择扩建、改造或完善的部分接线或设备，套用相同或相近的典设内容。

c. 编制直流设备清册和直流系统概算。

2）施工设计阶段的工作包括：

a. 根据工程招标所确定蓄电池型式及其所提供的技术参数，校验蓄电池容量及整流设备容量。

b. 根据计算参数，对初设方案进行修正，确定直流系统接线图。

c. 根据组屏图依次确定直流电源屏、直流馈线屏、充电整流器、蓄电池屏（架）等的屏正面图及其相应接线图。

d. 根据配置情况，选择直流分电屏、逆变电源屏、蓄电池放电装置的屏正面图及相应接线图。

e. 根据系统配置，在第六册（辅助接线）中选择直流监控绝缘检测装置、闪光装置、信号系统等的原理框图或接线图、端子排图。

f. 根据设备尺寸绘制蓄电池室布置图、直流设备布置图（或蓄电池及直流设备布置图）。

g. 根据负荷名称、位置、容量等开列电缆清册。

直流系统初步设计和施工设计图纸、计算书、清册一览表见表 11-12。

表 11-12　　直流系统初步设计和施工设计图纸、计算书、清册一览表

序号	图纸名称或计算书、清册名称	设计阶段			说　明
		初步设计	施工设计	简化设计	
1	蓄电池容量选择计算书	✓	✓	✓	施工设计时、蓄电池特性变化大时
2	充电、放电装置选择计算书	✓	✓	✓	施工设计时、蓄电池特性变化大时
3	直流系统接线图	✓	✓	✓	
4	直流系统组屏图	✓	✓	✓	
5	直流电源进线屏正面图		✓		
6	直流电源屏接线图		✓		
7	直流馈线屏正面图		✓	✓	
8	直流分电屏接线图		✓	✓	当直流网络采用分层辐射供电时
9	直流分电屏接线图		✓		当直流网络采用分层辐射供电时
10	充电整流屏正面图		✓		
11	充电整流屏接线图		✓		需要时

续表

序号	图纸名称或计算书、清册名称	设计阶段			说明
		初步设计	施工设计	简化设计	
12	逆变电源屏正面图		√		
13	逆变电源屏接线框图		√		需要时
14	事故照明切换屏正面图		√	√	逆变电源屏和事故照明切换二者取一
15	事故照明切换屏接线图		√	√	
16	绝缘检测装置示意及引出端子图		√		
17	闪光装置接线图		√		需要时
18	直流系统信号回路图		√	√	
19	监控装置示意及引出端子图		√		
20	放电装置屏正面图及接线图		√		需要时
21	蓄电池室平面布置图		√	√	蓄电池单独布置时
22	直流设备布置图		√		直流设备与蓄电池不布置在一起时
23	蓄电池及直流设备布置图		√		蓄电池与其他直流设备布置在一起时
24	直流设备清册		√	√	初步设计阶段与施工设计阶段深度不同
25	电缆清册		√	√	

11.6.2 直流系统典型设计查询系统

在2000版直流系统典型设计中，提供了大量的典设方案。这些设计方案的检索如果完全靠手工进行，不仅速度慢，而且容易出错。直流典设查询系统极大地方便了典设图纸的查找，为快速组拼工程设计方案创造了有利条件。

直流典设查询系统具有查询直流系统接线方案、发电工程典设方案、变电工程典设方案和单元图纸查询等功能。

11.6.3 直流系统设计软件

直流系统设计包括直流电源设备（蓄电池、充电装置）的计算和选择、电缆的计算和选择、开关设备选择、短路电流的计算以及直流系统的CAD辅助设计等，这些工作内容繁杂，需要查找大量的原始数据、设备参数、计算曲线以及产品说明书等，完全靠手工进行相当困难。而直流系统设计软件使直流系统设计计算机化，真正做到直流设计全过程的高效、经济、准确。

直流系统设计软件具有直流系统设计计算和直流系统设计绘图两大功能。直流设计计算部分包括蓄电池容量、充电装置设备、放电装置设备、主母线、直流回路、网络配置、电缆截面和开关设备等；直流设计绘图部分包括单屏图、组屏图以及自动生成的系统图和馈线图等。

11.7 PED-LS系列经济型直流电源

11.7.1 适用范围

PED-LS系列经济型直流电源适用于电源容量在100Ah及以下的中小型变（配）电系统，具有系统简单可靠、运行维护方便、经济实惠、结构紧凑的特点。

11.7.2 功能特点

（1）采用模块式结构，系统由交流配电、直流馈电、整流模块、降压单元、监控单元、电池单元及闪光装置等组成，所有模块、功能单元均采用带电热插拔结构，安装、更换、维护方便快捷。

（2）采用自冷式高频开关整流模块和自动调压降压单元，功能完善、性能优良。

（3）监控器采用LED背光型、LED显示，汉字菜单，按键操作，可实现系统参数设置、系统工况参数显示、系统故障指示和系统参数校准等功能。

（4）监控单元具有电池自动管理功能，可实现电池电压、控母电压、控母电流、电池充放电电流、模块状态检测；实现模块故障、母线电压越限、主电路交流失电、母线绝缘故障实时报警。

（5）提供RS232和RS485两种通信接口，RTU、CDT、MODBUS三种通信规约选择，可与电站自动化系统连接。

（6）配电单元提供2路交流输入（可选择1路电压互感器TV供电）、1路电池输入、多路馈电输出；2路交流输入自动切换。

（7）TV供电时系统自动限制输出功率，以保证TV不受损坏。

11.7.3 型号及其含义

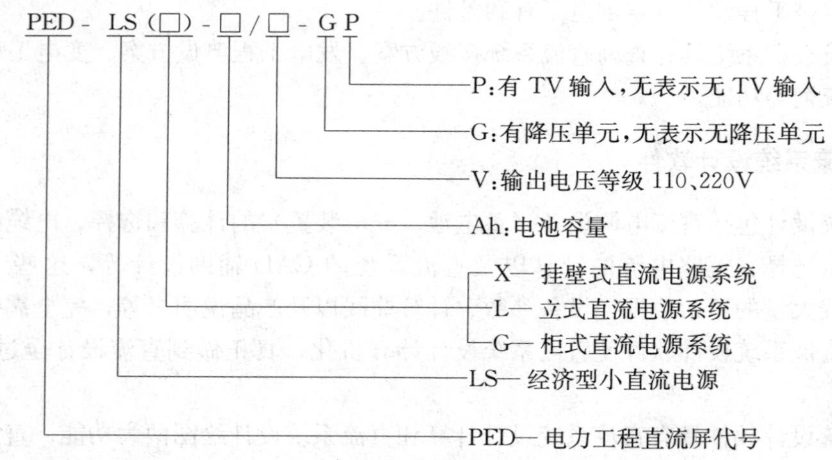

11.7.4 蓄电池容量系列和基本配置

蓄电池容量系列为20，24，28，33，38，45，50，65，75，90，100，120，150Ah。

各类小型直流屏的容量、配置和外形尺寸见表11-13～表11-15。

表 11-13　　PED-LS（X）经济型挂壁式直流电源系统规格参数

电压等级	110V	220V
系统容量	最大容量50Ah	最大容量38Ah
系统配置	高频开关整流模块4A/台 10～38Ah配置2台 45～65Ah配置3台	高频开关整流模块2A/台 10～18Ah配置2台 20～38Ah配置3台
	汉显监控单元 两路交流进线（100VTV进线可选） 5路10A直流输出（可扩展） 母线绝缘监测；带闪光试验按钮 自动硅链降压最大输出2A，冲击电流30A/0.5s RS485/232通信接口 1台充电控制箱400mm(宽)×450mm(高)×236mm(厚)	
系统配置	9节电池	18节电池
系统配置	1台电池箱 600mm(宽)×600mm(高)×250mm(厚)	2台电池箱

表 11-14　　PED-LS（L）经济型立式直流电源系统规格参数

电压等级	110V	220V
系统容量	最大容量75Ah	最大容量38Ah
系统配置	高频开关整流模块4A/台 10～38Ah配置2台 45～75Ah配置3台	高频开关整流模块2A/台 10～18Ah配置2台 20～38Ah配置3台
	汉显监控单元 两路交流进线（100VTV进线可选） 5路10A直流输出（可扩展） 母线绝缘监测；带闪光试验按钮 自动硅链降压最大输出2A，冲击电流30A/0.5s RS485/232通信接口 采用一体式立式机柜与蓄电池组共同安装	
系统配置	9节电池	18节电池
系统配置	1台一体式机柜600mm(宽) ×600mm(深)×1600mm(高)	

表 11-15　　PED-LS（G）经济型柜式直流电源系统规格参数

电压等级	110V	220V
系统容量	最大容量150Ah	最大容量100Ah
系统配置	高频开关整流模块10A/台 38～75Ah配置2台 90～150Ah配置3台	高频开关整流模块7A/台 33～50Ah配置2台 65～100Ah配置3台
	汉显监控单元 两路交流进线 10路10A直流输出（可扩展） 母线绝缘监测；带闪光试验按钮 自动硅链降压最大输出20A RS485/232通信接口 采用标准机柜与蓄电池组共同安装	
系统配置	9节电池	18节电池
系统配置	1台标准机柜800mm(宽) ×600mm(深)×2260mm(高)	

11.7.5　主要指标

（1）2路交流输入电压：220×(1±20%)V或一路交流、一路TV(TV电压：110V±10%)；

（2）电网频率：50×(1±10%)Hz；

(3) 功率因数：≥0.90；

(4) 输出电压范围：90～140V 连续可调(对于 110V 系统)，180～280V 连续可调(对于 220V 系统)；

(5) 电流调节范围：0～100%I_N；

(6) 稳压精度：≤±0.5%；

(7) 稳流精度：≤±0.5%；

(8) 纹波系统：≤±0.5%；

(9) 均流不平衡度：≤5%；

(10) 效率：≥94%（满载）；

(11) 输出过压保护：280V±2V(220V)、140V±2V(110V)；

(12) 绝缘电阻：≥100MΩ；

(13) 绝缘强度：输出对地、输入对地、输入对输出施加 2kV AC，时间 1min，无飞弧、无闪烁；

(14) 工作环境相对湿度：≤90%；

(15) 工作环境温度：−5～45℃；

(17) 噪声：≤50dB。

12　直流系统设备布置

12.1　设备布置的主要方式

直流设备包括蓄电池组、充电浮充电设备、配电设备、放电设备和事故照明切换装置或静态逆变电源装置。这些设备的布置可分以下 3 种方式：

（1）对于较大容量的直流系统，蓄电池组布置在蓄电池室，直流屏（包括充电器、配电屏等）布置在直流屏室内。蓄电池室通常和直流屏室相毗邻。

（2）对于中型容量的直流系统，主要是中小型发电厂和较大容量的变电站，蓄电池组布置在蓄电池室，直流屏布置在主控制室。这种中型容量的直流系统有时也采用方式（1）的布置方式。

（3）对于小型容量的直流系统，主要是小容量的变、配电所，采用蓄电池组和直流屏组合成套供应的直流电源成套装置。直流电源成套装置可以布置在单独的直流屏室内，也可布置在主控制室内。

12.2　设备布置的基本原则

根据《火力发电厂、变电所直流系统设计技术规定》的要求，直流设备布置应遵循如下原则：

（1）蓄电池组宜布置在电气控制楼（包括主控制楼、网络控制楼、单元控制楼）的底层。

（2）同类型、不同容量、不同电压的蓄电池组可以同室布置，不同类型（即酸性和碱性）电池不能同室布置。

（3）直流主屏宜布置在蓄电池室附近单独的直流屏室内。对于变电站、大型电厂的网控室和小型发电厂，直流屏（包括直流成套装置）也可布置在控制室内，以降低电缆压降。

（4）充电浮充电屏和放电屏宜与直流屏同室布置，以缩短电缆长度。

（5）直流分电屏宜布置在相应的负荷中心处，以节省电缆。

（6）蓄电池室、直流屏室应避开潮湿、高温、振动大、多灰尘的场所。其所在场所应干燥、明亮，还应便于蓄电池气体和酸（碱）液的排放。

（7）蓄电池室内应有运行检修通道，通道宽度按表 12-1 确定。

（8）直流设备室内设备之间的距离、运行维护通道应按表 12-1 确定。

（9）碱性镉镍蓄电池可在屏架内采用阶梯式堆积组装，也可在室内成架式排列；对大容量镉镍蓄电池，还可像铅酸蓄电池那样布置，注意布置方式保证其绝缘水平，并应便于观察液面和便于维护检修。

（10）蓄电池的裸露导电部分间的距离、导线与建筑物或其他接地体之间以及母线支持点间的距离应满足表 12-2 的规定。

表 12-1 直流设备布置尺寸要求

距离名称		采用尺寸（mm）		备注
		一般	最小	
直流设备室	屏正面至屏正面	1800	1400	
	屏正面至屏背面	1500	1200	
	屏背面至屏背面	1500	1000	
	屏正面至墙	1500	1200	
	屏背面至墙	1200	1000	
	边屏至墙	1200	800	
	主要通道	1600～1200	1400	
蓄电池室检修通道	一侧设蓄电池	1000	800	
	两侧设蓄电池	1200～1500	1000	

表 12-2 蓄电池室内裸露导体之间距离要求

距离名称		采用尺寸（mm）	距离名称	采用尺寸（mm）
两带电部分之间正常电压 U（V）	$65<U\leqslant250$	≥800	导体与建筑物或其他接地体之间	≥50
	$U>250$	≥1000	母线支持点之间	≤2000

 12.3 对蓄电池室的要求

根据发电厂、变电站的环境条件，对蓄电池等直流设备的要求如下：

（1）蓄电池室应为防酸、防火、防爆建筑，室内严禁装设开关、熔断器、插座、电炉等，照明应采用防爆灯具。

（2）蓄电池室应装设通风设施，铅酸蓄电池室的通风换气量，应保证室内含氢量（按体积计）低于 0.7%、含酸量小于 $2mg/m^3$。

通风电动机应为防爆式，并应直接连接通风空气过滤器。

（3）蓄电池室应有良好的采暖设施，室温宜保持在 5～35℃之间。走廊墙面不得开设通风百叶窗或玻璃采光窗。

采暖设备与蓄电池之间的距离，不应小于 750mm。蓄电池室内的采暖散热器应为焊接的光滑钢板，室内不允许有法兰、丝扣接头和阀门等。

（4）蓄电池室的入口宜设套间（或贮藏室），以便贮藏酸（碱）、纯水（蒸馏水）及配制电解液器具。蓄电池室和套间的门应装设弹簧锁且向外开启，应采用非燃烧体或难燃烧体的实体门，门的尺寸不应小于 750mm×1960mm（宽×高）。

对于普通防酸型铅酸蓄电池，在蓄电池室近旁应放调酸室，其面积应不小于 $8m^2$，并设有水龙头和水池。

蓄电池室的窗玻璃应采用毛玻璃或涂以半透明油漆，阳光不应直射室内。

（5）蓄电池室应有给水和排水设施，套间内应砌水池，水池内外及水龙头应做耐酸（碱）处理，管道宜暗敷，管材应采用耐腐蚀材料。

蓄电池室地面应有0.5%左右的排水坡度，并应有泄水孔。污水应进行酸碱中和或稀释后排放。

(6) 蓄电池室应采用非燃性材料建造，顶棚宜做成平顶，不应吊天棚，不宜采用折板盖和槽形天花板。铅酸蓄电池室的门窗、地面、墙壁、天花板、台架均应进行耐酸处理，地面应采用易于清洗的面层材料。

(7) 蓄电池室、调酸室、通风机室应有正常照明，蓄电池室还应设事故照明。

蓄电池室内照明灯具应布置在走道上方，照明应采用防爆防腐灯具，地面上最低照度为20lx，事故照明最低照度为2lx。

蓄电池室内照明线宜穿管暗敷，室内不应装设开关、插座。

(8) 蓄电池引线方式：对不带端电池的蓄电池组，室内无裸导线，仅采用电缆作为电池正、负极的引出线；对带端电池的蓄电池组，一般室内设置裸导线（也可用电缆）连接电池组抽头与出线端子，并用电缆引至端电池调节器。

当采用裸导线在室内架设时，应满足下述要求：

1) 相邻裸导线间、导线与建筑物间或与其他接地体之间的距离，不应小于50mm，母线支持点与地距离不应小于2m。

2) 母线连接应采用焊接，母线安装后，应在母线的全长涂两道耐酸油漆，正极为红色，负极为蓝色。涂漆后再涂一层薄的凡士林。

当采用电缆引线时，应满足下述要求：

1) 电缆穿管敷设。穿管引出端应靠近有引出线的蓄电池端部，电缆敷设后应将电缆管涂防酸漆，封口处应严格用防酸材料封堵。

2) 电缆弯曲半径应符合电缆敷设要求，电缆管露出地面高度，可低于蓄电池引出端头200～300mm，以便做电缆头。

(9) 对布置阀控式密封电池的房间，在防酸、调酸、防爆、防水等方面的要求应予简化，可另设置良好的通风设施。

12.4 固定防酸式铅酸蓄电池的布置

12.4.1 布置要求

当采用固定防酸式铅酸蓄电池时，在布置上应满足下述要求：

(1) 蓄电池布置应符合蓄电池的接线要求。

(2) 蓄电池布置尺寸应与蓄电池的安装尺寸相一致。

(3) 蓄电池布置尺寸应满足安装、维护时的安全距离要求。对不设端电池的蓄电池组，不宜靠墙布置；对设有端电池的蓄电池组，为便于中间和端部抽头，可靠墙布置。

蓄电池室应设置安装电池的瓷砖台架或水泥台架，台架高度为250～300mm。

12.4.2 布置实例

(1) 蓄电池室布置在主厂房内，设有220V蓄电池1组，110V蓄电池2组，无端电池，引出线用电缆。该蓄电池室布置如图12-1所示。

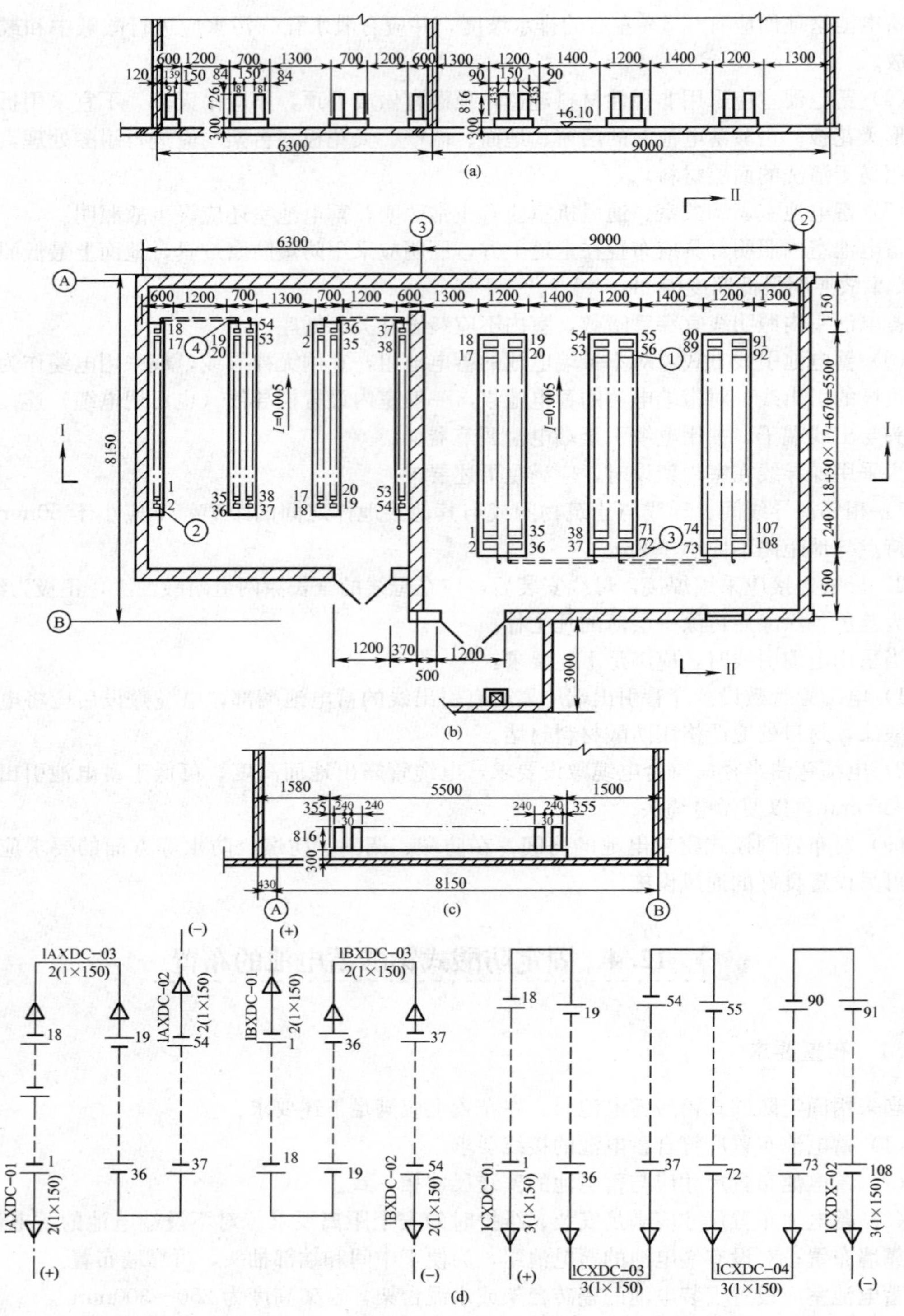

图 12-1　主厂房 1 组 220V 蓄电池和 2 组 110V 蓄电池的蓄电池室布置图

(a) Ⅰ-Ⅰ断面图；(b) 平面图；(c) Ⅱ-Ⅱ断面图；(d) 安装接线图

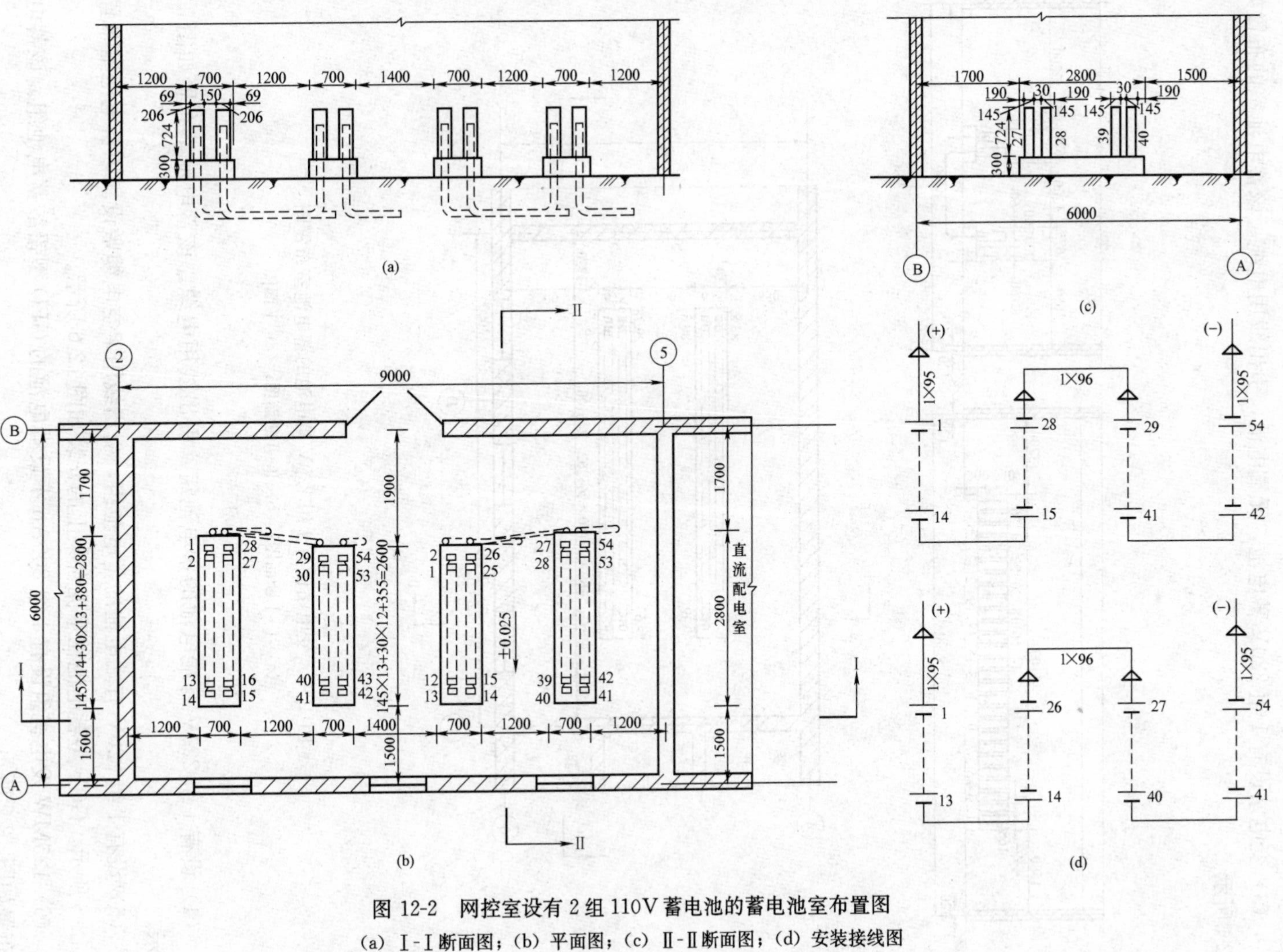

图 12-2 网控室设有 2 组 110V 蓄电池的蓄电池室布置图

(a) Ⅰ-Ⅰ断面图；(b) 平面图；(c) Ⅱ-Ⅱ断面图；(d) 安装接线图

（2）网控室设有 2 组 110V 蓄电池，布置在一个房间内，无端电池，引出线用电缆。该蓄电池室布置如图 12-2 所示。

（3）变电站设有 1 组 220V 蓄电池，无端电池，引出线用电缆。该蓄电池室的布置如图 12-3所示。

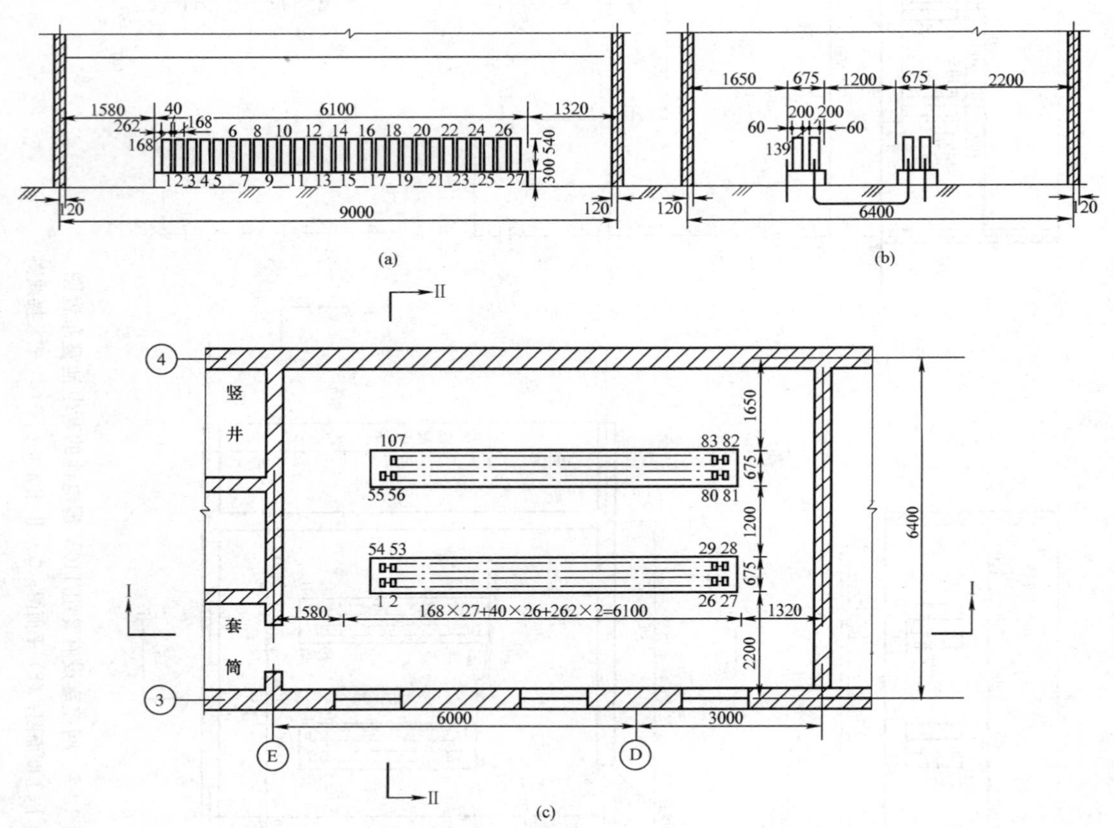

图 12-3　变电站设有 1 组 220V 蓄电池的蓄电池室布置图

(a) Ⅰ-Ⅰ断面图；(b) Ⅱ-Ⅱ断面图；(c) 平面图

（4）设有 1 组 220V 有端电池的蓄电池组，引出线用电缆。该蓄电池室布置如图 12-4 所示。

（5）设有 1 组 220V 有端电池的蓄电池组，引出线用架空电缆敷设。该蓄电池室布置如图 12-5 所示。GGF 型蓄电池在水泥台架上的安装如图 12-6 所示。

（6）125MW 发电机组设有 1 组 800Ah 不设端电池的 GFD 型铅酸蓄电池组。该蓄电池室布置如图 12-7 所示。

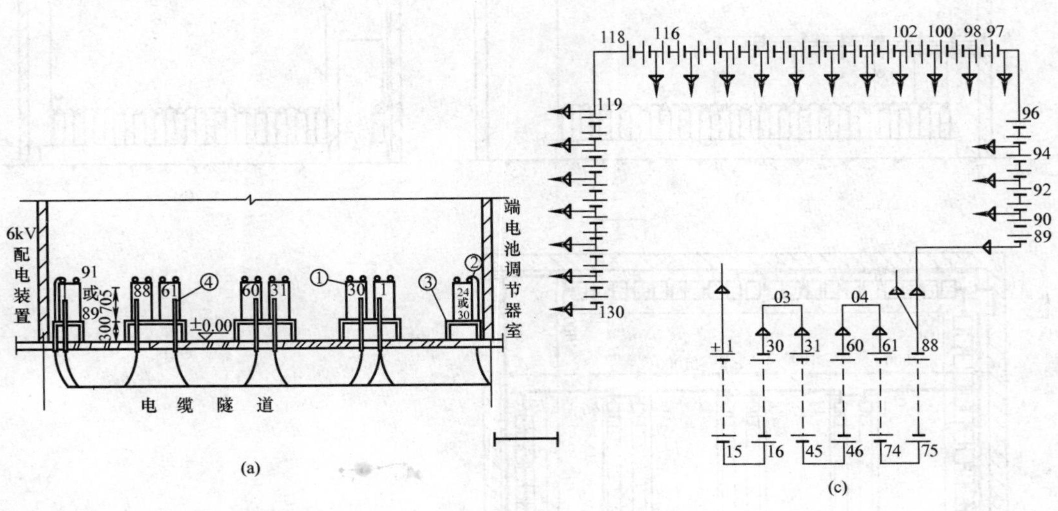

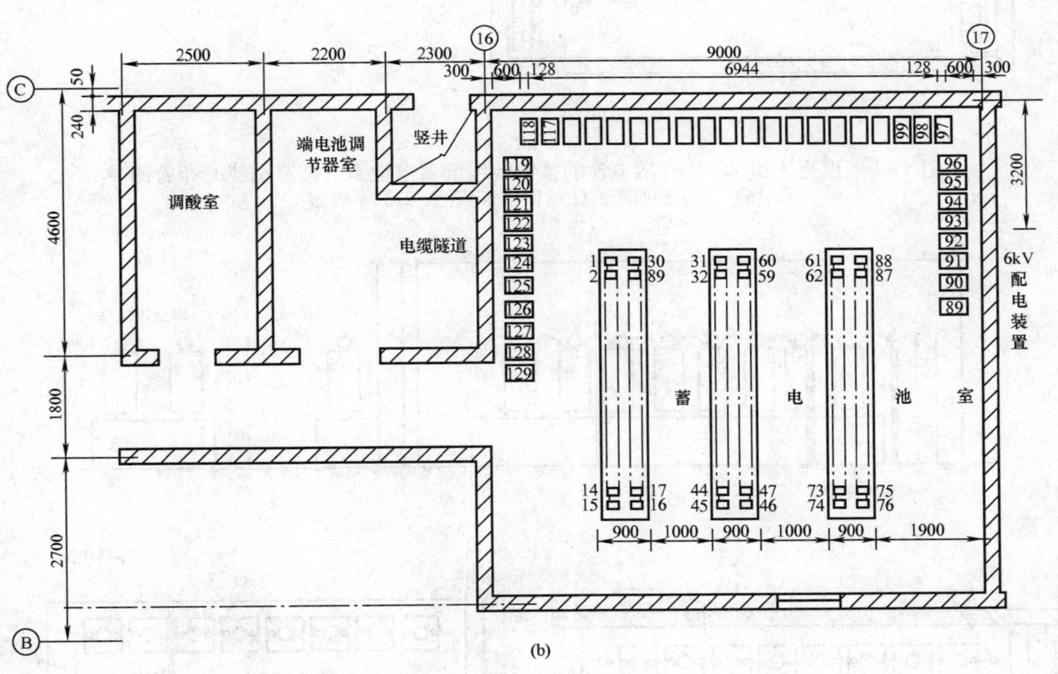

图 12-4　设有 1 组 220V 有端电池的蓄电池组的蓄电池室（电缆引线）布置图

（a）Ⅰ-Ⅰ断面图；（b）平面图；（c）安装接线图

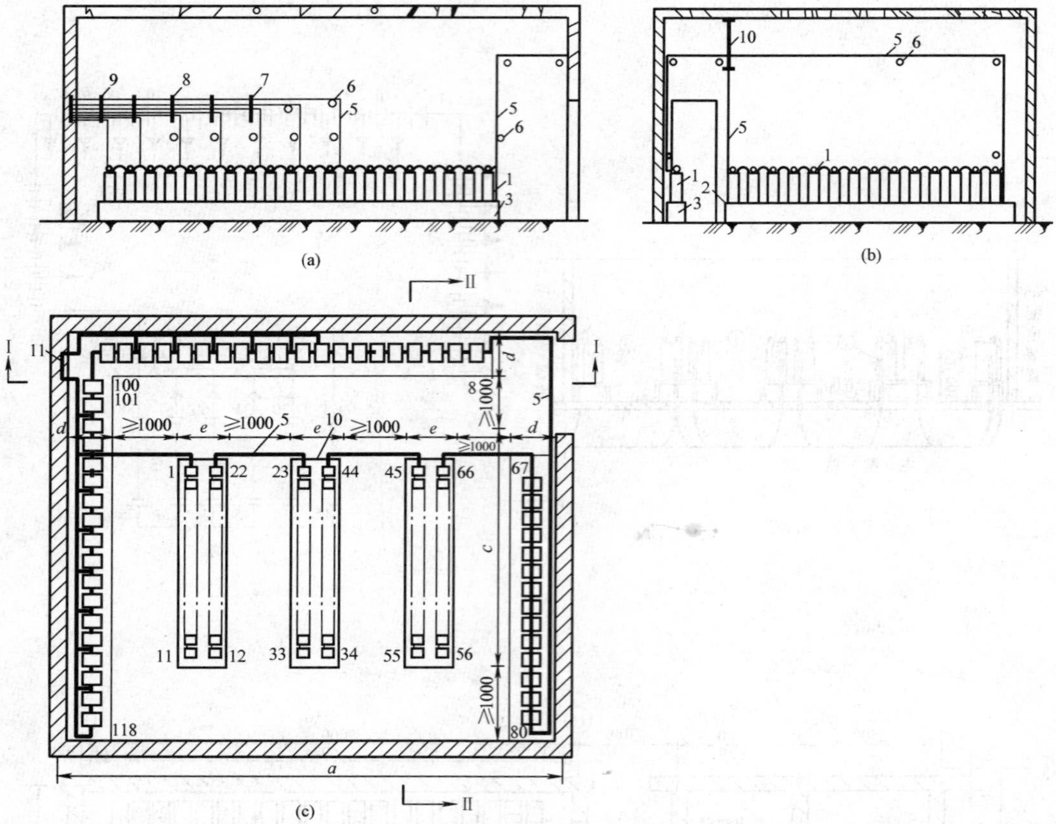

图 12-5　设有 1 组 220V 有端电池的蓄电池组的蓄电池室（架空引线）布置图
（a）Ⅰ-Ⅰ断面图；（b）Ⅱ-Ⅱ断面图；（c）平面图

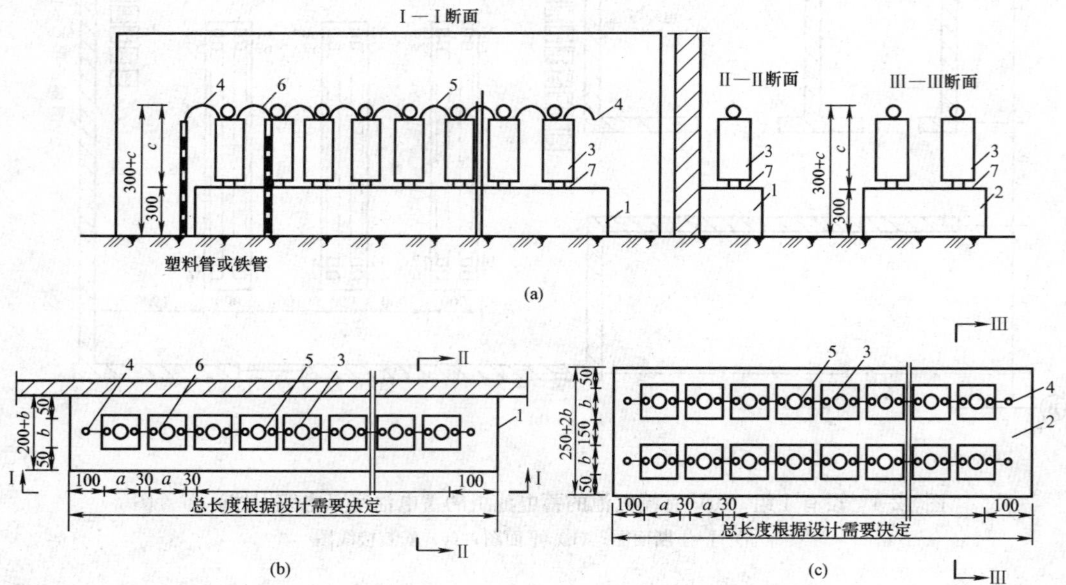

图 12-6　GGF 型蓄电池在水泥台架上的安装图
（a）断面图；（b）单列平面图；（c）双列平面图
1—单列砖基础水泥面台架；2—双列砖基础水泥面台架；3—蓄电池 GGF-□；4—引出线；
5—连接线（与蓄电池成套供应）；6—中间抽头引线；7—软胶垫（与蓄电池成套供应）

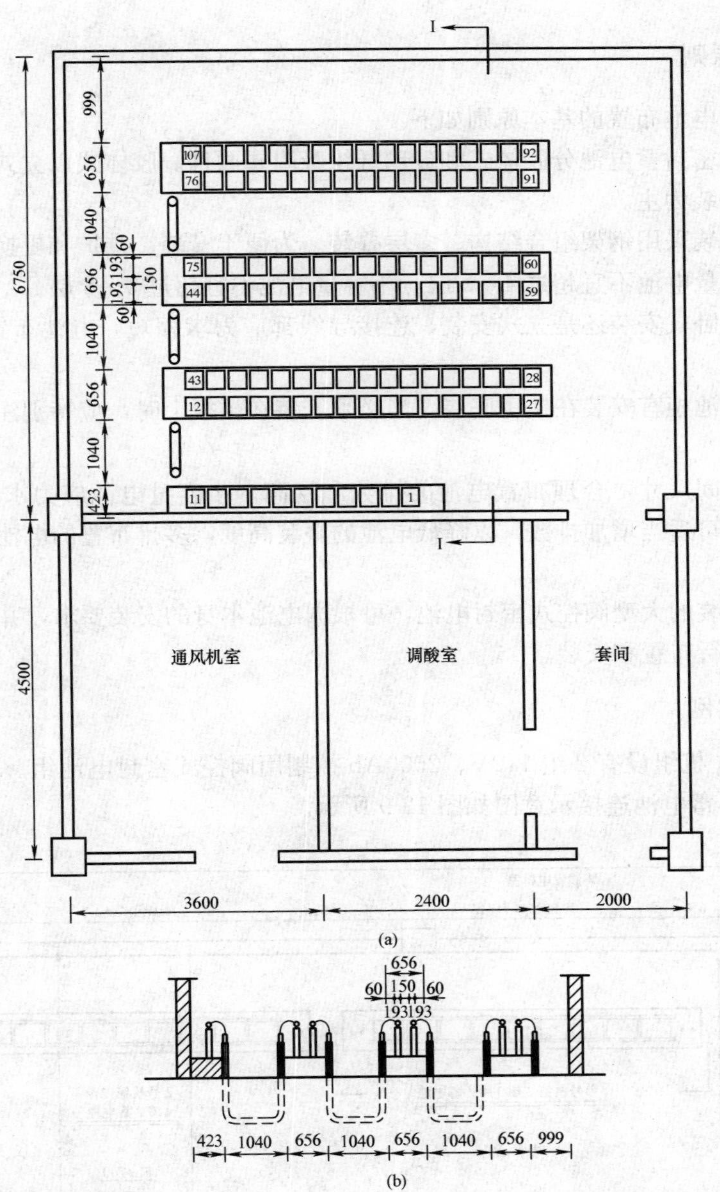

图12-7 设有800Ah无端电池GFD型蓄电池组的蓄电池室布置图
(a) 平面图；(b) Ⅰ-Ⅰ断面图

12.5 阀控式密封铅酸蓄电池的布置

12.5.1 基本原则

阀控式密封电池布置的基本原则如下：

(1) 阀控式密封蓄电池分胶体式和玻璃纤维吸附式两种。胶体式以立式安装为主，玻璃吸附式以卧式安装为主。

(2) 卧式安装采用钢架组合结构、多层叠装。为便于安装、维护和更换电池，叠装层数不宜过多，大容量电池不宜超过4～5层，小容量电池不宜超过5～8层。

(3) 不论是卧式安装还是立式安装，连接导线都应力求缩短，电池布置应合理、紧凑、便于维护和更换。

(4) 组合电池柜宜安装在楼房底层，当必须安装在楼板上时，应特别注意楼板荷重是否符合要求。

(5) 根据房间尺寸，合理布置电池的排数和层高。小容量电池应力求较高层的单排布置，大容量电池可适当增加排数，以降低电池的叠装高度，多排布置的电池应注意排间电池的连接方便。

对于不能叠装的大型阀控式密封电池，可根据电池本身的安装要求，并参考防酸隔爆电池的布置原则进行布置和安装。

12.5.2 布置实例

(1) 600MW机组设有2组110V、2500Ah控制用阀控式密封电池组。该蓄电池室布置如图12-8所示。蓄电池连接示意图如图12-9所示。

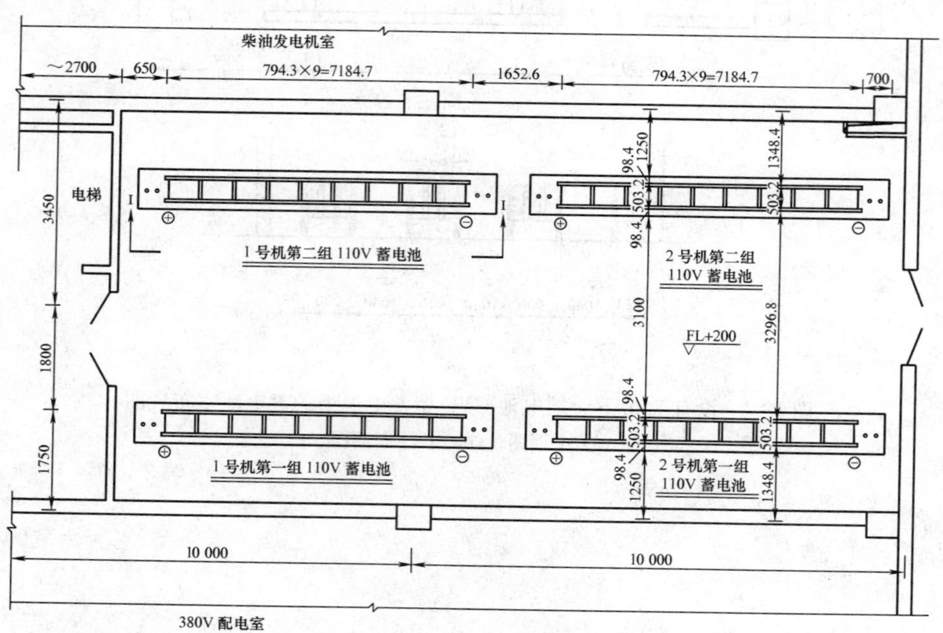

图12-8 设有2组110V、2500Ah控制用阀控式密封电池组的蓄电池室布置图

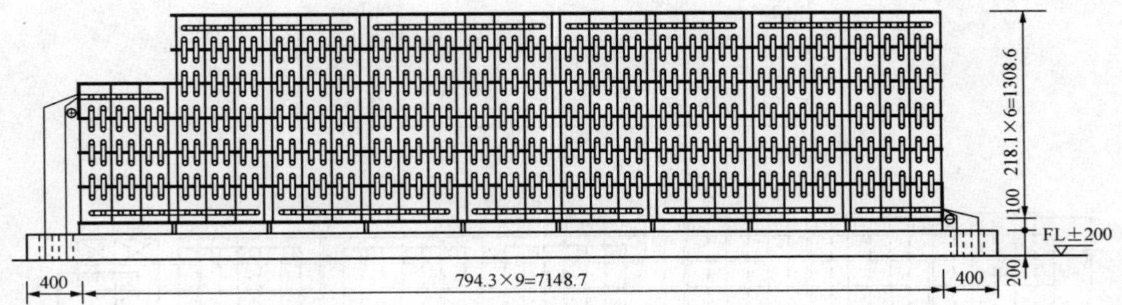

图 12-9　600MW 机组 2500Ah 控制用阀控式密封电池连接示意图

(2) 300MW 机组阀控式密封电池和直流屏布置如图 12-10 所示。300MW 机组动力用蓄电池 103GFM2-1660（830×2）型 220V，2（5 层×4 列＋4 层×4 列）连接示意图如图 12-11 所示。300MW 机组控制用蓄电池连接示意图如图 12-12 所示。

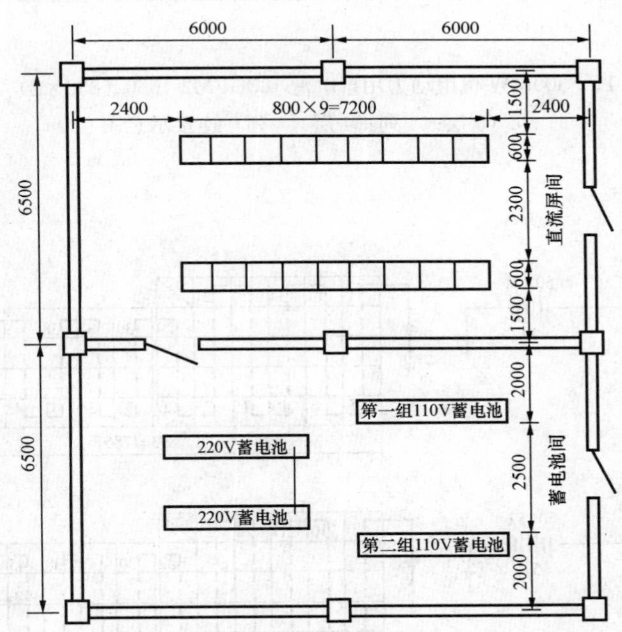

图 12-10　300MW 机组阀控式密封电池和直流屏布置图

注：控制用蓄电池容量为 300～500Ah，动力用蓄电池容量为 1500～2000Ah。

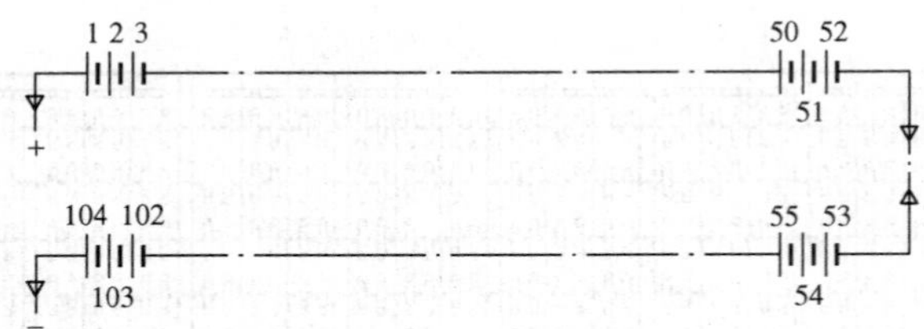

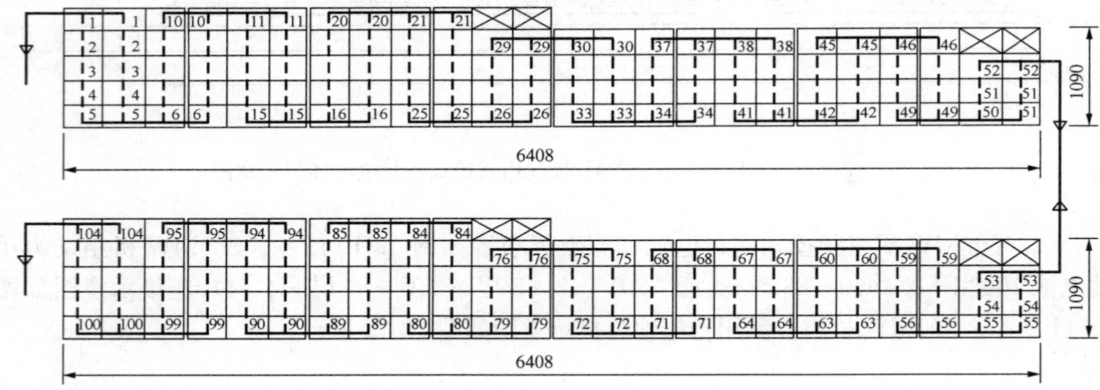

图 12-11　300MW 机组动力用蓄电池 103GFM2-1660（830×2）220V，2（5 层×4 列+4 层×4 列）连接示意图

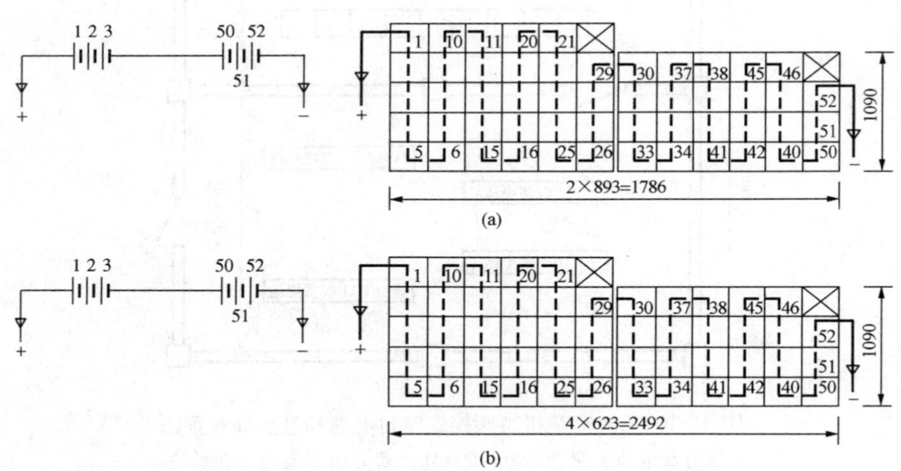

图 12-12　300MW 机组控制用蓄电池连接示意图

（a）52GFM1-300 型 110V，5 层×1 列+4 层×1 列；

（b）52GFM1-400 型 110V，5 层×2 列+4 层×2 列

（3）500kV 变电站阀控式密封电池布置图如图 12-13 所示。500kV 变电站蓄电池连接示意图如图 12-14 所示。

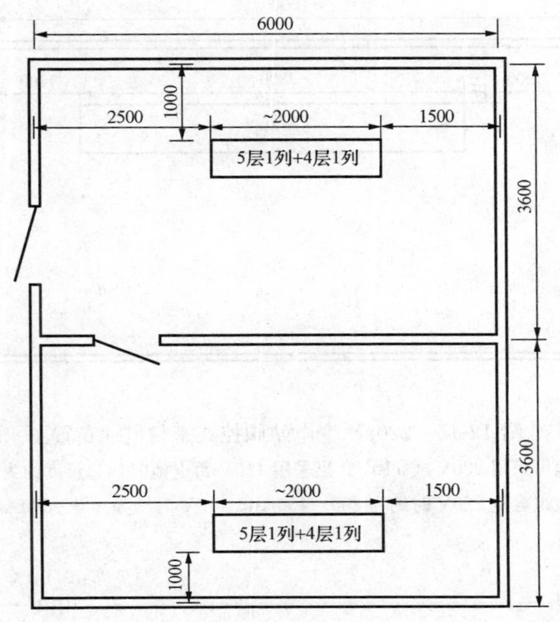

图 12-13　500kV 变电站阀控式密封电池布置图

注：1. 根据蓄电池结构，也可采用 5（4）层 2 列布置。

2. 蓄电池容量可以为 300～500Ah。

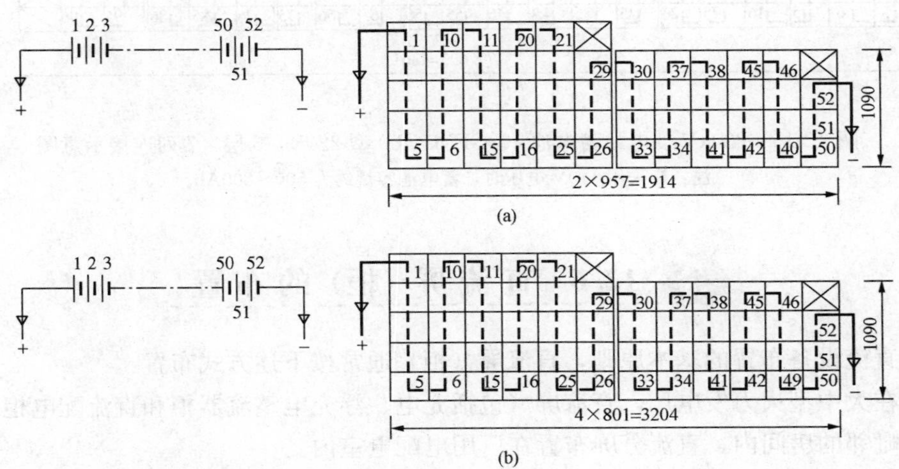

图 12-14　500kV 变电站蓄电池安装图

（a）52GFM2-500 110V5 层×1 列 14 层×1 列连接示意；

（b）52GFM2-830 110V5 层×2 列 14 层×2 列连接示意

注：（a）图为 52GFM2-580 时，长度为 2×1071＝2142mm。

(4) 220MW 变电站阀控式密封电池布置图如图 12-15 所示。220kV 变电站蓄电池 103GFM1-400 型 220V，5 层×7 列连接示意图如图 12-16 所示。

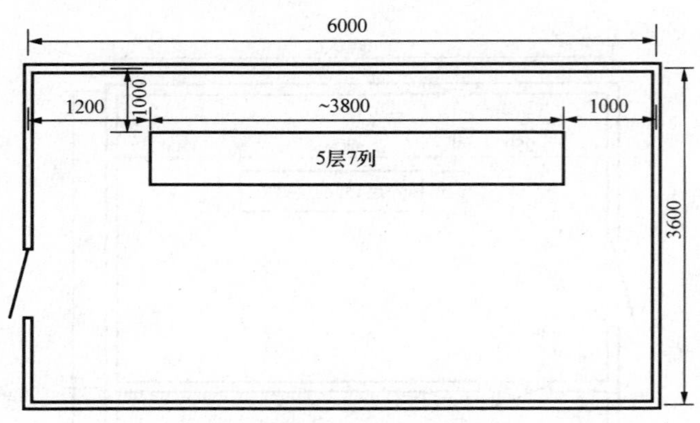

图 12-15　220kV 变电站阀控式密封电池布置图

注：1. 蓄电池可采用 220V 或 110V。当采用 110V 蓄电池时，总长度约为 300～400mm。
2. 蓄电池组容量 220V 时约为 300～400Ah，110V 时约为 400～800Ah。

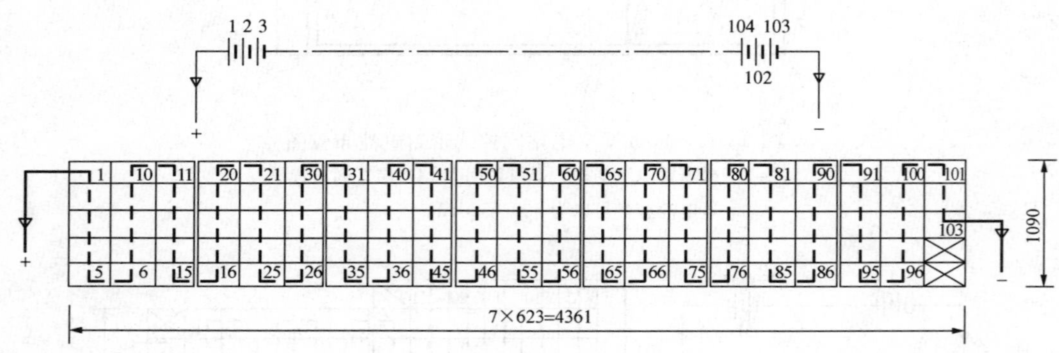

图 12-16　220kV 变电站蓄电池 103GFM1-400 型 220V，5 层×7 列连接示意图

注：当采用 110V 电压时，蓄电池容量约为 500～800Ah。

12.6 直流屏（柜）的布置

根据直流设备布置的基本原则，直流屏（柜）通常按下述方式布置：

(1) 在大中型火力发电厂，直流屏（包括充电、浮充电整流器柜和直流配电柜）布置在与蓄电池毗邻的房间内。直流分屏布置在厂用电配电室内。

(2) 330～500kV 变电站和较大规模的 220kV 枢纽变电站，直流屏柜布置在与蓄电池室毗邻的房间内。

(3) 110kV 及以下电压的变电站，直流屏可布置在与蓄电池毗邻的房间内，也可布置在控制室内。

(4) 对于电厂的辅助车间直流系统，直流屏宜和控制屏同室布置，也可和阀控式密封电池或镉镍碱性蓄电池同室（可加简易隔离）布置。

（5）蓄电池放电装置按固定型和移动型的不同，布置原则如下：

1）用于 1 组蓄电池的固定型放电装置，布置在与该蓄电池毗邻的直流屏室内。

2）用于几组蓄电池公用的放电装置，应布置在与相关蓄电池可方便连接的直流屏室内。

直流屏布置尺寸应满足表 12-1 的要求，屏内或屏间导体距离要求应满足表 12-2 的要求。

13 电力通信电源

发电厂、变电站必须装设可靠的通信直流电源系统，以确保通信设备的不间断供电，尤其要保证在电网或发电厂、变电所发生事故时不中断通信供电。

13.1 通信电源的设置原则

（1）DL 5000—2000《火力发电厂设计技术规程》规定：发电厂厂内通信设备所需的直流电源，可选用下列供电方式中的一种：

1）由2组直供式整流器供电。直供式整流器的交流电源可由1回可靠的厂用电源和1回厂用蓄电池组经逆变器供给，2回电源之间应能自动切换。

2）由1组通信用蓄电池组和1组整流器供电，并设置1组备用整流器，两组整流器的交流电源由2回厂用电源供给。通信用蓄电池的容量应按1h放电选择。

3）输煤系统通信设备的交流电源，可由1回厂用电源供给。

对系统通信又规定：通信设备必须有可靠的电源，应由能自动切换的和可靠的双回路交流电源供电。同时，还应有1～2组带蓄电池和浮充电装置的直流电源，直接给通信设备供电。蓄电池的放电时间，可按1h考虑。

（2）DL/T 5225—2005《220～500kV变电所设计技术规程》规定：为保证重要变电所通信设备不间断供电，应根据通信设备的供电电源要求，设置通信专用的蓄电池组或由交流不停电电源供电。相同直流供电电压的通信设备宜由同一组蓄电池供电。

当以专用蓄电池作为备用电源时，其容量宜按1～3h计算，组数为1组或2组（当为2组时，每组容量为总容量的50%）。

（3）GB 50049—1994《小型火力发电厂设计规范》规定：对于25MW及以下的小型发电机组，厂内通信装置，宜与系统通信装置合用电源。当单独设置电源装置时，供电原则与系统通信相同，要求如下：

1）通信直流电源，宜采用整流器向蓄电池组浮充方式供电。

2）蓄电池容量，应按1h放电选取。也可采用2组直供式整流器供电。当采用直供式整流器供电或通信装置需用交流供电时，应设置可靠的事故备用电源。

（4）根据DL/T 5041—1995《火力发电厂厂内通信设计技术规定》直流电源的设置原则如下：

1）发电厂厂内通信设备所需直流电源，应设1～2组通信专用蓄电池组，并按下列原则确定：当选用1组蓄电池时，配置两套整流器。其中一套为主用，并具有直接供电功能；另一套为备用兼充电，以全浮充方式供电。当选用2组蓄电池时，配置两套整流器。

2）当厂内通信设备与系统通信设备安装在同一建筑物内时，交、直流供电电源系统在符合技术条件下，应合并考虑。

3）交、直流配电屏及蓄电池组的容量，应按发展所需最大负荷确定，并满足规定放电时间的要求。

4）变电站内通信电源的蓄电池配置容量应满足持续供电1～3h的要求，独立通信站应满足8～12h的要求。

5）通信直流馈线的全程最大压降不得大于2～3V。

6）当通信电源与发电厂变电站动力或控制直流电源合并供电时，动力或控制直流电源应充分保证通信电源的负荷要求。

13.2 通信设备负荷和供电要求

13.2.1 负荷种类

通信设备负荷主要有以下3类：

1）通信负荷，指电话、电报、载波和无线等通信设备。

2）建筑设备负荷，指采暖、通风、空调、给排水、电梯等动力负荷和照明负荷。

3）弱电负荷，指广播、局内电话、烟雾告警等负荷。

电力工程的通信设备负荷主要指通信负荷，而建筑设备负荷和其他负荷一般由其相关专业设计。

发电厂、变电站的通信负荷主要有：

1）生产行政电话交换机、网络控制室、单元控制室和输煤控制调度电话交换机、调度呼叫系统等。

2）电力线载波机、光纤通信设备、微波和其他无线通信设备。

常用通信设备耗电量见表13-1。

表13-1　常用通信设备耗电量

设备名称		型号或规格	直流供电电压（V）		耗电量		生产厂家
			额定值	波动范围	平均值	最大值	
电话交换机	程控电话交换机	HARRIS20-20 432线 960线 1920线 4000线	48	44～56	 15A 30A 45A 96A	 19A 42A 66A 130A	广州哈里斯通信有限公司
		SOPHO-S系列	48	—	2500线 4.25kW	—	振华（深圳）电子工业公司
		MSL-1XT	48	—	2500线 7.4kW	—	加拿大北方电信（国际）有限公司
		HICOM3	48	42～60	2500线 6.25kW	—	德国西门子通信有限公司
		SX-2000SG	48	—	2500线 2.5kW	—	加拿大敏迪电信有限公司

续表

设备名称	型号或规格	直流供电电压（V）		耗电量		生产厂家
		额定值	波动范围	平均值	最大值	
电话交换机 调度程控交换机	SJNC-200D	48	44～54	3A	6A	北京京能
	WT9401D	48	—	—	—	深圳伟通程控设备有限公司
	DDSK	48	44～52	3A	5A	上海华夏通信设备有限公司
	DDS-200ADV	48	44～56			广州哈里斯通信有限公司
	HJD-100D	48	42～52	1500W		
电力线载波机	ESB-500X	48，60	40～80	230W	—	德国西门子通信有限公司、许继通信设备分厂
	RTC-1	48	43～52	90W	—	电力部电科院通信科
	YESB500	48～60	40～80	210W	—	扬州电信仪器厂
电力线载波机	ZDD-5A ZDD-12 ZDD-21	48 48 48	42～60 42～60 42～60	200W 150W 120W	—	南京有线电厂
	ZDD-28 ZDD-33	48 48	42～60 42～60	200W 100W	—	
	ZJ-3A，3B ZJ-5 ZJ-6～8	48 48 24	42～54 42～54 24±10%	200W 100W		扬州电信仪器厂
光纤通信设备	ETI-21	48	42～58	150W	—	ABB广州电子通信与自动化设备有限公司
	SYNFONET	48	20～72	43W	—	桂林—诺吉亚电信有限公司
	DM2. PCM	48	20～72	3～10W	—	桂林—诺吉亚电信有限公司
微波通信设备	FOT155	48	41～72	20～50W	—	赛特—灵通电子有限公司
	DMR2000	48	39～58	40W	—	桂林—诺吉亚电信有限公司
	ST2-300	48	39～58		—	赛特—灵通电子有限公司
	GR210	48	39～58	30W	—	德国西门子通信有限公司
	TRP-2500	48	36～75	65W	—	日本NEC公司

13.2.2 通信设备供电要求

通信设备对供电电源电压的要求包括两点：一是对电源电压变动范围的要求；二是对电源电压杂音值和脉动值的要求。对于交流供电的通信设备，除对电源电压变动范围有要求之外，还对频率变动范围有要求。交、直流供电的各种通信设备对交流电源的要求见表 13-2，直流通信设备电源电压变动范围和脉动电压值见表 13-3。

表 13-2　通信设备对交流电源的要求

	电压		频率	
	额定值（V）	在通信设备供电端子上允许变动范围（V）	额定值（Hz）	允许变动范围（Hz）
交流载波机	220	213～227	50	45～55
交流无线电设备	220	204～231	50	48～52
	380	353～399		

表 13-3　直流通信设备电源电压变动范围和脉动电压值

电源类别	电源电压（V）	电压变动范围（V）	脉动电压值（mV）
基础电源	24	21.6～26.4	2.4
	48	40～57	2.0
	60	56～66	2.4
载波电报电源	24	21.6～26.4	2.4
电报通报回路电源	60	56～66	4.4
电传机电动机电源	110	95～120	—
电子管载波电话机电源	130	125～135	4.4
电子管载波电话机电源	220	198～242	4.4

按照邮电部制定的［1994］763 号《电信电源技术维护规程》（以下简称《维护规程》）规定，电信直流电源电压变动范围、脉动电压和允许压降见表 13-4。

表 13-4　电信直流电源电压变动范围、脉动电压和允许压降

标称电压（V）	通信设备供电端子电压变动范围（V）	脉动电压允许值一杂音计（mV）	供电回路全程最大允许压降（V）	标称电压（V）	通信设备供电端子电压变动范围（V）	脉动电压允许值一杂音计（mV）	供电回路全程最大允许压降（V）
24	21.6～26.4	5.0	≤1.8	110	95～120	—	≤3.0
48	43.2～52.8		≤2～3	130	125～135	5.0	≤2.0
60	58～64	5.0	≤1.6	220	198～242	5.0	≤3.5

13.3 通信电源系统的构成

通信电源系统主要由交流配电单元、整流单元、直流配电单元和蓄电池直流电源单元 4 部分组成。其中整流单元和蓄电池直流电源单元为通信电源系统的核心部分。

通信电源系统结构框图如图 13-1 所示。

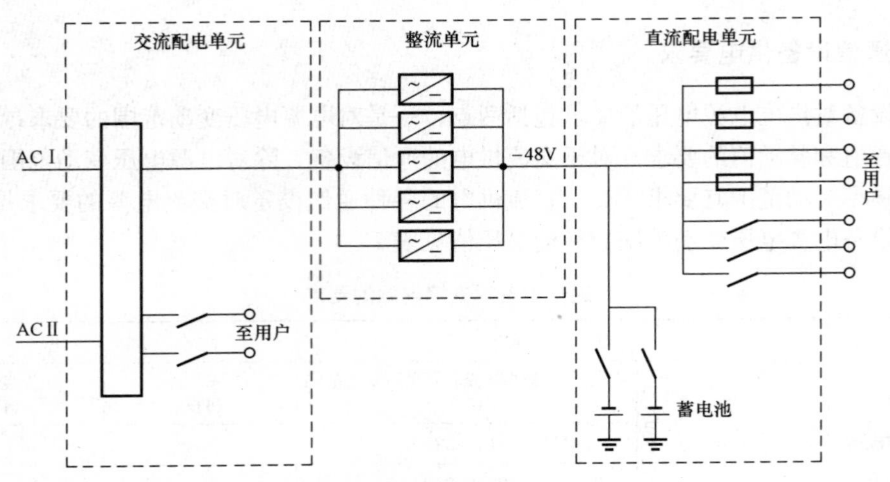

图 13-1　通信电源系统结构框图

13.4　蓄电池容量计算

13.4.1　电力系统通信用蓄电池容量计算公式

当发电厂、变电站设置独立的蓄电池直流电源时，蓄电池容量可按式（13-1）计算，即

$$C=\frac{I_{L}T}{K_{cc}\eta_{c}[1+\alpha(t-t_{0})]} \tag{13-1}$$

式中　C——蓄电池容量，Ah；

I_L——负荷电流，市话取平均电流，A；

T——放电时间，h；

K_{cc}——蓄电池容量系数；

η_c——蓄电池衰老系数；

α——蓄电池容量温度系数，电解液的温度以 25℃为标准时，每上升或下降 1℃铅酸蓄电池的容量增加或减少值与其额定容量之比，取 $\alpha=0.006$；

t——实际电解液的最低温度，一般取室内温度，当室内有采暖时，$t=15$℃，无采暖时，按蓄电池安装地点最低室内温度，且不低于 0℃；

t_0——蓄电池额定容量时的电解液温度，对固定型号铅酸蓄电池一般取 $t_0=25$℃。

设 $K_{ca}=\frac{T}{K_{cc}\eta_{c}[1+\alpha(t-t_{0})]}$，则式（13-1）可变换为

$$C=K_{ca}I_{L} \tag{13-2}$$

K_{ca}为通信用蓄电池容量计算系数，它是蓄电池电解液温度 t、电池使用时间 t_1、电池衰老系数 η_c、放电时间 T、放电特性（蓄电池容量系数 K_{cc}或容量换算系数 K_c）的综合系数。这些因素对蓄电池选择的影响情况说明如下：

（1）电解液温度影响。通常电解液温度 25℃时，蓄电池放电容量为额定容量；电解液温度低于 25℃时，蓄电池放电容量低于额定容量，选择容量大于额定容量。电解液温度的影响结果近似用$\frac{T}{1+\alpha(t-t_{0})}$表示。当电解液温度在 5～35℃之间变化时，其影响效果为

1.14～0.95。考虑到正常运行时，其温度变化范围较小，为简化计算，可忽略温度影响[即 $t=t_0$，$1+\alpha(t-t_0)=1$]。当实际运行条件可能使电解液温度过低或过高时，可适当增大或减小容量选择可靠系数 K_{rel} 进行补偿。通常取温度影响系数为1.10。

（2）使用期限，即老化系数 η_c 的影响。η_c 使选择容量增大，当衰老系数为0.8时，增容系数为1.25，一般取增容系数为1.10。

（3）放电时间 T 的影响。放电时间越长，选择蓄电池容量应越大。在测取蓄电池的容量系数或容量换算系数时，是以放电时间为参照坐标的。

（4）容量系数 K_{cc} 或容量换算系数 K_c 的影响，它们直接反映蓄电池的放电特性。不同电解液、不同极板蓄电池的容量系数和容量换算系数不同。系数 K_{cc} 或 K_c 与放电时间 T，放电终止电压 U_0 有关。

因此，在蓄电池容量计算中，蓄电池特性（K_{cc} 或 K_c）、放电过程特性（T 和 U_0）是基本的依据参数。其他数据，如温度影响和老化影响，可用固定的增容系数（可靠系数）K_{rel} 来确定，电力工程中，该系数取1.4，这里也取1.4。

表13-5表明放电时间 T 与容量系数 K_{cc}、容量换算系数 K_c、容量计算系数 K_{ca} 的关系。

表13-5　T 与 K_{cc}、K_c、K_{ca} 的相互关系

电池放电小时数 T（h）		0.5	1	2	3	4	5	6	8	10
K_{cc}		0.45	0.6	0.75	0.84	0.90	0.95	1.0	1.06	1.10
K_c		0.90	0.6	0.37	0.28	0.23	0.19	0.17	0.132	0.11
K_{ca}	5℃	1.58	2.37	3.79	5.07	6.31	7.48	8.52	10.72	12.91
	10℃	1.53	2.29	3.66	4.91	6.11	7.23	8.24	10.37	12.49
	15℃	1.48	2.22	3.55	4.75	5.91	7.00	7.98	10.04	12.09
	20℃	1.43	2.15	3.44	4.60	5.73	6.78	7.73	9.73	11.72
	25℃	1.39	2.08	3.33	4.46	5.56	6.58	7.50	9.43	11.36
$1.4\times T/K_{cc}$		1.55	2.33	3.73	5.00	6.22	7.37	8.40	10.57	12.70

表13-5说明：①温度变化的影响在10%范围内；②用可靠系数 K_{rel} 综合考虑温度、老化、计算误差等因素，替代容量计算系数 K_{Ca}，误差小于10%，且偏于保守，安全可靠。

表13-4中 K_{cc} 计算数据是对应于放电末期电压 $U_0=1.80$ 的运行状态，不同的放电末期电压，K_{ca} 计算数据是不同的，蓄电池生产厂家通常要向用户提供单体电池不同放电末期电压的容量换算系数或容量系数的实测值。这些实测数据比 K_{ca} 计算数据更有实用价值。

根据上述论证和算例，电力系统通信用蓄电池可采用下述公式计算

$$C_{cal}=[K_{rel}(I_{mpt}+C_{ad})]/K_{cc} \tag{13-3}$$

或

$$C_{cal}=[K_{rel}(I_{mp}+I_{ad})]/K_c \tag{13-4}$$

式中　C_{cal}——蓄电池计算容量，Ah；

C_{ad}——附加设备容量，通信设备以外的设备用电容量，如通信室事故照明、事故检修等所需的直流供电容量，Ah；

I_{mp}——通信设备忙时最大平均放电电流，A；

I_{ad}——附加设备电流，A；

T——蓄电池放电时间，h；

K_{cc}——蓄电池容量系数；

K_c——蓄电池容量换算系数，h^{-1}。

发电厂、变电站通信直流电源蓄电池的容量范围见表 13-6，仅供参考。

表 13-6　　　　发电厂、变电站通信直流电源蓄电池推荐容量范围

应用场所		推荐容量（Ah）	应用场所	推荐容量（Ah）
枢纽发电厂，系统通信枢纽站	厂内	200～300	枢纽变电站	400～600
	系统	300～600	一般变电站	200～400
一般发电厂	厂内	100～200	配网配电站	50～100*
	系统	200～400	用户配电站	100 以下*

* 配网或用户配电站，一般不设通信电源，当需要时，可设 100Ah 以下的通信电源。

13.5　蓄电池组的电池个数计算

目前电力系统中，通信专业和传统电力专业一般采用阀控密封铅酸蓄电池，其蓄电池个数由以下公式计算

$$N_{d1}=\frac{1.05U_N}{U_{df}} \tag{13-5}$$

$$N_{d2}=\frac{U_{min}}{U_{dm}} \tag{13-6}$$

式中　N_{d1}、N_{d2}——计算蓄电池个数，一般取大值；

U_N——蓄电池直流系统标称电压，取 48V；

U_{min}——直流系统允许的最低电压，该电压由直流负荷允许的最低电压和负荷电流通过连接导体产生的电压降确定；

U_{df}——单体电池的正常运行浮充电压值，对阀控密封电池一般取（2.25±0.02）V；

U_{dm}——单体电池事故放电末期电压，对阀控密封电池一般取 1.80，1.83，1.85，1.87V。

通过估算，电池个数可取 22、23 和 24。蓄电池个数与电压水平的关系见表 13-7。

表 13-7　　　　蓄电池个数与电压水平的关系

计算项目		计算结果					
蓄电池个数		22		23		24	
计算名称		计算电压（V）	电压水平（%）	计算电压（V）	电压水平（%）	计算电压（V）	电压水平（%）
浮充电压（V）	2.23	49.1	102	51.3	406.9	53.5	111.5
	2.25	49.5	103	51.8	107.8	54.0	112.5
	2.27	49.9	104	52.2	108.8	54.5	113.5

续表

计算项目		计 算 结 果					
电池个数		22		23		24	
计算名称		计算电压 (V)	电压水平 (%)	计算电压 (V)	电压水平 (%)	计算电压 (V)	电压水平 (%)
均充电压 (V)	2.28	50.2	104.5	52.4	109.3	54.7	114
	2.30	50.6	105.4	52.9	110.2	55.2	115
	2.35	51.7	107.7	54.1	112.6	56.4	117.5
事故放电 末期电压(V)	1.80	39.6	82.5	41.4	86.3	43.2	90.0
	1.83	40.3	83.9	42.1	87.7	43.9	91.5
	1.85	40.7	84.8	42.6	88.6	44.4	92.5
	1.87	41.1	85.7	43.0	90.6	44.9	93.5

由表 13-6 计算结果可知，当选用 22 个蓄电池时，正常情况下的运行参数适宜，但事故放电末期，电压水平较低。选用 23 或 24 个，特别是选 24 个电池时，事故放电末期运行电压水平较高，而且可以选取合适的电缆截面，但要注意，若正常浮充电压、均充电压取值较高时，需要采取降压措施，除非通信设备允许耐受较高的运行电压。

13.6　通信电源与电力电源的计算差异

通信直流电源与电力直流电源的区别主要有以下几点：①电压不同；②蓄电池的单独供电时间不同和计算方法不同。通过本章 13.4 节说明，用可靠系数 K_{rel} 综合考虑温度、老化、计算误差的影响，采用不同时间的容量换算系数，两种算法的计算结果基本相同。因此，供电时间不同是造成两种电源选择结果不同的主要原因。下面举例说明不同条件下的蓄电池容量的计算结果。

表 13-8 为变电站通信电源容量估算表，从中可以看出，放电时间不同、放电末期电压

表 13-8　　变电站通信电源容量估算

序号	适用条件	负载功耗 (W/A)	放电末期 电压 (V)	放电时间(h)									
				1		2		3		8		12	
				末期放电电压(V)/容量换算系数									
				1.80/ 0.60	1.87/ 0.52	1.80/ 0.374	1.87/ 0.334	1.80/ 0.28	1.87/ 0.258	1.80/ 0.132	1.87/ 0.12	1.80/ 0.12	1.87/ 0.11
				蓄电池容量(Ah)									
1	35kV 变电站	300/1.36	1.80/1.87	3.2	3.7	5.1	5.7	6.8	7.4	14.4	15.9	15.9	17.3
2		500/2.27		5.3	6.1	8.5	9.5	11.4	12.3	24.1	26.5	26.5	28.9
3	110kV 变电站	800/3.64		8.5	9.8	13.6	15.3	18.2	19.8	38.6	42.5	42.5	46.3
4		1000/4.55		10.6	12.3	17.0	19.1	22.8	24.7	48.3	53.1	53.1	57.9
5	220kV 变电站	1500/6.82		15.9	18.4	25.5	28.6	34.1	37.0	72.3	79.6	79.6	86.8
6		2000/9.09		21.2	24.5	34.0	38.1	45.5	49.3	96.4	106	106	115.7

注　1. 电力电源蓄电池电压为 220V，负载功耗负荷系数为 1。

2. 当通信电源蓄电池采用 48V 电压时，上述计算结果应增大 4.6 倍。

不同都直接影响电源的容量。按照《变电所通信设计技术规定》(DL/T 5225)：有人值班变电站，蓄电池组单独供电时间不小于3h；无人值班变电站，蓄电池组单独供电时间不小于8~12h。要求设1~2组蓄电池，当设2组电池时，每组容量为总容量的50%。而电力用直流电源，有人值班和无人值班变电站的蓄电池组单独供电时间分别为1h和2h。这样，仅按照放电时间的要求，当通信电源和电力电源共用蓄电池时，蓄电池容量要增加1~2倍以上。这样的配置以及电源一体化的设想显然是有问题的。因此，在统一电源之前，必须统一电源的标准。

通信电源电压一般采用48V，使通信电源蓄电池的放电电流比电力电源提高4~5倍，按照上述估算就不难理解，110、220kV变电站通信专用蓄电池容量采用300~500Ah的原因了。

13.7 馈线电缆截面计算

根据通信设计技术规定，通信设备电缆截面应根据允许的电压降选择，其计算公式为

$$S = \frac{I_{L} l}{r \Delta U_{L}} \tag{13-7}$$

式中 I_L——通过馈线忙时的最大负荷电流，A；

l——馈线电缆长度，m；

r——电缆导体的电导率，铜导体为$57\text{m/mm}^2\Omega$；

ΔU_L——允许的电缆压降，V。

蓄电池组端子至通信设备端子的连接导体电压降包括蓄电池电源线电压降、母线设备电压降和馈线电缆电压降。由于蓄电池电源线通过电流较大，考虑其重要性，且为了有利于减小馈线电缆截面，故允许选用较大的电源电缆截面。一般电源回路电缆通过电流按蓄电池1h放电电流计算，电压降按$1\%U_N$（即0.5V）计算选择，则馈线电缆压降应根据事故放电末期蓄电池端子电压U_{fm}、通信设备允许的最低电压$U_{L\cdot min}$和蓄电池电源线压降ΔU_B等数据计算，即

$$\Delta U_L = U_{fm} - U_{L\cdot min} - \Delta U_B \tag{13-8}$$

根据表13-7，不同蓄电池个数的电压水平计算和通信设备最低允许电压要求（$80\%U_N$，38.4V；$85\%U_N$，40.8V和$87.5\%U_N$，42V）计算相应运行方式下的允许电缆压降（ΔU_L），结果见表13-9。

表13-9　电池个数、事故末期电压整定与允许电缆压降的关系

事故末期电压（V）		1.83			1.85			1.87		
通信设备最低电压（V）		38.4V	40.8V	42V	38.4V	40.8V	42V	38.4V	40.8V	42V
电压降允许值 ΔU_L（V）	22	1.4	−1.0	−2.2	1.8	−0.6	−1.8	2.2	−0.2	−1.4
	23	3.2	0.8	−0.4	3.7	1.3	0.1	4.1	1.7	0.5
	24	5.0	2.6	1.4	5.5	3.1	1.9	6.0	3.6	2.4

注　38.4、40.8、42V分别相当于标称电压（48V）的80%、85%和87%。

由表 13-9 可知，蓄电池个数越多，事故放电末期电压整定越高，允许的电缆压降越大，电缆截面越容易选取。因此，当通信设备允许的正常上限值电压较高时（如＋20％U_N），宜选用较多的蓄电池个数和采用较高的放电末期电压。反之，当通信设备允许的正常下限值电压较低时（如－25％U_N），则宜选用较少的蓄电池个数和采用较低的放电末期电压。

假设电池个数为 24，放电末期电压取 1.85V/个，则母线电压为 44.4V，若电池距配电屏 10m，电池输出采用 $25mm^2$ 铜芯电缆，则电池输出回路压降不足 0.5V，配电屏至用电负荷尚有 1.5～2.5V 电压降可供利用。

通常，当蓄电池容量在 500Ah 以下时，电源线长度在 10m 以内，电缆截面一般为 16～$25mm^2$。通信设备馈线电缆截面视其长度确定，一般宜控制在 $25mm^2$ 以下。

13.8 充电装置选择

充电装置的主要技术参数包括：输出电流，输出电压，自动稳压上、下限电压值，自动稳流上、下限电压值，稳压精度，稳流精度，纹波系数（成杂音电压）等。其基本要求如下：

（1）直流输出电流应满足下式要求

$$I_D = (0.1 \sim 0.125)C_{10} + I_{jc} \tag{13-9}$$

（2）直流输出电压应满足下式要求

$$U_D \geqslant U_{cf} n \tag{13-10}$$

（3）自动稳压上限电压

$$U_{sv1} = U_{f1} n \tag{13-11}$$

（4）自动稳压下限电压

$$U_{sv2} = U_{f2} n \tag{13-12}$$

（5）自动稳流上限电压

$$U_{si1} = U_{e1} n \tag{13-13}$$

（6）自动稳流下限电压

$$U_{si2} = U_{e2} n \tag{13-14}$$

以上式中 C_{10}——蓄电池 10h 额定容量；

I_{jc}——经常直流电流；

n——蓄电池个数；

U_{cf}——蓄电池充电终期电压；

U_{f1}——单个蓄电池的浮充电压上限值；

U_{f2}——单个蓄电池的浮充电压下限值；

U_{e1}——单个蓄电池的均充电压上限值；

U_{e2}——单个蓄电池的充电终止电压值。

（7）稳压精度（％）：≤1（负荷变化范围 0～100％）。

（8）稳流精度（％）：≤±5。

（9）杂音电压：按 DL/T 5041—1995《火力发电厂厂内通信设计技术规定》，直流电源的脉动电压值不应超过下述要求：

24V 电源，2.4×10^{-3}V（衡重）；

48V 电源，2.4×10^{-3}V（衡重）；

60V 电源，2.4×10^{-3}V（衡重）。

充电装置的主要技术指标见表 13-10。

表 13-10　　充电装置主要技术指标

参数名称		技术数据			说明
1　交流输入					
1.1 电压（V）		220×（1±25%）			
1.2 电流（A）		12	6	2.4	
2　直流输出					
2.1　额定电压		48			
2.2　可调电压		44～56			
2.3　额定电流		50	25	10	
3　功率因数（25%～100%额定负载）		0.99			
4　效率（25%～100%额定负载）（%）		85～90			
5　纹波（均方根值，mV）		2			
6　稳定度（%）	电流调整率	0.5			
	电压调整率	0.1			
7　均充可调最高电压（$\%U_N$，V）		120，57.6			
8　交流保护	过电压（V）	280			
	欠电压（V）	160			
9　直流保护	过电压	最高输出设定值+2V			
	过电流	额定电流+（1～2）A			
10　电池自动温度补偿		0.1%～0.2%，可调			

13.9　电力用 DC-DC 变换通信电源装置

当不设通信专用蓄电池时，可采用 DC-DC 变换装置，将电气直流系统用蓄电池电压变换为通信用直流电压，以作为通信用电源。本节介绍许继电源生产的电力用 DC-DC 变换通信电源装置。

装置采用与高频开关整流器相同的控制技术和模块结构，系统采用 $N+1$ 并联模式配置和硬件自主均流技术，适用于电站通信交换机的直流工作电源。

13.9.1　DC-DC 通信电源系统配置方案

DC-DC 通信电源的配置提供以下三种方案：

（1）一组 DC-DC 变换器、单母线接线，如图 13-2 所示，该接线适用于 110kV 及以下的变电站。

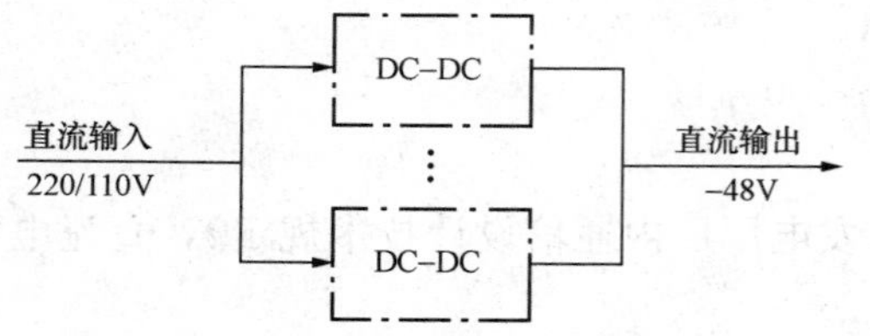

图 13-2　一组 DC-DC 变换器、单母线接线

（2）两组 DC-DC 变换器、单母线接线，如图 13-3 所示，该接线适用于 110kV 及以上的变电站。

（3）两组 DC-DC 变换器、两段单母线接线；适用于 220kV 及以上的变电站。

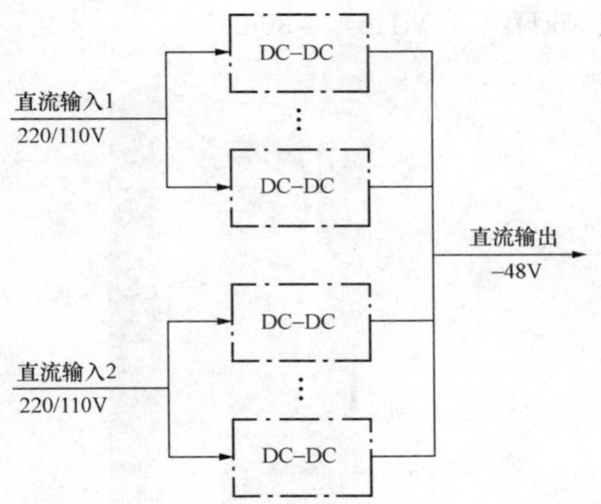

图 13-3　两组 DC-DC 变换器、单母线接线

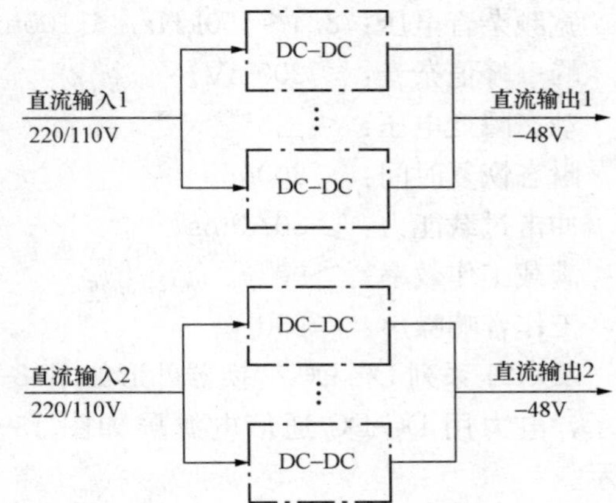

图 13-4　两组 DC-DC 变换器、两段单母线接线

13.9.2　DC-DC 通信电源特殊要求

(1) 由于通信电源是正极接地的系统，因此要求 DC-DC 变换器的直流输入与输出完全电气隔离，负荷侧的任何故障均不能影响到直流控制母线，更不能造成直流控制母线接地。

(2) 由于通信 DC-DC 变换器输出取消了电池组，因此要求 DC-DC 变换器应具备一定的冲击过载能力，单个模块瞬时可靠耐受不小于 80A 的负荷电流冲击，并且冲击过程输出电压跌落应不超过 10%额定值。

(3) DC-DC 变换器输出应设置合理的馈线保护开关和过电流保护单元，保证在负载回路发生过载或短路故障时，能可靠地分断故障回路的开关，避免造成通信电源输出电压跌落的事故。

(4) 要求通信用 DC-DC 变换器应具备通信接口，可方便接入变电站自动化系统，实现对通信电源系统的监控管理。

13.9.3　DC-DC 通信电源技术指标

电力用 DC-DC 通信电源输出的各项技术指标应满足通信电源技术标准的要求，输入的技术指标应满足电力控制电源技术标准的要求。变换器采用与整流器一样的 2U 高 19 英寸机架安装模块结构，使成套系统组屏协调一致，紧凑美观。

(1) DC-DC 变换器型号规格。

ZBG21-2048/220：标称直流输入 220V；额定直流输出 48V/20A。

ZBG21-3048/220：标称直流输入 220V；额定直流输出 48V/30A。

ZBG21-2048/110：标称直流输入 110V；额定直流输出 48V/20A。

ZBG21-3048/110：标称直流输入 110V；额定直流输出 48V/30A。

(2) DC-DC 变换器技术指标。

直流输入电压：220V：176～296V；110V：88～148V。

直流输出电压：48V：42V～58V；24V：21V～29V。

输出稳压精度：≤±1%。

电话衡重杂音：≤2mV。

宽频杂音电压：3.4～150kHz：≤100mV；150kHz～30MHz：≤30mV。

峰—峰值杂音：≤200mV。

动态瞬变电压：≤±5%。

瞬态恢复时间：≤200μs。

冲击过载能力：≥80A5ms。

满载工作效率：>90%。

工作音响噪声：≤55dB。

ZBG21 系列 DC-DC 变换器外形如图13-5所示，电力用 DC-DC 通信电源屏如图 13-6所示。

图 13-5　ZBG21 系列 DC-DC 变换器外形

图 13-6　电力用 DC-DC 通信电源屏

14 镉镍碱性蓄电池

14.1 镉镍碱性蓄电池的分类和结构

镉镍碱性蓄电池可用于通信、交通、船舶、铁路等各工业部门和国防设施作为动力、控制电源或备用电源。20 世纪 80 年代初，镉镍碱性蓄电池开始应用于电力工程，到目前为止，在中小型电力工程中都有应用。

14.1.1 分类

镉镍碱性蓄电池按壳体结构型式分为开启式和密封式；按极板加工方法分为袋式、烧结式（半烧结式）、粘结式；按放电倍率分为低倍率、中倍率、高倍率和超高倍率；按电池外形分为圆形、扁形、矩形、方形等。各类镉镍碱性蓄电池的类别型式见表 14-1 和表 14-2。

表 14-1　　镉镍碱性蓄电池分类表

开启式			密封式	
袋　式	烧结(半烧结)式	粘　结　式	烧结(半烧结)式	粘结式
GND(KCL)	GNG(KCH)	GNG(KCJ)	GNY(KRH)	GNY(KRH)
GNZ(KCM)				
GNG(KCH)	GNC(KCX)	GNC(KCX)	GNB(KBH)	GNB(KBH)
GNC(KCX)				

注　表中符号意义：GN—镉镍蓄电池；D—低倍率；Z—中倍率；G—高倍率；C—超高倍率；Y—圆形；B—扁形。括号内符号为 IEC 代号。

表 14-2　　镉镍碱性蓄电池倍率分挡

放电倍率名称	低倍率	中倍率	高倍率	超高倍率
放电电流(A)	$<0.5I_5$	$0.5\sim3.5I_5$	$3.5\sim7.0I_5$	$>7.0I_5$

注　按 GB 15142 的规定，I_5 为 C_5 的放电率的放电电流；C_5 为 5h 放电率的放电容量，定义为镉镍碱性蓄电池的额定容量。

14.1.2 容量范围

各类镉镍碱性蓄电池的额定容量范围见表 14-3。

表 14-3　　镉镍碱性蓄电池额定容量范围

类别	低倍率	中倍率	高倍率	圆柱密封	扣式密封
额定容量范围(Ah)	10～10 000	30～800	5～300	0.15～10	0.02～0.6

14.1.3　结构

镉镍碱性蓄电池的主要部件见表 14-4。

表 14-4　　镉镍碱性蓄电池主要部件

类型 主要部件	开启式				密封式
	袋式	烧结式	半烧结式	粘结式	
极板	正、负极板为正、负活性物质分别包在镀镍和未镀镍钢带制成的带孔袋子里	正、负极板为正、负活性物质充填在多孔状的镍制基板中	正极板为活性物质填充在多孔状镍基板中，负极板为活性物质加入添加剂压制而成	正、负极板为在正、负极活性物质中加入添加剂压制而成	正、负极板为烧结式、半烧结式、粘结式
外壳	塑料外壳、镀镍钢外壳	塑料外壳 不锈钢外壳	塑料外壳 不锈钢外壳	塑料外壳	镀镍钢外壳用塑料圈卷边封口而成
隔（膜）板	塑料板栅或硬橡胶棍	编织或非编织的化学纤维、聚乙烯膜	编织或非编织的化学纤维、聚乙烯膜	编织或非编织的化学纤维、聚乙烯膜	编织或非编织的化学纤维、聚乙烯膜
电解液	以氢氧化钾为主体的水溶液，密度1.2kg/L（20℃）	以氢氧化钾为主体的水溶液，密度1.2kg/L（20℃）	以氢氧化钾为主体的水溶液，密度1.2kg/L（20℃）	以氢氧化钾为主体的水溶液，密度1.2kg/L（20℃）	以氢氧化钾为主体的水溶液，密度1.2kg/L（20℃）

注　蓄电池组根据使用电压可用单元蓄电池串联组成。

14.2　镉镍碱性蓄电池主要名词术语

（1）标称电压：用以鉴别蓄电池类型的适当的电压近似值。镉镍碱性蓄电池单体电池的标称电压为1.2V。

（2）开路电压：蓄电池开路状态下，正、负极间的电位差。

（3）终止电压：蓄电池放电结束时的端电压。

（4）浮充电压：使电池保持全充电状态需要的电压。

（5）额定容量：在20℃下以5h放电率放电到电池终止电压1.0V时，所能提供的电量。

（6）开口电池：蓄电池盖上有孔，可装设排气装置，允许气体产物逸出的一种二次电池(能够多次充电的电池)。

（7）密封电池：在制造厂规定的标准充电制和温度条件下，电解产物通过在蓄电池内部的部分或全部气体再复合来实现密封，当内部压力超过预定值时，允许气体通过一个可复位或不可复位的压力释放装置逸出。这种电池在使用过程中不需要添加电解液，是一种少维护电池。目前，我国生产的各类镉镍碱性蓄电池一般都为圆柱密封电池。

（8）袋式镉镍碱性蓄电池（开口有机板盒式镉镍电池）：是将活性物质包在一个封闭的

扁平穿孔钢带袋里，用隔板将正负极隔开，并装在塑料或镀镍钢板制成的壳体里。袋式电池多用于中、低倍率电池。

(9) 烧结极板：用烧结金属镍粉末制成骨架，再浸入活性物质而制成的一种碱性电池极板。

(10) 涂膏式极板：将活性物质直接涂覆在导电骨架上而制成的一种极板。

(11) 半烧结电池：当正、负极板均由烧结式极板组成时，称为全烧结电池。一般情况下，正极由烧结式极板，负极由涂膏式极板组成，这种只采用一个烧结式极板的电池，称为半烧结电池。

高倍率、超高倍率镉镍碱性蓄电池一般都采用烧结极板或半烧结极板。

(12) 烧结式镉镍碱性蓄电池：通过镍粉烧结和浸渍的方法将活性物质填入多孔烧结镍结构中制成的板式电极，并以气体阻挡膜加以正负极分离，并装入塑料或不锈钢制成的壳体里而制成的电池。

(13) 低倍率放电：放电电流不大于0.5倍的额定容量值。对应的电池称为低倍率电池。国内电池型号为“GN——”，国际IEC标准型号“KL——”。

(14) 中倍率放电：放电电流大于0.5倍的额定容量值，但不大于3.5倍的额定容量值。对应的电池称为中倍率电池。国内电池型号为“GNZ——”，国际IEC标准型号“KH——”。

(15) 高倍率放电：放电电流大于3.5倍的额定容量值，但不大于7倍的额定容量值。对应的电池称为高倍率电池。国内电池型号为“GNG——”，国际IEC标准型号“KH——”。

(16) 超高倍率放电：放电电流大于7倍的额定容量值。对应的电池称为超高倍率电池。国内电池型号为“GNC——”，国际IEC标准型号“KX——”。

上面(13)～(16)中：“——”表示电池额定容量值；IEC标准型号中塑料外壳的电池还应在数字后面加字母“P”。

14.3 镉镍碱性蓄电池的工作原理

镉镍碱性蓄电池在充电后，正极板活性物质为氢氧化镍[$Ni(OH)_3$]，负极板为镉(Cd)和钾的混合物。放电后，正极板活性物质转变为氢氧化亚镍[$Ni(OH)_2$]，负极板的活性物质转变为氢氧化镉[$Cd(OH)_2$]。

14.3.1 充电反应

电解液中的KOH电离为K^+和OH^-。在充电电流的作用下，正负极板活性物质的反应式为

正极 $$2Ni(OH)_2-2e+2OH^- \xrightarrow{充电} 2\beta NiOOH+2H_2O \quad (14\text{-}1)$$

负极 $$Cd(OH)_2+2e \xrightarrow{充电} Cd+2OH^- \quad (14\text{-}2)$$

总反应方程式为

$$2Ni(OH)_2+Cd(OH)_2 \xrightarrow{充电} 2\beta NiOOH+Cd+2H_2O \quad (14\text{-}3)$$

由于袋式蓄电池负极中含有铁，所以其总反应式为

$$2Ni(OH)_2+Fe(OH)_2 \xrightarrow{充电} 2\beta NiOOH+Fe+2H_2O \tag{14-4}$$

上述各式中，β代表β晶型。

14.3.2 放电反应

放电时，正负极板活性物质的反应式为

正极 $$2\beta NiOOH+2H_2O \xrightarrow{放电} 2Ni(OH)_2-2e+2OH^- \tag{14-5}$$

负极 $$Cd+2OH^- \xrightarrow{放电} Cd(OH)_2+2e \tag{14-6}$$

总反应方程式为

$$2\beta NiOOH+Cd+2H_2O \xrightarrow{放电} 2Ni(OH)_2+Cd(OH)_2 \tag{14-7}$$

显然，蓄电池两极充放电化学反应是可逆性的，故其充、放电化学反应方程式为

$$2Ni(OH)_2+Cd(OH)_2 \underset{放电}{\overset{充电}{\rightleftharpoons}} 2\beta NiOOH+Cd+2H_2O \tag{14-8}$$

同样，对于袋式镉镍蓄电池，其反应方程式为

$$2Ni(OH)_2+Fe(OH) \underset{放电}{\overset{充电}{\longrightarrow}} 2\beta NiOOH+Fe+2H_2O \tag{14-9}$$

从上述反应式可以看出，蓄电池在充、放电过程中，不消耗电解液，但电极板有吸收水或释放水的特性。充电时释放水，电解液液面升高；放电时吸收水，电解液液面下降。同时，还可看出，尽管电解液在正负极板附近的浓度是变化的，即充电时，正极板附近浓度降低，负极板附近浓度升高，放电时与此相反，但电解液在充、放电过程中密度变化较小，一般忽略不计。

14.4 镉镍碱性蓄电池的充放电

14.4.1 充电

镉镍碱性蓄电池的正常充电方式与铅酸蓄电池一样，有一段定电流充电法、二段定电流充电法和一段定电压充电法。

（1）一段定电流充电法，就是整个充电过程中保持恒定的充电电流。该充电方式适宜于蓄电池初充电、活化、容量检查以及充放制充电时使用。

1）初充电。蓄电池进行初充电时，宜在环境温度15～35℃下，先以0.2C_5(A)电流充电12h，搁置0.5～1h，再以0.2C_5(A)电流放电至1.0V。如此充、放电循环1～2次。

2）活化充电方法。活化充电时，宜在环境温度15～35℃下，先以0.2C_5(A)电流放电至1.0V，然后以0.2C_5(A)电流充电12h，搁置0.5～1h，再以0.2C_5(A)电流放电至1.0V。如此充、放电循环1～2次。

3）容量检验。当蓄电池进行容量检验时，宜在环境温度15～35℃下，先以0.2C_5(A)电流充电7～8h，搁置1～4h，再以0.2C_5(A)电流放电至1.0V。计算容量公式为

$$C = It \tag{14-10}$$

式中 C——蓄电池容量，(Ah)；

I——放电电流，(A)，数值为 $I=0.2C_5$；

t——放电持续时间。

定电流充电法的优点是容易计算所充的电量；缺点是充电终期消耗于电解 H_2O 的电量较多，且易造成过量充电。因此，这种方法一般不适用于均衡充电方式。

(2) 二段定电流充电法。采用这种方法在充电开始时，用正常充电电流 $0.2C_5$(A)的2倍电流进行充电；当接近充电终期时，改用正常充电电流 $0.2C_5$(A)充电，直至充电完毕。这种方法较定电流充电法加快了充电速度，缩短了充电时间，但同样会出现过充现象。

(3) 定电流定电压二段充电法。采用这种充电方法时，首先采用 $0.2C_5$(A)电流充电，待达到规定电压后，再采用定电压充电(此时充电电流很小)，总充电时间为8～12h。这种方法可避免过充现象，因此在电力系统得到广泛使用。

(4) 一段定电压充电法。这种方法从充电开始到终了，充电电压保持不变。充电开始时，充电电流可达正常充电电流的2倍以上，随着充电的继续，电池端电压逐渐上升，充电电流逐渐下降，直到电池电压稳定不变，充电结束。这种方法无法计算充电电量，且充电后期对蓄电池有效物质的还原不起作用，目前一般不采用此充电法。

(5) 充电终了的判定。与铅酸蓄电池不同，镉镍碱性蓄电池在充电期间电解液密度变化较小，充电过程中产生的气泡及极板颜色无法断定充电终止，所以镉镍碱性蓄电池无法根据密度、极板颜色来判定充电进行情况。充电是否终了，只能根据充电电压和充电电量来判断。

通常，当镉镍碱性蓄电池的充电电压上升到1.75～1.8V时，若再继续充电1h，端电压不变或充电电量已达到放电电量的1.5倍以上时，就可以认为充电终了。

(6) 过充电。镉镍碱性蓄电池具有较强的承受过充电的能力，通常每工作10～12个充放电循环或工作过一个月之后，都应进行一次过充电。过充电的方法是：正常充电至终了后，再以正常充电电流的1/2继续充电6h。适当的过充电，不但不会使蓄电池容量降低，而且在某些条件下还可能使容量增加一些。

14.4.2 放电

镉镍碱性蓄电池放电电流取决于直流负荷。不论以何种放电率进行放电，都必须注意电池的放电深度，而放电深度是由放电时间和放电电流决定。当降到规定电压时，即认为电池已放电终了。根据放电电量也可确定放电是否终了，即当蓄电池在相应的放电率下，放出其规定容量时，即标志已放电终了。但由于整个放电过程中，放电电流不是恒定的，因此所放电容量需归算为一定放电率的容量，才能进行判断。

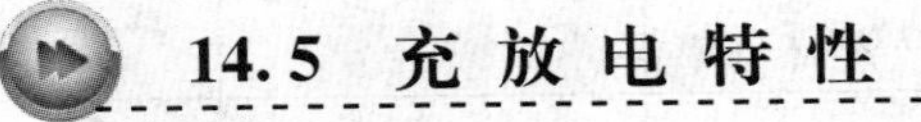

14.5 充放电特性

14.5.1 镉镍碱性蓄电池的一般性能

镉镍碱性蓄电池的一般性能见表14-5。

表 14-5　　　　镉镍碱性蓄电池的一般性能

项目名称		开启式			密封式
		袋式		高倍率	
		低倍率	中倍率		
额定容量范围（Ah）		10～10 000	30～800	5～300	0.15～10
−18℃时的放电容量（%）*		≥50	≥60	≥70	≥70
电压（V）	额定电压	1.2			
	浮充电压	1.47～1.50	1.42～1.45	1.38±0.02	
	均衡充电电压	1.52～1.55		1.47～1.48	
内阻（mΩ）		0.15～0.20	～0.10	0.03～0.06	0.03～0.04
放电时间（min）	$0.20C_5$（A）−1.00（V）	4h45min	≥4h45min	5	—
	$1.0C_5$（A）−0.90（V）	≥40	50	60	60
	$5.0C_5$（A）−0.80（V）	—	—	4	8
	$10.0C_5$（A）−0.80（V）	—	—	—	2
自放电（28昼夜，%）		<20	<20	<30	<35
使用寿命	循环次数（次）	>900	>900	>500	>400
	浮充年限（a）	>20	>20	>15	>5
短路电流（A/Ah）			15.3	58	

* 表示为额定容量的百分比。

镉镍碱性蓄电池的充放电性能对直流系统的安全性、可靠性有重要影响。蓄电池良好的充放电性能，不仅可以保证直流系统在正常和事故情况下安全可靠地供电，而且能够延长蓄电池的寿命、降低直流系统的造价。

镉镍碱性蓄电池的充放电性能与其极板结构、充放电倍率、充放电电压和时间以及环境温度等因素有关。

14.5.2　IEC标准规定的充放电性能

IEC标准规定的不同镉镍碱性蓄电池的充放电性能见表14-6～表14-8。

表 14-6　　　　中倍率镉镍碱性蓄电池放电性能

放电制	放电率（A）	终止电压（V）	放电时间	备注
正常放电制	$0.2C_5$	1.0	不少于4h45min	
4h放电制	$0.25C_5$	1.0	约4h	
3h放电制	$0.33C_5$	1.0	约3h	
2h放电制	$0.5C_5$	0.9	约2h	
1h放电制	$1.0C_5$	0.9	不少于40min	
启动用	$2C_5$	0.8	不少于10min	

表 14-7　　高倍率镉镍碱性蓄电池充放电性能

电池型号	正常充电制		4h放电制			1h放电制		
	电流 (A)	时间 (h)	电流 (A)	时间 (h)	终止电压 (V)	电流 (A)	时间 (h)	终止电压 (V)
GNG5-（2）	1.05	7	1.25	≥4	1.0	5	≥60	0.9
GNG10-（2）	2.5	7	2.5	≥4	1.0	10	≥60	0.9
GNC10-（5）	2.5	7	2.5	≥4	1.0	10	≥60	0.9
GNG20-（4）	5	6	5	≥4	1.0	20	≥60	0.9
GNC20-（5）	5	6	5	≥4	1.0	20	≥60	0.9
GNC20-（6）	5	6	5	≥4	1.0	20	≥60	0.9
GNG35-（2）	9	6	9	≥4	1.0	35	≥60	0.9
GNC40-（5）	10	6	10	≥4	1.0	40	≥60	0.9
GNG40-（10）	10	6	10	≥4	1.0	40	≥60	0.9

开口式镉镍电池，在环境温度（20±5)℃下，以 $0.2C_5$（A）定电流充电持续 8h 之后，在相同温度下搁置不少于 1h，不多于 4h，然后再在相同温度下按规定条件放电。

表 14-8　　开口式镉镍碱性蓄电池放电性能

放电条件		最少放电持续时间			
		电池型号			
放电率(A)	终止电压(V)	GN(KLP)	GNZ(KMP)	GNC(KHP)	GNC(KXP)
$0.2C_5$	1.0	4h45min	4h45min	4h45min	4h45min
$1C_5$	0.9	—	40min	50min	5min
$5C_5$	0.8	—	—	4min	8min
$10C_5$	0.8	—	—	—	2min

14.6 其他性能

（1）温度特性。一般情况下，镉镍碱性蓄电池与温度有如下关系：

1）同一放电终止电压下，温度越高，放电容量越大。

2）同一温度下，放电终止电压越高，放出的容量越小，而放电容量随着终止电压升高而降低。

3）在放电终止电压较高的情况下，低温度放电性能远低于高温放电性能，即低温度放出容量低于高温度放出容量。

4）在放电终止电压较低的情况下，低温放电性能较高温放电性能的差异相对减小。

通常放电终止电压控制在 1.10～1.15V 左右，最低温度一般取 5℃。从而在 5～25℃范围内，蓄电池放电容量约为 88%～104%C_5 和 96%～107%C_5。因此，在选择蓄电池容量时，通常引入温度修正系数 $K_t=1.10$。

（2）自放电特性。镉镍碱性蓄电池是蓄电池中自放电损失较小的一种。它在充电后放置初期自放电较大，经过一段时间逐渐减少。如开路搁置 28 昼夜（平均环境温度 20℃，但允许短时温度偏离±5℃），损失容量 11%～18%。铅酸蓄电池自放电容量损失则较大，每月在 30%以上。

影响自放电的因素主要是电池内存在的金属杂质，同时环境温度也对自放电有一定影响。

虽然镉镍碱性蓄电池的自放电容量损失较小，但长期静置或长期充电不足，会使电池容量降低。因此，正确了解和掌握浮充电和均衡充电的技术要求十分重要。

(3) 短路电流及内阻：

1) 镉镍碱性蓄电池的内阻小于铅酸蓄电池，由于其材料本身的因素，其开路电压较低。

2) 高倍率镉镍碱性蓄电池的内阻比中倍率镉镍碱性蓄电池小得多，因而高倍率的短路电流也较大。

3) 根据试验测试，中倍率镉镍碱性蓄电池在浮充电状态下提供的最大短路电流约为15.3A/Ah，高倍率约为58A/Ah。

(4) 使用寿命。蓄电池完成一次全充电放电过程，称为一次循环。在正常环境温度下，若干次循环后，其容量降低到额定容量 C_5 的80%时，即认为蓄电池寿终。用充放电循环次数表示的寿命，称为循环寿命。

根据规程规定，中倍率镉镍碱性蓄电池在环境温度 (20±5)℃下，循环寿命不少于900次。IEC标准规定循环寿命不少于500次。烧结式镉镍碱性蓄电池循环寿命为500次以上或合闸4000次。

从应用的角度看，蓄电池寿命主要是使用年限，即运行寿命。镉镍碱性蓄电池的浮充运行寿命为15～20a。

影响镉镍碱性蓄电池运行寿命的主要因素是充电制、放电深度、环境温度和电解液浓度。为此，对镉镍碱性蓄电池的使用维护应注意：

1) 配置稳压精度高和纹波系数小的浮充电设备，保持良好的浮充状态。

2) 定期进行均衡充电。

3) 保持环境及电池表面的清洁。

4) 保证补充合格的蒸馏水。

5) 按厂家要求更换合格的电解液。

6) 保持合适的运行温度。

14.7 镉镍碱性蓄电池的选型

镉镍碱性蓄电池的选型按下述原则进行：

(1) 电池个数按直流系统电压选择。

(2) 电池容量按直流负荷大小和放电持续时间选择。

(3) 电池倍率按图14-1所示的范围选择。

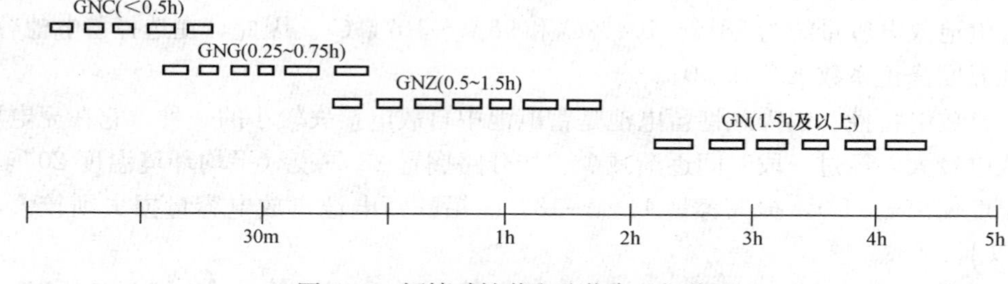

图14-1 镉镍碱性蓄电池倍率选择范围

由图 14-1 可知，由于电力工程中事故放电时间大多为 1h 左右，所以通常宜采用高倍率和中倍率镉镍碱性蓄电池。考虑到蓄电池的容量范围，一般小型变配电站选用高倍率蓄电池，而中型变电站或小型发电厂通常采用中倍率蓄电池。

14.8 镉镍碱性蓄电池的运行和维护

14.8.1 运行

镉镍碱性蓄电池一般正常按浮充电制运行，当运行过程中电池产生不均衡现象时，则进行均衡充电。

(1) 浮充电。直流母线浮充电运行电压一般高于受电设备额定电压的 5%，这样可以使蓄电池组处于较好的浮充电状态，并能补偿馈电支路的电压降。而对母线附近的设备则不致造成过电压。

直接与直流母线相连的镉镍碱性蓄电池，只能在满足直流母线运行电压的前提下，设法满足蓄电池本身浮充电压的要求。

中倍率镉镍碱性蓄电池在环境温度 15～30℃的条件下，浮充电电压为 1.42～1.45V，浮充电电流一般为 0.5～3mA/Ah；烧结式镉镍碱性蓄电池浮充电电压为 1.35～1.45V，浮充电电流一般为 1～2mA/Ah。

浮充电电压过高或过低对蓄电池都不利：若浮充电电压低于规定值时，当蓄电池对外放电时，从而不能保证蓄电池处于满容量状态；浮充电压过高时，将造成过充电，会增加蓄电池的补水次数，并影响蓄电池的运行寿命。

浮充电运行的镉镍碱性蓄电池应以控制浮充电电压为主，即应始终保持浮充电稳压运行。浮充电装置稳压精度是浮充电运行的重要参数。一般情况下，如浮充电装置稳压精度小于 2%，则基本上能保证蓄电池处于满容量状态，但最好能做到稳压精度不超过 1%。

镉镍碱性蓄电池对于浮充电装置的另一要求是纹波系数。当纹波系数太大时，即使其直流稳压精度足够，在叠加交流分量之后，浮充电电压值也会周期性地超出允许变动范围。由于镉镍碱性蓄电池在充放电起始阶段对电压变化比较敏感，所以有可能在浮充电状态下产生过大的周期性的瞬间充电或放电电流，以致电解液被产生的气泡带出，在电池气塞通气孔外部形成表面碱化现象。因此，纹波系数一般不应超过 1%。

(2) 均衡充电。在长期浮充电运行中的镉镍碱性蓄电池组，各单元电池因自放电不完全一致，将会产生容量、电压不均衡情况，为了防止出现落后的、甚至个别反极性的蓄电池，应定期进行均衡充电。一般为半年或一季度进行一次。春、秋两季进行均衡充电效果比较好；冬季比较寒冷，内阻上升，充电效果不好；夏季气温较高，充电效果也不理想。

均衡充电首先以 $0.2C_5$(A)电流充电，待达到均衡充电电压后，再采用定电压充电。充电持续时间：中倍率镉镍碱性蓄电池为 12h，高倍率为 8h。

14.8.2 维护

镉镍碱性蓄电池的维护包括清扫、K_2CO_3 含量测定、容量检测、补充或更换电解液。

（1）电解液。镉镍碱性蓄电池电解液使用氢氧化钾水液。为提高蓄电池的容量和运行寿命，常加入少量氢氧化锂，在每升电解液中加入20～40g氢氧化锂，蓄电池的深度充放电循环寿命可由500次提高到1000次以上。当镉镍碱性蓄电池电解液中混入杂质，其特性和寿命都将受到影响。主要杂质及其影响如下：

1）铁、铜及其他金属杂质。这些杂质会使蓄电池自放电，导致容量下降。

2）硫酸、硝酸及其他酸。这些杂质会腐蚀极板，溶解活性物质。

3）CO_2气体。这种气体将使电解液的电阻增加，容量下降。

4）钙、镁、硅等杂质。这些杂质将使蓄电池容量下降，寿命缩短。

因此，控制电解液的有害杂质，对保证蓄电池的特性和寿命是十分重要的。

（2）补水。蓄电池在运行中，会发生水蒸发和水分解，造成电解液液面下降。当电解液液面下降至下限时，必须及时补水，使液面升至上限。补水应在充电后进行。

（3）清扫。蓄电池及其周围应保持干燥状态，经常进行清扫，及时擦去灰尘及白色碳酸盐结晶，并用蒸馏水清洗气塞，保证气塞通畅。

（4）K_2CO_3含量测定。蓄电池在使用过程中，电解液会吸收空气中的CO_2生成K_2CO_3，使蓄电池的内阻增加，因此需进行K_2CO_3测定。通常1年分析1次，控制K_2CO_3的含量少于60g/L。超过60g/L时应更换电解液。

（5）换液。更换电解液的方法是：先以$0.2C_5$（A）电流放电至1.0V（为保证操作安全，应为0.5V）；摇晃蓄电池，倒出蓄电池内的电解液，注入合格的电解液；按容量检验方法进行充放电；容量符合要求后，再以$0.2C_5$电流充电7～8h。

（6）容量检查与14.4.1之（1）3）中所述方法相同。其中放电持续时间，中倍率镉镍碱性蓄电池为12h，高倍率为8h。

14.9 镉镍碱性蓄电池的应用

14.9.1 镉镍碱性蓄电池直流系统参数选择

制造厂推荐的运行参数如下：

1）初充电电流和时间为$0.2C_5$(A)、10h或$0.1C_5$(A)、20h。

2）浮充电和均衡充电电压见表14-9。

表14-9　　制造厂推荐的浮充电和均衡充电电压

电池型式、名称	IEC标准	浮充电电压（V）	均衡充电电压（V）	备　注
GNC（超倍率）	KXP	1.38～1.40	1.46～1.48	
GNG（高倍率）	KHP	1.42～1.45	1.55～1.60	
GNZ（中倍率）	KMP	1.42～1.45	1.55～1.60	
GN（低倍率）	KLP	1.48～1.50	1.55～1.60	

注　IEC标准中：K表示镉镍电池；X、H、M、L分别表示超高、高、中、低倍率；P表示塑壳。

3）制造厂推荐的电池个数和电池个数选择范围见表14-10。

表 14-10　　　　镉镍碱性蓄电池推荐个数和电池个数选择范围

系统电压（V）	推荐的电池个数		电池个数选择范围	
	GNG（高倍率）	GNZ（中倍率）	GNG（高倍率）	GNZ（中倍率）
220	180	174	178～185	172～180
110	90	87	88～92	86～90
48	40	38	36～41	35～40
24	20	18	18～21	17～20

作为参考示例，表 14-11 列出了不同电压等级、不同浮充电压、均衡充电电压及终止放电电压情况下采用不同蓄电池数量的直流系统主母线电压计算数值。

表 14-11　　　　镉镍碱性蓄电池的电池参数选择参考数值表

<table>
<tr><td rowspan="2">系统标称电压（V）</td><td>浮充电压（V）</td><td>1.36</td><td>1.38</td><td>1.39</td><td>1.42</td><td>1.43</td><td>1.45</td></tr>
<tr><td>均衡充电电压（V）</td><td>1.47</td><td colspan="2">1.48</td><td>1.52</td><td>1.53</td><td>1.55</td></tr>
<tr><td rowspan="9">220</td><td>浮充电池个数</td><td>170</td><td>167</td><td>166</td><td>162</td><td>161</td><td>159</td></tr>
<tr><td>母线浮充电压（V）</td><td>231.2</td><td>230.46</td><td>230.74</td><td>230.04</td><td>230.23</td><td>230.55</td></tr>
<tr><td>均衡充电电池个数</td><td>164</td><td colspan="2">163</td><td>159</td><td>158</td><td>156</td></tr>
<tr><td>母线均衡充电电压（%）*</td><td>109.13</td><td colspan="2">109.66</td><td>109.86</td><td>109.88</td><td>109.91</td></tr>
<tr><td>整组电池个数</td><td colspan="6">175 或 180</td></tr>
<tr><td>放电终止电压（V）</td><td colspan="6">1.07</td></tr>
<tr><td>母线最低电压（%）*</td><td colspan="6">85.11 或 87.55</td></tr>
<tr><td rowspan="7">110</td><td>浮充电池个数</td><td>85</td><td colspan="2">83</td><td>81</td><td>80</td><td>79</td></tr>
<tr><td>母线浮充电压（V）</td><td>115.60</td><td>114.54</td><td>115.37</td><td>115.20</td><td>114.40</td><td>114.55</td></tr>
<tr><td>均衡充电电池个数</td><td>82</td><td colspan="2">81</td><td colspan="2">79</td><td>78</td></tr>
<tr><td>母线均衡充电电压（%）*</td><td>109.58</td><td colspan="2">108.98</td><td>109.16</td><td>109.88</td><td>109.91</td></tr>
<tr><td>整组电池个数</td><td colspan="6">88 或 90</td></tr>
<tr><td>放电终止电压（V）</td><td colspan="6">1.07</td></tr>
<tr><td>母线最低电压（%）*</td><td colspan="6">85.60 或 87.55</td></tr>
<tr><td rowspan="7">48</td><td>浮充电池个数</td><td>37</td><td colspan="2">36</td><td colspan="2">35</td><td>34</td></tr>
<tr><td>母线浮充电压（V）</td><td>50.32</td><td>49.68</td><td>50.04</td><td>49.70</td><td>50.05</td><td>49.30</td></tr>
<tr><td>均衡充电电池个数</td><td colspan="3">35</td><td colspan="3">34</td></tr>
<tr><td>母线均衡充电电压（%）*</td><td>107.19</td><td colspan="2">107.92</td><td>107.67</td><td>108.38</td><td>109.79</td></tr>
<tr><td>整组电池个数</td><td colspan="6">39 或 40</td></tr>
<tr><td>放电终止电压（V）</td><td colspan="6">1.07</td></tr>
<tr><td>母线最低电压（%）*</td><td colspan="6">86.94 或 89.17</td></tr>
<tr><td rowspan="7">24</td><td>浮充电池个数</td><td colspan="3">18</td><td colspan="3">17</td></tr>
<tr><td>母线浮充电压（V）</td><td>24.48</td><td>24.48</td><td>25.02</td><td>24.14</td><td>24.31</td><td>24.65</td></tr>
<tr><td>均衡充电电池个数</td><td colspan="3">18</td><td colspan="3">17</td></tr>
<tr><td>母线均衡充电电压（%）*</td><td>110.25</td><td colspan="2">111</td><td>107.67</td><td>108.38</td><td>109.79</td></tr>
<tr><td>整组电池个数</td><td colspan="6">20</td></tr>
<tr><td>放电终止电压（V）</td><td colspan="6">1.07</td></tr>
<tr><td>母线最低电压（%）*</td><td colspan="6">89.17</td></tr>
</table>

* 表示对系统标称电压的百分比。

14.9.2 镉镍碱性蓄电池回路开关设备选择

镉镍碱性蓄电池（10～100Ah）回路开关设备选择见表 14-12。

表 14-12　部分容量镉镍碱性蓄电池回路开关设备选择表

蓄电池容量（Ah）	10	20	30	50	60	80	100
回路电流（A）	7	14	21	35	42	56	70
熔断器及刀开关额定电流（A）	63						
直流断路器额定电流（A）	32			63			
电流测量范围（A）	±20		±40		±50	±100	
放电试验回路电流（A）	2	4	6	10	12	16	20
主母线铜导体截面(长×宽,mm)	30×4					50×4	

14.9.3 镉镍碱性蓄电池的应用曲线

镉镍碱性蓄电池常用的特性曲线主要有容量换算曲线和冲击放电曲线。容量换算曲线主要用于蓄电池容量选择；冲击放电曲线用于蓄电池承受冲击负荷时端电压校验。

表 14-13～表 14-19 分别表示中倍率、高倍率镉镍碱性蓄电池的容量换算系数和冲击放电曲线，供各类蓄电池容量选择和放电情况下的端电压校验。

镉镍碱性蓄电池及其充电装置的选择计算与铅酸蓄电池相同，可以采用类似的计算方法和计算公式。但要注意，在用于铅酸蓄电池计算时采用的蓄电池 10h 放电率放电电流（I_{10}）应更改为镉镍碱性蓄电池的 5h 放电率放电电流（I_5）。

表 14-13　1.2V 中倍率 200Ah 及以上镉镍碱性蓄电池容量换算系数表

放电时间(min) / 容量换算系数 K_c / 电池终止电压（V）	30s	1	29	30	59	60	89	90	119	120	149	150	179	180	240	299	300	360
1.00	2.46	2.20	1.32	1.31	0.85	0.84	0.70	0.69	0.61	0.60	0.56	0.55	0.525	0.52	0.48	0.463	0.46	0.44
1.05	2.12	1.83	1.04	1.03	0.70	0.69	0.61	0.60	0.55	0.54	0.49	0.48	0.465	0.46	0.43	0.403	0.40	0.38
1.07	1.90	1.72	0.88	0.87	0.65	0.64	0.57	0.56	0.50	0.49	0.45	0.44	0.415	0.41	0.38	0.363	0.36	0.34
1.10	1.70	1.48	0.77	0.76	0.57	0.56	0.49	0.48	0.43	0.42	0.40	0.39	0.375	0.37	0.35	0.333	0.33	0.31
1.15	1.55	1.38	0.71	0.70	0.51	0.50	0.45	0.44	0.40	0.39	0.37	0.36	0.345	0.34	0.32	0.293	0.29	0.27
1.17	1.40	1.28	0.68	0.67	0.48	0.47	0.42	0.41	0.38	0.37	0.35	0.34	0.315	0.31	0.28	0.263	0.26	0.24
1.19	1.30	1.20	0.65	0.64	0.46	0.45	0.40	0.39	0.36	0.35	0.33	0.32	0.295	0.29	0.26	0.243	0.24	0.22
说　明	容量系列（Ah）：200，250，300，500，600，700，800。 容量换算系数　$K_c=\frac{I}{C_5}$ (1/h)																	

表 14-14　　　　**1.2V GNZ-500 型镉镍碱性蓄电池冲击放电曲线**

冲击电流倍数	0	1	2	3	4	5	6	7	8	9	10	11	12	13	14
持续放电电流	持续放电 1.0h 后，不同冲击倍数（K_p）条件下的单体电池放电末期电压（V）														
0.2 I_5	1.290	1.280	1.270	1.260	1.250	1.240	1.230	1.220	1.210	1.200	1.19	1.180	1.170	1.160	1.150
0.33 I_5	1.217	1.210	1.201	1.192	1.183	1.175	1.166	1.158	1.150	1.141	1.133	1.124	1.116	1.107	1.095
0.5 I_5	1.185	1.173	1.161	1.149	1.137	1.125	1.113	1.101	1.089	1.077	1.065	1.053	1.041	1.029	1.017
0.67 I_5	1.138	1.126	1.113	1.100	1.088	1.076	1.063	1.050	1.038	1.026	1.013	1.00	0.988	0.976	0.963
	持续放电 2.0h 后，不同冲击倍数（K_p）条件下的单体电池放电末期电压（V）														
0.2 I_5	1.238	1.221	1.203	1.186	1.169	1.152	1.134	1.117	1.100	1.082	1.065	1.048	1.030	1.013	0.989
0.33 I_5	1.199	1.181	1.163	1.146	1.128	1.110	1.092	1.074	1.057	1.039	1.021	1.003	0.985	0.968	0.950
0.5 I_5	1.150	1.131	1.111	1.092	1.073	1.054	1.035	1.015	0.996	0.977	0.958	0.939	0.919	0.900	0.881
0.67 I_5	1.100	1.077	1.054	1.031	1.008	0.985	0.962	0.938	0.915	0.892	0.869	0.846	0.823	0.800	0.777

表 14-15　　　　**1.2V 中倍率 200Ah 以下镉镍碱性蓄电池容量换算系数表**

放电时间(min) / 容量换算系数 K_c / 电池终止电压（V）	30s	1	5	10	15	20	29	30	59	60
1.00	3.00	2.75	2.20	2.00	1.87	1.70	1.55	1.54	1.04	1.03
1.05	2.50	2.25	1.91	1.75	1.62	1.53	1.39	1.38	0.98	0.97
1.07	2.20	2.01	1.78	1.64	1.55	1.46	1.31	1.30	0.94	0.93
1.10	2.00	1.88	1.63	1.50	1.41	1.33	1.22	1.21	0.91	0.90
1.15	1.91	1.71	1.52	1.40	1.32	1.25	1.14	1.13	0.87	0.86
1.17	1.75	1.60	1.45	1.35	1.28	1.20	1.09	1.08	0.83	0.82
1.19	1.60	1.50	1.41	1.32	1.23	1.16	1.06	1.05	0.80	0.79
说明	容量系列（Ah）：30，75，100，120，150，200。 容量换算系数　$K_c=\frac{I}{C_5}$（1/h）									

表 14-16　　　　**1.2V 高倍率 40Ah 及以上镉镍碱性蓄电池容量换算系数表**

放电时间(min) / 容量换算系数 K_c / 电池终止电压（V）	30s	1	29	30	59	60
1.00	10.5	9.60	2.64	2.63	1.78	1.77
1.05	9.60	9.00	2.35	2.34	1.69	1.68
1.07	9.40	8.20	2.25	2.24	1.62	1.61

续表

容量换算系数 K_c \ 放电时间(min) / 电池终止电压（V）	30s	1	29	30	59	60
1.10	8.80	7.60	2.11	2.10	1.51	1.50
1.14	7.20	6.50	1.91	1.90	1.40	1.39
1.15	6.50	5.70	1.80	1.79	1.34	1.33
1.17	5.30	5.00	1.54	1.53	1.20	1.19
说　明	容量系列（Ah）：100，200，250，300，400。 容量换算系数　$K_c=\frac{I}{C_5}$（1/h）					

表 14-17　　1.2V GNFG-40 型镉镍碱性蓄电池冲击放电曲线

冲击电流倍数	0	1	2	3	4	5	6	7	8	9	10	11	12	13	14
持续放电电流	持续放电 1.0h 后，不同冲击倍数（K_p）条件下的单体电池放电末期电压（V）														
满容量	1.379	1.356	1.333	1.310	1.287	1.265	1.242	1.219	1.196	1.173	1.150	1.271	1.104	1.081	1.059
0.2 I_5	1.294	1.255	1.232	1.210	1.188	1.167	1.146	1.124	1.102	1.081	1.092	1.071	1.051	1.031	1.011
0.3 I_5	1.275	1.255	1.232	1.210	1.188	1.167	1.146	1.124	1.102	1.081	1.059	1.037	1.016	0.994	0.973
0.4 I_5	1.268	1.250	1.225	1.204	1.183	1.162	1.140	1.119	1.098	1.077	1.055	1.033	1.007	0.990	0.969
0.5 I_5	1.260	1.239	1.217	1.196	1.175	1.154	1.132	1.111	1.090	1.069	1.047	1.026	1.00	0.983	0.962
0.75 I_5	1.192	1.173	1.153	1.134	1.114	1.095	1.075	1.056	1.036	1.017	0.997	0.978	0.958	0.939	0.919
0.8 I_5	1.183	1.164	1.144	1.125	1.105	1.086	1.067	1.047	1.028	1.008	0.989	0.970	0.950	0.931	0.914
1.0 I_5	1.171	1.150	1.130	1.109	1.089	1.068	1.047	1.027	1.006	0.986	0.965	0.944	0.924	0.903	0.883
持续放电 2.0h 后，不同冲击倍数（K_p）条件下的单体电池放电末期电压（V）															
0.2 I_5	1.271	1.250	1.229	1.208	1.187	1.166	1.145	1.124	1.103	1.082	1.061	1.040	1.019	0.998	0.977
0.3 I_5	1.245	1.224	1.203	1.183	1.163	1.143	1.122	1.102	1.082	1.061	1.041	1.021	1.00	0.980	0.960
0.4 I_5	1.21	1.191	1.172	1.153	1.134	1.115	1.096	1.077	1.058	1.039	1.020	1.001	0.982	0.963	0.944
0.5 I_5	1.19	1.171	1.152	1.133	1.114	1.095	1.076	1.057	1.038	1.019	1.00	0.981	0.962	0.943	0.924

表 14-18　　1.2V 高倍率 20Ah 及以下镉镍碱性蓄电池容量换算系数表

容量换算系数 K_c \ 放电时间(min) / 电池终止电压（V）	30s	1	29	30	59	60
1.00	10.5	9.60	2.64	2.63	1.78	1.77
1.05	9.60	9.00	2.35	2.34	1.69	1.68

续表

放电时间(min) 容量换算系数 K_c 电池终止电压（V）	30s	1	29	30	59	60
1.07	9.40	8.20	2.25	2.24	1.62	1.61
1.10	8.80	7.60	2.11	2.10	1.51	1.50
1.14	7.20	6.50	1.91	1.90	1.40	1.39
1.15	6.50	5.70	1.80	1.79	1.34	1.33
1.17	5.30	5.00	1.54	1.53	1.20	1.19
说　明	容量系列（Ah）：100，200，250，300。 容量换算系数　$K_c=\frac{I}{C_5}$（1/h）					

表 14-19　　1.2V GNFG-20 型镉镍碱性蓄电池冲击放电曲线

冲击电流倍数	0	1	2	3	4	5	6	7	8	9	10	11	12	13	14
持续放电电流	持续放电 1.0h 后，不同冲击倍数（K_p）条件下的单体电池放电末期电压（V）														
满容量	1.350	1.334	1.317	1.301	1.284	1.268	1.251	1.235	1.218	1.202	1.185	1.169	1.152	1.136	1.119
0.2 I_5	1.288	1.269	1.250	1.232	1.213	1.194	1.175	1.156	1.138	1.119	1.100	1.081	1.062	1.044	1.025
0.3 I_5	1.275	1.257	1.238	1.220	1.201	1.183	1.165	1.146	1.128	1.109	1.091	1.072	1.054	1.036	1.017
0.4 I_5	1.270	1.251	1.231	1.212	1.192	1.173	1.154	1.134	1.115	1.095	1.076	1.057	1.037	1.018	1.00
0.5 I_5	1.267	1.247	1.226	1.206	1.185	1.165	1.144	1.124	1.103	1.083	1.062	1.042	1.021	1.000	0.980
0.75 I_5	1.208	1.191	1.174	1.158	1.141	1.124	1.107	1.090	1.074	1.057	1.040	1.023	1.006	0.990	0.973
0.8 I_5	1.183	1.167	1.152	1.136	1.120	1.105	1.089	1.073	1.057	1.042	1.026	1.010	0.995	0.979	0.963
1.0 I_5	1.108	1.095	1.082	1.069	1.056	1.043	1.030	1.017	1.003	0.990	0.977	0.964	0.951	0.938	0.925
持续放电 2.0h 后，不同冲击倍数（K_p）条件下的单体电池放电末期电压（V）															
0.2 I_5	1.271	1.257	1.243	1.228	1.214	1.200	1.186	1.172	1.157	1.143	1.129	1.108	1.093	1.079	1.064
0.3 I_5	1.256	1.241	1.226	1.210	1.195	1.180	1.165	1.150	1.134	1.119	1.104	1.089	1.074	1.058	1.043
0.4 I_5	1.210	1.195	1.181	1.166	1.152	1.137	1.122	1.108	1.093	1.079	1.064	1.049	1.035	1.020	1.006
0.5 I_5	1.201	1.187	1.172	1.158	1.144	1.129	1.114	1.100	1.086	1.072	1.057	1.043	1.029	1.014	1.000

14.10　国产镉镍碱性蓄电池的主要类型、指标和特性

14.10.1　袋式镉镍碱性蓄电池

袋式镉镍碱性蓄电池具有优良的电性能，寿命长，结构坚固，耐过充过放，自放电小、

可靠性高，维护方便，并采用不同结构来适应不同倍率的放电。广泛应用于电器、电信、照明、不停电装置的备用电源和直流操作电源，以及油机、直流电机的启动电源、交通运输工具的直流电源等，也可与太阳能装置配套使用。袋式结构可以制成低倍率、中倍率和高倍率电池。

袋式高倍率、中倍率和低倍率碱性蓄电池的技术指标见表 14-20 和表 14-21，充放电曲线如图 14-2～图 14-4 所示。

表 14-20　　　　高、中倍率镉镍碱性蓄电池技术指标

型　号	额定容量（Ah）	外形尺寸（mm）			质　量（kg）	电解液体积（L）
		长 L	宽 W	高 H		
GNG30-（10）	30	142	67	227	3.60	0.80
GNG40	40	139	79	291	5.10	1.30
GNG50	50	139	79	291	5.30	1.40
GNG60	60	139	79	361	6.50	1.70
GNG70	70	139	79	361	6.90	1.40
GNG80	80	165	105	345	9.80	2.30
GNG100	100	165	105	345	10.0	1.85
GNG120	120	167	162	343	13.5	3.50
GNG150	150	286	174	348	23.0	5.00
GNG200	200	286	174	348	24.5	6.00
GNG250	250	232	172	410	27.0	5.50
GNG300	300	291	174	505	33.0	7.50
GNG350	350	291	174	505	34.5	7.00
GNG400	400	291	174	505	36.0	6.50
GNG500	500	398	184	562	53.0	15.0
GNZ20	20	142	67	227	3.50	1.0
GNZ30	30	142	67	227	3.50	0.83
GNZ40	40	139	79	291	5.00	1.50
GNZ50	50	139	79	291	5.30	1.30
GNZ60	60	139	79	291	5.00	1.20
GNZ75	75	139	79	361	6.50	1.67
GNZ80	80	139	79	361	6.50	1.6
GNZ85	85	165	105	350	9.3	2.0
GNZ100	100	165	105	350	9.3	1.75
GZN120	120	167	162	343	13.0	4.166
GNZ120-(4)	120	90	89	362	7.3	1.9
GNZ150-(2)	150	167	162	343	13.5	3.08
GNZ200	200	286	174	348	24.5	5.83
GNZ200-(4)	200	286	174	348	25	6.0

续表

型　　号	额定容量(Ah)	外形尺寸(mm)			质　量(kg)	电解液体积(L)
		长 L	宽 W	高 H		
GNZ250	250	286	174	348	26.0	5.83
GNZ265	265	277	139	450	26.0	6.00
GNZ300-(2)	300	176	161	540	23.0	4.17
GNZ400	400	291	174	501	41.0	8.00
GNZ500	500	291	174	501	41.0	7.5
GNZ600	600	398	184	566	57.5	16
GNZ700	700	398	184	566	61.5	15.5
GNZ800	800	398	184	566	66	15

表 14-21　　低倍率镉镍碱性蓄电池技术指标

型　　号	额定容量(Ah)	外形尺寸(mm)			质　量(kg)	电解液体积(L)
		长 L	宽 W	高 H		
GN10-(2)	10	85	39	126	0.66	0.12
GN20	20	145	54	246	1.8	0.72
GN22	22	128	34	216	1.78	0.40
GN40	40	145	54	246	2.70	0.60
GN45	45	128	55	216	2.78	0.50
GN50	50	142	67	229	3.20	0.70
GN60	60	155	47	349	4.70	0.75
GN60-(2)	60	140	52	368	3.90	1.00
GN60-(3)	60	134	69	290	4.0	1.00
GN100	100	155	71	349	6.63	1.20
GN100-(2)	100	139	79	361	6.50	1.7
GN120-(4)	120	140	90	361	7.3	1.90
GN125	125	131	71	349	6.80	1.20
GN250-(4)	250	232	115	338	15.0	3.00
2GN10-(2)	10	85	78	126	1.34	0.24
2GN10-(2)A	10	170	38	126	1.34	0.24
4GN10-(2)	10	160	91	135	3.12	0.48
5GN10-(2)	10	197	91	135	3.81	0.60
6GN10-(2)	10	235	91	135	4.52	0.72
GN265	265	277	139	450	20.0	6.50
GN300	300	171	136	451	24.0	4.00
GN300-(2)	300	176	161	557	22.8	4.00

续表

型　号	额定容量(Ah)	外形尺寸(mm)			质　量(kg)	电解液体积(L)
		长 L	宽 W	高 H		
GN300-(3)	300	277	139	450	21.5	6.5
GN330	330	277	139	450	21.6	6.00
GN335	335	190	120	405	21.0	6.00
GN350	350	171	159	531	27.6	5.00
GN350-(2)	350	176	161	557	23.0	4.00
GN400	400	171	159	531	28.0	5.00
GN400-(2)	400	176	161	557	25.0	4.20
GN500	500	171	159	561	30.6	6.00
GN500-(3)	500	290	174	505	39.0	5.00
GN600-(2)	600	290	174	505	50.0	6.00
GN800-(2)	800	399	184	562	63.0	18.0
GN1000-(2)	1000	398	184	572	73.0	18.3
ZGN22	22	164	137	257	4.20	0.54
10GN22	22	468	164	257	20.9	2.70
10GN22A	22	524	152	259	21.4	2.70
17GN22	22	478	301	257	35.7	3.89
20GN22	22	521	301	257	40.5	5.4
3GN45	22	241	164	257	11.73	1.35
3GN45A	45	297	152	259	12.24	1.35
4GN45	45	308	155	253	14.3	1.8
4GN45A	45	364	152	259	14.8	1.8
5GN45	45	375	155	253	17.34	2.25
6GN45A	45	498	152	259	21.0	2.7
7GN45	45	511	164	257	23.9	3.15
7GN45A	45	567	152	259	24.5	3.15
10GN45	45	710	168	257	34.2	4.5
10GN45A	45	766	156	256	34.7	4.5
14GN45	45	553	295	257	38.5	6.30
5GN50A	50	375	153	259	18.1	3.50
5GN50B	50	375	153	259	18.1	3.50
4GN60	60	261	188	393	24.0	3.20
4GN60A	60	327	176	395	24.5	3.20
5GN60	60	318	188	393	29.6	3.75

续表

型　号	额定容量 (Ah)	外形尺寸(mm)			质　量 (kg)	电解液体积 (L)
		长 L	宽 W	高 H		
5GN60A	60	384	176	395	30.5	3.75
10GN60	60	603	188	393	57.6	8.00
10GN60A	60	669	176	395	57.6	8.00
4GN100	100	377	195	393	33.7	4.80
4GN100A	100	443	183	395	34.0	4.80
5GN100	100	452	195	393	39.3	6.00
5GN100-(2)	100	391	152	392	35.0	8.5
5GN100-(2)A	100	434	152	392	36.5	8.5
5GN100A	100	528	183	395	39.8	6.0
10GN100	100	887	195	393	76.5	12.0
10GN100A	100	953	183	395	77.0	12.0
3GN200	200	563	209	362	63.0	10.5

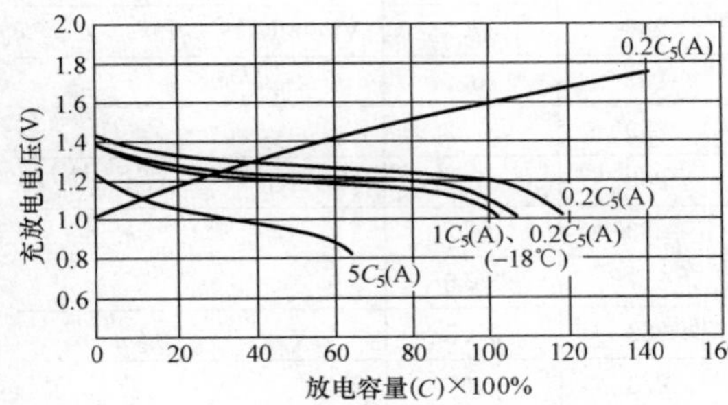

图 14-2　高倍率镉镍碱性蓄电池充放电曲线

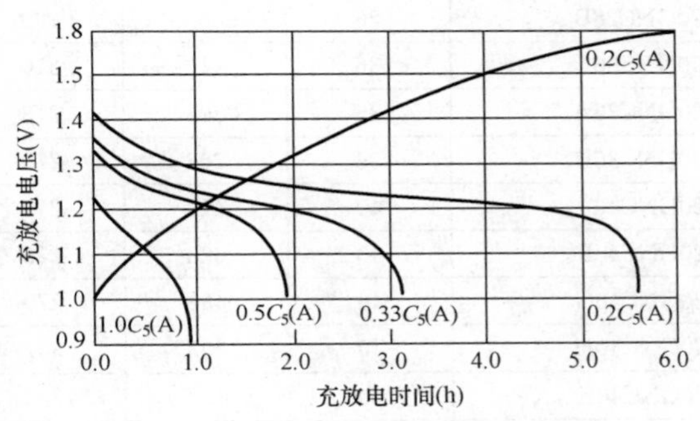

图 14-3　中倍率镉镍碱性蓄电池充放电曲线

14.10.2　烧结式镉镍碱性蓄电池

(1) 特性与用途。烧结式镉镍碱性蓄电池具有结构坚固、内阻小、使用寿命长、耐过充过放、自放电小、使用温度范围宽(－20～＋40℃)、可靠性高等特点，适于高倍率(大功率)放电使用，广泛应用于军事、航空、铁路、自动物流(AGV)、电力、船舶、内燃机启动、升弓等领域。

(2) 烧结式镉镍碱性蓄电池的技术指标见表 14-22～表 14-25，如图 14-5～图 14-10 所示。

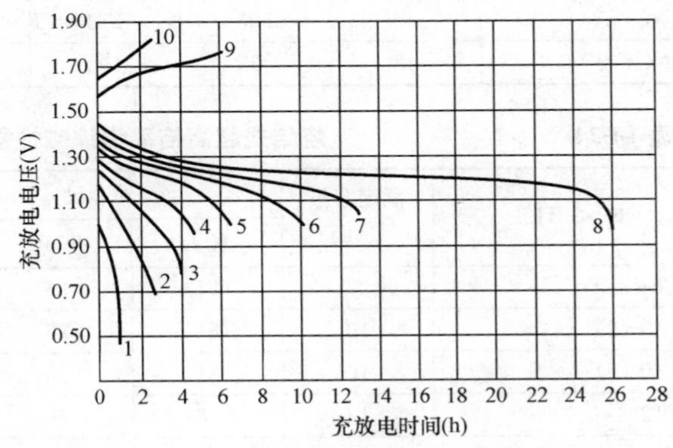

图 14-4　低倍率镉镍碱性蓄电池充放电曲线

1—1h 放电曲线；2—2h 放电曲线；3—3h 放电曲线；4—4h 放电曲线；5—5h 放电曲线；6—8h 放电曲线；7—10h 放电曲线；8—20h 放电曲线；9—标准充电曲线；10—快速充电曲线

表 14-22　　烧结式镉镍碱性蓄电池技术指标

型　　号	额定容量(Ah)	外形尺寸(mm)			质　量(g)
		长 L	宽 W	高 H	
GNFC10	10	82	33.5	234	900
GNFC20-(4)	20	81	42	257	1300
GNFC40	40	81	42	257	1700
GNFC40-(2)	40	81	50	255	2000

表 14-23　　烧结式航空镉镍碱性蓄电池技术指标

型　　号	额定容量(Ah)	外形尺寸(mm)			质　量(kg)	国外电池型号
		长 L	宽 W	高 H		
20GNC5.5	5.5	286	167	123	8.0	VP65K
20GNC15	15	292	168	207	17.8	VP160KH
20GNC16	16	370	118.6	202.5	17.5	VP160KM
20GNC18	18	305	260	178	19.0	
20GNC25	25	370	176	229	26.3	HKBH-25-Y3
20GNC27	27	410	210	220	29.5	VHP270KH-3
20GNC28	28	480	194	269	30.5	
20GNC28B	26	356.5	199	226	28	
20GNC36	36	413	210	268	37.2	VP400KH
20GNC36A	36	303	273	263	36.5	
20GNC36B	36	306	276	259	37.2	
20GNC40	40	413	210	268	37.2	V040KH
20GNC40F	40	303	273	263	37.2	
20GNC40G	40	482	270	317	39.5	
20GNC40H	40	303	307	263	37.5	
20GNC40K	40	413	228	273	40	
20GNC40-(6)	40	496	176	229	38	HKBH-40-Y3
20GNC43	43	413	210	268	37.2	VHP430KH-3
20GNC43A	43	303	273	263	37.2	
20GNC43B	43	435	190	268	38	

表 14-24　　烧结式超高倍率镉镍碱性蓄电池技术指标

型　　号	额定容量(Ah)	外形尺寸(mm)			质　量(g)	电解液体积(mL)
		长 L	宽 W	高 H		
GNC5-(3)	5	81	26	163	505	30
GNC10-(2)	10	81	26	163	580	60
GNC10-(5)	10	81	26	163	600	60
GNC12	12	78	75	276	2250	100
GNC20-(4)	20	81	33.5	245	1220	120
GNC20-(6)	20	81	33.5	245	1220	120
GNC20-(10)	20	81	43	266	1760	70
GNC30	30	81	43	266	1680	165

续表

型　号	额定容量 (Ah)	外形尺寸(mm)			质　量 (g)	电解液体积 (mL)
		长 *L*	宽 *W*	高 *H*		
GNC40-(5)	40	81	43	266	1850	200
GNC40-(7)	40	138	43	266	3300	500
GNC40-(9)	40	100	85	138	1600	200
GNC40-(10)	40	81	43	266	1760	180
GNC40n	40	95	87	135	1900	230
GNC50	50	138	61	266	3500	350
GNC60	60	138	61	266	3800	550
GNC70	70	138	61	266	4000	330
GNC80	80	138	61	266	4100	400
GNC90	90	138	61	266	4310	310
GNC100	100	138	61	266	4300	200
GNC100n	100	138	61	259	4220	200
GNC100-(12)	100	139	79	291	5500	900
GNC110	110	138	61	266	4500	305
GNC110-(2)	110	139	79	291	5500	870
GNC120	120	138	61	266	4600	200
GNC120-(5)	120	139	79	291	5500	850
GNC130-(2)	130	139	79	291	5600	950
GNC140	140	165	105	350	9800	1500
GNC140-(2)	140	139	79	361	9000	1800
GNC150	150	165	105	350	1000	1720
GNC150-(2)	150	139	79	361	9300	1850
GNC160	160	165	105	350	1000	1700
GNC170	170	165	105	350	10 000	1500
GNC170-(2)	170	139	79	361	10 000	1950
GNC170-(5)	170	139	79	361	7600	1950
GNC190	190	165	105	350	10 400	1650
GNC200n	200	70	137	440	9000	1000
GNC210	210	165	105	350	11 000	2000

表 14-25　　新结构烧结式超高倍率镉镍碱性蓄电池技术指标

型　号	额定容量 (Ah)	外形尺寸(mm)			质　量 (kg)	电解液体积 (mL)
		长 *L*	宽 *W*	高 *H*		
GNC65	65	78	75	276	2250	500
GNC60-(12)	60	138	61	266	4500	800
GNC80-(2)	80	77	68	230	2800	400
GNC90	90	84	74	240	2760	500
GNC100-(12)	100	138	61	266	5500	1000
GNC120-(12)	120	139	79	291	5500	900
GNC140-(12)	140	165	105	350	8700	1700
GNC170-(12)A	170	139	79	361	6800	1500
GNC170-(12)B	170	165	105	350	8200	1700

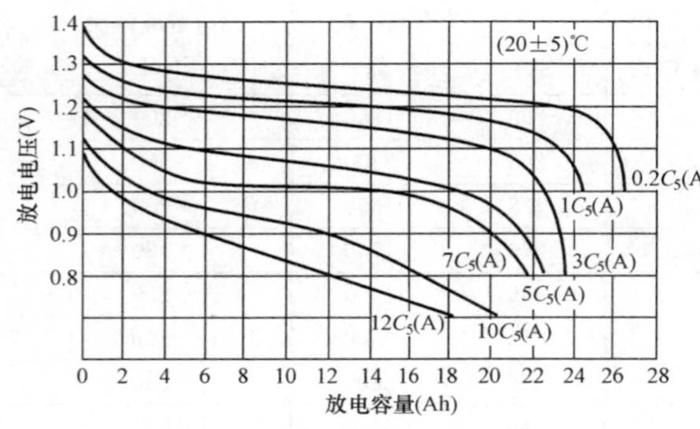

图 14-5　GNFC20-(4)型不同倍率蓄电池放电曲线

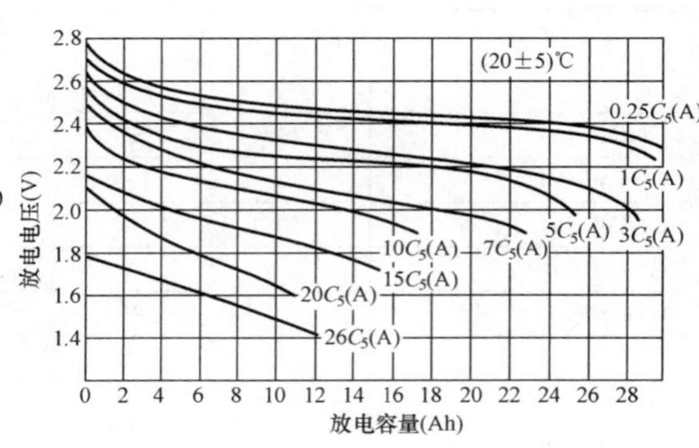

图 14-6　20GNC25 型不同倍率蓄电池放电曲线

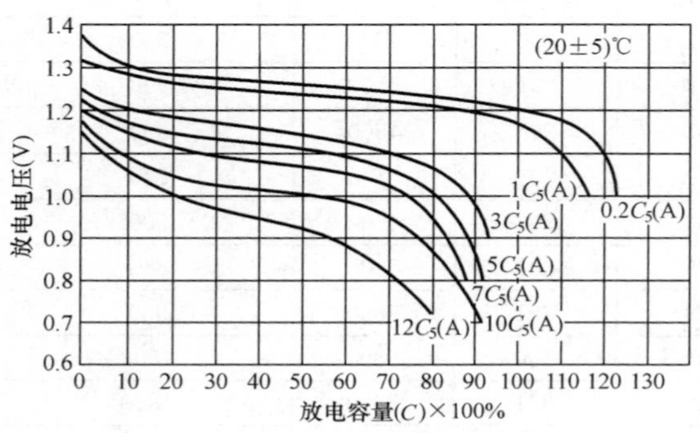

图 14-7　蓄电池各种倍率放电曲线

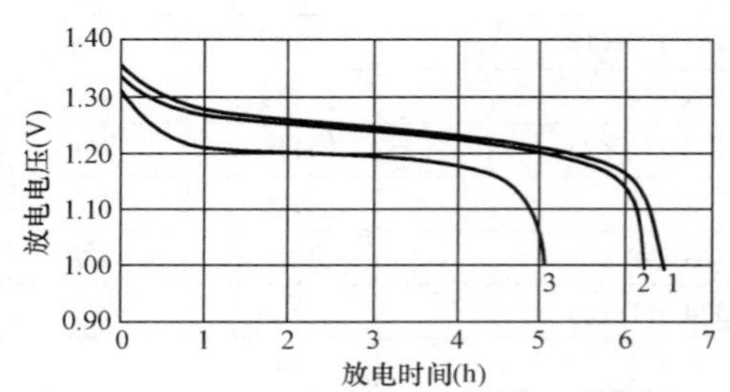

图 14-8　蓄电池不同温度下 0.2C_5(A)放电曲线

1—25℃曲线；2—45℃曲线；3—－18℃曲线

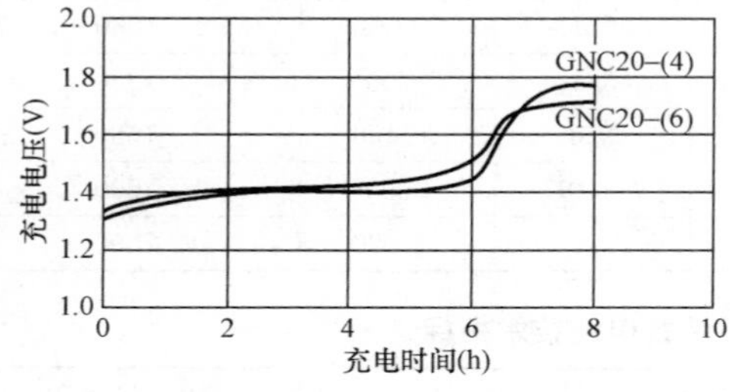

图 14-9　蓄电池 0.2C_5(A)恒流充电曲线

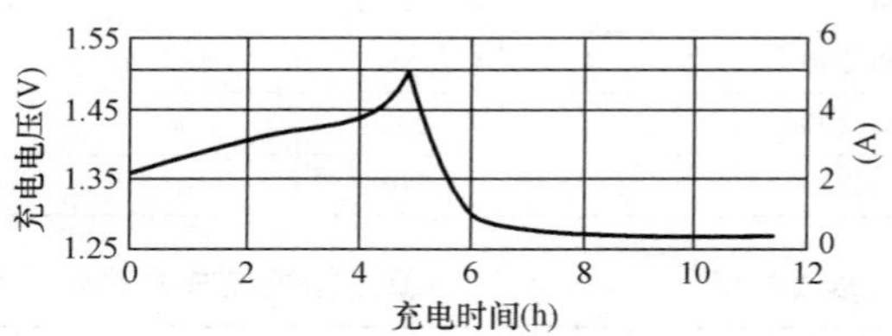

图 14-10　蓄电池恒压充电曲线

14.10.3　其他类碱性蓄电池

(1)铁镍碱性蓄电池的特性与用途。铁镍碱性蓄电池是以氧化镍为正极，铁为负极，以氢氧化钠或氢氧化钾溶液为电解液的碱性蓄电池。与酸性电池相比，具有结构坚固、维护简便、腐蚀性小、体积小、质量轻、容量大、自放电损失小、放电电压平稳等优点。铁镍碱性蓄电池价格便宜且使用寿命长，可充放电循环 2000 次以上，被广泛用于设备启动、照明、电动机牵引等直流电源。铁镍碱性蓄电池的技术指标见表 14-26，充放电曲线如图 14-11 所示。

表 14-26 铁镍碱性蓄电池技术指标

型号	额定电压(V)	额定容量(Ah)	最大外形尺寸			最大质量(带电液)(g)	电解液量(L)
			长 L	宽 W	高 H		
TN250	1.2	250	170.5	136.5	368	20.4	3.00
TN300	1.2	300	170.5	136.5	451	21.9	4.00
TN350	1.2	350	170.5	158.0	531	28.6	5.00
TN400	1.2	400	170.5	158.0	561	27.4	5.50
TN500	1.2	500	170.5	158.0	561	32.7	6.00

注 其他型号可以按"袋式镉镍低倍率蓄电池"设计与生产，部分电池为铁壳电池，使用时需带绝缘套。

(2)铁路专用少维护镉镍碱性蓄电池。铁路专用少维护镉镍碱性蓄电池采用特殊工艺防止电解液吸收二氧化碳及电解液中水的自然挥发，保证了蓄电池在一定周期内不需要更换电解液。具有寿命长、结构坚固、自放电小、耐过充过放电、使用温度范围广、可靠性高等优点。蓄电池在不同电压下浮充使用时，1～4 年不需维护(视浮充电压而定)。铁路专用少维护镉镍碱性蓄电池的技术指标和补水维护周期见表 14-27 和表 14-28。

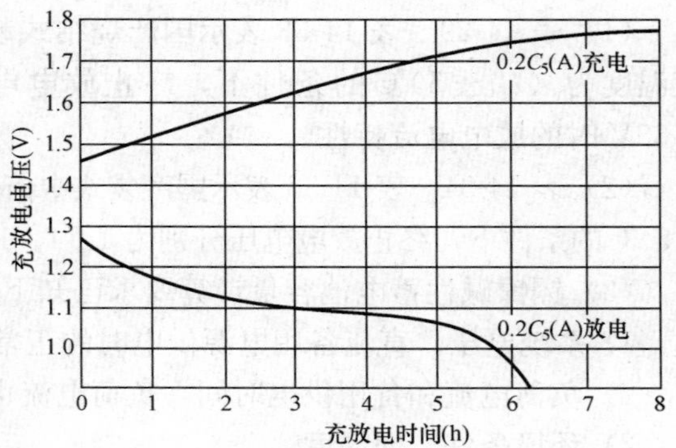

图 14-11 铁镍碱性蓄电池充放电曲线

表 14-27 铁路专用少维护镉镍碱性蓄电池技术指标

型号	最大外形尺寸			极柱螺纹(mm)	最大质量(带电液)(g)	电解液量(L)
	长 L	宽 W	高 H			
GN40-(4)	144	53	246	M10×1	3000	0.8
GN100-(2)	139	79	361	M16	6500	1.7
GN100-(4)	140	79	378	M16	7000	1.9
GN300-(4)	277	139	450	M16	22 000	7.0
GNZ100-(3)	139	79	361	M16	7000	1.7
GNC60-(12)	138	61	266	M16	3600	0.59
GNC100-(12)	138	61	266	M16	4000	1.0
GNC120-(12)	139	79	291	M16	5500	0.9
GNC140	160	105	350	M12×1.5	9800	1.5
GNC140-(12)	165	105	350	M20	8700	1.7
GNC170	165	105	350	M20×1.5	10 000	1.5
GNC170-(5)	139	79	361	M16×1.5	7500	1.2
GNC170-(12)A	139	79	361	M16	6800	2
GNC170-(12)B	165	105	350	M20	8200	1.7
GNC210-(12)	165	105	350	M20×1.5	11 000	2.0
10GN40	240	200	287	M8	28 000	7.0

表 14-28　　专用少维护镉镍碱性蓄电池补水维护周期

型　号	不同浮充电电压(V)下的维护(补水)周期(a)			型　号	不同浮充电电压(V)下的维护(补水)周期(a)		
	1.42	1.45	1.47		1.42	1.45	1.47
GN40-(4)	4.0	2.0	1.5	GNZ100-(3)	3.0	1.5	1.0
GN100-(3)	3.0	1.5	1.0	GNZ120-(4)	3.0	1.5	1.0
GN100-(4)	4.0	2.0	1.5	GN300-(4)	4.0	2.0	1.5

注　在环境温度（20±5)℃，大气压 86～108kPa 条件下，蓄电池在 1.42～1.47V/只的浮充电压下浮充电使用。

14.10.4　国产镉镍碱性蓄电池放电计算曲线

(1) 表 14-29～表 14-33 表示国产烧结式超高倍率、袋式高倍率镉镍碱性蓄电池，电解液温度为（20±5)℃的条件下，终止放电电压分别为 1.14、1.10、1.05、1.00、0.85、0.65V 时的放电电流特性。

(2) 表 14-34～表 14-38 表示国产袋式中倍率、低倍率镉镍碱性蓄电池，电解液温度为(20±5)℃的条件下，终止放电电压分别为 1.14、1.10、1.05V 时的放电电流特性。

(3) 镉镍碱性蓄电池容量计算要求已知下列基本技术条件：

1）系统电压，直流备用电源供电时的正常电压、充电最高电压和放电末期的最低电压。

2）负荷电流和备用供电时间，负荷电流也可用交流负荷视在功率和功率因数表示。

3）环境条件，即温度。

4）蓄电池主要计算参数、放电特性等。

计算要点：首先根据负荷情况确定蓄电池的类型；然后根据负荷要求选择直流标称电压；再根据充电最高电压和推荐的浮充电压确定蓄电池个数；之后根据负荷要求和电池个数确定终止放电电压和最大放电电流；最后由蓄电池计算参数、放电特性确定蓄电池容量。

示例：某 220V、50kVA、$\cos\varphi=0.8$ 逆变装置，备用供电时间：30min，正常条件［温度为（20±5)℃］下，装置允许最高充电电压为 260V，最低电压为 198V，逆变效率为 85%。则蓄电池运行参数计算如下：

1）型式选择，根据供电时间可选中倍率，也可选高倍率。本例选 GNZ 系列蓄电池。

2）浮充电压，$U_f=1.44$V/只。

3）电池个数，$n=260/1.44=180.6$，取 180 只。

4）放电终止电压，$U_s=198/180=1.10$V/只。

5）负荷电流计算：

最大有功功率　(50×0.8)/0.85=47.1(kW)；

最大直流电流　47 100/（1.1×180)=237.9(A)。

6）选择蓄电池容量，查表 14-35，选 GNZ300 型。根据放电特性参数表，放电终止电压为 1.1V，放电时间 30min 条件下，放电电流为 253A，满足 237.9A 的要求。

上述为制造厂的推荐计算，当缺乏厂家资料时，也可根据典型的特性参数估算。上例中，中倍率镉镍碱性蓄电池，放电终止电压 1.10V/只，放电电流 237.9A，放电持续时间 30min。查表 14-13，容量换算系数为 1.21，所需容量为 $C_5=1.4\times237.9/1.21=275.3$(Ah)，选 GNZ300 型。该选择容量与前述计算结果相同。

表 14-29　超高倍率、高倍率镉镍碱性蓄电池在电解液温度（20±5）℃的条件下，终止放电电压为 1.14V 时的放电电流特性

电池型号	额定容量(Ah)	放电时间																
		h							min							s		
		10	8	5	3	2	1.5	1	45	30	20	15	10	5	1	30	5	1
GNC10	10			2.0			6.5	9.3		15.8	22.5	25.0	28.0	37.5	49.5	55.3	70.5	74.3
GNC20	20			4.0			13.0	18.5		30.5	43.2	48.0	53.7	72.0	95.0	106	135	142
GNC30	30			6.0			19.5	27.7		47.2	67.5	75.0	84.0	112	148	165	211	222
GNC40	40			8.0			26.0	37.0		60.9	86.4	96.0	107	144	190	212	270	285
GNC50	50			10.0			32.5	46.2		78.7	112	125	140	187	247	276	352	371
GNC60	60			12.0			39.0	55.5		94.5	135	150	168	225	297	331	423	445
GNC70	70			14.0			45.5	64.7		110	157	175	196	262	346	386	493	519
GNC80	80			16.0			52.0	74.0		126	180	200	224	300	396	442	564	594
GNC90	90			18.0			58.5	83.2		141	202	225	252	337	445	497	634	668
GNC100	100			20.0			65.0	93.0		157	225	250	280	375	495	552	705	742
GNC120	120			24.0			78.0	111		189	270	300	336	450	594	663	846	891
GNC140	140			28.0			91.0	130		220	315	350	392	525	693	773	987	1039
GNC170	170			34.0			111	157		267	382	425	476	637	841	939	1198	1262
GNC190	190			38.0			123	175		299	427	475	532	712	940	1049	1339	1410
GNC210	210			42.0			137	194		330	472	525	588	780	984	1100	1480	1550
GNG30	30	2.99	3.73	5.97	9.38	13.0	15.4	22.4	27.3	32.2	37.9	43.3	58.3	68.0	103	115	147	154
GNG50	50	4.98	6.23	9.95	15.6	21.7	25.7	37.4	45.5	53.8	63.1	72.1	97.2	113	172	191	246	257
GNG70	70	6.97	8.72	13.9	21.8	30.4	36.0	52.4	63.7	75.3	88.4	101	136	158	241	268	345	360
GNG100	100	9.97	12.4	19.9	31.2	43.5	51.4	74.8	91.0	107	126	144	194	226	345	383	493	514
GNG120	120	11.9	14.9	23.8	37.5	52.2	61.7	89.8	109	129	151	173	233	272	414	460	591	617
GNG150	150	14.9	18.6	29.8	46.9	65.3	77.2	112	136	161	189	216	291	340	518	575	739	772
GNG200	200	19.9	24.9	39.8	62.5	87.1	102	149	182	215	252	288	388	453	691	766	986	1029
GNG300	300	29.9	37.3	59.7	93.8	130	154	224	273	322	379	433	583	680	703	1150	1479	1544
GNG350	350	34.8	43.6	69.6	109	152	180	262	318	376	442	505	680	793	1209	1341	1726	1801
GNG400	400	39.8	49.8	79.6	125	174	205	299	364	430	505	577	777	907	1382	1533	1972	2059
GNG500	500	49.8	62.3	99.5	156	217	257	374	455	538	631	721	972	1134	1728	1917	2466	2574

表 14-30　超高倍率、高倍率镉镍碱性蓄电池在电解液温度（20±5）℃的条件下，终止放电电压为 1.10V 时的放电电流特性

电池型号	额定容量 (Ah)	放电时间															
		h							min						s		
		10	8	5	3	2	1.5	1	45	30	20	15	10	5	1	30	5	1
GNC5	5			1.1			3.3	4.8		8.2	11.4	13.2	18.7	21.2	29.3	33.8	35.1	43.9
GNC10	10			2.1			6.6	9.5		17.3	23.7	27.5	39.0	44.3	61.3	70.5	73.3	91.7
GNC20	20			4.1			13.3	19.0		33.1	45.6	52.8	74.8	84.9	117	135	140	176
GNC30	30			6.2			19.8	28.5		51.7	71.2	82.5	117	132	183	211	219	275
GNC40	40			8.3			26.5	38.0		66.2	91.2	105	149	169	235	270	281	352
GNC50	50			10.3			33.1	47.5		86.2	118	137	195	221	306	352	366	458
GNC60	60			12.4			39.8	57.0		104	142	165	234	265	367	423	439	550
GNC70	70			14.4			46.3	66.5		120	166	192	273	309	428	493	518	642
GNC80	80			16.5			53.0	76.0		138	190	220	312	354	490	564	586	734
GNC90	90			18.6			59.5	85.5		155	213	247	351	398	551	634	669	825
GNC100	100			21.0			66.0	95.0		173	237	275	390	442	612	705	732	917
GNC120	120			24.8			80.0	114		207	285	330	468	531	735	846	879	1101
GNC140	140			28.9			93.0	133		242	332	385	546	619	857	987	1025	1284
GNC170	170			35.1			113	162		293	403	467	663	752	1041	1198	1245	1559
GNC190	190			39.9			125	180		327	451	522	741	840	1163	1339	1406	1743
GNC210	210			43.3			139	200		362	498	577	819	929	1250	1406	1538	1831
GNG30	30	3.03	3.79	6.06	9.57	13.7	17.4	243	29.3	35.3	44.3	51.8	69.1	85.3	115	140	168	185
GNG50	50	5.06	6.32	10.1	15.9	22.8	29.1	40.5	48.9	59.0	73.7	86.4	115	142	192	234	280	309
GNG70	70	7.08	8.84	14.1	22.3	32.0	40.8	56.7	68.5	82.1	101.2	120	161	199	269	327	393	433
GNG100	100	10.1	12.6	20.2	31.9	45.7	58.3	81.0	97.9	119	149	172	230	284	385	468	561	619
GNG120	120	12.1	15.1	24.2	38.3	54.8	69.9	97.0	117	142	178	207	276	341	462	561	673	743
GNG150	150	15.2	18.9	30.3	47.8	68.5	87.4	121	146	177	223	259	345	426	577	702	842	928
GNG200	200	20.2	25.2	40.4	63.8	91.4	116	162	195	236	296	345	460	568	770	936	1123	1238
GNG300	300	30.3	37.9	60.6	95.7	137	174	243	293	355	443	518	691	853	1155	1404	1684	1857
GNG350	350	35.4	44.2	70.8	111	160	204	283	342	413	517	604	806	995	1348	1638	1965	2167
GNG400	400	40.4	50.5	80.9	127	182	233	324	391	473	590	691	921	1137	1540	1872	2246	2476
GNG500	500	50.6	63.2	101	159	228	291	405	489	589	737	864	1152	1422	1926	2340	2808	3096

表 14-31　超高倍率、高倍率镉镍碱性蓄电池在电解液温度 (20±5)℃的条件下，终止放电电压为 1.05V 时的放电电流特性

电池型号	额定容量 (Ah)	放电时间																
		h							min							s		
		10	8	5	3	2	1.5	1	45	30	20	15	10	5	1	30	5	1
GNC5	5			1.1			3.4	4.9		8.54	12.8	14.7	21.5	25.9	33.9	38.1	40.7	52.2
GNC10	10			2.1			6.8	9.8		17.8	26.7	30.8	44.8	54.0	70.7	79.5	84.7	108
GNC20	20			4.3			13.5	19.5		35.3	51.3	59.0	85.9	103	135	152	162	208
GNC30	30			6.51			20.2	29.2		53.2	80.2	92.2	134	162	212	238	254	326
GNC40	40			8.7			27.0	39.0		70.8	102	118	171	207	271	305	325	417
GNC50	50			10.8			33.7	48.7		88.7	133	150	223	270	353	397	423	543
GNC60	60			13.0			40.5	58.5		106	160	179	268	324	424	477	508	652
GNC70	70			15.1			47.2	68.2		124	187	215	313	378	495	556	593	761
GNC80	80			17.3			54.0	78.0		142	214	235	358	432	566	636	678	870
GNC90	90			19.5			60.7	87.7		159	240	276	402	486	636	715	762	978
GNC100	100			22.0			68.0	98.0		177	267	296	447	540	707	795	847	1087
GNC120	120			26.0			81.0	117		213	321	357	537	648	849	954	1017	1305
GNC140	140			30.3			95.0	137		248	374	430	626	756	990	1113	1186	1522
GNC170	170			36.5			115	166		301	454	522	760	918	1202	1351	1440	1848
GNC190	190			41.2			128	185		337	508	584	850	1026	1344	1510	1610	2066
GNC210	210			45.0			142	205		372	561	645	939	1134	1410	1586	1695	2169
GNG30	30	3.04	3.81	6.10	10.7	13.9	17.9	24.9	30.6	38.4	50.5	58.1	75.6	110	144	155	209	228
GNG50	50	5.07	6.35	10.1	17.9	23.2	29.8	41.5	51.1	64.0	84.2	96.8	126	183	241	259	349	381
GNG70	70	7.10	8.89	14.2	25.1	32.5	41.8	58.2	71.5	89.7	117	135	176	257	337	362	488	534
GNG100	100	10.1	12.7	20.3	35.9	46.4	59.7	83.1	102	128	168	193	252	367	482	518	698	763
GNG120	120	12.1	15.2	24.4	43.1	55.7	71.7	99.7	122	153	202	232	302	440	578	662	838	915
GNG150	150	15.2	19.0	30.5	53.8	69.6	89.6	124	153	192	252	290	378	550	723	777	1047	1144
GNG200	200	20.3	25.4	40.6	71.8	92.8	119	166	204	256	336	387	504	734	964	1036	1396	1526
GNG300	300	30.4	38.1	61.0	107	139	179	249	306	384	505	581	756	1101	1447	1555	2095	2289
GNG350	350	35.5	44.4	71.1	125	162	207	291	357	448	589	677	882	1285	1688	1814	2444	2671
GNG400	400	40.6	50.8	81.3	143	185	239	332	408	512	673	774	1008	1468	1929	2073	2793	3052
GNG500	500	50.7	63.5	101	179	232	293	415	511	640	842	968	1260	1836	2412	2592	3492	3816

表 14-32　超高倍率、高倍率镉镍碱性蓄电池在电解液温度 (20±5)℃的条件下，终止放电电压为 1.00V 时的放电电流特性

电池型号	额定容量 (Ah)	放电时间															
		h							min						s		
		10	8	5	3	2	1.5	1	45	30	20	15	10	5	1	30	5	1
GNC5	5			1.2			3.4	5.1		9.08	14.4	16.8	24.0	32.6	43.8	48.2	51.2	59.6
GNC10	10			2.2			6.9	10.3		19.0	30.0	34.0	50.0	68.0	91.2	100	106	124
GNC20	20			4.4			13.8	20.5		37.8	57.6	67.3	96.0	130	175	192	204	238
GNC30	30			6.60			20.6	30.7		56.8	90.0	105.3	150	204	273	301	320	372
GNC40	40			8.8			27.5	41.0		75.6	115	134	192	261	350	385	409	477
GNC50	50			11			34.3	51.2		94.8	150	174	250	340	456	502	533	621
GNC60	60			13.2			41.3	61.5		113	180	202	300	408	547	603	640	745
GNC70	70			15.4			48.0	71.7		127	210	229	350	476	638	703	747	869
GNC80	80			17.6			55.0	82.0		152	240	269	400	544	730	804	854	994
GNC90	90			19.8			61.8	92.2		170	270	300	450	612	821	904	960	1118
GNC100	100			22.1			69.0	103		189	300	335	500	680	912	1005	1067	1242
GNC120	120			26.2			82.0	123		228	360	402	600	816	1095	1206	1281	1491
GNC140	140			30.5			96.0	144		265	420	457	700	952	1277	1407	1494	1739
GNC170	170			36.7			116	174		322	510	552	850	1156	1551	1708	1814	2112
GNC190	190			41.8			130	194		360	570	617	950	1292	1733	1909	2028	2360
GNC210	210			45.2			144	215		398	630	682	1050	1356	1877	2110	2196	2557
GNG30	30	3.06	3.84	6.14	10.9	14.1	18.9	27.0	34.2	48.5	64.0	75.2	88.5	118	152	184	232	264
GNG50	50	5.11	6.41	10.2	18.2	23.5	32.0	44.9	57.0	80.9	108	124	147	198	253	307	387	441
GNG70	70	7.15	8.97	14.3	25.5	33.0	43.1	60.0	79.8	98.7	123	147	206	277	355	430	542	617
GNG100	100	10.2	12.8	20.4	36.4	49.2	62.5	91.1	114	163	215	246	295	396	507	615	774	882
GNG120	120	12.2	15.3	24.5	43.7	57.1	76.2	109	136	196	257	295	354	475	609	738	929	1007
GNG150	150	15.3	19.2	30.7	54.7	70.9	94.1	136	171	245	321	368	442	594	761	923	1161	1323
GNG200	200	20.4	25.6	40.9	72.9	94.3	125	181	228	325	427	490	590	792	1015	1231	1548	1764
GNG300	300	30.6	38.4	61.4	109	143	187	270	342	487	639	734	885	1188	1522	1846	2323	2646
GNG350	350	35.7	44.8	71.6	127	165	218	315	399	569	746	856	1033	1386	1776	2154	2710	3087
GNG400	400	40.8	51.2	81.9	145	190	249	359	456	648	855	978	1180	1584	2030	2462	3097	3528
GNG500	500	51.1	64.1	102	182	237	311	448	570	808	1066	1213	1476	1980	2538	3078	3871	4410

表 14-33　超高倍率、高倍率镉镍碱性蓄电池在电解液温度（20±5)℃的条件下，终止放电电压为 0.85V 和 0.65V 时的放电电流特性

电池型号	额定容量 (Ah)	放电时间						电池型号	额定容量 (Ah)	放电时间					
		min			s					min			s		
		10	5	1	10	5	1			10	5	1	10	5	1
		终止电压 0.85V								终止电压 0.65V					
GNC5	5	24.4	35.1	58.3	66.3	72.8	81.8	GNC5	5	26.0	42.3	85.2	96.7	103	115
GNC10	10	51.0	73.2	120	138	151	170	GNC10	10	54.7	88.2	176	201	215	241
GNC20	20	97.9	140	244	265	297	327	GNC20	20	105	169	373	405	428	463
GNC30	30	153	219	365	414	455	511	GNC30	30	164	264	559	606	645	690
GNC40	40	195	281	486	530	592	654	GNC40	40	210	338	744	810	859	927
GNC50	50	255	366	607	691	758	852	GNC50	50	273	441	929	1110	1077	1150
GNC60	60	306	439	728	829	910	1023	GNC60	60	328	529	1113	1215	1292	1380
GNC70	70	357	512	849	967	1062	1193	GNC70	70	383	617	1243	1411	1507	1610
GNC80	80	408	585	970	1105	1214	1364	GNC80	80	438	706	1486	1625	1723	1840
GNC90	90	459	658	1092	1243	1365	1534	GNC90	90	492	794	1598	1814	1938	2070
GNC100	100	510	732	1215	1382	1517	1705	GNC100	100	547	882	1858	2018	2154	2300
GNC120	120	612	878	1455	1658	1821	2046	GNC120	120	657	1059	2228	2421	2585	2760
GNC140	140	714	1024	1700	1934	2124	2387	GNC140	140	766	1235	2486	2823	3016	3413
GNC170	170	867	1244	2064	2349	2579	2898	GNC170	170	930	1500	3019	3427	3662	4145
GNC190	190	920	1293	2146	2442	2681	3012	GNC190	190	988	1592	3205	3638	3889	4400
GNC210	210	963	1383	2295	2611	2868	3222	GNC210	210	1034	1667	3356	3810	4071	4607

表 14-34　　中倍率、低倍率镉镍碱性蓄电池在电解液温度（20±5)℃的条件下，终止放电电压为 1.14V 时的放电电流特性

电池型号	额定容量 (Ah)	放电时间															
		h							min						s		
		10	8	5	3	2	1.5	1	45	30	20	15	10	5	1	30	5	1
GNZ50	50	5.04	6.30	10.1	15.9	20.8	24.7	28.5	30.0	33.5	39.5	43.7	48.3	56.4	79.7	89.5	105	117
GNZ60	60	6.04	7.56	12.1	19.1	24.9	29.6	34.2	36.0	40.2	47.5	52.3	57.9	67.6	95.4	109	127	143
GNZ75	75	7.56	9.45	15.2	23.9	31.2	37.1	42.8	45.0	48.8	58.9	64.1	72.4	84.6	117	133	155	169
GNZ85	85	8.56	10.7	17.1	27.0	35.3	42.0	48.4	51.0	55.3	66.8	72.6	82.1	95.8	134	151	177	190
GNZ100	100	10.1	12.6	20.2	31.8	41.6	49.4	57.0	60.0	66.9	78.9	87.2	96.6	112	160	181	210	235
GNZ120	120	12.1	15.1	24.3	38.3	49.9	59.3	68.4	72.0	80.2	94.6	105	115	135	192	215	251	279
GNZ150	150	15.1	18.9	30.3	47.8	62.5	74.2	85.5	90.0	101	119	132	144	169	240	269	315	352
GNZ200	200	20.2	25.2	40.4	63.7	83.3	98.9	114	120	135	160	175	193	225	319	358	419	467
GNZ250	250	25.3	31.5	50.5	79.5	104	124	143	150	167	197	218	242	280	400	453	525	588
GNZ300	300	30.2	37.8	60.6	95.6	125	148	171	180	201	235	264	289	338	476	540	627	699
GNZ350	350	35.2	44.1	70.7	111	145	173	199	210	235	279	305	338	394	558	630	731	815
GNZ400	400	40.3	50.4	80.8	127	166	197	228	240	269	318	349	386	451	637	724	839	932
GNZ500	500	50.4	63.0	101	159	208	247	285	300	336	397	436	483	564	796	894	1041	1161
GNZ600	600	60.4	75.6	121	191	249	296	342	360	402	473	524	579	676	955	1072	1252	1402
GNZ700	700	70.5	88.2	141	223	291	346	399	420	469	552	611	676	789	1111	1253	1461	1631
GNZ800	800	80.6	100	161	254	333	395	456	480	535	631	697	772	902	1273	1433	1672	1862

续表

电池型号	额定容量（Ah）	放电时间																
		h							min							s		
		10	8	5	3	2	1.5	1	45	30	20	15	10	5	1	30	5	1
GN10	10	1.00	1.31	1.99	2.76	3.29	3.83	4.58	4.95	5.71	6.21	6.39	6.79	7.70	9.09	10.5	10.9	11.2
GN22	22	2.00	2.87	4.37	6.08	7.20	8.43	10.1	10.9	12.5	13.6	14.1	14.9	16.9	19.8	21.7	24.1	24.6
GN30	30	3.13	3.91	5.95	8.28	9.87	11.5	13.7	14.8	17.1	18.6	19.1	20.3	23.0	27.5	31.5	32.7	33.6
GN40	40	4.00	5.22	7.94	11.2	13.2	15.3	18.3	19.8	22.8	24.8	25.6	27.1	30.7	36.5	41.9	43.6	44.8
GN45	45	5.00	5.87	8.93	12.4	14.8	17.3	20.6	22.3	25.7	27.9	28.7	30.5	34.6	40.6	44.3	49.1	50.4
GN50	50	5.00	6.50	9.93	13.8	16.5	19.2	22.9	24.8	28.5	31.0	31.9	33.9	38.4	45.7	52.5	54.5	56.1
GN60	60	6.00	7.83	11.9	16.7	19.7	23.0	27.5	29.7	34.2	37.2	38.3	40.7	46.1	54.7	62.9	64.4	67.2
GN80	80	8.35	10.4	15.8	22.1	26.3	30.6	36.6	39.6	45.7	49.6	51.1	54.3	61.5	72.9	83.4	87.3	89.6
GN100	100	10.0	13.1	19.8	27.6	32.9	38.3	45.8	49.5	57.1	62.1	63.9	67.9	76.9	91.0	105	109	112
GN125	125	13.0	16.3	24.8	34.5	41.2	47.9	57.3	61.9	71.4	77.6	79.8	84.9	96.2	112	123	136	140
GN150	150	16.0	19.6	29.8	41.4	49.4	57.5	68.7	74.3	85.7	93.1	95.8	101	115	138	158	163	168
GN200	200	21.0	26.1	39.7	55.3	65.8	76.7	91.6	99.1	114	124	127	135	153	183	211	218	224
GN250	250	26.1	32.7	49.6	69.1	82.3	95.8	114	123	142	155	159	169	192	229	263	272	280
GN300	300	31.3	39.2	59.5	82.9	98.7	115	137	148	171	186	191	203	230	276	316	327	336
GN350	350	36.5	45.7	69.5	96.7	115	134	160	173	200	217	223	237	269	321	368	381	392
GN400	400	41.8	52.2	79.4	110	131	153	183	198	228	248	255	271	307	366	419	436	448
GN500	500	52.2	65.3	99.2	138	164	192	229	247	285	310	319	339	384	457	522	545	560
GN600	600	62.6	78.3	119	165	197	230	275	297	342	372	383	407	461	549	627	654	672
GN700	700	73.0	91.3	138	193	230	268	320	346	400	434	447	475	538	637	731	763	784
GN800	800	83.5	104	158	221	263	307	366	396	457	496	511	543	615	729	845	873	896
GN900	900	93.9	117	178	248	296	345	412	445	514	558	575	611	692	820	940	982	1008
GN1000	1000	104	130	198	276	329	383	458	495	571	621	639	679	769	911	1043	1091	1120

表 14-35　　中倍率、低倍率镉镍碱性蓄电池在电解液温度（20±5)℃的条件下，终止放电电压为 1.10V 时的放电电流特性

电池型号	额定容量(Ah)	放电时间																
		h							min							s		
		10	8	5	3	2	1.5	1	45	30	20	15	10	5	1	30	5	1
GNZ50	50	5.10	6.39	10.2	16.4	22.6	27.6	33.9	37.2	42.6	51.3	54	60.7	68.7	90	95.2	119	140
GNZ60	60	6.15	7.66	12.2	19.6	27.1	33.1	40.7	44.6	60.0	61.5	64.8	72.9	82.4	108	114	143	171
GNZ75	75	7.69	9.58	15.3	24.6	33.9	41.4	50.9	55.8	65.8	76.9	81	91.1	103	135	142	179	207
GNZ85	85	8.72	10.8	17.3	27.8	38.4	46.9	57.7	63.2	74.3	87.2	91.8	103	116	153	161	203	235
GNZ100	100	10.2	12.7	20.4	32.8	45.2	55.2	67.9	74.4	84.9	102	108	121	137	180	190	239	282
GNZ120	120	12.3	15.3	24.5	39.3	54.2	66.3	81.5	89.2	103	123	129	145	164	216	228	287	335
GNZ150	150	15.3	19.1	30.6	49.2	67.8	82.8	101	111	128	153	162	182	206	270	285	359	421
GNZ200	200	20.5	25.5	40.9	65.6	90.4	110	135	148	170	205	216	243	274	360	381	478	559
GNZ250	250	25.5	31.8	51.0	82.0	113	138	169	186	212	255	270	303	343	450	475	598	705
GNZ300	300	30.7	38.3	61.3	98.4	135	165	203	223	253	307	324	364	412	540	571	718	839
GNZ350	350	35.9	44.7	71.6	114	158	193	237	260	299	359	378	425	480	630	666	837	978
GNZ400	400	41.0	51.1	81.8	131	180	221	271	297	343	410	432	486	549	720	762	957	1115
GNZ500	500	51.3	63.9	102	164	226	276	339	372	430	513	540	607	687	900	952	1197	1385
GNZ600	600	61.5	76.6	122	196	271	331	407	446	511	615	648	729	824	1080	1143	1436	1669
GNZ700	700	71.8	89.4	143	229	316	386	475	520	597	718	756	850	961	1260	1333	1675	1942
GNZ800	800	82.1	102	163	262	361	442	543	595	679	820	864	972	1099	1440	1524	1915	2225

续表

电池型号	额定容量 (Ah)	放电时间															
		h							min						s		
		10	8	5	3	2	1.5	1	45	30	20	15	10	5	1	30	5	1
GN10	10	1.05	1.31	2.03	2.98	3.73	4.67	5.53	6.00	6.84	7.56	8.10	8.46	9.31	10.8	11.5	13.7	14.3
GN22	22	2.31	2.89	4.47	6.57	8.21	10.2	12.1	13.2	15.0	16.6	17.8	18.6	20.4	23.9	25.3	30.1	31.5
GN30	30	3.15	3.94	6.10	8.96	11.2	14.0	16.6	18.0	20.5	22.6	24.3	25.3	27.9	32.6	35.9	41.1	43.0
GN40	40	4.21	5.25	8.13	11.9	14.9	18.6	22.1	24.0	27.3	30.2	32.4	33.8	37.2	43.5	47.5	54.9	57.4
GN45	45	4.74	5.93	9.15	13.4	16.8	21.0	24.9	27.0	30.7	34.0	36.4	38.0	41.9	49.0	51.8	61.7	64.5
GN50	50	5.26	6.57	10.1	14.9	18.6	23.3	27.6	30.0	34.2	37.8	40.5	42.3	46.5	54.4	59.0	68.6	71.7
GN60	60	6.32	7.88	12.2	17.9	22.4	28.0	33.2	36.0	41.0	45.3	48.6	50.7	55.8	65.3	71.5	82.3	86.1
GN80	80	8.42	10.5	16.2	23.9	29.8	37.3	44.2	48.0	54.7	60.4	64.8	67.6	74.5	87.1	95.3	109	114
GN100	100	10.5	13.1	20.3	29.8	37.3	46.6	55.3	60.0	68.4	75.6	81.0	84.6	93.1	108	120	137	143
GN125	125	13.1	16.4	25.5	37.3	46.6	58.3	69.1	75.0	85.5	94.5	101	105	116	136	144	171	179
GN150	150	15.8	19.7	30.5	44.8	56.0	70.0	83.0	90.0	102	113	121	126	139	163	179	205	215
GN200	200	21.1	26.2	40.6	59.7	74.7	93.3	110	120	136	151	162	169	186	217	238	274	287
GN250	250	26.3	32.8	50.8	74.7	93.3	116	138	150	171	189	202	211	232	272	288	343	358
GN300	300	31.5	39.4	61.0	89.6	112	140	166	180	205	226	243	253	279	326	345	411	430
GN350	350	36.8	45.9	71.1	104	130	163	193	210	239	264	283	296	326	381	403	480	502
GN400	400	42.1	52.5	81.3	119	149	186	221	240	273	302	324	338	372	435	460	549	574
GN500	500	52.6	65.7	101	149	186	233	276	300	342	378	405	423	465	544	576	686	717
GN600	600	63.1	78.8	122	179	224	280	332	360	410	453	486	507	558	653	691	823	861
GN700	700	73.5	91.7	142	208	261	326	387	420	479	529	567	592	652	756	805	959	1000
GN800	800	84.2	105	162	239	298	373	442	480	547	604	648	676	745	872	921	1098	1148
GN900	900	94.7	118	183	268	336	420	498	540	615	680	729	761	838	980	1036	1235	1291
GN1000	1000	105	131	203	298	373	466	553	600	684	756	810	846	931	1089	1152	1372	1435

表 14-36　　中倍率、低倍率镉镍碱性蓄电池在电解液温度（20±5)℃的条件下，终止放电电压为 1.05V 时的放电电流特性

电池型号	额定容量 (Ah)	放电时间																
		h							min							s		
		10	8	5	3	2	1.5	1	45	30	20	15	10	5	1	30	5	1
GNZ50	50	5.19	6.48	10.3	16.7	23.5	28.6	37.8	45.1	55.0	62.1	66.6	71.1	83.5	109	120	145	158
GNZ60	60	6.22	7.77	12.4	20.0	28.2	34.4	45.3	54.1	66.0	74.5	79.9	85.9	100	131	144	174	192
GNZ75	75	7.78	9.72	15.5	25.1	35.3	43.0	56.7	67.6	82.6	93.1	99.9	107	125	163	180	218	235
GNZ85	85	8.82	11.0	17.5	28.4	40.0	48.7	64.2	76.7	93.6	105	113	122	142	185	205	247	265
GNZ100	100	10.3	12.9	20.7	33.4	47.1	57.3	75.6	90.2	110	124	133	147	167	218	241	291	315
GNZ120	120	12.4	15.5	24.8	40.1	56.5	68.8	90.7	108	132	149	159	176	200	262	289	349	381
GNZ150	150	15.5	19.4	31.0	50.2	70.6	86.0	113	135	165	186	199	217	250	327	361	426	475
GNZ200	200	20.7	25.9	41.4	66.9	94.2	114	151	180	220	248	266	292	334	436	482	528	626
GNZ250	250	25.8	32.3	51.8	83.5	118	143	189	226	275	310	333	368	418	545	603	728	788
GNZ300	300	31.1	38.9	62.1	100	141	172	226	270	330	372	399	431	501	655	723	873	939
GNZ350	350	36.3	45.3	72.4	117	164	200	264	315	385	434	466	505	584	764	844	1018	1093
GNZ400	400	41.5	51.8	82.8	133	188	229	302	360	440	496	532	572	668	873	964	1164	1255
GNZ500	500	51.9	64.8	103	167	235	286	378	451	550	621	666	716	835	1092	1206	1455	1566
GNZ600	600	62.2	77.7	124	200	282	344	453	541	660	745	799	859	1002	1310	1447	1746	1871
GNZ700	700	72.6	90.7	144	234	329	401	529	631	771	869	932	1002	1169	1528	1688	2037	2183
GNZ800	800	83.0	103	165	267	376	458	604	721	881	993	1065	1145	1336	1747	1929	2328	2510

续表

电池型号	额定容量(Ah)	放电时间 h							min							s		
		10	8	5	3	2	1.5	1	45	30	20	15	10	5	1	30	5	1
GN10	10	1.06	1.32	2.05	3.08	4.24	5.19	6.67	7.32	7.38	8.64	9.36	10.2	11.3	13.1	14.2	16.0	16.8
GN22	22	2.32	2.90	4.51	6.77	9.33	11.4	14.6	16.1	16.2	19.2	20.5	22.4	25.0	28.9	31.3	35.2	37.1
GN30	30	3.17	3.95	6.14	9.23	12.7	15.5	20.0	21.9	22.1	25.9	28.0	30.6	34.1	39.4	42.7	48.0	50.6
GN40	40	4.23	5.27	8.19	12.3	16.9	20.7	26.6	29.2	29.5	34.5	37.4	40.8	45.5	52.5	57.0	64.0	67.5
GN45	45	4.76	5.93	9.22	13.8	19.0	23.3	30.0	32.9	33.2	38.8	42.1	45.9	51.2	59.1	64.1	72.0	75.9
GN50	50	5.29	6.59	10.2	15.3	21.2	25.9	33.3	36.6	36.9	43.2	46.8	51.0	56.5	65.7	71.3	80.1	84.3
GN60	60	6.34	7.91	12.2	18.4	25.4	31.1	40.0	43.9	44.2	51.8	56.1	61.2	58.2	78.8	85.5	96.0	101
GN80	80	8.46	10.5	16.3	24.6	33.9	41.5	53.3	58.5	59.0	69.1	74.8	81.9	91.0	105	114	128	135
GN100	100	10.5	13.1	20.4	30.7	42.4	51.8	66.6	73.2	73.8	86.4	93.6	102	113	131	142	160	168
GN125	125	13.2	16.4	25.6	38.4	53.0	64.8	83.3	91.5	92.2	108	117	127	142	164	178	200	210
GN150	150	15.8	19.7	30.7	46.1	63.6	77.8	100	109	110	129	140	153	170	197	213	240	253
GN200	200	21.1	26.3	40.9	61.5	84.8	103	133	146	147	172	187	204	227	262	285	320	337
GN250	250	26.4	32.9	51.2	76.9	106	129	166	183	184	216	234	255	284	328	356	400	421
GN300	300	31.7	39.5	61.4	92.3	127	155	200	219	221	259	280	306	341	394	427	480	506
GN350	350	37.0	46.1	71.6	107	148	181	233	256	258	302	327	357	398	459	499	560	590
GN400	400	42.3	52.7	81.9	123	169	207	266	292	295	345	374	408	455	525	570	640	675
GN500	500	52.9	65.9	102	153	212	259	333	366	369	432	468	510	569	657	713	801	843
GN600	600	63.4	79.1	122	184	254	311	400	439	442	518	561	612	682	788	855	961	1012
GN700	700	74.0	92.3	143	215	297	363	466	512	516	604	655	715	796	919	998	1121	1181
GN800	800	84.6	105	163	246	339	415	533	585	590	691	748	817	910	1051	1141	1281	1350
GN900	900	95.2	118	184	277	381	467	600	658	664	777	842	919	1024	1182	1283	1441	1518
GN1000	1000	105	131	204	307	424	518	666	732	738	864	936	1021	1138	1314	1426	1602	1687

14.11 新型直流电源

14.11.1 超级电容器

14.11.1.1 基本原理

超级电容是一种新型储能装置，它是靠极化电解液来储存静电能量的电化学装置，又称为电化学双层电容，其基本原理仍然是利用活性炭多孔电极和电解质组成的双电层结构获得超大的容量。电容中储存的电能来源于电荷在两块极板上的分离，两块极板之间为真空（相对介电常数为1）或被一层介电物质（相对介电常数为ε）所隔离，电容值和所储存的能量分别为

$$C=\varepsilon A/3.6\,\pi d\times 10^{-6}(\mu\mathrm{F}) \tag{14-11}$$

$$E=1/2C(\Delta U)^2 \tag{14-12}$$

上两式中 A——极板面积；

d——介质厚度；

ΔU——极板间的电压降。

在双电层电容器中，采用活性炭材料制作成多孔电极，同时在相对的多孔电极之间充填电解质溶液，当在两端施加电压时，相对的多孔电极上分别聚集正负电子，而电解质溶液中的正负离子将由于电场作用分别聚集到与正负极板相对的界面上，从而形成两个集电层，相当于两个电容器串联。由于活性炭材料具有$\geqslant 1200\mathrm{m^2/g}$的超高比表面积（即获得了极大的电极面积$A$），而且电解液与多孔电极间的界面距离不到1nm（即获得了极小的介质厚度d），由上述公式可以看出，这种双电层电容器比传统的物理电容的容值要大很多，比容量可以提高100倍以上，从而使利用电容器进行大电量的储能成为可能。

14.11.1.2 性能特点

电化学双层电容具有以下性能特点：

（1）具有法拉级的超大电容量。

（2）比脉冲功率比蓄电池高近10倍。

（3）充放电循环寿命在10万次以上。

（4）能在－40～60℃的环境温度中正常使用。

（5）有超强的荷电保持能力，漏电非常小。

（6）充电迅速，使用便捷。

（7）无污染，真正免维护。

14.11.1.3 应用简介

由于超级电容器是一种高度可逆、寿命很长、可以千万次地反复充放电的大功率物理二次电源，它可以在很大的电流下（10～1000A）快速充放电，而且有很宽的电压范围（0～2.7V）和工作温度范围（－40～＋65℃），因此在国民经济各领域用途十分广泛。在特定的条件下，超级电容器可以部分或全部替代蓄电池，应用在某些机电（电脉冲）设备上，可使其产生极大的社会效益和经济效益。

（1）配合蓄电池应用于各种内燃发动机的电启动系统，如汽车、坦克、铁路内燃机车

等，能有效保护蓄电池，延长其寿命，减小其配备容量。特别是在低温和蓄电池亏电的情况下，能确保可靠启动。

（2）用作高压开关设备的直流操作电源，铁路驼峰场道岔机后备电源，可使电源屏结构变得非常简单，成本降低，使储能电源真正免维护。

（3）用作电动车辆起步、加速及制动能量的回收，可提高加速度，有效保护蓄电池，延长蓄电池使用寿命，节约能源。

（4）代替蓄电池用于短距离移动工具（车辆），其优势是充电时间非常短。

（5）用于重要用户的不间断供电系统。

（6）用于风力及太阳能发电系统。

（7）应用电脉冲技术设备，如点焊机、轨道电路光焊机、充磁机、X光机等。

14.11.2 高功率锂离子蓄电池

14.11.2.1 基本原理

锂离子电池是一种化学电源，是分别用两个能可逆地嵌入与脱嵌锂离子的化合物作为正负极构成的二次电池。当电池充电时，锂离子从正极中脱嵌，在负极中嵌入，放电时反之。锂离子电池的物理机理，是以固体物理中的嵌入物理解释。嵌入（intercalation）是指可移动的客体粒子可逆地嵌入到具有合适尺寸的主体晶格中的网络空格点上。电子的运动使锂离子电池的正极和负极材料都成为离子和电子的混合导体嵌入化合物。电子只能在正极和负极材料中运动。已知的嵌入化合物种类繁多，客体粒子可以是分子、原子或离子，在嵌入离子的同时，要求由主体结构作电荷补偿，以维持电中性。电荷补偿可以由主体材料能带结构的改变来实现，电导率在嵌入前后会有变化，锂离子电池电极材料可稳定存在于空气中与这一特性密切相关。嵌入化合物只有满足结构改变可逆并能以结构弥补电荷变化，才能作为锂离子电池电极材料。

锂离子电池是物理学、材料科学和化学等学科研究的结晶。

14.11.2.2 性能特点

（1）符合各种电动车道路行驶中充放电的要求，符合欧洲CE标准。

（2）可回收再生，符合绿色环保的要求。

（3）可用0.3C～1.5C（A）恒流对每个单体电池进行充电。

（4）可将多个性能一致的单体电池串联或并联进行充放电。

（5）可任意、随时对电池进行充放电，无充放电记忆弊病。

（6）可适应在－31～85℃环境下放电及在－18～85℃环境下充电。

（7）在小于0.8C（A）不规则的放电电流状况下，70%放电深度（DOD）循环寿命大于1000次。

（8）在常温下电池自放电每月小于5%。

（9）废旧电池外壳破裂，受到雨淋或日晒不会产生爆炸危险。

14.11.2.3 充放电特性

锂离子动力蓄电池具有如下的充放电特性：

（1）可根据环境的变化采取不同的恒压/恒流充放电方式对电池充电：一般在常温情况下，单体电池充电电压为4.25V，而放电最低电压不得低于2.8V；如环境温度在0～10℃时，单体电池充电电压可设在4.35V，而放电最低电压可到2.5V；如环境温度在−1～−18℃时，单体电池充电电压应设在4.45V，而放电电压可到2.2V。

(2) 在常温环境下，当单体电池过充电（4.5～5V）或过放电（1～0V）时，电池会损坏或失效。

(3) 串联成组的电池，可允许单体电池之间电压差≤60mV，此时不会影响整组电池的充放电寿命。

(4) 可采用正负脉冲式电流对电池进行大于3C（A）的快充电方式对电池充电。

(5) 电池在低温（低于−20℃）环境中充电较为困难，这时可采取将电池外壳加温方式，便可恢复正常充电。若电池在−35℃以上的低温环境中放电，也要适当给电池外壳加温或通过小电流［0.1C（A）以下］放电，但此时放电电压会偏低，为2.0V左右，当继续进行大于3min放电后便可恢复正常放电性能。

14.11.2.4 应用

由于锂离子电池具有高电压、高容量、循环寿命长、安全性能好等诸多突出优点，从而在便携式电子设备、电动汽车、空间技术、国防工业等多方面具有广阔的应用前景，成为近几年广为关注的研究热点。

15 交流不间断电源

15.1 电源分类及其变换

15.1.1 电源的分类

电源可分为交流电源和直流电源两大类。除少量输电采用直流外，绝大多数高压、强电电源都采用交流电源。在电力系统中，水力发电、火力发电、核能发电等主要电源都是交流电源。直流电源除个别负荷，如电解电镀、直流电弧焊等电压较高外，主要用在低压用户负荷，大到电动机车、电动自行车、备用电源等，小到手机、照相机等小家电以及不能用交流电的场合。蓄电池是一种典型的直流电源。除蓄电池外，电力系统中，还曾经有直流发电机等生产直流电的电源设备。新能源中，燃料电池、太阳能光伏电池是直接产生直流或接近直流的电源，但容量较小，未形成规模。

不论是交流用电设备还是直流用电设备，对电源质量的要求都是很高的。直流用电设备要求电源电压稳定、容量满足要求；交流负荷除要求电源电压稳定、容量满足要求外，还要求频率稳定。为了满足各类用户的不同要求，在供电电源和用户负荷之间要设置一个功能、特性根据负荷的要求确定的中间环节，即电源变换装置。

15.1.2 电源变换装置的分类

常见电源变换装置的分类如下：

（1）基本变换装置，其实现变换目标的一次变换过程。常见的基本变换有以下几种：

1）AC-DC 变换。该变换为整流变换，用于交流电源、直流负荷的情况。这种变换在工业系统和日常生活中广泛应用。

2）DC-DC 变换。该变换为直流电压变换，用于直流电源、不同电压的直流负荷情况。当需要两种及以上电压时，可应用这种变换。

3）DC-AC 变换。该变换相对于整流变换为逆变换。它通常应用在将蓄电池电源变换为常用的交流电源，作为不间断电源（UPS）中的备用电源单元；也可单独作为重要负荷的事故备用电源，即逆变电源装置。

（2）组合变换装置，即通过两级及以上变换过程，完成变换要求的变换装置。如：

1）AC-DC-AC 变换。该变换是将频率固定的电网交流电源，通过逆变单元 DC-AC，变换为满足负荷要求的、但频率不同于电源频率且可连续调节的交流电源。

2）DC-AC-DC 变换。该变换与 DC-DC 直流变换的不同点是增加了交流变换环节。中间交流环节通常为高频交流，增加该环节的目的是扩大输入、输出电压的变化范围，并使输入、输出电压完全隔离，变换效果更好。

上述为二次变换，此外还有三次变换，即通过三个变换过程，完成变换要求的变换装置。

3）AC-DC-AC-DC 变换。该变换为整流变换，与 AC-DC 变换的原则是相同的，但增加了 DC-AC-DC 变换过程，其中 DC-AC 后，形成高频交流电源，经高频变压器、高频整流器，变换为需要的直流电压。这种变换，显著减小了变压器尺寸，提高了变换效果，变换指标好，广泛用于高频开关电源电路。

15.1.3 电源变换装置的性能指标

电源变换装置的性能指标主要有以下各项：

(1) 电气性能指标。常用的电气指标有输出电压稳压精度、输出电流稳流精度、波纹系数、温度系数、噪声、效率和保护性能等。

(2) 可靠性、安全性指标。包括防护等级、爬电距离、电气间隙、绝缘性能、过负荷能力、保护特性等。

(3) 电磁兼容（EMC）水平。包括振荡波抗扰度、静电放电抗扰度、电快速瞬变脉冲群抗扰度和浪涌（冲击）抗扰度、谐波电流等。

(4) 保护功能。主要保护功能有短路、过电流、过电压、低电压、过热、绝缘降低、接地等。

具体的变换装置，应规定相应技术性能指标。

15.2 UPS装置的使用条件

15.2.1 环境条件

(1) 大气使用条件：

1）户内：空气温度－5～＋40℃，且 24h 内平均温度不超过＋35℃。在温度为＋40℃时，空气相对湿度不超过 50％。较低温度时，允许较大的相对湿度。例如：在温度＋20℃且相对湿度为 90％时，可能会偶然产生适度的凝露。

2）户外：空气温度－25～＋40℃，且 24h 内平均温度不超过＋35℃。在温度为＋25℃时，相对湿度短时可达 100％。

3）海拔：不超过 1000m。海拔 1000m 以上时，装置应降额使用。

4）污秽等级：一般取污秽等级 3 的环境。

(2) 使用电气条件。该条件应与公用低压供电电源兼容。在下列输入电源时，应能按正常方式运行：

1）电压允差：允差为额定电压的±15％。

2）频率允差：允差为额定频率的±5％。

3）三相电压不对称率：不超过5%。

4）电压谐波含量：不超过10%。

15.3 UPS装置的基本性能参数

15.3.1 性能要求

（1）输出。逆变电源装置输出参数应满足表15-1要求。

表15-1　　逆变电源装置输出参数要求

参数名称	规定指标	规定条件	备　注
输出电压允差（%）	额定输出的±5	逆变运行方式中间直流电路电压不低于额定值	
输出频率允差（%）	额定频率的±1	在逆变运行方式下	
总波形畸变率	不超过5%	在逆变运行方式下，满载运行时	
输出电压不对称	不超过5%	在逆变运行方式、空载或平衡负载条件下	三相输出
三相负载不平衡度	0～100%	最大相与最小相负载基波电流方均根值之差不超过额定电流的100%	三相输出

输出精度（%）	类　别	相控电源Ⅰ	相控电源Ⅱ	高频开关	UPSINV	DC/DC
	稳压精度	±0.5	±1	±0.5	±3	±0.6
	稳流精度	±1	±2	±1	—	—
	波纹系数	1	1	±0.5	—	—

效率和功率因数	充电与浮充电装置				
	类　别	额定输出功率（kW）	额定输入电压（V）	效率（%）	功率因数
	高频模块	单模块≤1.5/>1.5	380/220	≥85/90	≥0.9
	相　控	全系列	380/220	≥70	≥0.7
	DC/DC模块	单模块≤1.5	<220/≥220	≥80/85	—
	DC/DC模块	单模块>1.5	<220/≥220	≥85/90	—

效率和功率因数	UPS、INV效率（%）					UPS输入功率因数
	项目类别	高频机　逆变输出		工频机（输入输出具有隔离变压器）逆变输出		功率因数
		交流输入	直流输入	交流输入	直流输入	
	3kVA以上	90	85	80	85	≥0.9
	3kVA及以上	85	80	75	80	≥0.9

（2）安全要求。逆变电源装置安全性能应满足表15-2要求。

表 15-2　　　　UPS 装置安全性能要求

技术要求							
额定电流(A)		≤63			>63		
额定绝缘电压(V)		U_i≤60	60<U_i≤300	300<U_i≤600	U_i≤60	60<U_i≤300	300<U_i≤600
电气间隙(mm)		3.0	5.0	8.0	3.0	6.0	10.0
爬电距离(mm)		5.0	6.0	12.0	5.0	8.0	12.0
绝缘强度	绝缘电阻(MΩ)	2	10	10	防护等级	外壳防护等级不低于 GB4208 中 IP20 的规定	
	工频电压(kV)	0.5	2.0	2.5			
	冲击电压(kV)	1	5	12	接地	执行 DL/T5149 和 DL/T5226 标准	

注　小母线汇流排或不同极的裸露带电的导体之间，以及裸露带电导体与未经绝缘的不带电导体之间的电气间隙不小于 12mm，爬电距离不小于 20mm。

(3) 其他技术性能要求。逆变电源装置的其他性能(过载能力、转换时间等)应满足表 15-3 的规定。

表 15-3　　　　UPS 其他性能指标要求

指标名称	规定指标及其规定条件			备注
过载能力	1. 输出功率>额定值的 105%～125%，运行时间≥10min 后应自动转旁路，故障排除后，应能自动回复工作 2. 输出功率>额定值的 125%～150%，运行时间≥1min 后应自动转旁路，故障排除后，应能自动回复工作			
短　路	输出功率>额定值的 150%或短路时，应能立刻转旁路。旁路开关应具有足够的过载能力使配电开关脱扣，故障排除后，应能自动回复工作			
切换时间	冷备用模式	旁路输出—逆变输出	≤0ms	
		逆变输出—旁路输出	≤4ms	
	双变换模式	交流供电—直流供电	0	
		旁路输出—逆变输出	≤4ms	
	冗余备份模式	串联备份　主机—从机	≤4ms	
		并联备份　双机互切		
交流旁路输入	隔离变压器：绝缘电阻≥10MΩ，工频电压 3kV，冲击电压 5kV			过载能力：150%，30min
	稳压器：调压范围±10%，稳压精度≤3%			
噪　声	自冷式 55dB；风冷式 60dB		正常运行	
能量恢复时间	蓄电池放电至规定截止电压时，蓄电池充电至电压恢复时间	24h	100kW 以下	
		72h	100kW 以上	

15.4 DC-AC 变换装置

15.4.1 基本构成和主要功能

采用电力电子技术，将直流电能转化成正弦交流电能的电源装置，称为 DC-AC 变换装置，也叫做逆变电源设备，简称逆变器。

逆变电源装置由蓄电池组及其充电器、逆变器、控制器和相关的转换装置组成，其原理框图如图 15-1 所示。

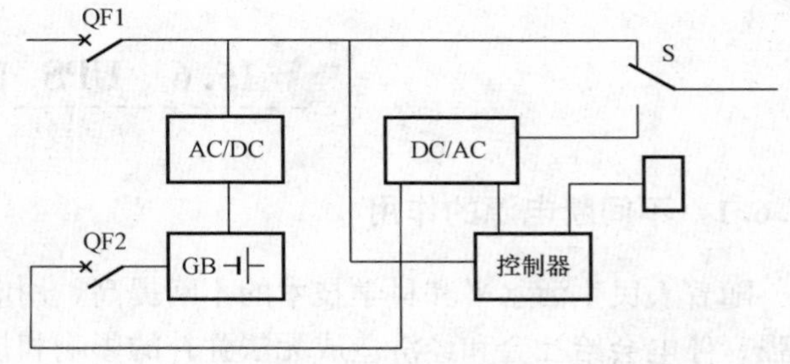

图 15-1 逆变电源原理框图

逆变电源装置主要用于当主电源（交流电源）中断或电压低于规定限值时，为负载提供持续的交流电源。

当逆变电源装置用作应急电源时，称为逆变应急电源（Emergency Power Supply with Inverter，EPS）

15.4.2 逆变电源运行方式

逆变电源一般有以下正常和逆变两种运行方式。

（1）正常运行方式：主电源正常，电源断路器 QF1 合闸，蓄电池电源断路器 QF2 断开，蓄电池浮充电运行，转换开关 S 接通主电源。

（2）逆变运行方式：主电源异常，电压过低或 QF1 跳闸，蓄电池电源断路器 QF2 合闸，蓄电池放电运行，转换开关 S 接通蓄电池电源。

15.5 DC-DC 变换装置

DC-DC 变换装置是由直流电源供电，经隔离变换后，形成 24V 或 48V 通信用直流电压，适于小型变电站的通信设备的供电电源。DC-DC 变换装置必须同时满足电气用直流电源和通信用直流电源的要求，而电气直流电源应满足通信用直流负荷容量和持续时间的要求。

DC-DC 变换装置应满足表 15-4 规定的要求，具体设备参数见本手册 13.9 说明。

表 15-4　　DC-DC 变换装置的技术性能

序号	项目名称		技术要求	备　注
1	输入	电压范围（V）	198～286/99～143	
2	输出	可调电压范围（V）	43.2～57.6/19～29	
		稳压精度	±1.0%	直流输出电压与整定值的差值与整定值的比
		峰—峰值杂音	在 20MHz 频带内≤200mV	
		负载效应	≤0.5%	
		动态响应	超调量≤±5%，恢复时间≤200ms	
		波纹系数	波动电压峰—峰值 U_{PP}≤1%，有效值≤0.5%	
3	其他	并机均流性能	在 50%～100%范围内，均流不平衡度≤5%	
		DC/DC 变换效率	≤1.5kW，≥85%；≥1.5kW，≥90%	
		开关机过冲幅度	直流输出电压变化的最大峰值应不超过整定值的 10%	
		启动冲击电流	输入冲击电流不大于额定输入电流的 150%	

15.6 UPS 的特性

15.6.1 不间断电源的作用

随着人民生活水平和科学技术的不断提高，用电需求日益增长，对电力的依赖性也日益增强。停电会给社会和经济造成无法弥补的影响和损失，甚至是生命危害。同时，电力负荷对电力供应、电能质量要求日益提高，不间断电源设备即是适应这一要求发展起来的。不间断电源（UPS）含有储能设备，在电网电压正常时，用户电力由电网供给，在电网故障或电网异常、电网电压不能满足用户要求时，储能设备（如蓄电池）向用户提供电力，保证用户供电的连续性。

15.6.2 UPS 的特点

随着科学技术发展，UPS 不断发展、完善，更趋先进。目前的 UPS 具有以下特点：

（1）高效率、高可靠性，产品模块化、结构合理、安装维护方便。

（2）小型化、集成化、噪声小、质量轻。

（3）良好的电磁兼容性，抗干扰能力强，辐射干扰小，对电网污染小。

（4）数字化、智能化，监测控制指标先进。

15.6.3 UPS 主要构成

UPS 构成主要包括整流器、蓄电池及其充电器、逆变电路、旁路开关和调压控制电路。各部分功能如下：

（1）整流电路的功能。当电网供电时，整流电路一方面完成对蓄电池的充电，另一方面通过逆变电路向负载供电。为提高电网输入的功率因数，整流电路和功率因数校正电路结合起来，组成高功率因数整流电路。

（2）蓄电池充电电路的功能是将电网电压变换成可控的直流电压对蓄电池充电，并能控制充电电流，最大限度地保证蓄电池长寿命、满容量、高电压向用户供电。

（3）逆变电路的功能是将整流输出电流或蓄电池输出的直流电流变换成与电网同频率、同幅值、同相位的交流电流供给负载。

（4）旁路开关的功能。当变换电路正常工作时，旁路开关处于开路状态；当变换电路故障时，变换器停止输出，旁路开关接通，由电网直接向负载供电。旁路开关一般采用晶闸管器件。

（5）智能调压控制电路的作用是控制逆变电路和其他可控主电路（功率因数校正电路、蓄电池充电电路、旁路开关等），实现电源的变换过程，达到输出电压稳定可靠的目的。

15.6.4 UPS 的基本型式

（1）备用式 UPS，其原理框图如图 15-2 所示。

1）备用式 UPS 的工作方式是：正常情况下，电网电压向负荷供电，同时向蓄电池浮充电，逆变器不工作；当电网故障时，蓄电池通过逆变器向负荷持续供电。

2）备用式 UPS 的特点是：①变换电路简单、可靠，损耗小，效率高，达 98%以上；②输出能力较强，可基本满足各类负荷的供电要求，价格低廉；③输出电压精度和稳定度较差，输入端需配置滤波器；④电源切换时间较长，约为 5～10min，主要用于对电源质量和间断时间要求不高的电力用户。

（2）在线互动式，其原理框图如图 15-3 所示。

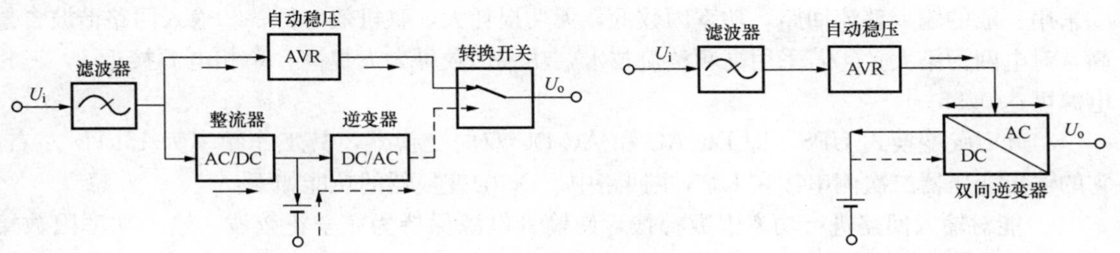

图 15-2　后备式 UPS 原理框图
——正常运行；----故障备用运行

图 15-3　在线互动式 UPS 原理框图
——正常运行；----故障运行

所谓“在线”式，是对逆变器而言，即在任何工况下，逆变器都是带电工作的。所谓“互动”式，是指电网电源和蓄电池电源分别在正常工况下和故障情况下轮流向负荷供电。因此在线互动式与后备式的根本区别在于，前者逆变器是热备用，后者逆变器是冷备用。在线互动式 UPS 的供电效率、可靠性、对电网的适应性、输出电能质量、产品价格等方面基本与后备式 UPS 相同和接近，不同点是电源转换时间，前者快于后者，考虑到主电源的断开时间，约为 4～6min。

（3）在线式 UPS，也称双变换 UPS，分为传统双变换式和 Delta 变换式两种，其原理框图如图 15-4 和图 15-5 所示。

1）在线式 UPS 工作方式。正常情况下，交流电源通过整流器、逆变器和隔离变压器给负载供电，同时经整流器向蓄电池浮充电供电。当交流电源故障时，蓄电池经逆变器持续向负载提供电源。与后备式 UPS 不同，不论正常情况或电源故障情况，蓄电池电源投入都不存在电源的转换时间，从而可有效地提高 UPS 的供电质量。同时，在线式 UPS 具有优良的瞬变特性，任何情况下，其输出电压响应良好。在线式 UPS 采用输入、输出强、弱电隔离，安全可靠性提高。

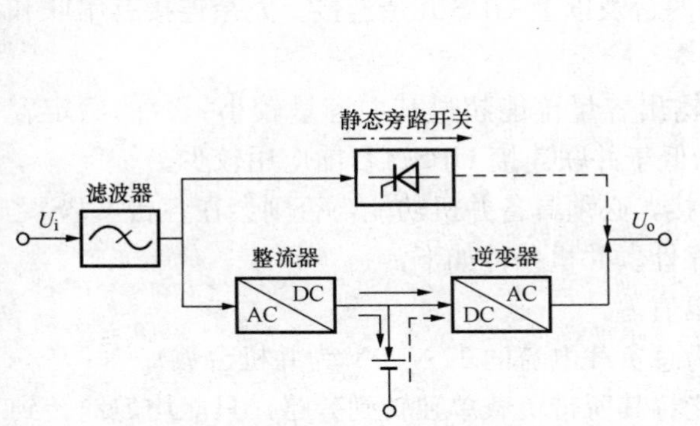

图 15-4　传统双变换式 UPS 原理框图
——正常运行；----故障运行；—·—旁路运行

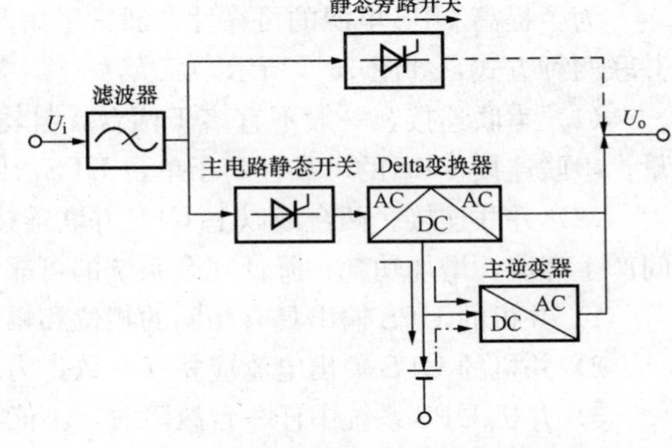

图 15-5　Delta 变换式 UPS 原理框图
——正常运行；----故障运行；—·—旁路运行

为了提高供电可靠性，通常增设静态旁路回路，当逆变器故障时自动转换为经旁路直接输出。

双变换式 UPS 的最大特点是输出电能质量高，电网交流电源和蓄电池直流电源转换没有时间间断。

2）传统双变换式 UPS 的功能特点是：①逆变器负担全部负载，所以输出能力受限制；②采用一般的输入整流回路，功率因数低，无功损耗大，整机效率低；③输入回路谐波含量高，对电网污染大；④若采用高频整流技术，功率因数可大大提高，单相电源接近 1，三相电源可达 0.95。

3）Delta 变换式 UPS，即 DC-AC 和 AC-DC 双向变换器，其工作频率为 15kHz 左右，它的输出变压器二次侧串接在 UPS 主回路中。Delta 变换器的功能如下：

a. 能对输入回路进行功率因数补偿，使输入电源保持为完全正弦波，输入功率因数接近 1，效率高。

b. 与主逆变器一起共同完成对输入电压的补偿，保证输入、输出的稳定性。

c. 与主逆变器一起共同实现对输入、输出高频调制，使输入电流谐波成分控制在 3%左右。有效防止 UPS 对电网的污染，抑制负载谐波电流，确保输出电源的高质量。

Delta 变换式 UPS 中具有主逆变器，它也是一个 AC-DC 和 DC-AC 双向变换器，它能与 Delta 变换器一起共同完成对输入、输出进行调制、补偿，保证输入不被污染；输出稳定、高质量。Delta 变换器和逆变器共同担负向负载输出，UPS 输出余量大，输出能力强。

d. Delta 变换器和逆变器都具有对电池的充电功能，即通过其检测功能由 AC/DC 变换器向电池充电。

e. 在 Delta 变换式 UPS 中，设有旁路静态开关和主电路静态开关：前者用于电网电源和 UPS 主电源之间的切换，做到零间断切换；后者用于接通和关断 UPS 主电路。

由上述分析可知，三种方式的 UPS 共同点是都以蓄电池电源为备用电源，不同点是蓄电池的工作状态不同。其中：后备方式是冷备用；在线互动式是热备用；在线（双变换）式是与交流电源一起在线运行。其性能，在线（双变换）式优于前两者；其切换时间，在线（双变换）式短于前两者。在线式基本属于零时间切换。

15.6.5 UPS 的冗余连接

为了提高 UPS 电源的可靠性，通常采用两台及以上 UPS 冗余连接。冗余连接有串联和并联两种方式，如图 15-6 所示。

（1）串联连接，一般不宜多于两台，且输出容量不能超过其中容量较小一台的额定容量。串联连接 UPS 的可靠性高于单台 UPS，低于并联连接 UPS。目前应用较少。

（2）并联连接。两台或以上 UPS 并联连接，必须具备并机功能，否则会在各台 UPS 之间产生环流，增加功耗，降低冗余系统的可靠性。并机条件如下：

1）并机的 UPS 输出具有相同的相位和幅值。

2）并机的 UPS 输出电流应相互一致，为总负载电流的 $1/N$（N 为并机台数）。

3）并机 UPS 系统中任一台故障时，不能将其所带负载单独转到旁路，只能均匀地转到其他 UPS 上。只有并联系统中所有 UPS 都停止工作，才能将全部负载转到旁路上。

欲实现上述功能，必须增加相应的监控和并机设备。并联连接的可靠性高于串联连接，

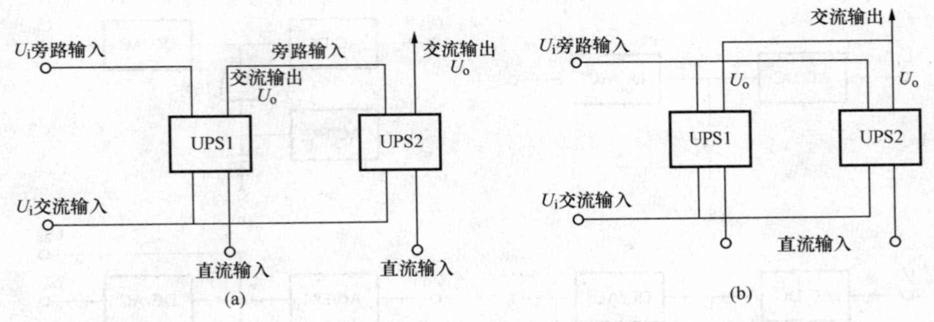

图 15-6 UPS冗余连接原理示意图

(a) 串联；(b) 并联

而且过载性能、动态性能以及设备增容都较为方便，所以应用广泛。

15.6.6 UPS的储能电源（蓄电池）

目前能够用作UPS储能电源的只有蓄电池，常用的蓄电池是阀控密封铅酸蓄电池。蓄电池容量应根据蓄电池实际放电电流和所要求的备用时间来决定。选择蓄电池的容量时，应先计算出要求放电的电流值，然后根据蓄电池生产厂家提供的放电特性曲线和用户要求的备用时间进行选择。储能电源的容量计算见15.7。

15.6.7 静态开关

静态开关，也称为转换开关，用于主电源与备用电源之间的不间断切换，是保证UPS系统不间断供电、提高供电安全性和可靠性的重要环节。

（1）静态开关工作方式，有以下两种：

1）以逆变器输出的交流电源作为主电源、以市电电源作为备用电源向负载供电。当负载在启动时电流过大或浪涌电流超过限定值时，为保护逆变器避免过电压、欠电压、过载、失真或产生故障，应将主电源自动切换到备用电源（市电）供电，以保证负载的不间断运行。

2）负载处在正常情况或逆变器恢复正常后，将备用电源（市电）自动转换到主电源经逆变器供电。

（2）静态开关工作条件：

1）电压频率相同，允许误差不大于2%；

2）电压幅度相同，允许误差不大于±10%；

3）电压相位一致，允许误差在7.2°以内。

（3）静态开关分类。根据其执行元件，静态开关分为机械式、电子式和混合式三种。

1）机械式，执行元件多为继电器或接触器等电磁元件，其特点是控制线路简单、故障率低，但切换时间长、开关寿命较短。

2）电子式，执行元件为双向晶闸管或由两只反向并联的单向晶闸管组成，其特点是速度快、无触点火花，但控制电路较复杂、抗冲击能力较差，通态损耗较大。

3）混合式，将两者并联使用，在开通时，电子式开关先于机械式开关动作，在关断时则反之。因此，混合式开关兼有机械式和电子式的优点，在大功率UPS中得到广泛应用。

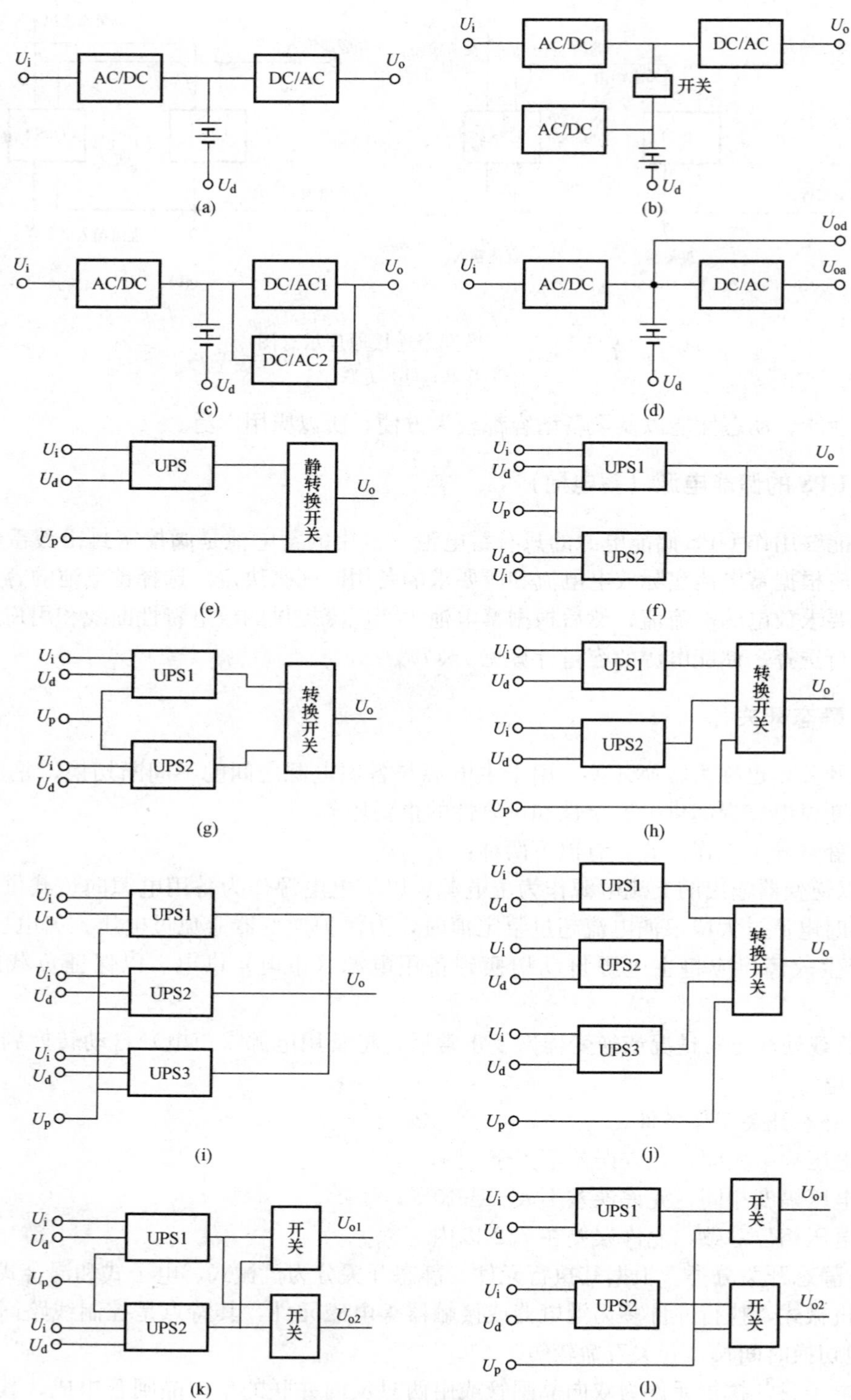

图 15-7　UPS 配置型式

(a) 单台 UPS；(b) 具有独立充电装置的单台 UPS；(c) 局部并联的单台 UPS；(d) 具有直流输出的单台 UPS；(e) 有旁路的单台 UPS；(f) 两台并联冗余 UPS；(g) 一用一备并联冗余 UPS；(h) 有公共旁路的并联冗余 UPS；(i) 三台并联冗余 UPS；(j) 具有集中旁路的三台并联冗余 UPS；(k) 两台各带一段负荷互为备用冗余的 UPS；(l) 具有公共旁路、互为备用的 UPS

15.6.8 配置型式

（1）单台UPS配置，要明确单台UPS的构成单元、结构形式，整流器、逆变器的配置、接线，有无旁路，转换开关的型式等，图15-7（a）～（e）表示部分单台UPS的配置型式。一般情况下，单台UPS应包括整流器、逆变器、控制器、旁路单元、转换开关以及输入、输出滤波设备、隔离变压器和开关设备等。

（2）多台UPS配置，要明确UPS的接线、冗余、正常和事故运行方式等，图15-7（f）～（l）表示多台UPS的配置型式。

15.7 UPS的容量计算

UPS的额定容量通常指逆变器交流输出的视在功率（kVA），而在负荷统计时，对热工及电气负荷提出的是电流或消耗功率，一般不分静态或动态负荷。这些负荷要求UPS在静态或动态的状态下，都能提供满足稳压和稳频精度以及波形失真度要求的电流和电压。

因此，在选择UPS额定容量时，除要按负荷的视在功率计算外，还要计及动态（按负荷从0～100%突变）稳压和稳频精度的要求，以及温度变化、蓄电池端电压下降和设计冗余要求等因素的影响。

15.7.1 影响UPS容量的主要因素

以下因素直接影响UPS的容量：

（1）功率因数。UPS装置的功率因数一般按输入、输出分别标注：输入侧的功率因数是UPS装置相对电网而言，通常可达到0.9以上；输出侧的功率因数则是对负载而言。在额定视在功率下，UPS装置应能适应负载功率因数0.9（超前）～0.4（滞后）的变动范围。在容量计算中，负载功率因数一般取0.7～0.85（滞后）。

（2）当负载突变时，输出电流可能出现浪涌，电压产生陡降。为保证输出稳压精度和缩短恢复时间，提高频率稳定性和减少波形失真度，一般应适当加大UPS容量。用动态稳定系数计及这一因素对UPS容量的影响。

（3）蓄电池在事故放电过程中，其端电压不断下降，按国内现行规定，UPS的事故计算时间按30min计算，此时的直流系统电压下降至额定电压的90%左右。虽然该电压仍在逆变器输入工作电压范围内，对逆变器输出电压影响不大，但UPS的输出容量却相应降低。

（4）UPS输出容量受环境温度影响。当UPS与直流屏一起布置在直流设备室或UPS室（而不是布置在控制室或电子设备室）时，室内温度较高，在南方电厂夏季可达35℃，同时由于UPS柜内布置紧凑，且有大量发热元件，柜内温度可能超过40℃。为此，取大于1的温度系数计及温度的降容影响。

（5）设备元器件由于长期运行而老化，老化的元器件在运行中将使功耗增加。在容量计算中应计及老化对容量的影响，并取老化设计裕度系数。

综合上述因素后，UPS容量选择应留有必要裕度，以满足各种不同工况的运行需要。

15.7.2 UPS 容量选择计算

考虑到上述各种影响因素，UPS 容量应采用式（15-1）计算，即

$$S_c = K_i K_d K_t K_a \frac{P_\Sigma}{\cos\varphi} \tag{15-1}$$

式中 S_c——UPS 的计算容量，kVA；

K_i——动态稳定系数，取 1.1～1.15；

K_d——直流电压下降系数，取 1.1；

K_t——温度补偿系数，取 1.05～1.1；

K_a——设备老化设计裕度系数，取 1.05～1.1；

P_Σ——全部负载的计算功率，kW；

$\cos\varphi$——负载功率因数，为 0.7～0.8（滞后）。

将上述各影响系数归总为可靠系数，并根据相应取值得出

$$K_{rel} = K_i K_d K_t K_a = 1.33 \sim 1.53$$

取平均值 K_{rel}＝1.43 和 $\cos\varphi$＝0.7～0.8，则由式（15-1）得到

$$S_c = K_{rel} \frac{P_\Sigma}{\cos\varphi} = (2.04 \sim 1.79) P_\Sigma \tag{15-2}$$

几种典型机组用的 UPS 的负荷统计和容量计算见表 15-5。

表 15-5　典型机组 UPS 负荷统计和容量计算表

负荷类型	200MW 机组发电厂	300MW 机组发电厂	600MW 机组发电厂	500kV 变电站
计算机和微机负荷（kW）	2～3	8～15	10～15	1～2
热工仪表和变送器负荷（kW）	2～4	2～4	2～4	
热工自动装置负荷（kW）	3～5	2～8	4～8	
电气仪表变送器负荷（kW）	0.5～1	1～2	2～4	0.5～1
电气继电保护装置负荷（kW）	0.5～1	2～4	3～5	0.5～1
打印机负荷（kW）	0.5～1	1～2	2～3	0.5～1
系统调度通信负荷（kW）	1～2	1～2	2～3	0.5～1
合计（kW）	12～15	20～30	25～42	3.0～6.0
计及功率因数（0.7）后容量（kVA）	17.1～21.4	28.6～42.9	35.7～60.0	4.3～8.7
计及可靠系数（1.43）后选择容量（kVA）	24.5～30.6	40.8～61.2	51.1～85.8	7.4～15.1
建议 UPS 选择容量（kVA）	25～30	40～60	50～80	10～15
直流输入计算电流（A）	75.76～90.9	121.2～181.8	151.5～242.4	30.3～45.5

注　直流输入计算电流用于计算蓄电池容量的负荷电流，是按同时系数 0.6、逆变器效率 90%和直流系统电压 220V 计算的。

15.7.3 储能蓄电池容量选择计算

对于确定容量的 UPS 装置，当交流停电时，需要计算保证 UPS 正常输出的直流输入电流，即蓄电池向 UPS 提供的放电电流。

蓄电池最大放电电流按式（15-3）计算，即

$$I_{LC}=\frac{S\cos\varphi}{\eta NU_{df}} \tag{15-3}$$

$$S=(\eta NU_{df}/\cos\varphi)I_{LC}=kI_{LC}$$

式中 I_{LC}——蓄电池放电电流，即计算负载电流，A；

S——UPS输出容量，VA；

η——UPS变换效率，可取0.8～0.9；

U_{df}——放电时单体蓄电池的放电末期电压（由蓄电池的放电特性确定），可取1.80，1.83，1.85，1.87V等；

N——蓄电池组中的单体蓄电池个数。

对不同电压的直流系统、不同的蓄电池末期放电电压、UPS不同功率因数和逆变效率，可以得出蓄电池的放电电流与UPS额定输出功率的对应关系。通过假定数据，可以求得该对应关系的大致范围为：$S=180I_{LC}\sim220I_{LC}$。为简化计算，可取$S=200I_{LC}$。

由于在放电过程中蓄电池的放电电压是变化的，从而蓄电池的放电电流不会是恒定的。取蓄电池末期放电电压作为安全储备系数，算出蓄电池放电电流值后，再根据所要求的备用时间，按照蓄电池生产厂家所提供的蓄电池放电特性曲线求出给定时间内的容量换算系数，按式（15-4）计算蓄电池容量，即

$$蓄电池容量=\frac{蓄电池最大放电电流(A)}{蓄电池容量换算系数(h^{-1})}(Ah) \tag{15-4}$$

根据计算的容量值，在蓄电池的型谱中选择接近计算容量的标称容量。

对应于UPS负荷系数为0.6时，不同的直流放电时间（发电机用UPS为0.5h，常规值班变电站UPS为1h，无人值班变电站为2h）下，UPS的储能蓄电池容量选择见表15-6。

表15-6　UPS的储能蓄电池容量选择

UPS容量（kVA）		3		5		10	15	30	50	60	80
蓄电池放电时间		1h	2h	1h	2h	1h	1h	0.5h	0.5h	0.5h	0.5h
UPS的负荷系数		0.6									
直流放电电流（A）		9		15		30	45	90	150	180	240
不同放电电压的蓄电池容量（Ah）	1.83V	16	26	27	42	53	80	109	182	219	292
	1.85V	17	26	28	44	56	83	115	192	231	308
	1.87V	17	27	29	45	58	87	119	199	238	318
考虑可靠系数1.4		22	36	38	60	74	112	153	279	307	445
标称容量选择（Ah）		30	40	40	60	80	120	160	300	350	450

当UPS与电气设备共用蓄电池时，应将UPS消耗功率计入蓄电池负荷中进行统一计算。

15.7.4　UPS的标称输出容量

UPS的输出容量与输入、输出电压有关。

（1）单相输入，单相输出，输出容量标称值为：1，2，3，5，7.5，10，15，20，

25，30kVA。

（2）三相输入，三相输出或单相输出，输出容量标称值为：7.5，10，15，20，30，40，50，75，100，125，（150）160，200，（300）315，400，500，（600）630，（750）800，1000kVA。

表15-7为UPS系列型谱表，仅供参考。

表15-7　　UPS系列型谱表

输出电流（A）	输出容量（kVA）		输出电流（A）	输出容量（kVA）	
	单相（220V）	三相（380V）		单相（220V）	三相（380V）
0.5	0.11	—	100	22.0	66.0
1.0	0.22	—	125	27.5	82.5
2.0	0.44	1.32	150	33.0	99.0
5.0	1.10	1.32	200	44.0	132
10	2.20	6.60	250	55.0	165
15	3.30	9.90	300	66.0	198
20	4.40	13.2	400	88.0	264
25	5.50	16.5	500	110	330
30	6.60	19.8	600	132	396
40	8.80	26.4	800	176	528
50	11.0	33.0	1000	220	660
60	13.2	39.6	1250	275	825
80	17.6	52.8	1500	330	990

注　本表是以输出电流（A）作为基准值，容量作为计算值（kVA）表示的。也可用另外的，如用容量（kVA）作为基准表示。

 15.8　电力用UPS的基本要求

15.8.1　电源要求

（1）设有计算机监控系统、系统安全自动化设备和继电保护设备的大中型发电厂、110kV及以上的变电站和调度管理部门需要交流电源时，应采用交流不间断电源装置（UPS）。UPS的技术性能应满足供电负载的要求。

（2）发电厂的UPS宜按单元设置，每单元机组设一套，网络监控设备和公用辅助设施监控设备可酌情设置单独的UPS。变电站宜每站设一套，当变电站规模较大，且监控、保护设备就地分散设计时，UPS也可随监控、保护设备分散配置。每套UPS宜采用冗余配置。

（3）发电厂、变电站内的UPS不应单独设置蓄电池直流电源，发电厂、变电站内的蓄电池容量选择应考虑厂、站内由UPS供电的实际交流负荷。交流电源故障时，UPS的备用供电时间应根据变电站所在电力系统的情况和变电站的重要程度确定，通常取30min。

15.8.2 配置、接线和运行方式要求

（1）UPS应由整流器、逆变器、隔离变压器、逆止二极管、静态开关、手动切换开关、检测、控制、保护、信号、直流输入回路、交流输入回路和旁路回路等部分组成。

（2）UPS输出宜为单相220V、50Hz、额定功率因数0.8。当负荷容量较大或有三相电源负荷时，也可采用三相输出。UPS输出采用单母线接线，辐射式供电。

（3）UPS应为静态逆变型，即在线式。正常运行时，UPS由发电厂的保安电源或变电站的站用电源供电，当输入电源故障消失或整流器故障时，发电厂（或变电站）的蓄电池经闭锁二极管供电。逆变器故障时，采用旁路电源供电。

15.8.3 电力工程用UPS主要技术指标

电力工程用UPS主要技术指标见表15-8。

表15-8　　电力用UPS主要技术指标

<table>
<tr><th>序号</th><th colspan="2">指标名称</th><th colspan="2">指　　标</th><th>说　　明</th></tr>
<tr><td>1</td><td colspan="2">标称交流输入电压(V)</td><td colspan="2">220或380</td><td>根据容量，确定220V或380V</td></tr>
<tr><td>2</td><td colspan="2">输入电压允许偏差(%)</td><td colspan="2">±15</td><td></td></tr>
<tr><td>3</td><td colspan="2">输入频率及允许偏差</td><td colspan="2">50×(1±5%)</td><td></td></tr>
<tr><td>4</td><td colspan="2">输入电流总谐波失真(%)</td><td colspan="2"><5</td><td></td></tr>
<tr><td>5</td><td colspan="2">输入浪涌抑制性能</td><td colspan="2">D级防雷</td><td></td></tr>
<tr><td>6</td><td colspan="2">蓄电池型式</td><td colspan="2">阀控密封铅酸蓄电池</td><td></td></tr>
<tr><td>7</td><td colspan="2">直流输入电压</td><td colspan="2">110V(220V)+(10%～15%)U_N</td><td></td></tr>
<tr><td>8</td><td colspan="2">标称输出功率(kVA)</td><td colspan="2">3，5，10</td><td>根据需要选择</td></tr>
<tr><td>9</td><td colspan="2">输出电压(V)</td><td colspan="2">220 AC</td><td>电力系统，一般采用220V</td></tr>
<tr><td>10</td><td colspan="2">输出电压稳压精度</td><td colspan="2">静态220V×(1±3%)；
动态220V×(1±5%)</td><td></td></tr>
<tr><td>11</td><td colspan="2">输出频率稳定度(%)</td><td colspan="2">≤±0.1</td><td></td></tr>
<tr><td>12</td><td colspan="2">功率因数</td><td colspan="2">(输入)0.9</td><td></td></tr>
<tr><td>13</td><td colspan="2">单一谐波含量(%)</td><td colspan="2">≤1</td><td></td></tr>
<tr><td>14</td><td colspan="2">总谐波含量(%)</td><td colspan="2">≤3</td><td></td></tr>
<tr><td>15</td><td colspan="2">备用电源切换时间(ms)</td><td colspan="2"><4</td><td></td></tr>
<tr><td>16</td><td colspan="2">旁路切换时间(ms)</td><td colspan="2"><4</td><td></td></tr>
<tr><td>17</td><td colspan="2">电池备用时间(h)</td><td colspan="2">0.5～1.0</td><td>根据需要确定</td></tr>
<tr><td>18</td><td colspan="2">过负荷能力</td><td colspan="2">150%，1min；125%，10min</td><td></td></tr>
<tr><td>19</td><td colspan="2">噪声</td><td colspan="2">自冷式55dB；风冷式60dB</td><td></td></tr>
<tr><td>20</td><td colspan="2">效率</td><td colspan="2">输入85%；输出80%</td><td>与额定输出有关，3kVA以上高于80%</td></tr>
<tr><td>21</td><td colspan="2">并机均流性能</td><td colspan="2">均流不平衡度≤±5%</td><td>在额定电流的50%～100%范围内</td></tr>
<tr><td>22</td><td colspan="5">报警输出信号</td></tr>
<tr><td>1)</td><td>交流输入过电压、欠电压、缺相</td><td>5)</td><td>电池组出口熔断器熔断或断路器跳闸</td><td>9)</td><td>UPS、INV装置故障</td></tr>
<tr><td>2)</td><td>交流输入过电压、欠电压</td><td>6)</td><td>直流母线绝缘故障</td><td>10)</td><td>DC-DC装置故障</td></tr>
<tr><td>3)</td><td>直流母线过电压、欠电压</td><td>7)</td><td>馈线断路器跳闸</td><td>11)</td><td>绝缘监察装置故障</td></tr>
<tr><td>4)</td><td>蓄电池组过电压、欠电压</td><td>8)</td><td>充电浮充电装置故障</td><td>12)</td><td>监控装置故障</td></tr>
</table>

15.9 共用电源的不间断电源设备

在电力系统中，将直流电源、交流不间断电源、逆变电源和通信用直流电源等装置，共享蓄电池组，称为共用电源设备。当上述设备采用统一的结构、电气技术标准，机械上合为一体，满足用户应用的统一规范、接口要求，并能够实施统一监控、统一管理时，则称为一体化电源设备。一体化电源设备有利于设备、技术管理，有利于简化并提高技术和管理水平。但是，采用一体化电源设备必须注意以下问题：

（1）协调与设备相关的技术专业和相关的技术标准。一体化电源关系到多个专业，如变电工程的电气、通信、远动专业，发电工程的电气、热控、通信、远动等专业，涉及各专业的设计选型标准和建设、运行管理标准，要最大限度地统一设备选型，最合理有效地统一设备运行管理。

热控专业对发电工程直流电源的要求和通信专业对发电工程和变电工程直流电源的要求是至关重要的，目前这些专业对直流电源的要求与电气专业要求有相当的距离。没有经过认真协调，没有一个各专业统一的设计标准和统一的设备选型原则，简单的一体化，可能会影响甚至危及各自电源的安全性和可靠性。大型工程，重要的工程不宜提倡一体化。

（2）一体化应规范设备、设备接口，确保产品质量，提高产品的安全性和可靠性。一体化电源所涉及的专业增加，意味着可靠性要求进一步提高，但一体化设备所包容、涵盖的设备单元增加，一定程度上将降低产品的可靠性，欲使二者统一，务必提高产品质量，提高产品的安全可靠性。为此，应使一体化设备做到统一单元配置，统一主要技术指标，统一外形尺寸，统一输入、输出接口和端子标注。

（3）在上述工作的基础上，编制相应的一体化电源应用技术标准，实现产品制造，设计选型，维护管理有标准可依，形成一条技术先进、安全可靠的生产、应用体系。

当前仅能实现的是各电源设备共用直流电源，而且只能在小型变电站中实现。在大型变电站、火力发电厂中共用直流电源也是相当困难的。

15.10 电力工程 UPS 的实际应用

15.10.1 容量选择

确定 UPS 的供电负荷、性质及其容量，再根据本章 15.7 的计算方法，计算选择 UPS 标称容量。当缺乏资料时，可参考本章数据估算。

15.10.2 配置和接线

根据负荷性质和标准要求，确定 UPS 的配置和接线。

15.10.3 UPS 系统设计中的几个问题

（1）UPS 的可靠性。UPS 装置的安全可靠性是设置 UPS 的主要目的，为了确保 UPS 的安全可靠性，要求 UPS 本身配置要可靠、合理、先进，小容量 UPS 应做到关键部件（逆变器）冗余设计，大容量 UPS 应做到两套单机冗余配置。供电电源要安全可靠，应采用双电源供电，应采用自投、冗余或记忆设计。发电厂应采用保安电源。

（2）UPS 输出电压是采用单相制还是三相制。无论是单相或三相 UPS，其输出电压必须与用电设备的额定电压相符。采用三相制时，电压可为 220V 和 380V；采用单相制时，电压为 220V。

控制系统包括逻辑控制部分及执行部分。用集成电路或用微处理器和内外存储器构成的逻辑控制系统使用 UPS 交流电源经整流的直流电源供电，而执行元件均为单相式结构，因此，对控制系统而言，用单相输出或三相输出的 UPS 均可。但用三相电源供电时，由于各子系统分别接到 A、B、C 三相上，存在相别接线混淆，有造成短路的危险，同时也很难做到三相负荷平衡。

对于静态 UPS 而言，直流逆变取得单相交流输出比取得三相交流输出容易，而且不存在因三相负荷不平衡而加大 UPS 容量的问题。因此，一般情况下，UPS 输出应采用单相制。

（3）UPS 的并机运行。UPS 同类型同容量的并联运行，是为了扩大 UPS 的容量或为了满足冗余设计的要求。并联运行的 UPS，一般要考虑以下问题。

1）同步跟踪。两台并联运行的 UPS，其逆变器的频率和相位都必须同步。为此，需要锁定 2 个逆变器的控制谐振器。逆变器与旁路的同步也是必要的。因此，逆变器控制谐振器不仅相互锁定，还要跟踪旁路的频率和相位。

2）均流性能。在控制电路中，将一台 UPS 与并联运行的另一台 UPS 的输出电流相比较，通过对每台 UPS 输出电压微调，使两台 UPS 之间实现均流。均流一般要求在 95%以上。

3）冗余结构。为了扩大容量采用的并联运行，属于非冗余系统；而为增加可靠性采用的双重化并联运行，属于冗余系统。在并联控制逻辑中，可手动选择“冗余”或“非冗余”模式。

在非冗余模式下，两个静态切换开关通过单独的控制信号实现开或关，将静态切换开关的两种状态相互锁定。如果一台 UPS 发生故障，则其静态切换开关逻辑控制将故障的 UPS 的输出从逆变器切换到静态旁路，同时也发信号到第 2 台 UPS 静态切换开关控制逻辑中。在冗余系统中，当一台 UPS 逆变器关断跳闸后，第二台将继续对负载供电。

双重化的并联系统是两套 UPS 装置的冗余系统，故任何一台 UPS 装置因故障关闭后，负载不会切换到旁路。因为任何一台逆变器供电时，同时也关闭了旁路静态切换开关，参见图 15-6。

（4）反向电流：用反向电流监视电路，监测 UPS 输出电流的方向。UPS 内部故障或由于某种原因两台并联运行出现不平衡时，输出端电流将倒流。严重倒流将损坏机器。对于并联供电系统，其中一台 UPS 产生大量倒流现象时，在非冗余模式下，UPS 切换至旁路供电。但在冗余模式下，出问题的 UPS 将被关闭。余下的一台 UPS 将正常供电，参见图 15-6。

（5）电气测量及信号系统的交流辅助电源。以往，上述辅助电源取自厂用电源系统，可靠性较差。在大容量机组的电厂中，由集控室控制和监测的发电机变压器组、厂用电源、直流电源以及 UPS 装置等均纳入机组的 DCS，成为 DCS 的一些子系统。这些被监控的子系统测量、信号装置所需的交流辅助电源，应由本机组 UPS 提供电源，不宜另行设置 UPS 或选用其他辅助电源，以提高供电可靠性。

（6）UPS 自带蓄电池组问题。商用的 UPS 装置，采用 UPS 自带蓄电池组，但蓄电池组放电时间较短，一般按 10～15min 考虑。在电力工程选用的工业 UPS 装置中，如表 15-3

所示的，很少采用自带蓄电池组的方式。如采用自带蓄电池组，则蓄电池组的电压需与逆变器输入电压相匹配。蓄电池容量按下列条件选择：放电时间为30min，系统负荷按逆变器容量的60%确定，蓄电池终止电压按逆变器输入最低允许电压确定。

（7）逆变器的输入电压和输出电压。逆变器直流输入电压应和电厂（站）内的动力专用或混合供电的直流母线电压一致，取直流220V或110V。逆变器的输出电压推荐采用交流单相220V。逆变器的输入电压和输出电压是两个不同回路的电压，可以一致，也可以不一致，是分别按照直流系统和交流负荷的电压而决定的。不存在输入电压与输出电压不一致，即非标准产品或技术上不合理的问题。

15.10.4 UPS接线实例

图15-8～图15-14所示为发、变电工程中采用UPS的实例，供工程选型参考。

（1）接线一：一机一台UPS装置，利用旁路回路兼作第二回路电源供电回路，设置两组独立配电屏，如图15-8所示。

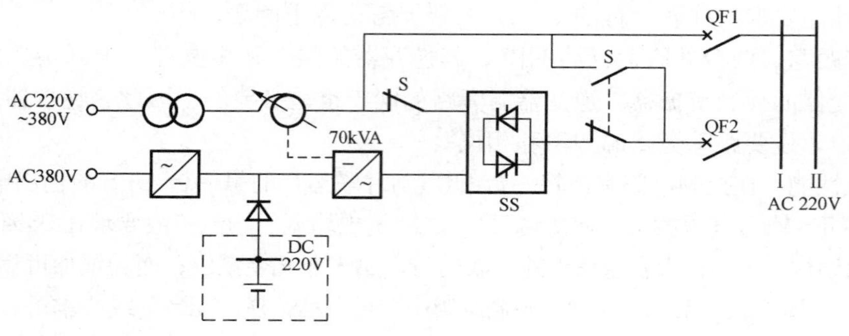

图15-8　350MW机组一套UPS的接线

（2）接线二：一机两台UPS，一套旁路系统（隔离变压器、调压变压器各一台，旁路开关两个）。两台UPS同时运行，用两个静态切换开关，分别接入两个独立的配电系统。两台UPS的同步信号按抢码接通规律，以抢先的一台为主作同步控制。如抢先作同步控制机的UPS故障时，另一台则自动转为同步控制机。每台UPS的容量均为50%，接线如图15-9所示。

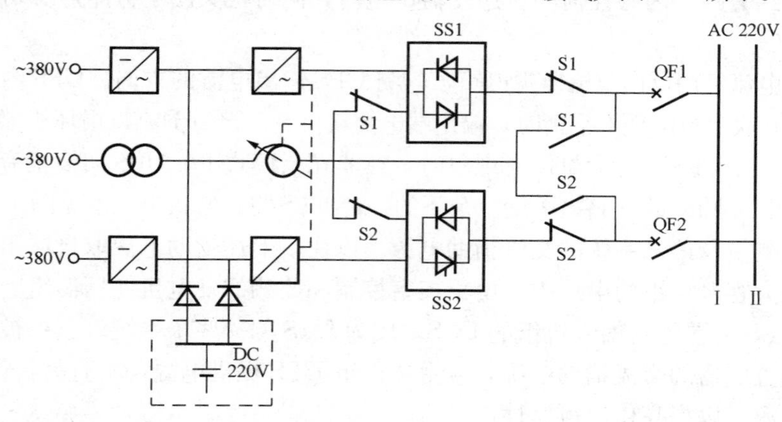

图15-9　两台50%容量UPS的接线

（3）接线三：直流系统利用厂内整流器，UPS配置两台半容量逆变器，用两个静态切换开关分别接入两个独立的配电系统。如图 15-10 所示，某工程 UPS 不设整流器，直流电源直接由接在直流母线上的整流器（充电器）供给。

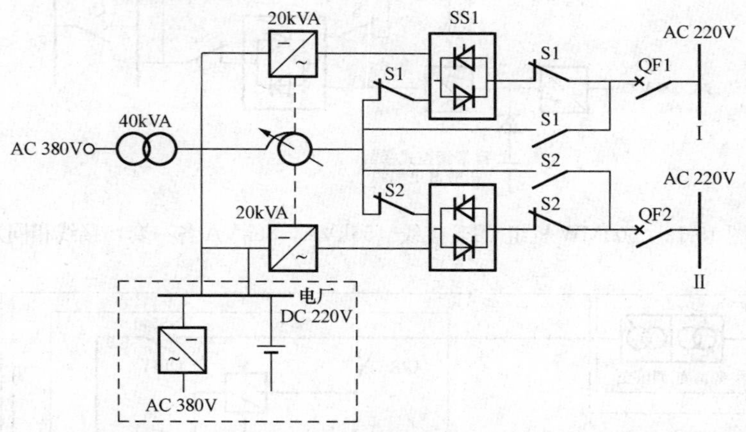

图 15-10　350W 机组不设专用整流器的 UPS 接线（每机一套，西门子供货）

（4）接线四：为某工程 2×350MW 机组，每台机组一套 UPS，包括一台全容量 50kVA 整流装置、两台全容量 50kVA 逆变器和静态切换开关、一台 75kVA 旁路变压器。其接线方式如图 15-11 所示。两台逆变器一台工作一台固定热备用，频率和相位自动跟踪，但不是并联运行，而是两台静态切换开关串联切换方式，即当 1 号逆变器失压或故障时，UPS 由 1 号静态切换开关切至 2 号逆变器经 2 号静态切换开关供电方式。当 1 号逆变器过载达 105% 额定负荷时，2 号静态切换开关切换至旁路电源，当继续过载达 120%额定负荷时，1 号静态开关切换到由旁路电源供电（经 2 号静态开关）。

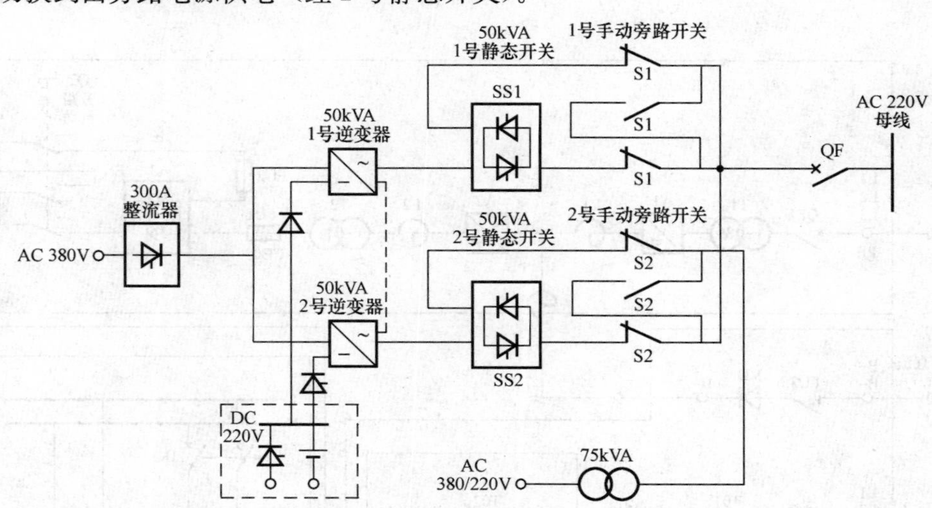

图 15-11　350MW 机组 UPS 接线（每机一套，美国 SOUDSTATE 公司供货）

（5）接线五：600MW 机组，每台机组 DCS 单独用一套 50kVA UPS，另一套 80kVA UPS 供其他负荷用电。50kVA 的 UPS 设一组专用蓄电池组（国外随 DCS 配套），其接线如图 15-12 所示。

（6）接线六：适用于 300～600MW 发电机组，每台机组配 60～80kVA UPS，由主机柜、旁路柜和馈线柜组成。UPS 接线有两种，如图 15-13 所示。

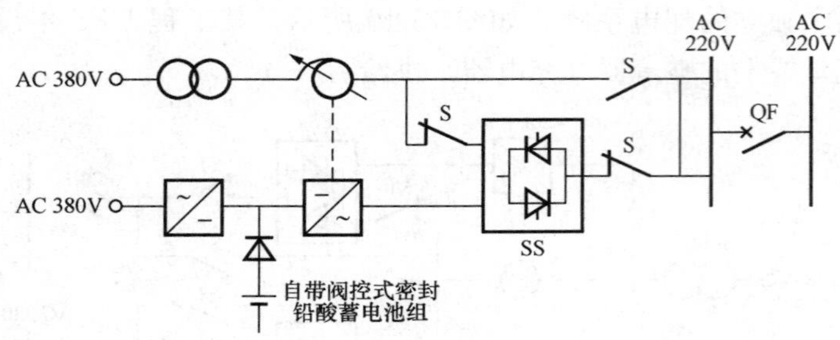

图 15-12　600MW 机组 UPS 接线（55kVA，80kVA 各一套，接线相同）

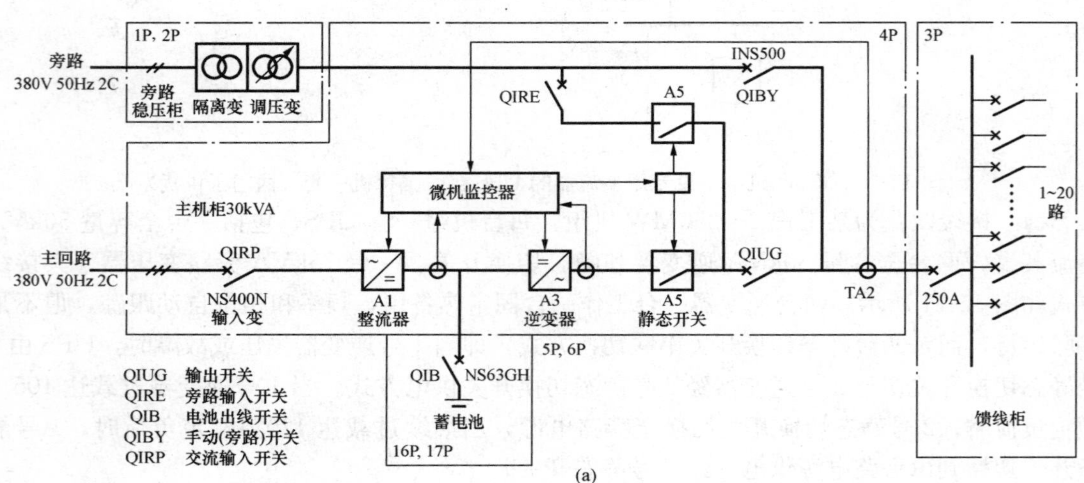

(a)

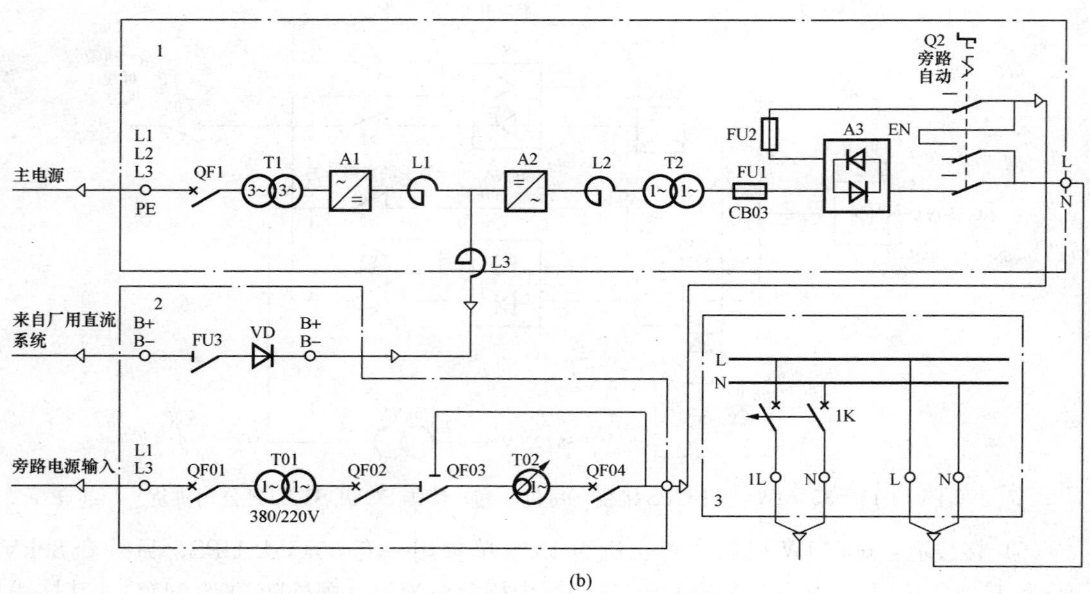

(b)

图 15-13　300～600MW 发电机组 UPS 接线

（a）UPS 接线一；（b）UPS 接线二

1—主机柜；2—旁路柜；3—馈线柜

（7）接线七：适用于220～500kV变电站，由2～3面屏组成。

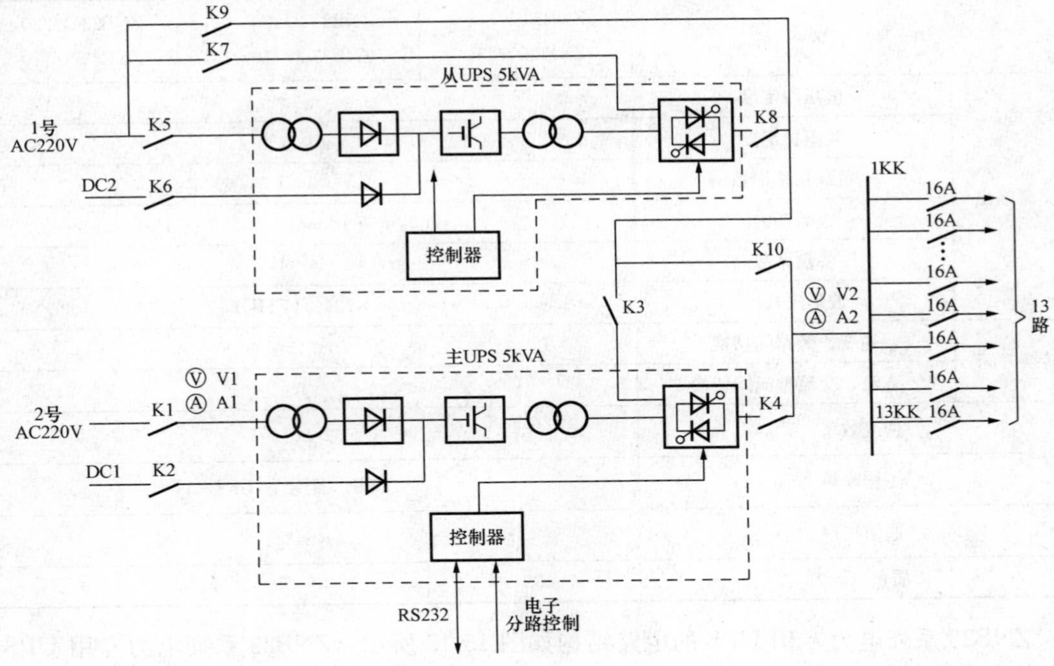

图15-14　220～500kV变电站UPS接线

15.10.5 国产UPS产品主要技术参数

2000年以前，电力用UPS产品绝大部分从国外进口，少量小容量UPS可国内生产。目前，各类UPS产品基本可自主生产。下面介绍许继电源有限公司UPS产品的类型和技术指标。

15.10.5.1 ZNB23系列电力专用UPS

该产品为19英寸3U模块结构，系统电路和运行参数显示齐全，可方便安装到电力机柜上。

ZNB23系列电力专用UPS的技术参数见表15-9。

表15-9　　ZNB23系列电力专用不间断电源技术参数表

型　号		ZNB23-1/220 ZNB23-1/110	ZNB23-2/220 ZNB23-2/110	ZNB23-3/220 ZNB23-3/110
额定容量（kVA）		1	2	3
交流输入	电压（V）	187～264		
	频率（Hz）	45～65		
直流输入	电压（V）	220V系统：186～143；110V系统：93～286		
交流输出	电压（V）	220		
	频率（Hz）	50		
	波　形	纯正弦波		

续表

型号		ZNB23-1/220 ZNB23-1/110	ZNB23-2/220 ZNB23-2/110	ZNB23-3/220 ZNB23-3/110
交流输出	电压稳定度	±1%		
	频率稳定度	±0.5%		
	负载功率因数	0～1		
	过载能力	120%负荷 10min，150%负荷 10s		
	峰值系数	4∶1		
	波形失真度	<2%（THD）		
转换时间	逆变、旁路间切换	<4ms		
	直流、交流整流间切换	0		
逆变效率		>80%		
工作噪声		<55dB（距装置 1m 处）		
通信接口		RS485		
质量（kg）		35	40	50

ZNB23 系列电力专用 UPS 的电路结构如图 15-15 所示。ZNB23 系列电力专用 UPS 模块外形如图 15-16 所示。

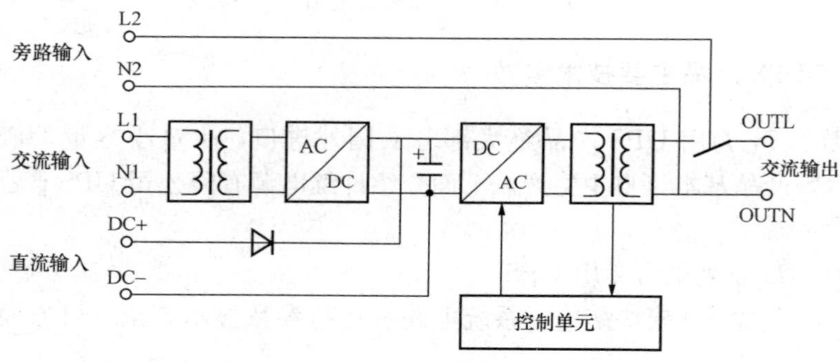

图 15-15　ZNB23 系列电力专用 UPS 电路结构

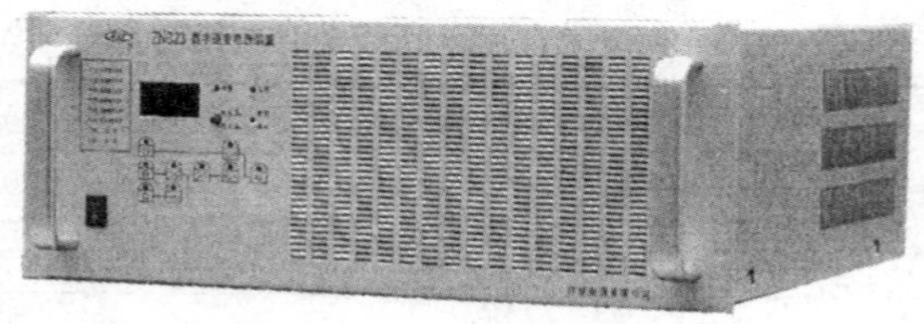

图 15-16　ZNB23 系列电力专用 UPS 模块外形

15.10.5.2　PBD-3 系列电力专用 UPS

该产品为标准机柜型式，系统电路和运行参数显示齐全。

PBD-3 系列电力专用 UPS 的电路结构如图 15-17 所示。

PBD-3 系列电力专用 UPS 的技术参数见表 15-10。

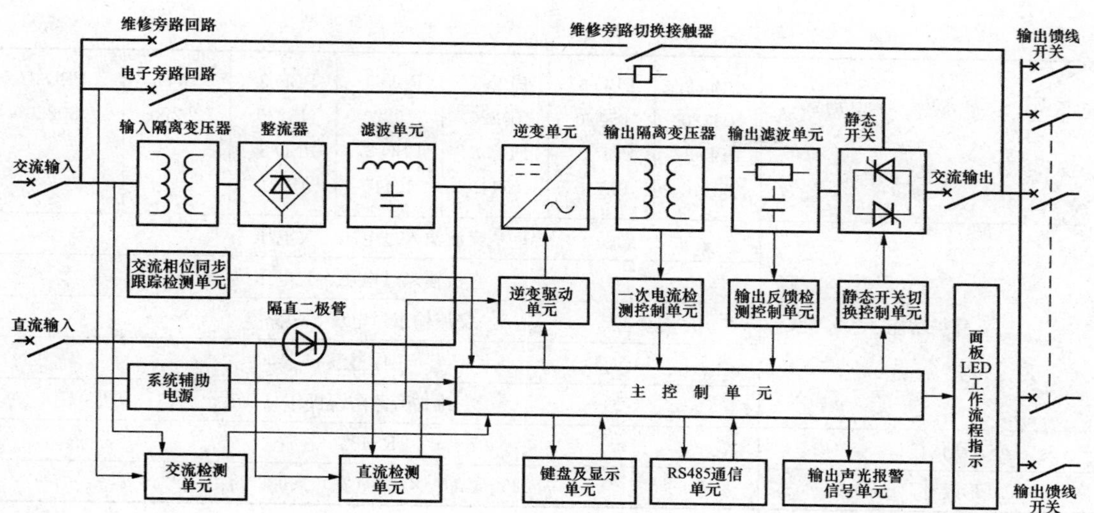

图 15-17 PBD-3 系列电力专用 UPS 电路结构

表 15-10 **PBD-3 系列电力专用 UPS 技术参数表**

技术参数 \ 产品型号	PBD-3/03220 PBD-3/03110	PBD-3/05220 PBD-3/05110	PBD-3/07220 PBD-3/07110	PBD-3/10220 PBD-3/10110	PBD-3/15220 PBD-3/15110	PBD-3/20220	PBD-3/30220
交流工作电源	三相三线 380×（1±15%），50×（1±10%）Hz						
直流工作电源（V）	220（工作范围 186～286），110（工作范围 93～143）						
旁路工作电源	单相 220V，50Hz×（1±10%）						
输出额定功率（kVA）	3	5	7.5	10	15	20	30
交流输入最大功率（kVA）	3.1	5.2	7.8	10.5	16	21	32
直流输入最大功率（kW）	2.7	4.5	6.7	9.0	13	18	26
交流输出电压（V）	220						
交流输出频率（Hz）	50						
稳压精度	≤2%						
稳频精度	≤1%						
波峰系数	3∶1						
满载效率	＞85%						
功率因数	0.8						
谐波失真度	≤3%（线性负荷），≤5%（非线性负荷）						
过载能力	120%满负荷 10min，150%满负荷 10s						
逆变旁路切换时间	＜4ms						
动态电压变化	≤5%						
设备噪声	≤55dB						

续表

技术参数 \ 产品型号	PBD-3/03220 PBD-3/03110	PBD-3/05220 PBD-3/05110	PBD-3/07220 PBD-3/07110	PBD-3/10220 PBD-3/10110	PBD-3/15220 PBD-3/15110	PBD-3/20220	PBD-3/30220
保护功能	交流输入过电压、欠电压						
	直流输入过电压、欠电压						
	交流输出过电压、短路						
	工作过温						
	维护旁路防误操作						
通信接口	RS485						
外形尺寸（mm）	2260（高）×800（宽）×600（深）						

PBD-3 系列电力专用 UPS 屏外形如图 15-18 所示。

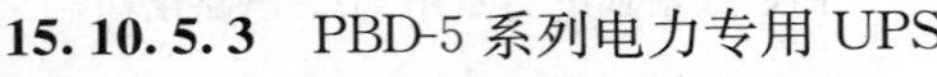

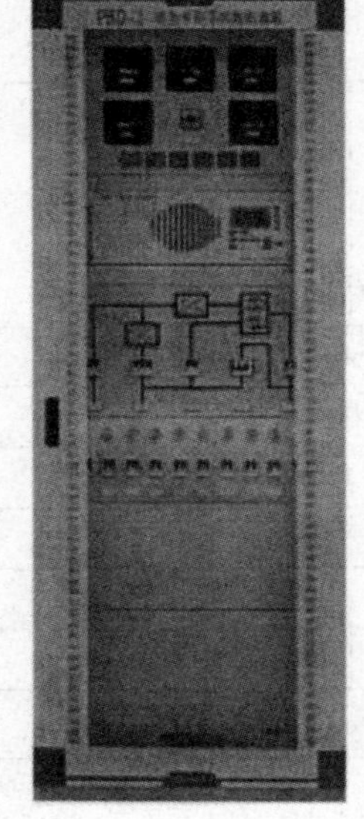

图 15-18　PBD-3 系列电力专用 UPS 屏外形

15.10.5.3　PBD-5 系列电力专用 UPS

该产品为逆变模块 $N+1$ 并联冗余工作方式，单模块输出功率为 3kVA，可以组成不同的容量系统。监控模块为彩色触摸屏，显示系统电路和运行参数。

PBD-5 系列电力专用 UPS 的电路结构如图 15-19 所示。

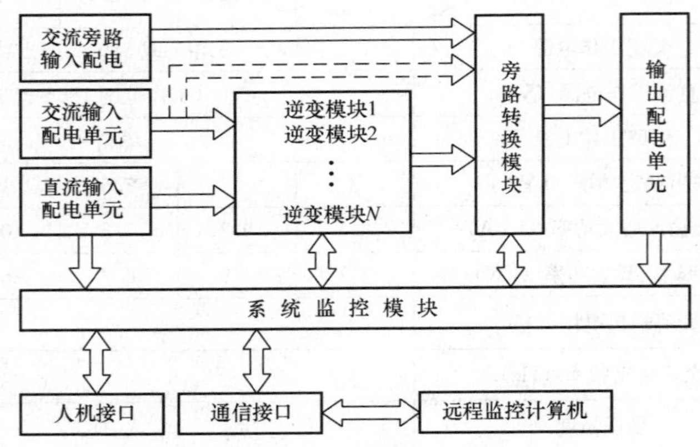

图 15-19　PBD-5 系列电力专用 UPS 电路结构

PBD-5 系列电力专用 UPS 的技术参数见表 15-11。

表 15-11　PBD-5 系列电力专用不间断电源技术参数表

主要项目		技术指标
输入	交流输入电压范围（V）	380×（1±20%）
	直流输入电压范围（V）	220（186～286），110（93～143）
	输入功率因数	≥0.92
	交流输入频率范围（Hz）	45～55

续表

主要项目		技术指标
逆变输出	频率跟踪范围（Hz）	45～55
	频率跟踪速率（Hz/S）	≤1
	输出稳压精度	±2%
	输出频率（Hz）	(50±0.5)
	输出波形失真度	≤3%
	动态电压瞬变范围	±5%
	瞬变响应恢复时间（ms）	≤40
	输出功率因数	0.8
	输出电流峰值系数	≥3∶1
	过载能力	>1min（过载 125%）
	并机负载电流不均衡度	≤5%
切　换	市电和直流切换时间	0ms
	旁路逆变切换时间	<4ms
整机电源效率		≥85%
耐　压	逆变模块（交流、直流、机壳两两之间）	AC2000V，50Hz，10mA 漏电流，1min
	屏体（交流、直流、机壳两两之间）	AC2000V，50Hz，10mA 漏电流，1min
噪　声		≤55dB（A）
通信接口		RS485
外形尺寸（mm）		2260（高）×800（宽）×600（深）

ZNB26 系列电力专用逆变模块外形、ZJQ12 交流监控模块及 PBD-5 系列电力专用 UPS 屏外形分别如图 15-20、图 15-21 和图 15-22 所示。

图 15-20　ZNB26 系列电力专用逆变模块外形

图 15-21　ZJQ12 交流监控模块外形

图 15-22　PBD-5 系列电力专用 UPS 屏外形

15.10.5.4 电力专用UPS的典型应用

一般ZNB23和PBD-3系列电力专用UPS产品为单机应用，对可靠性要求更高的场所，可采用如图15-23所示双机主从串联热备份的方式。

图中两台UPS一个为主机，另一个为从机，主机的旁路输入接至从机的交流输出，正常时由UPS主机向负载供电，当主机的逆变器故障时自动切换到旁路供电，由UPS从机不间断向负载供电。UPS的交流输入和交流输出均采用高可靠性的工频变压器隔离。维护旁路回路的交流接触器，通过旁路输入开关的辅助触点实现与UPS模块工作状态的联动，由此构成维护操作的防误闭锁功能：即UPS只有切换到旁路输出状态时维护旁路的接触器才能控制接通，反之维护旁路接通后，UPS锁定工作在旁路输出状态。

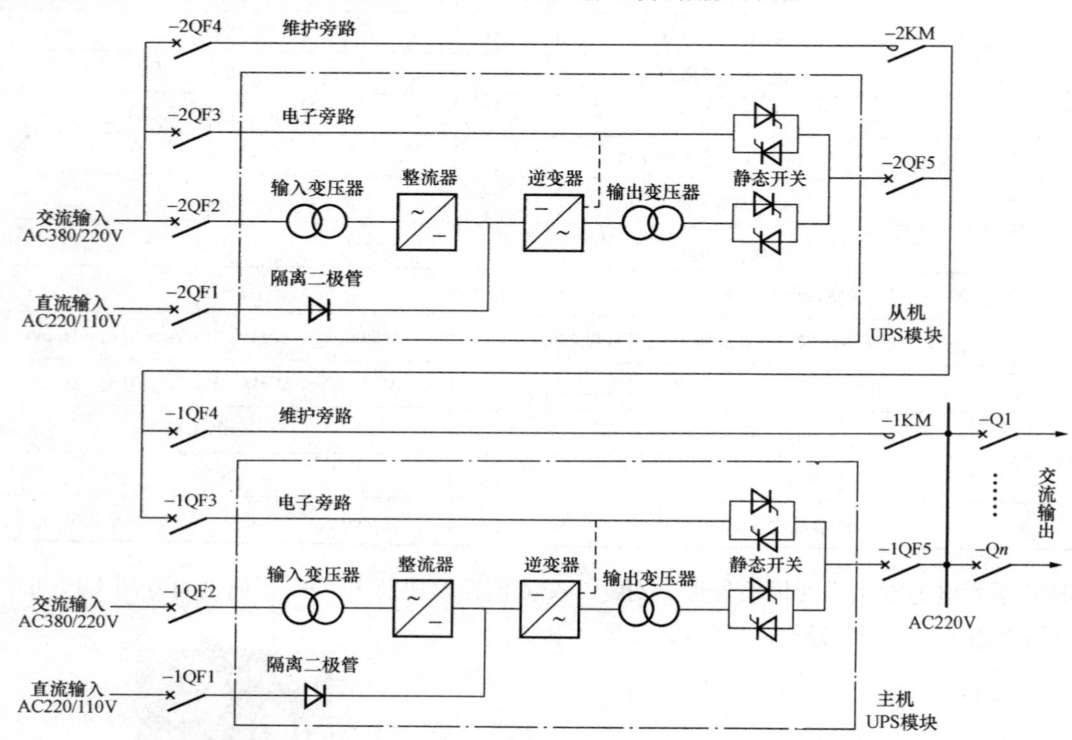

图15-23 电力专用UPS双机主从串联热备份系统结构图

16 直流系统的设备试验和维护

16.1 试验的目的及要求

产品试验是检验产品性能是否达到了规定的技术要求的试验，是检验产品质量的方法之一。产品试验非常重要，无论是质量体系认证，还是产品质量认证，都将试验作为衡量产品质量的重要手段之一。

产品试验可分为型式试验和出厂试验两种。

（1）型式试验。型式试验包括新产品的定型型式试验和在产品的定期型式试验。

新产品所进行的检验是新产品鉴定中必不可少的一个组成部分，只有通过型式试验合格以后，产品才能投入正式生产。

在产品的定期型式试验是为了验证产品生产一定期间内，产品性能是否仍能满足产品标准全部要求所进行的试验。它是验证全部生产过程中的工艺、生产流程、质量控制能否持续保证产品质量，满足技术要求的重要手段。当产品改变设计、制造工艺或主要元器件时，都应对改变后的首批合格产品进行试验；而产品在转产或异地生产时，也要进行型式试验，合格后才允许生产。

型式试验应由具有按技术标准要求的全部项目进行检测的能力、并由国家有关部门认可的试验单位施行试验。试验合格后，才能出具型式试验合格的试验报告。如果不按标准的全部项目进行试验，不能出具型式试验报告。

（2）出厂试验。产品投入生产后，每台产品要进行出厂试验。出厂试验一般由生产厂家的质检部门进行，当出厂试验合格后，应出具合格证明人的证书，产品才允许出厂。

16.2 试验内容及项目

产品型式试验应按有关国家标准和行业标准规定的全部项目进行。目前我国还没有制定有关直流电流设备的国家标准，制定的行业标准也仅为通用技术条件或订货技术条件。因此，企业必须依据行业标准来制定企业标准。按我国《标准法》的要求，鼓励企业制定高于行业标准或国家标准要求的企业标准，因此企业标准的检测项目不能少于有关行业标准和国家标准的规定的试验项目，技术指标也不应低于有关行业标准和国家标准的要求。

按照有关标准的规定，直流电源设备产品的型式试验一般应包括如下内容：

(1) 结构及外观。
(2) 充电装置的基本性能。
(3) 蓄电池的基本性能。
(4) 直流电源设备的基本功能。
(5) 绝缘性能。
(6) 耐湿热性能。
(7) 电磁兼容性能。
(8) 直流电源设备的防护、噪声、温升、功耗、防触电等性能。
型式试验和出厂试验的项目见表 16-1。

表 16-1　　直流电源设备型式试验和出厂试验项目表

序号	试验项目		试验分类		备注
			型式	出厂	
1	结构及工艺检查		√	√	
2	温度极端范围极限值		√	/	
3	充电装置充电特性		√	√	
4	充电装置稳压精度		√	√	
5	充电装置稳流精度		√	√	
6	充电装置纹波系数		√	√	
7	充电装置限压特性及限流特性		√	√	
8	充电装置的稳压和稳流调节范围		√	√	
9	效率		√	√	
10	高频开关电源的特殊要求		√	√	
11	蓄电池容量试验		√	√	
12	蓄电池事故放电能力		√	/	
13	蓄电池连接板压降		√	/	
14	直流电源设备的功能要求		√	√	
15	变差性能试验		√	√	
16	电气间隙及爬电距离		√	/	
17	绝缘性能	1. 绝缘电阻	√	/	
		2. 介质强度	√	√	
		3. 冲击电压	√	/	
18	温升		√	/	
19	噪声		√	/	
20	耐湿热性能		√	/	
21	防护等级		√	/	

续表

序号	试验项目		试验分类		备注
			型式	出厂	
22	防触电措施		√	/	
23	抗扰度试验	1. 1MHz（100kHz）振荡波抗扰度试验	√	/	
		2. 静电放电抗扰度试验	√	/	
		3. 射频电磁场辐射抗扰度试验	√	/	
		4. 电快速瞬变脉冲群抗扰度试验	√	/	
		5. 浪涌（冲击）抗扰度试验	√	/	
		6. 射频感应的传导骚扰抗扰度试验	√	/	
		7. 工频磁场抗扰度试验	√	/	
		8. 阻尼振荡磁场抗扰度试验	√	/	
		9. 电压暂降、短时中断及电压变化抗扰度试验	√	/	
24	电磁发射试验	1. 传导发射限值	√	/	
		2. 辐射发射限值	√	/	
		3. 谐波电流限值	√	/	
		4. 电压变动和闪烁限值	√	/	
25	高频开关充电装置杂音电压测试		√	√	

注 表中“√”表示要做的试验项目；“/”表示不做该试验项目。

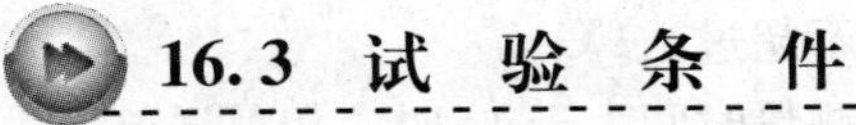

16.3 试 验 条 件

16.3.1 正常试验条件

（1）试验环境条件：

1）除另有规定外，试验应在标准大气条件下进行。

2）标准试验大气条件如下：

环境温度：15～35℃。

相对湿度：45%～75%。

大气压力：86～106kPa。

（2）试验电源条件：

1）交流电源频率：50Hz±0.5Hz。

2）交流电源波形：正弦波、波形畸变因数不大于5%。

3）交流电源中的直流分量：零，允许偏差为峰值的2%。

4）直流电源中的交流分量（纹波）：零，允许偏差为不大于6%。

5）三相交流电源系统的不平衡度：应不大于5%。

6）当出现争议时，应在规定的基准条件下进行仲裁试验。

16.3.2 仲裁试验基准条件

（1）试验环境条件：

1）环境温度：20℃±2℃。

2）相对湿度：45%～75%。

3）大气压力：86～106kPa。

（2）试验电源条件：

1）交流电源频率：50Hz±0.25Hz。

2）交流电源波形：正弦波，波形畸变因数不大于2%。

3）交流电源中的直流分量：零，允许偏差为峰值的2%。

4）直流电源中的交流分量（纹波）：零，允许偏差不大于6%。

5）三相交流电源系统的不平衡度：应不大于1%。

16.3.3 对试验用仪器、仪表的要求

除另有规定外，试验中所使用的仪器、仪表精度应满足下列要求：

1）一般使用的仪表精度应根据被测量的误差等级按表16-2进行选择。

表16-2　测试仪表精度要求

误　差	≤0.5%	0.5%～1.5%	1.5%～5%	≥7.5%
仪表精度	0.1级	0.2级	0.5级	1.0级
数字仪表精度	6位半	5位半	4位半	4位表

2）测量相位用仪表误差不低于1.0级。

3）测量温度用仪表误差不超过±1℃。

4）测量时间用仪表：当测量时间大于1s时，相对误差不大于0.5%；测量时间小于1s时，相对误差不大于0.1%。

5）其他测试仪器、仪表精度应符合有关标准。

6）所使用的仪器、仪表都应在计量检定的有效期内。

表16-1所列各试验项目的试验方法可参考有关试验标准，此处不再一一列举。下面介绍有关电磁兼容的部分项目试验方法，仅供参考。

16.4 电磁兼容—抗扰度部分项目试验方法

16.4.1 1MHz脉冲群抗扰度试验

（1）试验依据：GB/T 17262.12—1998《电磁兼容试验和测量技术　振荡波抗扰度试验》。

（2）脉冲群抗扰度试验的试验电压参数。在脉冲群骚扰源发生器开路时，发生器端子上的试验电压参数为：

1）波形：其包络线在第3～6个周期之间衰减到峰值的50%的衰减振荡波。

2）频率：1MHz 和 100kHz，允差±10%。

3）重复率：1MHz，试验波应以电力系统频率的每个周期 6～10 个脉冲，而且应与电力系统频率不同步；100kHz，不低于 40 次/s。

4）第一峰值的上升时间：当在峰值的 10%～90%之间测量为 75×（1±20%）ns。

5）试验电压值：①试验电压分三级，见表 16-3；②试验电压的允差为 $U^{0}_{-10\%}$；③试验电压波形如图 16-1 所示。

6）发生器的其他参数

电源阻抗：电阻为 200Ω，允差±20%。

发生器公共端应牢固接地，试验接线如图 16-2 所示。

表 16-3　　试验电压等级（kV）

严酷等级	1	2	3
共模	0	1	2.5
差模	0	0.5	1

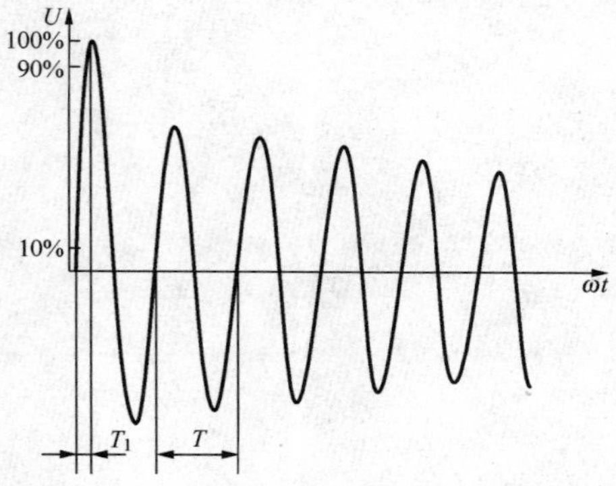

图 16-1　脉冲群干扰试验电压波形图

T_1—上升时间 75×（1±20%）ns；

T—振荡周期（100kHz 为 10μs，1MHz 为 1μs）

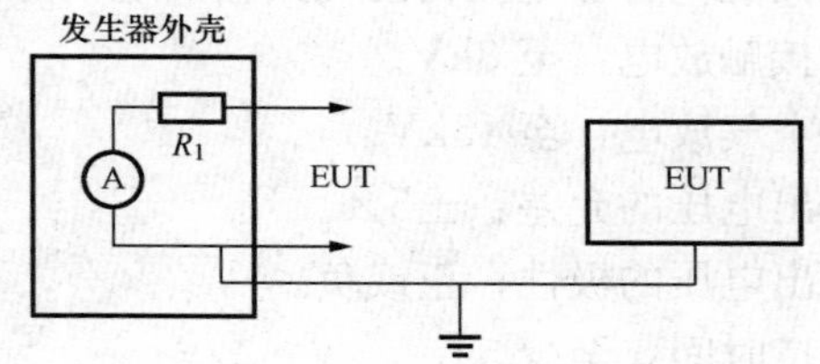

图 16-2　脉冲群抗扰度试验接线图

A—脉冲群试验发生器；R_1—电源阻抗：电阻为 200Ω

注：为了检查输出参数，可将示波器接入电路中；当试验电压加到继电器及装置屏上时，应将示波器与电路完全断开。

（3）试验严酷等级：除非另有规定，直流电源设备试验严酷等级为 3 级。

（4）试验条件：试验应在规定的标准大气条件下进行，其中相对湿度为 25%～75%。

（5）试验程序：

1）试验时，交流输入激励量应为额定电压，输出电路负载和电路特性应由企业标准规定。

2）被试产品应带有屏体进行试验，所有指定接地的部位应当接地。

3）试验电压应施加于下述从壳体外面易于接近的适当点之间：

共模试验：加于每个独立的电路与地之间，每个独立的电路和所有对地耦合在一起的其他独立电路之间。

差模试验：加于同一电路的端子之间。

试验的施加时间应为 2s（允差 $t_{0}^{+10\%}$）。

（6）试验结果及合格判定。

1）试验结果。抗扰度试验可能出现四种结果：①试验过程中能正常工作；②试验过程中出现部分功能丧失，技术性能下降，但试验后能自动恢复；③试验过程中出现部分功能丧失，技术性能下降，试验后不能自动恢复，需要人工调整后才能恢复；④试验过程中出现功能丧失，性能下降，元器件损坏，微机中的软件不能正常工作，出现死机状态等。

2）合格判定：在试验结果为①与②时，判定为合格；在试验结果为③与④时，判定为不合格。

16.4.2 静电放电抗扰度试验

(1) 试验依据：GB/T 17626.2—1998《电磁兼容试验和测量技术　静电放电抗扰度试验》。

(2) 试验设备：

1）静电放电发生器。静电放电发生器的简化原理如图 16-3 所示。

2）静电放电发生器的主要技术参数：

储能电容$(C_s+C_d)=150\times(1\pm10\%)$pF。

放电电阻$R_d=330\times(1\pm10\%)\Omega$。

充电电阻$R_c=500\sim100\text{M}\Omega$。

在储能电容器上测得的开路输出电压为：

对接触放电：至 8kV。

对空气放电：至 15kV。

输出电压的允差：±5%。

输出电压的极性；正或负。

保持时间：至少 5s。

3）放电操作方式。

单次放电：每两次放电间隔时间至少 1s。

发生器的重复率：应大于 20 次/s。(仅用于研究性的放电试验)

4）放电电流的波形及有关参数。

波形：如图 16-4 所示。

波形的参数：见表 16-4。

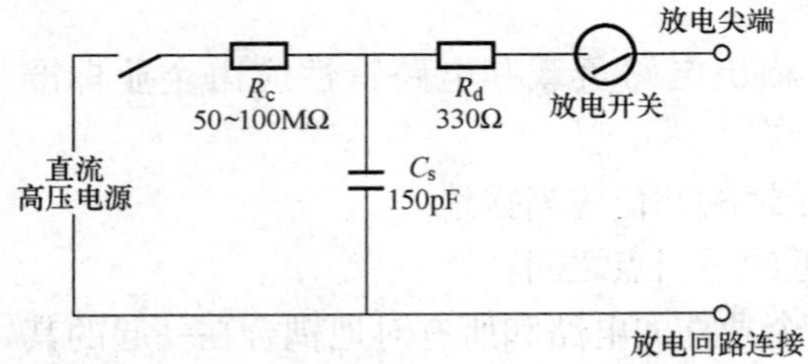

图 16-3　静电放电发生器的简化原理图

注：图中省略的 C_d 是存在于发生器、被试产品、基准接地平面和耦合平板之间的分布电容。由于该电容分布于整个发生器，因此无法将它在电路中标明出来。

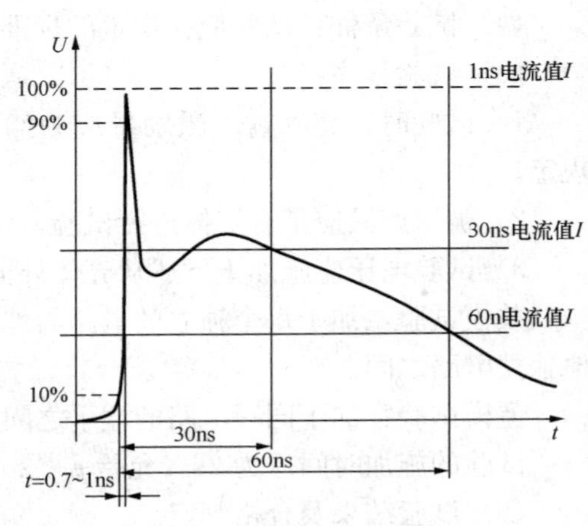

图 16-4　放电电流的典型波形

表 16-4 放电电流波形参数

等级	指示电压（±5%，kV）	放电的第一峰值电流（±10%，A）	放电开关操作时的上升时间（ns）	在 30ns 时的电流（±30%，A）	在 60ns 时的电流（±30%，A）
1	2	7.5	0.7～1	4	2
2	4	15.0	0.7～1	8	4
3	6	22.5	0.7～1	12	6
4	8	30.0	0.7～1	16	8

发生器应有阻止发生不希望有的脉冲性或连续性辐射和传导的措施，以免使被试产品或辅助试验设备受外界干扰的影响。

5）试验设备的配置：

a. 接地基准平面。应放置于实验室地面上或工作台上，接地基准平面是用至少为 0.25mm 厚的钢或铝板；也可以用厚度为 0.65mm 的其他板。基准平面的尺寸至少为 $1m^2$，其具体尺寸由被试产品的大小决定。

b. 接地基准平面的四周应超出被试产品。与耦合平面间的距离应大于 0.5m；与保护接地系统连接，并且符合安全规定。

c. 接地。所有接地的部件至少用 20mm 宽的铜带或铜条与接地基准平面连接。

d. 被试产品的安装。被试产品与周围墙壁和附近金属结构之间的距离至少为 1m。

e. 对接线电缆的要求。连接被试产品各部分的电缆应与接地基准平面保持的距离至少为 0.1m，放电发生器的放电回路在被试产品附近直接与接地基准平面连接，其电缆的总长度一般为 2m。

发生器放电回路返回电缆应与被试产品和除接地平面之外的金属表面保持至少为 0.2m 的距离。

如需要监测装置，应去耦，以减少出现错误显示的可能性。

(3) 严酷等级：见表 16-5。严酷等级以放电发生器储能电容器的充电电压来表示。

表 16-5 严酷等级（kV）

等　级	试验电压×（1±15%）		等　级	试验电压×（1±15%）	
	接触放电	空气放电		接触放电	空气放电
0	—	—	3	6	8
1	2	2	4	8	15
2	4	4			

除另有规定外，直流电源设备试验严酷等级为 3 级。

(4) 试验条件：试验应在规定的标准大气条件下进行，其中相对湿度为 30%～60%。

(5) 试验程序：

1）试验时应将输入激励量和负载施加在相应的回路上，其值应为额定值。

2）试验点的选择原则。应是在正常工作下操作者易于接近的部位，包括去掉产品外罩才能接近的整定部位，但不包括去掉产品外罩后还需要去掉任一部分才能整定调整的部位。

直流电源设备面板上主要的试验点（部位）有：①正常工作易于接触的旋钮、按钮、开关、端子等；②导电部分接近其绝缘材料盖子内面上的部位；③不属于被试产品，但靠近具有绝缘盖的被试产品的导电部件上的部位。

3）放电方式的选择：

a. 接触放电法，即直接将试验电压施加在被试产品导电的表面是优先选用的方法。

b. 空气放电法，只有在被试产品可接近的表面为非导电材料时，才采用空气放电法。

4）放电发生器的试验电压应调整到所选试验严酷等级的水平。

5）试验应以单次放电来进行，所选的每一试验点，应以试验电压的正极和负极分别重复进行 10 次放电。

连接单次放电的时间间隔为 1s，如果为了确定是否出现问题，也可以加长时间间隔。

被试验各点可以每秒 20 次或更多次的重复率进行试控。

6）试验方法：放电发生器应与被试产品的放电表面相垂直，这样方法可提高试验结果的重复性。

7）试验结果及合格判据：同 1MHz（100kHz）脉冲群抗扰度试验。

16.4.3 电快速瞬变脉冲群抗扰度试验

（1）试验依据：GB/T 17626.4—1998《电磁兼容试验和测量技术 电快速瞬变脉冲群抗扰度试验》。

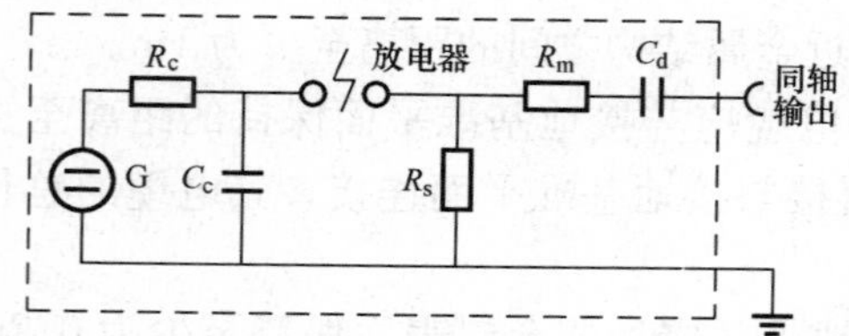

图 16-5 快速瞬变试验发生器电路简图

G—高压电源；R_s—脉冲持续时间形成电阻；R_c—充电电阻器；R_m—阻抗匹配电阻器；C_c—储能电容器；C_d—隔直流电容器

（2）试验设备：

1）快速瞬变试验发生器。发生器的电路简图如图 16-5 所示。

发生器的特性如下：

开路输出电压(储能电容器电压)：$0.25^{0}_{-0.025}$～$4^{0.4}_{0}$kV，发生器应具有在短路条件下工作的能力。

最大能量：2kV 时 50Ω 负载上的能量为 4m/J 脉冲。

极性：正或负。

输出特性：同轴。

动态源阻抗：在 1～100MHz 之间为 50×(1±20%)Ω(源阻抗可通过分别在无负载和 50Ω 负载条件下输出脉冲峰值加以验证，比例为 2∶1)。

发生器内部的隔离直流电容器：10nF。

脉冲重复频率：输出电压 0.25kV，脉冲频率 5×(1±20%)kHz；

输出电压 0.5kV，脉冲频率 5×(1±20%)kHz；

输出电压 1kV，脉冲频率 5×(1±20%)kHz；

输出电压 2kV，脉冲频率 2.5×(1±20%)kHz；

输出电压 4kV，脉冲频率 2.5×(1±20%)kHz。

脉冲上升时间：5×(1±30%)ns。

脉冲重复时间(50%值)：50×(1±30%)ns。

50Ω 负载上匹配输出的脉冲波形：如图 16-6 所示。

与电源关系：异步。

脉冲群持续时间：15×(1±20%)ms，如图 16-7 所示。

脉冲群周期：300×(1±20%)ms，如图 16-7 所示。

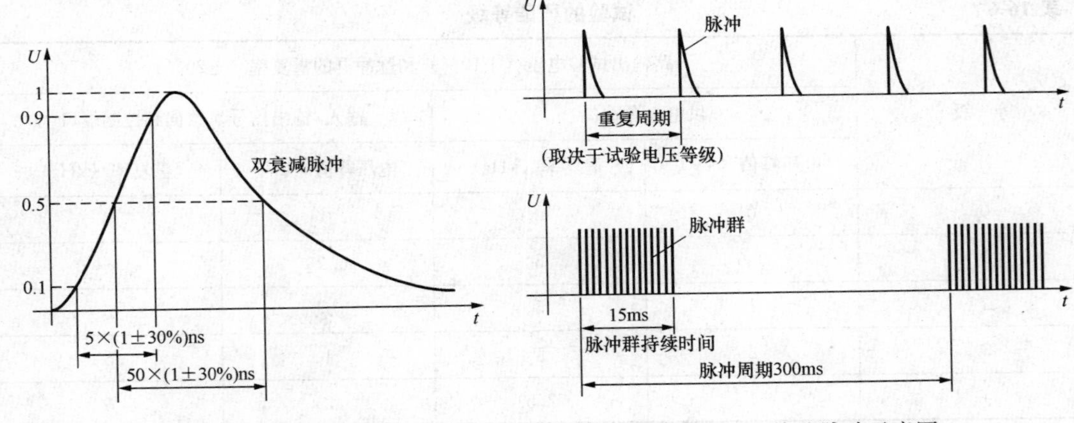

图 16-6　接 50Ω 负载时的单个脉冲波形　　图 16-7　快速脉冲示意图

2）耦合/去耦网络。利用耦合/去耦网络，将电快速瞬变抗扰度试验的试验电压施加于被试产品，是优选的试验方法。除制造厂另有规定外，试验电压应以共模方式施加到被试产品的所有输入和输出电路。

耦合/去耦网络的特性参数如下：

频率范围：1～100MHz。

耦合电容器：33nF。

耦合衰减：＜2dB。

非对称状态下的去耦衰减：＞20dB。

网络内各线间的相互干扰衰减：＞30dB。

耦合电容器的绝缘（耐受冲击电压）能力：承受冲击电压幅值为 5kV；冲击电压的脉冲波形 1.2/50μs。

3）电容耦合夹。在施加电快速瞬变抗扰度试验的试验电压于电路时，若不能直接接至电路端子，或在接入耦合/去耦网络会破坏被试装置运行时，就要使用规定的电容耦合夹。

电容耦合夹的特性参数如下：

电缆与耦合夹之间的典型耦合电容：50～200pF。

圆形电缆的适用直径范围：4～40mm。

绝缘（耐受冲击电压）能力：承受冲击电压幅值为 5kV；冲击电压脉冲波形 1.2/50μs。

接地基准平面：为建立可再现的电容耦合条件，该平面由一块金属板构成，其导电性能至少相当于铝金属，厚度至少为 0.3m，面积至少为 $1m^2$。接地基准平面的各边均应超出被试产品至少 0.1m，接地基准平面应接到实验室的接地系统。

（3）试验布置：

1）被试产品应尽可能在接近安装条件下进行试验，并应装上外壳，所需接地部分都应当用至少长为 20mm 的宽铜带接地。

2）被试产品应放置于接地基准平面上，但要用至少 0.1m 厚的绝缘支座将装置与接地基准平面隔开。被试产品与墙及装置附近的金属物件的距离至少为1m。

3）被试产品各部分互相连接的电缆与接地基准平面之间应保持至少0.1m的距离。

（4）试验的严酷等级：见表16-6。除非另有规定，直流电源设备试验严酷等级为3级。

表16-6　　试验的严酷等级

等级	开路输出试验电压（±10%）和脉冲群的重复率（±20%）			
	供电电源端口		输入/输出信号、数据和控制端口	
	电压峰值（kV）	重复率（kHz）	电压峰值（kV）	重复率（kHz）
0	0	0	0	0
1	0.5	5	0.25	5
2	1	5	0.5	5
3	2	5	1	5
4	4	2.5	2	5

（5）试验条件：试验应在规定的标准大气条件下进行，相对湿度为25%～75%。

（6）试验程序：

1）被试产品施加激励量：

a. 输入回路：额定值。

b. 输出电路负载：额定值。

2）试验电压的施加：以共模方式施加并检查其影响，其电压值按严酷等级的规定。

3）试验电压施加的时间：每次检查一个回路，每一个极性的试验时间至少1min。

对动作时间大于1min的被试装置，建议以最小时间整定值进行试验，加抗扰度信号的时间可延长，以覆盖最小动作时间。

（7）试验结果及合格判据：同1MHz（100kHz）振荡波抗扰度试验。

16.4.4　浪涌（冲击）抗扰度试验

（1）试验依据：GB/T 17626.5—1999《电磁兼容试验和测量技术　浪涌（冲击）抗扰度试验》。

（2）试验设备：

1）混合波信号发生器（1.2/50μs～8/20μs），其原理图如图16-8所示。选择元件R_{s1}、R_{s2}、R_m、L_r和C_c的值，可使发生器产生1.2/50μs的电压冲击（开路条件）和8/20μs电流冲击（短路情况），这是一种混合浪涌干扰发生器。

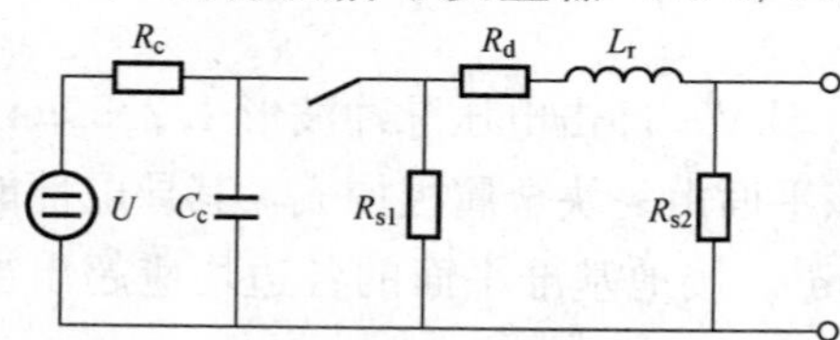

图16-8　混合波信号发生器原理图
U—高压电源；R_c—充电电阻；C_c—储能电容；R_{s1}—脉冲波形时间保持；R_{s2}—阻抗匹配电阻；R_d—上升时间形成电阻；L_r—电感

信号发生器的等效输出阻抗为2Ω。

信号发生器的特性及参数如下：

开路输出电压：0.5～4.0kV。

开路（浪涌）电压波形：如图16-9和表16-7所示。

表 16-7 **1.2/50μs 波形参数定义**

定　义	根据 GB/T 16927.1		根据 IEC 469-1	
	波前时间（μs）	半峰值时间（μs）	上升时间（10%～90%）（μs）	持续时间（50%～50%）（μs）
开路电压	1.2	50	1	50
短路电流	8	20	6.4	16

注　在现行 IEC 出版物中，1.2/50μs 和 8/20μs 波形通常按 GB/T 16927.1—1997《高电压试验技术第一部分：一般试验要求（egv IEC 60-1：1989）》规定，如图 16-9 和图 16-10 所示；其他的 IEC 推荐标准按 IEC 469-1：1987《脉冲技术和设备第一部分：脉冲术语和定义》规定波形，见表 16-7。

开路输出电压误差：±10%。

短路输出电流：0.25～2kA。

短路（浪涌）电流波形：如图 16-10 和表 16-7 所示。

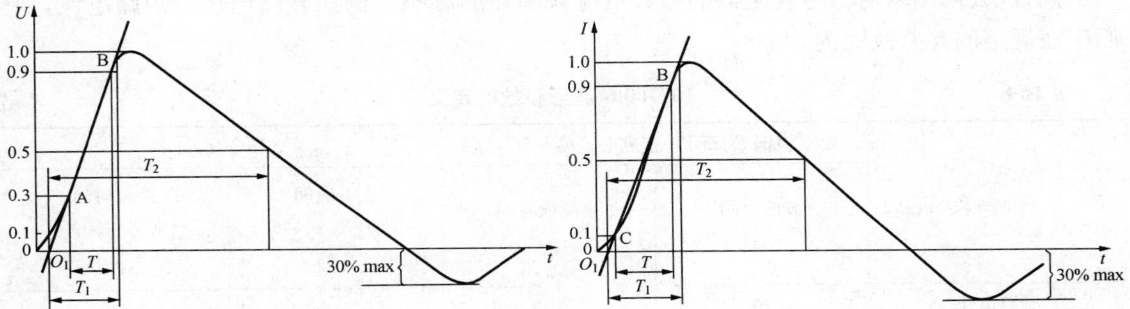

图 16-9　开路电压波形（1.2/50μs）

波头时间：$T_1=1.67T=1.2\times(1\pm30\%)$ μs。

半峰值时间：$T_2=50\times(1\pm20\%)$ μs。

图 16-10　短路电流波形（8/20μs）

波头时间：$T_1=1.25T=8\times(1\pm20\%)$ μs。

半峰值时间：$T_2=20\times(1\pm20\%)$ μs。

开路输出电流误差：±10%。

极性：正极/负极。

相位偏移：0°～360°随交流线路的相角变化。

重复率：每分钟至少一次。

2）10/700μs 信号发生器：其原理如图 16-11 所示，选定元件 R_c、C_c、R_s、R_{m1}、C_s 和 R_{m2} 的数值，可以产生 10/700μs 浪涌信号。

发生器的特性和参数如下：

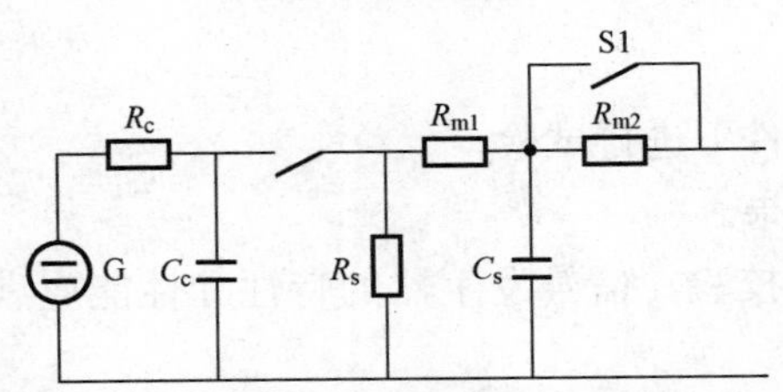

图 16-11　10/700μs 脉冲信号发生器原理图

G—高压电源；R_c—充电电阻；C_c—储能电容（20μF）；R_s—脉冲持续时间电阻（50Ω）；C_s—上升时间形成电容（0.2μF）；S1—使用外部匹配电阻时，开关合上；R_m—阻抗匹配电阻（$R_{m1}=15\Omega$，$R_{m2}=25\Omega$）

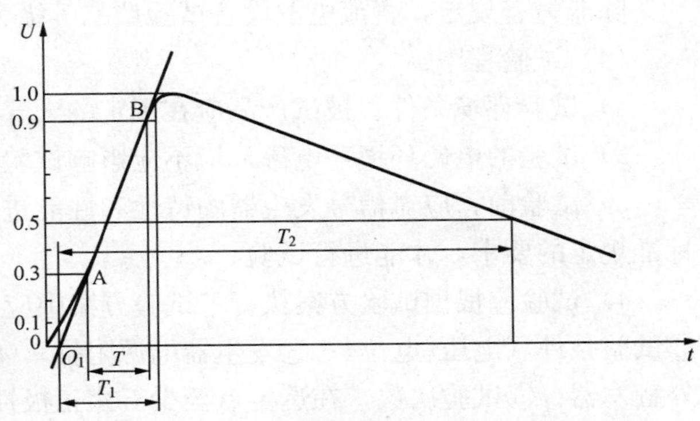

图 16-12　开路电压波形（10/700μs）

开路输出电压：0.5～4.0kV。

开路（浪涌）电压波形：如图16-12和表16-8所示。

开路输出的电压误差：±10%。

短路输出电流：12.5～100A。

短路（浪涌）电流波形：见表16-8。

短路输出电流误差：±10%。

极性：正极/负极。

重复率：每分钟一次。

3）耦合/去耦网络。耦合/去耦网络的额定参数如下：

耦合电容 C：9μF 或 18μF。

电源去耦电感 L：1.5mH。

耦合/去耦网络对信号发生器的参数不应有明显的影响，例如开路电压、短路电流，它们应在规定的允差范围内。

表16-8　10/700μs 波形参数的定义

定　义	根据CCITT，蓝皮书，第九卷		IEC 469-1	
	波前时间 (μs)	半峰值时间 (μs)	上升时间 (10%～90%) (μs)	持续时间 (50%～50%) (μs)
开路电压	10	700	6.5	700
短路电流	—	—	4	300

注　在现行IEC和CCITT出版物中，10/700μs 波形通常按GB/T 16927.1规定，如图16-12所示；其他的IEC推荐标准按IEC 469-1规定的波形，见表16-8所示。

（3）试验等级：见表16-9。

表16-9　试　验　等　级

等级	开路试验电压（±10%，kV）	等级	开路试验电压（±10%，kV）
1	0.5	3	2.0
2	1.0	4	4.0

除非另有规定，直流电源设备试验严酷等级为3级。

（4）试验程序：

1）试验环境条件：被试产品应在规定的大气条件下进行试验。

2）试验的电磁环境：电磁环境不应影响试验结果。

3）试验前，应对信号发生器的特性和性能进行校验。信号发生器的特性和性能应满足标准规定的要求，才能进行试验。

4）试验应根据试验方案执行。试验方案中应规定以下内容：①发生器和其他使用设备；②试验条件（电压/电位）；③发生器电源阻抗；④浪涌（冲击）波的极性；⑤发生器的内、外触发器；⑥试验次数，在选定点至少五次正极性，五次负极性；⑦重复率，最快为每分钟一次；⑧试验的输入和输出；⑨被试产品的典型工作条件；⑩向线路施加浪涌的顺序；⑪交流电源的相角；⑫安装的实际条件；⑬交流中性点接地、直流（+）或（-）接地、模拟实际接地条件。

5）激励量施加：如果没有其他规定，施加的浪涌信号应在交流电压波（正和负）的零值和峰值处同步加入。

浪涌信号应施加到线—线和线—地之间。进行线与地试验时，如没有其他规定，试验电压必须逐次地施加到每一线路和地之间。

考虑到被试产品的非线性电流—电压特性，施加的电压只能从低等级逐步增加到规定试验等级的电压。

（5）试验结果及合格判据：同1MHz（100kHz）脉冲群抗扰度试验。

16.5 直流系统的技术管理

16.5.1 管理机构

设置直流电源系统专职管理人员，建立有效的直流电源装置技术监督网，负责所辖发电厂、变电站等直流电源装置的运行监督和归口管理工作。

16.5.2 管理工作内容

1）宣贯有关直流电源技术标准、规程、规定和预防事故措施。

收集、整理直流电源装置的技术资料，建立直流电源装置的技术档案，包括系统设计选型、方案审查、设计图纸、设备监造、安装试验、交接验收、产品使用说明书、设备图纸、试验报告、产品合格证、蓄电池充放电曲线和内阻值、运行维护记录等设备技术资料全过程管理；

认真执行国家、行业、企业及上级有关直流电源系统的技术规范、反事故措施，杜绝直流系统事故。

2）组织单位直流电源系统的运行分析、设备评估等工作，做好直流电源系统的交接验收、运行维护，提高直流电源系统的运行水平和可靠性。

3）开展有关直流电源系统的技术分析和研究。

4）参加单位有关事故调查，修订和完善单位直流电源系统预防事故措施和技术规范，并监督贯彻与实施。

16.6 直流系统的运行维护

16.6.1 设备配置要求

（1）发电厂、220kV及以上变电站应满足两组蓄电池、两台高频开关电源或三台相控充电装置配置要求。

（2）110kV变电站应满足一组蓄电池、一台高频开关电源或两台相控充电装置的配置要求。部分重要110kV变电站可配置两组蓄电池，两台高频开关电源或三台相控充电装置。

(3) 35kV 及以下电压等级的变电站原则上应采用蓄电池组供电；对原有运行采用“电容储能”、硅整流器、48V 电池简易直流电源装置或无直流电源的变电站，应安排更换和改造。

(4) 采用阀控式密封铅酸蓄电池配套的充电装置的稳压精度和稳流精度均应不大于±1%，输出电压的纹波系数应不大于1%。

(5) 220kV 及以上变电站直流电源装置除由本站电源的站用变压器供电外，还应具有可靠的外来独立电源站用变压器供电。同时应满足两台及以上站用变压器的配置要求。

(6) 直流系统熔断器应分级配置，上下级熔体应满足选择性配合要求。直流熔断器或自动空气断路器应采用相同的型号，宜选用同一厂家的系列产品。

16.6.2 运行方式要求

(1) 220kV 及以上变电站直流母线应采用分段运行的方式，并在两段直流母线之间设置联络断路器或隔离开关，正常运行时断路器或隔离开关处于断开位置。每段母线应分别采用独立的蓄电池组供电，每组蓄电池和充电装置应分别接于一段母线上。当装有第三台充电装置时，其可在两段母线之间切换，任何一台充电装置退出运行时，投入第三台充电装置。

(2) 为使蓄电池始终处于满容量备用状态，各组蓄电池均应采用全浮充电方式运行，各类蓄电池的充电电压应严格按制造厂规定进行。

(3) 铅酸蓄电池长期处于浮充电方式运行，会使单体蓄电池端电压、密度、容量等产生不均衡现象，甚至出现“硫化”，为防止此类现象发生，运行中蓄电池必须严格按照有关规程规定进行均衡充电和核对性充放电。

(4) 为防止蓄电池极板开路造成事故，应作好蓄电池巡检、定期测量单体电池电压或采取其他技术手段。

(5) 阀控式密封铅酸蓄电池除不测量密度，不添加蒸馏水之外，其他维护工作与一般蓄电池同等对待。

(6) 直流熔断器或自动空气断路器投运前应进行安秒特性和动作电流抽检，同一条支路上不宜混用空气断路器和熔断器。

(7) 选用自动空气断路器时，必须选用合格的直流空气断路器，严禁采用交流空气断路器。

16.6.3 安全技术措施

(1) 蓄电池应处于完好满容量充电状态，投产前应对蓄电池进行全容量核对性充放电，并应与制造厂提供的放电曲线、内阻值（阀控式）相吻合。必要时由蓄电池制造企业现场指导安装或进行充放电工作。

(2) 充电装置交流供电输入端应采取防止电网浪涌冲击电压侵入充电模块的技术措施。

(3) 当装置或系统在动力母线与控制母线设有降压装置时，应采取防止降压装置开路造成控制母线失压的措施。

(4) 采用高频开关模块整流的充电装置，整流模块最低应满足“$N+1$”配置，并采用并列方式运行，保证任意充电模块发生故障都不影响直流系统运行。

16.7 直流电源设备订货技术条件

直流设备订货技术条件应根据各地的系统配置、设备性能、数量以及当地环境条件和管理要求制定，本技术条件仅供参考。

16.7.1 技术要求

16.7.1.1 环境条件

（1）海拔高度：≤1000m。

（2）环境温度：－5～＋40℃。

（3）日温差：20℃。

（4）相对湿度：≤90%（相对环境温度20℃±5℃）。

（5）抗震能力：地面水平加速度0.38g；地面垂直加速度0.15g；同时作用持续3个正弦波，安全系数≥1.67。

（6）室内垂直安装。

（7）具有防雷、防过电压措施。

16.7.1.2 基本参数

（1）直流系统电压、电流：（要求配置自冷模块）

额定电压：________V；额定电流：________A；单模块额定电流：________A。

（2）模块型号和数量：型号：________；数量：________；

（3）充电屏型号：________；数量：________（面）；

（4）馈线屏型号：________；数量：________（面）；

合闸母线馈出回路数：________；额定电流：________A；其中____路____倍短路倍数。

控制母线馈出回路数：________；额定电流：________A；其中____路____倍短路倍数。

分电屏：________面，每面布置的空气断路器数量不少于________个。

（5）蓄电池屏型号：________；数量：________（面）；

（6）蓄电池：（不在报价范围内）

电池类型：阀控式密封铅酸蓄电池　　生产厂家：________；

型号：________；　　电池容量：________（Ah）；

数量：________（只）；　　单体电压：________（V）；

（7）交流电源：额定电压380V；工作频率（50±1）Hz。

（8）绝缘和耐压：直流母线对地绝缘电阻应不小于20MΩ，所有二次回路对地绝缘电阻应不小于2MΩ。整流模块和直流母线的绝缘强度，应能承受工频2kV试验电压，耐压1min，无绝缘击穿和闪络现象。

16.7.2 系统设备性能与功能要求

16.7.2.1 系统设备包括交流输入、监控装置、充电、馈电、绝缘监察、直流接地选线装置、母线调压装置（可选）、电压监测、蓄电池巡检等单元。

16.7.2.2 交流电源

（1）每套充电设备必须具有双路交流电源互为备用、自动投切，并可任选一路为工作电源。额定电压允许波动范围（－10%～＋20%）。当电源失电、缺相、自投动作时，应发出声光信号。

（2）对于额定交流输入为380V的充电装置，应监视各线电压。其表计的精度应不低于1.5级。

（3）应装设有防止过电压的保护装置。

16.7.2.3 系统接线（按设计单位直流系统图纸配置）

（1）设置两组蓄电池，每组蓄电池均按单组电池为整个变电站直流系统供电考虑。

（2）设置两套工作充电装置（$N+1$ 备份），供充电及浮充之用。$N+1$ 配置模块，并联运行，模块总数不小于3。

（3）直流屏上设两段母线，两段母线之间有分段开关，两组蓄电池和两套充电装置分别接于一段直流母线上。

（4）设置直流分电屏，按电压等级设置。分电屏上设置两组直流母线（KMⅠ、KMⅡ），以满足不同安装单位分别取自不同直流母线上的要求。

（5）根据需要设置独立的控制母线和合闸母线，装设母线调压装置（可选）。同时满足在充电方式转换及在充电设备互投时不中断直流负荷供电的要求。相应的分电屏上也设两组控制、合闸母线，分别从直流屏上两段直流母线上接取。

（6）按母线分别配置绝缘监察装置、蓄电池巡检装置、监控装置和各种指示仪表。

16.7.2.4 充电装置

（1）在充电状态运行时，应按限流—恒压方式自动完成对电池组的充电、补充电或均衡充电。

（2）充电与浮充电方式转换应有自动和手动两种转换控制方式。

在自动方式时，电池组放电过程结束和交流恢复供电后，充电装置需自动按蓄电池 $0.1C_{10}$(A)进入恒流充电状态；当蓄电池组电压达到(2.25～2.4)V×N(电池个数)整定值时，自动转入恒压充电状态并自动开始计时，24h后自动进入浮充电状态；当充电电流小于 $0.01C_{10}$(A)时，充电装置自动重新开始计时，3h后自动进入浮充电状态。

在进行浮充→充电自动转换时，转换电流动作值误差应不超过整定值的±0.5%。当充电开始进入恒压阶段时，恒压动作值误差应不超过整定值的±0.5%。在手动方式时，可方便地调整充电限流值、充电稳压值和浮充电压值。

（3）在稳流状态下，输出电压在80%～130%额定值范围内任一点上保持稳定，其稳流精度应不大于±1%，输出电压纹波系数应小于±0.5%。

（4）在稳压状态下，交流电压在规定范围内变化，输出电流在0～100%额定值范围内变化时，输出电压在额定值的80%～130%范围内任一点上保持稳定，其负载效应应不大于±0.5%；源效应不大于±0.1%；稳压精度应不大于±0.5%；输出电压纹波系统应小于±0.5%。

（5）需具有温度补偿功能，温度传感器应安装在能充分反映蓄电池环境温度的位置。每组要求设置两个测温探头，取两个探头温度的平均值，其温度补偿应满足单体2V蓄电池

0.003V/℃、调整误差不超过补偿值的±20%的要求。

(6) 过电压、欠电压保护的动作电压误差应不大于整定值的±1%，其返回系数过电压应不小于整定值的99%，欠电压不大于整定值的101%，在达到整定值时，过电压经2s、欠电压经5s延时可靠动作。

(7) 过电流保护的动作电流精度应不大于整定值的±1%，在达到整定值时，应瞬时可靠动作。

(8) 整流模块并联运行均分负载性能，输出电流在（0.1～1）倍额定电流范围内其均分负载的不平均度应小于±5%额定电流值。

16.7.2.5 直流系统的电压、电流监测

(1) 应能对直流母线电压、充电电压、蓄电池组电压、充电装置输出电流、蓄电池的充电和放电电流等参数进行监测。

(2) 蓄电池输出电流表要考虑蓄电池放电回路工作时能指示放电电流，否则应装设专用的放电电流表。

(3) 直流电压表、电流表应采用数字显示表，应采用精度不低于0.2级的表计。

(4) 电池监测仪应实现对每个单体电池电压的监控，其测量误差应≤2%。并根据要求提供需方有关部门的表计检测报告。

16.7.2.6 直流接地选线装置　　型号：________　厂家：________

(1) 两段直流母线各设置一套。

(2) 功能要求：正常情况下，应能显示系统接地电阻值，接地报警应采用绝缘电阻为判据，具备排除电容效应的功能。在直流系统发生接地或绝缘电阻小于规定值时，应发出声光报警信号，并显示正、负极母线对地的电压值、母线及回路绝缘电阻值和接地回路编号，显示应清晰、明了。报警绝缘电阻值应可调。装置应具有RS232或RS485串行通信接口，通信规约采用IEC-870-5-103。同时需将各遥信量分别引出二副无源触点至端子排。对具有两组直流绝缘监察装置的，必须加装两组接地点切换手把。保证一点接地。

16.7.2.7 蓄电池柜

(1) 大容量的阀控蓄电池应安装在专用蓄电池室内，容量在300Ah及以下的阀控蓄电池可安装在电池柜内。

(2) 电池柜内应装设温度计。

(3) 电池柜体结构应有良好的通风、散热。电池柜内的蓄电池应摆放整齐，并保证足够的维护、检测空间：蓄电池间不小于15mm，蓄电池与上层隔板间不小于150mm。

(4) 系统应设有专用的蓄电池放电回路，其直流空气断路器容量应满足蓄电池容量要求。

16.7.2.8 监控装置

(1) 控制程序：

1) 监控装置应具有充电、长期运行、交流中断的控制程序。

2) 微机监控装置能自动进行恒流限压充电—恒压充电—浮充电—进入正常充电运行状态。

3) 根据整定时间，微机监控装置将自动地对蓄电池组进行均衡充电。

(2) 监视及报警功能：

1) 监控装置应具有对充电方式的自动转换、温度补偿、交流自投、自动调压、运行状态监视等功能。

2）监控装置应能显示交流输入电压、直流控制母线电压、直流动力母线电压、充电电压、蓄电池组电压、充电装置输出电流、蓄电池的充电、放电电流等参数。

3）监控装置应能对其参数进行设定、修改。若发现交流电压异常、充电装置故障、母线电压异常、蓄电池电压异常、母线接地等状态，应能发出相应信号及声光报警。

4）监控装置能自我诊断内部的电路故障和不正常的运行状态，能发出声光报警，并通过实触点发出监控装置故障信号。

（3）三遥功能。监控装置内应设有通信接口，实现对设备的遥信、遥测、遥调，其主要功能要求有：

1）应能向主站端提供设备运行状况的遥信量，包括：设备工作状态、充电或浮充状况、各整流模块和监控模块故障、过电流保护、重要位置熔断器熔断（如电池回路、控制回路）及空气断路器跳闸、母线电压监视（控制母线电压过电压、欠电压）、绝缘监察等，并设置电池组端电压异常及浮充电流异常报警。

2）应能向主站端提供设备运行状况的遥测量，包括：控制母线电压、负荷电流、整流装置输出电流和电压、蓄电池组端电压、浮充电流量。直流电压、电流变送器的工作电源为交流 220V，遥测量输出 4～20mA。

3）上述测量结果及多种监察、报警信号应能进行存储或通过打印机输出备查。

4）装置应具有 RS232 或 RS485 串行通信接口，通信规约采用 IEC-870-5-103，实现遥测、遥信功能。应可通过使用键盘或其他装置设置口令，由专业人员进行特定参数整定。

5）遥信量和遥测量需分别引出二副无源触点至端子排。对于遥测变送器，其输入端子应引出到端子排，以便于校验。

16.7.3　整流模块性能

（1）整流模块必须满足电池组充电、浮充电特性的要求，能承受 $2I_N$ 以上的短时冲击电流，并具有软启动特性。

（2）整流模块工作效率应大于 90%；功率因数应大于 0.95。

（3）负载效应（负载调整率）：不超过直流输出电压整定值的±0.5%。

（4）源效应（电压调整率）：不超过直流输出电压整定值的±0.1%。

（5）整流模块应具有过电压、欠电压、缺相、过电流故障报警功能。其中之一动作时，整流模块应可靠自动关机，同时发出“整流模块故障”信号，在故障排除后，应能人工恢复工作。

（6）充电装置在监控装置故障时，应可靠独立工作并满足各项性能指标，同时应具备良好的互换性。在系统正常工作时，可进行单个整流模块的故障处理和更换。

（7）噪声

在正常运行时，自冷式产品的最大噪声应不大于 40dB；风冷式产品的最大噪声应不大于 50dB。

16.7.4　其他

16.7.4.1　信号灯

各种信号灯、指示灯必须采用新型节能灯（不含氖灯），如半导体发光管。

16.7.4.2 熔断器或空气断路器

交流进线、整流模块直流输出端、电池组、馈出回路等处的熔断器和空气断路器应采用带辅助触点方式。

空气断路器应具有相应的直流灭弧能力，并提供与上、下级熔断器或空气断路器之间的配合特性曲线。

空气断路器型号：采用经国家权威检测机构检验合格的系列产品（包括进口产品），快速直流专用空气断路器型号：________厂家：________。

16.7.4.3 屏体及二次回路技术要求

（1）屏体应设有保护接地，接地处应有防锈措施和明显标志。门应开闭灵活，开启角不小于90°，门锁可靠。门与柜体之间应采用截面积小于6mm^2的多股软铜线可靠连接。

（2）屏体，包括所有安装在上面的成套设备或单个组件，都应有足够的机械强度和正确的安装方式，保证屏在起吊、运输、存放和安装过程中不会损坏。供方还应提供运输存放和安装说明书，供用户使用。

（3）供方应对屏内部接线的正确性全面负责，在指定的环境条件下，所供应的设备的特性和功能应完全满足技术条件的要求。

（4）屏应前后有门，前门上应有玻璃窗，可监控内部的装置信号及信号灯。

（5）屏体内部接线应采用耐热潮和阻燃的具有足够强度的绝缘铜线。

（6）交流回路导线截面积不小于2.5mm^2，控制回路的导线截面积不得小于1.5mm^2，弱电回路导线截面积不得小于0.75mm^2，导线的两端应有永久性标志。

（7）导线应无损伤，导线的端头应采用压紧型的连接件。

（8）屏内二次线在端子排处均接在端子排内侧，外侧为电缆连接用。并提供走线槽，以便于固定电缆及端子排的接线。

（9）端子排应保证有足够的绝缘水平，端子全部采用UL标准V0级阻燃端子（额定电压不小于600V）。每个端子的一侧上只接一根导线。

（10）每面屏及其上的装置（包括其他独立附件）都应有标签框，以便清楚地识别。屏前后上部需注明该屏的具体名称。

（11）对于某些必须按制造厂的规定才能进行更换的部件和插件，应有特殊符号标出。

（12）屏体各元件布置和回路接线，应保证有运行维护工作人员更换元件、拆接连线的距离空间，特别是屏体两侧安装元件与端子排应保证有足够的距离。

16.7.4.4 柜内安装的元器件

均应有产品合格证或证明质量合格的文件。不得选用淘汰的、落后的元器件。

元器件、仪表安装应便于维护、检验和更换。

16.7.4.5 柜内母线、引线

应采取硅橡胶热缩或其他防止短路的绝缘防护措施。

16.7.4.6 标记

屏正面装设模拟母线，颜色为褐色，其横向模拟母线的宽度为12mm，纵向模拟分支线的宽度为8mm。模拟母线应包括各交流进线开关、充电设备、蓄电池、动力母线、控制母线、闪光母线、降压元件、母线联络、放电试验及各馈出开关等。各种指示表计、转换开关、指示灯、信号灯、参数调整旋钮等应有明确文字说明及调节方向标记，并采用标牌。

16.7.5 系统接线

应符合设计部门的设计图纸要求；组屏方式、屏面布置及设备型号宜由设计确定，需要时可与生产厂家共同商定。

16.7.6 保修期和售后服务

在遵守保管、安装、使用和运行规则的条件下，自供货之日起的36个月内，产品因制造质量不良、工器件选择不当发生损坏或不能正常运行时，制造厂有责任及时为用户免费调试、修理或更换元器件；保修期外，制造厂有义务对产品实行有偿终身维护。无论何时，制造厂不应延误产品抢修时间。

订货技术条件中未涉及的影响产品性能和质量的其他技术要求，均应符合有关的国家标准和行业标准中的规定。

订货技术条件提出的技术要求仍不能满足使用单位需要时，应在订货时提出，并与制造厂取得协议。

16.7.7 标志、包装、运输、贮存及其他

16.7.7.1 标志

直流电源柜必须有铭牌，铭牌应装在柜的正面。铭牌上应标明以下内容：产品名称、型号、技术参数［包括交流输入电压（V）、相数、直流额定电压（V）、直流额定电流（A）］、出厂编号、制造日期、制造厂名称、产品质量（kg）。

16.7.7.2 装箱资料

（1）装箱资料清单。

（2）出厂试验报告。

（3）出厂合格证（可粘贴于柜内易看处，装箱清单应说明位置）。

（4）电气原理图和接线图（4份）。

（5）安装使用说明书（4份）。

16.7.8 备品备件

制造厂除按订货合同或技术协议供应备品备件外，还应提供如下备品备件：

交流进线空气开关（熔断器）：________只；

整流模块出口空气开关（熔断器）：________只；

馈出回路（不同额定电流值）：各________只。

附录A 直流系统常用标准名录

DL/T 459—2000《电力系统直流电源柜订货技术条件》

DL/T 637—1997《阀控式密封铅酸蓄电池订货技术条件》

DL/T 720—2000《电力系统继电保护柜、屏通用技术条件》

DL/T 724—2000《电力系统用蓄电池直流电源装置运行与维护规程》

DL/T 781—2001《电力用高频开关整流模块》

DL/T 856—2004《电力用直流电源监控装置》

DL/T 5004—2004《火力发电厂热工自动化试验室设计标准》

DL/T 5044—2004《电力工程直流系统设计技术规程》

附录B 直流系统常用名词术语

本手册采用的名词术语应符合 GB/T 2900.1、GB/T 2900.11、GB/T 2900.32、GB/T 2900.33、GB/T 3859.1、GB/T 3859.2。

B.1 直流电源系统

1.1 备用电源 Back-up power source

在主电源中断或电压低于规定值时，用以代替主电源的电源。

1.2 不间断电源 Uninterruption power source，UPS

1.3 应急电源 Emergency power source，EPS

在主电源中断或电压低于规定值时，为负载提供应急供电的静止式装置/设备。

1.4 逆变电源 Inversion power source，IPS

一种采用电力电子技术，将直流电能转化成正弦交流电能的电源。

1.5 转换装置 Transfer equipment

由一个或几个开关类器件组成，用以从一个电源供电转换到另一个电源供电的装置。

1.6 标称系统电压 Nominal system voltage

系统设计选定的电压，表征系统的电压水平。

1.7 （设备）额定电压 rated voltage（of equipment）

通常由制造厂家确定，用以规定元、器件或设备工作条件的电压。

1.8 供电中断 Power-supply interruption

超过一个周期的无电状态，称为供电中断。

B.2 蓄电池

2.1 铅酸蓄电池 Lead-acid storage battery

由铅或铅化物制成电极、硫酸的水溶液作为电解液的一种蓄电池。

2.2 阀控铅酸蓄电池 Value regulaLed 1ead acid，VRLA

在额定年限内正常使用情况下，具有无需补水、加酸性能的铅酸蓄电池。正常使用时电池保持气密和液密状态，安全阀根据预先设定的限值自动开启、释放气体，保持电池内部压力恒定。

2.3 镍镉碱性蓄电池 Nikel-cadmium alkaline storage battery

由镍和镉分别制成正、负极活性物质的一种碱性蓄电池。

2.4 充电 Battery charging

充电装置按照规定的方式对蓄电池进行补充能量的过程。

2.5 放电 Battery discharging

蓄电池按照容量和时间要求向负载馈送或释放能量的过程。

2.6 浮充电 Floating charge

2.7 均衡充电 Equalizing charge

为补充蓄电池在使用过程中产生的电压不均衡现象，使其恢复到规定范围内而进行的充电。

2.8　恒流充电 Constant-current charge

充电电流维持在恒定值的充电。

2.9　恒压充电 Constant-voltage charge

充电电压维持在恒定值的充电。

2.10　限流恒压充电 Current limiting constant-voltage charge

采用限制电流、维持恒定电压的充电。

2.11　核对性放电 Checking discharge

正常运行的蓄电池组，为了检验其实际容量，以规定的放电电流进行恒流放电，当放电电压达到规定的放电终止电压时停止放电。根据放电电流和放电时间，即可计算出蓄电池的实际容量。这种检测蓄电池实际容量的放电称为核对性放电。

2.12　容量、电流符号：

C_{10}——10h 率额定容量，Ah，数值应符合 GB/T 13337.2 标准。

C_1——1h 率额定容量，Ah，数值为 0.55C_{10}。

C_2——2h 率额定容量，Ah，数值为 0.70C_{10}。

C_3——3h 率额定容量，Ah，数值为 0，75C_{10}。

C_t——th 实测容量，Ah，数值为放电电流 I（A）与放电时间 t（h）的乘积。

C_e——基准温度（25℃）条件下的实际容量，Ah。

I_{10}——10h 率放电电流，数值为 0.1C_{10}A。（如 C_{10} 100Ah，I_{10}=10A）

I_1——1h 率放电电流，数值为 5.5I_{10}A。

I_2——2h 率放电电流，数值为 3.5I_{10}A。

I_3——3h 率放电电流，数值为 2.5I_{10}A。

对镉镍碱性蓄电池，通常采用 5h 率额定容量和 5h 率放电电流，记为：C_5 和 I_5。

B.3　充电装置

3.1　充电装置 Charging device

将交流电转换为直流电供蓄电池充电用的变流设备。

3.2　相控整流 phase-controlled rectification

整流器件由晶闸管或其他可控器件组成，通过移相触发电路控制整流。相控整流分为全控整流和半控整流。

3.3　高频开关整流 High frequency switching converter

采用高频变压器、高频电子开关和 PWM 控制技术的整流装置。

3.4　模块 Module

在给定条件下，具备给定功能并能独立运行的装置基本单元。高频开关模块可独立进行充电、浮充电运行，并具有保护、监控、调节等基本功能。

3.5　冗余 Redundancy

为提高系统或设备的可靠性，采用热备份配置或联接，称为冗余配置。例如，并联或串

联运行的 $N+n$ 个模块，正常时 $N+n$ 个模块按其容量比例向负载提供电流，当其中 k 个($k \leqslant n$) 模块故障退出时，$N+(n-k)$ 个模块将按新的容量比例继续向负载提供电流。n 模块为热备份模块，即冗余模块。

3.6 直流额定电流 Direct rated current

在给定环境条件和交流供电条件下，充电装置能够向负载提供的最大充电电流。

3.7 稳流精度 Precision of steady current

输出电流波动极限值与整定值的比值百分数，称为充电浮充电装置的稳流精度。表示为 $\delta_{\mathrm{I}}=[(I_{\mathrm{M}}-I_{\mathrm{Z}})/I_{\mathrm{Z}}]\times 100\%$。在给定的输出电流稳定区，充电浮充电装置的稳流精度应满足规定要求。

输出电流稳定区是指，装置在充电（稳流）状态下，交流输入电压在其额定值的±15%范围内变化，输出电压在其标称电压的90%～130%的范围内变化，输出电流在其额定值的20%～100%的工作范围。

3.8 稳压精度 Precision of steady current

输出电压波动极限值与整定值的比值百分数，称为充电浮充电装置的稳压精度。表示为 $\delta_{\mathrm{U}}=[(U_{\mathrm{M}}-U_{\mathrm{Z}}/U_{\mathrm{Z}}]\times 100\%$。在给定的输出电压稳定区，充电浮充电装置的稳压精度应满足规定要求。

输出电压稳定区是指，装置在浮充电（稳压）状态下，交流输入电压在其额定值的±15%范围内变化，输出电流在其额定值的0～100%范围内变化，输出电压在其标称电压的90%～130%的范围内的工作范围。

3.9 纹波系数 Rippie factor

输出电压波动最大峰—峰值的一半与输出电压平均值的比值百分数，称为充电浮充电装置的纹波系数。表示为 $\delta_{\mathrm{R}}=(U_{\mathrm{P-P}})/(2U_{\mathrm{a}})\times 100\%$。在给定的输出电压稳定区，充电浮充电装置的纹波系数应满足规定要求。

3.10 效率 Efficiency

充电装置在额定输入和浮充电电压调节范围上限值运行时，直流输出功率与交流输入功率的比值百分数。

B.4 直流电源选择计算

4.1 事故停电时间 outage duration for accident

用于选择蓄电池容量所设定的工程或设备的交流电源停电时间，即蓄电池的事故放电时间。

4.2 蓄电池容量换算系数 Conversion factor of battery capacity

在给定交流事故停电时间和蓄电池终止放电电压的条件下，维持单位直流放电电流所需的蓄电池容量，单位为1/h。

4.3 放电冲击系数 Impule factor of battery discharge

冲击电流与蓄电池10h率放电电流的比值。

4.4 终止放电电压 Cut-off voltage of discharge

给定环境温度下，设定的蓄电池终止放电的单体电池电压。

B.5 监控与抗干扰

5.1 监控装置 Superisor

用于监控、管理被控设备各种参数和工作状态的装置。

5.2 电磁环境 Electromagnetic environment

存在于给定场所的所有电磁现象的综和。

5.3 电磁扰动 Electro magnetic disturbance，EMD

使一个器件、装置或系统的性能劣化的任何电磁现象。电磁扰动是电磁干扰的来源。

5.4 电磁干扰 Electro magnetic interference，EMI

由于电磁扰动导致器件、装置或系统性能劣化的现象。电磁干扰是电磁扰动的后果。

5.5 电磁兼容性 Electro magnetic compatibility，EMC

指一种电磁环境，使作为电磁干扰源的电气设备和受到电磁干扰的电气设备都能正常工作。

5.6 谐波畸变 Harmonic distodion

在频率为基波频率数倍的非正弦波作用下，引起基波频率的正弦波严重失真的现象。畸变通常指电压波形的畸变，畸变主要由非线性负载造成。

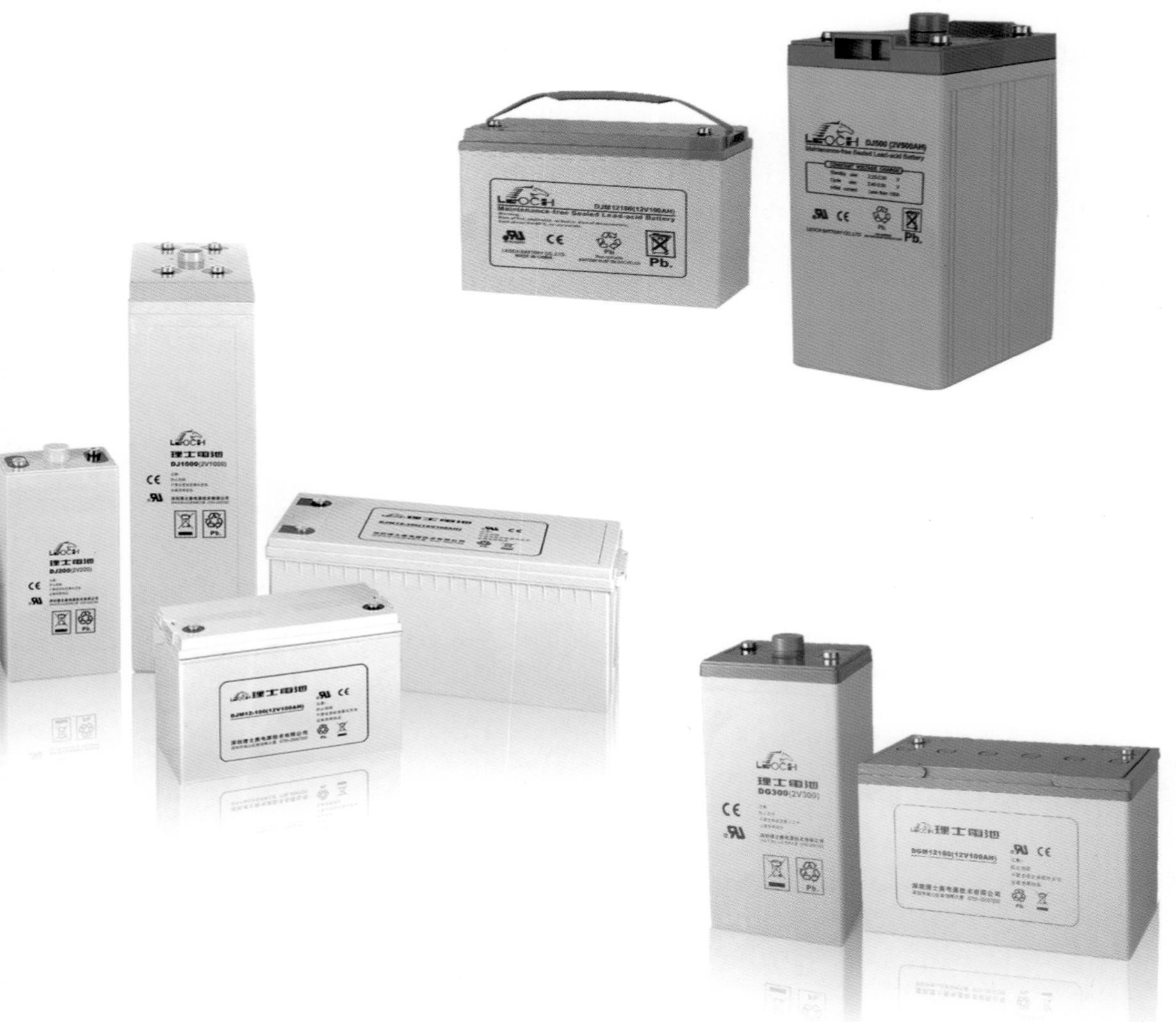
理士电池
理士电池
理士电池
理士电池
理士电池

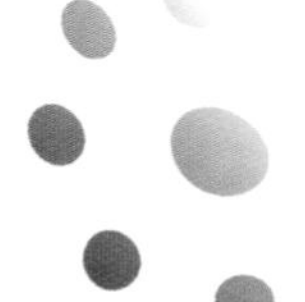

DC-DC通信电源屏

DC—DC通信电源屏由2～8台20A或30A直流变换模块N+1并联冗余工作，可分为2组独立或并联输出，输入、输出电气绝缘隔离。馈电输出提供8～24路空气开关，同时串联电子脱扣装置，具备过载和短路保护功能以及抗浪涌吸收功能。该产品的直流输入电源取自直流操作电源，适用于220kV及以下的变电站，为电力通信和远动设备提供工作电源。

PZ61—2000系列智能高频开关直流电源屏由交流配电单元、充电装置、蓄电池组、硅堆降压装置、绝缘监测装置、电池巡检装置、配电监测单元和集中监控模块等部分组成，其中的充电装置可按具体工程要求配置1～3组，每组由2～15台10～40A高频开关整流模块N+1并联冗余输出；按功能配置直流联络屏和馈电屏或蓄电池屏；具备完善的系统监控和管理功能，满足各种通信协议的自动化接口要求。PZ61—2000系列适用于发电厂和变电站，为电力控制、信号、保护和自动装置等设备供电。

PZ61-2000系列智能高频开关直流电源屏

GW3B系列万能式直流断路器

GM5FB系列选择性保护塑壳式直流断路器
GMB系列塑壳直流断路器

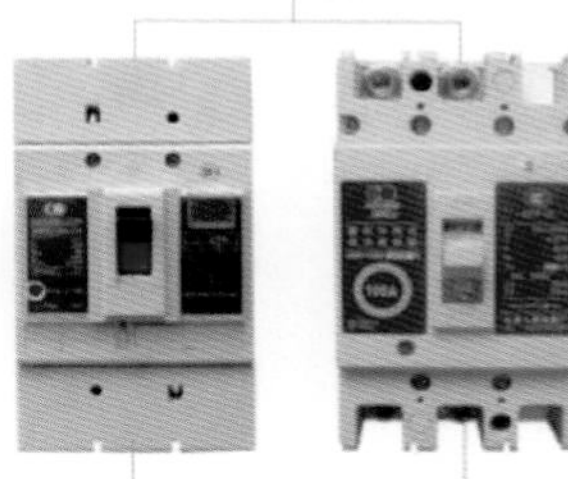

GM5－63H系列小型直流断路器
GM5B－32系列三段保护小型直流断路器

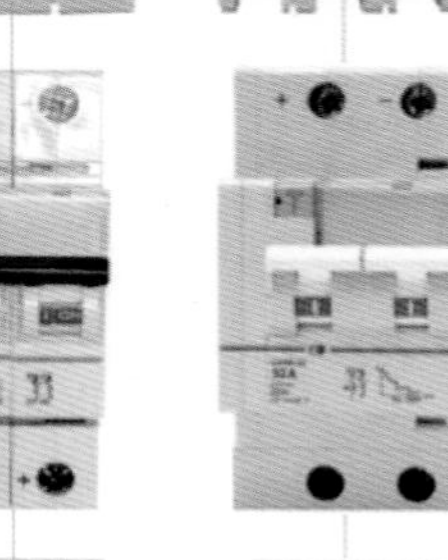

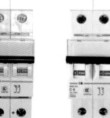

GM5－63L系列小型直流断路器
GM5－63系列标准小型直流断路器

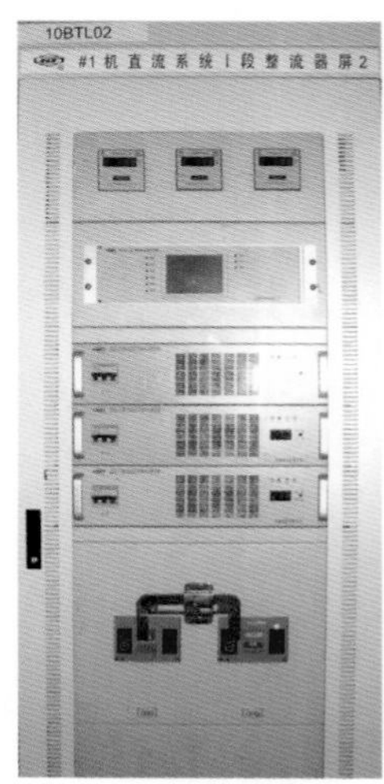

直流系统整流器屏2

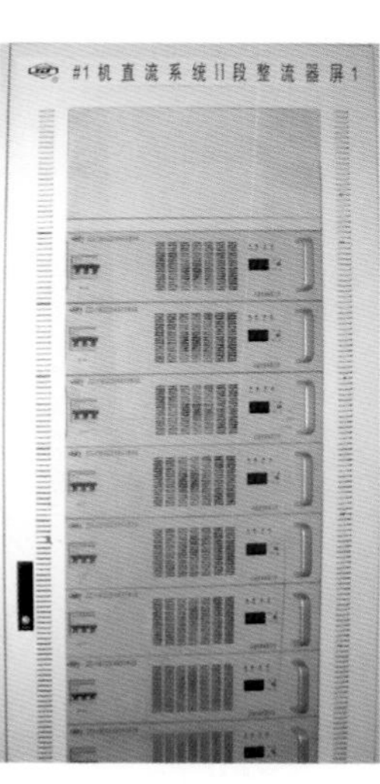

直流整流器屏1

直流馈电屏1

直流馈电屏2

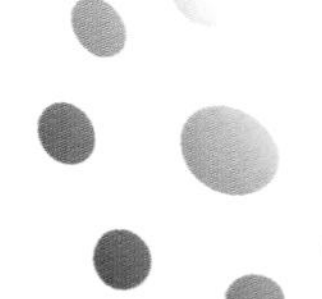

直流系统试验设备

3000Ah/DC220V直流蓄电池组